Hi-Pass
건설기계기술사

최신개정판

Professional Engineer Construction Equipment

기술사 · 공학박사 **김순채** 지음

하

" 여러분의 합격! 성안당이 함께합니다. "

BM (주)도서출판 **성안당**

■ 도서 A/S 안내

성안당에서 발행하는 모든 도서는 저자와 출판사, 그리고 독자가 함께 만들어 나갑니다.

좋은 책을 펴내기 위해 많은 노력을 기울이고 있습니다. 혹시라도 내용상의 오류나 오탈자 등이 발견되면 "좋은 책은 나라의 보배"로서 우리 모두가 함께 만들어 간다는 마음으로 연락주시기 바랍니다. 수정 보완하여 더 나은 책이 되도록 최선을 다하겠습니다.

성안당은 늘 독자 여러분들의 소중한 의견을 기다리고 있습니다. 좋은 의견을 보내주시는 분께는 성안당 쇼핑몰의 포인트(3,000포인트)를 적립해 드립니다.

잘못 만들어진 책이나 부록 등이 파손된 경우에는 교환해 드립니다.

저자 문의 e-mail : edn@engineerdata.net(김순채)

본서 기획자 e-mail : coh@cyber.co.kr(최옥현)

홈페이지 : http://www.cyber.co.kr   전화 : 031) 950-6300

21세기의 산업구조는 세계화와 IT산업의 발전으로 자동화시스템을 구현하고, 비용, 품질, 생산성을 향상시키는 방향으로 발전하고 있으며, 그로 인해 기업은 더욱더 체계적이며 효율성을 위한 설비의 구성과 탁월한 엔지니어를 요구하고 있다. 산업의 분야는 기계와 전기, 전자를 접목하는 에너지설비, 화학설비, 해양플랜트 설비, 환경설비 등이 지속적으로 증가하고 있으며 설계와 제작을 위한 능력 있는 엔지니어가 필요하다. 건설기계기술사는 이런 분야에서 자신의 능력을 발휘하며 국가와 회사에 기여하는 자부심을 가지게 될 것이다.

기계분야에 종사하는 엔지니어는 많은 지식을 가지고 있어야 한다. 모든 시스템이 기계와 전기, 전자를 접목하는 자동화시스템으로 구성되어 있기 때문이다. 따라서 건설기계기술사에 도전하는 여러분은 이론과 실무를 겸비해야 자신의 능력을 발휘하며 기술사에 도전하고, 목표를 성취할 수가 있다.

이 수험서는 출제된 문제를 철저히 분석하고 검토하여 답안작성 형식으로 구성하였으며 효율적으로 준비할 수 있도록 모든 내용을 전면 검토하여 최적의 분량으로 재개편하였다. 최근에는 새로운 문제가 많이 출제되어 처음 출제된 문제에 대한 답안작성을 위한 대응능력을 제시하고, 동영상강의를 통하여 역학적인 문제는 쉽게 이해하도록 유도하는 한편, 논술형 답안작성을 위한 강의로 진행을 한다.

본 수험서가 건설기계기술사를 준비하는 엔지니어를 위한 길잡이로 현대를 살아가는 바쁜 여러분에게 희망과 용기를 주기 위한 수험서로 활용되기를 바라며 여러분의 목표가 성취되도록 다음과 같은 특징으로 구성하였다.

첫째, 29년간 출제된 문제에 대한 풀이를 분야별로 분류하며 암기력과 응용력을 향상시켜 합격을 위한 능력으로 집중시키기 위한 전면 개정 및 보강
둘째, 풍부한 그림과 도표를 통해 쉽게 이해하여 답안 작성에 적용하도록 유도
셋째, 주관식 답안 작성 훈련을 위해 모든 문제를 개요, 본론순인 논술형식으로 구성
넷째, 효율적이고 체계적인 답안지 작성을 돕기 위한 동영상강의 진행
다섯째, 처음 출제되는 문제에 대한 대응능력과 최적의 답안작성 능력부여
여섯째, 엔지니어데이터넷과 연계해 매회 필요한 자료를 추가로 업데이트

이 책이 현장에 종사하는 엔지니어에게는 실무에 필요한 이론서로, 시험을 준비하는 여러분에게는 좋은 안내서로 활용되기를 소망하며, 여러분의 목표가 성취되기를 바란다. 또한 공부를 하면서 내용이 불충분한 부분에 대한 지적은 따끔한 충고로 받아들여 다음에는 더욱 알찬 도서를 출판하도록 노력하겠다.

마지막으로 이 책이 나오기까지 순간순간마다 지혜를 주시며 많은 영감으로 인도하신 주님께 감사드리며, 아낌없는 배려를 해 주신 (주)성안당 임직원과 편집부원들께 감사드린다. 아울러 동영상 촬영을 위해 항상 수고하시는 김민수 이사님께도 고마움을 전하며, 언제나 기도로 응원하는 사랑하는 나의 가족에게도 감사한 마음을 전한다.

공학박사/기술사 김순채

기술사를 응시하는 여러분은 다음 사항을 검토해 보고 자신의 부족한 부분을 채워 나간다면 여러분의 목표를 성취할 것이라 확신한다.

1. 체계적인 계획을 설정하라.

대부분 기술사를 준비하는 연령층은 30대 초반부터 60대 후반까지 분포되어 있다. 또한 대부분 직장을 다니면서 준비를 해야 하며 회사일로 인한 업무도 최근에는 많이 증가하는 추세에 있기 때문에 기술사를 준비하기 위해서는 효율적인 계획에 의해서 준비를 하는 것이 좋을 것으로 판단된다.

2. 최대한 기간을 짧게 설정하라.

시험을 준비하는 대부분의 엔지니어는 여러 가지 상황으로 보아 너무 바쁘게 살아가고 있다. 그로 인하여 학창시절의 암기력, 이해력보다는 효율적인 면에서 차이가 많을 것으로 판단이 된다. 따라서 기간을 길게 설정하는 것보다는 짧게 설정하여 도전하는 것이 유리하다고 판단된다.

3. 출제 빈도가 높은 분야부터 공부하라.

기술사에 출제된 문제를 모두 자기 것으로 암기하고 이해하는 것은 대단히 어렵다. 그러므로 출제 빈도가 높은 분야부터 공부하고 그 다음에는 빈도수의 순서에 따라 행하는 것이 좋을 것으로 판단된다. 분야에서 업무에 중요성이 있는 이론, 최근 개정된 관련 법규 또는 최근 이슈화된 사건이나 관련 이론 등이 주로 출제된다. 단, 매년 개정된 관련 법규는 해가 지나면 다시 출제되는 경우는 거의 없다.

4. 새로운 유형의 문제에 대한 답안작성 능력을 배양해라.

최근 출제문제를 살펴보면 이전에는 출제되지 않았던 새로운 유형의 문제가 매회 마다 추가되고 있다. 또한, 다른 종목에서 과거에 출제되었던 문제가 건설기계기술사에 출제되기도 하였다. 따라서 새로운 유형의 문제에 대한 답안작성 능력을 가지고 있어야 합격할 수 있다. 이러한 최근 경향에 따라 수험생들은 시험준비를 하면서 많은 지식을 습득하도록 노력해야 하며, 깊고, 좁게 내용을 알기보다는 얕고, 넓게 내용을 알며 답안작성을 하는 연습을 지속적으로 해야 한다. 또한, 기계 관련 다른 종목의 기술사에 출제된 문제도 잘 검토하여 준비하는 것이 합격의 지름길이 될 수 있다.

5. 답안지 연습 전에 제3자로부터 검증을 받아라.

기술사에 도전하는 대부분 엔지니어들은 자신의 분야에 자부심과 능력을 가지고 있기 때문에 교만한 마음을 가질 수도 있다. 그러므로 본격적으로 답안지 작성에 대한 연습을 진행하기 전에 제3자(기술사 또는 학위자)에게 문장의 구성 체계 등을 충분히 검증받고, 잘못된 습관을 개선한 다음에 진행을 해야 한다. 왜냐하면 채점은 본인이 하는 것이 아니고 제3자가 하기 때문이다. 하지만 검증자가 없으면 관련 논문을 참고하는 것도 답안지 문장의 체계를 이해하는 데 도움이 된다.

6. 실전처럼 연습하고, 종료 10분 전에는 꼭 답안지를 확인하라.

시험 준비를 할 때는 그냥 눈으로 보고 공부를 하는 것보다는 문제에서 제시한 내용을 간단한 논문 형식, 즉 서론, 본론, 결론의 문장 형식으로 연습하는 것이 실제 시험에 응시할 때 많은 도움이 된다. 단, 답안지 작성 연습은 모든 내용을 어느 정도 파악한 다음 진행을 하며 막상 시험을 치르게 되면 머릿속에서 정리하면서 연속적으로 작성해야 합격의 가능성이 있으며 각 교시가 끝나기 10분 전에는 반드시 답안이 작성된 모든 문장을 검토하여 문장의 흐름을 매끄럽게 다듬는 것이 좋다(수정은 두 줄 긋고, 상단에 추가함).

7. 채점자를 감동시키는 답안을 작성한다.

공부를 하면서 책에 있는 내용을 완벽하게 답안지에 표현한다는 것은 매우 어렵다. 때문에 전체적인 내용의 흐름과 그 내용의 핵심 단어를 항상 주의 깊게 살펴서 그런 문제에 접하게 되면 문장에서 적절하게 활용하여 전개하면 된다. 또한 모든 문제의 답안을 작성할 때는 문장을 쉽고 명료하게 작성하는 것이 좋다. 그리고 문장으로 표현이 부족할 때는 그림이나 그래프를 이용하여 설명하면 채점자가 쉽게 이해할 수 있다. 또한, 기술사란 책에 있는 내용을 완벽하게 복사해 내는 능력으로 판단하기 보다는 현장에서 엔지니어로서의 역할을 충분히 할 수 있는가를 보기 때문에 출제된 문제에 관해 포괄적인 방법으로 답안을 작성해도 좋은 결과를 얻을 수 있다.

8. 자신감과 인내심이 필요하다.

나이가 들어 공부를 한다는 것은 대단히 어려운 일이다. 어려운 일을 이겨내기 위해서는 늘 간직하고 있는 자신감과 인내력이 중요하다. 물론 세상을 살면서 많은 것을 경험해 보았겠지만 "난 뭐든지 할 수 있다"라는 자신감과 답안 작성을 할 때 예상하지 못한 문제로 인해 답안 작성이 미비하더라도 다른 문제에서 그 점수를 회복할 수 있다는 마음으로 꾸준히 답안을 작성할 줄 아는 인내심이 필요하다.

9. 2005년부터 답안지가 12페이지에서 14페이지로 추가되었다.

기술사의 답안 작성은 책에 있는 내용을 간단하고 정확하게 작성하는 것이 중요한 것은 아니다. 주어진 문제에 대해서 체계적인 전개와 적절한 이론을 첨부하여 전개를 하는 것이 효과적인 답안 작성이 될 것이다. 따라서 매 교시마다 배부되는 답안 작성 분량은 최소한 8페이지 이상은 작성해야 될 것으로 판단되며, 준비하면서 자신이 공부한 내용을 머릿속에서 생각하며 작성하는 기교를 연습장에 수없이 많이 연습하는 것이 최선의 방법이다. 대학에서 강의하는 교수들이 쉽게 합격하는 것은 연구 논문 작성에 대한 기술이 있어 상당히 유리하기 때문이다. 또한 2015년 107회부터 답안지 묶음형식이 상단에서 왼쪽에서 묶음하는 형식으로 변경되었으니 참고하길 바란다.

10. 1, 2교시에서 지금까지 준비한 능력이 발휘된다.

1교시 문제를 받아보면서 자신감과 희망을 가질 수가 있고, 지금까지 준비한 노력과 정열을 발휘할 수 있다. 1교시를 잘 치르면 자신감이 배가 되고 더욱 의욕이 생기게 되며 정신적으로 피곤함을 이겨 낼 수 있는 능력이 배가된다. 따라서 1, 2교시 시험에서 획득할 수 있는 점수를 가장 많이 확보하는 것이 유리하다.

11. 3교시, 4교시는 자신이 경험한 엔지니어의 능력이 효과를 발휘한다.

오전에 실시하는 1, 2교시는 자신이 준비한 내용에 대해서 많은 효과를 발휘할 수가 있다. 그렇지만 오후에 실시하는 3, 4교시는 오전에 치른 200분의 시간이 자신의 머릿속에서 많은 혼돈을 유발할 가능성이 있다. 그러므로 오후에 실시하는 시험에 대해서는 침착하면서 논리적인 문장 전개로 답안지 작성의 효과를 주어야 한다. 신문이나 매스컴, 자신이 경험한 내용을 토대로 긴장하지 말고 채점자가 이해하기 쉽도록 작성하는 것이 좋을 것으로 판단된다. 문장으로의 표현에 자신이 있으면 문장으로 완성을 하지만 자신이 없으면 많은 그림과 도표를 삽입하여 전개를 하는 것이 훨씬 유리하다.

12. 암기 위주의 공부보다는 연습장에 수많이 반복하여 준비하라.

단답형 문제를 대비하는 수험생은 유리할지도 모르지만 기술사는 산업 분야에서 기술적인 논리 전개로 문제를 해결하는 능력이 중요하다. 따라서 정확한 답을 간단하게 작성하기보다는 문제에서 언급한 내용을 논리적인 방법으로 제시하는 것이 더 중요하다. 그러므로 연습장에 답안 작성을 여러 번 반복하는 연습을 해야 한다. 요즈음은 컴퓨터로 인해 손으로 글씨를 쓰는 경우가 그리 많지 않기 때문에 답안 작성에 있어 정확한 글자와 문장을 완성하는 속도가 매우 중요하다.

13. 면접 준비 및 대처방법

어렵게 필기를 합격하고 면접에서 좋은 결과를 얻지 못하면 여러 가지로 심적인 부담이 되는 것은 사실이다. 하지만 본인의 마음을 차분하게 다스리고 면접에 대비를 한다면 좋은 결과를 얻을 수 있다. 각 분야의 면접관은 대부분 대학 교수와 실무에 종사하고 있는 분들이 하게 되므로 면접 시 질문은 이론적인 내용과 현장의 실무적인 내용, 최근의 동향, 분야에서 이슈화되었던 부분에 대해서 질문을 할 것으로 판단된다. 이런 경우 이론적인 부분에 대해서는 정확하게 답변하면 되지만, 분야에서 이슈화되었던 문제에 대해서는 본인의 주장을 내세우면서도 여러 의견이 있을 수 있는 부분은 유연한 자세를 취하는 것이 좋을 것으로 판단된다. 질문에 대해서 너무 자기 주장을 관철하려고 하는 것은 면접관에 따라 본인의 점수가 낮게 평가될 수도 있으니 유념하길 바란다.

□ 필기시험

직무분야	기계	중직무분야	기계장비설비·설치	자격종목	건설기계기술사	적용기간	2023. 1. 1.~2026. 12. 31

○ 직무내용 : 건설기계 분야에 관한 고도의 전문지식과 실무경험에 입각한 계획, 연구, 설계, 분석, 시험, 운영, 시공, 평가 또는 이에 관한 지도, 감리 등의 직무 수행.

검정방법	단답형/주관식 논문형	시험시간	400분(1교시당 100분)

시험과목	주요항목	세부항목
토목기계, 포장기계, 준설선, 건설플랜트기계설비, 그 밖에 건설기계에 관한 사항	1. 건설기계와 시공법	1. 건설기계 일반 • 건설기계의 발전 및 개발 과제, 적용되는 첨단기술 • 건설기계의 분류 및 구비조건 • 동력 전달기구, 마력의 종류, 견인력과 견인계수, 주행저항 등 • 건설기계의 안전장치 및 안전기준 2. 작업종류별 분류, 구조 및 기능, 특성, 작업능력 • 토공 및 적재 기계, 운반 기계, 기중기, 기초공사용/터널 공사용 기계 • 골재생산 기계, 포장 기계, 준설선 및 해상 공사용 기계 3. 건설기계의 운용 및 시공관리 • 재해유형과 안전대책, 건설공해의 종류/원인/방지대책 • 정비보수와 개선대책, 기계경비 산정방식/성능관리, 작업효율과 기계조합 4. 건설기계의 기계화 시공 실무 • 구조물/부속장치의 설계 및 사양 확정, 현장 시공 및 감리, 공정표 작성 • 기계설비 견적, 구매, 조달, 시공 및 정산 5. 건설기계의 사고 및 파손분석-사고원인 및 대책
	2. 플랜트 및 기계설비 시공	1. 플랜트 기계설비의 종류 및 특성, 기계장비 투입 계획 • 플랜트 종류별(수력/화력/원자력/열병합/조력/풍력/태양광발전소, 지역난방설비, 화학공장, 액화천연가스 저장기지 및 배관망, 소각로, 물류창고, 환경설비, 제철소, 담수 플랜트, 해양플랜트 등) 사업계획, 타당성 조사, 설계, 구매 및 조달, 건설, 유지보수 • 기초공사, 구조물 공사, 기계 설치공사, 배관 제작/설치 공사(공장제작배관/현장제작배관) 닥트(Duct) 공사, 도장공사, 보온공사 • 설비시운전 및 성능시험

시험과목	주요항목	세부항목
		2. 기계 설비공사의 입찰, 계약, 사업수행단계의 순서와 각 단계별 사업계획 및 실행 방안 3. 공사 계약 방식의 차이점 및 장단점 4. 중량물 운반 및 시공 장비 계획 5. 건설공사의 자동화 시공과 안전대책, 환경공해 방지대책
	3. 재료역학	1. 기계공학설계의 기본고려사항 • 하중, 각종응력과 변형율, 계수(인장응력, 전단응력, 탄성응력, 열응력 등) • 허용응력과 안전율, 응력집중 2. 재료의 정역학 • 응력과 변형의 해석, 탄성에너지와 충격응력의 관계 • 압력을 받는 원통형 용기의 응력 3. 응력해석 • 경사평면에서의 발생응력, 평면응력, 평면변형률 • 인장, 굽힘 및 비틀림에 의한 응력 4. 보의 응력 및 처짐 • 굽힘 응력과 전단 응력, 조합 응력 • 보의 처짐 각과 처짐 량 5. 부정정보 및 균일강도의 보 • 부정정보/연속보의 응력 및 처짐, 카스틸리아노 정리 6. 기둥 : 좌굴/세장비
	4. 기계요소설계	1. 표준규격 : KS, ISO 2. 재료의 강도 : 하중의 종류, 기계적 성질, 응력집중, 크리프, 피로 3. 공차 • 치수공차와 끼워맞춤, 표면거칠기, 기하공차 4. 결합용 요소설계 • 체결 및 동력 전달용 요소의 역할 설계 • 용접결합부/리벳이음의 강도와 설계 5. 축과 축이음 • 축의 종류, 강도 설계, 위험속도계산 • 축이음의 종류, 커플링/클러치의 설계 6. 베어링 및 윤활 • 구름베어링 종류, 수명 및 선정, 윤활법 및 윤활제 • 미끄럼베어링 종류, 재료, 윤활면의 형식 및 수명, 미끄럼베어링의 기본설계, 윤활법 및 윤활제 7. 브레이크 장치 • 브레이크의 종류, 브레이크 용량, 제동력 • 라쳇휠과 플라이휠

시험과목	주요항목	세부항목
		8. 스프링의 종류, 허용 응력, 에너지 저장용량, 피로하중 9. 감아걸기 전동장치 　• 벨트 전동장치, 와이어로프 전동장치, 체인 전동장치 10. 기어 장치 　• 기어의 종류, 치형, 강도해석, 효율 11. 마찰전동장치 : 종류, 재질, 전달동력 12. 이송장치 　• 이송장치의 종류 및 특징 　• 이송장치의 용량계산 방법
	5. 열역학	1. 기초사항 　• 열평형, 일, 에너지, 열량, 동력, 비열, 잠열 및 감열, 압력, 비체적 단위 등 2. 열과 일 　• 열역학 1 법칙, 내부에너지, 엔탈피, 에너지식, 절대일과 공업일 3. 이상기체(완전가스) 　• 이상기체(완전가스)의 특성, 일반가스 정수 　• 상태변화(등적, 등압, 등온, 단열, etc.) 혼합에 대한 성질(property) 등 4. 열역학 제2법칙과 엔트로피 　• 제2법칙의 정의, 열기관과 효율, 카르노 사이클 　• 엔트로피의 변화량, 일반식, 증가의 원리 　• 유효에너지와 최대일 5. 가스 압축 　• 압축 cycle, 왕복식 압축기/속도형 압축기, 송풍기 6. 증기 　• 습증기성질 　• 증기의 열적 상태량 　• 증기의 상태변화 　• 증기사이클(랭킨, 재열, 재생, etc), 왕복식 압축기/속도형 압축기, 송풍기
	6. 내·외연기관	1. 내연기관의 개요 및 열기관 사이클 　• 오토/디젤/사바테 사이클 비교, 연료-공기 사이클, 열효율과 열정산 　• 공연비, 공기과잉률 　• 옥탄가, 세탄가 2. 기관의 성능 　• 출력 성능, 운전 성능, 경제 성능, 대공해 성능, 형태 성능, 내구성능 등 　• 흡입공기의 체적 효율/충진 효율, 기관의 효율, 과급과 과급기 　• 배기가스의 환경오염 저감 방법의 종류 및 특성

시험과목	주요항목	세부항목
		3. 기관의 연료 및 노크 • 연료의 분류, 가솔린기관 연료, 디젤기관 연료, 노크의 발생원인과 방지책 4. 기관의 연소 • 가솔린기관/디젤기관 혼합기생성 • 연료 무화 3대 조건, 연료 분사 장치 5. 냉각과 윤활 • 냉각방식의 열 부하, 윤활의 목적/종류, 윤활유 구비 조건, 윤활방식 및 장치 6. 기관주요부의 운동 7. 외연기관 • 가스터빈사이클의 종류와 열효율 8. 냉동 사이클 • 냉동 사이클의 종류, 성적계수, 냉동능력 등
	7. 유체역학	1. 유체의 기초 개념 • 유체의 정의 , 성질 및 구분 • 차원과 단위, 밀도, 비중량, 비체적, 비중 등 • 점도, 동점도 등 • 표면장력과 모세관 현상 2. 유체 정역학 • 절대압력/계기압력, 정지유체 속의 물체에 작용하는 힘, 부력과 안전성 • 전압, 정압, 동압의 개념 3. 유체 운동학과 운동량의 법칙 • 흐름의 특성 : 정상류와 비정상류/점성유체와 비점성유체 • 레이놀즈 변환이론, 연속 방정식, 오일러 운동 방정식, 베르누이 방정식 • 역적과 운동량, 각 운동량, 운동에너지와 수정계수 • 관속의 흐름/분류(Jet) 흐름, 공동현상 4. 차원해석과 상사법칙 • 유체역학에서 무차원수의 의미(레이놀즈수, 프란틀수, 누셀수, 마하수, 그레츠수, 프루드수 등) 5. 관속의 유체흐름(층류/난류)과 경계층이론 • 관마찰계수, 이음부와 밸브 내 손실, 층류 경계층, 난류 경계층, 압력 구배와 전단력 • 상당길이, 조도 6. 평판의 유체마찰 7. 비정상류와 파동 : 수격작용(water hammer action) 8. 유체 계측 : 밀도, 비중, 점성계수, 정압, 유속, 유량의 측정

시험과목	주요항목	세부항목

	8. 유체기계	1. 유체기계의 분류
		2. 펌프
		  1) 원심 펌프
		    • 분류 및 구조, 이론, 손실과 효율, 비속도
		    • 펌프설계 및 특성곡선, 축추력과 방지책
		    • 공동현상, 수격작용, 서징의 개념 및 방지책
		  2) 왕복펌프
		    • 분류와 구조, 이론, 배수곡선, 효율
		  3) 특수펌프 : 분사펌프, 기포펌프, 재생펌프 등
		  4) 펌프의 제현상 : 공동현상, 서징현상, 수격현상 등
		  5) 펌프의 동력계산
		  6) 동력의 종류: 수동력, 축동력, 전동기동력
		3. 공기기계
		  1) 공기기계의 분류, 풍량과 풍압, 동력과 효율, 온도상승 등
		  2) 송풍기와 압축기
		    • 분류와 구조, 압축이론, 비속도와 효율, 특성, 설계 계산
		    • 서징 현상, 선회실속, 콕킹, 공진현상
		4. 유체 수송장치 : 수력 컨베이어, 공기 수송기

	9. 유공압기기	1. 유공압기기의 종류, 특징
		  • 유공압 응용기기, 자동제어와 유공압, 유공압장치의 구성
		2. 유공압공학의 기초 이론
		  • 유체 정역학 및 동역학, 운동량의 법칙
		  • 유체마찰, 관로의 흐름과 압력손실, 서징 현상 또는 오일 해머링
		3. 유압유
		  • 종류 및 구비조건, 첨가제 종류와 작용, 유압유의 특성과 적정점도, 보수
		4. 유공압펌프
		  • 종류와 특성, 성능, 공동현상, 소음 발생원인과 대책
		5. 유공압 액츄에이터
		  • 실린더, 회전모터, 요동형 액츄에이터
		6. 유공압제어밸브
		  • 유공압/유량/방향 제어밸브 종류, 기능 및 특성
		  • 서보밸브 기능 및 특성
		7. 유공압 부속기기
		  • 축압기, 여과기, 냉각기기, 탱크, 공기청정기, 유공압부스터, 배관
		8. 유공압 기본 회로
		  • 구성 및 건설기계 적용사례, 압력/속도/방향 제어회로
		  • 유공압 모터 제어회로, 피드백 제어회로, 시퀀스 제어회로 등

시험과목	주요항목	세부항목

	10. 금속재료	1. 금속재료의 성질과 분류
		  • 금속의 결정구조, 금속의 변태, 소성
		2. 재료 시험 : 기계적 시험과 조직시험
		3. 철강재료의 기본특성과 용도
		  • 탄소강의 조직/성질/용도
		  • 주철 및 주강 : 주철의 종류, 특성, 조직 및 금속원소들의 영향
		  • 구조용강의 종류, 특성
		  • 특수강의 종류 및 용도, 합급 원소들의 영향
		4. 비철금속재료의 기본 특성과 용도
		  • 구리, 알루미늄, 마그네슘, 니켈, 아연, 티타늄, 주석, 납과 그 합금
		5. 비금속 재료
		  • 내열재료와 보온재료, 패킹과 벨트용 재료, 합성수지 및 엔지니어링 플라스틱 재료, 파인 세라믹스 등
		6. 열처리와 표면처리
		  • 일반 열처리(담금질, 뜨임, 풀림, 불림 등), 항온 열처리와 변태곡선, 기본열처리, 일반 열처리
		  • 표면 경화법 : 침탄법, 질화법, 화염경화법, 고주파경화법, 금속침투법, 화학적표면경화 열처리, 물리적표면경화열처리
		7. 금속의 부식방지법
		  • 전자제어 : 희생양극법, 외부전원법, 배류법
		  • 산소접촉방지 : 도장, 코팅, 도금 등

	11. 용접공학	1. 용접방식의 분류 및 적용
		  • 아크 용접, 가스용접, 특수용접, 압접, 납땜 등
		2. 용접 열영향부의 역학적 성질
		  • 용접 열영향부(HAZ), 연속 냉각 변태곡선 (CCT curve) 등
		3. 용접 이음의 강도설계
		4. 용접 잔류 응력과 용접 변형 : 발생 원인과 방지대책
		5. 용접 결함의 종류와 특징
		6. 균열의 종류 및 발생원인, 방지대책
		7. 용접부의 시험과 검사
		  • 비파괴 검사법의 원리와 특성

□ 면접시험

직무 분야	기계	중직무 분야	기계장비 설비·설치	자격 종목	건설기계기술사	적용 기간	2023.1.1.~2026.12.31

○ 직무내용 : 건설기계 분야에 관한 고도의 전문지식과 실무경험에 입각한 계획, 연구, 설계, 분석, 시험, 운영, 시공, 평가 또는 이에 관한 지도, 감리 등의 직무 수행.

검정방법	구술형 면접시험	시험시간	15~40분 내외

면접항목	주요항목	세부항목
토목기계, 포장기계, 준설선, 건설플랜트기계설비, 그 밖에 건설기계에 관한 전문지식/기술	1. 건설기계와 시공법	1. 건설기계 일반 • 건설기계의 발전 및 개발 과제, 적용되는 첨단기술 • 건설기계의 분류 및 구비조건 • 동력 전달기구, 마력의 종류, 견인력과 견인계수, 주행저항 등 • 건설기계의 안전장치 및 안전기준 2. 작업종류별 분류, 구조 및 기능, 특성, 작업능력 • 토공 및 적재 기계, 운반 기계, 기중기, 기초공사용/터널 공사용 기계 • 골재생산 기계, 포장 기계, 준설선 및 해상공사용 기계 3. 건설기계의 운용 및 시공관리 • 재해유형과 안전대책, 건설공해의 종류/원인/방지대책 • 정비보수와 개선대책, 기계경비 산정방식/성능관리, 작업효율과 기계조합 4. 건설기계의 기계화 시공 실무 • 구조물/부속장치의 설계 및 제원 확정, 현장시공 및 감리, 공정표 작성 • 기계설비 견적, 구매, 조달, 시공 및 정산 5. 건설기계의 사고 및 파손분석−사고원인 및 대책
	2. 플랜트 및 기계설비 시공	1. 플랜트 기계설비의 종류 및 특성, 기계장비 투입 계획 • 플랜트 종류별(수력/화력/원자력/열병합/조력/풍력/태양광발전소, 지역난방설비, 화학공장, 액화천연가스 저장기지 및 배관망, 소각로, 물류창고, 환경설비, 제철소, 담수플랜트, 해양플랜트 등) 사업계획, 타당성조사, 설계, 구매 및 조달, 건설, 유지보수 • 기초공사, 구조물 공사, 기계 설치공사, 배관제작/설치 공사(공장제작배관/현장제작배관), 닥트(Duct) 공사, 도장공사, 보온공사 • 설비시운전 및 성능시험

면접항목	주요항목	세부항목
		2. 기계 설비공사의 입찰, 계약, 사업수행단계의 순서와 각 단계별 사업계획 및 실행 방안 3. 공사 계약 방식의 차이점 및 장단점 4. 중량물 운반 및 시공 장비 계획 5. 건설공사의 자동화 시공과 안전대책, 환경공해 방지대책
	3. 재료역학	1. 기계공학설계의 기본고려사항 • 하중, 각종응력과 변형율, 계수(인장응력, 전단응력, 탄성응력, 열응력 등) • 허용응력과 안전율, 응력집중 2. 재료의 정역학 • 응력과 변형의 해석, 탄성에너지와 충격응력의 관계 • 압력을 받는 원통형 용기의 응력 3. 응력해석 • 경사평면에서의 발생응력, 평면응력, 평면변형률 • 인장, 굽힘 및 비틀림에 의한 응력 4. 보의 응력 및 처짐 • 굽힘 응력과 전단 응력, 조합 응력 • 보의 처짐 각과 처짐 량 5. 부정정보 및 균일강도의 보 • 부정정보/연속보의 응력 및 처짐, 카스틸리아노 정리 6. 기둥 : 좌굴/세장비
	4. 기계요소설계	1. 표준규격 : KS, ISO 2. 재료의 강도 : 하중의 종류, 기계적 성질, 응력집중, 크리프, 피로 3. 공차 • 치수공차와 끼워맞춤, 표면거칠기, 기하공차 4. 결합용 요소설계 • 체결 및 동력 전달용 요소의 역할 설계 • 용접결합부/리벳이음의 강도와 설계 5. 축과 축이음 • 축의 종류, 강도 설계, 위험속도계산 • 축이음의 종류, 커플링/클러치의 설계 6. 베어링 및 윤활 • 구름베어링 종류, 수명 및 선정, 윤활법 및 윤활제 • 미끄럼베어링 종류, 재료, 윤활면의 형식 및 수명, 미끄럼베어링의 기본설계, 윤활법 및 윤활제 7. 브레이크 장치 • 브레이크의 종류, 브레이크 용량, 제동력 • 라쳇휠과 플라이휠

면접항목	주요항목	세부항목

		8. 스프링의 종류, 허용 응력, 에너지 저장용량, 피로하중
		9. 감아걸기 전동장치
		  • 벨트 전동장치, 와이어로프 전동장치, 체인 전동장치
		10. 기어 장치
		  • 기어의 종류, 치형, 강도해석, 효율
		11. 마찰전동장치 : 종류, 재질, 전달동력
		12. 이송장치
		  • 이송장치의 종류 및 특징
		  • 이송장치의 용량계산 방법

	5. 열역학	1. 기초사항
		  • 열평형, 일, 에너지, 열량, 동력, 비열, 잠열 및 감열, 압력, 비체적 단위 등
		2. 열과 일
		  • 열역학 1 법칙, 내부에너지, 엔탈피, 에너지식, 절대일과 공업일
		3. 이상기체(완전가스)
		  • 이상기체(완전가스)의 특성, 일반가스 정수
		  • 상태변화(등적, 등압, 등온, 단열, etc.) 혼합에 대한 성질(property) 등
		4. 열역학 제2법칙과 엔트로피
		  • 제2법칙의 정의, 열기관과 효율, 카르노 사이클
		  • 엔트로피의 변화량, 일반식, 증가의 원리
		  • 유효에너지와 최대일
		5. 가스 압축
		  • 압축 cycle, 왕복식 압축기/속도형 압축기, 송풍기
		6. 증기
		  • 습증기성질
		  • 증기의 열적 상태량
		  • 증기의 상태변화
		  • 증기사이클(랭킨, 재열, 재생, etc), 왕복식 압축기/속도형 압축기, 송풍기

	6. 내·외연기관	1. 내연기관의 개요 및 열기관 사이클
		  • 오토/디젤/사바테 사이클 비교, 연료−공기 사이클, 열효율과 열정산
		  • 공연비, 공기과잉률
		  • 옥탄가, 세탄가
		2. 기관의 성능
		  • 출력 성능, 운전 성능, 경제 성능, 대공해 성능, 형태 성능, 내구성능 등
		  • 흡입공기의 체적 효율/충진 효율, 기관의 효율, 과급과 과급기
		  • 배기가스의 환경오염 저감 방법의 종류 및 특성

면접항목	주요항목	세부항목
		3. 기관의 연료 및 노크 • 연료의 분류, 가솔린기관 연료, 디젤기관 연료, 노크의 발생원인과 방지책 4. 기관의 연소 • 가솔린기관/디젤기관 혼합기생성 • 연료 무화 3대 조건, 연료 분사 장치 5. 냉각과 윤활 • 냉각방식의 열 부하, 윤활의 목적/종류, 윤활유 구비 조건, 윤활방식 및 장치 6. 기관주요부의 운동 7. 외연기관 • 가스터빈사이클의 종류와 열효율 8. 냉동 사이클 • 냉동 사이클의 종류, 성적계수, 냉동능력 등
	7. 유체역학	1. 유체의 기초 개념 • 유체의 정의 , 성질 및 구분 • 차원과 단위, 밀도, 비중량, 비체적, 비중 등 • 점도, 동점도 등 • 표면장력과 모세관 현상 2. 유체 정역학 • 절대압력/계기압력, 정지유체 속의 물체에 작용하는 힘, 부력과 안전성 • 전압, 정압, 동압의 개념 3. 유체 운동학과 운동량의 법칙 • 흐름의 특성 : 정상류와 비정상류/점성유체와 비점성유체 • 레이놀즈 변환이론, 연속 방정식, 오일러 운동 방정식, 베르누이 방정식 • 역적과 운동량, 각 운동량, 운동에너지와 수정계수 • 관속의 흐름/분류(Jet) 흐름, 공동현상 4. 차원해석과 상사법칙 • 유체역학에서 무차원수의 의미(레이놀즈수, 프란틀수, 누셀수, 마하수, 그레츠수, 프루드수 등) 5. 관속의 유체흐름(층류/난류)과 경계층이론 • 관마찰계수, 이음부와 밸브 내 손실, 층류 경계층, 난류 경계층, 압력 구배와 전단력 • 상당길이, 조도 6. 평판의 유체마찰 7. 비정상류와 파동 : 수격작용(water hammer action) 8. 유체 계측 : 밀도, 비중, 점성계수, 정압, 유속, 유량의 측정

면접항목	주요항목	세부항목
	8. 유체기계	1. 유체기계의 분류 2. 펌프 　1) 원심 펌프 　　• 분류 및 구조, 이론, 손실과 효율, 비속도 　　• 펌프설계 및 특성곡선, 축추력과 방지책 　　• 공동현상, 수격작용, 서징의 개념 및 방지책 　2) 왕복펌프 　　• 분류와 구조, 이론, 배수곡선, 효율 　3) 특수펌프 : 분사펌프, 기포펌프, 재생펌프 등 　4) 펌프의 제현상 : 공동현상, 서징현상, 수격현상 등 　5) 펌프의 동력계산 　6) 동력의 종류: 수동력, 축동력, 전동기동력 3. 공기기계 　1) 공기기계의 분류, 풍량과 풍압, 동력과 효율, 온도상승 등 　2) 송풍기와 압축기 　　• 분류와 구조, 압축이론, 비속도와 효율, 특성, 설계 계산 　　• 서징 현상, 선회실속, 콕킹, 공진현상 4. 유체 수송장치 : 수력 컨베이어, 공기 수송기
	9. 유공압기기	1. 유공압기기의 종류, 특징 　• 유공압 응용기기, 자동제어와 유공압, 유공압장치의 구성 2. 유공압공학의 기초 이론 　• 유체 정역학 및 동역학, 운동량의 법칙 　• 유체마찰, 관로의 흐름과 압력손실, 서징 현상 또는 오일 해머링 3. 유압유 　• 종류 및 구비조건, 첨가제 종류와 작용, 유압유의 특성과 적정점도, 보수 4. 유공압펌프 　• 종류와 특성, 성능, 공동현상, 소음 발생원인과 대책 5. 유공압 액츄에이터 　• 실린더, 회전모터, 요동형 액츄에이터 6. 유공압제어밸브 　• 유공압/유량/방향 제어밸브 종류, 기능 및 특성 　• 서보밸브 기능 및 특성 7. 유공압 부속기기 　• 축압기, 여과기, 냉각기기, 탱크, 공기청정기, 유공압부스터, 배관

면접항목	주요항목	세부항목
		8. 유공압 기본 회로 • 구성 및 건설기계 적용사례, 압력/속도/방향 제어회로 • 유공압 모터 제어회로, 피드백 제어회로, 시퀀스 제어회로 등
	10. 금속재료	1. 금속재료의 성질과 분류 • 금속의 결정구조, 금속의 변태, 소성 2. 재료 시험 : 기계적 시험과 조직시험 3. 철강재료의 기본특성과 용도 • 탄소강의 조직/성질/용도 • 주철 및 주강 : 주철의 종류, 특성, 조직 및 금속원소들의 영향 • 구조용강의 종류, 특성 • 특수강의 종류 및 용도, 합금 원소들의 영향 4. 비철금속재료의 기본 특성과 용도 • 구리, 알루미늄, 마그네슘, 니켈, 아연, 티타늄, 주석, 납과 그 합금 5. 비금속 재료 • 내열재료와 보온재료, 패킹과 벨트용 재료, 합성수지 및 엔지니어링 플라스틱 재료, 파인세라믹스 등 6. 열처리와 표면처리 • 일반 열처리(담금질, 뜨임, 풀림, 불림 등), 항온 열처리와 변태곡선, 기본열처리, 일반 열처리 • 표면 경화법 : 침탄법, 질화법, 화염경화법, 고주파경화법, 금속침투법, 화학적표면경화열처리, 물리적표면경화열처리 7. 금속의 부식방지법 • 전자제어: 희생양극법, 외부전원법, 배류법 • 산소접촉방지 : 도장, 코팅, 도금 등
	11. 용접공학	1. 용접방식의 분류 및 적용 • 아크 용접, 가스용접, 특수용접, 압접, 납땜 등 2. 용접 열영향부의 역학적 성질 • 용접 열영향부(HAZ), 연속 냉각 변태곡선(CCT curve) 등 3. 용접 이음의 강도설계 4. 용접 잔류 응력과 용접 변형 : 발생 원인과 방지대책 5. 용접 결함의 종류와 특징 6. 균열의 종류 및 발생원인, 방지대책 7. 용접부의 시험과 검사 • 비파괴 검사법의 원리와 특성
품위 및 자질	12. 기술사로서 품위 및 자질	1. 기술사 갖추어야 할 주된 자질, 사명감, 인성 2. 기술사 자기개발 과제

※ 10권 이상은 분철(최대 10권 이내)

제 회

국가기술자격검정 기술사 필기시험 답안지(제1교시)

제1교시	종목명	

수험자 확인사항
☑ 체크바랍니다.

1. 문제지 인쇄 상태 및 수험자 응시 종목 일치 여부를 확인하였습니다. 확인 ☐
2. 답안지 인적 사항 기재란 외에 수험번호 및 성명 등 특정인임을 암시하는 표시가 없음을 확인하였습니다. 확인 ☐
3. 지워지는 펜, 연필류, 유색 필기구 등을 사용하지 않았습니다. 확인 ☐
4. 답안지 작성 시 유의사항을 읽고 확인하였습니다. 확인 ☐

⟨ 답안지 작성 시 유의사항 ⟩

1. 답안지는 표지 및 연습지를 제외하고 총 7매(14면)이며, 교부받는 즉시 매수, 페이지 순서 등 정상 여부를 반드시 확인하고 1매라도 분리되거나 훼손하여서는 안 됩니다.
2. 시험문제지가 본인의 응시종목과 일치하는지 확인하고, 시행 회, 종목명, 수험번호, 성명을 정확하게 기재하여야 합니다.
3. 수험자 인적사항 및 답안작성(계산식 포함)은 **지워지지 않는 검은색 필기구만을 계속 사용**하여야 합니다.
4. 답안 정정 시에는 두 줄(=)을 긋고 다시 기재 가능하며 **수정테이프 사용 또한 가능**합니다.
5. 답안작성 시 자(직선자, 곡선자, 템플릿 등)를 사용할 수 있습니다.
6. 문제의 순서에 관계없이 답안을 작성하여도 되나 주어진 **문제번호와 문제를 기재**한 후 답안을 작성하고 전문용어는 원어로 기재하여도 무방합니다.
7. 요구한 문제 수보다 많은 문제를 답하는 경우 기재순으로 요구한 문제 수까지 채점하고 나머지 문제는 채점대상에서 제외됩니다.
8. 답안작성 시 답안지 양면의 페이지순으로 작성하시기 바랍니다.
9. 기 작성한 문항 전체를 삭제하고자 할 경우 반드시 해당 문항의 답안 전체에 대하여 명확하게 X표시(X표시한 답안은 채점대상에서 제외)하시기 바랍니다.
10. 수험자는 시험시간이 종료되면 즉시 답안작성을 멈춰야 하며, 종료시간 이후 계속 답안을 작성하거나 감독위원의 **답안지 제출지시에 불응할 때에는 당회 시험을 무효** 처리합니다.
11. 각 문제의 답안작성이 끝나면 바로 옆에 "**끝**"이라고 쓰고, 최종 답안작성이 끝나면 줄을 바꾸어 중앙에 "**이하 여백**"이라고 써야 합니다.
12. 다음 각호에 1개라도 해당되는 경우 답안지 전체 혹은 해당 문항이 0점 처리됩니다.

　⟨답안지 전체⟩
　　1) 인적사항 기재란 이외의 곳에 성명 또는 수험번호를 기재한 경우
　　2) 답안지(연습지 포함)에 답안과 관련 없는 특수한 표시를 하거나 특정인임을 암시하는 경우
　⟨해당 문항⟩
　　1) 지워지는 펜, 연필류, 유색 필기류, 2가지 이상 색 혼합사용 등으로 작성한 경우

※ 부정행위처리규정은 뒷면 참조

HRDK 한국산업인력공단
Human Resources Development Service of Korea

부정행위 처리규정

국가기술자격법 제10조 제6항, 같은 법 시행규칙 제15조에 따라 국가기술자격검정에서 부정행위를 한 응시자에 대하여는 당해 검정을 정지 또는 무효로 하고 3년간 이법에 따른 검정에 응시할 수 있는 자격이 정지됩니다.

1. 시험 중 다른 수험자와 시험과 관련된 대화를 하는 행위
2. 답안지를 교환하는 행위
3. 시험 중에 다른 수험자의 답안지 또는 문제지를 엿보고 자신의 답안지를 작성하는 행위
4. 다른 수험자를 위하여 답안을 알려주거나 엿보게 하는 행위
5. 시험 중 시험문제 내용과 관련된 물건을 휴대하여 사용하거나 이를 주고 받는 행위
6. 시험장 내외의 자로부터 도움을 받고 답안지를 작성하는 행위
7. 미리 시험문제를 알고 시험을 치른 행위
8. 다른 수험자와 성명 또는 수험번호를 바꾸어 제출하는 행위
9. 대리시험을 치르거나 치르게 하는 행위
10. 수험자가 시험시간에 통신기기 및 전자기기[휴대용 전화기, 휴대용 개인정보 단말기(PDA), 휴대용 멀티미디어 재생장치(PMP), 휴대용 컴퓨터, 휴대용 카세트, 디지털 카메라, 음성파일 변환기(MP3), 휴대용 게임기, 전자사전, 카메라 부착 펜, 시각표시 외의 기능이 부착된 시계]를 사용하여 답안지를 작성하거나 다른 수험자를 위하여 답안을 송신하는 행위
11. 그 밖에 부정 또는 불공정한 방법으로 시험을 치르는 행위

[연 습 지]

※ 연습지에 성명 및 수험번호를 기재하지 마십시오.
※ 연습지에 기재한 사항은 채점하지 않으나 분리 훼손하면 안 됩니다.

번호		

차 례

[상권]

CHAPTER 1 기계설계학

CHAPTER 2 재료역학 및 기계재료

[재료역학]

CHAPTER **3** 용접공학

CHAPTER 4 **디젤 기관**

CHAPTER **5** 건설기계

[하권]

CHAPTER 6 건설기계화 시공

CHAPTER 7 유공압 및 진동학

[유공압]

[진동학]

CHAPTER 부록 과년도 출제문제

CHAPTER 06

건설기계화 시공

Section 1 건설기계의 구비 조건

① 개요

일반적으로 건설기계는 토사, 암석, 콘크리트, 아스팔트 등의 공사용 재료를 다루기 때문에 자동차 등의 기계류에 비하여 열악한 조건하에서 사용하게 되므로 충격과 진동 등에 의한 동적인 중하중을 항상 받는 관계로 인하여 다음과 같은 구비 조건이 필요하다.

② 건설기계의 구비 조건

(1) 내구성

암석 혹은 지면의 요철 등에 의한 충격, 하중 마모, 부식, 반복 응력 등에 견딜 수 있어야 한다.

① 각 부분품은 모든 충격, 하중, 진동 등에 견딜 수 있는 구조로 되어야 하고 이에 적합한 재료로 제작되어야 한다.

② 기계의 사용이 예상되는 제반 작업 조건을 고려하여 제작되어야 한다. 예를 들면, 먼지를 제거하기 위한 고성능의 공기 청정기(air cleaner), 하천 공사 혹은 우천시의 작업을 위한 내수성 전장품 등을 말한다.

③ 기계의 주요 부분은 단순 구조(unit construction)로 하여 정비 혹은 수리를 간단, 용이하게 하고 열처리에 의한 부분품의 내마모성을 높여야 한다.

④ 기계 부분의 점검, 주유, 조정 등의 작업을 신속, 용이하게 할 수 있도록 제작되어야 한다.

⑤ 기계 운영상으로 집중 주유 방식을 채택하여 이에 적합한 연료와 윤활유가 공급되도록 제작되어야 한다.

(2) 안전성

취급 혹은 조작이 용이하고 간단하게 운반되며 어떠한 공사 현장에서도 안전하게 운전할 수 있어야 한다.

(3) 정비성

산간 벽지에서도 점검, 정비, 수리 등을 용이하게 할 수 있고 정비공 수가 적게 소요되도록 제작되어야 한다.

(4) 범용성

어떠한 작업 환경, 작업 조건에 쉽게 적응하고 운전 방법에 불편이 없어야 한다.

(5) 시공 능력

최소의 인원과 경비로 최대의 시공 능력을 발휘하여 경제성을 유지하여야 한다.

(6) 신뢰성

내구성, 안전성, 정비성, 범용성, 시공 능력 등의 제반 성능이 종합되어 고장없이 만족하게 가동될 수 있어야 한다.

Section 2 건설기계화의 발전

1 개요

우리 나라는 1945년 이전에 기관차와 토운차, 드롭, 해머 윈치, 롤러, 데릭·크레인 등을 건설 공사에 사용한 실례를 갖고 있으며 1945년 이후 미군에 의해 보급되었으나 6·25로 인하여 노후화되고 전쟁 후에는 군장비로 건설기계가 공급되어 훈련된 기술 장병 등이 제대하여 전후 복구 등 건설 분야에서 선도적 역할을 수행하였다.

2 건설기계화의 발전

① 1954~1960년까지는 미국의 경제 원조에 의하여 주로 토공사용 기계, 아스팔트 포장용 기계, 항만 건설용 기계 등이 보급되어 도로, 하천, 항만, 철도, 농지 개량 등의 공사에 사용된 바 있다.

② 1960년대에 경제개발계획이 강력히 추진되면서 1962년에는 울산공업단지 조성 공사용으로 미제 신형 기계가 도입, 현대화된 기계 시공법을 적용하여 능률적인 작업을 하였으며 이 기계들은 그 후 남강댐 공사를 완공하는 데까지 크게 기여하였다.

③ 1965년에는 농지 개량 사업 등으로 일제 불도저가 200대, 1966년에는 각종 건설기계가 400여 대 등이 각각 도입되어 각 시도에 배치, 활용하게 됨으로써 건설기계화는 본격적으로 시작되었다.

④ 그 후 1966년의 중기관리법의 제정 및 경인, 경부 고속도로 공사로 인하여 기계의 보유가 가능해지자 동공사에 참여한 건설업자 등은 고성능의 신형 기계를 운영하면서 기계 시공법을 터득하는 일대 전기를 맞게 되었고, 이 시기에 도입된 기계 대수는 약 5,000대 정도가 되었다.

⑤ 1968년에는 소양강댐 공사용으로 18톤급 전용 덤프트럭을 비롯한 각종 신형 기계가 도입되는 등 1960년대에는 신형, 대형 기계를 사용하여 대규모 공사를 시공함으로서 시공 기술의 축적과 기계의 운영 관리 기법을 터득할 수 있었다.

⑥ 1970년대에 들어서면서 해외 건설 공사에 진출하는 원동력이 되어 월남을 비롯한 동남아 지역과 중동 지역에서 그 실력을 유감없이 발휘하여 우리 나라의 경제 신장의 일익을 담당하였다.

⑦ 1980년을 전후해서는 건축 공사, 지하철 공사, 도로 포장 공사 등이 활발하여 특히 콘크리트 기계와 포장 기계 등의 신형이 도입되면서 시공법의 개선과 품질 향상에 기여하였다. 특히 1980~1983년의 소유 형태별 증가 추세를 분석해 보면 콘크리트 기계는 건설업체 120%, 대여업체 105%, 제조업 69%가 각각 증가하였다. 1980년대에 이러한 콘크리트 기계의 증가는 고층 빌딩 건설, 지하철 건설, 올림픽 시공 공사 등 콘크리트 공사의 대형화로에 따른 작업 물량의 증대에 기인하여 모터 스크레이퍼와 롤러의 감소는 최근의 굴삭, 적재, 운반 등의 토공사는 주로 유압식 굴삭기와 12톤 이상의 덤프트럭의 조합 작업으로 실시되고 있는 것으로 풀이된다.

⑧ 또한 1975년에 개정된 중기관리법에 의거 허가제로 양생됨에 따라 중기 대여업이 급신장하여 전체 중 기계의 30~40%가량 점유하고 있으며 대여 업체간에 발생하는 경쟁심은 신형 혹은 고성능 기계의 사용을 유발하는 작용도 하게 되어 시공 기술의 발전과 품질 향상에 많은 기여를 하고 있으며 이와 같은 추세는 앞으로 계속될 전망이다.

Section 3 시공 기술의 발전

1 토공사

① 1950년대는 정부 기관 등에서 보유한 각종의 건설기계를 사용하여 인력으로 불가능한 작업을 하거나 기계력을 이용하여 작업량의 증대를 목표로 삼았다.

② 1962년에는 울산공업단지 조성용으로 유압식 불도저, 유압식 모터 스크레이퍼, 덤프트럭, 유압식 리퍼(ripper), 파워 셔블 등 대형의 신기종이 도입되어 처음으로 유압식 리퍼에 의하여 연암 굴삭 공법을 적용하여 도로 공사를 하였고 모터 스크레이퍼와 불도저의 조합으로 토사 굴삭 운반 작업, 파워 셔블과 덤프트럭의 조합에 의한 굴삭, 적재, 운반 작업 등도 처음으로 시도된 시공법이었다.

③ 1965~1966년에 도입된 유압식 불도저는 농경지 정리 작업에 투입되어 영농 기계화의 기반 조성에 활용되고 차량식 로터는 토사 적재 공법을 바꾸어 놓았으며, 덤프트럭 8톤은 작업의 능률화와 운반 단가를 절감시키는 데 공헌하였다.

④ 1967~1970년에는 고속도로 공사와 소양강댐 공사용으로 불도저, 모터 스크레이퍼, 무한궤도식 로더, 파워 셔블, 롤러, 래머, 콤팩터 등의 대형화된 신기종의 중기가 도

입되어 시공 기술의 현대화에 크게 공헌하였으며, 특히 성능이 좋은 다짐 기계의 사용으로 다짐 공법의 개선을 가져왔다. 또한, 소양강댐 공사에서 위의 기종 외 버킷, 휠, 굴삭기 전용 덤프, 트럭의 도입으로 굴삭, 적재, 운반 작업의 향상으로 공사비 절감에 기여하였다.

⑤ 1969년에 전유압식 백 호가 처음으로 도입되어 건축 및 지하철 공사를 비롯한 각종 굴삭 적재 작업에 능률적으로 사용됨에 따라 그 수요가 70년대에 급증하여 굴삭 · 적재 · 운반 공법을 바꿔 놓았다.

② 기초 공사

① 1966년 이전까지는 기초 공사용 말뚝박기에 주로 드롭 해머 혹은 스팀 해머를 사용하였으나 1966년부터는 디젤 해머가 도입됨에 따라 건축, 항만, 교량 등의 각종 공사에 널리 보급, 활용되고 있다. 말뚝은 철근 콘크리트 말뚝, 강관 말뚝, PC 말뚝 등 여러 가지 종류에 구조물의 하중 증대에 따라 그 규격이 대형화되므로 디젤 해머도 점차 대형화되었다.

② 진동 파일 : 파일 드라이버(pile driver)는 1960년대 후기에 도입되어 시트 파일 박기 또는 빼기에 효과적으로 사용되는 한편, 연약 지반때문에 디젤 해머를 사용할 수 없을 때 항타용으로도 이용된다.

③ 1960년대 말부터는 교량 및 지하철 공사 등에 리버 서큘레이션 드릴, 보링 머신, 어스 드릴, 어스 오거 등을 사용하여 기초 공사의 능률화를 이루었다.

③ 아스팔트 포장 공사

1966년 이전까지 재래식의 포장 기계에 의하여 실시되었으나 1967년 이후부터는 신형의 아스팔트 플랜트, 아스팔트 피니셔, 진동 롤러, 타이어 롤러 등을 사용함으로서 아스팔트 혼합재의 균질성, 시공면의 평탄성이 향상되었고 이에 따라 시공 기술도 발전하였다.

④ 콘크리트 공사

① 1950년대의 콘크리크 혼합 작업은 주로 인력에 의존하였으나 1960년대부터 콘크리트 믹서를 사용함에 따라 혼합재의 균질성 향상으로 콘크리트의 품질이 좋아졌으며 콘크리크 댐 공사에 콘크리트 플랜트, 콘크리크 버킷, 콘크리트 펌프, 케이블 크레인 또는 지브 크레인 등을 사용하여 작업을 능률화하며 공사비 절감에 기여하였다.

② 1970년대에는 강제 혼합식 콘크리크 플랜트, 트럭 믹서, 고성능 콘크리트 펌프 등의 보급으로 건축, 지하철, 터널, 교량 등 공사에서 콘크리트 작업이 능률화되어 공기 단축, 공사비 절감, 품질 향상 등의 효과를 얻게 되었다.

③ 1980년대 초부터는 고속도로 및 국도 포장을 시멘트, 콘크리트로 시공함에 따라 신형의 콘크리트, 플랜트를 비롯한 콘크리트 스프레더, 콘크리트 피니셔, 콘크리트 기계, 콘크리트 커터 등의 사용이 많아졌다. 특히 90년 초의 고속도로 공사가 대부분 콘크리트로 이루어짐에 따라 그 사용도가 급증하였다.

⑤ 건축 공사

1970년대에 들어서면서 건축용 기계는 드롭 해머가 디젤 해머 혹은 진동 파일 드라이브로, 데릭 크레인이 자주식 크레인 혹은 타워 크레인으로, 콘크리트 타워는 콘크리트 펌프로 바뀌고 최근에는 고층 빌딩 건축 공사에 하역용 엘리베이터의 사용이 증가하고 있다.

⑥ 기타

암공사에는 대형화한 공기 압축기와 왜건 드릴, 점보 드릴의 조합 이외에 고성능의 유압 장치를 가진 굴착기가 나와 지하철 원유 저장 시설 등의 공사에 효과적으로 사용되고 있다.

Section 4 건설기계의 선정 시 고려사항과 표준기계의 용량산출

① 개요

기계화 시공에 있어서는 사용되는 건설기계의 종류, 형식, 용량 등에 대한 선정의 양부가 공사비에 지대한 영향을 미친다. 따라서 건설 공사의 계획, 설계 및 원가 계산, 시공시에는 다음 사항에 대하여 조사, 검사 후 가장 적합성을 가진 기계를 선정함이 필요하다.

② 건설기계의 선정 시 고려사항과 표준기계의 용량산출

(1) 건설기계 선정 시 고려해야 할 사항

1) 공사 종류 및 작업 종류의 분류

건설 공사는 토공사, 가설 공사, 기초 공사, 콘크리트 공사, 포장 공사, 터널 공사 등 기능적으로 분류하고 분류된 각 공사를 다시 작업 형태에 의하여 재분류하여 각각의 작업에 적합한 기종을 1차적으로 선정한다.

2) 토질 혹은 암질과 작업 조건의 검사

작업 대상이 되는 토질 혹은 암질에 따라 1차적으로 선정된 기계의 형식을 검토하게 된다. 예를 들어, 연약 지반에서 불도저 작업을 한 때에는 습식 불도저가 적합하고 굴삭된 토사류, 골재, 파쇄석 등의 집적 혹은 80m 정도의 운반 작업에는 타이어 도저가 능률적이다. 로드가 협소한 장소에서 덤프트럭과 조합 작업을 할 때에는 프런트 엔드 로더 (front end loader)보다 사이드 덤프 로더(side dump loader)가 유리하고, 굴삭, 적재 작업에서도 토질, 굴삭 깊이, 굴삭 범위에 따라 시공법을 달리하는 경우가 있다.

3) 작업 물량과 기계 조합의 검사

일반적으로 작업 물량이 많으면 용량이 큰 기계를 사용하게 되며 이것은 주로 공사가 기계 조합으로 흐름 작업을 하는 경우에 해당된다.

예를 들면, 로더와 덤프트럭에 의한 적재, 운반 작업에서 로드의 적재 작업이 주작업이 되므로 도로 조건이 허용하는 범위에서 로더 용량에 적합한 대형의 덤프트럭을 사용하는 것이 능률적이다.

4) 공기 혹은 시공 품질과의 관계

공사 발주자의 요구에 따라 대량의 물량을 단기간에 처리해야 되거나 시공하는 경우에는 시공 속도를 정상 속도 이상으로 조치해야 되므로 사용되는 기계 용량의 대형화는 불가피하게 되고 특별 주문에 의하여 시공 품질을 달리하기 위한 특수 공법을 적용할 때에는 특수 기계를 선정하는 경우도 있게 된다.

5) 작업 환경의 영향

시가지, 주택지 등에서 공사할 때에는 소음이나 진동의 공해 문제, 작업 도로의 협소, 가공 전선의 방해 등으로 많은 제약을 받게 되는 경우가 있게 되므로 그 현장에 적합한 기종, 형식, 용량의 기계를 사용하지 못하는 일도 생긴다.

6) 기타

콘크리트 및 철강 구조물 공사의 경우에는 구조물의 구성, 높이, 작업 반경 등을 고려하여 기종, 형식, 용량 등을 선정함이 필요하다. 예를 들면, 교량 공사 시 크레인 및 고층 빌딩 공사 시의 타워 크레인 작업의 경우이다.

(2) 표준기계의 용량산출

표준기계라 함은 보편화된 시공법에 사용하는 표준적인 기계 용량 형식을 말하며 작업 물량의 다소, 현장 조건의 특수성, 공기 등에 의하여 달리 선정할 수 있다.

1) 토공사

① 불도저 작업

[표 6-1]

작업 종류	작업 조건	형 식	용 량
굴삭, 운반 및 굴삭, 집토	표준의 경우	무한궤도식	21톤급
	10,000m² 미만인 경우	"	12톤급
	굴삭이 어렵거나 작업량이 대량인 경우	"	32톤급
리퍼 작업	표준의 경우	"	21톤급
	어려운 경우	"	32톤급
습지, 연약토	표준의 경우	습지형	13톤급

② 적재 · 운반 작업 : 로더+덤프트럭, 백 호+덤프트럭

[표 6-2]

작업 조건	기계 조합의 표준		비 고
	적재 기계 및 용량	운반 기계 및 용량	
토사의 경우	2.10m³ 타이어식 로더	10~11톤 덤프트럭	단단한 지반의 경우는 보조용 불도저를 사용함.
암괴 또는 쇄석의 경우	1.72m³ 무한궤도식 로더	"	굴삭 및 집토에는 불도저 및 리퍼를 사용하고 경우에 따라서는 발파를 함.

③ 굴삭 · 적재 작업 : 유압식 백 호, 클램셸, 드래그라인, 불도저

[표 6-3]

작업 종류	작업 조건	기 종	형 식	용 량	비 고
굴삭, 적재	토사의 굴삭	유압식 백 호	무한궤도	0.7m³	절토 높이 5m 이상에서 불도저가 필요함.
수중의 굴삭 및 적재	–	크레인과 클램셸	"	20~25톤 0.57~0.76m³	–
		유압식 백 호	"	0.7m³	
홈삭	표준의 경우	유압식 백 호	"	0.4m³	–
	굴삭 깊이가 깊거나 공사 규모가 클 때	유압식 백 호	"	0.7m³	

작업 종류	작업 조건	기종	형식	용량	비고
기초 굴삭	표준의 경우	불도저	무한궤도	12톤급	
		유압식 백호	〃	0.4m³	
	굴삭 깊이가 깊거나 공사 규모가 클 때	유압식 백호	〃	0.7m³	
		클램셸	–	0.57m³	20톤 무한궤도식 크레인과 조합
		드래그 라인	–	0.57m³	

④ 운반 거리에 의한 토공 방식

[표 6-4]

운반 거리	표준 기종
60m 이내	불도저
60~100m 이내	불도저, 유압식 백 호 또는 로더+덤프트럭, 피견인식 스크레이퍼
100m 이내	백 호 또는 로더+덤프트럭
80~400m	모터 스크레이퍼

⑤ 토사 매설 및 다짐 작업

㉠ 다짐 작업 : 무한궤도식 불도저, 롤러

[표 6-5]

공사 종류	기종 및 형식		용량	비고
노체 또는 건재	표준	무한궤도식 불도저	12톤급	표준
			21톤급	취급 토량이 많거나 조합 기계와의 균형상 적합한 경우.
	특수한 경우	습지 불도저	13톤급	trafficability가 부족하여 불도저를 사용할 수 없는 경우
		타이어 롤러	15~25톤	토질이 적합할 때 또는 타공종과의 관련으로 필요할 때
노말	표준	타이어 롤러	8~15톤	표준
			15~25톤	취급 토량이 많거나 조합 기계와의 균형상 적합한 경우
	특수한 경우	무한궤도식 불도저	12톤 21톤	성토가 모래 등으로 인하여 롤러가 적합하지 않은 경우

공사 종류	기종 및 형식		용량	비고
하층 노반	표준	타이어 롤러	8~15톤	표준
		머캐덤 롤러	10~12톤	
		타이어 롤러	15~25톤	취급 토량이 많거나 조합 기계와의 균형상 적합한 경우
		머캐덤 롤러	10~12톤	
	특수한 경우	무한궤도식 불도저		성토 재료가 모래 등으로 인하여 타이어 롤러의 다짐에 적합하지 않은 경우
		머캐덤 롤러		

ⓛ 매설 작업 : 무한궤도식 불도저, 모터 그레이더

[표 6-6]

공사 종류	기종 및 형식		용량	비고
노체 건재 노말	무한궤도식 불도저	표준	12톤급	표준
			21톤급	취급 토량이 많거나 조합 기계와의 균형상 적합한 경우
	습지 불도저	특수한 경우	13톤급	trafficability가 부족하여 불도저를 사용할 수 없는 경우
하층 노반	모터, 그레이더	표준	3.7m	표준
	무한궤도식 불도저	특수한 경우	12톤급	타공종과의 관련으로 불도저가 적합한 경우

⑥ 암굴삭 작업 : 유압식 브레이커, 유압식 백 호

현장의 환경, 공사 규모 등에 의하여 화약류에 의한 발파가 부적합한 경우에 유압식 백 호에 장착하는 대형 브레이커를 사용하여 암석을 취급 혹은 터파기할 때를 말한다.

[표 6-7]

굴삭 기계 및 용량	조합 기계 및 용량
유압식 브레이커 600~800kgf	유압식 백 호 0.7m^3

⑦ 비탈 작업 : 유압식 백 호

[표 6-8] 비탈고르기 작업의 표준 기계

기종	용량	비고
유압식 백 호	0.7m^3	성토면을 고를 때에는 법면용 버킷을 사용
유압식 백 호	0.7m^3	절토면을 고를 때는 표준 버킷을 장착

⑧ 연약 지반 처리 작업 : 샌드, 파일 타설기, 공기 압축기, 발전기, 공기 탱크, 로더(무한 궤도식)

[표 6-9]

기 종 \ 항 장	12m 이하	12~20m
샌드 파일 타설기	붐식 50kW, 달아올림 능력 25~27ton	리더식 50kW, 달아올림 능력 25~27ton
공기 압축기	가반식, $10.5m^3/min$	가반식, $10.5m^3/min$
발전기	100kVA	175kVA
공기 탱크	$3.0m^3$, $7kgf/cm^2$	$3.0m^3$, $7kgf/cm^2$
무한궤도식 롤러	$0.8m^3$	$0.8m^3$

2) 가설 공사

① 스틸 · 시트 · 파일 작업

㉠ 타설 기계의 선정 : 진동 해머, 디젤 파일 해머

[표 6-10]

기 종	용 량 (kW)	작업 범위	
		N치(가중 평균)	파일 길이(m)
진동 해머	30	15 이하	6 이하
〃	40	25 이하	10 이하
〃	60	35 이하	10 이상
디젤 파일 해머	2.5ton	35 이상	–

㉡ 인발 기계의 선정 : 진동 해머

[표 6-11]

시트 파일 종류	기 종	용 량(kW)	항 장(m)
경량 강철판	진동 해머	15	–
강철판	〃	40	8 이하
〃	〃	60	8 이상

㉢ 진동 해머와 무한궤도식 크레인의 조합

[표 6-12]

진동 해머의 용량(kW)	무한궤도식 크레인의 용량(ton)
15	15
30	25
40	25~30
60	35~40

② H형강 파일 작업
　　㉠ 디젤 파일 해머
　　㉡ 진동 해머
　　㉢ 어스 오거의 선정
　　㉣ 발전기

3) 기초 공사 : 디젤 파일 해머, 어스 오거
　① 디젤 파일 해머(diesel pile hammer)

[표 6-13]

램 용량(ton)	작업 범위	
	파일경(mm)	최대 타설 길이(m)
4.0	700	50
	800	40
	900	30
	1,000	20
6.0	800	50
	900	40
	1,000	30

② 어스 오거(earth augger) : 모르터 현장 타설 말뚝(지하 연속벽 등)은 시공할 때 사용

[표 6-14]

어스 오거 출력(kW)	작업 범위	
	파일경(mm)	최대 타설 길이(m)
30	450 이하	15
45	500 이하	20
55	600 이하	30

③ 시공 기계의 표준

[표 6-15]

기 종	용 량	대 수	비 고
어스 오거	$200l/min$	1	무한궤도식
그라우트 펌프	$200l/min$	1	$\phi 380 \sim 500mm$의 경우
	$300l/min$	1	$\phi 600mm$의 경우
그라우트 믹서	$200l \times 2$	1	$\phi 380 \sim 500mm$의 경우
	$400l \times 2$	1	$\phi 600mm$의 경우
무한궤도식 크레인	25ton	1	-

4) 아스팔트 포장 기계

① 아스팔트 플랜트(asphalt plant)

[표 6-16]

포설 물량	플랜트의 형식 및 용량		
(ton)	형 식	믹서 용량(kgf)	생산 능력(ton/hr)
3,000 미만	전자동식	500	30
3,000~5,000	전자동식	800	50
5,000~20,000	전자동식	1,000	60

② 아스팔트 피니셔(asphalt finisher)

[표 6-17]

믹서 용량(kgf)	피니셔 용량(m^3)
500	2.4~3.6
800	2.4~5.0
1,000	2.4~5.0

③ 로더와 덤프트럭(loader dump trucks)

[표 6-18]

작업 종류	기 종	용 량
골재 집적 및 공급	타이어 로더	$1.15m^3$
아스팔트 혼합재 운반	덤프트럭	10~11ton

④ 다짐 기계의 표준 기계 : 롤러(roller), 탬퍼(temper)

[표 6-19]

기 종	용 량(ton)	비 고
머캐덤 롤러	10~12	차도 다짐용
타이어 롤러	8~15	〃
타이어 롤러	15~25	〃
3축 탠덤 롤러	13~19	〃
탠덤 롤러	8~10	〃
진동 롤러	2.5~2.8	노층 또는 보도 폭 1m 이상
탬퍼	60~100kg	

⑤ 다짐 횟수

[표 6-20]

공종 / 조합 방법 / 기종	기 층	표 층	
	머캐덤 롤러+ 타이어 롤러	머캐덤 롤러+ 타이어 롤러	머캐덤 롤러+ 타이어 롤러+ 3축 또는 2축 탠덤 롤러
머캐덤 롤러	4	4	2
타이어 롤러	10	10	10
3축 또는 2축 탠덤 롤러	–	–	4
진동 롤러	–	–	–
탬퍼	–	10	–

⑥ 살포 기계 : 디스트리뷰터(distributor)

[표 6-21]

기 종	용 량
엔진 스프레이어, 가반식	200l
디스트리뷰터, 트럭 적재식	2,000~3,000l(자동식)

5) 콘크리트 포장 기계

① 시멘트·콘크리트 현장 생산에 사용하는 표준 기계 : 콘크리트 플랜트, 로더

[표 6-22]

기 종	형 식	용량(m³)	대 수	비 고
콘크리트 플랜트	간이식	0.6×1	1	일당 타설량 70m² 미만인 경우
		0.8×1	1	일당 타설량 70~90m²의 경우
		0.6×2	1	일당 타설량 90~110m²의 경우
로더	타이어식	0.57	1	일당 작업량 50m² 미만인 경우
		1.15	1	일당 작업량 50m² 이상인 경우

② 콘크리트 포설에 사용하는 표준 기계 : 콘크리트 스프레더, 콘크리트 피니셔, 콘크리트 절단기, 트럭

[표 6-23]

공 종	작업 종류	기 종	용 량	비 고
포설 준비	거푸집 운반	트럭	4톤급	2톤 크레인 장치가 포함됨.

공 종	작업 종류	기 종	용 량	비 고
포설	콘크리트 매설	콘크리트 스프레더	3~7.5m	블레이드식
	콘크리트 다짐	콘크리트 피니셔	3~4.5m	1차선 시공
	〃	〃	3~7.5m	2차선 시공
	평탄 마무리	콘크리트 종사 상기	3.5~7.5m	조면 마무리는 인력
줄눈군	줄눈군 절단	콘크리트 절단기	블레이드경 30cm	

6) 물막이 배수 공사

① 펌프의 선정

[표 6-24]

기 종	규 격			
	구 경(mm)	용 량(m³/hr)	양 정(m)	원동기 출력(kW)
잠수 펌프	100	80	0~7	3.7
			7~15	5.5
	150	170	0~7	7.5
			7~15	11
	200	370	0~7	15
			7~15	18.5

7) 터널 공사

① 착암용 기계의 표준 : 드리프터, 점보 드릴, 크롤러 드릴

[표 6-25]

기 종	용 량(kg)	공기 소비량(m³/m)	표준 로드(mm)	비 고
래그 해머	40	2.8	22	
픽 해머	8	1.2	26	
드리프터	75	6.8	25	드릴 점보용
드릴 점보		13.6	–	공기식 2빔
간이 점보		–	–	
크롤러드릴		–	–	유압식 3빔 전동식 30kW×3

② 파쇄석 적재 기계의 선정 : 로더

[표 6-26]

기 종	용 량(m³)	공기 소비량(m³/m)
레일식 로더	0.35	11.5~16.0
무한궤도식 로더	0.32	10.0~15.0
〃	1.53	–

③ 파쇄석 운반 기계 : 덤프트럭, 기관차

[표 6-27]

기 종	용 량	출 력(PS)	비 고
덤프트럭(디젤)	2ton	85	도항용
〃	4ton	160	
〃	10~11ton	312	상반, 넓이 확장용
기관차(배터리)	6ton	–	주로 도항용
〃	8ton	–	
〃	12ton	–	넓이 확장, 전단면용
강재 운반차	3.0m²	–	
〃	4.5m²	–	
〃	6.0m²	–	

④ 공기 압축기의 선정

[표 6-28]

형 식	출 력(PS)	용 량(m³/min)	비 고
정치식	100	12	스크루형
〃	200	27	〃

⑤ 콘크리트 타설 기계의 표준 : 콘크리트 펌프차, 컨베이어, 콘크리트 프레셔

[표 6-29]

기 종	용 량	관 내경(mm)	공기 소비량(m³/m)	비 고
콘크리트 펌프차	55~60m³/hr	100~150	–	
컨베이어	10m	–	–	모터 장착
〃	15m	–	–	〃
콘크리트 프레셔	배치당 1~3m³	150	3~5	피견인 레일식
〃	배치당 6m³	150~200	4~7	〃

8) 콘크리트 구조물 철거 공사

① 콘크리트 구조물 파쇄 작업

㉠ 공법의 선정(공법)

[표 6-30]

공 법	사용 기계
외부로부터 기계적 충격에 의한 해체 파괴 공법	무한궤도식 크레인과 중추(steel ball) 픽 해머(pick hammer) 또는 콘크리트 브레이커, 유압식 백 호(대형 브레이커 장착)
화약에 의한 해체(파괴) 공법	콘크리트 파괴기, 다이너마이트, 저폭 속폭약 등

㉡ 기종 및 조합 기계의 표준

[표 6-31]

공 법	파괴용 기계	조합 기계
브레이커 공법	대형 브레이커(600~800kg)	• 유압식 백 호 0.7m³급 • 가반식 공기 압축기 10.5m³/min
	• 콘크리트 브레이커 30급 • 픽 해머 7.5kg급	가반식 공기 압축기 5m³/min
스틸 볼 공법	중추 2ton급	무한궤도식 크레인 25~30ton
화약 공법	• 콘크리트 파괴기 • 다이너마이트, 저폭 속폭약 등	• 래그 해머 30kg급 • 가반식 공기 압축기 5.0m³/min

② 콘크리트 파쇄물 처리 작업

[표 6-32]

처리 공법		사용 기계
파괴물을 현장 주변에 버릴 수 있을 때		• 무한궤도식 불도저 12ton급 • 타이어 로더 1.34m³
운반 반출에 의하는 경우	파괴 작업과 병용	• 유압식 백 호 0.7m³ • 무한궤도식 크레인 20ton과 클램셀 0.57m³ • 덤프트럭 10~11ton
	단독 사용	• 타이어 로더 1.34m³ • 유압식 백 호 0.7m³ • 덤프트럭 10~11ton
인력과 브레이크에 의한 소규모 작업의 경우		• 벨트 컨베이어 7m • 인력 운반차

(3) 작업별 기계조합

1) 토공사
   ① 불도저 작업
      ㉠ 무한궤도식 불도저   ㉡ 습지형 불도저
   ② 굴삭 · 적재 작업
      ㉠ 유압식 백 호   ㉡ 클램셸(수중 굴삭)
      ㉢ 드래그 라인
   ③ 적재 · 운반 작업
      ㉠ 로더+덤프트럭   ㉡ 백 호+덤프트럭
   ④ 운반 거리에 의한 운반 작업
      ㉠ 불도저 : boom 이내
      ㉡ 피견인식 스크레이퍼 : 60~100m
      ㉢ 백 호 혹은 로더+덤프트럭 : 100m 이상
   ⑤ 다짐 작업
      ㉠ 무한궤도식 불도저   ㉡ 롤러
   ⑥ 매설 작업
      ㉠ 무한궤도식 불도저   ㉡ 모터 그레이더
   ⑦ 암굴삭 작업
      ㉠ 유압식 브레이크   ㉡ 유압식 백 호
   ⑧ 비탈 작업
      ㉠ 유압식 백 호

2) 기초 공사
   ① 타설 작업
      ㉠ 진동 해머   ㉡ 디젤 파일 해머
   ② 인발 작업
      ㉠ 진동 해머
   ③ H형강 파일 작업
      ㉠ 디젤 파일 해머   ㉡ 진동 해머
      ㉢ 어스 오거의 선정

3) 아스팔트 포장 공사
   ① 아스팔트 플랜트
   ② 아스팔트 피니셔
   ③ 로더와 덤프트럭

④ 롤러, 탬퍼

⑤ 디스트리뷰터(살포 기계)

4) 콘크리트 포장 공사

① 콘크리트 플랜트

② 로더

③ 콘크리트 스프레더

④ 콘크리트 피니셔

⑤ 콘크리트 절단기

⑥ 트럭

5) 터널 공사

① 착암용 기계

ㄱ 드리프터　　　　　ㄴ 점보 드릴

ㄷ 크롤러 드릴

② 쇄석암 적재 기계

ㄱ 로더

③ 파쇄적 운반 기계

ㄱ 덤프트럭　　　　　ㄴ 기관차

④ 공기 압축기

⑤ 콘크리트 타설 기계

ㄱ 콘크리트 펌프차　　ㄴ 컨베이어

ㄷ 콘크리트 프레셔

6) 콘크리트 구조물 철거 공사

① 기계적 타격에 의한 파쇄

ㄱ 크레인과 중추　　　ㄴ 콘크리트 브레이커

ㄷ 유압식 백 호

② 화약에 의한 파쇄

ㄱ 콘크리트 파쇄기　　ㄴ 다이너마이트

③ 콘크리트 파쇄물 처리

ㄱ 무한궤도식 불도저　　ㄴ 타이어 로더

ㄷ 유압식 백 호　　　　ㄹ 무한궤도식 크레인+클램셸

ㅁ 덤프트럭　　　　　ㅂ 벨트 컨베이어

기계화 시공의 운영 관리

① 토공 계획

① 공사 내용의 분류 파악(공종별)
② 기계화 시공과 인력 시공 중 어느 쪽이 유리할 것인가를 선정
③ 기계화 시공을 원활하게 하기 위해 일에 필요한 용지 확보

② 공사 전의 조사

① 시공법의 선정을 위한 조사 : 토질이나 흙의 입도, 주행로의 지지력, 주행 저항 등을 조사하여 선정한다.
② 기후와 작업 가능 일수를 조사
③ 기계에 관한 조사 : 사용 기계의 실태 조사, 기계의 현장 반입 방법, 기계를 위한 용지 조사, 기계 경비의 조사-공사 단가에 영향을 주는 작업 조건, 기능공의 기량, 공기 등에 의한 시간당 작업량과 경비를 산정

③ 공사 계획

① 시공법, 작업 능력, 작업 조건, 흙의 성질 등에 따라 가장 적합한 기계를 선정한다.
② 공기 및 작업 효율 등을 구하는 공사 계획을 세우는 방법을 선정한다.
③ 기계, 재료, 인력의 손실을 막고 경제적인 공사를 진행하기 위해 공사 공정을 계획한다.
④ 기계의 사용 계획 및 정비 계획, 부품 계획 등의 기계에 관한 여러 가지 계획을 한다.

④ 시공

주어진 시공 계획에 의하여 건설기계를 이용하여 주어진 공기 및 시공 품질을 위하여 실제 작업을 행하는 것

⑤ 시공 관리(공사 관리)

건설 공사에서 공사 기간의 단축, 공사비의 절감, 시공 품질의 향상 등을 목표로 기계화 시공이 실시되며 이러한 요구 조건을 만족하기 위해 현장에서도 필요한 공정 관리, 노무 관리, 자재 관리, 시공상의 기술 관리, 경비의 관리 및 안전 관리가 요구된다.

건설업에서의 공사 관리

1 중요성

건설업이 기업으로서 존속하기 위해서는 적정 이윤 추구는 당연하며, 한편으로는 수요자가 만족하는 건축물을 제공할 의무가 있다. 건설업을 하나의 시스템으로 생각하면 여기에는 입력(input)과 출력(output)이 있고, 입력(input)을 출력(output)으로 변환하는 것이 건설업 시스템이라고 할 수 있다.

(1) Input

① 노무(men) ② 시공법(methods)
③ 자재(materials) ④ 기계(machine)
⑤ 자금(money)
등 5가지 생산 수단

(2) Output

① 적정 이윤과 ② 수요자가 만족하는 건축물, 최소의 비용으로 최대의 효용이란 경영 원칙이 건설업에도 적용되어야 한다. 즉 output/input을 좋게 하기 위한 방법에는 두 가지가 있다. 하나는 상기한 5가지 생산 수단 개개의 능률성을 향상시키고자 하는 것으로서 일반적으로 말하는 ① 고유 기술(固有技術)이다. 또 하나는 상기한 5가지 생산 수단을 요령 있게 사용해서 공사를 보다 좋게, 빠르게, 싸게, 그리고 안전하게 완성할 수 있도록 공사를 과학적으로 계획하고 관리하는 ② 관리 기술이 있다.

그런데 여기서 우리가 유념해야 할 것은 오늘날과 같이 건축물이 대형화, 고층화, 다양화되어 가는 시점에서 개개의 요소 능률을 올려 부분적인 최적화를 도모했다고 해서 그것이 반드시 건물 전체로서의 총합적 최적화에 연결될 수 없다는 것이다.

즉 노무, 시공법, 자재, 기계, 자금 등의 제자원을 효과적으로 계획·운영·관리해서 종합적인 유효성(effectiveness)을 발휘하도록 하는 관리 기술이 되지 않고서는 진정한 의미에서의 최소의 비용으로 최대의 효용을 기대하기 어려운 것이다.

2 필요성

오늘날 건축은 점점 고성능화, 다양화, 고층화, 대형화되고 있고 공사의 내용이 복잡할 뿐만 아니라 요구 수준은 기술적인 어려움을 더해가고 있다. 이에 더해 인건비의 상승 및 노무의 고령화가 현저하다. 이와 같은 현황에도 불구하고 건축주가 요구하는 공기는 짧게 되고 공사비의 조건은 한층 엄하게 되고 있다. 또한 노동 재해의 방지, 건축 공해에 대한 사회적인 감시도 엄하게 되고 있다. 따라서 품질 관리 및 공사를 경제적으로 실시하기 위한 원가 관리 등 시공의 최적화를 기하기 위해서 관리 기술이 필요하다.

❸ 역할

공사 관리의 역할은 다음과 같은 4가지 항목을 바르게 계획하고 통제하는 것이다.
① 요구되는 품질, 성능을 갖는 건물을 만든다(시공 품질 향상).
② 실행 예산의 틀을 지킬 뿐 아니라 공사비 원가의 저감을 도모한다(공사비 절감).
③ 투입하는 자원(노무, 자재, 기계, 시공법, 자금) 등을 효율화해서 지정 기일 이내에 시공을 완료한다(공기 단축).
④ 작업시 안정성을 확보하고, 또한 공해의 발생을 방지한다(안전성 확보).

❹ 공사 관리의 주요 분야

건설에서의 공사 관리는 대별해서 품질 관리, 원가 관리, 공정 관리, 안전 관리로 나눌 수 있다.

(1) 품질 관리

시공의 목적은 공기, 원가, 안전의 3개 조건을 만족시키면서 최종적으로 발주자나 사용자의 요구를 충족하고 만족감을 주는 품질의 건물을 만드는 것이므로 4대 관리 중 가장 큰 비중을 이루는 것이다. 품질을 관리한다는 입장에서 보면 다음과 같이 구분된다.
① 건축주의 요구를 파악하는 "기획의 품질 관리"
② 이것을 잘 소화해서 입지 조건이나 cost, 공기를 감안해서 공학적으로 구체화하는 "설계의 품질 관리"
③ 설계 도서에 바탕을 두고 공사를 하는 "시공의 품질 관리"
④ 인도 후의 건축의 유지에 관한 "after service의 품질 관리"

(2) 원가 관리

오늘날의 건축 공사는 공사비의 면에서 충분한 조건하에서 실시되는 경우는 거의 없다. 오히려 경제적 환경이 엄한 조건하에서 기술적으로 수준이 높은 공사를 해야 할 경우가 많다.

이 때문에 적절한 공사 관리에 의해서 공사 원가의 저감을 도모해야 하는 것이 중요한 과제이다. 이를 위해서는 이전의 공사나 실시 중인 공사에서 실제로 소비된 인력, 자재, 금액 등의 원가 정보를 분석, 정리하고 시간 연구나 작업 분석 등 과학적 방법으로 cost down의 여지를 찾아 실행 가능한 최저 가격을 정해야 한다.

원가 저감은 다음과 같은 수단을 생각할 수 있다.

① 작업의 실태를 분석하고 그 데이터에 바탕을 두고 생산 loss를 적게 한다(가동률의 향상).

② 설비 기계의 고장을 없애고 작업 효율을 높인다(기계 설비의 점검, 정비의 철저).

③ 품질 관리를 강화하고, 시공 불량에 따른 재공사를 저감한다.

④ 공정을 삭감하고 작업 속도를 높여 공기를 단축한다(공정 개선).

⑤ 재료 등의 유통 기구, 시장 가격을 상세히 조사해서 납입 업자로부터 값싼 구매 방법을 찾는다.

⑥ 공법의 개선, 개발에 의해 총합적 cost의 저감을 도모한다.

⑦ 가설비 및 경비를 절약한다.

(3) 공정 관리

공정 관리란 수주한 건물의 설계대로 소정의 공기로 완수하기 위해서 투입되는 제자원을 총합적으로 통제함과 동시에 각 직종의 하도급 업자가 행하는 작업을 경제적으로 또한 효율성 있게 실시하기 위한 총합적인 관리 활동이어야 한다. 이에 따라 공정 관리의 목표는 다음과 같은 사항을 적절히 실행해야 한다.

① 공정을 합리화하고, 소정 공기의 엄수 또는 단축을 도모한다.

② 일정 계획이나 작업 할당의 적정화를 도모하여 가동률을 높인다.

③ 시공 방법을 개선하고 순서 계획의 합리화에 의해 능률의 향상을 도모한다.

④ 부분 공사의 공기를 동기화시켜 작업 일정의 정확성을 높여 공정의 정체를 방지한다.

⑤ 공정 관리를 적정화하여 공사비 원가를 저감한다.

(4) 안전 관리

노동 재해가 가장 많이 발생하는 이유 중의 하나는 시공 조직이 중층 적하 도급제이기 때문이라고는 하나 작업장에서의 노동자의 고용 관리의 결함이 그 근본적인 원인이라 보고 있다. 대부분의 사고나 노동 재해는 불안전한 행위나 부주의한 작업에 의해서 일어난다.

재해의 방지, 안전성을 확보하기 위해서는 생산 활동에 수반되는 재해의 원인이나 발생의 mechanism을 분석하여 노동 재해의 상황이나 영향을 과학적으로 해명하는 안전 공학의 적용이 필요하며 그 역할은 다음과 같다.

① 건축 공사에서 노동 재해의 실태를 파악하고 그 원인을 규명한다.

② 안전 시공의 조건을 분명히 하여 안전 기준을 정하고 작업을 표준화한다.

③ 공사용 기계의 조작법 및 예방 조치, 보존 관리 방법을 확립한다.

④ 재료의 취급, 저장, 보관의 요령을 명백히 하여 위험물에 대한 보호 조치를 정한다.

⑤ 작업 장소의 조건, 작업장에서의 환경 관리 기준을 정한다.

⑥ 공사 · 공해의 발생을 방지한다.

⑦ 안전 관리의 목표를 정하고 관리 체제의 system화를 도모한다.

⑧ 안전 표지, 보호 설비, 보호구의 연구 개발을 한다.

⑨ 안전 교육의 내용을 정하고 기능 교육, 훈련 방법을 명백히 한다.

Section 7 건설 공사 품질 관리의 문제점 및 대책

1 필요성

최근 노동자의 부족 및 기능(skill)의 저하가 눈에 띄고, 또한 생산성만을 중시하는 경영적 사고로 무책임 시공이 현저히 많아졌다. 이로 인하여 청주 우암동 아파트 붕괴 사건, 서울의 행주대교 붕괴 사건, 삼풍백화점 붕괴 사건, 성수대교 붕괴 사건 등 엄청난 인적, 물적 손실을 가져오게 하였다.

이에 건설업계도 경영 방식에 반성의 소리가 높아졌고 공사 품질의 향상을 지향해서 각 사업체별로 종합적 품질 관리(TQC : Total Quality Control)를 도입하여 공정 관리, 원가 관리 및 안전 관리와 더불어 4대 관리의 균형이라는 점에서 품질 관리의 범위와 효과를 높이자는 운동이 전개되고 있다.

2 문제점

품질 향상이나 효과적인 작업 문제에 대해서 지금까지는 관리자측에서 작업 표준을 정하고 관리자와 작업자가 협력해서 그 표준을 지키는 방법을 취했다. 이것은 대량 생산 시대로의 작업 효율화에 큰 역할을 한 것은 사실이나 다음과 같은 문제점이 있다.

① 일단 정해진 표준은 수정하기 어렵다.

② 작업자와 관리자의 의사 소통이 잘 안 되면 역효과가 난다.

③ 작업자의 작업 효율이 생기지 않는다.

④ 현장에서 발생하는 세세한 문제에 충분히 대처할 수 없다.

⑤ 인간 소외로 되기 쉽다.

3 대책

이상과 같은 견지에서 새로운 관리 방법이 필요하게 되었다. TQC는 이것에 대처하는 하나의 방법으로서 생긴 인간 존중을 중시하는 관리 방법이다. 그 기본은 다음과 같은 4개 사항이다.

① 독자적으로 품질을 관리하지 않도록 한다.

② 부서나 그룹 단위로 한다.

③ 일의 중요성을 인식하고 세부적인 것까지 주의를 기울인다.

④ 생산성이나 효율성을 중심으로 생각하기 보다 인간성을 중심으로 생각한다.

4 효과

이러한 TQC 관리 기법을 도입함으로써 인간성이 존중되어 직장 안에서 "일하고 싶은 마음", "작업하는 기쁨"을 발견할 수 있게 했을 때 기업 체질은 개선되고 기업 체질이 개선되면 "좋은 품질"이 생기며 강한 체질로 되면 "수익력", "경쟁력"이 강해지게 될 것이다.

Section 8 기계화 시공 관리

1 개요

기계화 시공에 있어서는 물적 생산력인 기계력과 인적 생산력인 기계 운전원, 기능공, 노무자, 기술자 등의 능력을 유기적으로 종합 관리(control)하여 공사 전체의 생산력으로 집약하여 최고로 발휘케 하는 것을 기계화 시공의 관리(mangement)라 한다.

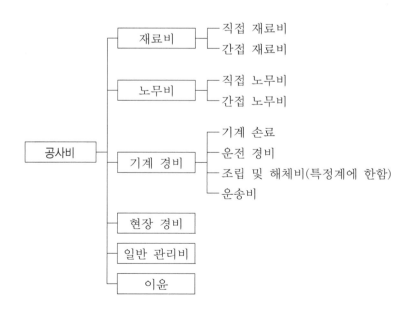

① 건설 공사에서 공사 기간의 단축, 공사비의 절감, 시공 품질의 향상 등을 목표로 기계화 시공을 실시하며 이때의 시공 관리는 정해진 공사 기간 내에 최적의 원가로 요구되는 시공 품질을 가진 공사를 완성하기 위하여 필요한 기법이다.

② 기계화 시공에서 공사 기간 내에 완성하기 위한 공정 관리, 최적의 원가로 시공하기 위한 원가 관리, 요구되는 시공 품질을 얻기 위한 품질 관리를 실시하여야 되며 공사 기간, 공사비, 시공 품질을 건설 공사의 3요소라 한다.

② 기계화 시공 관리

(1) 공정 관리

정해진 공사 기간 내에 완성하기 위해서는 공정 계획, 기계의 사용 계획, 기계의 설비 계획, 작업 계획 등을 수립하고 이 계획에 따라 공사를 진행시키며 이때에 공정 관리를 필요로 한다. 공정 관리는 품질 관리를 동시에 필요로 하고 공정 및 품질 관리는 원가 관리에 영향을 미치므로 서로 보완적인 상관 관계를 가진다.

(2) 원가 관리

최적의 원가로 공사를 완성하기 위해서는 인적 및 물적 생산력의 능률을 극대화하기 위한 공정 관리와 낭비성을 배제하는 품질 관리를 필요로 한다. 따라서 원가 관리에서는 공사 원가를 구성 요소별로 세분하여 계획 원가와 시공 원가를 비교·검사하게 되고 요소별 증감 차액에 대해서는 그 원인을 분석하여 그 결과에 따라 대책을 세운다.

이와 같이 비교·검사를 통하여 계획 원가를 수정, 다음의 실시 원가와 비교하여 이것을 정기 혹은 수시로 되풀이하면 기대하는 최적의 원가로 공사를 완성할 수 있다.

(3) 품질 관리

요구되는 시공 품질을 얻기 위해서는 각종 시험과 검사를 필요로 하며 이와 같은 시험 혹은 검사를 자체적으로 실시하는 경우와 전문으로 하는 기관에 의뢰하는 경우가 있다.

이와 같은 시공 관리의 목적을 달성하기 위해서는 다음과 같은 수단이 강구되어야 한다.

① 기계 관리
② 자재 관리
③ 노무 관리
④ 안전 관리
⑤ 정보 관리

Section 9 기계 관리

1 개요

건설 공사의 대규모화, 기계화 시공의 보급 등에 따라 시공 관리에 있어서 가장 중요한 물적 관리이다. 이 기계 관리를 기계의 구입 계획, 구입 방법, 기종 선택, 임대차, 감가상각, 기계 손료, 시공 능력, 사용 계획, 조합 계획, 작업 기록 및 유지, 불용 처리 등에 관하여 최선의 방법을 강구하는 가치 관리(운용 관리) 가동을 위한 예방 정비, 검사, 주유, 수리, 예비 부분품의 저장, 정비 시설, 정비 기록 및 유지 등에 관하여 최선의 방법을 강구하는 성능 관리(유지 관리)가 있다.

2 기계 관리

(1) 가치 관리(운용 관리)

1) 기계의 구입

구입 시 사용의 계속성, 다목적 활용성, 매각 처분의 용이성, 정비의 용이성 등을 고려한다.

2) 기종의 선택

기종의 선택은 공사 원가의 절감을 위하여 가장 중요한 문제로서 선택 시에는 구조 및 성능, 사용상의 편리성, 정비의 용이성, 경제성 등을 고려해야 한다.

3) 기계의 감가상각

공사비의 원가 구성과 투자 회수면에서 매우 중요한 문제이므로 기계의 성능과 내구성을 기초로 하되 가능성 있는 연간 표준 운전 시간과 사용 연수에 따라 감가상각을 산정해야 한다.

4) 기계의 시공 능력

현장 조건, 기상 조건, 정비 상태, 운전원의 기능도 등에 의하여 상이하다. 따라서 일반적인 작업 유형에 따른 기계의 표준적인 시공 능력을 실적에 의하여 결정하되 가능한 한 넓은 범위에서 구체적으로 집계하여 평균적인 기준을 정하는 것이 좋다.

5) 사용 계획 및 기계 조합

지형, 토질, 작업 환경, 작업 종류 등에 따라 형식과 기종을 선택하고 작업 물량과 공기에 의하여 기계 용량과 사용 대수를 결정하되 각 작업 간의 시공 속도를 균일하게 하기 위한 기계의 조합을 검토하여야 한다.

6) 기계 경비의 관리

계획된 기계 경비와 실제 발생된 기계 경비를 구성 요소별로 비교, 검토하여 그 차액의 발생 원인을 분석, 최적의 원가로 접근시키는 기법을 말한다.

7) 작업 실적의 기록

8) 운전 관리

기계의 성능이 좋고 기계 관리를 위한 체제가 잘 되어 있어도 유능한 운전자가 없으면 작업 능률을 향상시킬 수 없다.

(2) 성능 관리(유지 관리 재관리)

기계의 시공 능력을 항상 정상적으로 유지하는 데 목적이 있다.

1) 예방 정비

계획표에 의하여 정기적으로 실시하는 정비

2) 점검과 검사

기계의 운전 전·중·후에 각부의 점검을 실시하여 성능을 발휘하는 데 이상이 없는가를 확인한다.

3) 정비 작업의 관리

기계의 정비 작업시에는 부분품의 정상적인 마모와 비정상적인 손실을 판별하여 비정상적인 경우 그 원인에 대한 시정 방법을 강구한다.

4) 예비 부분품의 관리

기계의 사용에 수반하여 반드시 필요한 것으로 갑작스런 기계의 고장에 대처하여 관리한다.

5) 윤활 관리

예방 정비 중 가장 중요한 것으로 기계 고장이 급유 불량 혹은 부적당한 윤활유의 사용에 그 원인이 있다.

6) 정비비의 관리

기계의 정비비(수리비 포함)는 기계 손료의 구성 요소로서 공사비의 원가 계산상 변동 경비로 취급되고 기계의 사용 기간에 비례하는 비용으로 적산된다.

Section 10 기계의 선정 방법

1 개요

보통 많이 사용될 것으로 예상적인 범용적인 기계를 보유하면서 개개의 공사에서 생기는 특수성에 대해서는 창의력을 발휘하여 보유 기계의 응용 혹은 조합으로 대체하고 필요에 따라서는 특수 기계를 설계하여 설비하거나 시중에서 임대차 하는 기계 등을 구하여 사용한다.

이러한 경우에 공사 조건에 알맞은 기계의 경제적인 선정이 요청되며 이것은 공사 원가의 절감에 영향을 미친다. 기계를 합리적으로 선정하기 위해서는 공사 조건과 기종 및 용량의 적합성과 적정한 조합의 가능성이 검토되어야 한다.

2 기계의 선정 방법

(1) 경제적 선정의 일반적 기초

경제적인 기계인가의 여부는 그 기계에 의하여 시공되는 공사 단가에 따라 결정되므로 기계의 경제적인 선정을 위해서는 기계의 공사 단가, 투입 시간, 정비비, 연료 및 윤활유 소모량, 운전 노무비, 시공 속도 등 공사 단가에 영향을 미치는 제반 요소에 대한 검토를 필요로 한다.

(2) 기계 용량과 비용에 의한 경제적 선정

기계의 용량이 커지면 가격이 비싸지고 시공 능력이 증가하는 데 수반하여 기계 손료와 운전 경비도 많아지므로 기계 용량과 기계 경비의 관계를 검토하면 기계의 경제적인 선정이 가능하다.

(3) 표준 기계의 선정

보통 기계의 범용성과 사용상의 용량에 의하여 분류된다.

(4) 표준 기계가 특수 기계보다 유리한 점

① 표준 기계는 구입, 임대차 등이 신속히 이루어지거나 용이하므로 적시에 사용이 가능하다.
② 특수 기계는 가동률이 낮아 감가상각상의 문제가 있으나 표준 기계는 목표로 하는 가동률의 확보가 용이하므로 경제적인 사용이 가능하다.
③ 기계의 예비 부분품은 특수 기계보다 신속, 저렴하게 구할 수 있어 고장시 작업 공정상의 지장을 극소화할 수 있다.

(5) 기계의 사용 예정 시간에 의한 경제적 선정

기계의 감가상각비과 관리비는 그 기계의 구입 가격을 기초로 하여 계산되므로 기계 가격이 많으면 연간의 고정적 비용도 크게 발생되는 것이 일반적이며 연간의 변동적 비용은 기계의 운전 시간에 비례하여 발생한다.

(6) 기계의 실적 조사에 의한 경제적 선정

기계 경비는 주로 기계 손료와 운전 경비의 합계액이고 구조상의 실제 비용은 조직적으로 기록된 기계의 작업 통계에 의하여 명백히 나타난다. 따라서 공종별로 기계의 시공량과 그 비용을 비교한 시공 단가에 의하여 기계를 선정하면 가장 공장 조건에 적합하고 경제적인 시공이 가능하다.

(7) 공사 규모에 의한 경제적 선정

원칙적으로 대용량의 기계를 사용하는 것이 경제적인 것은 일반적이나 공사의 규모에 따라 재검토가 필요하다.

(8) 조합 작업

① 건설 작업의 기능적 분류
↓
② 조합 기계를 계획 및 투입
↓
③ 조합 기계의 작업 효율을 향상
↓
④ 분업된 작업 능력을 균등화
↓
⑤ 품질, 공기, 원가 절감

Section 11 기계의 조합 작업 시 고려 사항

❶ 건설 작업의 기능적 분류

건설기계의 조합을 합리화하기 위해서는 우선 건설 공사의 기계화에 수반하여 건설 작업이 어떻게 기능적으로 분업되고 어떠한 작업 형태로 분류될 수 있는가를 검토하여 이에 대처할 수 있는 기계 조합을 계획하여야 한다.

(1) 연속 작업과 단속 작업

건설 작업은 취급 재료의 미동 유형에 의하여 연속 작업과 단속 작업으로 분류한다.

① 연속 작업 : 골재 생산 공장의 경우 착공(착암기) → 화약 장착(인력) → 발파(인력) → 원석 자재(파워 셔블) → 운반(덤프트럭) → 쇄석(쇄석기) → 운반(벨트 컨베이어) → 저장의 경우를 말한다.

② 단속 작업 : 건설 공사의 경우 처음 재료를 일정 장소에 집적하고 기계 혹은 인력이 단속적인 작업을 실시하는 경우를 말한다.

(2) 주 작업과 종속 작업

기계화 시공에 있어서는 주기적인 연속 작업을 하는 경우가 많으며 이때 기계의 조직 작업은 일반적으로 주 작업과 종속 작업으로 구분된다. 예를 들면, 1대의 로더와 수대의 덤프트럭이 조합되어 시공하는 경우 로더에 의한 적재는 주 작업이 되고 덤프트럭에 의한 운반은 종속 작업이다.

❷ 기계 조합의 계획 및 투입

기계의 작업 효율을 고려한 합리적인 기계 조합이 요청되므로 기계 조합을 계획할 때에는 분할된 작업 중에서 주 작업을 명확히 선정하고 그 주 작업을 중심으로 각 작업의 시공 속도를 검토함이 필요하며 그 순서는 다음과 같다.

① 주 작업을 선정한다.

② 전체 작업 공정에 적합하도록 주 작업의 정상 시공 속도를 결정한다.

③ 주 작업의 정상 시공 속도를 확보하기 위한 최대 시공 속도를 결정하고 이에 부합되는 주 작업용 기계를 선정한다.

④ 주 작업의 이후에 연결되는 각 종속 작업의 정상 시공 속도를 주 작업의 최대 시공 속도와 동일하게 하거나 약간 크게 결정하고 이에 부합되는 기계를 선정한다.

❸ 조합 기계의 작업 효율의 향상

조합 기계의 작업 효율은 단독 작업의 경우보다 저하되고 시공 속도의 최대차는 각 분할 작업중의 최소치에 의하여 한정되며 분할된 작업의 수가 증가하는 데에 따라 작업 능률이 저하됨을 알 수 있다. 기계의 작업 효율은 그 기계의 실작업 시간율과 현장 조건 등에 의한 작업 능률에 의하여 산정되므로 어떤 기계의 단독 작업시의 실작업 시간율을 0.9, 작업 능률을 0.8이라고 하면 작업 효율은 0.9×0.8=0.72가 된다.

4 분업된 작업 능력의 균등화

수대 혹은 수기종의 기계가 조합되어 작업하는 것이 보통이며 또한 기계와 인력이 조합되어 시공하는 경우가 많다. 특히 최근에 미동식 기계 또는 조립식 설비의 발달에 수반하여 작업을 직렬로 분할, 수기종의 기계가 분업으로 연속 작업을 하는 것이 일반적인 경향이다.

분업된 각 작업의 시공 속도가 상이하면 그 중의 최소 시공 속도에 의하여 전체의 시공 속도가 지배되므로 가장 효율적인 기계 조합을 위해서는 각 작업의 시공 속도를 표준화하고 각 작업의 소요 시간을 일정화하는 것이 필요하다.

Section 12 공사의 계획 수립 시 유의 사항

시공 계획을 세우기 위하여 공사 현장에 관한 세밀한 조사가 필요하다.

1 시공법의 선정을 위한 조사

① 토질을 조사한다.
② 흙의 입도 분포에서 흙 운반 방식의 적응성을 판정한다.
③ 주행로의 지지력에서 흙 운반 방식의 적응성을 판정한다.
④ 주행 저항에서 흙 운반 방식의 적응성을 판정한다.

2 기상과 작업 가능 일수를 조사

기계의 가동 일수는 기후의 영향을 받게 되며 기상의 요소로는 강수량, 가상 일수, 강수일의 분포, 기온, 습도 등이 있으나 강우 후 어느 정도 흙이 건조하면 작업을 재개할 수 있는가에 따라 시공 가능 일수가 정해진다.

3 기계에 관한 조사

① 사용 기계의 실태 조사 : 과거 경력이나 성능에 대한 조사
② 기계의 현장 반입 방법의 조사
③ 기계를 위한 용지 조사 : 기계 정치장, 수리 공장, 기름 저장 탱크, 오프레이트 숙소 등
④ 기계 경비의 조사

작업 능력의 계산

① 개요

기계화 시공의 계획에 있어서 그 작업 능력을 예측하는 것은 대단히 중요한 일이다. 작업 능력의 계산에는 경험적 계산법과 이론적 계산법이 있다. 토공에 있어서의 작업 능력은 1시간당 시공 토량(m^3/h)으로 표시되는 것이 보통이며 기본적으로는 1회에 다룰 수 있는 토량과 1시간 내에 다루어지는 횟수에서 계산이 된다.

② 작업 능력의 계산

$$Q = CN = \text{1회 작업량} \times \text{1시간 내의 작업 횟수}$$

$$= 9f\,\frac{60E}{C_m}$$

$$= \frac{9f \times 60E}{C_m}$$

여기서, C : 어떤 상태에 있어서의 1회에 다루는 양(m^3)

$C = 9f$의 관계에 있다.

N : 1시간에 다루어지는 횟수

$$N = \frac{60E}{C_m}$$

여기서, E : 작업 효율

C_m : 사이클 타임(min)

→ 토공 작업은 같은 동작을 몇 번이고 되풀이하는 순환 작업이다.

Q : 1시간당의 시공량(m^3/h)

f : 토량 환산 계수(토량의 상태에 따라 달라지는 계수)

[표 6-33] f 의 값

토 질	원지반의 흙 상태	환산할 흙의 상태		
		원지반의 상태	굴삭 후의 상태	다짐 후의 상태
모래	원지반의 상태(A)	1.00	1.11	0.95
	굴삭 후의 상태(B)	0.90	1.00	0.86
	다짐 후의 상태(C)	1.05	1.17	1.00

토 질	원지반의 흙 상태	환산할 흙의 상태		
		원지반의 상태	굴삭 후의 상태	다짐 후의 상태
보통 흙	A	1.00	1.25	0.90
	B	0.80	1.00	0.72
	C	1.11	1.39	1.00
점토	A	1.00	1.43	0.90
	B	0.70	1.00	0.63
	C	1.11	1.59	1.00
모래가 섞인 자갈	A	1.00	1.18	1.08
	B	0.85	1.00	0.91
	C	0.93	1.09	1.00
자갈	원지반의 상태(A)	1.00	1.13	1.03
	굴삭 후의 상태(B)	0.88	1.00	0.93
	다짐 후의 상태(C)	0.97	1.10	1.00
석회암, 사암 그 밖의 연한 암석을 파쇄한 것	A	1.00	1.65	0.22
	B	0.61	1.00	0.74
	C	0.82	1.35	1.00
발파한 암석의 큰 덩어리	A	1.00	1.08	1.30
	B	0.56	1.00	0.72
	C	0.77	1.38	1.00

Section 14 작업 효율에 영향을 미치는 요소

1 개요

계획의 경우 필요한 1시간당의 작업량이란 기계 고유의 표준 작업량이 아니며 또 그 기계의 이상적인 작업량도 아니다. 현실의 작업에 있어서는 반드시 어딘가에 시간적이나 능률적인 손실이 따르게 마련이다. 이 때문에 이상적인 표준 작업량에 어떠한 계수를 곱하여 현실의 작업량을 산출한다. 이 계수를 작업 효율이라 한다.

작업 효율=작업 시간율×작업 능률

2 작업 효율에 영향을 미치는 요소

작업 효율에 영향을 미치는 요소는 다음과 같다.

(1) 작업 시간율

기계가 한 시간을 작업하여도 다음의 여러 원인때문에 손실이 생겨 실제 작업 시간은 1시간이 못된다. 이 휴지 시간(rest time)을 제외하고 실제로 가동한 시간의 60분에 대한 비율을 작업 시간율이라 하며 손실에 고려되는 인자는 아래와 같다.

① 기계의 조정, 소정비, 소수리
② 운전원이 시공법을 알기 위하여 현장을 보거나 생각하거나 감독원에 묻거나 하기 위한 정차
③ 준비를 위한 정지 시간, 조합 시공일 때는 대기 시간
④ 감독원 지시 대기 혹은 연락 대기 시간
⑤ 장해물이 생겼을 때의 차를 세운 대기 시간
⑥ 운전원의 미숙련 또는 노동 의욕 부족에 따르는 시간적 손실

(2) 작업 능률

이론적으로 최량의 조건하에서 달성되는 표준 시공량에 대한 실제의 시공량의 비율을 작업 능률이라 하며 작업 능률을 결정하는 요소는 다음과 같다.

① 지형, 지질 등에 대한 기계의 적응성 양부
② 기종의 선정, 기계의 배치, 조합의 양부
③ 기상이 미치는 영향
④ 조명이나 시계 등의 환경 불량, 작업장의 공간의 영향, 정비 불량
⑤ 시공법 및 준비 손질의 양부
⑥ 기계의 유지 수리의 양부 및 노후도
⑦ 감독자 및 운전원의 작업에 관한 경험과 숙련도
⑧ 기계의 성능, 특히 작업 출력에 관한 문제

Section 15 기계 손료(ownership costs)의 의의와 산정

1 의의

① 상각비
② 금리, 보험료, 세금, 보관비
③ 정기 정비
④ 케이블 등의 소모 재료비를 포함한 현장 수리비 등의 비용

② 산정 방법

(1) 운전 시간의 정의

건설기계의 손모는 운전 시간에 비례하고 또 건설 작업량도 운전 시간에 비례하는 것이 원칙이며 시간당의 기계 손료가 기초가 되어서 계산된다.

(2) 기계 관리비

기계를 보유해 나가기 위하여 필요한 경비, 세금, 보험료 및 보관비 등에서 성립되고 그 성질상 건설기계의 가동과는 무관하게 연간에 일정액으로 발생하는 비용

(3) 기계 손료

운전 시간에 대한 기계 손료는 시간당 기계 손료에 운전 시간을 곱하여 구할 수 있다.

Section 16 건설기계의 방음, 방진 대책

① 개요

국민의 건강 보호와 건설 현장의 인접 주민뿐 아니라 종업원을 위하여 작업 환경을 개선하여 진동 · 소음을 최소화하는 데 노력해야 한다.

② 건설기계의 방음, 방진 대책

건설기계의 방음, 방진 대책은 다음과 같다.
① 진동원을 차단한다. 기계 장치의 언밸런스나 충격을 가급적 줄이는 대책을 세운다.
② 기계 본체의 진동이 기계 기초에 전해지는 것을 가급적 줄인다. 충격력을 이용하여 작업을 하는 단조기, 타발, 프레스, 건설 장비 등의 가압력을 소멸시킬 수 없으므로 방진 고무, 금속 용수철, 공기 용수철, 방진 장치를 활용하여 진동이 발생하는 것을 가급적 최대한 감쇠(damping)를 해 주어야 한다.
③ 기계 기초의 진동이 지반, 인접 기초, 구조물에 전해지는 것을 줄인다(진동 절연). 플로팅 기초(floating foundation) 혹은 행잉 기초(hanging foundation)로서 지반과 기초 사이를 단절한다. → 방진 재료 이용
④ 지반을 거쳐 절단되는 미세한 진동을 홈통을 파서 홈통에 방진제를 채워 약하게 한다.
⑤ 지반을 통해 전달되는 진동이 설비 기계에 전해지는 것을 가급적 줄인다.

기계의 조작 시 유의 사항

1 기계의 조작 시 유의 사항

기계의 조작 시 유의 사항은 다음과 같다.

① 규정된 안전 관리 규칙을 준수하여야 한다.
② 정기 점검과 유지 점검을 게을리 하지 말아야 한다.
③ 규격에 맞지 않는 부속품은 사용하지 말아야 한다.
④ 작업 상호간의 협조와 연락을 잘 유지하도록 하여야 한다.
⑤ 운전중에는 항상 주의를 집중하여야 한다.
⑥ 감독자의 지시를 준수하여야 한다.
⑦ 미숙련공을 조작원으로 투입하지 말아야 한다.

주행 저항

1 회전 저항(rolling resistance)

회전 저항은 기계가 노면 혹은 지면에서 주행할 때 일어나는 저항으로서 노면 혹은 지면, 타이어의 변형, 주행시의 충격 등에 의하여 발생하고 기계 중량에 비례하여 발생한다.

차륜식 기계의 회전 저항은 타이어의 크기, 공기압, 접촉면(tread)의 종류에 따라 변화하고 무한궤도식 기계의 경우는 주로 노면의 종류 또는 지면의 상태에 의하여 변화한다. 따라서 회전 저항은 노면 또는 지면의 상태와 기계의 총 중량에 관계한다. 즉

$$R = \mu W$$

여기서, R : 회전 저항(kgf)
W : 기계의 총 중량(kg)
μ : 회전 저항 계수

2 구배 저항(grade resistance)

건설기계가 구배있는 도로 혹은 경사지를 올라갈 때 필요한 견인력은 그 구배에 비례하여 감소한다. 이 때에 증가되는 힘을 구배 저항이라고 하며 구배를 나타낼 때에 경사 각도 혹은 %로 표시한다.

③ 가속 저항(accelerate resistance)

가속도는 일정 속도를 가지는 기계의 속도를 증가시키는 것을 말하며 가속 저항은 기계를 가속 또는 감속시킬 때의 관성 저항으로 Newton 제2법칙에 의하여 구한다.

$$P = \frac{W}{g}a$$

여기서, P : 가속 저항(kgf)

g : 중력 가속도(m/s²)

a : 기계의 가속도(m/s²)

④ 공기 저항

$$D = C_D \frac{A\rho V^2}{2}$$

Section 19 견인력과 견인 계수

① 견인력

건설기계가 주행 또는 작업을 위하여 구동할 때에는 회전 저항, 가속 저항, 구배 저항, 공기 저항 등을 받게 됨으로 이들 저항의 합계보다 더 큰 힘을 가져야만이 기계는 비로소 움직이게 되고 이 때의 힘을 견인력이라 한다.

$$T = \frac{270\,\mu H}{V}$$

여기서, T : 견인력(kgf)

H : 제동 마력(PS)

V : 기계 속도(km/hr)

μ : 기계 효율

② 견인 계수(coefficient of traction)

차륜 혹은 무한궤도와 노면간에 작용하는 수평력을 T, 차륜 혹은 무한궤도 위에 걸리는 전하중을 W, 노면과의 마찰 계수를 f라고 하면 마찰력 Wf가 수평력 T보다 크면 기계는 미끄러지지 않고 주행이 가능하며 이 때의 마찰 계수(f)는 기계의 전하중(W)을 견인하는데 이용되는 힘의 능률을 나타내는 것으로서 견인 계수라 한다.

$$T \leq Wf$$

$$f = \frac{T(견인력)}{W(중량)}$$

Section 20 건설기계용 타이어의 특징

1 부하 능력

건설 공사의 대형화에 의하여 건설기계가 대형화되고 각 차륜의 하중이 증대됨으로서 부하 능력이 큰 타이어를 필요로 하고 있다.

2 부양성(floating)

타이어(tire)에 걸리는 하중이 크고 주행 혹은 작업하는 노면이 불량하거나 연약함을 고려하여 접지압의 저하를 가져오도록 저공기압을 사용하는 타이어 또는 폭이 넓은 타이어(wide base tire)를 사용하여 부양성을 크게 한다.

3 내마모성

건설기계가 사용되는 노면은 암석, 쇄석 등의 장해물이 많으므로 이러한 노면에 견딜 수 있도록 되어 있다.

4 견인력

타이어 도저(tire dozer), 모터 그레이더, 모터 스크레이퍼 등은 점착 계수가 큰 타이어(tire)를 요구하게 되므로 특히 접촉면의 형태에 특별한 고려를 하여 견인력이 크도록 만들어져 있다.

Section 21 배터리의 구비 조건

1 개요

축전지는 기동 장치의 전기적 부하를 부담하며 발전기 출력과 부하와의 불균형을 조정하며 발전기가 고장날 시 주행을 확보하기 위한 전원장치이다.

2 배터리(축전지)의 구비조건

축전지의 구비조건은 다음과 같다.
① 축전지의 용량이 커야 한다.
② 소형이고 운반이 편리해야 한다.
③ 축전지는 가벼워야 한다.
④ 진동에 견딜 수 있어야 한다.
⑤ 축전지의 충전, 검사에 편리한 구조여야 한다.
⑥ 전해액의 누설 방지가 완전해야 한다.
⑦ 전기적 절연이 완전해야 한다.

Section 22 무한궤도식과 차륜식의 성능 비교

1 개요

불도저는 트랙터의 전면에 배토판(blade)을 장착한 범용기계로서 크기는 보통 자체중량[ton]으로 표시한다. 불도저의 분류에 있어서도 주행장치에 의한 무한궤도식과 차륜식이 일반적인데, 무한궤도식은 접지면적이 넓고 지면의 분포하중이 일정하므로 연약지반 또는 고르지 못한 지반, 경사지 등에서 작업이 가능하며 굴삭과 운반작업에서 평활성을 유지할 수 있는 점에서 많이 사용하나 차륜식에 비하여 작업속도가 느리고 동시에 노면의 손상을 주는 단점이 있고, 차륜식은 사질토반, 골재채취장 채암장의 현장에서 고속작업이 가능하여 작업능률을 높일 수 있는 장점을 가지고 있다.

2 무한궤도식과 차륜식의 성능 비교

무한궤도식과 차륜식의 성능 비교는 다음과 같다.

[표 6-34]

구 분 \ 형 식	무한궤도식	타이어식
토질의 영향	적게 받는다.	많이 받는다.
연약 지반 작업의 난이성	쉽다.	곤란하다.
경사 지반 작업의 난이성	쉽다.	곤란하다.
굴삭 작업의 난이성	쉽다.	곤란하다.
구배 작업의 성능	크다.	작다.
연속량 부하의 영향	적게 받는다.	많이 받는다.
작업의 속도	느리다.	빠르다.
기동성	느리다.	빠르다.
주행(구동) 장치의 정비비	크다.	작다.

Section 23 건설 시장 개방에 따른 국내 현황과 향후 대책

① 국내 현황

우루과이 라운드(UR) 협상에 따른 국내 건설 시장의 개방이 임박한 현 시점에서 국내 건설기술의 대외 경쟁력을 평가하면 시공 기술은 국제 수준에 근접하나 타당성 조사, 기본 계획, 설계, 감리 및 유지 관리 기술 등 기술 집약형 부분은 상대적으로 낙후되어 있다.

② 향후 대책

대외 경쟁력을 강화하기 위해서는 연구 개발에 주력해야 하는데 건설 기술의 특성상 주어지는 제약을 해소하는 방향의 연구·개발, 단기적인 효과를 노리는 개발 연구보다는 장기적인 미래의 전망을 내다보는 기초 연구, 과정 혁신보다는 제품 혁신 쪽의 연구 개발에 보다 주력해야 한다. 또한 복합 재료, 로봇, 인공 지능, 전문가 시스템 등 첨단과학 기술 분야를 건설에 접목시키는 연구를 통해 모방의 시기를 극복하고 우리의 기술을 개발해야 한다.

① 산학·연·관의 중장기 공동 기술 개발 사업에 대한 계획의 수립을 위하여 관은 물론 실용적 기술 개발을 선도할 업체와 대학교·연구소 등이 서로 연계하여 장기적인 기술 개발 계획을 수립함으로서 각 기관의 기술 개발이 중복되지 않고 체계적으로 수행되도록 한다.

② 공동 연구 협조 체제의 구축을 위해 실험 연구 시설의 확충과 아울러 건설업계의 공통 애로 기술에 대한 공동 연구를 추진하여 민간의 위험 부담과 연구 개발 투자비의 경감을 도모해야 겠다.

Section 24 건설 기술 개발의 필요성과 방향

1 문제점

오늘날 우리 건설업체들은 선진 외국 건설 업체와의 수주 경쟁뿐 아니라 제3국의 값싼 노동력을 이용한 단순 시공 분야의 경쟁에서조차 커다란 위협을 받고 있는 실정이다.

더구나 건설 산업을 둘러싸고 있는 환경은 과거 어느 때보다 시시각각으로 변하고 있는데 Gulf 사태 후의 세계 경제 구조의 개편, 우루과이 라운드 협상에 따른 국내 건설 시장의 개방, 건설업 면허 개방 및 종합 건설업 면허 제도 도입, 건설 기능 인력 및 자재 수급 불균형 등이 건설 산업의 구조 변혁을 강하게 요구하고 있는 것이다. 이러한 어려운 환경을 슬기롭게 극복하기 위해 기술 개발, 경영 합리화 등 여러 방면의 방안 모색에 노력을 경주하고 있다.

이제는 국내 전체 산업계의 일부문으로서의 건설업이라는 소극적인 관점에서 탈피하여 세계건설 시장에서의 우리의 건설업이 차지하여야 할 위치에 더 큰 비중을 두는 적극적인 전환이 필요한 때이고 이에 관련된 조직도 독자적인 최선책을 추구하고 제시하는 것도 중요하지만 상호 긴밀한 협조 체제하에서 보다 거시적이고 경제적인 기술 개발책을 강구해야 할 때이다.

2 해결책

(1) 기술 개발

① 컴퓨터를 이용한(설계, 제작, 조립 등 단계별 자동화 및 on-line 자동화) 전 작업의 자동화
② 로봇(교량 검사, 진공 시스템을 이용한 빌딩 외벽 청소)
③ 인공 지능
④ 복합 재료(GFRP, CFRP, MFRP, FRP)
⑤ 전문화 시스템

(2) 경영의 합리화

① 공사 관리의 합리화
② 공사 관리의 전산화(품질 관리, 원가 관리, 공정 관리, 안전 관리와 유지 관리)

Section 25 건설업에 컴퓨터의 이용

1 개요

우리 건설업계는 70년대 후반과 80년대 초반을 통하여 해외 건설업체의 중동 시장에서의 호조와 최근의 국가적인 시책에 따른 주택 건설과 사회 기반 시설의 확충에 따라서 양적으로 많이 발전하였다. 이러한 발전의 원동력은 우수한 인력들의 비교적 싼 노동력이라 말할 수 있다. 그러나 최근에는 많은 변화를 맞이하여 노동력은 오히려 부족하여 수입을 하여야 하는 형편이고, 건설 시장은 개방하여 선진 기술력과 값싼 노동력에 대항하여야 하는 형편에 놓여 있다. 우리 건설업계는 이러한 환경을 극복하기 위하여 양의 시대에서 질의 시대로의 체질 개선을 요하는 변환기를 맞고 있다. 이러한 체질 개선을 위해 가장 효과적인 방법은 컴퓨터를 이용한 업무의 전산화이다.

2 건설업에 컴퓨터의 이용

컴퓨터를 이용한 설계(CAD : Computer Aided Design), 제작(CAM : Computer Aided Manufacturing), 조립(assembly), 품질 관리(QC : Quality Control), 공사 관리(construction control), 로봇과 인공 지능(robot and artificial intelligence) 등은 건설업에서도 혁신적인 도구로 등장하고 있다.

건설업의 특성상 건설 현장은 공장이 지역적으로 수백, 수천 개소로 분산되어 있다는 특징이 있다. 여기서는 본사와 지점, 그리고 건설 현장이라는 계층을 지닌 분산형의 관리 시스템으로 정보 시스템을 활용함으로써 기획 및 설계, 시공 기술, 유지 관리 등의 전반적인 관리가 용이하고 정확하게 유지될 수 있다. 즉 건설 업무에서 온라인화가 가능해질 것이며 시스템 통합화에 필요한 요소는 다음과 같다.

① **공사 데이터베이스** : 회사 전체에서 일어나고 있는 공사들에 대한 정보
② **전문가 시스템(expert system)** : 전문가의 판단에 의하여 어떠한 데이터를 도출하여 컴퓨터에 입력하는 것이 아니고 시스템 자체에서 우리 전문가와 같이 축적된 지식을 기반으로 하여 인간과 유사한 추론을 통하여 데이터를 발생시키는 시스템
③ **자재 관리 시스템**

④ 설계 업무의 자동화

⑤ 시공 과정 시뮬레이션

⑥ 공사 스케줄 관리

⑦ 시설 유지(facility maintenance) : 축조물 건설 완료 후 정보 및 기능 관리 유지

건설 업무의 통합 자동화를 위한 3대 요소, 즉 사람, 컴퓨터, 축적된 기술을 어떻게 조화롭게 양성·설치하여 경쟁되는 상대에게 앞서 가느냐 하는 것이 우리 건설 기술자로서의 명맥을 유지할 수 있느냐 하는 가부가 결정될 것이다.

Section 26 건설 공사용 로봇 개발 프로세스

1 개요

건설산업의 생산성 향상이 더딘 주 이유는 타 산업의 경우 많은 부분에서 자동화가 도입되어 생산 효율성이 크게 향상된 반면 건설현장은 여전히 다양한 근로자들에 의해 공사 및 작업이 이루어지기 때문이다. 이러한 문제를 해결하고자 건설분야에 로봇 및 IT 장비를 도입하여 생산성을 향상시키려는 사례나 시도가 최근 활발히 진행되고 있다. 이러한 로봇과 IT 장비는 비단 건설산업의 생산성 개선뿐만 아니라 새로운 성장동력의 하나인 해양개발 등의 미래형 산업을 위한 핵심기술로도 각광받고 있다.

2 건설 공사용 로봇 개발 프로세스

건설로봇이라 함은 자체적인 판단력을 지닌 건설기계 또는 장비를 의미하며 작업자의 일방적인 조작에 의해 작동되는 일반 건설장비와는 큰 차이를 나타낸다.

건설로봇은 크게 물체를 핸들링하는 말단부, 말단부의 움직임을 생성하는 링크부, 링크부를 구동시키는 액추에이터부, 액추에이터의 조작 및 제어를 담당하는 제어부 그리고 로봇의 각 부분의 상태나 거동을 실시간으로 감지하여 조작자 혹은 제어부에 정보를 전달하는 센싱부 등으로 구성된다.

최근에는 GPS, 레이저스캐너 등의 계측·인식 센서기술의 발달과 드론(drone) 등을 활용한 지형측정 시스템, 각종제어 및 정보관리기술 등의 ICT(Information and Communications Technologies) 기술과의 융합을 통해 건설로봇의 활용범위를 점차 넓혀가려는 시도가 진행되고 있다.

또한, 해양개발에 대한 관심과 지원은 미국 및 유럽의 여러 선진국에서도 뚜렷이 나타나고 있으며 해양개발과 관련된 기술의 중심에는 수중탐사 및 수중건설 로봇이 있다.

콘크리트 구조물의 유지 관리 전산화

1 개요

현대의 건축 및 토목 구조물은 콘크리트의 황금기라고 표현해도 좋을 만큼 재료적 측면에서 절대적인 비중을 차지하고 있다.

지금까지 콘크리트는 반영구적인 재료로 여겨왔으나 시공 초기에 내재된 각종 결함과 사용중에 물리적, 화학적 작용으로 인하여 구조물에는 균열, 박리, 탈락, 마모, 열화 등의 손상이 생겨서 유지 관리에 상당한 어려움을 겪고 있다.

2 콘크리트 구조물의 유지 관리 전산화

(1) 콘크리트 구조물의 손상 형태 및 원인

1) 화학적인 손상

콘크리트 구조물에 대한 화학적 손상의 일반적 형태는 시멘트에 포함된 알칼리성 성분에 작용하는 황산염, 염분, 그리고 소량의 자연 산성물의 작용에 의해 생기는 손상이다.

2) 물리적 손상

화학적 손상보다는 구조체가 그 기능을 발휘하면서 직면하게 되는 물리적, 기계적 작용에 의한 손상이 주로 많다.

① 마모
② 균열
③ 콘크리트 타설시 재료 분리에 의한 균열
④ 동아리, 거푸집 침하에 의한 균열
⑤ 하중에 의한 균열

(2) 검사 및 조사

체계적이고 합리적인 구조물의 유지 관리를 위해서는 일정한 시간 간격을 두고 정기적으로 구조물을 점검 및 조사할 필요가 있다.

① 일상 점검
② 정기 점검
③ 이상시 점검
④ 특별 조사

(3) 자료 모집

콘크리트 구조물의 유지 관리를 위해서는 구조물 특성에 적합한 자료 항목들을 결정해서 항목별 각종 정보를 일정한 형식을 갖추어 모집, 관리하는 것이 필요하다. 이를 위해서 현재 일상업무에 보편화된 PC(Personal Computer)로 데이터베이스(DB)를 구축하는 것이 가장 효율적인 관리 체계를 구성할 수 있다고 사료된다.

이것을 사용하는 이유는 데이터의 구성, 추가, 변경이 용이하여 대량의 정보를 통합 관리하기가 용이하기 때문이다.

① **기본 자료** : 해당 구조물의 위치, 시공년도, 관리자, 형태, 크기 등의 일반적 사항을 기록하는 자료 그룹
② **구조 자료** : 구조물의 구조적인 제원을 세부적으로 입력하는 자료 그룹
③ **조사 자료** : 구조물의 각 부분에 대하여 손상도를 점검, 조사하고 조사자의 평가 혹은 의견을 기록하는 자료 그룹
④ **보수 자료** : 구조물을 보수했을 때 보수자, 보수 기간, 보수량, 보수비, 보수 공정률 등의 기록을 저장하는 자료 그룹

(4) 데이터베이스 구축

앞 절에서 언급한 각종 자료들을 컴퓨터로 처리할 수 있도록 일정한 기입 양식에 기록한 기존의 DB software를 이용하여 DB를 구축한다. 이것을 이용하는 이유는 데이터의 구성, 추가, 변경이 용이하여 대량의 정보를 통합, 관리하기가 용이하기 때문이다.

(5) 시스템 설계

기본적으로 DB가 구축되면 각 자료 그룹별 데이터의 입력, 수정, 출력, 조회, 검색 등을 위하여 메뉴 화면, 자료 화면 설계와 응용 프로그램을 개발한다.

(6) 시스템 운용

유지 관리에 필요한 DB가 구축되면 구조물 관리자는 응용 프로그램을 이용하여 필요에 따라 수정, 조회, 출력, 검색의 작업들을 수행하고 항목의 색인별로 분류하여 여러 형태의 통계 자료를 얻을 수 있으며 이것들을 통하여 효율적인 구조물의 유지 관리 업무를 수행할 수 있다.

Section 28 중장비 작업 능력

① 작업 능력의 계산

중장비를 이용한 작업 능력은 1시간당의 시공량(m^3/h)으로 표시하는데, 1시간당의 작업 능력은 다음과 같다.

1시간당 작업 능력=1회 작업량×1시간 내의 작업 횟수

$$=1회 \ 작업량 \times \frac{60}{1사이클 \ 시간(분)}$$

지금 1시간당의 작업량 $Q \, [\text{m}^3/\text{h}]$는 다음 식으로 표시된다.

$$Q = CN = 9f\frac{60}{C_m}E$$

여기서, C : 1회의 취급량(m^3)

N : 1시간당 취급 횟수 $= \dfrac{60E}{C_m}$

q : 1회에 취급하는 흙의 양(m^3)

f : 토량 환산 계수

E : 작업 효율

C_m : 사이클 시간(min)

❷ 관련 변수

(1) 1회당 취급하는 흙의 양(q)

q의 값은 작업 기계의 버킷, 블레이드 등의 용량으로부터 결정된다. 기계의 용량을 그대로 q의 값으로 하는 경우도 있으나 작업 내용에 따라 기계 용량에 적재 계수, 디퍼 계수 등의 계수를 곱하여 구한다.

(2) 토량 환산 계수(f)

토량 환산 계수는 흙의 종류, 시공 상태 등에 따라 다르다.

(3) 작업 효율(E)

E의 값은 운전자의 기량, 작업의 난이도에 따라 다르나. 무한궤도식 작업 기계에서는 다음과 같다.

① 작업이 순조롭게 진행될 때 : $E=0.90$

② 작업이 보통으로 진행될 때 : $E=0.83$

③ 작업이 순조롭지 못할 경우 : $E=0.75$

(4) 사이클 시간(C_m)

토공 작업은 되풀이 작업으로 1순환에 요하는 시간을 사이클 시간이라고 하며, 이것은 작업 조건이나 운전 거리에 따라서 다르다.

사이클 시간은 고정 시간과 가변 시간으로 구성되는데, 전자는 적재, 흙 버리기, 기어

변환, 방향 변환 등에 요하는 시간이고 가변 시간은 운반 거리와 운반 속도에 따라서 결정되는 시간이다.

Section 29 **각 장비의 작업량 산출**

❶ 도저(dozer)의 작업량 이론식

도저의 작업 중 블레이드로써 흙을 굴착하고 그대로 가까운 자리에 흙을 운반하는 단순한 작업일 때의 1시간당 작업량은 다음 식으로 계산된다.

$$Q = \frac{60qfE}{C_m}[\mathrm{m}^3/\mathrm{h}] = q_o\,e$$

여기서, q : 블레이드 용량(1회의 흙 운반량)(m^3)
q_o : 거리를 고려하지 않는 삽날의 용량(m^3)
E : 도저의 작업 효율
f : 토량 환산 계수
C_m : 사이클 시간$(\min)$
e : 운반 거리 계수

(1) 블레이드 용량(q)

블레이드(토공판)에 의하여 밀어내는 흙의 양은 블레이드의 크기, 형상, 흙의 종류, 작업 방법에 따라 다르나 보통 흙을 평지에서 밀어낼 경우 q의 값을 실예를 들어보면 다음 표와 같다.

[표 6-35] q의 값

블레이드 크기(mm)	블레이드 면적(m^2)	$q[\mathrm{m}^2]$
4,600×1,250	5.75	3.7
3,400×1,140	3.88	2.4
4,100×1,000	4.10	2.6
4,064×1,000	4.10	2.6
3,100×950	3.67	2.3
3,850×1,000	3.85	2.3
3,500×900	3.14	2.0
3,000×750	2.25	1.5
2,890×700	2.03	1.3

(2) 도저의 작업 효율(E)

E의 값은 작업의 난이도와 작업자의 기량에 따라 다르나 대체로 다음 표와 같다.

[표 6-36] E의 값

운반 거리(m)	10 이하	20	30	40	50	60	70	80
E	1.00	0.96	0.92	0.88	0.84	0.80	0.76	0.72

(3) 사이클 시간(C_m)

도저에 의한 삭토 → 밀어내기 → 후진의 1사이클에 요하는 시간은 다음 식으로 계산한다.

$$C_m = \frac{D}{V_1} + \frac{D}{V_2} + t \, [\text{min}]$$

여기서, D : 흙의 운반 거리(m)
V_1 : 전진 속도(m/min)
V_2 : 후진 속도(m/min)
t : 기어 변환 시간(min)

기어 변환 시간은 2회로서 0.33min으로 취한다.

② 도저 작업량의 실용식

작업량의 실험식은 다음과 같다.

$$Q = \frac{10(Bf \times 3,600F)}{10(3D+20)} [\text{m}^3/\text{h}]$$

여기서, B : 블레이드 면적(m^2)
f : 토량 환산 계수
D : 흙의 운반 평균 거리(m)
F : 현장 작업 계수

(1) 블레이드 면적(B)

블레이드 규격으로부터 [표 6-35]의 값을 참고로 하여 구한다.

(2) 현장 작업 계수(F)

현장 작업 계수의 값 F는 다음 식으로 계산할 수 있다.

$$F = \frac{1.6P(3D+20)}{3,600Bf}$$

여기서, P : 1시간당 평균 작업량

③ 스크레이퍼의 작업량

(1) 피견인 스크레이퍼의 작업량

크롤러식 트랙터로 견인되는 스크레이퍼, 즉 이른바 캐리올 스크레이퍼의 흙의 운반 작업량은 다음 식으로 구한다.

$$Q = \frac{60qfE}{C_m} \, [\text{m}^3/\text{h}]$$

여기서, q : 볼의 적재량(1회의 운반량)(m^3/h)
f : 토량 환산 계수
E : 피견인 스크레이퍼의 작업 효율
C_m : 사이클 시간(min)

① 볼의 적재량(q) : 볼의 적재 용량은 스크레이퍼가 산적하였을 때 용적에 재료의 종류에 따른 적재 계수를 곱한 값을 사용한다. 하나의 보기로서 산적 용량이 10m^3인 스크레이퍼에 점토를 적재한 경우 q는 $10 \times 0.7 = 7\text{m}^3$가 된다.

[표 6-37] 재료의 종류에 따른 적재 계수

재료의 종류	모래	보통 흙	점토	파쇄한 작은 돌
계 수	0.90	0.80	0.70	0.60

② 작업 효율(E) : 작업 효율은 표와 같게 취한다.
③ 사이클 시간(C_m) : 스크레이퍼의 흙 운반 작업은 다음 식으로 계산한다.

$$C_m = \frac{D}{V_d} + \frac{H}{V_h} + \frac{S}{V_s} + G \, [\text{min}]$$

여기서, D : 적재 길이(m)-표준 길이 40~60m
H : 적재 운반 길이(m)
S : 사토 길이(m)-표준 길이 30~40m
R : 공차 수송 거리(m)
G : 기어 변환에 요하는 시간-4회 0.25min
V_d : 적재 속도(m/min)-보통 제1속
V_h : 운반 속도(m/min)-평지에서 보통 제2속 또는 제5속
V_s : 사토 속도(m/min)-보통 제1속 또는 제2속
V_r : 공차 수송 속도(m/min)-평지에서 보통 제5속

$$\text{무한} \ V_1, \ V_2 = \frac{\text{타이어} \ V_1 \ V_2}{\text{무한궤도형}}$$

(2) 모터 스크레이퍼의 작업량(Q)

$$Q = \frac{60qEf}{C_m}$$

여기서, Q : 시간당 작업량(m^3/h)

q : 적재함 용적×적재 계수(k)

f : 토량 환산 계수

E : 작업 효율

C_m : 1회 사이클 시간 $= \dfrac{L_1}{V_1} + \dfrac{L_2}{V_2} + t$

L_1 : 적재 시의 주행 거리(m)

L_2 : 공차 시의 주행 거리(m)

V_1 : 적재 시의 주행 속도(m/min)

V_2 : 공차 시의 주행 속도(m/min)

[표 6-38] k의 값

토질 상태	적재 계수
조건이 좋은 보통토	1.13
조건이 좋은 모래 보통토	1.00
역질토, 모래 역이 섞인 점질토, 점토	0.9
조건이 좋은 점질토, 점토	0.9
조건이 나쁜 점질토, 점토, 암괴, 호박돌, 역	0.8

※ 30cm 이상의 호박돌이 있을 때는 사용 부적당

[표 6-39] V_1 및 V_2의 값

도로 상태	V_1[m/min]	V_2[m/min]
노면이 단단하고 안전한 도로로서 주행시 타이어가 노면에 침투되지 않고 살수 등 잘 유지된 도로	400	600
노면 상태가 좋지 않고 주행시 타이어가 노면에 약간 침투되며 살수된 도로	300	400
노면 상태가 잘 정비되어 있지 않으므로 다소 정비는 하나 주행시 타이어가 노면에 약간 침투되는 도로	200	300
노면이 차량에 의하여 울퉁불퉁해졌고 잘 정비는 하나 주행시 타이어가 노면에 심하게 침투되는 도로	150	200
흐트러진 모래 또는 자갈	100	150
노면이 극히 불량한 상태	80	100

t : 적토, 사토 및 기어 변속 시간(홋슈 도저를 사용 시 1.6분, 사용치 않을 때 2.8분)

단, 모터 스크레이퍼의 작업 효율 E는 다음 값을 취한다.

- 작업이 순조롭게 진행될 때 : $E=0.83$
- 작업이 보통으로 진행될 때 : $E=0.75$
- 작업이 순조롭지 않을 때 또는 야간 작업일 때 : $E=0.67$

[표 6-40] E의 값

현장 조건	E
작업 현장이 넓으면 지형과 토질 조건이 좋고 어느 정도의 토량이 모여 있으므로 작업이 순조롭게 될 때	0.85
작업 현장은 넓으나 함수비로 토질의 변화가 일어나기 쉬울 때 등으로 작업이 보통으로 진행될 때	0.80
작업 현장이 넓지 않고 다른 작업 기계와의 교차가 많고 토질 조건도 좋지 않으므로 작업이 순조롭지 못할 때	0.70
작업 현장이 좁고 작업이 복잡할 때 또는 토질 조건이 나쁘므로 작업 진행이 불량할 때	0.60

모터 스크레이퍼 사이클 시간 C_m

$$C_m = T_d + T_h + T_s + T_r$$

여기서, T_d : 적재 시간(min)

T_h : 적재 주행 소요 시간(min)

T_s : 사토 시간(min)

T_r : 공차 주행 소요 시간(min)

④ 파워 셔블의 작업량

파워 셔블 및 백 호에 의한 굴착 및 적재에 의한 작업량의 이론식은 다음과 같다.

$$Q = \frac{3,600\, qfEk}{C_m}[\text{m}^3/\text{h}]$$

여기서, q : 디퍼의 공칭 용량(m^3)

f : 토량 환산 계수

E : 작업 효율

k : 디퍼 계수

C_m : 굴삭 적재 시의 사이클 시간

(1) 작업 효율

작업 효율은 작업 상태에 따라 다르나 단일 기계 작업시의 작업 효율은 0.80~0.83 정도이다.

(2) 디퍼 계수

디퍼 계수는 디퍼의 용량에 대한 실제로 들어간 토사의 과부족 및 굴착 길이에 대한 사이클 시간의 변화 등에 의한 계수로서 다음과 같이 표시된다.

$$K = K_1 K_2$$

여기서, K_1 : 굴착 작업 높이 또는 깊이 변화에 따른 계수

K_2 : 굴착되는 흙의 종류와 상태에 따른 계수

K_1 및 K_2의 값은 [표 6-41] 및 [표 6-42]와 같다.

[표 6-41] 굴삭 높이에 따른 계수 K_1

높이, 길이(m) 기 종	-5 이상	-4	-3	-2	-1	0	1	2	3	4	5 이상
셔블	–	–	–	–	0.2	0.4	0.6	0.7	1.0	1.0	1.0
백 호	1.0	1.0	1.0	0.8	0.8	0.5	0.4	0.2	–	–	–
드래그 라인	1.0	1.0	1.0	1.0	1.0	1.0	0.75	0.5	0.25	–	–

[표 6-42] 버킷 또는 디퍼의 굴삭 토질의 변화에 따른 계수 K_2

작업의 난이 토질 기종	용이한 굴삭 공극이 적은 토사, 모래, 작은 자갈, 모래가 많은 점토, 분쇄한 암석	보통의 굴삭 발파를 요하지 않으나 쌓으면 부서지는 재료, 점토, 거칠고 작은 개울 자갈, 약간 굳은 토사	약간 곤란한 굴삭 가벼운 발파를 요하는 재료, 가늘게 분쇄한 석회암, 사암, 습한 점토, 조각돌	곤란한 굴삭 발파한 암석, 큰 공극이 생기는 재료, 석회암, 화강암, 사암, 굳은 토사
셔블	0.95~1.0	0.85~0.90	0.70~0.80	0.50~0.70
드래그 라인	0.95~1.0	0.85~0.90	0.65~0.75	0.45~0.65

(3) 굴착 및 적재의 사이클 시간(C_m)

이것은 굴착, 선회, 사토, 선회의 합계인 사이클 시간으로서 [표 6-43]의 값을 취한다. 단, 이 값은 기계의 선회 속도, 조작 방식 및 운전자의 숙련도에 따라 다르다.

[표 6-43] 셔블의 사이클 소요 시간 C_m(A)

디퍼 용량 (m³)		소요 시간(min)		
		용이한 굴착	보통의 굴착	곤란한 굴착
셔블 90° 선회	0.38	15	18	24
	0.58	18	20	24
	0.67	18	20	26
	0.95	18	20	26
	1.15	18	20	26
	1.52	18	20	26
	1.90	20	22	28
	2.30	22	24	30
	3.06	24	26	32

[표 6-44]에 표시한 표준 선회각과 다른 선회각으로 사용할 때에는 표준 사이클 시간에 [표 6-45]의 보정 계수를 곱한 값을 사이클 시간으로 취한다.

[표 6-44] 셔블의 사이클 소요 시간 C_m(B)

버킷 용량 (m³)		소요 시간(min)		
		용이한 굴착	보통의 굴착	곤란한 굴착
드래그 라인 110° 선회	0.38	20	24	30
	0.58	22	26	32
	0.76	24	28	35
	0.95	24	28	35
	1.15	24	28	35
	1.52	28	33	40
	1.90	28	34	41
	2.30	30	35	42
	3.05	32	38	45

[표 6-45] 붐 선회각에 따른 사이클 시간의 보정 계수

선회각	45°	60°	75°	90°	120°	150°	180°
파워 셔블	0.80	0.86	0.93	1.00	1.14	1.27	1.41
드래그 라인	0.78	0.85	0.90	0.95	1.03	1.12	1.17

❺ 드래그 라인의 작업량

드래그 라인의 작업량은 파워 셔블의 작업량 계산식에 따른다.

⑥ 덤프트럭의 작업 능력

파워 셔블 또는 트랙터 셔블 등을 사용하여 싣기 작업을 할 때 적재 작업을 하는 싣기 기계에 알맞는 용량과 대수의 덤프트럭을 사용하여 흙을 운반할 경우의 덤프트럭의 능력 계산은 다음의 순서에 따른다.

(1) 덤프트럭의 사이클 시간의 계산

덤프트럭의 사이클 시간을 C_{mt}라 하면

$$C_{mt} = n\frac{C_{ms}}{60} + \left(\frac{D}{V_1} + t_1 + \frac{D}{V_2} + t_2\right)[\text{min}]$$

여기서, $n\dfrac{C_{ms}}{60}$: 적재 시간(min)

　　　　D : 덤프트럭의 흙 운반 거리(m)

　　　　V_1 : 적하 트럭의 평균 속도(m/min)

　　　　V_2 : 적공하 트럭의 평균 속도(m/min)

　　　　t_1 : 짐 내리기에 요하는 시간 및 짐 내릴 때까지의 대기 시간(min)

　　　　C_{ms} : 굴착 적재기의 사이클 시간(min)

　　　　t_2 : 굴착 적재기의 위치에 트럭을 정차시키고 적재를 시작할 때까지의 시간(min)

　　　　n : 덤프트럭 1대에 토사를 가득 싣는 데 요하는 굴삭 적재기의 사이클 수

　　　　　$n = c/(q \cdot k)$

　　　　c : 덤프트럭의 적재 용량

　　　　q : 굴착 적재기의 디퍼 또는 버킷의 용량(m³)

　　　　k : 굴착 적재기의 디퍼 또는 버킷 계수

일반적인 자료에 의하면 t_1은 0.5~1분 정도이고, t_2는 0.15~0.50분 정도이다.

(2) 덤프트럭의 소요 대수 결정

굴착 적재기를 최대로 가동시키는 데 필요한 덤프트럭의 총 소요 대수 M은 다음 식으로 계산한다.

$$M = \frac{\text{덤프 트럭의 사이클 시간}}{\text{적재 시간}} = \frac{C_{mt}}{nC_{ms}} \times 60$$

(3) 덤프트럭의 운반 토량의 계산

덤프트럭 몇 대가 동시에 같은 작업을 할 경우의 총 작업 토량은 다음 식으로 계산한다.

$$\text{총 작업 토량} = \frac{60CE_t}{C_{mt}} M [\text{m}^3/\text{h}]$$

여기서, C : 덤프트럭의 적재량(m^3)

E_t : 덤프트럭의 작업 효율

C_{mt} : 덤프트럭의 사이클 시간(min)

M : 가동 덤프트럭 대수

덤프트럭의 작업 효율 E_t는 다음 값을 취한다.

① 작업이 순조롭게 진행될 경우 : E_t=0.83

② 작업이 보통으로 진행될 경우 : E_t=0.75

③ 작업이 순조롭지 않게 진행될 경우 : E_t=0.67

(4) 조합 대수의 검토

덤프트럭을 굴착 적재기와 조합하여 시공할 때에는 이들 두 기계의 작업 능력이 같은 것이 이상적이다. 따라서 이들의 관계는 다음 공식과 같다.

$$\frac{60}{C_{mt}} C E_t M = \frac{3,600}{C_{ms}} q E_s K$$

이들의 관계가 등식으로 성립되지 않을 때에는 조합의 균형이 이루어지지 않음을 뜻한다. 즉 좌변이 클 경우는 덤프트럭의 대수가 많은 것이고 좌변이 작은 것은 덤프트럭의 대수가 부족한 경우이다.

(5) 시간당 작업량과 토량 변화율

$$Q = \frac{60qfE}{C_m}, \quad q = \frac{T}{\gamma_1} L$$

여기서, Q : 1시간당 흐트러진 상태의 작업량(m^3/hr)

q : 흐트러진 상태의 덤프트럭 1회 적재량(m^3)

γ_1 : 자연 상태에서의 토석의 단위 중량(습윤 밀도)(ton/m^3)

T : 덤프트럭의 적재량(ton)

L : 토량 환산 계수에서의 토량 변화율

$$L = \frac{\text{흐트러진 상태의 토량}(m^3)}{\text{자연 상태의 토량}(m^3)}$$

F : 토량 환산 계수

C_m : 1회 사이클 시간(분)

$$C_m = t_1 + t_2 + t_3 + t_4$$

t_1 : 적재 시간(분)(적재 방법에 따라 분류)

t_2 : 왕복 시간(분)

$$\left(= \frac{운반 \ 거리}{적재 \ 시 \ 평행 \ 주행 \ 속도} + \frac{운반 \ 거리}{공차 \ 시 \ 평균 \ 주행 \ 속도}\right)$$

단, 교통 제한 구간의 제한 속도가 운반 노상에 있을 때는 제한 속도 이내에서 적용해야 한다.

[표 6-46]

도로 상태	평균 속도	
	적재	공차
토취장 또는 토급장의 운행	5	7
성토장 내의 미정비된 불량한 노면 2차선의 미개수된 교차 대기가 필요한 산간지 도로	7	10
1차선의 교차가 힘든 산간지 도로 1차선의 교차 대기가 필요한 공사용 가설 도로 1차선의 제방 등의 도로	10	10
교차가 가능한 제방 등의 도로 2차선의 미개수된 산간지 미도로 포장	12	12
2차선 이상의 개수된 산간지 미포장 도로 2차선 이상의 공업용 가설 도로	15	15
2차선 이상의 교통량 및 교통 대기가 많은 시가지 포장(700대/일 이상) 2차선 이상의 미포장 도로	20	20
2차선 이상의 시가지 포장 도로(7,000~2,000대/일) 2차선 이상의 유지 관리 상태가 극히 양호한 공사용 도로	25	25
2차선 이상의 교외 포장 도로(2,000대/일 이상) 2차선 이상의 극히 양호한 미포장 도로	25	30
2차선 이상의 노면이 고르지 못한 포장 도로(2,000대/일 미만)	30	35
2차선 이상의 포장 도로(2,000대/일 미만)	35	35

[표 6-47] 적하 시간(t_3)

토 질	작업 조건			비 고
	양호	보통	불량	
모래, 역, 호박돌	0.5	0.8	1.1	적재한 흙을 내리는 데 소요되는 시간
점질토, 점토	0.6	1.05	1.5	으로 차례를 기다리는 시간도 포함

t_4 : 적재 장소에 도착한 때부터 적재 시까지의 시간

- 트럭이 자유로 진입할 수 있을 때 : 0.15분
- 트럭이 불편없이 진입할 수 있을 때 : 0.42분
- 트럭이 진입하는 데 불편을 느낄 때 : 0.70분

※ 적재 기계 사용할 때의 사이클 시간 선정

$$C_{mt} = \frac{C_{ms}n}{60E_s} + (t_2 + t_3 + t_4)$$

여기서, C_{mt} : 덤프트럭의 1회 사이클(분)

C_{ms} : 적재 기계의 1회 사이클(분)

E_s : 적재 기계의 작업 효율

n : 덤프트럭 1대 적재에 소요되는 적재 기계의 사이클 횟수

$$n = \frac{Q_t}{qk}$$

Q_t : 덤프트럭 1대의 적재 토량(m^3)

q : 적재 기계의 디퍼 또는 버킷 용량(m^3)

k : 디퍼 또는 버킷 계수

❼ 모터 그레이더의 작업 시간

$$A = \frac{60DWE}{P_1 C_{m1} + P_2 C_{m2} + \cdots + P_4 C_{m4}}, \quad Q = \frac{60lDHfE}{E}$$

여기서, A : 1시간당 작업량(m^3/hr)

Q : 1시간당 작업량(m^3/hr)

D : 1회의 작업 거리(편도 m)

W : 작업장 전체의 폭(m)

E : 작업 효율

P_t : 작업장 전체의 폭을 V_t 속도로 행하는 작업 횟수

C_{mt} : 작업 속도 V_t 때의 사이클 시간(분)

l : 블레이드의 유효 길이(m)

H : 굴착 깊이 또는 흙 고르기 두께(cm)

f : 토량 환산 계수

① 방향 변화 또는 블레이드를 선회하여 왕복 작업을 할 때

$$C_m = 0.06\frac{D}{V_t} + t$$

② 전진 작업만을 하고 후진으로 되돌아오거나 회송이 필요할 때

V_t : 작업 속도(km/hr)

V_2 : 후진 또는 회송 속도(km/hr)

[표 6-48] V_1 및 V_2의 값

구 분		토사도 보수	축구 굴착	비탈면 마무리	흙 고르기	마무리	혼합	제석
작업	양호	10	4	3	8	8	10	10
	보통	7	3	2.5	6	6	7	8
	불량	4	2	2	4	4	4	6
후진		양호…9		보통…6.5		불량…4		
회송		양호…24		보통…18		불량…12		

[표 6-49] t의 값

작업 종류	t (분)
작업 거리가 비교적 짧은 경우	2.5
도로 보수	1.5
흙 고르기	0.5

[표 6-50] l의 값

작업 종류	블레이드의 작업 각도	블레이드의 길이 3.6m
단단한 토질에서의 깎기	45°	2.3m
부드러운 토질에서의 깎기	55°	2.7
흙 밀기 제설	60°	2.9
마무리	90°	3.4

[표 6-51] E의 값

작업 종류	현장 조건		
	양호	보통	불량
토사도의 부수 및 정지 등	0.8	0.7	0.6
흙 고르기 등	0.7	0.6	0.5

❽ 파워 셔블, 백 호, 드래그 라인, 클램셸

$$Q = \frac{3,600qfKE}{C_m}$$

여기서, Q : 시간당 작업량(m^3/hr)

q : 디퍼 또는 버킷의 용량(m^3)

f : 토량 환산 계수

E : 작업 효율

K : 디퍼 또는 버킷 계수

C_m : 1회 사이클의 시간(초)

모터 그레이더는 자갈길 또는 분쇄석을 깔은 도로나 비포장 도로의 유지, 보수, 토공의 최종 끝손질 등에 사용되는 외에 경사면 다듬질, 홈파기 등에 사용된다.

[표 6-52] K의 값

현장 조건	파워 셔블	백 호, 클램셀, 드래그 라인
용이하게 굴착할 수 있는 연한 토질로서 버킷에 가득 차고 산적될 때가 많은 것, 조건이 좋은 모래. 보통토	1.20	1.10
위의 토질보다 약간 단단한 토질로서 버킷에 거의 가득 찰 수 있는 모래, 보통토, 조건이 좋은 점토	0.95	0.90
버킷에 가득 채우기가 어렵거나 가벼운 발파를 필요로 하는 것으로서 단단한 점질토, 점토, 고결된 역질토	0.75	0.70
버킷에 넣기 어렵고 불규칙한 공극이 생기는 것으로서 발파 또는 리퍼로 부순 양괴, 호박돌, 역	0.60	0.55

[표 6-53] E의 값

토 질 \ 현장조건	파워 셔블			드래그 라인, 클램셀			백 호		
	양호	보통	불량	양호	보통	불량	양호	보통	불량
모래	0.85	0.70	0.60	–	–	–			
사질토 보통토	0.60	0.50	0.40	0.70	0.60	0.45			
역질토 호박돌	0.50	0.40	0.30	0.60	0.50	0.40	0.75	0.60	0.45
점질토 점토	0.40	0.30	0.20	0.30	0.25	0.20			
파쇄암	0.40	0.30	0.20	–	–	–			

[표 6-54] t의 값

구 분	무한궤도식		타이어식	
	산적 상태에서 담을 때	지면에서부터 굴착 집토하여 담을 때	산적 상태에서 담을 때	지면에서부터 굴착 집토하여 담을 때
용이한 경우	5	22	6	24
보통인 경우	8	32	10	35
약간 곤란한 경우	10	40	15	45
곤란한 경우	12	–	20	–

도로나 비포장 도로의 유지, 보수, 토공의 최종 끝손질 등에 사용되는 외에 경사면 다듬질, 홈파기 등에 사용된다. 모터 그레이더의 작업 완료 시간 T는

$$T = \frac{N_1 L_1}{V_1 E_1} + \frac{N_2 L_2}{V_2 E_2} + \cdots + \frac{N_n L_n}{V_n E_n} h$$

여기서, N : 작업 횟수

L : 작업 거리(km)

V : 작업 속도(km/h)

E : 모터 그레이더의 작업 효율

① **작업 횟수(N)** : 어떤 폭을 띠 모양으로 평행하게 작업할 때의 작업 횟수는 다음 식으로 계산한다.

$$N = \frac{\text{작업 전폭(m)}}{\text{블레이드의 유효 길이(m)} - \text{블레이드의 겹친 부분(m)}}$$

블레이드의 유효 길이는 블레이드가 차체의 진행 방향과 이루는 각도에 따라 다르며 블레이드 겹침부는 0.3m이다.

[표 6-55] 블레이드의 유효 길이

형 식		대 형	중 형	소 형
블레이드의 길이(m)		3.6	3	2.5
블레이드의 유효 길이(m)	60°	2.8	2.3	1.85
	45°	2.2	1.8	1.5

② **모터 그레이더의 작업 효율** : 작업 효율은 작업의 종류, 기계의 상태, 운전자의 기량에 따라 다르나 양호한 조건에서는 0.8 정도로 잡는다.

③ **작업 속도(V)** : 작업 속도는 일반적으로 다음 범위의 값을 취한다.

  ㉠ 도로 보수 : 2~6km/h

  ㉡ 정지 거친 다듬질 : 1.6~4km/h

  ㉢ 정지 최종 다듬질 : 2~8km/h

  ㉣ 측홈 굴삭 : 1.6~4km/h

  ㉤ 경사면 다듬질 : 1.6~2.6km/h

  ㉥ 제설 : 7~25km/h

❾ 다듬 기계의 작업량

다듬 기계의 작업량은 다음 식으로 계산한다.

$$Q = \frac{1,000\, VWDEf}{N}\,[\text{m}^3/\text{h}]$$

$$A = 1,000\, VWEN$$

여기서, Q : 시간당 다짐 토량(m^3/h)

V : 다짐 작업의 평균 속도(km/h)

D : 1층의 다짐 두께(m)

E : 작업 효율

W : 다짐 폭(m)

N : 다짐 횟수

A : 시간당 다짐 면적(m^3/h)

V : 다짐 속도(km/h)

N : 소요 다짐 횟수

f : 토량 환산 계수

앞 식에서 D의 값은 0.15~0.3m이며, 다짐 횟수 N은 타이어 롤러에서는 3~5회, 로드 롤러에서는 4~10회, 진동 롤러는 4~12회이다. 그리고 작업 효율 E는 0.8 정도를 표준으로 삼는다.

[표 6-56] 다짐 기계의 유효 폭(W)

다짐 기계	규 격(t)	유효 폭(m)	다짐 기계	규 격(t)	유효 폭(m)
머캐덤 롤러	6~8	1.4	타이어 롤러	5~8	1.6
	8~10	1.6		8~15	1.9
	10~12	1.6		15~25	2.1
	12~15	1.7	진동 롤러	1.5	0.7
탠덤 롤러	6~18	1.1		2.5	1.0
	8~10	1.1		4.4	1.1
	10~13	1.2	불도저	17	0.8
불도저	11	0.7			

[표 6-57] 다짐 속도(V)

구 분	머캐덤 롤러	탠덤 롤러	타이어 롤러	진동 롤러	불도저
노제, 노상, 축제	2.0	2.0	2.5	1.0	4.0
하층 노반	2.5	–	4.0	–	–
포장반	3.0	3.0	4.0	–	–

구 분	포 장			노상, 노제, 축제	하층 노반	
	머캐덤 롤러	타이어 롤러	탠덤 롤러	불도저, 타이어 롤러	머캐덤 롤러	타이어 롤러
양호	0.75	0.65	0.60	0.8	0.7	0.6
보통	0.55	0.45	0.45	0.6	0.5	0.4
불량	0.35	0.25	0.30	0.4	0.3	0.2

⑩ 롤러 작업량

주어진 롤러로 시간당 다질 수 있는 표면 양은 흙의 종류, 습도, 층의 두께, 롤러 속도 등에 따라 다르다. 롤러가 다질 수 있는 표면적은 다음 식에 의하여 계산할 수 있다.

$$\text{km}^2/시간 = \frac{60SWED}{N \times 27 \times 0.75}$$

$$\text{km}^2/시간 = \frac{60SWE}{N \times 9 \times 0.81}$$

여기서, S : 분당 피트 진행 속도
W : 피트의 효과적인 두께
E : 효과적인 인자
D : 다지려는 깊이
N : 롤러의 작업 횟수

Section 30

건축물 해체 공법

① 개요

최근 들어 이미 건립된 주택이나 공공 건물이 노후화되고 도시 정비 및 도시 재개발 사업이 추진됨에 따라 건축물 해체의 중요성이 크게 부각되고 있다. 이에 건축물 해체 공사에 있어서 효율적이고 합리적인 공법 및 해체에 따른 안전, 공해, 폐기물 처리 등 제반 대책이 요구되고 있다. 따라서 해체 공법 선정 시 공사 현장의 제반 여건을 충분히 고려하여야 한다.

② 건축물 해체 공법

(1) 강구에 의한 공법

1) 원리

강구를 크롤러 크레인(crawler crane)의 선단에 매달아 수직(상·하) 또는 boom의 선회를 이동하여 수평으로 구조물에 충격력을 가하여 콘크리트를 파괴하고 노출 철근을 가스 절단하면서 구조물을 해체한다.

강구의 형태는 구형, 원추형 등이 있으며, 중량은 0.5~2ton의 강구를 사용하며, 일반적으로 1.5ton 정도의 것이 사용되나 주변이 넓고 공해 유발이나 안전상 특별한 문제가 발생될 소지가 없는 경우에는 3ton 정도의 강구를 사용하는 경우도 있다.

① 에너지 보존 법칙에서 충돌 시 속도를 구한다.

$$\frac{1}{2}m_1 {v_1}^2 + u_1 = \frac{1}{2}m_2 {v_2}^2 + u_2$$

$$O + Wy_1 = \frac{1}{2}m_2 v_2{}^2 + O$$

$$W = mg \,(\text{이때 } y_1 : \text{강구 높이})$$

$$\therefore \text{충돌 시 속도 } V_2 = \sqrt{2gy_1}$$

여기서, $m_1 = m_2$ (강구 질량)

    v_1 : 강구 초속도($m_1 = 0$)

    v_2 : 강구 충돌 시 속도

    u_1 : 저장 에너지(위치 에너지)

    u_2 : 저장 에너지($h = 0$에서 $v_2 = 0$)

② 운동량 보존 법칙에서 충돌 후 충격 또는 속도를 구한다. 반발 계수에 따라 충돌 후 상황을 판단한다(반발 계수 0은 스프링 작용으로 충격력 100% 흡수).

2) 장점

① 작업 능률이 좋다.

② 작업 조건에 따라 다소 차이는 있으나 1일 40~50m의 해체가 가능하다.

③ 부재(파쇄재)를 잘게 해체할 수 있다.

④ 해체 비용이 저렴하다.

3) 단점

① 소음, 진동이 크게 발생하며 지중 매설물(가스, 수도, 하수도)을 파손하는 수가 있다.

② 인접한 건물이 있는 경우에는 외벽 및 외부 기둥의 해체에는 사용할 수 없다.

③ 파편의 비산이 많고 구조물의 붕괴를 예측하기 어려워 위험에 대한 정확한 대책을 세울 수 없다.

④ 흙에 접하는 부재의 해체 시에는 진동이 매우 크다.

⑤ 철근의 절단에 많은 시간이 소요된다.

⑥ 작업원의 안전 관리가 어렵다.

(2) 핸드 브레이커(hand breaker) 및 대형 브레이커에 의한 공법

압축 공기 및 유압에 의한 가스의 압축력에 의해 정(chisel)을 작동시켜 정 끝의 급속한 반복 충격력에 의해 콘크리트를 파쇄하는 공법

1) 핸드 브레이커

　전동, 파편이 적어 위험성이 적다.

2) 대형 브레이커

① 파워 셔블 또는 백 호에 장착하여 사용하는 것으로 능률이 매우 좋다.
② 유압식 브레이커를 많이 사용하며 소음이 많은 결점이 있다.
③ 파괴력이 커서 응용 범위가 넓다.

(3) 절단기(cutter)에 의한 공법

　회전 톱날에 다이아몬드 입자를 부착시켜 제작된 것으로 원동기, 가솔린 엔진 등으로 고속 회전시켜 철근 콘크리트를 직선상으로 절단하는 방법

(4) 천공기

　엔진 착암기, rock drill, sinker, core drill을 타공법과 병행 사용

(5) 기타 유압력에 의한 공법

1) 유압식 확대기에 의한 공법

　콘크리트에 지름 30~40mm 구멍을 천공하여 이 구멍에 가력봉을 밀어 넣고 유압력을 가압하여 구멍을 확대시킴으로써 구조물을 파괴하는 방법이다. 무근 콘크리트 파쇄에 가장 이상적이다.

2) 잭 공법

　대형의 유압 잭을 슬래브와 슬래브 사이, 보와 보 사이에 설치하고 잭의 stroke를 유압에 의해 늘려서 해체하는 방식이다. 소음, 진동이 적고 기동성이 좋으며 시공 능률이 좋다.

3) 압쇄기에 의한 공법

　강력한 두 개의 암이 유압 작용에 의해 콘크리트를 압쇄하는 방식이며, 소음이 적고 파쇄에 능률적인 공법으로 국내와 같은 중층 정도의 건물 해체에 가장 이상적인 공법이다.

(6) 시공 대책

① 해체 공사 시 안전 대책 강구
② 공해(소음, 진동, 분진 확산) 대책
③ 해체 폐기물 처리 및 재활용 방안
④ 해체 전문 인력의 확보 및 기술 개발 필요

Section 31 유류 저장 탱크의 도장 공정

① 탱크 외부 도장 사양

(1) 일반 공장 지역 환경 조건의 cone roof 탱크

① 무기 징크 하도 1회 $75\mu m$
② 비닐 중도 1회 $40\mu m$
③ 비닐 상도 1회 $30\sim60\mu m$

(2) 일반 공장 지역 환경 조건의 floating roof 탱크

① 무기 징크 하도 1회 $75\mu m$
② 에폭시 중도 1회 $100\mu m$
③ 에폭시 상도 1회 $100\mu m$

② 탱크 내부 도장 사양

(1) 원유(crude oil) 및 벙커C유 탱크

① 에폭시 하도 1회 $30\mu m$
② 에폭시 상도 2회 $250\mu m$

(2) 항공유, 디젤유 및 납사 탱크

① 에폭시 하도 1회 $50\mu m$
② 에폭시 상도 2회 $250\mu m$

③ 도장 공정

(1) 철재 표면 처리(SSPC-SP10-63)

준나금속 blast cleaning으로 표면적의 95% 이상까지 눈에 보이는 모든 이물질을 blast 세정한다(sand blast 또는 shot balst 처리).

철 표면의 모든 기름, 흑피, 녹, 수분, 먼지, 기타 이물질 등을 제거한다.

(2) 징크계 shop primer

철재 표면 처리 후 녹발생 방지를 위하여 무기 징크계 primer $25\mu m$를 도포한다.

(3) 하도(녹막이 도포)

무기 징크계 shop primer 위에 녹막이 도포(하도)를 도포한다.

(4) 중도

하도와 상도의 중간에서 하도의 녹방지 역할을 돕고 도막의 살오름성, 상도와의 부착성 및 도막의 평활성 등을 좋게 하게끔 도포한다.

(5) 상도

상도 도막은 외부의 영향을 받기 때문에 여기에 견딜 수 있는 내성이 있도록 중도 위에 도포하여 방식 도막을 충분히 보호하며 물, 산소 등 부식성 물질이 투과하지 못하도록 한다.

4 도장 시 기후 조건

① 도장할 수 있는 표면 온도 : 최소한 이슬점 3도 이상
② 상대 습도 85% 이하에서 도장을 해야 한다.

5 도장을 금해야 하는 기후 조건

① 도장 후 건조나 경화 시간에 장시간이 소요되는 때, 온도가 낮을 경우
② 안개가 끼었거나 비나 눈이 와서 흐린 날씨일 때
③ 도장하고자 하는 표면에 습기가 응축되어 있거나 도료가 건조되는 도중에 표면에 습기가 응축될 때

Section 32 지역 냉·난방

1 지역 난방

LNG 열병합 발전소, 쓰레기 소각장에서 생산된 열을 이용한 난방 방식으로 도시 기반 시설이다. 열병합 발전소는 전기와 열을 동시에 생산하므로 일반 발전소에 비해 발전량이 9.6% 감소한다.

그러나 난방에 사용되는 에너지를 감안하면 발전소 이용 효율은 거의 2배로 높아진다.

- 지역 난방
  ① 여의도, 반포 지역 ↔ 당인리 화력 발전소
  ② 분당, 수서, 개포 지구 ↔ 분당 LNG 열병합 발전소

② 지역 난방의 이점

① 화력 발전소의 경우 종전 효율 37%이던 것이 지역 난방을 겸하게 된 이후 70%로 효율이 향상되었다.
② 개별 난방에 비해 연료 소비율이 41% 감소하였다.
③ 개별 난방에 비해 대기 공해가 43% 감소하였다.
④ 개별 난방에 비해 이산화탄소의 배출량이 50% 감소되어 환경 공해가 크게 개선되었다.
⑤ 기존 개별 난방이 간헐 난방 방식인데 비해 지역 난방은 24시간 열이 공급되는 장점이 있다.

③ 특성

① 2중 보온관을 통해 지하 매설되어 있으며, 열원은 120℃(겨울철 기준) 증기로 운송되어 각 단지에 설치된 열교환기를 통하여 온수 및 난방을 공급하는 시설이다.
② 지역 난방은 90년대 후반부터 최근까지 신도시 지역에서 대부분 적용하고 있다.
③ 당초 2001년까지 지역 난방을 18%선까지 끌어올릴 계획으로 정부에서 추진하고 있다.
④ 체코는 60%를 넘어섰으며, 핀란드, 덴마크 등도 50%의 보급률에 육박하고 있다.

④ 지역 냉방

지역 난방열을 이용한 흡수식 냉동기를 가동시켜 찬 공기를 만들어낸다.

(1) 원리

120℃의 증기를 냉동기에 주입한 다음 진공 상태에서는 물이 낮은 온도에서 끓는점을 이용하여 진공 상태인 증발기 내에 물방울을 떨어뜨리면 6.8℃에서 물방울이 증발하면서 전열관 속이 물로부터 증발열을 빼앗아 냉방 용수를 생산하는 원리이다.

(2) 이점

기존 방식보다 전기 소비량이 절반 이하로 줄어 여름철 전력의 수요를 줄일 수 있으며 프레온 가스를 사용하지 않아 공해의 문제가 없다.

Section 33　VE(Value Engineering)

1 개요

품질 및 요구 성능을 확보하면서 원가 절감을 시킬 수 있는 최적 공법, 즉 신뢰성 있는 생산기술과 최소의 비용으로 최대의 효과를 올리기 위한 과학적 생산 관리 기술을 통한 공학적 합리성을 추구하는 VE(Value Engineering) 기법으로 제품, 시설 설계 또는 용역에서의 가치를 향상시키기 위해 가치 공학에서 전문적으로 적용되는 기능 중심의 체계적인 팀웍(team work)에 의하여 문제를 해결하거나 또는 요구되는 기능과 질을 향상시키는 동시에 비용을 절감할 수 있는 강력한 방법이다.

2 VE(Value Engineering)

(1) VE 활용 효과

① 기업의 체질 개선을 위한 도구
② 경쟁력 제고의 도구
③ 기술력 축적의 도구
④ 조직 활성화의 도구

(2) 원가 절감 요소

① 구매 방법의 합리화
② 가설 및 운반 작업의 효율화
③ 과잉 시방 및 설계의 개선

(3) 절감 방안

① 물류비 절감을 위한 각 부서 및 공구별 물동량 통합 운영으로 공차 운행률을 낮춘다.
② 원자재 구매시 각 현장별 유사 공종을 묶어 통합 구매로 구매 단가를 낮추고 우수한 품질을 확보한다.
③ 건설기계 사용시 대기 시간을 최소화하고 가동률(작업 능률)을 향상시킨다.
④ 작업 인원 구성시 적정 기능도 배치 및 조별 우수한 책임자(조장, 반장)에 의한 작업 추진력으로 능률을 향상시킨다.
⑤ 건설 공사에서 가치공학(VE)을 건설사업관리제도(CM)와의 연계를 통하여 효과적으로 원가를 절감한다.
⑥ 설계 단계에서 설계와 시공 경험이 풍부한 각 분야의 전문가들로 구성된 가치공학(VE) 검토팀을 구성하여 획기적인 원가 절감을 할 수 있는 설계 결과를 추구한다.

(4) 플랜트 공사 VE 기대 효과

① 공사의 질을 높이고 혁신을 유도
② 과잉 설계 부분을 변경하여 효율을 높이고 공사비 절감
③ 발주자의 만족도를 높여 주고 투자의 가치를 향상
④ VE 검토를 설계 단계부터 적용하여 전체적인 원가 관리로 절감 효과 기대

Section 34 CM, PM

1 CM 방식과 turnkey 방식

(1) CM 방식

대규모 공사시 발주자의 위임하에 발주자, 설계자, 시공자 간의 의견 조정 및 기술 지도, 발주자의 종합 관리자 역할을 하는 통합 관리 시스템

(2) turnkey 방식

시공자가 대상 계획물의 금융, 토지 조달, 설계, 시공, 설치, 시운전 등 요구하는 모두를 조달하여 인도하는 도급 방식

[표 6-58] CM 방식과 turnkey 방식

구 분	CM 방식	turnkey 방식
채용 방식	발주자의 위임으로 결정, 통합 관리 시스템	사업의 일체를 일괄하여 도급
업무 내용	기종 발주자, 설계자, 시공자 간에 분쟁 조정 및 기술 지도	발주자 대상 계획의 전권을 위임받아 공사 진행
발주자의 입장	발주자의 의견을 시공자, 설계자에게 CM이 기술 지도	시공자의 기술력에만 의존
목적	궁극적으로 발주자의 이익 증대	기업의 이윤 추구
문제점	• 발주자의 이해가 필요 • 강력한 하청업체가 필요 • 발주자, 설계자, 시공자 간의 이해 상충	• 발주자의 설계 미참여 • 대형 건설업체에 유리 • 하도급 계열화가 미흡
개선점	• engineering service의 극대화 • CM 요원의 육성 • 고부가가치 산업으로 발전 유도	• CM 방식으로 발주자 의견 수렴 • EC화의 정착 • 기술 평가는 금액이 아닌 설계 위주

❷ PM(Project Management)의 역할

사업의 기획에서 조사, 설계, 시공, 시운전, 유지 관리, 해체 등 일련의 life cycle 과정을 통해 최소의 시간과 자재, 인력, 비용을 들여 최대의 효과를 얻는 것을 목표로 하는 project 종합 관리 기술을 말하며, 시공 위주의 CM 제도에 대하여 PM은 총체적으로 관리하는 기법을 말한다. 즉, 건설 관리 능력과 엔지니어링 부분의 관리 능력을 접목시키기 위한 제도이다.

기술 영역으로는 공사 기간 관리, 품질 관리, 인력 및 조직 관리, 정보 관리, 위기 관리, 영역 관리, 비용 관리, 계약 관리, 클레임 관리, 안전 관리, 프로젝트 관리가 있다.

Section 35 ISO 9000 시리즈

❶ 개요

기업이 스스로 품질 경영을 실천하게 함으로써 고객에게 제공하는 제품 또는 서비스의 품질이 보증될 수 있도록 국제표준화기구(The International Organization for Standardization)에서 제정한 품질 경영 실천 지침을 말한다.

제품 생산 과정의 공정에 대한 신뢰성 여부를 판단하기 위한 최소한의 기준, 인증 기관이 공급자의 품질 보증 능력을 판단하게 함으로써 소비자에게 품질의 신뢰성에 객관성을 부여하는 품질 시스템 인증 제도이다.

❷ ISO 9000 시리즈

(1) 품질 시스템 규격의 구성

① ISO 9000 : 품질 경영 및 품질 보증 규격의 선택 및 사용 지침에 대한 안내
② ISO 9001 : 설계, 개발, 제조, 설치 및 서비스의 품질 보증 모델
③ ISO 9002 : 제조, 설치 및 서비스의 품질 보증 모델
④ ISO 9003 : 최종 검사 및 시험의 품질 보증 모델
⑤ ISO 9004 : 품질 경영과 품질 시스템 요소에 관하여 상세한 정보를 제공하는 지침

(2) 기업의 품질 인증 선택 기준

① ISO 9001 : 설계에서 사후 관리(A/S)까지 전 부문을 실시하는 기업

② ISO 9002 : 설계를 외부에서 도입, 제품을 생산한 다음 납품하는 기업

③ ISO 9003 : 부품을 외부에서 들여와 조립만 하는 기업, 시험, 검사로 품질 확인

[표 6-59] ISO 9001과 ISO 4001

CM 방식	ISO 9001	ISO 4001
구조	(제조 공정 흐름) 수주 → 설계 → 구매 → 생산 → 시험 및 검사 → 출하	(PDCA 사이클) 계획(Plan) → 실행과 운영(Do) → 점검 및 시정 조치(Check) → 경영자 검토(Action)
관리 대상	의도된 제품 또는 서비스	• 의도된 제품 또는 서비스 • 의도되지 않은 부산물
요구 수준	일정 수준 유지	계속적인 개선 (설정 수치 개선 또는 관리 항목 확대)
목표	고객 만족 (분명한 기준이 있음)	이해 관계자 만족 (명확한 기준이 없는 것도 있음)
공통점	• 제3의 인증 제도 • 시스템 감사 • sampling에 대한 감사	

Section 36 Plant 설계 기술의 자립화

1 문제점

① 공업화 초기 단계에서 국내 자재 및 기술 부족으로 플랜트를 일괄 도입(수입)하게 되었다.

② 건설 과정에 있어서도 국내 엔지니어링 업체와 기계 설비 업체의 참여 기회가 배제되어 건설 경험 및 기술 축적에 어려움이 있었다.

③ 저급 기술 위주로 수주 범위가 좁고 전문화 및 계열화가 이루어지지 않고 있어 설계 기술이 심화되지 않고 있다.

2 대책

① 선진국에 비하여 낙후된 공업 기반 기술(열처리, 주조 등)의 중점 지원이 지속적으로 이루어져야 한다.

② 국내 기계류 소재 및 부품 공업의 전반적인 기술 수준 제고가 필요하다.

③ 플랜트 수요자, 엔지니어링 업체 및 설비 제작 업체가 유기적인 관계를 갖고 플랜트 기술 개발 자립화에 공동으로 연구한다.

④ 플랜트 엔지니어링 업체를 전문화, 대형화하며 대형 프로젝트를 일괄 수행할 수 있도록 하여 주요 핵심 기술을 국내 업체가 습득할 수 있는 기회를 준다.

⑤ 엔지니어링 업체의 인력 및 조직 관리를 철저히 하여 각 분야 최고 전문가가 되도록 한다.

⑥ 선진 업체와의 기술 제휴를 적극 모색하고 전문 교육을 체계화한다.

Section 37 기계 설치 공사의 유의 사항

1 일반 사항

① 토목, 건축의 공사 기간 및 기계 설치 공사 계획을 기계류의 도착 기일 등을 바탕으로 상세하게 작성한다.

② 작성된 공정표는 공사 진행상 지침이 되는 것으로 절대로 변경하지 않도록 마음가짐이 필요하다.

③ 순차적 단동 시험을 할 수 있도록 공정에 반영한다.

2 기계 설치 공사

① 설치 기기의 구조, 크기, 중량, 재질 등을 숙지한다.

② 공사 기간을 단축하기 위하여 작업을 병행시켜 동시에 시행한다.

③ 운반 설비, 공사용 기자재 및 인력을 사전 확보한다.

④ 기계 보관 시 반출을 쉽게 하기 위하여 반입할 때 미리 반출 순서를 고려하여 보관 위치를 결정한다.

⑤ 기기의 입·출고, 공구의 입·출고 관리를 철저히 한다.

⑥ 기기의 착공 기일을 구내의 운반 일수, 운반 도로면의 상태, 지내력, 장애물의 유무, 반입구, 옥내에서의 통로, 인양 설비의 이용 등 일련의 상관 관계를 고려한다.

⑦ 주작업과 병행 작업이 동시에 이뤄질 때 작업자와 공구류가 변동이 없도록 계획하여 능률을 극대화한다.

⑧ 완료 시점 전 punch list를 작성 세밀히 check하여 미완료 부분은 계속 추적 완결토록 한다.

⑨ 기기별 단동 시험을 실시하고, cold run을 준비한다.

Section 38 ROPS(Roll Over Protective Structures)

1 개요

토공 건설기계가 전도되었을 때 안전벨트를 착용한 운전원과 건설기계 자체의 손상이 가능한 작도록 보호하는 장치이다(ISO 3471).

2 ROPS(Roll Over Protective Structures)

(1) 요구되는 성능

① 전도 시 충격에 견뎌낼 수 있는 충분한 강도가 요구된다.
② 충격을 ROPS 부재에 흡수할 수 있도록 적당한 탄성 또는 소성 변형할 수 있는 성능이 요구된다.
③ 부재는 저온(−30℃)에서의 충격 시험에 합격한 철강을 사용한다.
④ 조립용 볼트는 높은 강도를 견뎌낼 수 있는 것을 사용한다.

(2) 일반적인 성능

① 연약 지반에서 건설기계 전도 시 엔진, 유압 장치 등의 제동 제어 작용을 한다.
② 콘크리트, 암반 등 변형이 크게 일어나지 않는 토질인 경우 ROPS가 변형하면서 차량의 전도 에너지를 흡수하여 잇달아 일어나는 충격에 대해서 적절히 대처해 나간다.
③ 차량이 전도 상태에 이르렀을 때, 이미 변형된 ROPS가 차량 중량을 떠받칠 수 있어야 한다.

(3) 적용 건설기계

① 불도저
② 휠 로더
③ 다짐 장비
④ 아스팔트 피니셔
⑤ 덤프트럭
⑥ 트럭 크레인/타워 크레인

Section 39 건설기계 안전 사고의 원인 및 방지 대책

1 개요

건설 공사의 기계화 시공 규모가 확대됨에 따라 사고 발생률이 증대하고 있다. 그것은 거대한 동력을 사용하는 건설기계가 많아질수록 조작 실수가 원인이 되어 순식간에 생명을 잃게 됨에 따라 안전 관리의 주요점이 건설기계와 관계된 문제로 이동된다. 건설기계를 운전하는 운전원의 숙련도가 가장 중요한 사항 중 하나로 경력 관리가 중요하며 발생이 예견되는 사고에 대하여 만전의 조치를 시행할 필요가 있다.

2 건설기계 안전 사고의 원인 및 방지 대책

(1) 사고 원인

1) 기술적 원인
   ① 설계자의 잘못, 시공자가 시공할 때 공학적 검토 불충분
   ② 적절한 시공 기계 선정 미흡으로 인한 건설기계의 전도 등 안전성 결여

2) 인적 원인
   ① 작업원의 미숙련, 부주의, 태만, 신체적 결함, 고령자, 복장 불비 등
   ② 정격 용량 초과 및 규정 속도 위반
   ③ 안전 수칙 및 신호 전달 미흡

3) 외적 원인
   ① 안전 설비 미비, 작업장 협소, 정기 점검 미비, 점검 불량, 돌관 시공 등
   ② 건설기계 주변의 통제 기능 확보 미흡

4) 천후 원인
   ① 천재지변 및 추위, 더위, 우천, 바람, 눈 등
   ② 비상시 방호 시설 확보 미흡

(2) 방지 대책

① 안전 관리의 목표를 정하고 관리 체제를 체계화한다.
② 건설 공사 착공 전 재해 원인이 될 수 있는 사항을 충분히 검토·대비한다.
③ 건설기계를 현장에 투입 전 철저히 정비한다.
④ 현장 기술자 및 근로자에 대한 정기적인 안전 교육을 실시한다.
⑤ 안전 시설물을 설치 및 안전 보호 장구를 갖추고 작업하는지를 수시로 확인한다.

⑥ 안전 관리 요원을 배치한다.

⑦ 화기, 위험물 취급 및 보관 상태를 확인한다.

⑧ 안전 일지를 작성하고 사고 발생시 대처 능력을 점검한다.

⑨ 무리한 작업 계획을 세우지 말고 작업장의 정리정돈을 철저히 한다.

⑩ 안전 기준을 정하고 작업을 표준화한다.

⑪ 공사용 기계의 조작법 및 예방 조치, 보존 관리 방법을 확립한다.

⑫ 건설기계 운전원의 건강 상태를 확인하고 과로하지 않도록 한다.

⑬ 건설기계 운전석에 운전원 외에는 동승을 금지한다.

⑭ 건설기계 사용 전 제동 장치 및 클러치 등의 작동 유무를 반드시 확인한다.

⑮ 지하 매설물 주변 굴착 작업시 확인 작업을 철저히 하고 매설물 주변 확인이 미흡한 부위는 인력 굴착한다.

⑯ 건설기계의 회전 반경 내 전선이나 구조물 등에 인접하여 작업할 경우 방호 조치를 강구하고 신호수를 배치하여 안전을 확보한다.

Section 40 건설 공사로 인한 공해의 종류, 원인 및 대책

1 개요

공사 규모의 대형화 및 기계화 시공의 증대에 따라 건설 공해의 심각성이 크게 대두되고 있다. 공사 주변 주민들의 생활 환경의 질적 향상을 원하는 의식 변화도 큰 요인으로 작용하고 있다. 건설 공해 문제의 처리 여하에 따라 공사의 일시 중단, 공법의 변경, 인근 주민에 대한 보상, 공기 연장 등 시공상 큰 장애에 부딪히는 경우가 있으므로 건설 공해 방지 대책에 대한 세심한 검토가 필요하다.

2 건설 공사로 인한 공해의 종류, 원인 및 대책

(1) 공해의 종류

① 시공 시 발생되는 공해 : 소음, 진동, 분진, 악취, 수질 오염 등이 있다.

② 시설 설치로 발생되는 공해 : 일조권 침해, 전파 장애, 바람의 영향 등이 있다.

③ 시설 이용 시 발생되는 공해 : 도로 교통 혼잡에 의한 소음 및 대기 오염, 오폐수, sludge-폐기물 처리

④ 교통 장애 및 기타 : 교통 장애의 원인으로는 도로 파손 및 주민, 보행자 불안감 조성, 배기가스 등

(2) 대책

교통 정리 요원 배치, 작업 시간 변경·제한 및 도로 보수, 청소, 살수, 교통 법규 준수 등이 있다.

(3) 결론

건설 공사 시행시 주변 환경에 미치는 영향을 고려하여 시공 관리와 환경 관리에 철저를 기하고 공사 현장의 주변에 대해서는 공해의 피해 정도를 항상 정확히 조사하여 파악할 필요가 있다. 시공 계획시 저공해 공법을 적용하는 것이 필수적이고 공해에 의하여 피해를 보는 지역 주민과 충분히 협의한 후 이해를 구하고 이에 대한 충분한 보상이 필요하다.

Section 41 **대규모 사회 간접 자본(SOC) 시설 투자와 플랜트 건설에 주로 적용되는 민간 투자 방식의 계약 형태**

1 개요

민자 유치 사업이란 국가나 지방 자치 단체가 공공시설의 효율적인 건설을 위하여 건설 재원의 전부 또는 일부를 민간 부문으로부터 조달하고, 그들에게 법령 및 계약이 정한 범위 내에서 공공시설의 관리 및 수익권을 부여하는 일련의 행위를 말한다.

민자 유치는 민영화와는 구별되는 개념으로서 미래의 자본 시설의 운영 및 기부 체납 또는 소유 운영을 전제로 한 것이다. 민영화는 주로 공기업의 지분 매각, 민간 위탁, 외주 등을 뜻하지만, 민자 유치는 미래의 사회 간접 자본에 대한 매각, 위탁, 외주 등을 전제로 한다는 점에서 기존의 민영화 개념과 차이가 있다.

2 민자 유치 사업의 추진 방식

일반적으로 민자 유치 사업의 추진 방식은 다음 [표 6-60]과 같다.

[표 6-60] 민자 유치 사업 방식

유형별	사업 내용
BTO(Build-Transfer-Operate) 방식	사회 간접 자본 시설의 준공과 동시에 당해 시설의 소유권이 국가 또는 지방 자치 단체에 귀속되며, 사업 시행자에게 일정 기간의 시설 관리 운영권을 인정
BOT(Build-Own-Transfer) 방식	사회 간접 자본 시설의 준공 후 일정 기간 동안 사업 시행자에게 당해 시설의 소유권이 인정되며, 그 기간의 만료시 시설 소유권이 국가 또는 지방 자치 단체에 귀속
BOO(Build-Own-Operate) 방식	사회 간접 시설의 준공과 동시에 사업 시행자에게 당해 시설의 소유권을 인정
ROT(Rehabilitate-Operate-Transfer) 방식	국가 또는 지방 자치 단체 소유의 기존 시설을 정비한 사업 시행자에게 일정 기간 동 시설에 대한 운영권 인정
ROO(Rehabilitate-Own-Operate) 방식	기존 시설을 정비한 사업 시행자에게 당해 시설의 소유권을 인정

※ ROT, ROO 방식은 주무 관청의 민간 투자 시설 사업기본계획에서 제시하는 방식이며, 민간 부문이 사전에 알 수 있도록 당해 사업에 대한 추진 방식을 시설 사업기본계획에 제시하여야 함.

Section 42 제설 장비의 종류와 각 특성

1 개요

고속도로상의 제설은 강설, 결빙, 압설 등으로 발생할 수 있는 고속도로의 제반 문제에 대한 대책과 대응 체제를 수립하여 원활한 교통 소통과 안전을 확보하기 위함으로 도로의 중요성, 대체 노선의 유무 등을 고려하여 교통 장해의 특성(종류, 발생 빈도)을 가능한 한 장기적으로 조사하고 종합적으로 검토하여 효과적이고 경제적인 방법으로 대처하고 있다.

2 제설 장비의 기종별 특징 및 성능의 예

(1) 종합 장비

170 HP 정도의 4륜구동 트럭으로 트럭 동력 인출 장치를 통하여 스노 블로어, 제설기, 잔설 제거 브러시 등의 작업 장치를 장착하여 사용

(2) 덤프트럭

380PS 정도의 국내 제작 15톤 트럭으로 염화물 살포기 및 제설기를 부착하여 제설 작업에 사용하는 장비

(3) 고속 제설 블로어

① 블로어 헤드와 보조 엔진으로 구성되며 종합 장비 전면과 적재함에 설치하여 보조 엔진으로 블로어 헤드를 구동함으로써 폭설 구간의 적설을 갓길 밖으로 신속하게 투설할 수 있는 장비
② 주요 제원
    ㉠ 제설 폭 : 2.5m
    ㉡ 제설 능력 : 3,300ton/h
    ㉢ 작업 속도 : 최대 20km/h
    ㉣ 분출 거리 : 최대 40m

(4) 소형 블로어

① 종합 장비 전면에 설치하여 트럭 본체 동력 인출 장치로 구동되며 적설을 갓길 밖으로 신속하게 토설할 수 있는 장비
② 주요 제원
    ㉠ 제설 폭 : 2.5m
    ㉡ 제설 능력 : 1,300ton/h
    ㉢ 분출 거리 : 최대 20m

(5) 잔설 제거 브러시

① 원통형 브러시와 유압 장치로 구성되며 종합 장비 중앙 하부와 후면에 설치하고 트럭 본체의 동력 인출 장치로 브러시를 구동하여 노면의 잔설을 제거함으로써 노면 결빙을 예방할 수 있는 장비
② 주요 제원
    ㉠ 브러시 직경 : 450mm
    ㉡ 브러시 길이 : 2,600mm
    ㉢ 작업 폭 : 2,250mm

(6) 제설기

① 종합 장비 또는 덤프트럭 전면에 설치하여 적설을 갓길쪽으로 제설할 수 있는 장비

② 주요 제원

ㄱ 종합 장비 장착용 : 3,600mm×1,240mm

ㄴ 덤프트럭 장착용 : 3,200mm×930mm

(7) 휠 도저

① 굴절 시 프레임 조향 장치(양쪽 40°)를 갖는 휠 타입 도저로 압설 또는 빙설을 제거하기 위한 장비

② 주요 제원

ㄱ 블레이드 폭 : 3,350mm

ㄴ 총 중량 : 19ton

(8) 염수 플랜트

① 교반 및 저장 탱크로 구성되며 염수를 제조·보관하기 위한 장치

② 주요 제원

ㄱ 규격 : 교반 탱크 3,000l, 저장 탱크 15,000~40,000l

ㄴ 교반 능력 : 6,000l/h

ㄷ 상차 능력 : 600l/min

(9) 염화물 살포기

① 고체 염화물 적재용 호퍼, 액체 염화물 저장용 탱크, 살포 장치 등으로 구성되며 덤프트럭에 상차하여 적설량 등 제설 조건에 따라 살포량 및 살포 폭을 조절하여 염화물을 살포할 수 있는 장비

② 주요 제원

ㄱ 호퍼 용량 : 11m^3

ㄴ 탱크 용량 : 2,600l

ㄷ 살포 거리(폭 8m 조건) : 12km, 31km(액체 염화물 탱크 장착시)

(10) 휠 로더

① 128PS 정도의 국내 제작 타이어형 로더로 제설 자재 상차 작업에 활용되는 장비

② 주요 제원

ㄱ 버킷 용량 : 1.5~2.3m^3

ㄴ 상차 시간 : 10분(11m^3 염화물 살포기 기준)

Section 43 준설 작업으로 인한 환경파괴 원인과 그 대책

1 개요

해양에서의 준설은 일반적으로 새로운 항구, 항만 및 수로의 개발과 같은 기본 준설과 기존 항구, 항만 및 수로의 수심 유지 및 보수 등의 목적의 유지 준설과 오염된 연안 해역을 정화하기 위한 목적의 청결 준설에 의하여 이루어진다. 따라서 해양에서의 준설은 수송 물동량의 원활한 처리와 해상 안전의 확보 및 하구역의 홍수 피해 방지, 환경 개선 등에 필수적인 것이며 이는 국가의 산업·경제 활동 및 환경 문제와 직결된다.

2 준설 작업으로 인한 환경파괴 원인과 준설방법과 대책

(1) 준설 작업으로 인한 환경파괴 원인

해양에서 준설이 이루어지는 곳은 육지와 인접한 지역으로 여러 종류의 자연적인 그리고 인위적인 물질이 퇴적될 수도 있다. 준설이 이루어지고 있는 연안의 대부분 지역은 오염되지 않은 깨끗한 퇴적물로 구성되어 있으나, 인위적인 활동의 증가 등으로 인하여 일부 지역의 퇴적물은 생물에 유해한 물질로 축적되어 있을 수도 있다.

(2) 준설 방법

전 세계적으로 준설의 목적별 분류는 다음과 같다.
① 기본 준설(capital dredging) : 기본 준설은 항만 기저면, 항로 수심 확보 산업, 주거 등의 목적으로 요구되는 육상 면적과 같이 신규 혹은 설비 개선의 건설을 포함한다.
② 유지 준설(maintenance dredging works) : 유지 준설은 수로 바닥면에 퇴적된 물질들의 제거를 주목적으로 한다. 이러한 유지 준설은 일반적으로 자연 환경에서의 항로나 항구의 설계 수심을 유지하기 위한 것이다.
③ 개선 준설(remedial dredging works) : 기본 준설과 유지 준설은 모두 준설 지역으로부터 오염 물질을 제거시키는 부가적인 효과를 준다. 개선 준설은 준설 지역을 청결하게 하는 목적만으로 시행되지만 분리된 유형의 준설로 취급하지는 않는다.

(3) 준설 대책

① 오탁방지막의 오탁방지기능 : 오탁방지막의 오탁방지 효과로서는 오탁부유물질의 차단효과와 오탁입자의 침강촉진효과에 의한 것으로 차단효과는 준설 시에 발생하는 오탁부유물질은 오탁입자의 입경이 작은 경우에 수중의 난류분산에 외해 광범위하게 퍼져서 문

제가 될 수 있다. 입경 5미크론의 오탁입자는 1시간에 10cm 밖에 침강하지 않으며, 따라서 오탁방지막으로 차단해서 오탁부유물질의 분산을 제어할 필요가 있다.

[그림 6-1] 준설전경(백호준설선, 오탁방지막 설치)

② **오탁확산방지대책** : 하천의 준설 공사에서는 준설 · 굴착 장소에서 발생하는 탁수(濁水)에 대해서 탁수(濁水)방지펜스, 탁수(濁水)방지막 등을 설치해서 오탁의 확산을 방지 · 저감하며 탁수(濁水)방지펜스는 백호준설 등에 의해 국소적으로 오탁이 발생하는 곳에서 사용된다.

탁수(濁水)방지막은, 비교적 설치가 용이하고 임의(任意) 장소에 설치하는 것이 가능하기 때문에, 하천의 준설 공사에 있어서 빈번하게 이용되고 있다. 단, 이 방법은 유속이 빠른 장소에서는 장소에 따른 파손, 유실 등의 위험도 있고, 이와 같은 조건의 공사현장에서는 시공 중 관리의 어려움이 있다.

탁수(濁水)방지막의 설치범위는 준설구역 전체를 크게 둘러싸서 설치하는 경우와 준설선 주위에 좁은 범위를 둘러싸는 방법이 있으며 탁수(濁水)방지막의 형식에는 수하(垂下)형, 자립형, 수하(垂下)+자립형 등이 있다.

[그림 6-2] 탁수처리상황

Section 44 건설 공사의 글로벌(global)화와 전산화에 대한 필요성

1 개요

세계적인 권위를 자랑하는 미국 ENR지의 랭킹을 보더라도, 우리건설사 중 최상위 회사가 세계 약 30위 수준이지만 이는 단지 양적인 수준일 따름이다. 기술력, 설계, 품질, 안전, 생산성, 매니지먼트 능력 등의 질적 수준을 감안한 종합순위를 매긴다면 몇 위가 될지는 예측이 되지 않는다.

이제 한국의 건설기업들은 현실을 직시하고, 왜 건설경쟁력과 기술력이 이렇게 뒤쳐질 수밖에 없었는지 정확히 밝혀내고 대응책을 찾아 하나씩 실행해 나가야 한다.

2 건설 공사의 글로벌(global)화와 전산화에 대한 필요성

(1) 가장 중요한 것이 우선 Software의 경쟁력을 키우는 일이다.

지금의 국제 건설시장에서는 사업기획, 설계, 엔지니어링, 사업관리(project manage-ment), 금융조달(financing)능력 등 이 프로젝트 수주 및 집행에 절대적인 비중을 차지한다. Plant부문도 과거의 시공위주에서 근래에는 EPC(Engineering Procurement Con-struction) 중심으로 수주패턴이 바뀌었고, 최근 들어서는 EPC에 사업발굴, financing까지 결합된 모델이 시장의 니즈(needs)로 등장하고 있다. 이제 우리 건설기업들은 이러한 시장의 요구를 어떤 전략으로, 어떠한 방법으로 충족시킬지를 고민해야 한다.

(2) Benchmarking을 통한 성장전략의 수립이다.

우리 건설산업은 그동안 국내에 안주해왔기 때문에 해외 선진기업들에 대한 이해가 부족하다. 우리나라 굴지의 건설회사 임직원들 중에서도 선진기업들이 거쳐 온 성장역사와 미래의 성장전략, 영업전략, 글로벌인력운영시스템, 프로젝트관리시스템 등에 대해 체계적인 지식을 갖춘 사람을 찾기 힘들다. 글로벌 입지를 확보하고 있는 기업들의 성장전략을 연구, 분석함으로써 자사의 성장에 필요한 교훈과 시사점을 얻어야 하는 것이다.

(3) 선진기업과의 전략적인 제휴를 통하여 Networking을 강화하고, 필요시 적당한 기업의 M&A에도 적극적으로 나서야 한다는 점이다.

지금의 시장 환경은 개별 기업이 자체 역량을 확충한 후 따라 잡기에는 너무도 빠른 속도로 변화하고 있다는 점에서 윈-윈(win-win)전략에 기초한 선진기업과의 networking의 중요성은 아무리 강조해도 지나침이 없을 것이다.

(4) 인력의 글로벌화를 적극 실현하는 것이다.

우리 건설기업도 이제는 글로벌 전략을 선택이 아닌 생존을 위한 필수조건으로 받아들여야만 한다. 우리나라 건설기업 중 일부 플랜트 전문회사들은 인도나 필리핀, 중국 등 저개발국 인력을 투입하거나 혹은 선별적으로 선진국 인력을 활용하는 경우도 있다.

Section 45 최근 이공계 기피 현상과 관련하여 그 원인과 건설기계 분야에 미칠 영향 및 대책

① 개요

최근 들어 이공계 진학 기피 현상과 관련된 위기의식이 고조되고 있는 가운데 국가에서는 이공계 지원 및 육성에 대한 다양한 정책들을 쏟아내고 있다. 그러나 이들 대부분은 학비 지원 및 공직 확대를 골자로 하는 정책들로서 문제의 본질에 대한 해결책으로 보기에는 크게 미흡한 것으로 보인다.

이공계의 활성화에 국가의 미래가 달려 있다면, 학비 지원 및 공직 확대와 같은 어정쩡한 임시 부양책보다는 문제의 본질에 접근하여 자본주의 원리에 의해 발전·육성시키는 것이 합리적일 것이다.

② 최근 이공계 기피 현상과 관련하여 그 원인과 건설기계 분야에 미칠 영향 및 대책

(1) 합리적인 과세 표준 수립

공학·제조업 관련 기업 및 종사자의 세금 감면 혜택을 부여하여 열악한 환경에 처해 있는 이들의 절대 수입을 증가시켜 주고 이로 인해 발생하는 부족한 세수에 대해서는 매출 이익과 소비적 경향이 크게 나타나는 서비스업에 부과하는 방법이다.

(2) 과학자 연금제와 같은 사회 보장 제도의 도입

최근 공무원 시험 경쟁률이 크게 상승하는 이유는 고용 안정과 퇴직 후의 생활 안정이 보장된다는 점에서 그 원인을 찾아야 할 것이다. 이공계를 전공한 연구원들이 퇴직 이후를 걱정하지 않고 연구에만 전념할 수 있는 특별 연금 제도의 도입은 시급하다고 할 수 있다.

(3) 이공계 학생에 대한 병역 제도 혜택 강화

우수한 인재들이 몸이 아닌 두뇌로 국가에 공헌할 수 있는 토대 마련이 요구되며 병역 특혜는 이들에 대한 유인책 중의 하나가 될 것이다.

(4) 국가 입찰 제도의 개혁

과학뿐만 아니라 무역·금융 등 모든 국가 발전의 토대가 되는 사회 간접 시설의 확충 및 건설을 위한 공사 발주에 있어서 최저 입찰 제도를 지양하고 우수 기술 낙찰 제도를 확대하여 건설·기계·전기 분야의 기술 향상 및 활성화를 유도하는 것이다.

(5) 대학별 전문 분야 특성화에 의한 선별적 집중 투자와 육성

기술 선진국으로의 도약을 위해 여러 대학에 대한 동일 학과의 중복 투자를 피하고 선별된 특정 대학의 학과에 대해서 세계 정상급의 시설을 보유할 수 있도록 지원하며 교수 및 학생들에 대한 교육 여건이 선진국화되어야 할 것이다.

Section 46 건설 폐자재에 대한 공정도와 취하여 할 정부 시책

1 건설 폐자재에 대한 정의

토목, 건축 및 기계·전기 공사와 관련하여 공작물의 철거 또는 제거 등에 따라 발생되는 콘크리트 파쇄물, 폐아스콘, 폐블록, 폐벽돌, 폐유리, 폐파이프, 폐전선 등의 건설 자재와 건물 등의 신축 과정에서 발생되는 폐기물을 말하는 것으로 폐기물관리법(제14조)상 다량 배출을 말하는 것으로 다량 폐기물로 분류되어 있으며, 토사의 경우에는 폐기물로 구성하여 관리하고 있지는 않다(토사는 재이용 측면에서 복토로 사용되므로 제외하고 있음).

그렇지만 자원의 절약과 재활용 초진에 관한 법률에 따라서 토사, 콘크리트덩이 및 아스팔트 콘크리트덩이의 3종류 건설 폐자재는 지정 부산물로 지정하며 건설 업체 중 연간 시공 금액이 250억 원 이상일 경우 재활용을 의무화하고 있는 실정이다.

2 건설 폐자재에 대한 공정도와 취하여 할 정부 시책

(1) 건설 폐자재의 처리 계통도

폐자재의 처리 계통도를 그려보면 다음과 같다.

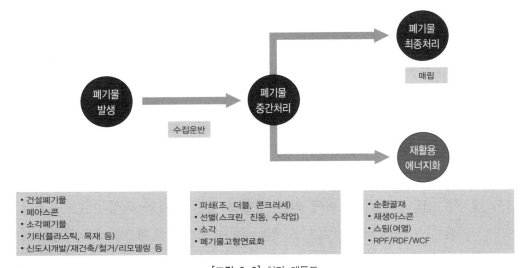

[그림 6-3] 처리 계통도

(2) 건설 폐기물의 재활용 방법

연간 시공 실적이 250억 원 이상인 건설 업자는 건설 폐자재의 재활용을 의무화하고 토사, 콘크리트덩이 및 아스팔트 콘크리트덩이의 3종류 폐기물을 지정 부산물로 지정하여 재활용은 점차 제고될 전망이다.

재활용 기술은 파쇄 및 선별 분류, 압축 등과 같이 재래의 원자재 생산, 가공 기술과 같은 개념으로 기술 개발을 해야 할 것이다. 예를 들어, 폐골재에 시멘트 성분이 남아 있었을 때 골재와 시멘트 간의 부착력이 저하되어 강도에 문제가 발생하므로 재생 골재의 품질과 재생 건자재의 사용 시 최적 혼합 비율 등에 관한 연구를 게을리 하지 않아야 한다. 폐건설 자재의 재활용을 위한 장치는 기술적 측면에서 볼 때 이동식, 반이동식 및 고정식으로 대별할 수 있으며 사용되는 장소에 따라 중앙식 또는 분산식으로 분류할 수 있다. 이동식은 컨테이너 차량 등에 장치를 설치하여 자체적으로 이동할 수 있도록 만든 것이고, 반이동식은 자체적으로 움직일 수 없는 이동식 방식을 말한다.

중앙식은 매립지 또는 적정한 장소에 지역별로 고정 장치를 설치하여 일정한 양의 폐건설 자재를 처리하며 분산식은 중앙 장치에서 멀리 떨어진 곳에서 행하는 공사에서 산발적으로 발생하는 폐자재를 이동식 또는 반이동식을 이용하여 처리하는 것이다.

재활용 방법에는 습식과 건식 방법이 있는데 건식은 현재까지 많이 사용되어온 방법이나 먼지와 소음 문제 때문에 습식 방식을 쓰기도 한다. 폐기물(건설)의 재활용 의무로 국내에서도 건설 폐기물 재활용 기기가 보급·확산될 전망이다.

그러나 이에 부응하여 외국에서 재생 기기를 무조건 수입한다거나 외국 기술에만 의존하는 것은 피해야 할 것이다. 향후 개정된 폐기물관리법 시행 규칙에 의거하여 매립시 폐건설 자재는 가급적 공간이 최소가 되도록 해체, 압축, 파쇄, 절단 및 응용 후 매립하도록 규정되었다. 김포 매립지의 경우 폐목재는 50cm 이하로, 기타 폐벽돌 등은 20cm 이하로 파쇄하여 반입하도록 하고 있다.

국내에서 건설 폐기물의 재활용 사업이 제대로 자리잡기 위해서는 각종 금융 지원 및 사업에 소요되는 부지 확보 등을 정부가 지원하고 배출 업자나 시민이 다같이 천연 자원의 고갈 방지와 환경 보전 차원에서 재활용에 앞장서고 양보하는 자세를 가져야 할 것이다. 또 감량화를 위해 정부는 적극적으로 건축 자재 품질 관리 및 건물의 유지 보수에도 신경을 써서 건축 설비물의 수명을 가능한 한 연장시켜야 할 것이다.

Section 47 폐기물 소각로의 종류와 국내 적용 사례

1 개요

폐기물 소각 방식은 일반적으로 소각로 형식에 따라 스토커 방식(stoker type), 유동상 방식(fluidized bed type), 로터리 킬른 방식(rotary kiln type), 열처리 조합 방식(combined thermaltreatment type), 가스화 용융 방식(gasification melting type), 다단 로상 방식(multipleh earth type), 고정상 교반 방식(vortex type) 등으로 구분한다. 그리고 폐기물 투입 방법에 따라 연속 투입식(continuous feeding type)과 일괄 투입식(batch feeding type)으로, 소각로 운전 시간 및 바닥재 제거 방법에 따라 회분식(batchtype), 준연속식(semi-continuous type), 연속식(continuous type)으로 구분한다. 또한, 폐기물 소각 시설의 종류를 연소실의 출구온도, 연소 가스의 체류 시간 및 바닥재나 용융 잔재물의 강열 감량에 따라 분류하기도 한다.

2 폐기물 소각로의 종류와 국내 적용 사례

(1) 폐기물 소각로의 종류

1) 스토커 방식(stoker type)

① 스토커 방식은 소각 대상물을 스토커(stoker), 즉 이동 화격자(moving grate) 위에 투입하고 교반 및 이송시키면서 소각시키는데, 이때 연소용 공기는 스토커 하부에서 송입시키는 방식이다.

② 국내외적으로 도시 폐기물(MSW) 소각로로 가장 널리 사용되고 있으며, 국내에도 1980년대 중반 의정부 소각 시설이 도입된 후 현재 30여 개의 소각 시설이 가동 중이거나 건설 중에 있다.

③ 전처리 과정이 거의 필요 없이 대규모 소각이 가능하므로 중·대형 생활 폐기물 소각에 용이하며, 또한 열부하가 안정적이므로 소각 시 발생된 폐열을 회수하여 에너지원으로 활용 가능한 장점이 있는 반면에 용융성 폐기물, 슬러지, 미세 폐기물 등에는 부적합한 단점도 있다.

2) 유동상 방식(fluidized bed type)

유동상 방식은 모래 등의 입자층으로 충전시킨 연소로의 하부에서 공기를 송입하면 모래 등의 입자층이 유동하며, 이 유동상(fluidized bed)에 폐기물을 정량 공급하면서 연소시키는 방식이다.

(2) 적용 사례

일본에서는 현재 약 150여 기의 생활 폐기물 소각로가 보급되어 있으며, 시장 점유율도 꾸준히 증가하는 추세이며, 국내에서 하수 슬러지 소각에의 적용 사례로는 구리시, 안산시, 성남시, 구미시, 청주시 등이 있고, 생활 폐기물 소각에의 적용 사례로는 용인 수지, 제주도 산북, 제주도 산남 등이 있으며, 생활 폐기물과 하수 슬러지의 혼합 소각의 적용 사례로는 인천 신공항 소각 시설이 있고, 폐수 슬러지 소각에도 일부 적용 사례가 있다.

Section 48 | 최근 생활 폐기물 처리를 위한 열분해 용융 소각 기술

① 개요

현재 발생되는 생활 폐기물은 직접 매립 또는 소각으로 감량화 후 매립 처리가 대부분을 차지하고 있어 향후 매립장의 안정적인 확보가 어렵고 매립으로 인한 2차 오염, 소각 시 발생되는 다이옥신 등의 유독성 물질로 인한 대기 오염 등의 문제가 대두되고 있다. 따라서 현재 소각 및 매립으로 폐기물을 처리하는 데는 경제적, 환경적으로 한계가 있어 이의 문제들을 개선할 수 있는 Plasma 열분해/열용융 처리 시스템의 적용을 위한 쓰레기 열분해 이론 및 실제적 가능성을 살펴본다.

② 열분해 용융 소각 기술

Plasma 열분해/열용융은 노 속의 폐기물에 고온의 Plasma 열을 가해서 유기물은 가스화하여 연료로, 무기물은 열용융에 의해 유리화시켜 건설 자재 등으로 재이용하는 데 의미가 있다. 생활 폐기물을 열 Plasma에 의해 열분해 후 포함된 H_2S, HCl 등의 유해 성분을 가스 세정 장치에서 처리하면 조성비가 CO 약 30%, H_2 약 40%, CH_4 약 3%의 열분해 가스가 생성된다. 이를 가스 터빈 등의 연료로 재이용할 수 있다.

이 경우 일반 소각에 비해 대기 오염 물질에 현저히 저감된다. 발생되는 슬래그는 용출 시험결과 유독성 중금속 용출이 거의 되지 않는 것으로 알려지고 있다. PPV의 실용화를 위해 현재 우리나라 배출 쓰레기 처리 시(수분 45%, 발열량 1,823kcal/kg, 200톤/일) 예상 운영비를 분석해 본 결과 경제성이 있는 것으로 판명되었다.

그러나 우리나라 쓰레기는 지역별, 계절별 생활 폐기물 성상의 편차가 심하여 심도 있는 검토 없이 적용하기에는 무리가 있다. 시행착오 없이 실용화를 앞당기기 위해서 PPV에 사용되는 플라즈마는 발생 장치 및 반응로 SER(Specific Energy Requirement)의 저감에 대한 기초 연구가 요구되며, 저발열량(2,000~2,500kcal/N · m³)의 열분해 가스용 고효율 가스 터빈 개발, 플라즈마 발생 장치의 신뢰성 확보가 필수적이다.

추후 분리수거의 효율화 혹은 전처리로 수분을 저감한 양질의 쓰레기가 투입되고 시설의 대형화가 진행된다면 폐기물 처리비 저감이 예상된다. 따라서 PPV의 실용화는 환경적으로나 경제적으로 충분히 가치가 있다고 판단된다.

Section 49 지역 난방 열배관(이중 보완관) 매설 기술

1 개요

지역 난방은 크게 열병합 발전 설비, 열공급 설비 및 열수송관 설비로 구성되며([그림 6-4] 참조) 열병합 발전 설비는 다른 발전 설비와 비슷하므로 열공급 시설과 열수송관 설비가 있다. 열수송관은 열생산 시설에서 열공급 대상 지역까지 열을 수송하는 관으로 공급관 및 회수관으로 되어 있고, 단열 효과가 뛰어나며 지하 매설을 위해 공장 이중 보온관을 사용한다. 열수송관은 공급관이 75~115℃, 회수관이 40~65℃의 온도가 유지되고

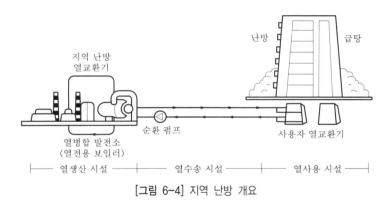

[그림 6-4] 지역 난방 개요

내부 또는 외부의 누수를 감지하는 누수 감지선이 설치되어 있다. 최근 유럽에서는 시스템 효율을 높이기 위해 공급수의 온도를 60~70℃로 낮추는 노력을 기울이고 있다.

② 지역 난방 열배관(이중 보완관) 매설기술

(1) 일반

① 열배관은 직접매설에 의한 Non-Compensated 방법으로 설치하여야 한다.

② Fitting류는 공장제품 사용을 원칙으로 하고, 불가피한 경우 감독원의 승인하에 현장제작하여 사용할 수 있다.

③ 배관작업 관 거치 시 모래주머니(sand bag) 받침을 이용하여 관을 배열하며, 용접 및 보온작업이 끝난 후 모래채움이 되도록 한다. 모래채움 시에는 모래주머니를 터트려 공극이 발생되지 않도록 하여야 한다.

④ 운반과 설치 시에 제작자의 기준을 지켜야 한다.

⑤ 관의 설치 시 타시설과 최소 이격거리는 횡단 시 30cm 이상, 병행구간 시 1m 이상이어야 한다.

⑥ 보온관의 보호 : 보온관과 Fitting을 운반·보관할 때는 반드시 비닐과 테이프, Cap을 사용하여 열배관감지선과 관의 단부를 보호하고 습기나 이물질의 유입을 방지하여야 한다. 관로에 설치한 이중보온관은 용접작업 직전까지 이를 제거해서는 안되며 시공도중 작업을 중단할 시에는 비닐과 테이프, Cap을 다시 씌워서 보호하고, 다음 작업을 착수할 때까지 습기나 이물질이 들어가지 않도록 유의해야 한다. 관을 절단할 시에는 현장에서 별도의 비닐, 테이프, Cap을 준비하여 절단부를 보호하여야 한다 (보호방법은 이중보온관 및 부속자재 사양의 보호방법에 준한다).

(2) 임시받침

① 긴 관을 설치하거나 굴리는 방법으로 관을 운반할 시에는 받침목에 그리스(grease)를 발라서 충분히 윤활이 되도록 처리해야 한다.

② 받침목의 설치간격은 3m 이내이어야 하며, 충분한 두께의 것을 사용하여 관이 땅에 닿아 손상이 생기지 않도록 조치하여야 한다.

③ 쐐기(stopper)를 받침목 양단에 고여서 관이 움직이지 않도록 해야 하고, 배관설치가 끝나면 받침목은 제거해야 한다.

④ 직경 150mm 이하의 관을 설치할 때는 관로 위에 나무받침을 걸쳐 놓고, 그 위에서 연결하여도 된다. 이때 나무받침의 단면은 100mm×100mm 이상이어야 하며, 그 간격은 3m 이내여야 하고, 그 양단이 관로 양쪽 끝에서 50cm 이상 걸쳐야 하며 필요한 곳에는 쐐기를 적절히 설치하여야 한다.

⑤ 나무받침은 순차적으로 제거하여 보온관에 과도한 변형이 발생하지 않도록 유의한다.

(3) 파이프 굴리기

① 이중보온관은 지나치게 작은 굴림대를 사용하여 굴리거나 보온재에 손상이 가게 취급해서는 안 된다.

② 파이프나 체인을 사용하여 굴릴 경우에는 다음 사항에 유의하여야 한다.

㉠ 어떠한 경우에도 굴림대가 HDPE관에 직접 접촉되지 않도록 한다.

㉡ 관이 손상되어서는 안 된다.

㉢ 열배관감지선이 철저히 보호되어야 한다.

Section 50 공장 부지 선정 시 고려 사항

1 개요

플랜트의 위치와 배치는 플랜트의 안전성, 특히 뜻밖의 사고에 가장 중요한 영향을 미칠 수 있다. 특히, 적절한 플랜트 위치는 일어난 사고의 플랜트 외곽의 주민들에 대한 영향을 최소로 할 수 있는 중요한 문제인 반면, 플랜트의 배치는 일어난 사고에 대해 그것이 플랜트 안으로 또는 그 부분 안으로 국한되도록 하는 데 도움이 될 수 있으며, 사고 영향 지역에서의 보다 효과적인 대처를 쉽게 하여 다른 설비에 대한 그 사고의 영향을 줄일 수 있게 해 준다.

2 공장부지 선정 시 고려 사항

거리(distance)는 일반인을 보호하는 데 있어서 아주 중요한 문제이다. 그러나 거리도 그 위험의 성질에 따라 다르다. 어떤 경우이든 플랜트와 그 외곽의 주민들 사이에는 완충지역(buffer zone)이 항상 필요하다. 그들 간의 마찰을 피하기 위하여 이 지역은 가능하면 플랜트 소유주의 감독하에 두는 것이 상례이다. Less에 의하면, 위험한 화재인 경우 그 일어날지도 모르는 화재의 영향을 줄이기 위하여 최소한 300m의 거리가 필요하다.

부지의 선택은 [표 6-61]과 같이 수많은 요소에 의해서 이루어진다. 이러한 요소는 지리적인 위치와 정부의 경제 정책에 따라 달라진다. 이러한 요소 가운데 매우 중요한 것이 안전에 대한 것이다.

공장 부지를 선택하는 데 있어서 안전 문제는 제1순위로 꼽히는 경우도 있다.

[표 6-61] 공장부지 선택 시 고려해야 할 요소

• 부지 주변의 인구 밀도	• 노동력과 비용
• 자연 재해의 발생(지진, 홍수 등)	• 물과 전력의 유용성
• 바람과 기상학	• 유해 가스와 폐수 및 부산물의 처리 문제
• 안전 문제	• 운송 수단
• 시장과 원재료의 접근성	• 연관 산업
• 부지 허가	• 투자에 따른 인센티브

공장 부지의 안전성에 있어서 고려할 요소들을 [표 6-62]에 제시하였다. 첫째로는 유해 공정을 수행하는 공장과 인근 거주지, 학교, 병원, 고속도로, 수로, 항공로 사이의 완충지이다. 완충지는 사고 발생시 대피하거나 피해를 줄일 수 있는 중요한 요소이다. 거리는 사고 발생에 따른 유해 물질의 공기를 통한 전파와 산포 정도를 고려해서 결정해야 한다. 유해 물질의 누출과 일반 주민들의 노출 사이에 시간 간격은 응급 대비 프로그램에 의해 사전에 계산된 완충지에 의해 결정된다. 공장은 유해 물질을 포함하는 다양한 공정을 갖고 있으므로 각각의 지역에 맞게 완충지를 결정해야 한다.

[표 6-62] 공장의 안전성을 위해서 고려할 사항 · 완충지

• 근처 유해 시설의 위치	• 소방 설비의 적정성
• 독성, 유해 물질 목록	• 날씨와 바람
• 응급 장비 접근성	• 응급 상황 시 폐기물의 제한
• 고속도로, 수로, 철로, 항공로의 위치	• 배수와 경사도
• 관리와 감찰	

Section 51 폐콘크리트 재생(renewable) 골재 plant의 개요, 공정, 특징

1 개요

사업의 비약적인 발전과 주거 환경의 변화로 인해서 60년대부터 건설한 각종 건축물의 노후화로 인해 재건축이 활발히 진행됨으로 인해서 철거로 인한 폐콘크리트와 폐건설자재의 처리문제가 국가적인 차원에서 검토를 해야 할 시점에 이르렀다.

건축물의 철거로 인한 폐콘크리트와 자재는 1990년대 초까지는 환경 공해에 따른 문제를 중요하게 생각하지 않았지만 환경의 요염에 따른 기후 변화와 지구의 온난화가 빠르게 진행되고 있는 상태애서 폐콘크리트의 처리가 절실하게 요구되고 있다.

② 콘크러셔를 이용한 재생 골재 입형 개선 공법

콘크러셔는 재생 골재의 입형을 개선하기 위한 맷돌 방식의 파쇄 장치로서 재생 골재가 호퍼 입구에서 파쇄실 내 원추 방향으로 균일하게 투입되며 맨틀의 스윙에 의해서 맨틀과 콘케이브의 좁은 틈새에서 콘크러셔의 특징인 편심 회전 운동에 의해 마찰 작용, 굽힘 작용, 전단 작용, 압축 작용 등이 동시에 이루어짐으로서 골재 입형이 획기적으로 개선되는 복합 파쇄 기기이다.

콘크러셔의 맨틀 움직임 속도는 투입물이 빠져나오는 속도보다 맨틀 회전 움직임이 빠르며 압착, 파쇄 및 투입 공정에서 파쇄되는 투입물이 소정의 크기가 될 때까지 반복 파쇄되면서 배출된다.

특히, 콘크러셔의 기능은 복합 파쇄 작용이 핵심이며 파쇄실 입구는 거의 수직으로 되어 있고 그 후 서서히 각도가 변하여 출구에서는 각도가 급격히 경사져 있기 때문에 초크 포인트는 파쇄실의 아래쪽에 있다. 또한 처리물은 넓은 입구에서 좁은 출구로 통과됨으로 단위 밀도가 점점 증가하게 된다.

이와 같이 고밀도에 의해 골재 입자 간 회전 마찰 파쇄가 발생하고 골재의 깎임 현상에 의해 둥근 입방 형상의 제품이 생산되어 재생 골재의 입형이 개선되고, 깎여 나간 골재는 석분 등으로 재활용된다.

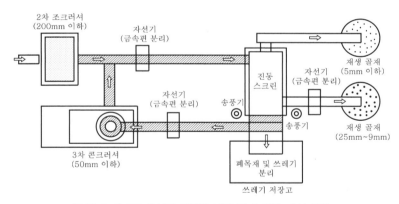

[그림 6-5] 콘크러셔를 이용한 재생 골재 입형 개선 공법

③ 차세대 재생 골재 생산 신기술

최근까지 국내에서 생산되는 재생 골재는 한국산업규격 KS F 2573(콘크리트용 재생 골재)에서 규정하는 흡수율을 기준으로 5~7% 이상의 3종 재생 골재가 대부분을 차지하고 있으며, 흡수율 5% 이하의 1종 및 2종 재생 골재는 거의 생산되지 못하였었다.

기존의 신기술로서 도로 보조 기층제로서 사용이 가능한 2종 재생 골재를 생산하여 왔었으나 이에 만족하지 않고 고도 처리 시스템을 이용하여 콘크리트용 골재로서 사용이

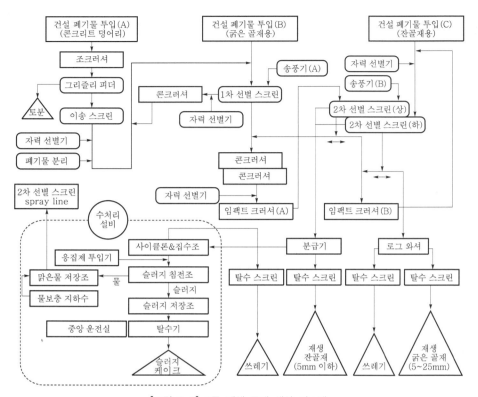

[그림 6-6] 1종 재생 골재 생산 시스템

가능한 차세대 재생 골재 시스템을 개발하여 설비 설치를 완료하고 시운전을 거쳐 대량 생산 준비를 완료하였다.

Section 52 플랜트 건설 사업장에서 공사 계획 수립 시 고려할 사항 (해외 공사의 경우)

1 개요

프로젝트가 계약이 체결되면 일과 금액과 기간이 정해지며 사업 관리는 독특한 전문 분야로서 사업 관리에 대한 지식과 기술을 겸비하여야 회상의 이익을 창출할 수가 있다.

수행 단계를 크게 나누면 설계, 기자재 공급, 시공 및 시운전으로 구분한다. 프로젝트 는 여러 가지 분야와 기능이 조합되어 각 단계마다 수많은 요소 작업들이 서로 연관되어 수행되므로 일반적인 관리 방식으로는 일이 조금만 진행되어도 통제나 관리가 어려워진 다. 따라서 프로젝트 관리 기법에 따라 종합적으로 관리하여야 한다.

❷ 플랜트 건설 사업장에서 공사 계획 수립 시 고려할 사항(해외 공사의 경우)

플랜트 건설 사업장에서 공사 계획 수립 시 고려할 사항(해외 공사의 경우)을 살펴보면 다음과 같다.

(1) 인력 및 의사소통 관리

해외 공사를 수행하려면 인력 관리(human resource management)와 의사소통 관리(communication management)가 중요하다. 프로젝트가 본질적으로 문제가 있는 부분을 제외하면 대부분의 문제가 인력 및 의사소통 관리를 잘함으로써 해결될 수 있다. 가능하면 수주 가능성이 있는 프로젝트는 수주 단계부터 사업 관리 책임자를 내정하여 수주 과정에서 프로젝트의 내용을 파악하고 필요한 의견을 제시하는 것이 좋다. 계약이 체결되면 경영진은 프로젝트 조직을 확정하고 사업 책임자를 임명하여야 한다. 사업 관리 조직은 프로젝트의 특성에 따라 다른 형태를 적용할 수 있는데, 프로젝트의 규모가 크고 복잡하며 공사 기간이 충분치 않아서 회사가 이 프로젝트의 성패에 따라 커다란 영향을 받게 될 경우에는 프로젝트 중심 조직(projectized organization)을 적용하여야 한다.

(2) 프로젝트 종합 관리(project integration management)

종합 관리 계획에 의해 수립되는 프로젝트 계획(project plan) 및 세부 자료(supporting details)는 다음과 같다.

① 프로젝트 개요, 사업 책임자의 책임과 권한, 사업의 목표 등을 규정한 사업 추진 기본 사항(project charter) 확정
② 사업 관리 방침 및 절차
③ 프로젝트의 목표들과 공급 범위(scope statement)
④ 세부 요소 작업 목록(Work Breakdown Structure ; WBS) : 단위 작업으로 관리 가능한 최소 단위(수행 시간이 80시간 이내)까지 분류
⑤ 세부 공정 계획, 예산 배분 및 요소 작업 할당 : WBS 항목 마다 예산, 공기를 정하고, 수행할 책임자 확정
⑥ 실적 측정 기준(performance measurement baseline) : 공기, 예산, 공급 범위에 대한 실적 측정 기준 확정
⑦ 주요 단계 구분 및 일정
⑧ 위험 관리 계획(risk management plan) : 공사 추진을 위한 문제점 및 손실 요인 분석, 대응책 수립
⑨ 꼭 공사에 투입되어야 할 사람 명세(key staffs to achieve goals)
⑩ 프로젝트 조직 및 인원 구성 등

(3) 공급 범위 관리(Scope Management)

공급 범위 관리는 계약에 꼭 요구되는(all the work required, and only the work required) 일을 하도록 관리하는 것이다. 공급 범위의 기준은 계약서이다. 공급 범위를 세부 요소 작업으로 분할하는 방법은 표준 요소 작업 목록을 활용하거나, 요소 작업 분해 방식을 사용한다.

먼저 표준 요소 작업 목록(work breakdown structure templates)이 있으면 이를 사용한다. 어느 프로젝트든지 연구·개발하는 프로젝트(R & D)가 아니면 동일 또는 유사한 프로젝트가 이미 존재하게 마련이다. 회사 내에 그런 자료가 있으면 더욱 좋지만, 없을 경우에는 비용을 들여서라도 자료를 확보하여 사용한다. 수행 과정에서 검증된 자료이므로 누락이나 오류를 최소화할 수 있다.

(4) 공기 관리(time management)

해외 공사를 수행하는 과정에서 가장 흔히 발생하는 문제가 공기 지연이다. 공사의 진행은 발주자와 계약자가 협력하에 진행되므로 책임을 공유하게 된다. 설계 도면의 승인 지연, 발주자의 제공 정보의 지연, 발주자가 공급하는 도면 및 자재의 지연, 검사 지연 및 공사 진행 과정의 간섭이 공사의 진행에 문제가 있을 경우 이를 즉시 통보하고 기록으로 남겨야 한다. 하도급자들이나 기자재 공급자들의 업무 지연은 계약자와 하도급자가 공사 지연의 요인을 공유하게 된다. 하도급자들이 승인용 자료를 적기에 제출하지 않거나, 부당한 변경을 요구하면서 시간을 지연시키거나, 해당 업무를 지연시키는 일들이 있을 때마다 이를 즉시 통보하고 기록으로 남겨야 한다. 외국 하도급자들은 계약자를 클레임하는 경우가 허다하기 때문이다. 기록을 철저히 유지하므로 발주자나 하도급자들의 잘못으로 인하여 발생되는 공기 지연을 사전에 예방하는 것은 물론, 이에 따른 손실도 보전 받을 뿐 아니라 계약자의 책임이 아닌 공기 지연 책임을 면하여야 한다.

(5) 공사비 관리

해외 턴키 공사를 수행하는데 프로젝트의 모든 문제들은 결국 공사비 증가 요인이 된다. 따라서 프로젝트팀이 공사의 현황을 항상 파악하여 문제가 생기는 것을 최대한 예방하고, 문제가 발생된 것이 확인되면 즉시 전문가 집단의 도움을 받아 해결하여야만 공사비 증가를 막을 수 있다.

공사비 관리는 두 가지 단계로 추진하여야 한다. 즉 설계 단계와 공사 단계이다. 설계 단계에서는 공사비를 최소화 할 수 있는 공법을 검토하여 최대한 반영한다. 프로세스 설계 과정에는 가능한 예비기 개념 대신에 예비기 공급 방안으로 단순하게 하고, 각종 계수의 적용도 낮은 쪽으로 하고, 기계의 용량 수량 사양을 최적화하도록 한다. 배치 과정에서는 부지를 전부 활용하지 말고 가능한 콤팩트하게 하므로 배관 및 배선 공사를 줄이도록 한다. 공사 단계에서는 예정된 공사비 범위 내에서 집행하는 노력을 한다. 인력 관리와 장비 관리가 계획적으로 잘 이루어진다고 볼 때에 재시공이나 자재 손 망실이 공사비 증가의 주요 요인이 된다. 재시공을 방지하기 위해서는 시공 도면이 최종 건설용(for construction)인지 확인하고 시공하여야 하고, 시공 과정의 중요한 부분은 확실히 검사하고 그 결과를 유지하여야 한다. 자재는 현장에 도착하면 가능한 속히 패킹을 해체하여, 누락 혹은 손상 자재의 유무를 제3자와 함께 확인하여 그 결과를 통보하고, 인수된 자재는 분실이나 품질 문제가 생기지 않도록 보관하여야 한다. 공사비 관리의 목표는 승인된 예산 내에 공사를 완료하기 위한 모든 행위를 의미한다. 자원 투입 계획, 비용 산출, 예산 배정, 공사비 통제 등의 과정으로 진행된다.

(6) 품질 관리

해외 공사의 특징 중에 하나는 공사의 요구 품질을 반드시 맞추어야 한다는 것이다. 공사 품질은 주로 자재와 시공 관리에 영향을 받는다.

자재 품질은 구매 사양서 작성 시에 발주자와의 계약 사양을 반영하고, 업체 선정 시에 금액과 품질을 동시에 고려하여 실적 있는 업체를 선정하고, 중간 검사 및 최종 검사를 철저히 하면 해결될 수 있다. 시공 관리는 작업반이 도면에 의해 정확한 자재를 사용하여 순서에 맞게 시공하는지 감독하여야 하는 데, 인건비가 저렴한 현지인이나 제3국인을 고용하여 배치하면 된다. 품질 관리는 계약에 명시된 품질 요건에 따라 경영진을 포함한 전체 조직이 참여하여 불만족 사항을 예방하며, 공사 목적물이 요구 사항에 합당하며(conformance to requirement), 사용에 적합(fitness for use)하게 하여 발주자를 만족시키는 것이다. 통계적으로 품질 관리 활동을 하는 데 소요되는 비용은 전체 공사비의 3~5% 정도인 것으로 나타났다. 그리고 품질상의 문제가 생겼을 때 문제의 85%는 경영진의 책임인 것으로 나타났다.

Section 53 국내·외 플랜트 건설 경쟁력을 강화하기 위한 Risk Management(위험 요소 관리)

1 개요

위험 관리란 위험 관리 계획(risk management planning), 위험 발견(risk identification), 정성적 위험 분석(qualitative risk analysis), 정량적 위험 분석(quantitative risk analysis), 위험 대응 계획(risk response planning), 위험 통제(risk monitoring and control) 등의 단계를 거쳐 프로젝트의 손실을 최소화하려는 시도이다. 해외 프로젝트를 수행하는 데 가장 큰 문제는 공사비 증가로 손실이 발생하는 것과 공사를 준공시키지 못하고 계속 지연되는 것인 바, 원인을 보면 꼭 위험 요인이 있어서 발생되는 것도 있지만, 대부분이 사소한 문제들이 누적되어 프로젝트의 손실 및 공기 지연으로 이어지는 경우가 많다. 따라서 프로젝트팀이 프로젝트의 진행 현황을 항상 파악하고 문제가 생길 때마다 즉각적인 해결 조치해야 문제를 예방할 수 있다.

② 프로젝트의 위험 요소

프로젝트의 위험 요소는 다음과 같이 도출한다.

(1) 자유 토론(Brain storming)

프로젝트 관련자들이 가능하면 동종 공사의 유경험자들과 함께 제한받지 않는 자유토론 절차를 거쳐 광범위한 위험 요인을 도출하여 유형별 정리 및 조정한다.

(2) 전문가 의견 수렴(Delphi technique)

여러 명의 전문가들에게 프로젝트의 중요한 위험 요인에 대해 질의서를 보내고, 회신 내용을 정리 및 조정한다.

(3) 전문가 면담(Interviewing)

전문가에게 프로젝트의 내용을 검토하여 주요한 문제들을 발췌하여 그 결과를 협의하여 정리한다.

(4) 체크리스트(Checklists)

과거 유사 프로젝트에서 발생됐던 문제점 리스트를 활용하여 체크한다.

(5) 유추 항목 분석(Assumption analysis)

입찰 계약 및 계획 단계에서 적용하고 있는 각종 유추 항목들의 현실성 및 문제화 가능성을 분석한다.

(6) 도식에 의한 방법(Diagraming technique)

원인 결과도(cause and effect diagram), 계통도(system or process diagrams) 등의 분석에 의한 문제 도출로 위와 같이 도출된 문제들은 어느 정도의 가능성(risk probability)이 있고, 발생 시에 어느 정도의 영향(impact)이 있는지 분석하고, 문제점들을 중요도 순으로 나열한다. 도출된 문제들에 대하여 어떤 식으로 대응할 것인가를 검토하여 리스크를 줄이는 방안을 확정하는데 그 방법은 다음과 같다.

① 회피하는 방법(avoidance) : 프로젝트 계획을 수정하거나 수행 방법을 변경하여 문제점을 회피하고, 직영 공사를 전문 하도급자에게 하도급 방식으로 변경하는 등

② 전가하는 방법(transference) : 제3자에게 책임을 전가하는 방식, 보험 구매, 이행 보증서 청구 등

③ 완화하는 방법(mitigation) : 발생 가능성과 영향 정도를 완화시키는 방안, 절차 간소화, 시험 조건 강화, 인력 및 장비 추가 또는 조기 투입 등

④ 무대책이 대책(acceptance) : 사전에 계획을 수립하지 않고 문제가 발생되면 그 때 조치하는 방법

위와 같이 계획을 수립하고 위험 예방 대책을 추진하면 통계적으로 90% 정도의 문제들이 해결되는 것으로 나타나고 있다.

수행 단계의 관리는 각 프로젝트의 특정 사안마다 실무적인 대응 방안이 다르므로 이 심포지엄에서 개괄적인 내용을 검토해 보았다. 한 가지 강조하고 싶은 것은 프로젝트 관리는 전문가에게 맡겨야 한다는 것이며, 필요시 한국 프로젝트 관리 기술회를 접촉하여 전문가의 도움을 받기를 제안한다.

Section 54 플랜트 건설 공사의 위험(Risk) 종류 및 대책

1 개요

국내 건설업체들은 해외플랜트 건설시장에 적극적으로 진출하고 있고 이와 비례해서 유틸리티 공사의 비중은 점차 증가하고 있다. 하지만 프로젝트의 대형화, 첨단화 및 높은 리스크 등으로 프로젝트 관리에 있어 많은 어려움을 겪고 있다.

국내 건설업체들은 이러한 리스크에 효과적으로 대응하기 위해서 기업차원 또는 프로젝트 차원에서 각사의 특성에 맞게 리스크 평가 방안을 수립하여 적용하고 있으나 해외 플랜트 건설공사에 특화되어 의사결정할 수 있는 모델이나 실무자들이 쉽게 이해하고 실용적으로 적용할 수 있는 실무적 관점에서 정립한 본격적인 의미의 평가 방안 등은 아직 미흡한 실정이다.

2 플랜트 건설 공사의 위험(Risk) 종류 및 대책

(1) 플랜트 유틸리티 시공의 개별 리스크 인자 도출

유틸리티 공사에 관련된 모든 유관 부서들은 기본설계, 상세설계 시점에서부터 현장에서의 경제적이고 효율적인 공사에 대한 최적의 조건을 준비하기 위하여 공사 전에 아래와 같이 나열된 일반적인 사항들에 대한 예상되는 개별 리스크인자를 우선 도출하여야 한다. 리스크를 4개의 대분류 및 10개의 세부항목으로 분류하였으며 4개 대분류는 현장

여건, 설계 및 기술, 공사 관리능력 및 시공능력이다. 공사 관리능력은 5개 항목(자재창고구역, 가설작업장, 배관계에 용접 및 서포트, 공사재시공 및 설계변경, 지하공사)으로 나누고, 현장여건 분류에서는 2개 항목으로(가설작업장, 중장비의 투입가능성) 나누고, 시공능력은 1개 항목으로(하도급업체의 운영계획) 나누고, 설계 및 기술은 2개 항목으로(설계, 설계자와 시공자 간의 협조) 나눈다. 인자 원인으로서는 기후(날씨), 작업환경, 천재지변, 지반조건, 부지여건, 현장인프라, 선행공사영향, 설계 및 기술과정, 시공성, 설계완성도 부족, 불명확한 시방, 시공난이도, 유사프로젝트 경험, 전문인력수급, 하도급자 능력, 시공방법, 작업자간의 의사전달, 노무자 수준, 하도급자 기술수준, 품질, 안전, 환경, 기기장비 공급업체 기술수준, 충분한 공기, 실행률 등이 각각에 대한 리스크 요인을 기술하였다.

(2) 플랜트 유틸리티 시공의 리스크 대응 방안

1) 리스크 대응의 기본전략

리스크 대응전략을 수립하기 위해서는 먼저 리스크 관리를 위한 정책, 절차, 목적, 그리고 책임을 설정해야 한다. 이것은 공사 관리책임자나 기타 관련 담당자에 의해서 착수되는 관리업무에 대한 범위와 범주를 수립하게 된다. 이것은 전체 공사의 비용, 일정 또는 품질에 영향을 미치게 된다. 유틸리티 시공의 리스크는 작업방법의 변경이나 공사범위의 변경에 의해 상당량 변할 수 있다. 그러므로 리스크 대응은 지속적인 검토가 이루어져야 하며, 리스크 대응의 기본 전략은 다음과 같다.

① 어느 당사자가 발생할 수 있는 리스크를 잘 통제할 수 있는가?
② 리스크가 발생한다면 어느 당사자가 가장 잘 관리할 수 있는가?
③ 리스크를 통제할 수 없다면 어느 당사자가 리스크를 부담해야 하는가?
④ 리스크 배분에 대한 할증은 합리적이고 타당한가?
⑤ 리스크를 전가 받은 당사자가 발생된 리스크를 감당할 수 있는가?
⑥ 리스크를 전가한 경우 그 영향으로 부담하게 되는 리스크는 없는가?

2) 리스크 대응 방안

리스크 대응의 목적은 리스크의 부정적 영향을 가능한 완벽히 제거하고, 리스크에 대한 통제력을 증가시키는 것이다. 리스크 대응은 리스크에 대한 노출정도를 식별하고 그 잠재적 영향도를 확률적으로 평가한 후에 수립해야 한다. [그림 6-7]은 리스크 대응의 개념을 도식적으로 표현한 것이다. 세로축에는 통제가능성, 가로축에는 잠재적 영향도가 표시된다. 가장 바람직한 영역은 잠재적영향도가 낮고, 통제가능성이 큰 것이고, 가장 불리한 영역은 잠재적 영향도가 크고, 통제 가능성이 적은 것이다.

리스크 대응전략은 리스크 회피, 리스크 감소, 리스크 보유, 리스크 전가의 4가지 방법으로 구분될 수 있다.

① **리스크 회피** : 리스크와 관련된 활동을 회피함으로서 리스크를 처리하는 것이다.

② **리스크 방지** : 리스크 발생확률을 감소시키기 위한 방안을 말하는 것으로 최상의 리스크 감소 계획은 모든 손실을 방지하는 것이다.

③ **리스크 보유** : 회피되거나 전가될 수 없는 리스크를 감수하는 전략이다. 계획적인 리스크의 보유는 무계획적인 리스크 감수와 큰 차이가 있다. 계획적인 리스크 보유는 건설사업 관리자의 철학, 필요조건, 재정, 역량 등에 따라 리스크를 의식적이고 의도적으로 감수하는 것을 말한다. 한편 무계획적인 리스크 감수는 리스크의 존재를 식별하지 못했거나 잠재적 리스크의 규모를 과소평가한 경우에 발생된다.

④ **리스크 전가** : 계약을 통해 리스크의 잠재적 결과를 집단(조직)에 떠넘기거나 공유하는 방법이다.

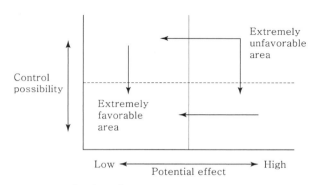

[그림 6-7] Risk response concept.

Section 55 현장 시공 과정의 리스크

1 개요

플랜트 유틸리티 공사에서 시공검토 및 이를 통한 최적 시공리스크 방법의 도입 시 우선 적용대상은 배관 공사, 기계설치 공사, 전기공사, 베셀 설치공사, 공기조화 공사, 계장공사로 선정되어야 함을 알 수 있다. 프로젝트의 목적을 달성하기 위해서는 상기에 나타난 우선적용 대상을 중점으로 제시된 시공리스크 검토 방법을 집중적으로 도입함으로써 시공향상을 통한 프로젝트 목적을 달성하는 데 큰 영향을 미치게 됨을 알 수 있다.

❷ 현장 시공 과정의 리스크

(1) 도면 및 기술 사양서

플랜트 현장 엔지니어들이 가장 먼저 해야 할 일은 자기가 수행하는 부분에 대한 도면과 기술 사양서를 확보하는 일이다. 현장에 부임하기 전에 엔지니어링 부서에서 진행 중인 실시 설계의 내용을 파악하지 못하게 되면 공사의 인력 장비 등의 동원을 비능률적으로 하게 되어 공사비를 증가시키는 리스크를 유발시킨다. 플랜트 공사용 도면은 초기 검토용에서 최종 건설용 도면이 출도되기까지 5~6차례 수정되기도 한다. 도면 수정은 수정시마다 수정 번호(revision number)를 붙이는데 숫자가 클수록 최신의 도면이다.

(2) 기자재 관리

플랜트 현장 시공 기술자는 기자재 공급자로부터 현장에 도착하는 자재들을 잘 인수하여 보관하고 작업반에게 정확한 자재를 불출해 주어야 한다.

1) 기자재 보관 준비

현장 시공 담당 엔지니어는 자기가 담당하는 공사에 소요되는 자재가 언제 도착 예정이며, 현장에서 설치 전 보관 기간은 어느 정도로 예상하며, 보관 관리 방법이 냉·난방된 장소, 옥내 보관 및 옥외 보관 등의 조건에 따라 개략의 필요한 공간을 알아야 하며 기자재가 현장에 도착하기 전에 보관 장소가 준비되어야 한다.

2) 패킹 해체

패킹 해체는 기자재의 현장 도착 후 가능한 빠른 시일 내에 하여야 한다. 일반적으로 설치 공사 1~2개월 전에 현장에 도착되도록 계획되어 있으므로 부족 자재나 누락 자재 또는 운송 중 손상 자재가 발생 시에 긴급 조치하지 않으면 공기에 영향을 준다.

3) 자재 불출 및 손 망실 예방

자재의 패킹(packing)을 해체하면 누락 부족 자재 또는 운송 중 파손 자재 유무를 확인한 후 정해진 장소에 보관하게 된다. 설치 작업을 위해 자재를 불출하게 될 때 자재의 형상이 특징이 있어 구별이 잘 되는 자재인 경우에는 문제가 없으나 플랜트 현장에는 유사한 자재도 많고 동일 자재이나 사용처에 따라 수량이 다른 자재들도 있다.

(3) 인력 동원

플랜트 공사의 리스크는 인력 동원과 가장 관계가 있다. 아무리 어려운 일이라도 사람에 따라서는 손실을 극소화시키는 경우가 있고, 아무리 쉬운 일이라 해도 점점 문제를 누적시켜 큰 손실을 발생시키는 경우가 있다.

1) 경험 있는 인력의 투입

플랜트 공사는 반드시 경험 있는 기술자를 투입하여야 한다. 아무리 능력이 있고 젊은 용기와 패기를 가지고 있다고 해도 해당 플랜트에 대하여 과거에 수행한 경험이 없으면 문제의 해결 자가 되기보다는 문제를 일으키는 사람이 되기 쉽다.

2) 적정 수의 인력 투입

최근 해외 플랜트 공사에 인력 관리가 큰 문제로 대두되고 있다. 과거와 같이 많은 인력을 투입하여 공사를 수행하기에는 인건비 수준이 너무 높으며, 소수 정예화하기에는 국내 인력의 수행 능력이 현저히 떨어지기 때문이다.

3) 기능공 동원

해외 공사를 할 때 엔지니어들은 비교적 제한 없이 플랜트 업체의 의도대로 투입할 수 있으나, 기능공 동원은 대부분 특별한 절차가 필요하다. 현지에 국내 기능공을 투입하거나 제3국의 인력을 투입할 경우에는, 각 국이 자국의 노동자를 보호하기 위하여 특별한 절차들을 가지고 있으며, 이러한 절차가 예상보다는 복잡하고 오래 걸려서 공사의 진행을 방해하는 리스크가 발생되기 쉽다.

(4) 장비 동원

플랜트 공사의 대부분은 장비에 의해 수행되므로 장비를 잘 동원하는 것은 공사의 리스크를 제거하는 데 중요하다. 장비는 고가이므로 플랜트 업체가 자체적으로 보유하기보다는 종합 장비 임대 업체에서 필요한 때마다 임대하여 사용하는 것이 효과적이다.

(5) 공사 예산 및 자금

1) 적정 공사비 확보

플랜트 공사는 일반적으로 특정한 경쟁을 통해 수주한다. 경쟁이 심하면 심할수록 수주 후 수행 과정에서 리스크가 크게 된다. 우선 실행 예산을 편성하게 될 때 실제 수행에 필요한 금액을 반영하기보다는 계약 금액을 기준으로 회사가 목표로 하는 수익률을 반영한 후 나머지 금액을 각 분야별로 비율에 따라 배분한다.

2) 실행 예산과 파급 영향

실행 예산이 부족하면 설계 단계에서 공사비를 줄이기 위하여 무리한 설계 변경을 추진하게 되고 검증되지 않은 설계 변경은 리스크를 확대 재생산하게 된다.

3) 하도급자에 대한 고려 사항

벤더나 하도급자의 원가를 보전해 주지 않으면, 공사의 질을 저하시켜서 발주자측의 불만을 사게 되거나, 중도에 자금 부족 등의 문제로 공사를 중단하게 되므로 계량화하기 어려운 리스크가 발생하므로 하도급자에게 손해를 보게 해서는 안 된다.

(6) 현지 여건

현장 공사를 진행하는 데에 현지 여건이 공사에 미치는 영향은 절대적이다. 따라서 공사를 착수하기 전에 현지 여건을 잘 파악하여 대비하지 않으면 의외로 큰 손실을 부담하는 리스크가 발생된다.

1) 인력 동원 문제

현장 공사를 진행하려면 국내 또는 제3국에서 건설 인력을 현지로 송출하거나 현지에서 필요한 인력을 모집하여야 한다. 현지에 인력을 송출하려면 어떤 절차를 밟아야 되는지 확인하여야 한다.

2) 공사 인허가

공사를 진행하려면 현지 관공서에 인가나 허가를 받아야 한다. 인허가 취득 업무가 계약자의 책임이라면 어떤 인허가를 받아야 하며, 인허가 신청에 첨부하여야 하는 자료는 무엇인지, 인허가 소요 기간은 얼마인지, 그 비용은 얼마인지 등을 확인하여 반영하지 않으면 공사가 지연되고 공사비도 증가하는 리스크가 발생한다.

3) 현지 관례 및 법규

중동 지역이나 아프리카 지역에서의 공사는 정부를 대리한 발주자가 승인하면 공사가 일사천리로 진행되므로 현지 법규는 공사 진행에 직접적인 영향이 적다. 그러나 미국 등 선진국으로 갈수록 정부의 업무를 이해 관계가 있는 민간단체에 위임하고, 법적으로는 건설 시장을 열어 놓은 것(open)처럼 보이나 외국의 플랜트 업체가 진출하여 성공하기 어려운 관례나 법규를 만들어 운용하고 있으므로 사전에 확인하지 않으면 공사가 지연되고 공사비도 증가된다.

Section 56 | 플랜트 건설 공사 수행 방식 중 컨소시엄 방식과 조인트 벤처(Joint Venture) 방식

① 컨소시엄 방식

공사채·주식과 같은 유가 증권의 발행액이 지나치게 크므로 증권 인수업자가 단독으로 인수하기 어려울 때 이를 매수하기 위해 다수의 업자들이 공동으로 창설하는 인수 조합을 일컫는다. 신디케이트와 혼용되는 컨소시엄은 일반적으로 공동 구매 카르텔, 또는 공동 구매 기관을 의미하는데 인수업자들의 발행 증권 분담에 목적이 있다. 정부나 공공 기관이 추진하는 대규모 사업에 여러 개의 업체가 한 회사의 형태로 참여하는 경우도 일반적으로 컨소시엄이라고 일컬어지고 있다. 컨소시엄의 구성 방법은 주 사업자를 주축으로 크고 작은 업체들이 참여하는 것이 일반적이다. 보통 컨소시엄을 구성할 때는 투자 위험 분산, 부족한 기술의 상호 보완, 개발이익의 평등 분배 등이 고려되어야 한다.

② 디자인 빌드(Design-Build) 발주 방식

디자인 빌드 방식의 기본 개념은 설계와 시공 활동의 주체를 단일 계약자로 일원화하는 것으로써, 발주자는 계약상의 책임을 디자인 빌드 계약자에게 일임하는 한편, 설계와 시공 단계 사이에 시공자를 선정하는 입찰 단계를 배제하여 공기 단축의 가능성을 높일 수 있다. 이 방식은 설계와 시공이 단일 계약자에 의해 수행된다는 개념은 유지하되 계약자가 설계를 어떤 방법으로 제공하는가에 따라 다음의 유형으로 분류될 수 있다.

① 설계를 수행할 수 있는 부서 또는 전문가를 직접 보유하고 있는 건설 회사가 계약자가 되는 경우(in-house design)
② 외부 설계 회사가 건설 회사의 하도급 형태로 계약을 맺고 건설 회사가 주 계약자가 되는 경우(consultative design)
③ 설계 회사와 건설 회사가 책임을 공유하는 조인트 벤처(joint venture) 형식

Section 57 │ 해외 플랜트 건설 공사를 위한 부지 조사(Site Survey) 시 조사할 항목 및 내용(시공사 관점)

① 개요

부지조사는 건설공사를 수행하고 프로젝트가 완공이 되면 불편함이 없는 주변환경과 계약자의 요구조건에 만족을 하도록 진행해야 한다. 하지만 부지 선정을 잘못하여 산등성이 경사지에 위치하여 경사면을 절취하여 매립하여야 하고, 매립하게 되면 폭우 시에 땅의 기초 매립 부위로 물이 흘러 유실될 지형이 예상되면 완공 후에 리스크의 원인이 되므로 진입도로 공사, 연료 수송 설비 공사, 송전 선로 공사, 공업용수 공사, 기초 공사, 준공 후 물류비용 등을 감안하여 부지조사를 충분히 검토하여야 한다.

② 현장 조사(Site survey)

엔지니어링 건설 산업은 현장에 가장 큰 영향을 받는다. 공사에 입찰하려면 반드시 현장을 방문하여 필요한 자료를 확보하고 현장을 확인하여야 한다.

① 현장 조사는 발로 직접 현장을 밟으면서 부지 전체를 확인하되 사업 추진자가 부지를 구매하여 소유하고 있는지 소유권을 가능하면 문서로 확인한다.
② 주변의 도로망이나 시설을 알 수 있는 지도와 부지의 치수 표시 측량도를 입수하여 이를 기준으로 현장 공사와 부대 공사의 소요량을 파악한다.
③ 부지가 자연 상태의 처음 개발되는 지역인지 이미 다른 용도로 사용되던 장소인지 매

립지인지 퇴적지인지 탄광활동이 있던 곳인지 등에 따라 공사비에 막대한 차이가 발생되고, 경우에 따라서는 부지로서 부적합한 경우도 있다.

④ 처음 개발되는 부지는 토목 기초 공사에 장애 요인이 없으므로 지질 조사 보고서를 기준으로 설계 및 공사를 진행하면 되지만, 다른 용도로 사용되던 부지는 잔여 지하 매설물의 제거 및 기존 외곽 설비와 연결된 설비(지하 매설 오수관 및 전력선 등)의 이설 보완공사 등 공사 설계 및 공사비에 반영해야 하는 요소들이 추가로 있다.

⑤ 매립지나 퇴적지의 경우는 플랜트 등의 부지로 적합하지 못하다.

⑥ 부지의 위치 및 측량도는 원자재 및 생산품의 물류를 위한 설비는 물론 진입도로 용수 전력 통신 오배수처리 시설과 관련된 부대설비의 설계 및 공사비에 영향을 미치게 되고, 부지의 측량도는 기기 장치의 배치 및 공사비 산정의 기준이 된다.

⑦ 부지 주변의 기상자료는 플랜트 성능설계 및 건물의 냉난방설계의 주요한 자료가 된다. 이 자료는 프로젝트 성능 보장에 직접적인 연관이 있으나 장기간에 걸쳐 측정되어야 하므로 엔지니어링 및 건설 업체가 현장 조사를 하더라도 유용한 자료를 얻을 수 없으므로 반드시 발주자를 통하여 신뢰성 있는 자료를 확보하여야 한다.

⑧ 이와 더불어 현장 조사 시에는 공사 계획에 필요한 인허가 종류 절차 및 필요한 조건, 인력 장비 자재 등의 투입과 관련된 절차 및 비용, 현장부근에서 동원 가능한 자원의 질, 양, 비용 등을 조사하여 공사 계획 수립 및 공사비 산출에 반영하여야 한다.

Section 58 쓰레기 자동화 집하 시설 플랜트(Vaccum sealed conveyance system)

1 개요

종래의 쓰레기 수거 체계는 다음과 같이 4단계로 구성된다.

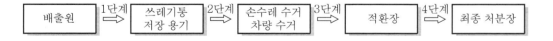

| 배출원 | →1단계→ | 쓰레기통 저장 용기 | →2단계→ | 손수레 수거 차량 수거 | →3단계→ | 적환장 | →4단계→ | 최종 처분장 |

그러나 기존의 수거 체계는 청소 차량에 의해 쓰레기 저장 용기 또는 적환장에서 수거하여 소각장이나 매립장으로 직접 수송하는 방법으로서 저장 용기에서 발생되는 악취는 물론, 주거 단지 내 청소 차량 출입으로 인한 소음 공해 및 교통 장해 등 쾌적한 주거 생활을 저해하는 많은 문제점을 내포하고 있었다. 따라서 각 지자체에서는 쓰레기 수거에 대한 새로운 방법을 생각하기에 이르렀다. 쓰레기 자동 집하 시설은 종래의 청소 차량에

의한 수거 체계에서 지하 관로를 통한 수송 시스템으로 변화시켜 소음 및 악취 방지는 물론, 미관 및 위생성을 향상시킨 친환경적 시설로서 궁극적으로는 고부가가치의 생활 문화 창조를 위한 일환으로 도입되었다.

② 시스템의 개요

(1) 시스템의 원리

각 가정에서 모아진 쓰레기를 일반 쓰레기와 음식물 쓰레기로 구분하여 투입구에 분리 투입하면 투입구 내 일시 저장을 위한 슈트에 일정 시간 저장된 후 집하장에 있는 중앙 제어 장치에서 신호를 받아 순차적으로 투입구 하부에 있는 배출 밸브가 개방되어 송풍기 흡인력(부압)에 의해 집하장으로 이송된다. 이때 일반 쓰레기와 음식물 쓰레기는 수거 시간대가 구분되어 있어 전환 밸브에 의해 분리 수거된다.

수거 동력은 집하장 내에 있는 송풍기에 의한 것으로 우선 송풍기가 가동되면 투입 시설의 공기 흡입구가 개방되어 공기가 공급되며 이 공기와 투입구에서 배출된 쓰레기가 혼합되어 지하 매설된 관로를 통하여 운송되며 집하장 내에 있는 컨테이너에 압축 저장된다. 일반 쓰레기의 경우 투입구를 떠난 일반 쓰레기와 공기는 전환 밸브에서 일반 쓰레기 계통으로 전환되며 원심 분리기에서 공기와 쓰레기로 분리된다.

쓰레기는 원심 분리기에서 중력에 의해 하부로 낙하되어 압축기에 의해 컨테이너에 압축 저장되며 공기는 송풍기를 거쳐 집진 설비와 탈취 설비를 지나는 사이 오염 물질이 제거된 후 대기에 방출하게 된다.

압축 저장된 쓰레기가 가득 찬 컨테이너는 반출 차량에 의해 최종 처리장으로 수송된다. 음식물 쓰레기의 경우 전환 밸브에서 음식물 계통으로 전환되며 이물질 분리기에서 이물질 제거 후 음식물 저장조에 일정 기간 저장된 후 이송 컨베이어를 거쳐 음식물 전용 차량에 의해 자원화 시설로 반출된다. 이 일련의 과정을 [그림 6-8]에 도식화하였다.

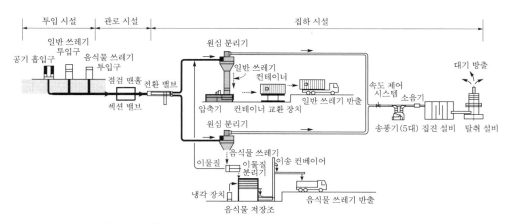

[그림 6-8] 쓰레기 운반용 이송 관로 시설의 원리(옥외형, 고정식)

통상 이 시스템의 경우 이송되는 공기의 속도는 대개 20~30m/s 범위이며 흡인 송풍기의 경우 흡입측의 부압은 65kPa 이내 정도이다. 이 시스템에서는 쓰레기의 특성상 최대 유효 수송거리가 중요하며 그 관계는 [표 6-63]에 나타냈다. 1계통당 최대 쓰레기 수집량은 통상 관경 500A의 경우 60~80ton/day이며 600A의 경우 110ton/day 정도이다.

[표 6-63] 관경과 수집 쓰레기의 크기 및 최대 수송 거리의 예

관경(A)	150	200	250	300	400	500	600
수집 쓰레기의 크기(cm)	8~10	10~14	13~16	15~20	20~24	25~30	30~35
최대 수송 거리(km)	0.6	0.8	1.0	1.5	2.0	2.5	2.8

(2) 시스템의 구성

대구경 쓰레기 운반용 이송 관로의 관경은 대개 400~600mm가 일반적이며, 시스템의 구성은 수집 구역 내의 쓰레기 배출자로부터 쓰레기를 받아들여 관로에 투입하는 투입 설비, 이송 관로 설비, 쓰레기를 수집하고 다른 쓰레기 처리 시설에 배출되기까지 일련의 기능을 갖는 집하 설비로 구성된다. [그림 6-9]는 쓰레기 운반용 이송 관로 시설의 구성도를 나타낸다.

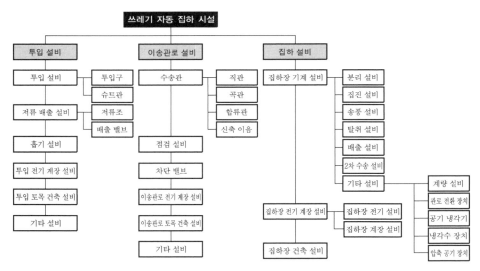

[그림 6-9] 쓰레기 자동 집하 시설의 구성도

(3) 투입 설비

① **구성** : 투입 설비는 이용자가 배출하는 쓰레기를 받아들여 일시 저류하는 설비로서 투입기, 저류 배출 설비, 흡기 설비, 투입 전기 제어 설비 등으로 구성되며 [그림 6-10]에 도식화하였다.

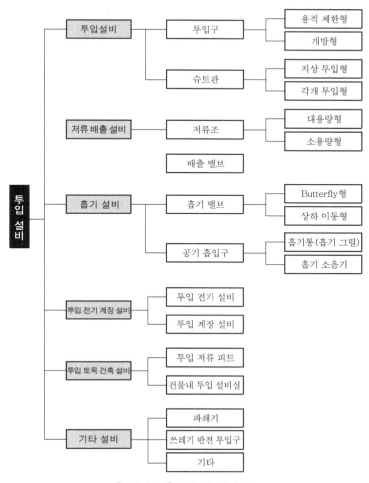

[그림 6-10] 투입 설비의 구성

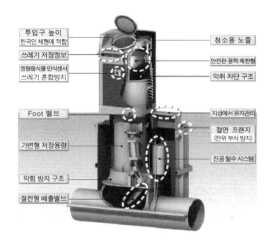

[그림 6-11] 투입 설비의 내부 구조도

[그림 6-11]은 투입 설비의 내부 구조의 예를 나타낸다.

② **분류** : 투입기는 이용자가 취급하기 쉽게 각 시스템의 기능이 충분히 유지되는 구조이어야 하며 투입 쓰레기의 용적 제한, 투입기의 수, 내구성, 안전성, 위생성 등을 고려하여 설치한다. 투입기는 대개 지상형 투입기, Dust형 투입기로 구분되며 투입기의 형식에 따라 용적 제한형과 개방형의 2종류로 크게 구분된다.

[표 6-64] 투입 설비의 분류(예)

방식	형상	특징
소용량 지상형		• 기기가 간단하다. • 저류량($0.3\sim0.7m^3$)이 적다.
소용량 Dust 슈트		• 기기가 간단하다. • 저류량($0.5\sim0.7m^3$)이 적다. • 개별적으로 투입 가능하다.
대용량 지상형		• 엘리베이터 등에 의해 끄집어 낼 필요가 있다.
대용량 Dust 슈트		• 엘리베이터에 의한 수직 이동이 불필요하다.
대용량 후투입형		• 대용량형에서는 최고 간단하다. • 건물 내에 투입 설비의 설치가 필요하다.
Valveless형		• 배출 밸브가 없기 때문에 피트가 불필요하다. • 수송관 Line마다 차단 밸브가 필요하다.
차단 밸브형		• 흡기 밸브·배출 밸브가 아니고, 차단 밸브에 의해 이송 관로와의 접속·차단을 행하는 타입이다.

(4) 이송 관로 설비

① **구성** : 이송 관로 설비는 투입 설비와 집하장을 연결하는 수송관을 주체로 하는 설비로서 수송관, 점검 설비, 차단 밸브, 점검용 맨홀, 경고 시트 등의 부대 설비로 구성된다. 이송 관로는 수집 능력을 향상시키기 위하여 곡선부가 최소화되도록 구성하여야 하며, 운영 및 유지 관리를 위한 점검구 및 차단 밸브 설치 등을 고려하여 계획하여야 한다.

② **수송관** : 수송관은 직관, 곡관, 합류관, 신축관(신축이음)으로 구성되며 선형 조건, 재질, 두께 등을 고려할 필요가 있다.

　㉠ **선형 조건** : 쓰레기의 원활한 수송을 위해 선형 조건이 중요하며 다음의 조건을 만족하여야 한다.

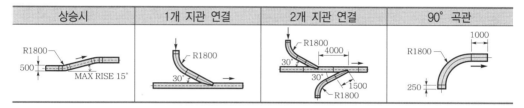

[그림 6-12] 수송관의 선형 조건(곡관, 합류관 등)

　㉡ **재질** : 자중, 활하중, 토압, 수압, 지진력, 진동, 신축 등에 대하여 충분한 강도는 물론 내마모성 및 내부식성을 고려하여 선정되며 대부분 강관을 코팅하여 사용한다. 마모가 심하게 우려되는 곡관, 합류관 등은 내마모관(내마모 주철관, 고 Cr강 등)을 적용하며 기타 신소재를 사용하는 경우도 있다.

[그림 6-13] 내마모 주철관

[그림 6-14] 관로 설비

　㉢ **두께(구조 두께+마모량+부식 손모량)** : 수송관의 두께는 구조 두께, 마모량 및 부식 손모량을 고려하여 산정한다.

　　ⓐ 구조 두께의 경우 토압, 자동차 하중 등의 외력에 의한 변형률 및 굽힘 응력도가 허용치를 초과하지 않아야 하며 또한 송풍기 흡인 압력에 상당하는 부압을 받기 때문에 부압에 의한 좌굴이 발생되지 않는 구조로 해야 한다.

ⓑ 마모량은 쓰레기의 통과량, 배관의 내구 연한, 관 종류(직관, 곡관, 합류관)에 따라 변화되는 것으로 집하장에 가까울수록 쓰레기 이송량이 증가되므로 수송관의 두께 또한 이에 비례하여 증가한다.

ⓒ 부식 손모량은 통상 강관의 경우 0.2mm/년을 고려하는 것을 원칙으로 하며 배관의 내구 연한에 따라 두께를 반영하여야 한다.

관계식은 다음과 같다.

[표 6-65] 부압에 의한 좌굴 검토

관계식	
Bresse Bryan 식 $$t = D_0{}^3 \sqrt{\dfrac{P_s{}'(1-v^2)}{2E}}$$	여기서, t : 관의 구조 두께 $P_s{}'$: 송풍기의 최대 흡입 압력 v : 푸아송비

[표 6-66] 외력에 의한 검토

	관계식	
변형량	$$\Delta X = \dfrac{2K_x(W_v + W_t)R^4}{EI + 0.06146E'R^3}$$	여기서, W_v : 연직 토압 하중(kN/m^2) W_t : 차륜 하중(kN/m^2) E' : 흙의 반력 계수(kN/mm^2)
배관 응력	$$\sigma_b = \dfrac{2}{fZ}(W_v + W_t)\left[\dfrac{K_bR^2EI + (0.06K_b - 0.08K_x)E'R^5}{EI + 0.06E'R^3}\right]$$ * 적용 근거 : 상수도 시설 기준	

[표 6-67] 배관 수명 검토

	관계식	
마모량	$R_{so} = mW \times 365\,T \times 10^{-3}$ $R_{bo} = aW \times 365\,T \times 10^{-3}$	여기서, R_{so} : 직관의 평균 마모량 R_{bo} : 이형관의 평균 마모량 m, a : 직관 및 곡관의 마모 계수 W : 쓰레기 통과량(t/일) T : 내구 연수
부식량	• 강관 : 0.2mm/년 • 내마모관 : 0.1mm/년	

ⓔ 배관 이음 : 수송관의 이음은 용접 이음, 메커니칼 이음 또는 플랜지 이음을 채용하나, 기밀을 고려하여 용접 이음으로 하는 경우가 많다.

[그림 6-15] 용접 이음

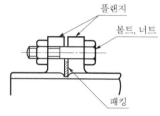

[그림 6-16] 플랜지 이음

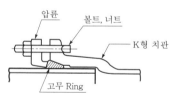

[그림 6-17] 메커니칼 이음

ⓜ 용접 시공 계획

[표 6-68] 이송 관로 현장 용접 이음

용접법	용접 형상	중점 관리 사항
완전 용입 용접 (F.P)		• 초층 TIG용접으로 내면 돌출 최소화 • 용접사 기량 확인 시험을 통한 기량 우수 용접사 확보 • 기밀 시험 및 비파괴 검사(RT)로 용접부 내부 건전성 확인 • 용접봉의 관리 철저 및 방풍에 대한 대비로 용접 품질 확보

[표 6-69] 비파괴 검사 및 기밀 시험

구분	방사선 투과검사(RT)		기밀시험	
시험법		• 맞대기 용접 이음 • 전용접개소의 10% • 판정 : 3급 이상		• 0.5MPa 이상 승압 • 15분 후 누설 확인 • 24시간 방치 후 압력 변화 확인

[표 6-70] 용접부 코팅

구분	용접부 코팅 방법	적용
열수축 시트		• 부착력 증대를 위해 코팅 작업 전 표면 청소 • 가열 장치에 의한 부상 방지를 위한 안전 용구 착용 의무화

ⓑ 매설관의 포설 조건 : 매설 장소의 토질 현황, 타매설 배관의 현황, 토피, 매설 표시, 전기 방식을 고려하여 위치를 결정한다.

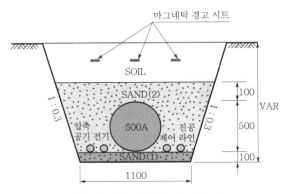

[그림 6-18] 수송관의 매설 배치

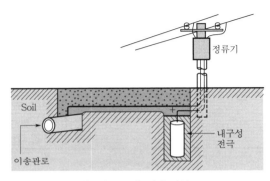

[그림 6-19] 전기 방식

(5) 부대 설비

점검을 위한 점검 설비, 차단 밸브, 점검용 맨홀, 공기관 및 전선관 등으로 구성되며 다음 [그림 6-20]과 같다.

(a) 점검용 맨홀   (b) 섹션 밸브   (c) 공기관 및 전선관   (d) 마그네틱 탐지형 경고 시트

[그림 6-20] 쓰레기 운반용 이송 관로 설비의 부대 설비(예)

(6) 집하장 설비

① 집하장 기계 설비 : 집하장 기계 설비는 투입 설비에 저류되어 있는 쓰레기를 이송 관로로 수송하기 위한 송풍 설비, 이송 공기와 쓰레기 분리를 위한 분리 설비, 쓰레기를 압축 저장하는 컨테이너 설비, 이송 공기의 먼지 및 악취 제거를 위한 집진 및 탈취 설비로 구성된다.

[표 6-71] 집하장 기계 설비의 구성과 기능(예)

구 분	집하장 기계 설비의 구성		구 분	집하장 기계 설비의 구성	
전환 밸브		• 일반/음식물 쓰레기로 구분 관로 전환 • 공압 실린더 작동형	집진 설비		• 이송 공기 수분 및 분진 제거 • 교체가 용이한 카트리지형
분리기		• 쓰레기와 공기를 분리하기 위한 설비 • 부압 제거를 위한 공기 흡입구 설치	소음기		• KS 규격에 맞춘 소음 구제 적용 • 합성 섬유 재질로 내식성 우수
압축기		• 일반 쓰레기를 컨테이너에 압축 저장 • 유압식, 컨테이너 분리형	탈취 설비		• 고온의 분진 함유 탈취에 적합 • 고·저농도의 탈취 영역이 넓음
쓰레기 저장 컨테이너		• 압축된 쓰레기를 저장 • 상·하차가 용이하며, 규격품으로 제작	공기 압축기		• 각종 실린더용 압축 공기 생산 • 필터, 쿨러, 건조기, 저장 탱크로 구성
컨테이너 자동 교환 장치		• 컨테이너 자동 교환 및 이동 • 유압식으로 내구성 및 안전성 우수	음식물 저장조		• 수집된 음식물을 임시 저장 • 3일 이상 저장 능력 확보
송풍기		• 쓰레기 이송에 필요한 공기류 발생 • 고온의 기체 및 먼지 이송에 적합	이물질 분리기		• 수집된 음식물 쓰레기의 이물질 제거 • 효율 및 유지 관리비 저렴

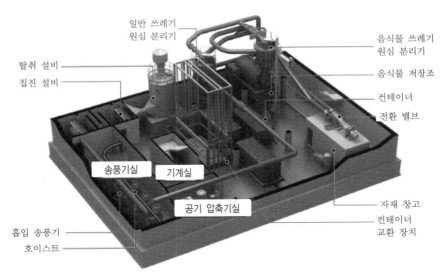

일반 쓰레기
원심 분리기

음식물 쓰레기
원심 분리기

탈취 설비
집진 설비

음식물 저장조

컨테이너

전환 밸브

송풍기실

기계실

공기 압축기실

자재 창고
컨테이너
교환 장치

흡입 송풍기

호이스트

[그림 6-21] 집하장 기계 설비의 배치(예)

② **집하장 건축 계획** : 집하장은 이송 관로를 통하여 쓰레기를 수집하고, 2차 수송 또는 쓰레기 소각 시설의 피트에 운송하기 위한 제반 설비를 수납하는 건축물로서 집하장 기계 설비 및 집하장 전기·계장 설비의 배치 계획에 기초하여 시설의 규모, 방식, 주변 환경에 적합하도록 계획한다. 구조물은 구조적으로 충분한 내력을 가져야 하며 구조 형식은 하중 및 외력을 확실히 지반에 전달하는 것을 선정한다.

③ **2차 수송설비** : 1차 집하장 내에 수집된 쓰레기를 소각장, 매립장 등의 최종 처리 시설로 수송하는 설비로서 2차 수송 방식으로는 차량 방식(Batch Car 방식, 컨테이너 방식), 흡인 수송 방식, 압송 수송 방식, 캡슐 수송 방식 등이 있지만 대부분 차량 방식으로 이용된다.

④ **집하장 전기·계장 설비** : 집하장의 수배전, 동력 제어 등을 행하기 위한 집하장 전기 설비와 쓰레기 운반용 관로시설의 운전 제어 및 감시를 위한 집하장 계장 설비로서, 계장 설비의 구성은 집하장 내의 중앙 감시 제어 장치, 투입 설비 제어 장치 및 차단 밸브 제어 장치를 연결하는 제어용 배선 등으로 구성되며 계장 설비의 구성 예를 그림으로 나타내면 다음과 같다.

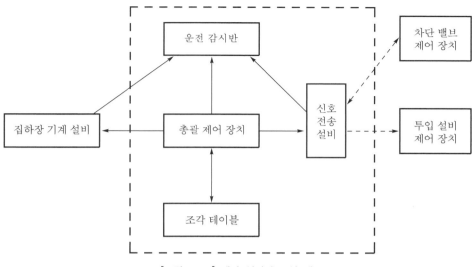

[그림 6-22] 계장 설비의 구성 예

[그림 6-23] MM21 중앙 제어반(일본)

Section 59 해외 플랜트 시장 선점과 경쟁력 강화 전략

1 개요

플랜트 산업은 고도의 제작기술뿐만 아니라 엔지니어링, 컨설팅, Financing 등 지식 서비스를 필요로 하는 기술 집약적 산업으로 분류된다. 플랜트 산업은 국내 산업의 고도화는 물론, 높은 부가가치 창출과 함께 기자재 및 인력 수출이 가능한 새로운 수출 주력 산업이라고 할 수 있다. 따라서 플랜트 산업은 우리 경제가 과거 성장 엔진으로 축적한 제조 기술력과 지식 산업 기반을 토대로 꽃이 피워질 수 있기 때문에 제조업과 서비스 분야가 접목된 고부가가치 산업이라 할 수 있다. 특히, 플랜트 수출의 경우 국가위험, 환위험 등의 리스크(risk)를 지고 사업성 검토 이후 제안 작업을 거쳐 협상에 의한 중장기 계약 그리고 시운전과 사후 관리 서비스(after-care service)에 이르기까지 종합적으로 이루어지기 때문에 전후방 산업 연관 효과가 94%나 된다고 연구되었다.

이러한 플랜트 산업이 과거 단순 토목·건축 등 해외 건설이나 건설 기자재·기계 장비 수출 등과는 새로운 차원에서 접근할 필요가 있다는 것도 우리나라의 플랜트 산업이 새롭게 수출 산업으로 부각될 수 있는 기반을 축적하였기 때문에 제기된 것이라 하겠다.

❷ 해외 플랜트 시장 선점과 경쟁력 강화 전략

우리나라 플랜트 산업이 대외 경쟁력을 확보하고 수출 주도 분야로 발돋움하기 위한 발전 전략은 다음과 같으며, 이에 따른 세부 전략 실적 모색이 필요하다.
① 플랜트 진출 영역·품목의 확대를 통한 수출 수익 극대화
② 수주 가능성 증대
③ 플랜트 연관 시장 공략
④ 플랜트 수출 관련 종합 시스템 구축 등

우선 플랜트 진출 영역 및 품목의 확대를 위해서는 다음과 같은 전략이 필요하다.
① 신규 시장에 대한 정보 Network의 형성, 유망 플랜트 생산을 위한 업계의 기술 역량 강화를 추진해야 할 것이다.
정보 Network의 형성과 관련해서는 플랜트 협회를 중심으로 정부·업계 등으로부터 기존 플랜트 관련 정보를 통합한 Database를 구축하고, 추가 정보 수집이 필요한 플랜트 수출 대상 지역에는 민·관 합동 조사단을 파견하는 등의 방법을 적극 활용해야 한다. 또한, 각 지역별 시장 분석 전문가로 Think Tank를 구성하여 Database의 축적 자료를 분석·가공하여 이를 관련 업체에 지속적으로 제공할 수 있는 정보 활용 체계도 만들어져야 할 것이다.
② 우리 플랜트 업계의 수주 가능성 증대를 위해서는 F/S 등 엔지니어링 분야의 중요성에 대한 인식을 제고하고 이에 대한 지원을 확대해 나가야 할 것이다.
이와 더불어, 적극적인 금융 관리 기법 도입을 통한 Financing 능력 강화, 대외 신인도 제고 노력 추진, Marketing 외교 강화 등이 요구된다. 엔지니어링 분야의 경우, 플랜트 수출에서 F/S 단계의 중요성이 점차 증대되고 있는 만큼 F/S 등 엔지니어링 분야의 중요성에 대한 플랜트 수출 업체들의 인식을 제고하여, 투자를 확대하고 적극적인 참여를 유도해야 한다. 우리 플랜트 업체들의 Financing 능력을 강화하기 위해서는 절대적인 자금 지원 규모를 늘리는 것도 중요하지만, 리스크 및 금융 관리 기술

을 향상시키고 다양한 수주 방식을 활용하여 자금을 '끌어 모을 수 있는' 능력을 배양해야 한다.

최근의 플랜트 수주 형태를 보면 일회성, 단발성 공사 수주보다는 생산물의 환매(Buyback) 조건부, 프로젝트 파이낸싱, BOT(Build−Operate−Transfer) 또는 지분 참여와 같이 공사 자체와 함께 금융 조달이 포함된 종합적인 프로젝트의 수요가 증가하고 있다. 특히, 최근 플랜트 시장에서 광범위하게 활용되고 있는 프로젝트 파이낸싱(Project Financing) 기법은 막대한 투자 소요 재원을 이해 당사자 간의 위험 분산을 통해 효율적으로 조달할 수 있는 장점이 있는 바, 이에 대한 제도적·정책적 지원도 적극 검토되어야 할 것이다. 아울러 이러한 새로운 금융 기법을 제대로 활용할 수 있는 금융·법률·협상 전문가의 양성도 중요한 과제라 할 것이다. 우리 플랜트 업체들이 공사 수주 과정에서 대외 신인도 부족으로 겪는 문제(자금 조달상의 보증 비용, 채권 발행 비용 등)는 단기적으로 선진 기업과의 제휴 확대, 자본 참여 등을 통해 해결해 나아갈 수 있다.

③ 플랜트 연관 산업 수출에도 관심을 기울여 파급 효과를 극대화해 나갈 필요가 있다. 앞서 GE의 플랜트 보수·유지 등 서비스 분야 진출에서도 나타나듯이 현재 기자재 수출 및 건설에만 초점이 맞추어져 있는 우리 업체들의 해외 플랜트 시장 진출 방식을 운용 기술 및 유지 보수 관련 서비스 등과 연계시킬 경우 새로운 수익 분야를 창출할 수 있을 것이다. 특히, 기술 수준이 상대적으로 낮은 개도국이나 자원 부국들의 경우 플랜트 운영과 관련한 Out−sourcing 규모가 크고, 추가 플랜트 건설 계획도 적용되고 있는 운용 기술에 따라 조정되는 경우가 많다는 점을 간과해서는 안 될 것이다.

④ 우리나라 플랜트 산업의 척박한 토양을 지원해 주어야 할 플랜트 산업 지원 체제가 각 부서 간에 보다 체계적이고 유기적으로 개편되어야 한다.

Section 60 크레인, 엘리베이터, 가공삭도 등의 와이어 로프 전동 장치에서 로프가 시브 풀리(Sheave pulley)의 림(Rim)을 감아돌 때 로프가 받는 전응력(全應力)

1 개요

로프 풀리는 시브(sheave)라고도 하며 주철이나 주강으로 만들고 바깥 둘레에 홈이 설치된다. 와이어 로프에 대해서 V홈이 파여져 있고, [그림 6-24]와 같이 $\alpha = 30\sim60°$ 의 V홈 밑바닥을 로프 반지름 보다 0.4~1.5mm 정도 큰 둥금새 반지름으로 모양이 이루어진다.

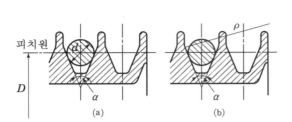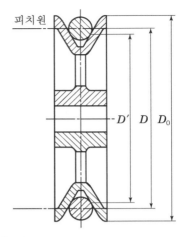

[그림 6-24] 로프 풀리의 홈과 피치원 지름

❷ 와이어 로프 전동 장치에서 로프가 시브 풀리(Sheave pulley)의 림(Rim)을 감아돌 때 로프가 받는 전응력(全應力)

보통 와이어 로프는 홈 밑바닥에서 로프 풀리에 맞닿도록 하는 수도 있다. 이런 경우에는 그 원주의 1/3 정도 접촉하도록 한다. 로프 풀리의 피치원 지름 D가 로프 지름 d에 비하여 작으면 로프의 수명이 단축되므로 $D \geq 50d$ 의 조건으로 설계한다. 와이어 로프에 발생되는 응력은 접촉면의 마찰력 때문에 로프에 작용하는 인장응력, 굽힘 때문에 로프에 생기는 굽힘응력, 원심력에 의한 원심응력이 있으며 다음과 같다.

(1) 접촉면의 마찰력 때문에 로프에 작용하는 인장응력

인장응력은 다음 식에 의해 구해진다.

$$\sigma_t = \frac{P}{\frac{\pi}{4}\delta^2 n}$$

여기서, σ_t : 인장응력, P : 로프에 걸리는 인장력, δ : 소선의 지름, n : 소선의 수

(2) 굽힘 때문에 로프에 생기는 굽힘응력

굽힘모멘트는 다음 식에 의해 구해진다.

$$M = \frac{EI}{R} = \frac{EZ\delta}{2R} = \sigma_b Z, \quad \sigma_b = \frac{E\delta}{2R} = \frac{E}{D}\delta$$

여기서, σ_b : 굽힘응력, E : 소선재료의 탄성계수, I : 소선단면의 관성 모멘트
Z : 소선의 단면계수, D : 로프 풀리의 피치원지름 $= 2R$

위의 식은 로프를 구성하는 각 소선이 서로 평행한 경우에 적용하고 실제로는 수정계수 C를 곱한다.

$$\sigma_b = C\frac{E}{D}\delta$$

C의 값은 로프의 재료 및 꼬는 방법에 따라 다르나 평균 3/8을 취한다.

(3) 원심력에 의한 원심응력

원심응력은 다음 식에 의해 구해진다.

$$F = \frac{wv^2}{g}$$

여기서, F : 원심력, w : 로프의 단위 길이마다의 무게

$$\sigma_f = \frac{w}{n\frac{\pi}{4}\delta^2} \times \frac{v^2}{g} = \gamma\frac{v^2}{g}$$

여기서, σ_f : 원심응력, $n\frac{\pi}{4}\delta^2$: 로프의 단면적, γ : 로프재료의 비중량

Section 61 건설기계의 재해 종류 및 예방 대책

1 개요

건설 공사의 대규모로 인하여 타워 크레인과 건설자재 운반을 위한 승강기 설치로 작업 중에 예상하지 못한 안전사고가 발생한다. 또한, 이를 해소하기 위해 기계화 시공이 필수인데, 건설기계 등에 의한 사고는 대형 재해로 연결되므로 사전 예방이 절실하다.

2 건설기계의 종류

① 차량계 건설기계 : 불도저, 트럭, 셔블
② 차량계 하역 운반 기계 : 덤프트럭, 셔블 로더, 지게차
③ 양중 기계 : 트럭 크레인, 이동식 크레인, 타워 크레인
④ 기타 : 건설용 리프트, 곤돌라 등

③ 건설기계의 재해 형태

① 건설기계의 전도
② 건설기계에 협착
③ 건설기계에서의 추락
④ 크레인의 도괴 또는 전도
⑤ 인양화물의 낙하에 의한 재해
⑥ 인양화물에 협착
⑦ 감전 재해
⑧ 리프트 재해 : 협착, 충돌, 추락
⑨ 타워 크레인 재해 : 전도, 붐(boom) 절손, 본체 낙하

④ 재해 원인

(1) 사전 조사 미흡

건설기계 사용 장소의 지반, 지질 등 사전 조사 미흡

(2) 구조상 결함

공사용 건설기계 자체의 구조상 결함

(3) 인식 부족

공사의 종류, 규모에 따른 작업 계획의 부적절

(4) 불안전한 작업 방법

작업 환경 및 작업 조건에 대한 안전 미확보

(5) 교육 훈련 부족

운전자, 작업자에 대한 교육 훈련 부족

⑤ 안전 대책

(1) 건설기계의 전도 방지

① 연약 지반 침하 방지 조치(깔판, 깔목 등)
② 유자격 운전자 확인

(2) 건설기계에 협착

① 관계자 외 출입 금지(신호수 배치)
② 작업 중 운전석 이탈 금지

(3) 건설기계에서의 추락

① 운전자 외 승차 금지
② 운전 시 안전벨트 착용

(4) 크레인 도괴 또는 전도

① 아웃 트리거 적정 설치 및 밑받침목 설치
② 정격 하중 준수

(5) 인양화물 낙하에 의한 재해 방지

① 2개소 이상 결속 및 유도 로프 설치
② 안전 훅 걸이 사용

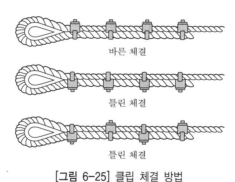

바른 체결

틀린 체결

틀린 체결

[그림 6-25] 클립 체결 방법

(6) 리프트 안전 대책

① 안전 장치 부착(권과 방지 장치, 과부하 방지 장치 등)
② 작업 시작 전 점검
③ 정기 검사 실시

(7) 타워 크레인 안전 대책

① 기초 최대 하중을 고려한 구축　　② 충돌 방지 장치
③ 안전 장치 부착(과부하 방지 장치 등)　④ 와이어 로프 수시 점검
⑤ 악천후 시 작업 중단　　　　　　⑥ 운전원 정기 교육
⑦ 신호 체계 확립

Section 62 **타워 크레인의 사고 발생 형태와 방지 대책**

① 개요

　건설 현장의 고층화, 대형화에 따라 타워 크레인의 사용 증가로 인한 안전 사고가 증가하고 사고 발생 시 대형 재해 가능성이 높다. 타워 크레인에 의해 발생 가능한 재해 예방을 위한 안전 교육, 안전 점검, 안전 수칙 등 안전 관리 대책을 수립하여야 한다.

② 타워 크레인 재해 유형

(1) 재해 발생 현황 분석(1999~2003년)

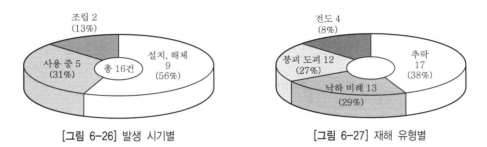

[그림 6-26] 발생 시기별　　　　　　[그림 6-27] 재해 유형별

(2) 재해 발생 현황 개요

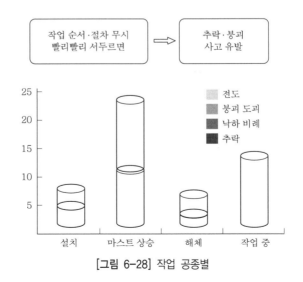

[그림 6-28] 작업 공종별

① 설치·해체·상승 작업이 제일 위험(56%)

② 추락·낙하 재해가 전체의 65%

③ 마스트 상승 작업 시 재해 다발(47%)

❸ 타워 크레인의 재해 유형 및 원인

(1) 본체의 전도

① 정격 하중 이상 과하중 양중 시

② 기초 강도 부족 및 앵커 매립 깊이 부족

③ 마스트의 강도 부족 및 균열

(2) Boom의 절손

① 정격 하중 이상 양중

② 타워 크레인의 충돌(크레인 간, 장애물)

③ 와이어 로프 절단

(3) 타워 크레인 본체 낙하

① 유압 잭의 불량

② 권상용, 승강용 와이어 로프 절단

③ 조인트 핀 파손 및 손실

④ 텔레스코핑 시 고정 핀 누락

(4) 자재의 낙하·비래

① 와이어 로프 절단

② 줄걸이 불량에 의한 인양물 낙하

③ 물체와 충돌

(5) 기타

① 낙뢰

② 강풍 시 선회 장치 불량

③ 신호수 미배치

④ 작업 반경 내 인원 통제 미비

④ 타워 크레인의 구조 및 분류

(1) 타워 크레인의 구조

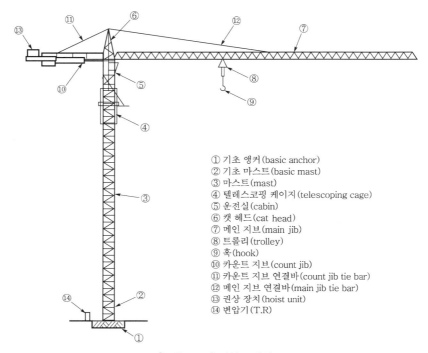

① 기초 앵커(basic anchor)
② 기초 마스트(basic mast)
③ 마스트(mast)
④ 텔레스코핑 케이지(telescoping cage)
⑤ 운전실(cabin)
⑥ 캣 헤드(cat head)
⑦ 메인 지브(main jib)
⑧ 트롤리(trolley)
⑨ 훅(hook)
⑩ 카운트 지브(count jib)
⑪ 카운트 지브 연결바(count jib tie bar)
⑫ 메인 지브 연결바(main jib tie bar)
⑬ 권상 장치(hoist unit)
⑭ 변압기(T.R)

[그림 6-29] 타워 크레인

(2) 타워 크레인의 분류

① 설치 방식
　　㉠ 고정식 : 기초 위에 정착
　　㉡ 이동식 : 레일, 무한 궤도 이용
② Climbing 방식
　　㉠ Mast climbing 방식
　　㉡ Base climbing 방식
③ Jib 방식
　　㉠ 수평 타워 크레인
　　㉡ 경사 타워 크레인

5 안전 대책

(1) 기초

① 앵커 볼트의 변형 및 부식 상태 수시 확인
② 기초의 침하 여부 확인

(2) Mast

① 수직도 및 배열 상태 확인
② 고정 부위(벽체, 바닥)의 변형 및 용접부 균열 확인
③ 선회 장치 고정 볼트 이완 여부 확인

(3) 운전석

인양물 매단 채 이탈 금지

(4) 평행추

조립 상태 및 하중을 정확히 파악하여 설치

(5) Boom

① 조립 상태, 배열 상태 정확히 할 것
② 트롤리의 이동 상태 확인, 수시 점검
③ 정격 하중 표기(붐대 위)

(6) Hook

① 안전 고리 상태 점검
② 인양 시 무게 중심 확인 후 로프 체결

(7) 기타

① 크레인 외관상 기울기 및 수평 상태 확인
② 강풍 시 작업 중지
③ 피뢰침, 항공 장애 등 설치
④ 운전원 유자격자 확인
⑤ 운전원 신호수 신호 체계 통일
⑥ 관련자 안전 교육 실시

6 결론

건설 현장에서 사용하는 타워 크레인은 공정 진행상 역할이 중요한 양중기이다. 작업

전, 작업 중, 작업 완료 시 각 부위별 안전 점검과 안전 수칙을 준수하며 작업한다면 크레인에 의한 재해 발생을 예방할 수 있을 것이다.

Section 63 최근의 터널 공사용 장비의 예를 들고 작업 공정

1 기계 굴착

① 기계 굴착은 굴착 수단을 인력이나 발파에 의존하지 않고 기계로 굴착하는 방법이며, 계약 상대자는 지반의 이완을 최소화하고 막장의 안정을 유지하며 여굴이 적게 발생하도록 해야 한다.

② 굴착 기계는 지반 조건, 주위 환경, 터널 단면의 크기 및 형상, 터널 연장, 굴착 공법, 버력 처리 방법, 경제성 등을 고려하여 선택해야 한다.

③ 쇼벨, 브레이커 등의 커터 붐 기계 굴착은 절리가 심하게 발달한 암반이나 토사 지반에 적용한다.

④ 붐 기계 굴착을 실시하는 경우에는 굴착 패턴을 준수하고, 기계 운전에 의해 노반이 약화되지 않도록 해야 한다.

⑤ TBM(Tunnel Boring Machine) 공법은 암반 강도, 지질 구조의 발달 상태 등을 검토하여 적용 여부를 결정해야 한다. TBM 공법을 적용할 경우에는 해당 지반에 적합한 커터의 종류, 커터 헤드의 회전수, 추력 등을 정하고, 굴착 효율의 향상과 사행 굴착이 발생되지 않도록 운전 관리를 해야 한다.

⑥ 계약 상대자가 터널 굴착을 위해 TBM을 사용하고자 하는 경우에는 시공 공정, 시공 설비, 선형 관리, 시공 중 조사, 작업장 배치, 버력 처리, 운전 관리, 지보재 시공, 품질 관리, 환경 및 안전 관리, 계측 관리 등을 포함하는 TBM 터널 시공 계획서를 작성하여 공사 개시전에 감독자에게 제출해야 한다.

⑦ 계약 상대자가 굴착 공법으로 실드(shield) 공법을 적용하기 위해서는 선형, 지질 조건, 단면 형상, 경제성, 시공 공정, 세그먼트(segment)의 품질 관리 등을 검토한 실드 터널 시공 계획서를 감독자에게 제출해야 한다.

2 미진동 굴착

① 굴착을 진행할 터널 주변에 보안 물건이 존재하여 발파 등을 이용한 정상적인 굴착 작업을 진행할 수 없는 경우, 계약 상대자는 진동 및 소음을 최소화할 수 있는 방안을 제시해야 한다. 이 경우 계약 상대자는 진동 및 소음에 의한 영향 평가를 실시하

고, 현장 여건과 주변 상황을 충분히 고려하여 미진동 굴착 구간 및 공법을 제시해야 한다.

② 계약 상대자가 미진동 파쇄기나 유압 장비 등을 이용하는 미진동 굴착 방법을 적용하고자 할 때에는 굴착 작업 전 장비 사양 등을 포함한 시공 계획서를 감독자에게 제출하여 승인을 받아야 한다.

Section 64 담수화 플랜트(plant)의 종류를 열거하고, 각각의 담수화 플랜트(plant) 장단점

1 개요

지구상에 존재하는 물의 양은 13억 8,500km^3 정도로 추정되며, 이 중 바닷물이 97% 정도이고, 나머지 3%인 3,500km^{3}만이 민물로 분류된다. 민물 중 대부분은 빙산 또는 빙하 형태이고, 작은 일부만이 지하수, 지표수 또는 대기 중에 존재한다. 이중 대기 중 수증기와 지하수를 제외하고 우리가 쉽게 쓸 수 있는 담수호의 물 또는 하천수는 9만km^3 정도로서 지구 담수량의 0.26%, 총수량의 0.0065% 밖에 되지 않는 양이다.

가용 수자원은 유한한데 그 수요는 인구 증가, 산업 발달, 삶의 질 향상 등으로 인하여 급속히 증가하고 있다. 세계 인구는 현재 약 60억에서 2025년 약 83억으로 성장할 것으로 전망되고, 물 수요는 약 20년마다 2배의 비율로 증가하리라 예측된다. 수요는 기하급수적으로 늘어나고 천연 담수량은 제한되어 있는 조건하에서 풍부한 수량의 해수를 담수화하여 이용하는 것은 물 공급 확대를 위한 가장 유력한 대책이 될 수밖에 없으며, 이에 따라 담수화를 위한 기술 개발도 다양하게 전개되고 있다.

2 담수 플랜트의 종류

담수화 방법에는 원수를 수증기로 증발시켜 담수화하는 다중 효용법과 다단 플래시법, 특수한 막을 이용하는 역삼투압법 및 전기 투석법, 그 외에 냉동법, 태양열 이용법 등이 있다. 염분이 고농도인 해수의 담수화에는 주로 증발법과 역삼투압법, 저농도인 기수(brackish water)의 담수화에는 역삼투압법과 전기 투석법이 주로 사용되고 있다. 이 장에서는 이러한 담수화 방법의 원리 및 특징을 살펴보기로 한다.

(1) 다중 효용법(MED : Multiple Effect Distillation)

증발법의 일종이다. 전처리 공정을 거친 해수는 제1실(제1효용조)에 유입되어 외부 열원으로 가열된 증기로부터 열을 받아 비등한다. 첫 비등에서 일부 증발하고 남은 염수는 제1효용조보다 약간 낮은 압력으로 유지되는 제2실로 이송되며, 제1실에서 증발된 수증기도 제2실로 공급된다. 제2실에서는 제1실에서 공급된 수증기가 격벽(관벽)으로 분리된 염수에게 응축 잠열을 방출하고 그 표면에 응축하는데, 염수는 이 열로 다시 비등한다. 즉, 수증기의 액화열이 염수의 기화열로 재이용되는 것이다. 압력이 제1실보다 낮기 때문에 포화 온도가 낮아 이러한 응축과 비등이 가능하다.

비슷한 증발과 응축 공정은 실에서 실로 반복되며, 응축된 증기를 합하여 담수를 생산한다. MED 방식은 사용되는 증발기의 형식에 따라 구조가 달라지지만, 전 실에서 발생한 증기가 다음 실에서 응축하고 응축 잠열이 다시 기화열로 이용되는 원리는 공통적이다. 증발기는 잠수관식, 박막식, 수직관식 및 수평관식이 있으며, [그림 6-30]은 수평관식 MED의 계통도이다.

MED 방식은 수증기를 응축시켜 담수를 생산하는 증발법이 일반적으로 갖는 특성과 같이, 생산수의 순도가 높고 발전소를 비롯한 다른 시설로부터 발생하는 폐열을 이용할 수 있는 장점을 갖고 있다. 반면 폐열이 아닌 열원을 사용해야 할 경우에는 에너지 소비량이 많고 고온에서 운전됨으로써 부식과 온배수 방출의 문제가 따른다. 대략 12중 효용 장치까지가 최고 한계로서, 실적을 감안할 때 대규모보다는 중규모에 적합하다.

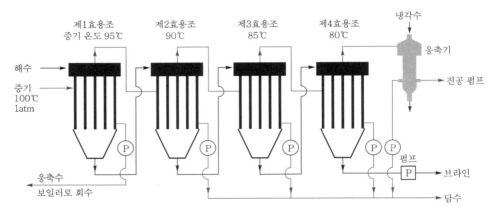

[그림 6-30] 수평관식 MED 계통도

(2) 다단 플래시법(MSF : Multi-Stage Flash Distillation)

고온·고압의 물을 그 포화 압력 이하로 감압하면 일부가 수증기로 비등하는 플래시 현상을 이용하여 해수를 담수화하는 방법이다. 발전소에서 생산된 증기 등으로 가열된 고압의 해수가 제1플래시 탱크를 통과하면서 일부가 증발하고, 잔여 해수는 1차 탱크보다 압력이 낮은 제2플래시 탱크로 유입되어 다시 증발한다. 이런 방식으로 해수는 연속해서 증발을 일으키며, 마지막 탱크를 통과한 후 일부는 배출되고 일부는 새로이 공급된 해수와 혼합되어 재순환된다.

공급 해수는 용존 기체 제거 장치(탈기기)를 거쳐 플래시 탱크 내부에 위치한 열교환 기관 속을 유동하면서 저온에서 고온 순으로 각 탱크에서 발생된 수증기를 냉각하여 응축시킨다. 이 과정에서 증기의 응축 잠열을 수열함으로써 예열되며, 염수 가열기에서 외부 열을 받아 공정의 최대 운전 압력과 온도로 가열된 후 제1플래시 탱크로 유입된다. [그림 6-31]은 전형적인 MSF 방식의 계통도이다.

MSF 방식은 원수인 해수의 성상에 관계없이 에너지 소비량이 일정하다는 특징이 있으며, 증발법 중에서 가장 순수한 성분의 담수를 생산할 수 있다. 반면 상대적으로 높은 에너지 소비량과 부식 문제, 그리고 부분 부하 운전이 곤란한 점과 대량의 온배수는 단점으로 지적되고 있다. MED 방식에 비해 대규모 설비에 유리한 것으로 알려져 있다.

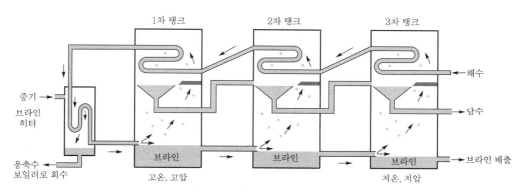

[그림 6-31] MSF 방식 계통도

(3) 역삼투압법(RO : Reverse Osmosis)

외부에서 가압하여 역삼투 현상을 일으킴으로써 해수를 담수화하는 방법이다. 삼투란 반투막으로 분리된 같은 양의 저농도 용액(담수) 및 고농도 용액(해수)이 농도가 같아지려는 방향으로 투과하는, 즉 고농도 용액의 양이 증가하는 현상을 말하며, 일정 시간이 경과하여 평형 상태를 유지할 때 두 용액 사이 수두 차이를 삼투압이라 한다. 역삼투는 평형 상태에서 고농도 용액에 삼투압 이상의 압력을 가하면 삼투 현상과는 반대로 고농도의 용액에서 순수한 물이 저농도 쪽으로 투과하는 현상으로서, 이때 가한 압력을 역삼투압이라 한다.

[그림 6-32]는 삼투와 역삼투의 원리를 나타낸다. 역삼투압법에 사용되는 반투막(멤브레인)은 해수 중에 용해된 이온성 물질은 거의 배제하고 순수한 물만 투과시키는 특수한 막이어야 한다. 총 용해 염분(TDS) 35,000mg/L인 표준 해수의 삼투압은 약 25기압이며, 해수에서 담수를 생산하기 위한 역삼투압은 42~60기압이 필요하다. 국내 역삼투압 설비의 경우 46~52기압으로 운전된다.

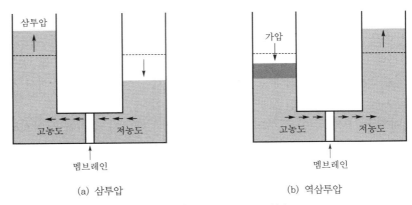

(a) 삼투압   (b) 역삼투압

[그림 6-32] 삼투와 역삼투의 원리

[그림 6-33]은 RO 방식 담수화 플랜트의 개략도이다. RO 방식 해수 담수화 플랜트의 농축수는 비교적 농도가 낮기 때문에 환경에 미치는 영향이 크지 않다는 장점을 가지고 있다. 다른 방식과 달리 상온에서 운전되므로 저압부에 플라스틱 재료를 사용할 수 있고 재료의 부식이 심각하지 않다. 또한, 운전의 중심이 펌프이므로 관리가 비교적 용이하다. 반면 일정 기간이 경과하면 반투막을 교체해야 하는 등 운전 유지 비용이 많이 소요되고, 압력 용기와 내압 배관이 필요하며, 해수의 충분한 전처리가 요구되는 문제가 있다.

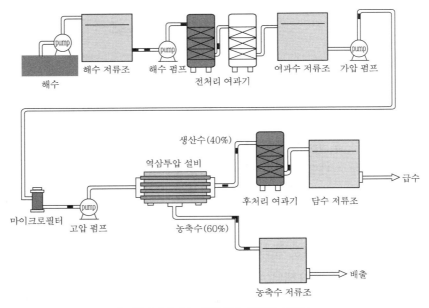

[그림 6-33] RO 방식 담수 플랜트 개략도

(4) 전기 투석법(ED : Electrodialysis)

전기적 포텐셜을 이용해 원수로부터 막을 통하여 선택적으로 염을 제거하는 방법으로서, 1960년대 초반 상업적으로 소개되었다. 기수를 처리하는 데 경제적이기 때문에 담수화 분야에서 지대한 관심을 끌었다. 이온을 종류에 따라 선택적으로 투과시키는 막을 전극 사이에 설치하는 구조로서, 양이온 선택적인 막과 음이온 선택적인 막을 교대로 배치한다. 막과 막 사이에는 유동이 해수 담수화 플랜트 기술의 현황 분석 및 발전 방향 가능한 공간이 있는데, 이 공간은 원수나 담수를 운반하거나 제거된 염의 농축수를 배수하기 위해서 사용된다.

전극이 대전되고 유입 원수가 유출수 통로쪽으로 흐르면서 물속의 양이온은 음으로 대전된 전극으로, 음이온은 양으로 대전된 전극으로 이동한다. 그러면서 음이온은 음이온 선택적인 막은 통과하지만 양이온 선택적인 막은 통과하지 못하므로 음이온을 제거할 수 있다. 양이온 경우도 마찬가지다. 이런 원리에 의해 농축수와 희석수가 교대로 배열된 막 사이의 공간으로 흘러 배출된다. 막 사이의 공간을 셀(cell)이라 부르는데, 한 쌍의 셀은 두 개로 구성되어 있으며, 한 쪽은 희석수, 즉 생산수가 흐르고 다른 쪽 셀은 농축수가 흐른다. 기본적인 전기 투석 공정은 수백 개의 셀쌍과 전극으로 구성되며, 이것을 멤브레인 스택(membrane stack)이라 부른다. 시스템의 구성상 화학 약품이 첨가되는 경우도 있는데, 이는 스케일 및 부식을 방지하기 위함이다.

전기 투석법을 역삼투압법과 비교할 때 막(멤브레인)을 사용하는 점은 같지만, 구동력과 제거 대상에서는 차이가 있다. ED 방식은 전기적 힘을 이용하여 수중의 전하를 띤 물질(주로 이온 성분)만을 제거하지만, RO 방식은 압력을 가하여 모든 물질을 여과한다. 보다 중요한 차이점은 RO 방식에서는 용질인 해리염이 막을 통과하고 용매인 물은 그대로 남아있으나, ED 방식에서는 물분자가 막을 통과하고 용해되거나 용해되지 않은 고형물은 막 표면에 남는 것이다.

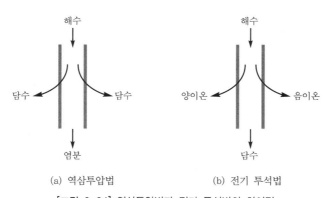

(a) 역삼투압법   (b) 전기 투석법

[그림 6-34] 역삼투압법과 전기 투석법의 차이점

[그림 6-34]는 이와 같은 전기 투석법과 역삼투압법의 차이를 개략적으로 보여준다.

전기 투석법에 의한 담수화 공정은 보통 전처리, 멤브레인 스택, 저압 순환 펌프, 전력 공급원 그리고 후처리로 구성된다. 전처리는 해수나 기수 속에 용해된 물질 중 막에 손상을 입히거나 통로에 스케일을 형성할 수 있는 물질을 미리 제거하기 위해 필요한 공정이다. 저압 펌프는 물의 저항력을 이길 정도의 출력이면 충분하고, 정류기는 교류를 직류로 바꾸어 주는 데 사용된다. 후처리는 안정조와 배·급수를 준비하는 공정으로서, 상황에 따라 pH를 조정하거나 황화수소 같은 가스를 제거하는 장치를 추가하기도 한다. 전기 투석법은 원수인 해수의 염도가 낮을수록 이론 에너지량이 감소되는 특징이 있는데, 염도가 11,000ppm인 경우는 증발법보다, 4,000~5,000ppm인 경우는 역삼투압법보다 경제적이라고 알려져 있다. 다만, 이온화되지 않는 물질은 제거할 수 없는 단점이 있다. 따라서 ED 방식은 실제로 해수 담수화보다는 기수 담수화에 많은 실적을 가지고 있다.

1970년대 초기 미국에서 전기 투석법의 하나인 역전기 투석법(EDR : Electrodialysis Reversal Process)이 상업적으로 도입되었다. 기본 원리는 전기 투석법과 같은데 생산수와 농축수의 통로가 같은 것이 다른 점이다. 한 시간에 몇 번 간격으로 전극의 극성이 교체되면서 유동도가 바뀌면서 농축수와 생산수의 통로가 서로 바뀐다. EDR은 셀 내의 스케일과 슬라임 또는 다른 물질들이 문제를 일으키기 전에 제거하기에 매우 효과적이라 알려져 있다. 운전 조건에 의해 염수로부터 음료수까지 비교적 쉽게 생산 수질을 변화시킬 수 있다. 농축수가 발생하지만 비교적 농도가 낮기 때문에 환경에 미치는 영향은 거의 없다. 해수 담수화용 대규모 시설은 없다.

(5) 복합법(Hybrid MSF+RO, MED+RO)

복합법은 말 그대로 증발법(MSF 또는 MED)과 역삼투압법(RO)의 장점을 함께 사용하는 담수 생산법이다. 담수 설비가 설치되는 곳의 상황에 맞추어서 가장 경제적으로 담수를 생산하는 것이 가능하다.

복합 담수 플랜트의 핵심은 두 공정을 효과적으로 조합시켜 최적 운전 온도를 유지함으로써 전체 효율을 향상시키는 것이다. 일반적으로 단일 역삼투압 시스템에 비하여 복합 시스템 내 역삼투 공정의 담수 생산 단가 및 운전 비용은 10~15% 정도 저렴한 것으로 알려져 있다. 이러한 절감 효과는 저염분의 생산수를 만들기 위한 2단의 역삼투막이 불필요한 것과 고온 운전으로 인한 높은 회수율 등에 기인하는 것으로 분석된다. 세계 최대의 복합 시스템은 두산중공업이 아랍에미레이트에 건설한 푸자이라 플랜트(생산량 100MIGD=454,600m^3/day)이다.

❸ 개발 중인 담수 플랜트

해수 담수화 기술은 큰 투자비가 소요되고 많은 에너지를 소비함으로써 담수 생산 원가가 높기 때문에 널리 보급되기에는 어려움이 있다. 따라서 다양한 방법으로 에너지 소비가 작고 효율적인 담수 플랜트 기술을 개발하고 있다.

(1) 태양열을 이용한 담수 플랜트

이것은 태양 에너지를 이용하여 해수를 증발시킨 후 응축시켜 담수를 생산하는 방법으로서, 햇빛이 투과하는 온실형 구조의 태양열 증류기 안에 해수를 담아 증발시키는 베드(bed)를 설치하고 증발된 수증기를 내부 벽면에 응축시켜 회수하는 간단한 형태로서, 중대형화 시설로는 적합하지 않은 기술이다. 에너지원으로 태양열을 이용하므로 운전비가 저렴하고, 부대 시설이나 기계 설비가 간단하여 건설비나 유지 관리비가 매우 적게 소요된다. 그러나 태양열은 필요에 따른 인위적 조절이 불가능하고 일기 상태에 전적으로 의존해야 하며, 중대형화 시설로는 한계가 있다.

(2) 원자로를 이용한 담수 플랜트

한국원자력연구소와 두산중공업이 공동으로 2000년부터 해수 담수화용 원자로를 이용한 플랜트를 개발하고 있다. 원자로, 펌프, 증기 보일러 등 원자력 발전소의 핵심이 되는 구성 요소들을 격납 용기 속에 일체화하여 배치함으로써 불필요한 배관이 없고 그 구조와 모양이 간단한 것이 특징이다. 소용량 장치를 여러 개 결합하여 하나의 대용량 장치로 하는 모듈화를 채택함으로써 건설 기간을 단축할 수 있다. 이 담수 플랜트 1기는 하루 전기 10만kW를 생산하고 해수 4만 톤을 담수화시킬 수 있다.

(3) 기타 담수 플랜트

최근 다중 효용 담수 플랜트에 증기 압축 시스템(thermal vapor compression system)을 결합시킨 ME-TVC 방식이 적용되고 있다. ME-TVC는 증기의 압력 에너지를 담수화에 이용하는 방법이다. 이외에도 담수 유닛의 단위 생산 용량을 증대시키면서 증발기 내에 스케일(Ca^+, Mg^+ 등) 형성을 제거하고 운전 온도를 올리는 Nano-filtration 등 새로운 기술이 개발되고 있다.

Section 65
플랜트 턴키(plant turnkey) 공사 발주 시 시공상의 장단점

1 개요

턴키 공사는 설계와 시공을 통합하여 발주하는 설계 · 시공 일괄 방식, 즉 발주자, 관리자, 설계자 등 건설사업 관련 당사자가 하나의 팀 개념으로 공사를 추진하는 공사 관리 방식이다. 턴키 계약 방식(turnkey base)은 엄밀히 말해 일괄 계약 방식의 특별한 경우로 일괄 시공업자가 건설 공사에 대한 재원 조달, 토지 구매, 설계와 시공, 운전 등의 모든 서비스를 발주자를 위하여 제공하는 방식으로서, 설계 시공 분리 발주 방식의 대안으로 미국에서 개발되어 세계 여러 나라에서 활용되어 오는 계약 방식으로 발주자가 하나의 도급자와 설계 및 시공을 수행하는 계약을 체결하는 형태로 수행된다.

흔히 일괄 계약 방식(design-build 또는 design-construct)과 같은 의미로 사용하고 있으며 우리나라에서는 「국가를 당사자로 하는 계약에 관한 법령」(이하 「국가계약법령」이라 함)에 설계·시공 일괄 입찰 공사와 실시 설계·시공 입찰 공사로 구분하여 규정하고 있으며 이를 턴키 공사라 통칭하고 있다.

② 턴키 공사의 장단점

설계 시공 일괄 방식은 설계와 시공의 모든 의무와 책임이 단일 조직에 위임되므로 발주자의 관리 노력과 위험 부담이 최소화되며 계약자는 설계와 구매 및 시공을 총괄할 수 있어 통합의 효과를 누릴 수 있다. 또한, 자체적으로 축적된 시공 경험을 기획 및 설계 단계에 반영하여 시공성을 향상시킬 수 있으며, 설계와 시공 간의 신속한 연결이 가능하므로 공사비는 물론 공기도 단축할 수 있는 장점이 있다. 그러나 기업의 이윤 추구가 우선시되는 등의 사유로 지나치게 공사비 절감 및 공기 단축을 추구하여 품질 및 설비 신뢰성이 저하될 가능성이 있고, 보수 기간을 단축해 운영에 어려움이 있을 수 있는 단점이 있다.

Section 66

플랜트(plant) 건설공사 시 각 공정의 주요 체크 포인트(check point)에 대해 설명하고, 구체적인 프로젝트(project) 내용과 참여 분야(scope)

① 개요

국내 플랜트 프로젝트에 대한 제도적 체계는 계획과 설계, 시공, 유지 관리 등 사업 수행 프로세스와 계약과 시공, 관리 감독 등의 단계별 사업 수행에 따라 복잡하고 다양한 구조를 보이고 있다. 그러나 관련된 대부분의 법령 및 규정은 플랜트 건설 단계에 있어서 단순히 규제를 위한 수단으로 작용하고 있으며, 설계, 시공, 운전, 운영 단계에서 발생되는 각종 경험과 오류, 기술적 지식의 축적과 순환 활용을 위한 요소는 매우 미흡한 것으로 검토되었다. 따라서 플랜트 프로젝트 수행 단계에서 중요성이 큰 설계와 시공을 중심으로 발주자 ↔ 설계자 ↔ 시공자 ↔ 운용자의 관점에서 생성되는 각종 정보를 통합적으로 관리하여 일관된 정보 흐름의 유지와 지식 집약적인 업무 수행 체제를 시급히 정착시켜야 할 것으로 판단된다.

② 플랜트의 효율적인 추진 방법

플랜트 프로젝트의 성공적인 수행을 위해서는 [그림 6-35]에 나타낸 개념처럼 수행 단계에 있어서 선행 경험과 체계적인 분석 자료 및 기준서가 매우 중요한 역할을 한다. 또한, 각 수행 단계에서 생산성을 높이기 위한 관리 방법과 각종 지원 도구의 응용이 매우 중요하다.

현실적으로 플랜트 건설에 직접적으로 관련된 정보나 경험 지식 등은 개인이 보유하고 있거나 각 사별로 비표준화된 형태로 활용되고 있어 이의 공유를 지원하기 위한 제도적인 체계가 마련되어야 할 것으로 판단된다. 또한, 우리나라 플랜트 건설의 대부분이 중앙정부 및 지방자치단체에서 발주하는 것임을 고려할 때보다 체계적으로 사업 수행 결과를 평가하고 사후 관리를 통하여 기술을 축적할 수 있는 지식 관리 체제의 도입을 제안하고자 한다.

이를 위해서는 플랜트 건설 경험을 체계적으로 분석하고 기술적 요소를 정리하기 위한 관리요소 및 절차, 분석 툴 등이 개발되어야 하며, 이의 실천과 활용을 지원하기 위한 법·제도적인 장치가 필요하다. 또한, 대부분의 프로젝트에 있어서 최종 단계에서 초기 계획한 목표를 완벽하게 달성하였는지를 평가하고 당초 계획과의 차이나 성공 또는 실패 요인을 검증하여 다음 프로젝트에 반영하는 것은 매우 중요하다.

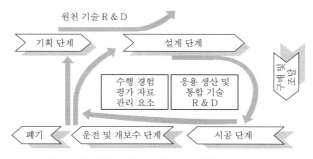

[그림 6-35] 플랜트 기술의 축적 및 순환적 발전 개념도

③ 플랜트의 공정별 점검 사항

플랜트 프로젝트의 기술 축적을 위한 지원 체계의 도입 타당성에 대한 사전 면담 및 자문(지방자치단체 담당자, 각 업체별 전문가 등)을 실시하였으며, 관계되는 각 주체의

책임 요소 이외의 기본적인 취지 및 방향에 대한 긍정적인 평가를 도출하였다. 주요 내용은 플랜트 프로젝트 종료시 기술위원회를 구성하여 기술적으로 가치가 있는 요소에 대해 준비된 절차 및 방법론에 따라 관련 데이터베이스를 구축하는 것이다.

이러한 프로젝트 수행에 따른 재활용 지원 체계는 [그림 6-36]에 도시한 바와 같이 평가 방법론에 종속적이며, 크게 다음과 같이 3가지 방법으로 구분할 수 있다.

① 플랜트 프로젝트 기획 또는 계획 시 기존의 축적된 자원을 활용하도록 시스템화하는 방안으로서 현행 국내 건설 사업 제도하에서도 일정 규모 이상의 건설 사업에서는 의무적으로 VE(Value Engineering)를 수행하도록 되어 있다.

② 플랜트 프로젝트 수행 과정에서 발생되는 중요 변경 사항이나 검토 사항 등을 업무 프로세스에 반영하는 방안으로 선진 프로젝트 관리 기법과 지원 시스템에서 중요시하고 있다. 일본의 P2M, 미국의 FIATECH, 영국의 Rethinking 등 선진 연구 컨소시엄에서는 프로젝트 수행 과정에서 필요한 다양한 서비스 모델(service model)을 개발하고 있다.

③ 플랜트 프로젝트 수행 결과를 사후에 평가하여 소요 자원을 지속적으로 갱신하고 축적하여 활용하도록 하는 시스템을 구축하는 방안으로 기술 기반과 국가 표준이 매우 취약한 우리나라 플랜트 건설 산업 경우에 한시적으로 제도화하여 공공 기술 기반을 단기간에 확충하는 것이 필요하다.

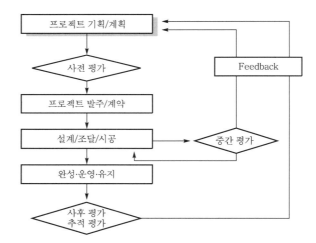

[그림 6-36] 플랜트 프로젝트 수행 단계별 평가/피드백(feedback) 흐름

한편, 수행 결과의 재활용 지원 체계에 있어서 핵심은 플랜트 수행 단계에서 분야별로 요구되는 기술적 자원을 어떻게 설정하고 데이터베이스 구축을 위한 분석 툴을 어떠한 형태로 정형화할 것인가이다. 이를 위한 1단계 방법론으로 플랜트 수행 단계별 기술 요소에 관한 상관성 평가를 실시하였으며, 기 시행한 플랜트 프로젝트를 대상으로 설계 변경, 하자 보수, 감리 보고서, 운영 자료 등을 조사·분석하였다. 또한, 각 지방자치단체

등에서 기 시행한 건설 사례의 입찰 안내서를 분석하였으며, 특히 평가 항목이나 가중치 등을 중심으로 상관성을 평가하기 위한 주요 항목을 다음과 같이 정리하였다.

① 선행 단계 사업 기획 업무 수행의 적정성

② 타당성 평가의 적정성(환경 영향 평가 및 입지 선정, 경제성 등)

③ 발주자 요구 사항의 명확화, 산업 표준 및 기준 일자(cut-off date)의 명시 등

④ 종합 설계 수행 여부 : 설계 수행 체계, 설계 관리 절차, 성과물 목록 등

⑤ 설계 성과물의 형식적 적격성

⑥ 시공 관련 현장 설계 관리 및 시공 설계 등이 종합 설계의 일환으로 시행 여부, 기자재 추적 관리의 적격성, 시공 부적합 사항에 대한 관리 체계 등

⑦ 시운전 절차서의 형식적 적격성

이러한 상관성 분석에서 대부분의 오류나 하자 문제 등은 기획이나 특히 기본 설계와 직접적으로 매우 큰 상관성을 보였으며, 부분적으로 구매나 시공, 품질 관리 등과 관련성을 보였다. 플랜트 공종별로 보다 합리적인 기술 관리 항목을 도출하고자 [표 6-72]와 같이 쓰레기 소각 플랜트를 시범 대상으로 설문 조사 및 AHP(Analytic Hierarchy Process) 기법을 통하여 수행 단계별 우선순위를 결정하였다.

[표 6-72] 플랜트 수행 단계별 핵심 관리 요소 도출 및 우선순위 예시

단 계	핵심 관리 요소	순 위	단 계	핵심 관리 요소	순 위
기획	대민 업무	12	구매 및 조달	구매 계약 업무	8
	입지 선정	9		구매 예산 관리	13
	인력 운용 계획	23	시공 및 시운전	착공	31
	인허가 업무	9		자재 관리	24
	경제성 분석	5		품질 관리	26
	사업 수행 계획	17		안정 관리	27
기본 설계	설계 기준	2		공정 관리	29
	시스템 설계	3		사업비 관리	30
	설계 조건 검토	1		시운전	25
	기본 설계 공정 관리	3		준공	27
실시 설계	설계 관리 공정표	11	유지 관리 기준	공프로젝트 현황 관리	19
	실시 설계 공정 관리	14		유지 관리 및 보수 계획 수립	19
	실시 설계 자료 검토	16		하자 원인 및 보수 처리	21
	설계 변경	14		보수 운영 체제	22
구매 및 조달	구매 사양 검토	6		유지 관리 Feedback	18
	Vendor 선정	7			

또한, 앞서 상관성 평가와 우선순위를 연계하여 쓰레기 소각 플랜트에 대한 주요 관리 항목과 소요 자원을 [표 6-73]과 같이 예시하였다.

[표 6-73] 쓰레기 소각 플랜트 건설 수행 단계별 소요 자원 예시

수행 단계	주요 항목	세부 항목	
기획/ 발주	기획 및 타당성 평가	• 입지 선정 • 발주 절차	
	프로젝트 수행계획서	• 프로젝트 설명 및 조직표 • 프로젝트 수행 단계별 주요 내용	
설계	종합 설계 체제	• 설계 수행 체제 및 관리 • 성과물 목록 및 형식적 적격성 • 설계 개선 내용	
	시설 배치의 효율성	• 전체 시설 배치 및 장비 반·출입 • 차량 동선 및 작업 동선 계획	
	설비 선정 및 공정의 적정성	• 소각 처리 공정 계획 • 소각 설비 계획 • 급배기 설비 계획 • 급배수 설비 계획 • 기술 이전 대책	• 반입 공급 설비 계획 • 연소 가스 냉각 설비 계획 • 재처리 설비 계획 • 저질 쓰레기 대책 • 부대 시설
	공해 방지 대책	• 적정성/안전성/운전/보수 관리 • 다이옥신 및 중금속 대책 • 비산재 및 소각재 처리 대책	
	운영 관리 및 경제성 분석	• 유지 관리의 성력화, 경제성, 효율성 • 운영 관리 계획	
	에너지 절약 및 기타	• 자원/에너지 절약을 위한 계획 • 폐수 처리수의 재활용 계획 • 신공법	
	건축 기계 설비	• HVAC 및 위생 설비 • 환기, 탈취 및 기타 설비 • 소방 설비	
	채용 기기 목록	• 구매 사양서의 형식적 적격성	
시공	시공	• 현장 설계 관리 적격성 • 기자재 추적 관리 • 시공 부적합 사항 • 새로운 시공 방법	
	시운전 절차서	• 시운전 방법 및 절차 • 규제 요건 및 적용 표준 등 • 성능 보증 사항	
운영	운영 및 관리	• 유지 관리 절차 및 지침서	

이렇게 도출된 주요 관리 항목을 대상으로 데이터베이스를 구축하기 위한 방법론과 서식이 필요하며, 관련된 서식과 방법론은 플랜트 공종별 특징을 고려하여 별도의 매뉴얼이나 가이드라인의 형태로 제시되어야 한다.

한편, 플랜트 프로젝트의 건설 과정에서 소요되는 자원과 정보의 관리를 위한 기본적인 순서는 필요한 자원에 관한 계획, 자원의 확보 및 재활용과 같이 하나의 사이클로 구성될 수 있다. 보다 구체적으로 프로젝트에 필요한 자원을 정의하고, 이를 확보하기 위한 계획 및 방법을 설정하여 실시 및 검토하고 개선의 필요가 있는 경우는 대책을 강구하는 순서로 순환·갱신된다. 그리고 소요 자원의 재이용을 위해서는 정보의 공유화가 필요하며, 인터넷 네트워크를 이용한 정보의 전산화가 요구된다. 즉, 공유 정보를 데이터베이스로 관리하고 인터넷을 통하여 접근할 수 있도록 하는 것이며, 이러한 정보·지식의 공유 관리는 최근의 지식 관리(knowledge management) 개념과 동일한 것으로 이해할 수 있다.

Section 67 플랜트(발전, 화공, 환경 등)의 배관 설계 및 시공

❶ 플랜트 유틸리티 시공의 인자별 검토 방안

표준화된 체계적인 시공 검토 업무 절차가 수립이 되면 설계, 플랜트 배치, 장비 기기, 배관, 공사 인자별 리스크 검토 방안에 적용될 사항은 아래와 같다.

(1) 플랜트 배치 설계

① 하수구 : 지하 배관 및 덕트 층에 대한 리스크 검토 방안
② 현장 내의 중장비 및 장비 기기의 리스크 검토 방안
③ 가설 비계 및 발판 작업의 리스크 검토 방안
④ 플랜트의 유지 보수 및 운전에 대한 리스크 검토 방안
⑤ 다수의 기기를 포함한 플랜트 시공에 대한 리스크 검토 방안

(2) 장비의 설계

① 공사 팀에서 설비 장치에 대한 리스크 검토 방안
② 기기의 보온, 구조물의 부대 시설에 대한 리스크 검토 방안
③ 베셀 기기에 대한 리스크 검토 방안
④ 현장 내의 장비 보관 시에 대한 리스크 검토 방안
⑤ 특수 공정 장비에 대한 리스크 검토 방안

⑥ 특수한 타워 크레인이 요구되는 기기 콘덴서나 터빈 등에 대한 리스크 검토 방안

⑦ 구매 코디네이터 및 제작사 간에 모듈로 운송에 대한 리스크 검토 방안

(3) 배관 설계

① 용접 테스트 및 품질 보고서에 대한 리스크 검토 방안

② 각종 게이지 및 기기 부품에 대한 리스크 검토 방안

③ 모든 배관에 대한 리스크 검토 방안

(4) 공사

① 기후 및 날씨에 대한 리스크 검토 방안

② 크레인 또는 타워 크레인 사용에 대한 리스크 검토 방안

③ 인시(man-hour)에 대한 리스크 검토 방안

④ 작업 순서에 대한 리스크 검토 방안

⑤ 작업 일정에 대한 리스크 검토 방안

⑥ 작업에 필요한 시설에 대한 리스크 검토 방안

⑦ 베셀 또는 타워/리액터류 작업에 대한 리스크 검토 방안

⑧ 지하 배관, 지하 전선 및 콘딧류 작업에 대한 리스크 검토 방안

⑨ 관련 인 · 허가 및 적용 법규에 대한 리스크 검토 방안

⑩ 중장비(설비 장치) 계획에 대한 리스크 검토 방안

⑪ 배관 작업에 대한 리스크 검토 방안

⑫ 공사장 작업 효율에 대한 리스크 검토 방안

⑬ 관련 부처의 협조에 대한 리스크 검토 방안

⑭ 상세 설계에 대한 리스크 검토 방안

⑮ 작업량에 대한 리스크 검토 방안

⑯ 공사장에 대한 리스크 검토 방안

❷ 플랜트 유틸리티 시공의 리스크 인자별 대응 방안

플랜트 유틸리티 시공 검토 방안에서 기술된 내용에 대한 대응 방안을 리스크 평가 워크샵을 통해 다음과 같이 수립하였다.

(1) 플랜트 배치 설계

① 하수구 : 지하 배관 및 덕트 층 등으로 인하여 진입이 어려운 부분에 대해 시공 일정을 반영 · 설계하여야 한다.

② 시공 작업시 크레인이나 기타 시공 장비가 진입되는 부분을 항상 고려하고 시공하는 기기의 설치 및 시공 기기의 현장 도착 시점 일정을 고려한 배치를 수립한다.

③ 가설 비계 발판 작업을 최소화하기 위하여 영구 구조 배치를 재배치, 조합 또는 확장할 수 있도록 한다.

④ 플랜트의 유지 보수 및 운전의 효율성을 고려하여 관련 구역 및 기기 유닛을 최적 설계하도록 한다.

⑤ 다수의 기기를 포함한 플랜트 시공 시에는 가능한 많은 기기가 동시에 시동될 수 있도록 배치를 설계하고, 타 기기의 가동 시에도 다른 기기의 공사에 간섭 요건이 없도록 설계한다.

(2) 장비의 설계

① 시공팀에서 설비 장치 계획을 조기에 확립할 수 있도록 아래에 나열한 사항에 관련된 정보가 초기에 수집되어야 한다.

    ㉠ 주요 기기의 리스트(크기, 설치 중량)

    ㉡ 파일롯 계획(기기의 배치, 진입, 구조물 및 기타 방해 설치물)

    ㉢ 기기의 승인된 도면(무게 중심의 표시)

② 설비 장치 계획을 수립할 때 기기의 보온, 구조물의 단 및 사다리, 트레이, 계장 기기 등의 기기가 설치되기 전 우선 조립, 부착되어 별도의 비계 설치 작업이 필요 없도록 설계한다.

③ 베셀 기기의 간이손잡이를 반드시 설치하여 기기 조립 전 보온 작업이 될 수 있도록 한다. 시공팀은 제작자가 도면 최종 승인 전에 간이 손잡이 상세 도면을 검토하여 설치하고, 설치 시의 균일 분포 하중을 고려하여 베셀 끝에 3개의 간이 손잡이를 사용한다.

④ 기기의 정확한 도면을 기기 자체 납품 전에 시공팀에서 검토할 수 있도록 조치하며, 운송 리스트에는 개스킷이나 볼트·넛트 등도 꼭 포함되도록 확인한다.

⑤ 특수 공정 기기에 대해서는 현장 도착 전에 현장에서 검측 절차서가 작성되어야 한다.

⑥ 특수한 타워 크레인이 요구되는 기기(콘덴서나 터빈 등)에 대해서는 구매 명세서에 제작자로 하여금 특수한 타워 크레인을 설계, 공급하도록 명시하여야 한다.

⑦ 구매 코디네이터 및 제작자에 모듈로 운송하는 방법을 최대한 활용하여 배의 운반 및 운송, 현장 설치 시에 작업량을 최대한 줄이는 방안을 강구한다.

(3) 배관 설계

① 현장에서 용접 시험 및 품질 보고서가 작성되기 전에 금속/비금속 관련 용접 시험 절차서를 선행하여 작업하도록 한다.

② 벤트, 드레인, 압력 지시계, 오리피스 트랩, 스팀 기록 장치, 스팀 트랩 등에 대해서는 조립을 위하여 배관 소형 조립 부품을 표준화한다.

③ 모든 배관 관경에 대한 ISO 메트릭을 준비하고 모든 ISO 메트릭 도면에 필요한 치수를 표시하여 현장 조립 및 현장 설치시에 참고하도록 한다. 또한, 배관 재질 종류를 구분하기 위해 칼라 표식을 사용한다.

(4) 공사

① 악천후에서도 작업할 수 있는 풍천막 작업 장소를 고려한다.

② 일반 설치 작업을 중앙 처리할 수 있는 크레인 또는 타워 크레인의 사용성을 고려한다.

③ 하도급 계약 시 프로젝트 공정에서 목표인시를 단축시키기 위해서는 성과급제를 도입한다.

④ 작업 순서 계획 시 중복을 가급적 피하고 장비를 공동 사용할 수 있게끔 효율적인 작업 순서를 기획하고 항상 진입로를 용이하게 한다.

⑤ 작업 공정에 적절한 작업 인원수를 계획하고 필요에 따라 피크 시의 작업 인원을 고려하여 작업 순서를 조정한다.

⑥ 효율적인 시공 계획을 수립하기 위하여 시공 시 필요에 따라 전력, 용수, 화장실, 소방 기구, 컴프레서, 기타 관련 설비 공급원을 조속히 확정한다.

⑦ 베셀 또는 타워 · 리액터류 등은 가능한 단 또는 사다리를 설치한다.

⑧ 지하 배관, 지하 전선 및 콘딧류의 시공 작업 시에는 기준이 되는 지표수의 위치와 연관하여 가장 적합하고 경제성 있는 시공이 되도록 분석한다.

⑨ 건물 설계 및 시공 시 관련 인 · 허가 및 적용 법규를 필히 미리 검토하여 조속히 수행한다.

⑩ 중장비 설비 장치의 설치 시 진입, 규모 및 하중을 고려한다.

⑪ 현장 용접을 최소화하기 위해 가설 조립 공사장 내에서 배관 용접 작업을 해야 한다.

⑫ 공사장 작업 효율을 증진시키기 위해 아래에 나열된 것과 같은 요인을 검토하고 개선 방안을 모색한다.

⑬ 설계 부서 및 품질 보증 · 품질 관리와 협조하에 현장 검사 및 시험 계획을 작성한다.

⑭ 현장에서 수행되어야 할 상세 설계의 정도를 구분하고, 이와 관련된 모든 타당성 조사를 수행한다.

⑮ 굴착 및 제방 쌓기 · 절단 물량을 적정하게 구하기 위해 최종 플랜트 배치를 검토한다.

⑯ 상시적인 현장 진입, 작업장 진입 및 주차 등을 고려하여 임시 진입로를 설치한다.

Section 68 플랜트 공사의 국가 경쟁력 강화를 위한 SWOT(Strength, Weakness, Opportunity, Threaten) 분석 및 대응 방안

1 우리나라 플랜트 건설 사업의 SWOT 분석

LNG, GTL 등 해외 고부가 가치 플랜트의 경우 핵심 공정 기술 미확보와 기본 설계 및 시공 경험 부족, 선진 기업들의 시장 카르텔 형성으로 진입이 어려우며, 관련 기술 실적이 없기 때문에 국제 컨소시엄 참여가 어려운 실정이다.

플랜트 건설 사업 전체 가치 사슬(value chain)에서 기획 및 기본 설계, 유지 관리 분야에 있어서 수준 차이가 크게 나타나고 있어 이에 대한 전략적 접근이 시급하다. 선진 건설, 엔지니어 업체는 전체 가치 사슬을 다양한 형태로 모두 구사하며 특정한 핵심 기술(주로 공정 관련 원천 기술-지적 재산권이나 노하우 등)로 특화하여 주로 라이센스 대여, 기본 설계, FEED package 등 고부가 가치 분야에 참여하고 있다.

[표 6-74] 국내 기업과 선진 기업의 VC 수준 비교

구 분	기 획	기본 설계	상세 설계	구매 조달	시 공	시운전	유지 관리
국내 기업	◑	◑	◕	◑	◕	◔	◔
선진 기업	●	●	◑	◑	◑	●	◔

[표 6-75] 우리나라 플랜트 건설 사업의 SWOT 분석

외부 환경　내부 요인	〈기회 요인〉 가스 수요 증가 에너지 안보, 국가 R&D 확대	〈위험 요인〉 기술 경쟁 증대 시장 진입 장벽
〈강점〉 IT 및 고급 인력 개발 의지(민간 기업)	(추진 전략) • 엔지니어링 지식 확충 • U-기반 제어 · 운영 기술	• 국제 교류 확대 • 기술 개발 · 실적 확보
〈약점〉 원천 공정 · 촉매 · 재료 등 엔지니어링 기반	• 원천 기술 연계 · 융합 연구 (초저온 액화 공정, 합성 공정 응용 설계) • R&D 기반 확충, 인력 양성	(대응 방안) • 선진 업체 기술 제휴 • 현지화 · 동반 진출 추진

한편 기회 요인으로는 세계 천연가스 수요의 증가에 따라 가스 플랜트 건설 수요가 증가할 것으로 예상되는 것과 국가 R&D의 확대로 양호한 기술 개발 여건을 들 수 있다. 그리고 위험 요인으로는 기술 경쟁의 심화, 선진국의 관련 회사의 카르텔을 들 수가 있다.

우리의 강점으로는 IT 관련 인프라와 우수 인력으로 평가할 수 있으며 약점으로는 원천 기술(촉매, 공정 등)과 엔지니어링 능력의 미비를 들 수가 있다.

❷ 대응 방안

① 국제 교류를 확대하여 경쟁력을 향상시켜야 한다.
② 기술 개발과 실적을 확보하여 해외 프로젝트 수주에 대등한 능력으로 입찰에 참여한다.
③ 선진업체와 기술을 제휴하여 미래의 기술력을 배양한다.
④ 현지화를 적극 추진하고, 동반 진출로 사업의 파트너로서의 역량을 넓혀간다.

석유 화학 플랜트에서 생산 공정용 증기 공급을 위한 열병합 발전소

1 개요

산업 단지 집단 에너지의 경우, 화학, 섬유, 제지 등 에너지 다소비 산업 단지의 비용 절감을 위해 직접 혹은 외주로 운영되고 있다. 산업 단지 열병합 발전의 장점은 계절적 영향 없이 증기 수요가 지속되며, 증기 가격은 정부 규제 대상이 아닌 B2B로 결정된다는 점에서 사업자 수익의 안정성에 기여한다. 최근 국내 산업체 중 열병합 발전을 자체 도입하는 경우는 화학 업체가 대표적이다.

제조 공정에서 다량의 전력과 스팀을 사용하는 화학 공장이 열병합 발전의 주요 Application 분야로 부상하고 있는 상황은 당연한 것이다. 화학 기업의 입장에서는 유틸리티 비용이 변동비 비중 15% 내외를 차지하는 만큼 전력과 스팀의 자체 조달 전환을 통한 원가 절감 효과가 크다.

2 열병합 발전의 원리

열병합 발전은 LNG, B-C유 등을 연료로 가스 엔진 및 터빈을 가동하여 전기를 생산하고, 상대적으로 고가의 한전 수전량을 최대한 줄이며, 이때 발생되는 배열을 회수해 난방, 급탕, 냉방, 증기 등을 공급하여 운영비를 20~30%를 절감하는 고효율 에너지 절약 시스템이다. 국내에서는 집단 에너지 활성화 방안의 일환으로 대규모 주택 단지, 산업 단지 등에서 열병합 발전이 활용되며, 10MW 이하의 소규모 열병합 발전 형태로도 도

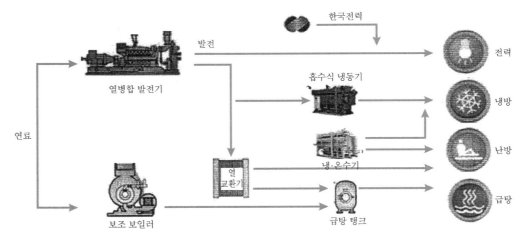

[그림 6-37] 열병합 발전 : 전기와 열을 동시에 생산하는 에너지 절약 시스템

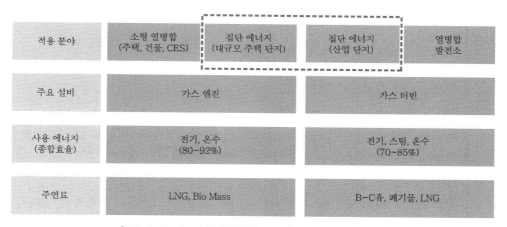

[그림 6-38] 주택 단지와 산업 단지의 열병합 설비의 비교

입되고 있다. 보통 주택 단지에서는 전기+난방 시스템 구현을 위해 가스 엔진을, 산업 단지에서는 전기+증기 시스템 구현을 위해 가스 터빈 방식을 이용한다.

Section 70 골재 플랜트의 구성에 따른 작업 공정과 문제점에 대한 대책

1 개요

골재란 하천, 산림, 바다(공유수면), 지하 등에 부존되어 있는 암석(쇄석용에 한함)인 모래 또는 자갈로서 건설공사의 기초 재료로 사용되며 모르타르 또는 콘크리트를 만들기 위하여 시멘트 및 물과 혼합하는 잔골재, 부순모래, 자갈, 부순 굵은 골재, 바다모래, 고로 슬래그 잔골재, 고로 슬래그 굵은 골재, 기타 이와 비슷한 재료와 콘크리트, 모르타르, 석회반죽, 역청질 혼합물 등과 같이 결합재에 의하여 뭉쳐서 한 덩어리를 이룰 수 있는 건설용 광물질 재료로서 화학적으로 안정해야 한다.

2 골재 플랜트의 구성에 따른 작업 공정과 문제점에 대한 대책

(1) 골재 플랜트의 구성에 따른 작업공정

골재 플랜트의 구성에 따른 작업공정은 다음과 같다.

1) 1차 파쇄용(죠크러셔/진동피더)

이 설비는 단독으로 제품을 생산하는 파쇄설비 또는 전체 플랜트의 1단계 파쇄설비로 사용하며 원석은 진동 이송기에 의해 작은 원석과 토분이 제거된 후 파쇄기로 이송한다.

2) 2차 파쇄용(임팩트 크러셔)

1차 설비에서 파쇄된 제품을 선별하고 다시 파쇄하는 설비 또는 자갈을 단독으로 선별하고 파쇄하는 2차 설비로 사용되며 좋은 입형의 높은 생산성과 2, 3차 파쇄용의 미세한 제품생산에 적합하게 설계한다.

3) 선별 및 이송용(스크린/컨베이어)

파쇄된 제품을 선별하고 다음 단계로 이송하는 설비로 속도와 잔폭을 자유롭게 조정함으로써 운전이 조용하고 이송이 정확하며 구조가 간단하다.

4) 저장용(사이로)

선별하여 이송된 제품을 저장하는 설비로 저장조에 Bridge 문제가 발생하지 않고, 제품들이 원활하게 빠질 수 있도록 정확하게 설계하며 다양한 배출 보조장치 사용이 가능하다.

5) 비산먼지 제거용(백필터)

원석을 파쇄하거나 선별·이송할 때 비산되는 먼지를 흡입하여 생산 현장을 깨끗하게 유지하는 설비로 저장조 위에는 VENT FILTER TYPE이 사용하며 포집된 먼지는 미세분으로 판매한다.

(2) 골재 플랜트의 문제점에 대한 대책

최근 들어 대두되고 있는 콘크리트의 펌프작업성(pumpability) 저하, 경화불량, 표면균열, 레이턴스(laitance) 등과 같이 하자는 골재 등과 같은 원재료의 품질 저하가 직접적인 영향을 미친 결과로 볼 수 있다. 즉, 최근 들어 골재 자원의 부족으로 인하여 그동안 사용되지 않았던 배타적 경제수역(EEZ)에서 채취한 바다모래, 재생모래, 슬래그골재, 마사토, 개답사, 그리고 재개발이나 터파기 현장에서 나오는 토석을 파쇄한 파쇄골재 등이 널리 사용되고 있기 때문이다. 이와 같은 문제점을 해결하기 위한 대책은 다음과 같다.

① 시방서 기준에 맞는 골재의 사용뿐만 아니라 혼합 모래의 사용과 같이 현실에 적합한 관리기준을 정하여 효율적인 품질관리가 이루어질 수 있도록 체제를 정비하는 것은 시급한 현안이다. 이를 위해서는 업계의 자율적인 노력도 중요하지만 좀더 강력한 제도가 적용되어 모든 업체들이 골재의 품질관리에 대한 공감대가 형성되도록 해야 한다.

② 골재의 품질 향상을 위해서는 수요자의 의식 향상도 매우 시급하다. 막연히 골재자원이 부족하다는 인식하에 골재의 품질에 대하여 불만을 제기하지 못하는 상황이 되어서는 곤란하다.

③ 레미콘공장에서도 최근 골재에 포함된 유해물에 의해 콘크리트의 균열, 내구성 저하 등이 문제시되고 있기 때문에, 골재의 구입에 있어서는 반드시 산지 조사를 실시하고 제조설비나 품질관리 실태에 대하여 충분히 검토해야 한다.

이러한 체계적인 골재품질관리 체계가 이루어진 환경에서 골재생산업자 측면에서는 수익 증대 및 판로 확대를 추구할 수 있고, 레미콘 제조자 측면에서는 품질확보 및 생산 원가 절감의 기대를 얻을 수 있게 될 뿐만 아니라 더 나아가 건설업계의 선진화를 추구할 수 있게 될 것이다.

Section 71 열병합 방식의 종류별 장단점

❶ 개요

열병합 시스템(co-generation system)은 하나의 에너지원으로부터 2종류(熱과 電氣) 이상의 2차 에너지를 동시에 생산하는 시스템으로 LNG, 석유 등을 연료로 하여 가스(증기) 터빈, 가스(증기) 엔진 등의 원동기를 구동시켜 전기를 생산하고, 이때 나오는 배열(排熱)을 난방·급탕 및 흡수식 냉동기의 열원으로 이용한다. 발전과 배열 이용을 합하면 종합 열효율은 70~85% 정도가 된다(화력 발전소 열효율은 35% 정도임).

❷ 열병합 시스템의 종류 및 특성

(1) 규모에 따른 종류 및 특성

① 대형 가스 발전소(가스 복합 화력 발전소) : 총효율은 40~50%(전력만 생산)이고 가스 터빈으로 1차 발전을 하고, 이때 나오는 배열을 회수하여 증기를 만들어 이 증기로 증기 터빈을 돌려 2차 발전하는 방식으로(복합은 가스 터빈과 증기 터빈을 2중으로 채용한다는 의미임). 용량은 50~150MW 정도이다.

② 중형 가스 발전소(가스 복합 열병합 발전소) : 총효율은 60% 이상(전력 및 열생산)으로 대형에서와 같이 가스 터빈 및 증기 터빈으로 복합 발전하고, 배열은 회수하여 지역 난방에 이용하는 방식이다(냉방은 건물용으로만 사용). 봄, 여름, 가을에는 열부하가 감소하므로 이용 효율은 저조한 편으로 용량은 50~100MW이다.

③ 중소형 가스 발전소(산업체 열병합 발전소) : 총효율은 60% 이상(전력 및 열생산)으로 가스 터빈으로 발전하고 배열은 회수하여, 공장 프로세스용으로 사용하고, 기기 이용 효율이 높고 용량은 3~30MW이다.

④ 소형 열병합 발전 시스템 : 총효율은 70~85% 이상(전력 및 열생산)으로 가스 터빈 및 엔진으로 발전하고, 배열은 회수하여 건물 냉·난방에 이용하는 방식이다. 기기 이용 효율이 높으며 용량은 50MW 이하로 자가 발전 설비로 이용되고 있으며, 도심 속의 소형 발전소라고도 할 수 있다.

(2) 사용 형태에 따른 분류

① 공장, 빌딩 등에 설치하여 전기, 열, 증기를 발생시켜 냉·난방을 겸할 수 있는 시스템이다.

② 화력 발전소에서 발생되는 폐열을 이용하여 온수를 공급하는 경우이다.

③ 온수 및 증기 생산을 주목적으로 하고 나머지 전기 생산에 이용(신도시 집단 에너지 공급 사업)한다.

(3) 원동기의 종류에 따른 분류 및 특성

① 가스 터빈 시스템(gas turbine system) : 압축 공기와 연료(가스)를 혼합, 연소하여 얻어진 팽창력으로 가스 터빈을 돌려 그 구동력으로 발전(發電)하고, 배(排)가스를 이용하여 폐열 보일러를 가동시키며, 난방·급탕 및 흡수식 냉동기의 열원으로 이용한다. 경량, 소형이 가능하여 space를 작게 차지하나 초기 투자비가 다소 높고 급속 시동이 용이하며(20~30초), 한냉지에서도 시동이 확실하다(비상용의 경우 신뢰성 증대). 기동 정지가 간단하고 진동, 소음이 적어 옥상 설치가 가능하며 용량은 500~3,000kW의 중규모 이상(가스공사 인천 인수 기지 및 본사, 중대형 가스 발전소)이다.

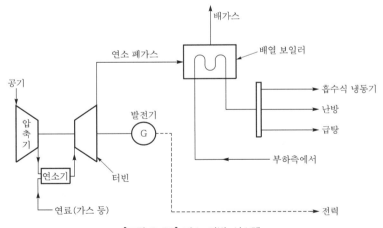

[그림 6-39] 가스 터빈 시스템

② 가스 엔진 시스템(gas engine system) : 공기와 연료(가스)의 혼합 기체를 가스 엔진의 실린더 내에서 압축·점화하여 발생하는 폭발력(爆發力)으로 구동력을 얻어서 발전하고, 냉각수와 배기로부터 배열을 회수하여 난방·급탕 및 흡수식 냉동기의 열원으로 이용한다.

초기 투자비가 저렴하고 디젤 엔진(diesel engine)에 비해 배기가스 온도가 100℃ 정도 높아 열회수율이 좋고, SO_x, NO_x 등이 거의 없어서 환경오염이 적으며, 엔진 수명이 길고 유지·관리가 용이하다.

소음·진동이 작으며(디젤에 비해서는 작지만, 가스 터빈보다는 크다) 용량은 3MW 이하이며, 롯데월드, 롯데호텔, 무역센터 등에 설치되어 있다.

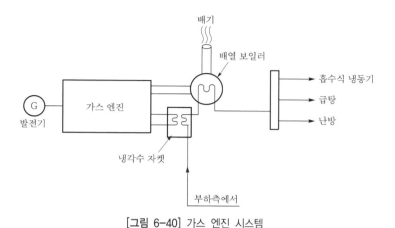

[그림 6-40] 가스 엔진 시스템

Section 72 대표적 플랜트 공사의 3가지 예를 들고 시공 공정

1 개요

우리나라의 주력 플랜트 수주 분야는 ENR지 기준으로 석유/가스, 정유, 석유 화학, 담수 및 발전 분야로 크게 나눌 수 있고, 또한 앞서 제시한 4대 플랜트 분야 이외에 신재생 에너지 등과 같이 급격히 성장하고 있는 대체 에너지 플랜트 분야를 미래의 전략 산업으로 인식하여 신재생 에너지 플랜트로 대두되고 있으며 이 분야는 기술 개발의 역사가 오래되지 않아서 선진 국가와 기술 격차가 기존 플랜트 분야만큼 크지 않아 우리의 개발 의지 여하에 따라 그들과 기술을 공유할 수 있는 분야로 여겨진다.

2 플랜트 산업의 시공 공정

(1) GTL 플랜트

주로 천연가스를 원료로 합성 가스(일산화탄소와 수소의 혼합 가스)를 만들어, 이를 FT (Fischer-Tropsch) 반응을 거쳐 액체 석유로 제조한 후 개질 공정을 거쳐 원하고자 하는 제품(가솔린, 항공유, 디젤유, 납사 등)을 생산하는 일련의 공정을 통틀어 GTL(Gas To Liquid) 공정이라 한다. GTL은 세탄가가 높아 경유의 대체 연료로서의 가능성이 높으며

PM 등의 배출 가스가 적은 청정 연료이다. 또한, 압축 천연가스(CNG)의 경우는 연료를 고압으로 충전하기 때문에 용기가 견고하고 무거우며 용기의 부피가 큰 단점이 있으나, GTL은 액체 연료이기 때문에 용기 부피가 작고 가벼운 장점이 있어 향후 CNG 연료 기술을 대체할 가능성도 있다.

현재까지 상업화 규모의 플랜트를 가동하고 있는 곳은 Sasol이 운영하고 있는 남아프리카공화국의 플랜트와 1990년대 R/D Shell이 말레이시아에 건설한 플랜트 등 세계에 단 2개만 있는 형편이다. 그러나 앞으로 석유 수급 불안에 따른 고유가는 계속 유지될 것이고, 기존 석유 사용에 의한 심각한 환경 오염으로 인해, 전 세계적으로 풍부하게 매장되어 있는 천연가스의 사용이 증가됨에 따라 경제·기술적 우위에 있는 주요 석유 메이저들이 우선적으로 대규모의 가스전에 GTL 플랜트를 건설하여 에너지 시장에 새로운 연료를 공급하려는 움직임이 점차 확대되어 가고 있는 추세이다.

(2) 정유 플랜트

원유 정제는 원유를 처리하여 각종 석유 제품과 반제품을 제조하는 것을 말하며, 이러한 시설을 정유 공장(refinery plant)이라 한다.

정유의 목적은 원유를 가장 경제적인 방법으로 처리하여 규격에 합당한 제품을 만들어 시장에 공급하는 것인데 원유의 종류, 정제 공정, 시장 구조, 제품 규격의 다양성 때문에 그 처리 방법에 따른 시설물도 각양 각색이라 간단히 설명할 수는 없지만 크게 4가지 단위 공정, 즉 증류 공정, 전화 공정, 불순물 제거 공정 및 혼합 공정으로 요약된다. 이 중에서 원유를 끓여 비등점의 차이로 제품을 분류하여 납사, 직류 가솔린, 등유, 경유 및 중유를 얻는 증류 공정과 화학적 방법에 의하여 유분의 분자 구조를 변화시켜 품질을 향상시키는 크래킹 및 리포밍의 전화 공정이 중요한 부분이다.

정유 공정은 원천 기술이 끊임없이 진화하여 공정의 효율성과 선진 환경 보호 기술을 선보이고 있는 미국, 유럽 등의 선진 라이센서가 세계 시장을 독점하고 있다. 정유 공장에 대한 우리의 기술은 원천 기술쪽의 분야를 제외하고는 선진국 수준이라 할 수 있는 편이다. 특히 상세 설계, 사업 관리 및 시운전 분야에 대해서는 격차가 없으나 파이낸스 및 기본 설계 분야가 열세에 있다고 할 수 있다.

(3) 석유 화학 플랜트

석유 화학 플랜트는 석유 화학 원유를 상압 증류하는 공정에서 발생하는 CDU에서 납사를 원료로 하는 유화 제품을 생산하는 시설물 일체를 가리킨다. 납사 처리 공정은 크게 스팀 리포밍(steam reforming), 납사 크래킹(naphtha cracking) 및 캐탈리틱 리포밍(catalytic reforming) 분야로 나눌 수 있다. 납사 분해에 사용되는 크래킹 및 리포밍 공정에는 노(furnace) 기술이 중요한 반면, 전화(conversion) 공정이나 폴리머 중압 공정(polymerization)에서는 촉매 기술이 중요하다.

석유 화학 플랜트에 대한 우리의 기술은 원천 기술쪽의 분야를 제외하고는 대체로 기술 수준이 높다고 할 수 있다. 이는 지난 40년 동안 울산석유화학단지, 여천석유화학단지 및 대산석유화학단지를 건설하고 운영하면서 쌓은 기술의 축적 때문이다. 특히, 상세 설계, 사업 관리 및 시운전 분야에 대해서는 격차가 없고 기본 설계 분야가 비교적 기술 열세에 있다고 할 수 있다.

현재 우리나라의 기술력으로 원천 기술이 가능한 석유 화학 기술은 AA/Acrylatesd와 부타디엔(BD) 분야이고 현재 기술 격차는 크나 선진 업체와 장기 협력을 통하여 확보할 수 있는 분야로는 LDPE, LLDPE, HDPE, PP 및 PVC 분야 등이 있다.

Section 73 EPC Lump sum turn-key 계약 방식에 의한 해외 플랜트 건설 공사 수행시 위험 관리(risk management)

1 개요

Project company는 공사비 초과 위험을 회피하기 위하여 확정 가격에 의한 일괄 도급 계약(fixed-price & lump-sum turn-key contract) 방식에 의거하여 계약을 체결하며 이때 건설 업체를 통상 EPC Contractor라고 한다. 일반적으로 턴키 프로젝트는 정해진 금액으로 설계, 조달, 시공 그리고 성능 보장까지를 모두 계약자의 업무로 포함시킨 공장 건설을 뜻하는 것이다.

따라서 플랜트 프로젝트에서는 설계, 조달, 시공 및 커미셔닝을 모두 수행하는 EPCC 프로젝트에 한해 턴키 프로젝트라 칭할 수 있다. 국내 플랜트 프로젝트의 경우 커미셔닝을 발주자가 수행하고 계약자, 즉 건설 회사는 EPC 업무만을 수행하는 데도 불구하고 턴키 프로젝트라 칭하기도 하지만 이는 국제적인 관례와는 상이한 것이다.

국제컨설팅엔지니어연합회(FIDIC : Federation International Des Ingenieurs Conseils, 영문명 : International Federation of Consulting Engineers)에서 펴낸 플랜트 사업에 대한 표준 계약서인 실버 북(silver book)의 세부 제목이 'Conditions of contract for EPC/Turn-key projects'로 되어 있음을 볼 때 EPC 프로젝트와 턴키 프로젝트라는 용어는 서로 다름을 알 수 있다. 따라서 커미셔닝 역무가 포함되지 않은 플랜트 프로젝트는 턴키 프로젝트라 칭하지 말고 그냥 EPC 프로젝트라고 칭하여 턴키 프로젝트와 구별하는 것이 바람직하다.

❷ 해외 발전 플랜트 EPC 사업의 리스크 인자 및 관리 방안

리스크 관리는 EPC 사업자가 발전 플랜트 사업의 불확실한 요인을 과학적으로 분석하고 사업에 미칠 영향을 예측하여 사전에 대비함으로써 기업 이윤을 최대화시키는 것을 목적으로 한다. 발전 플랜트 EPC 사업에서 원가를 절감하고 공기를 단축시키기 위해 공사비나 공사 기간에 내재되어 있는 여러 리스크 요인을 사전에 찾아내고 그 영향 정도를 예측하여 그 원인에 따라 이를 서로 분담시키는 새로운 관리가 필요하다. 이러한 프로젝트 관리의 새로운 체계를 뒷받침하기 위한 중요한 수단 중의 하나가 바로 '리스크 관리'라고 할 수 있다.

리스크가 사업에 미치는 영향을 정량적으로 분석하기 위해, 각 리스크 인자를 사업의 주요 목표인 비용(cost), 공기(time), 수행범위(scope) 및 품질(quality) 등 4가지 관리 항목에 미치는 영향도에 따라 살펴보면 다음과 같다.

(1) 설계 단계

발전 플랜트는 일반적으로 주 기기 공급사에서 주 기기에 대한 기본 설계를 수행하고 EPC사는 발전소 전체에 대한 기본 설계 및 상세 설계를 수행한다. 설계 분야의 문제는 후속 공정에 큰 영향을 미친다. 설계 단계의 리스크 인자는 설계 기준에 대한 자의적인 해석, 현지 사정을 고려하지 않은 설계, 주 기기 자료 확보 지연, 검증되지 않은 시스템 설계 적용 그리고 현장 설계자의 부재 등이 있으며, 각각의 리스크 인자에 대하여 다음과 같이 분석한다.

① 설계 기준에 대한 자의적인 해석
② 현지 사정을 고려하지 않은 설계
③ 주 기기 자료 확보 지연 : 발전 플랜트 설계는 한마디로 주 기기의 최고 성능을 발휘하기 위한 최적의 설비를 구성하는 것이다. 주 기기의 자료를 적기에 확보하지 못하면 설계가 지연되고, 이로 인해 공기가 지연되는 리스크가 발생된다.
④ 검증되지 않은 시스템 설계 적용
⑤ 현장 설계자의 부재

(2) 구매 조달 단계

구매 조달 단계는 발전 플랜트 EPC 사업 중 비용면에서 비중이 가장 크며 수익의 근원이 되기에 기술적 측면과 가격적인 측면을 모두 고려하여 최적의 구매품을 선정하여야 한다. 구매 조달 단계에서의 리스크 인자는 주 기기 공급사의 계약 주도, 품질 기준 미달, 납품 지연, 기자재 검사 미숙, 선적 확인 누락, 하자 보수 지연, 기기 공급사의 부실한 재무 구조 그리고 준공 관련 서류 미비 등이 있다.

① 기기 공급사의 계약 주도 : 발전 사업의 특성상 일반적으로 입찰시부터 주 기기 공급사가 선정되며, 주 기기 공급사의 실적이 입찰 참가 자격이 되는 경우도 있다.

② 보조 기기의 **품질 기준 미달** : 발전 플랜트의 핵심 보조 설비는 주 기기 만큼이나 중요하므로 기술력이 검증된 업체에서 구매하여야 한다.

③ **납품 지연** : 구매 패키지 또는 품목을 발주한 후 납품 시점까지 기다리기만 하는 경우 납품 지연 리스크가 발생될 수 있다.

④ **기자재 검사 미숙** : 기자재의 제작이 완료되면 각종 부품을 조립하여 공장 검수를 하게 된다. 공장 검수에서는 치수, 형상 및 수량 등 외형적인 검사와 기계 장치의 성능시험을 실시한다.

⑤ **선적 확인 누락** : 선적시에 패킹 리스트(packing list)와 실제 포장되는 기기를 확인하지 않으면 현장 도착에 누락 자재가 발생되어 공기 지연 및 공사비가 증가되는 리스크가 발생될 수 있다.

⑥ **하자 보수 지연** : 자재는 운반, 설치, 시운전 시에 손상 및 하자가 발생될 수 있어, 신속한 조치를 위해서는 현지 또는 인근에 A/S망이 구축되어 있거나, 업체에 하자 보수를 신속하게 조치하는 조직이 있는지 확인하여야 한다.

(3) 시공 단계

현장 시공에서 플랜트 EPC 업체는 도면 및 기술 시방서 입수, 기자재 현장 조달, 인력 동원, 장비 동원, 필요한 자금 확보 및 발주자와의 협의하에 공사 진행 여건 조성 등의 일을 한다. 이러한 제반 여건들이 조성되면 실제의 일은 협력 업체가 수행하고 EPC 업체는 이를 관리·감독하는 일을 한다. 시공 단계의 리스크 인자는 현장 기술자의 도면 및 기술 시방서 이해 부족과 경험 부재, 자재 관리 미숙, 현장 기술자 부족, 현지 작업자 채용 지연, 공사비 산정 오류 그리고 현지 여건 파악 미비 등이 있으며, 각각의 리스크 인자에 대하여 다음과 같이 분석하였다.

① **현장 기술자의 도면 및 기술 시방서 이해 부족** : 플랜트 시공 현장 기술자들이 가장 먼저 해야 할 일은 각자의 담당 공종에 대한 도면과 기술 시방서를 확보 및 이해하는 일이다.

② **자재 관리 미숙** : 발전 플랜트에는 많은 종류의 자재가 투입되며, 종류 만큼이나 양도 많다. 자재는 보관 등급도 다양하고 보관 등급별 현장 도착 시기와 보관 양을 고려하여 자재 반입 및 보관 장소를 마련하여야 한다. 자재 반입 및 보관 부지가 부족하면 자재 적치가 용이하지 않으므로 자재별 분류 적재가 되지 않아 자재 소요 시점에서 체계적인 불출(拂出)이 어렵게 된다.

③ **현장 기술자 부족** : 해외 플랜트 공사에 과거와 같이 많은 한국인 직원을 투입하여 공사를 수행하기에는 직원의 인건비가 너무 높으며, 소수 정예화 하기에는 한국인 직원의 수행 능력이 발주자의 요구에 미치지 못한다.

④ **현지 작업자 채용 지연** : 해외 공사를 할 때 현장 기술자를 포함한 직원들은 비교적 제한 없이 EPC 사업자의 의도대로 투입할 수 있으나 작업자 동원은 대부분 특별한 절차가 필요하다. 현지에 국내 작업자를 투입하거나 제3국의 작업자를 투입할 경우에는 각국

이 자국의 노동자를 보호하기 위하여 특별한 절차들을 가지고 있으며 이러한 절차가 예상보다 복잡하고 오래 걸려서 공사의 진행을 방해하는 리스크가 발생되기 쉽다.

⑤ **공사비 산정 오류** : 플랜트 공사는 일반적으로 특정한 경쟁을 통해 수주한다. 경쟁이 심하면 심할수록 수주 후 수행 과정에서 리스크가 크게 된다.

⑥ **현지 여건 파악 미비** : 해외에서 공사를 진행하려면 현지 관공서에 인허가를 받아야 한다. 인허가 취득 업무가 EPC 사업자의 책임이라면 EPC 사업자는 어떤 인허가를 받아야 하며 인허가 신청에 첨부하여야 하는 자료는 무엇이고, 소요 기간은 얼마인지, 또한 그 비용은 얼마인지 등을 확인해야 한다. 이를 실행 예산에 반영하지 않으면 공사가 지연되고 공사비도 증가하는 리스크가 발생될 수 있다.

⑦ **현장 검사 계획서 확정 지연** : 현장에서 검사계획서(ITP ; Inspection and Test Plan)는 발주자, 시공사 그리고 협력 업체 간에 소통을 위하여 시공 시 사용되어야 하는 필수 문서이다. 검사 계획서가 승인되지 않은 상태의 시공은 제작 및 설치 기준이 계속 변경되어 끊임없는 재작업, 기설치 아이템의 폐기 및 재제작으로 이어질 수 있다. 이로 인해 막대한 공기 지연, 물량 증가 및 공사 금액 증가가 야기된다.

⑧ **제3국인 인력의 언어와 문화 차이** : 해외 사업을 수행하는 과정에서 부득이 현지 인력이나 제3국 인력을 고용하여 공사를 수행하게 된다. 다국적 인력을 활용하는 과정에서 해당 국가의 문화적 특성, 민족성 및 언어적 문제 등을 충분히 파악하지 못한 상태에서 소통 문제와 문화적 이질감 발생으로 분쟁이나 테러 등이 발생하는 경우가 있다. 이러한 분쟁이나 테러 발생시 공기 지연과 공사비 상승 등 사업에 직·간접적인 영향을 주게 되므로 다국적 인력에 대한 효과적인 관리가 필요하다.

(4) 시운전 단계

발전 플랜트 EPC의 완료 단계는 복잡하다. 공사가 끝나가게 되면 플랜트 시운전을 병행하게 된다. 시운전은 설치가 정상적으로 되어 있는지를 점검하는 예비 점검, 단위 기계 및 장치의 운전 시험, 즉 단위 기기 시운전을 거쳐 모든 시스템을 동시에 가동하면서 발전소의 신뢰도와 성능이 높고 자동적으로 운전될 수 있도록 최적화하는 종합 시운전을 실시한다. 종합 시운전이 요구하는 각종 시험이 완료되면 최종 단계인 성능 시험과 신뢰도 시험을 실시하게 된다. 시운전은 하나의 공사처럼 추진하여야 하며 해당 플랜트를 시운전한 경험이 있는 전문가를 동원하지 않으면 의외의 사고를 유발시키는 리스크가 발생된다. 시운전 단계의 리스크 인자는 시운전 준비 지연, 시운전 체크리스트 부재, 예비 점검 측정 기록 부재, 개별기기 운전시험팀 구성 미흡 그리고 플랜트 성능 시험의 주체 선정 등이 있으며, 각각의 리스크 인자에 대하여 다음과 같이 분석하였다.

① **시운전 준비 지연** : 시운전을 진행하려면 시운전에 소요되는 자원을 사전에 준비하여야 한다. 주 기기 계통 및 보조기 계통의 계통도(system diagram)를 보고 필요한 자원을 확보하며 적어도 시운전 착수 1년 전부터 준비하여야 한다.

② 시운전 체크리스트 부재 : 시운전을 진행하기 위해서는 우선 설치된 기계, 전기 및 계측 제어 장비들이 제대로 설치되어 있는지 혹은 시운전을 시행할 준비가 되어 있는지를 확인할 수 있는 체크리스트가 필요하다.

③ 예비 점검 측정 기록 부재 : 기계 및 전기 장치를 기동하기 전에 설치 작업은 완전하며 기동 해도 좋은지를 검사하는 예비 점검(preliminary check)을 실시한다. 예비 점검 은 체크리스트를 기준으로 진행하여야 한다.

④ 개별 기기 운전 시험팀 구성 미흡 : 개별 기기 운전 시험은 해당 공급 업체가 제시한 절 차서(commissioning procedure or start-up procedure)를 따라 수행한다. 개별 기 기 운전 시험은 주로 무부하 운전 시험 혹은 분리된 개별 기기 운전 시험이라고 하며 장치 외부와 연결하지 않은 단독 운전 시험이다. 개별 기기 운전 시험팀은 발주자측 운전원, 공급사측 전문가 및 EPC 사업자의 시운전 요원으로 구성해야 한다. 그렇지 않으면 문제가 발생될 때에 해결이 지연되는 리스크가 있다.

⑤ 플랜트 성능 시험의 주체 선정 : 플랜트의 시운전 및 조정 작업이 완료되면 성능을 확인 하기 위한 각종 시험을 하게 된다. 우선 각종 부하 시험을 하여 각 부하마다 운전 데 이터를 기록한다. 부분 부하 시험이 완료되면 정격 용량으로 정해진 기간을 계속적으 로 운전·시험하는 신뢰도 운전 시험을 실시한다. 신뢰도 운전이 완료되면 플랜트의 성능 시험을 실시한다. 성능 시험을 실시하기 전에 성능 시험 절차서를 작성하여 발 주자와 성능 시험에서 측정할 데이터, 측정방법 그리고 측정치의 환산 방법 등을 사 전에 협의 및 확정하고 필요한 준비를 사전에 진행하여야 한다.

⑥ 작업 허가와 계통 분리 관리 체계 부재 : 일반적으로 EPC 사업 수행 시 시운전 단계에서 운전지역(operation area)에 대한 작업 절차 및 계통 분리를 수립하고 이행하여야 함 에도 불구하고 이러한 부분을 간과하여 인명사고나 화재, 폭발 등의 대형 사고로 직 결되는 경우가 있다.

Section 74 풍력 발전기의 특징과 종류, 설비 계획 단계의 고려사항

1 개요

풍력 발전은 자연 상태의 무공해 에너지원으로, 대체 에너지원 중 현재 기술로 가장 경제성이 높은 에너지원으로 바람의 힘을 회전력으로 전환시켜 발생되는 전력을 전력 계 통이나 수요자에게 직접 공급하는 기술이다. 이러한 풍력 발전을 이용한다면 산간이나 해안 오지 및 방조제 등의 부지를 활용함으로써 국토 이용 효율을 높일 수 있다.

[그림 6-41] 풍력발전 개요도

풍력 발전 시스템이란 다양한 형태의 풍차를 이용하여 [그림 6-41]과 같이 바람 에너지를 기계적 에너지로 변환하고, 이 기계적 에너지로 발전기를 구동하여 전력을 얻어내는 시스템을 말한다. 이러한 풍력 발전 시스템은 무한정의 청정 에너지인 바람을 동력원으로 하므로 기존의 화석 연료나 우라늄 등을 이용한 발전 방식과 달리 발열에 의한 열 공해나 대기 오염 그리고 방사능 누출 등과 같은 문제가 없는 무공해 발전 방식이다.

② 풍력발전 시스템의 종류

(1) 수직축 풍력 발전기

수직축 풍력발전기(VAWT : Vertical-Axis Wind Turbine)는 회전축이 바람의 방향에 대해 수직인 풍력 발전 시스템으로 실용화(상용화)된 대형 시스템은 아직 없다.

[그림 6-42] 수직축 풍력 발전기

① **장점** : 바람의 방향에 관계없이 운전이 가능(요잉 시스템 불필요)하고 증속기 및 발전기가 지상에 설치된다.

② **단점** : 시스템 종합 효율이 낮으며 자기동(self-starting)이 불가능하고 시동 토크가 필요하다. 주 베어링의 분해 시 시스템 전체 분해가 필요하고 넓은 전용 면적이 필요하다.

(2) 수평축 풍력 발전기

수평축 풍력 발전기(HAWT : Horizontal-Axis Wind Turbine)는 회전축이 바람이 불어오는 방향에 수평인 풍력 발전 시스템으로 현재 가장 안정적인 고효율 풍력 발전 시스템으로 인정되는 시스템이며 가장 일반적인 형태로 중형급 이상의 풍력 발전기에서는 대부분 Upwind type 3-Blade HAWT을 사용하고 있다.

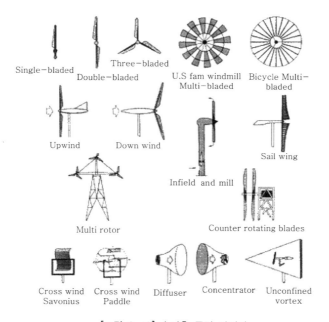

[그림 6-43] 수평축 풍력 발전기

① **맞바람 형식(upwind type)** : 장점은 타워에 의한 풍속의 손실이 없고, 풍속 변동에 의한 피로 하중과 소음이 적다는 것이고, 단점은 요잉 시스템 필요(시스템 구성 복잡해짐)하고 로터와 타워의 충돌을 고려한 설계 방식이라는 점이다.

② **뒷바람 형식(downwind type)**

㉠ 장점은 요잉 시스템이 불필요하고 타워와 로터의 충돌을 피할 수 있으며 타워의 하중이 감소하며 저렴한 가격으로 인해 주로 소형 풍력발전기에서 사용한다는 것이다.

㉡ 단점은 타워에 의한 풍속의 손실이 발생하고 풍속의 변동이 크며 터빈의 피로하중 및 소음이 증가되며 전력선이 꼬일 수 있다는 점이다.

③ 풍력 발전 건설에 필요한 고려사항

① 풍력 발전 건설에 대한 노하우가 풍부하고 신용도가 충분해야 계획된 발전 용량을 기대할 수 있고 계약 불이행에 대비할 수 있으며 계약 불이행과 관련하여 최대한 성능 보장, 제3자의 공사 완공 연대 보증을 강구할 필요가 있다.

② 풍력 발전기의 경우 건설 후의 설치 용량에 대한 검사보다는 제조사로부터 사전적으로 Power curve 보장을 받아야 예정 발전 용량을 확보할 수 있으며 발전기 생산 업체로부터 3년 이상의 Performance guarantee가 필요하다.

③ 불가항력 사태 등으로 인한 피해에 대비하여 건설 공사 보험, 조립 보험, 제3자 배상 책임 보험 등을 확인하고 일정 자본 투자가 필요(40% 이상)한 것으로 보이며, 출자자의 신용도가 취약 시 대책 방안 마련이 필요하다.

④ 입지 조건

㉠ 입지의 법적인 소유권이 명확하여야 하여 부지와 관련된 문제가 발생하지 않도록 국유지 또는 도유지 등의 공유지를 확보하여 법적·행정적인 문제를 사전에 차단하는 것이 바람직하다.

㉡ 입지의 토양이 큰 하중을 견딜 수 있는지에 대한 성분 조사를 실시하고 미달 시 하중 지지를 위한 기초 공사가 필요하다.

㉢ 풍력 발전 터빈, 블레이드 운반 및 설치 시 필요한 중장비 출입이 가능한 접근 도로 여부 또는 도로 건설이 용이한가를 검토한다.

㉣ 소음 발생으로 인하여 최소한 주거 지역과 300m 이내에 인접하지 않아야 한다.

㉤ 2~3km 내에 송배전 선로가 있어야 계통 연계에 따른 투자비용이 절약된다.

㉥ 군사 시설물 및 항공로 존재 유무를 파악한다.

㉦ 기상의 변화에 의한 낙뢰가 적은 입지를 선정한다.

㉧ 계절에 따른 기온의 변화와 눈, 비 및 서리 등의 문제 발생으로 가급적 해발고도가 높지 않은 지역을 선정한다.

Section 75 최근 발생한 일본 후쿠시마 원전 사고 이후 원자력 발전소의 건설 전망

① 개요

최근 잇따른 원전 고장 사고로 인해 원전 안전성에 대한 우려가 증가했다. 하지만 안정적인 전력 수급과 경제성, 기후 변화 등을 고려할 때 원자력 발전은 가장 현실적인

대안이다. 우리나라 전력 공급의 중추적인 역할을 담당하는 원전의 필요성과 세계 최고 수준의 운전 기술을 겸비한 우리 원전의 현주소, 그리고 앞으로 나아가야 할 방향을 살펴본다.

[그림 6-44] 국내 유일의 가압중수로형 원자력 발전소인 월성 원자력 발전소의 전경

② 원자력 발전소의 필요성

우리나라는 석유, 석탄, 천연가스 등 주요 자원의 96.4%를 수입에 의존하는 대표적인 에너지 부족 국가임에도 일찍 원자력 발전을 시작해 저렴한 전기 요금으로 국민 삶의 질을 높였다.

석유, 천연가스, 석탄 등 화석 연료는 매장량에 한계가 있다. 신·재생 에너지는 기술적 한계(저효율)와 낮은 경제성, 대규모 부지 소요 등으로 화력·원자력 발전을 전면 대체하는 데에도 한계가 있다. 반면 원자력은 가장 저렴한 방식으로 원가에 원전 사후 처리 비용인 중저준위 폐기물과 사용 후 연료 처분, 발전소 철거비까지 포함하고 있다.

원자력은 특히 발전 원가 중 연료비 비중이 낮아 해외 에너지 가격 변동에 영향이 적고 대용량의 전력을 안정적으로 공급하고 있다. 연료비의 비중은 원자력이 12%, 유연탄 72%, 중유 79%, LNG 83%를 차지한다. 우라늄 가격이 100% 상승하더라도 원자력 발전 원가에는 6%의 영향밖에 미치지 않는다. 정부의 제5차 전력 수급 기본 계획에 따르면 전력 소비량은 해마다 1.9%씩 증가해 2024년에는 55만 1,606GWh에 달할 것으로 전망된다. 현재 전체 전력의 34%을 공급하고 있는 원전을 폐지하면 이를 상쇄할만한 다른 발전원이 필요하지만 현실적으로 대안이 없는 상황이다.

③ 원전 사고의 방지 대책

정부는 원전 사고 방지를 위한 안전 관리에도 만전을 기하고 있다. 지진·해일 등 대형 자연 재해로 인한 원전 사고 발생 가능성에 대비, 과거 지진 기록과 지질 조사 결과를 바탕으로 안전 여유 수준을 새롭게 높여 운영 중이다. 설계 기준을 초과하는 강진이 발생하면 원자로가 자동으로 정지되는 기능을 추가했다. 우리나라와 일본 해안에서 발생 가능한 최대 지진까지 감안해 국내 모든 원전이 안전을 확보할 수 있도록 해안 울타리를 증축하고, '국제 표준 원전 안전 통합 경영 시스템(QHSSE : Quality, Health, Safety, Security, Environment)'을 도입하는 등 원전 운영의 신뢰성을 높였다.

또 '선진 엔지니어링 프로세스 제도'를 도입해 발전소 고장을 사전에 예측하고 예방해 나갈 방침이다. 이 같은 노력의 결과로 IAEA 및 세계 원전 사업자 협회(WANO) 등의 안전 점검에서 국내 원전의 안전성은 세계 최고 수준으로 평가받고 있다.

④ 원전은 일자리 창출의 근원

정부는 자원 보유 상태, 경제성뿐만 아니라 기후 변화에 따른 온실가스 감축 등 에너지 여건을 전반적으로 고려해 안전 최우선의 원전 정책을 추진해 나갈 계획이다. 일본 원전 사고 이후 독일 등 유럽 일부 국가가 원전 포기 정책을 발표했으나, 대다수 국가는 자국 원전의 안정성 확인에 주력하고 있으며, 급격한 원전 환경 정책 변화에 신중한 입장을 보이고 있다. 원전은 2010년 대한민국 전체 이산화탄소 배출량의 약 23%를 감축하는 효과를 가져왔다. 또한 전쟁이나 자연재해로 석탄·석유 수급이 어려울 경우 장기간 전기를 공급할 수 있는 에너지 안보의 중요한 역할을 하고 있다.

이처럼 원전은 가장 친환경적이고, 저렴하며, 국내 생산 유발이 가장 큰 경제 성장의 원동력이다. 국가 경제 발전과 국민 생활과 직결된 에너지 정책을 내버려 둘 수 없는 원전 건설이 필요한 이유다.

Section 76

석탄 가스화 복합 발전(IGCC : Intergrated Gasification Combined Cycle)

① 개요

석탄 IGCC 발전 기술은 석탄을 사용하면서도 발전 효율이 일반 화력 발전보다 높고 환경 오염물 배출이 크게 낮아 최근 차세대 석탄 발전 방식으로 부각되고 있으며 선진국에서는 이에 대한 기술 개발에 많은 연구비를 투입하고 있다. 정부에서도 IGCC 발전 기술의 국내 확보와 신·재생 에너지 발전 비율을 높이기 위해 IGCC를 포함한 신·재생 에너지로 대체하기 위한 계획을 수립한 바 있다.

세계적으로 IGCC 기술은 상용화 진입 단계로 향후 기술 수요가 급속히 증가될 것으로 예상 되고 지금이 국내 IGCC 기술을 확보하고 세계 시장에 진출할 수 있는 적기라고 판단된다.

2 석탄 IGCC 기술

자원이 부족한 우리나라에서는 에너지의 안정적인 수급을 위하여 세계적으로 매장량이 풍부한 석탄 자원의 활용이 필수불가결하다. 또한 지구 온난화 문제에 대응하기 위한 CO_2 저감을 위해서 가능한 한 발전 플랜트의 효율을 높일 필요가 있다. 석탄 가스 복합 발전은 고효율 발전 기술이며 환경 성능이 매우 우수하여 이러한 문제를 해결하는 데 기여할 수 있으며, 21세기 석탄 이용 화력 발전의 주력을 담당할 수 있는 유력한 발전 방식으로서 조기 실용화가 매우 필요한 기술이다. 석탄 가스화 복합 발전은 다음과 같은 특징적인 장점을 보유하고 있다. 세계적으로 널리 분포하고 매장량이 풍부한 석탄 자원을 이용할 수 있어서 에너지 수급 안정성 확보, 이용 탄종의 확대에 기여할 수 있다. IGCC 는 가스 터빈 복합 사이클로 구성되므로 플랜트 열효율이 높아 단위 발전 전력량당 이산화탄소, 황산화물, 질소산화물, 분진의 발생량을 저감할 수 있고, 플랜트 출력에 대한 증기 터빈 출력비가 낮기 때문에 온배수의 발생량을 저감할 수 있는 등 환경성이 매우 우수하다. 석탄회가 유리질의 용융 슬래그로 배출되므로 미연 탄소가 적고 금속류의 용출도 없고 미분탄 보일러의 플라이 애시와 비교하여 매립 시 용적을 약 절반 정도로 줄일 수 있다. 또한 IGCC의 상용 설비(600MW급)는 송전단 열효율이 43~45%(HHV 기준) 범위로 높게 예측되고 있다. 또한 향후 연료 전지와 조합하게 되면 송전단 열효율 50% 이상도 달성할 수 있다.

[그림 6-45]는 IGCC 발전소의 개략 공정도를 보여주고 있다.

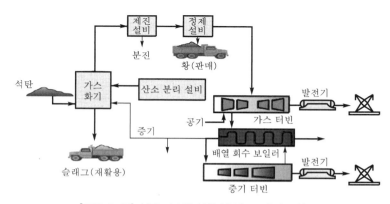

[그림 6-45] 석탄 가스화 복합 발전(IGCC)의 구성도

[표 6-76] 미분탄 화력 발전과 석탄 가스화 복합 발전 비교

구 분	미분탄 화력 발전	석탄 가스화 복합 발전
발전 효율	37~40%	40~50%
환경 오염 물질	• SO_x : ~150ppm • NO_x : ~200ppm	• SO_x : 5~20ppm • NO_x : 15~30ppm
설계·건설 비용(300MW)	3,500~4,000억원	4,500~5,500억원
국내 기술 수준(선진국 대비)	상용급 자립 단계	Pilot급 검증 단계

Section 77 | 플랜트(plant) 설비 연소 배기가스의 이산화탄소(CO_2)의 저감(분리, 처분, 고정화, 억제) 기술

1 개요

발전 분야의 CCS 기술은 발전소에서 이산화탄소를 분리하여 포집하는 이산화탄소 분리·회수 기술(CO_2 capture technology)과 회수된 이산화탄소를 수송하여 안정적인 형태로 저장하거나(CO_2 storage technology) 전환시키는 처리 기술로 구성되어 있다.

2 기술의 범위 및 분류

화력 발전 분야에 적용될 수 있는 이산화탄소 회수 기술은 [그림 6-46]에 개념적으로 도시된 바와 같이 연소 전 분리·회수 기술, 연소 중 분리·회수 기술(또는 순산소 연소 기술) 그리고 연소 후 분리·회수 기술의 세 가지로 구분된다.

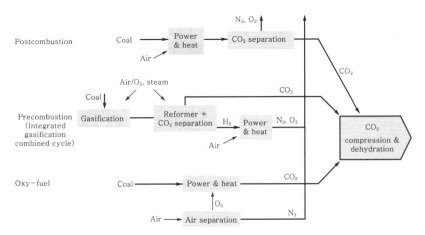

[그림 6-46] 화력 발전 분야에 적용 가능한 CO_2 분리 회수 기술 개념도

(1) 연소 전 분리 · 회수 기술

석탄 등 고형 탄소질 연료를 가스화 또는 천연가스로 개질하여 생산된 합성 가스(주로 H_2+CO) 중의 CO_2를 연소 전 또는 전환 전에 분리 · 회수하는 기술과, 촉매 반응으로 CO와 물을 수소와 이산화탄소로 전환(수성 가스 이동 반응, water gas shift reaction)시킨 후 CO_2를 분리하는 기술이다. 하부 기술로는 연소 후 분리 · 회수와 유사한 흡수, 흡착, 막분리, 심냉분리법 등이 있다. 단, 연소 후 분리 · 회수 기술과는 처리되는 가스 기류의 분위기, 온도, 압력 및 가스의 종류가 다르다. 주요 구성은 다음과 같다.

① 석탄 및 바이오매스(biomass) 등의 고체 연료를 가스화기에서 수증기와 반응시켜서 일산화탄소(CO)와 물(H_2O)이 주성분인 기체 연료로 개질한다.

② 개질된 연료 가운데 일산화탄소를 Water-gas shift 반응기에서 수증기와 다시 반응시켜서 이산화탄소(CO_2)와 수소(H_2)로 전환시킨다.

③ 전환된 가스에 존재하는 CO_2를 다양한 CO_2 분리 기술을 적용하여 회수한다.

④ 회수되지 않는 수소는 가스 터빈에서 연소되어 전력을 생산하거나, 수소 연료 전지 등에 이용될 수 있다. 연소 전 분리 · 회수 기술에 대한 구체적인 개념도가 [그림 6-47]에 제시되어 있다.

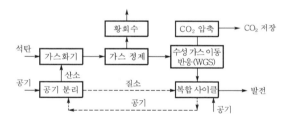

[그림 6-47] 연소 전 분리 회수 기술 개념도

(2) 연소 중 분리 · 회수 기술(또는 순산소 연소 기술)

화석 연료를 순산소 또는 O_2/CO_2 분위기로 연소하여 이산화탄소와 물로 구성된 배기 가스 중의 CO_2를 분리하는 기술로 별도의 분리 공정 없이 CO_2를 회수할 수 있어 회수 비용이 상대적으로 저렴할 것으로 기대되지만, 이를 위해서는 연료 연소에 공급되는 순산소 분리 비용을 줄여야 하는 것이 당면 과제이다.

연소 중 분리 · 회수 기술 중 별도의 공기 분리 없이 내부적인 산소 공급으로 연소가 이뤄지는 매체 순환 연소(CLC : Chemical Looping Combustion) 기술이 최근 잠재성 있는 기술로 개발 중에 있지만, 아직까지는 초기 연구 단계로 많은 시간이 필요할 것으로 보인다. 연소 중 분리 · 회수 기술의 주요 구성은 다음과 같다.

① 석탄, 석유를 연소시켜 증기를 발생하는 기력 발전 및 가스 연료를 연소시켜 가스 터빈을 구동하는 가스 터빈 복합 발전 시설에서 산화제를 공기 대신 순도 90% 이상의 고농도 산소를 이용하여 연료를 연소시켜 열을 발생시킨다.

② 순산소 연소를 통해서 발생하는 배기가스의 대부분은 CO_2와 수증기로 구성되어 있으며, 발생된 배기가스의 약 70~80%를 다시 연소실로 재순환시켜 발전 설비의 열적 특성에 적절한 연소가 가능하도록 통합시킴과 동시에 배기가스의 CO_2 농도를 80% 이상으로 농축시킨다.

③ 배출되는 배기가스 중 수증기를 응축하여 CO_2(극미량의 대기 오염 물질 포함)를 회수하여 저장시킨다. 연소 중 분리·회수 기술에 대한 구체적인 개념도가 [그림 6-48]에 제시되어 있다.

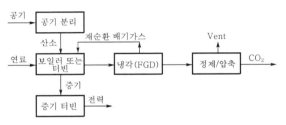

[그림 6-48] 연소 중 분리·회수 기술 개념도

(3) 연소 후 분리·회수 기술

연료의 연소 후 배출되는 배기가스 중 함유된 이산화탄소를 물리적·화학적 또는 물리-화학적 방법에 의해서 선택적인 포집을 통해 분리시켜서 회수하는 기술이다.

이를 위해서, 화학적 또는 물리적 방법에 의해서 흡수 또는 흡착시키는 방법, CO_2 분리막(고분자막, 금속막, 세라믹 등)을 이용하는 방법 및 저온 분리 기술을 이용하는 다양한 방법이 있으며, 이들 방법에도 사용되는 흡수제 또는 흡착제 그리고 분리막의 성능 및 조성에 따라서 더욱 다양한 방법으로 CO_2의 분리·회수가 이루어질 수 있다. 하지만, 화력 발전소와 같이 배출되는 배기가스의 양이 많고, 배기가스의 배출 조건이 상압인 경우에는 화학 흡수제를 사용하는 것이 가장 현실적이며 유리한 것으로 알려져 있다. 연소 후 분리·회수 기술에 대한 기본적인 개념도를 [그림 6-49]에 나타내었다.

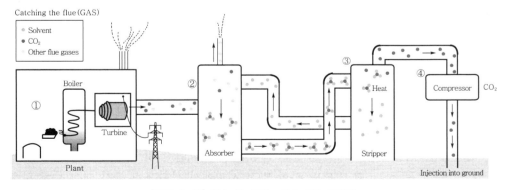

[그림 6-49] 연소 후 분리·회수 기술 개념도

(4) CO₂ 저장 기술

    CO_2 저장 기술은 연소 전, 연소 중 또는 연소 후 분리 · 회수법을 통하여 포집된 CO_2를 다양한 방법으로 안전하게 저장하는 기술로서, 저장소와 저장 방법에 따라 구분할 수 있다.

    저장 방법에 따라 지중 저장 및 해양 저장으로 구분할 수 있으며, 지중 저장 기술로는 저장소의 종류에 따라서 다음과 같이 분류될 수 있다.

① 고갈된 유전 또는 가스전에 저장하는 방법

② 유전 또는 가스전에 CO_2를 주입시켜 석유 및 가스를 증산하는 석유 증진 CO_2 저장법(EOR : Enhanced Oil Recovery), 가스 증진 CO_2 저장법(EGR : Enhanced Gas Recovery)

③ 석탄층에 존재하는 메탄을 회수함과 동시에 CO_2를 저장하는 석탄층 CO_2 저장법(ECBM : Enhance Coal Bed Methane Recovery)

④ 육상 또는 해양 퇴적층의 염대수층에 저장하는 방법 등이 있다. [그림 6-50]에 심부 지중 저장법의 개념도를 나타내었다.

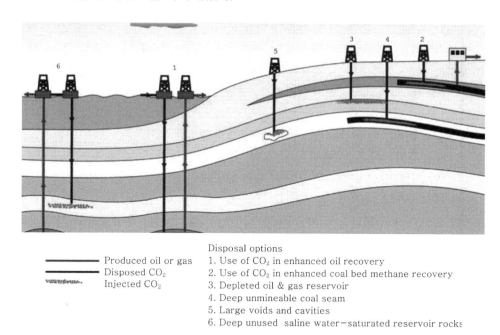

Disposal options

Produced oil or gas

Disposed CO_2

Injected CO_2

1. Use of CO_2 in enhanced oil recovery
2. Use of CO_2 in enhanced coal bed methane recovery
3. Depleted oil & gas reservoir
4. Deep unmineable coal seam
5. Large voids and cavities
6. Deep unused saline water−saturated reservoir rocks

[그림 6-50] 이산화탄소 심부 지중 저장법 개념도

    해양 저장에는 CO_2를 해양에 주입하는 방법 및 해양의 심도에 따라 저장 방식이 차이가 있으며, 크게 해양 분사 기술과 심해 저류 기술로 나눌 수 있다. [그림 6-51]에 심도별 해양 저장 방식의 차이를 나타내었다.

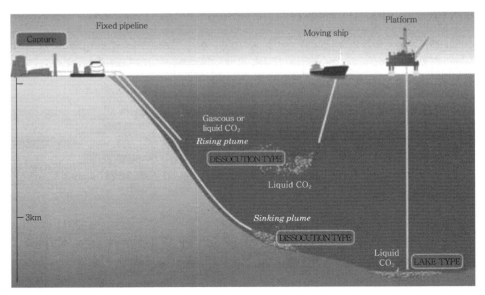

[그림 6-51] 심도에 따른 이산화탄소 해양 저장 개념도

석탄 화력 발전소에 적용 가능한 CO_2 분리·회수 기술은 다음과 같은 전제 조건을 만족시켜야 한다. 아래 조건은 기술이 적용될 수 있는 최소한의 기준일 뿐, 실제 적용을 위해서는 높은 경제성이 확보되어야 한다.

① 대용량 배기가스 처리(배기가스 유량 : 약 1,750,000N·m³/h, 500MWe급)가 가능한 기술일 것

② CO_2 분리·회수에 사용되는 매체(흡수제, 흡착제, 막 등)의 내구성이 좋으며, CO_2 분리·회수 매체로 인한 2차 오염이 발생치 않을 것

③ 석탄 화력 발전이 전력의 기저부하를 담당하는 중요성을 인식하여, 적용 공정의 안정성이 검증된 기술일 것

④ 2015년 경 우리나라 독자 기술로 실증이 가능한 기술(우리나라의 경우 2013년경 의무 감축국으로 지정이 유력한 상태)

 배열 회수 보일러(HRSG : Heat Recovery Steam Generator)의 종류와 특성

① 개요

HRSG란 Heat Recovery Steam Generator의 약어로써 배열을 회수하는 장치를 일컫

는 말이며 가스 터빈의 연소 후 배출되는 고온 배기가스(약 650℃)는 많은 에너지를 가지고 있으므로 대기로 방출할 경우 상당한 손실이 발생한다. 이때 대기로 방출되는 배기가스로 버려지는 에너지를 회수하는 목적으로 HRSG 설비를 이용한다.

고온의 가스 터빈 배기가스를 HRSG(배열 회수 보일러) 내로 통과시킴으로써 열 교환을 통하여 증기를 발생시키고, 발생된 증기는 증기 터빈을 구동시켜 전기를 생산하게 된다. 또한, HRSG에서 발생된 증기는 용도에 따라 Process 및 난방 등의 용도로 활용 될 수 있다.

❷ 배열 회수 보일러(HRSG : Heat Recovery Steam Generator)의 종류와 특성

(1) 수평 드럼형

① HRSG 내로 유입되는 배기가스의 흐름이 수평(horizontal) 방향인 HRSG를 말하며 전열관 배열 방향은 연소 가스 흐름 방향과 직각을 이루며, 수직 방향을 이룬다.

② 수평형 HRSG는 통상 자연 순환식(natural circulation) 증발기(evaporator)를 채택하며 HRSG 본체를 상부(top)나 하부(bottom)에서 지지(support)하는 것이 가능하나, 최근에는 HRSG 용량 및 전열관 길이 증가로 인하여, 상대적으로 안정적인 구조인 상부(top) 지지형을 선호한다. HRSG 케이싱(casing)과 지지(support)용 철 구조물(structural steel)과는 일체(integrated)형을 이룬다. 수평형 HRSG는 수직형 대비 설치비가 저렴하고, 설치 기간이 짧으며, 설치 면적이 넓다.

(2) 수직 드럼형

① HRSG 내로 유입되는 배기가스의 흐름이 수직(vertical) 방향인 HRSG를 말하며 전열관 배열 방향은 연소 가스 흐름 방향과 직각을 이루며, 수평 방향을 이룬다.

② 수직형 HRSG는 자연 순환식(natural circulation) 또는 강제 순환식(forced circulation)의 증발기(evaporator)를 채택한다. HRSG 본체를 상부(top)에서 지지(support)하는 방식을 채택하며 HRSG 케이싱(casing)과 지지(support)용 철 구조물(structural steel)과는 분(independent)형을 이룬다. 수직형 HRSG는 수평형 대비 설치비가 비싸고, 설치 기간이 길지만 설치 면적이 작다.

(3) 관류형

증기 압력 185bar 이상의 고온/고압의 HRSG에 적합한 모델이다.

Section 79 발전소에 설치하는 복수기 냉각탑(cooling tower)의 종류

1 개요

냉각탑은 목재 또는 콘크리트로 된 수직 구조물로서, 그 내부에는 냉각수가 작은 물방울 또는 엷은 막으로 흩어져서 높은 곳으로부터 탑의 바닥에 있는 집수못(collecting pond)으로 낙하시키는 다양한 구조물이 있다.

자연 통풍식 냉각탑(natural draft tower)에서는 냉각탑의 형태와 구조에 의하여 공기의 흐름이 증진된다. 보조 통풍식 냉각탑에서는 전동 선풍기를 돌려서 공기의 흐름을 촉진시킨다. 자연 통풍식과 보조 통풍식 냉각탑을 가리켜 습식 냉각탑이라 부른다. 반면에 건식 냉각탑은 냉각 핀 또는 벌집 모양의 금속 구조물로 된 방열기로 더운물을 보내는 방식으로, 이 경우 냉각수는 공기와 직접 접촉하지 않는다. 따라서 습식 냉각탑의 경우와 달리 건식 냉각탑에서는 증발에 의한 손실이 일어나지 않는다. 이들 구조물에서는 부식(corrosion)과 막힘 현상이 문제가 될 수 있다.

2 냉각탑의 종류와 특징

(1) 물-공기 직접 접촉(개방형 냉각탑)

① 자연 통풍식(굴뚝형 냉각탑)
  ㉠ 바람의 속도에 영향받지 않고 탑 내에 안정된 공기량이 얻어진다.
  ㉡ 넓은 입지 면적을 필요로 하므로, 화력이나 기타 발전소에 사용되고, 공조용으로서는 사용되지 않는다.
② 강제 통풍식
  ㉠ 자연 통풍에 의지하기 않고 송풍기를 사용하여 공기를 보내는 냉각 방법이므로, 냉각 효과가 크고 성능도 안정되어 있다.
  ㉡ 저렴하고 소형 경량화가 가능하므로, 대형의 공업용, 중·소형의 공조용을 막론하고 가장 많이 사용되고 있다.
  ㉢ 송풍기의 위치에 따라 압입 통풍과 흡입 통풍식이 있다.
③ 물·이젝터식
  ㉠ 병행류형 냉각탑이므로, 향류형, 직교류형과 비교하여 통풍량이 많다.
  ㉡ 저소음이고, 또 기계 진동이 적다.
  ㉢ 오프피크 시에 있어서의 시스템 동력의 절감량이 많으므로, 중간기나 동기에 운전을 필요로 하는 공조용으로 적합하다.

  ㉣ 회전 부분이 없고, 내화구조이므로 안전하다.

  ㉤ 냉각 용량은 350~400USRT 이하가 적합하다.

  ㉥ 냉동기와의 결합은 1대 1로 한다.

(2) 물-공기 간접 접촉(밀폐식 냉각탑)

① 휘발성의 액체나 휘발성의 성분을 함유하는 모든 액체를 직접 냉각할 수 있다.

② 대기 중의 SO_2와 접촉이 없으므로 수질은 바람직한 상태로 유지된다.

③ 직접 접촉식과 비교해서 물 손실이 적고, 살수 수량을 바꿈으로써 냉각 능력의 조절이 가능하다.

④ 대기 중의 먼지가 많을 때나, 보급수의 현탁물 농도가 높을 때에도 오손되는 것은 살수뿐이고, 또 살수는 심한 유동 상태이므로 국부 부식의 염려가 적다.

⑤ 풍량이 개방형에 비해 약 2배가 되고 코일의 저항이 크며 통과 풍속이 1.5m/s 이하로 취하여야 하므로 단면적이 개방형의 4~5배가 된다.

Section 80   플랜트 공사에서 보온 · 보냉 · 도장 기술

1 개요

 보냉은 차가운 물질의 온도를 차갑게 유지시켜주는 것을 말하며 보온과 보냉 모두 외부의 열 교환이 잘 이루어지지 않도록 단열효과를 내는 용기를 사용해서 원하는 온도 조건을 오랫동안 지속하도록 하는 것이다.

 일상에서 흔하게 사용되는 대표적인 단열재료로 정확한 명칭은 발포폴리스타이렌이며, 스티로폼이라는 명칭은 이 제품의 상표명에서 유래되었다.

2 플랜트 공사에서 보온 · 보냉 · 도장 기술

(1) 플랜트 공사에서 보온 · 보냉

 플랜트 현장에서 -162℃ LNG가 흐르는 배관이나 기계에서 보냉이 되지 않았을 경우에는 배관이나 기계 안으로 외부의 많은 양의 열이 유입되고 LNG로 전달되면서 LNG 중의 일부는 액체 상태를 유지하지 못하고 증발가스로 바뀌게 된다. 배관이나 기계에 얼음이 너무 많이 생기면 그 얼음 무게로 인해 배관이나 기계에 작용하는 하중이 늘어나서 부담되게 되고 이 역시 구조적 안전성, 진동 문제 등으로 이어져 설비를 안정적으로 운영하는 데 지장이 발생하게 될 가능성이 커진다.

보냉에 필요한 단열재는 펄라이트, PIR, PUR, 유리섬유 등이 있으며 이러한 재료들 중에서도 밀도, 열전도율, 압축강도 등 물리적 성질을 만족하는 가공된 재료들을 현장에서 사용하고 있다.

1) 펄라이트

펄라이트는 배관이나 기계에 사용하는 보냉 재료는 아니며 주로 저장탱크에 사용되는 단열재로 화산지역에서 나오는 진주암 원석을 잘게 부수고 고온에서 구워 팽창시켜 만든다. LNG 탱크로리에서도 단열재로 사용하고 있다.

2) PIR(polyisocyanurate foam block) 및 PUR(polyurethane foam)

PIR과 PUR 둘 다 경질우레탄 폼 단열재로 배관, 밸브, 플랜지 등 다양한 LNG 설비에 많이 사용되고 있는 재료이다. PIR의 경우 초저온 영역인 -235℃에서 고온 영역인 230℃까지 사용 가능하며, PUR의 경우 PIR 보다 사용 가능한 온도 영역이 더 좁다. 또한, PIR이 PUR에 비하여 동일 밀도에서 열전도율이 낮으며 구조적 안정성이 더 강하다고 알려져 있다.

3) 유리섬유

유리를 원료로 해서 만든 보냉 재료이며 연질 보냉재이다. 그리고 글라스울이라고 하는 재료는 이러한 유리섬유를 여러 층으로 겹쳐서 시공성이 좋게 일정 두께를 가지게 만든 재료이다. 보냉은 재료의 열전도율에 따라서 일정 단열효과 이상을 내기 위해서 요구되는 두께치가 있는데 유리섬유를 일일이 감으면 너무 시공성이 떨어지니 이러한 단점을 보완하기 위해 만들어진 제품이다.

(2) 도장의 방식기능

1) Pb계 등 양쪽 이온성(Pb, Al, Sn, Zn) 물질의 방청 안료

일반적인 환경에서 피도물의 청지 도료로서 사용된다. 약 알칼리성인 방청 안료와 도막 형성 요소인 유지나 수지와 반응해 금속 석검을 생성시켜 치밀한 부동태 방청 피막을 만드는 현상을 이용한다.

특징은 침수 부위에는 적용이 곤란하며, 안료 종류는 광명단(Pb_3O_4), 아산화납(Pb_2O), 시안화납($PbCN_2$), 크롬산아연계(ZPC, ZTC), 인산아연염($Zn_3(PO_4)_2$) 등이 있다.

2) 아연 분말을 다량으로 배합시킨 유·무기계 아연말 도료

음극 보호 방식 효과를 이용한 도료로 후속 도장 도료는 주로 중 방식 도료가 사용된다. 보통 에폭시 수지계, 탈에폭시 수지계, 우레탄계 도료를 후속 도장하여 장기중 방식을 도모하며 부식성이 심한 환경에 많이 적용된다. 특히, 무기 징크 페인트는 방식 효과뿐만 아니라 내열성도 우수하다.

특징은 직접적으로 물과 접촉하는 침수 부위는 적용 곤란하나, 후속 도료로 내수성이 우수한 에폭시 및 탈에폭시계 도료를 도장하는 경우에는 적용 가능하다. 안료 종류는 금속 아연 분말이 있으며 아연말 도료의 방식 원리는 아연 금속이 일반적으로 철보다 이온화 경향이 높아 두 금속이 전해질 속에 공존할 경우 그림과 같이 국부 전지를 형성하여 전자가 아연(양극)에서 철(음극)로 흐르게 된다. 이로써 아연(양극)이 부식 당함과 동시에 철(음극)은 보호를 받게 된다.

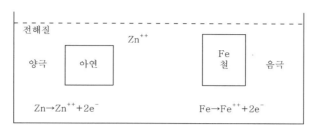

[그림 6-52] 아연말 도료의 방식 원리

3) 도막 내에서 수분의 침투 경로를 연장시킨 것

주로 수분이 많은 다습 분위기에 놓이는 구조물에 도장하는 것이 바람직하다. 도막 중에서 안료가 편상 구조를 가지고 있어 도막을 통과하는 수분의 침투 경로를 연장시켜서 장기 방식을 도모한다.

특징은 침수 부위에 적용이 가능하며 안료 종류는 Al-Paste, MIO(Micaceous Iron Oxide) 등이 있다.

4) 도막 내 수분 침투를 차단하는 효과를 응용한 것

모든 도료가 이러한 방식 기능에 해당된다. 특히 에폭시, 탈에폭시, 우레탄, 탈우레탄 수지계 도료는 중합 반응형으로 도막의 절연 저항이 높은 특성을 가진 방식 도료이며 이러한 도료는 부식이 심한 환경에 적용되며 특징은 침수 부위에 적용이 가능하다.

Section 81 | 플랜트(plant) 현장에서 사용되는 보일러의 종류

1 개요

플랜트 설비의 대형화와 사용 증기의 고온 고압화 추세에 따라 발전용 보일러는 자연 순환 보일러 [그림 6-53 (a)]에서 강제 순환 보일러[그림 6-53 (b)]로 변화되었다. 대부분 플랜트 시설의 보일러는 자연 순환 보일러(circulation boiler)로 자연 순환 보일러(natural circulation boiler)와 강제 순환 보일러(controlled circulation boiler)가 있다. 관류형 보일러(once through boiler)는 벤슨(Benson) 보일러, 슐처(Sulzer) 보일러가 있으며 슐처보일러는 한전의 표준 석탄 화력 보일러는 사용 압력이 초임계압이며 슐처형 관류 보일러이다.

보일러에서 순환비(circulation ratio)가 크다는 것은 보일러의 보유 수량이 많음을 의미하며 보일러의 열관성(thermal inertia)이 커서 기동, 정지 시간이 길어지고 정지 시 열손실도 증가한다. 일반적으로 순환비는 자연 순환 보일러가 강제 순환 보일러 보다 크다.

$$순환비(C.R) = \frac{상승관\ 출구에서\ 기수\ 혼합물의\ 중량}{상승관\ 출구에서\ 증기의\ 중량}$$

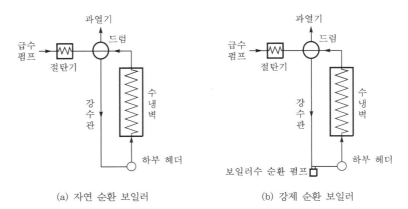

(a) 자연 순환 보일러 (b) 강제 순환 보일러

[그림 6-53] 순환 보일러

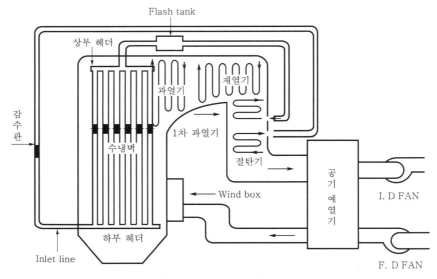

[그림 6-54] 관류 보일러

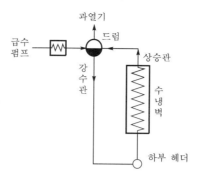

[그림 6-55] 강수관과 상승관

② 플랜트(plant) 현장에서 사용되는 보일러의 종류

플랜트(plant) 현장에서 사용되는 보일러의 종류는 다음과 같다.

(1) 순환 보일러

1) 자연 순환 보일러(natural circulation boiler)

[그림 6-56]은 자연 순환 보일러의 내부 구조이다. 급수는 절탄기를 거쳐 드럼으로 유입된다. 절탄기에서 유입된 급수와 드럼에서 기수 분리된 포화수는 강수관, 하부 헤더를 거쳐, 수냉벽에서 노(furnace) 내부의 복사열을 흡수한다.

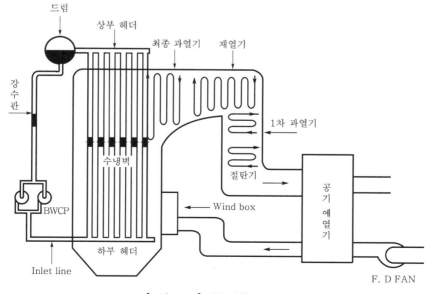

[그림 6-56] 자연 순환 보일러

① 순환력 : [그림 6-57]은 자연 순환 보일러에서 보일러수의 흐름이다. 보일러수의 순환은 수냉벽 속의 기수(포화 증기와 포화수) 혼합물의 밀도와 강수관으로 흐르는 물의 밀도 차에 의해서 이루어진다. 순환력이 부족하면 수냉벽으로 흐르는 유량이 적어져 수냉벽이 고열에 의해서 과열될 우려가 있다.

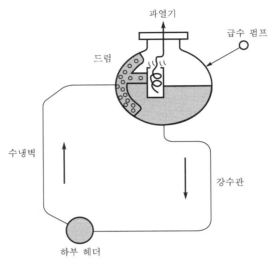

[그림 6-57] 자연 순환 보일러의 순환 계통

② 순환력의 크기 : 순환력=(강수관 물의 밀도−수냉벽 기수 혼합물의 밀도)×드럼 높이
③ 순환력에 영향을 미치는 요인 : 열흡수량, 강수관과 수냉벽으로 흐르는 유체의 밀도가 일정한 경우 보일러의 높이가 높을수록 수두(head)의 무게차가 커져 보일러수의 순환력이 증가한다. 사용 압력이 증가하면 [그림 6-58]과 같이 물의 물리적 성질에 의

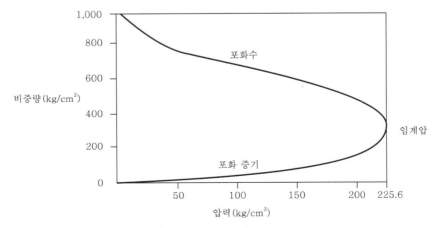

[그림 6-58] 압력과 비중량

해서 포화수의 밀도는 감소하고 포화 증기의 밀도는 증가한다. 따라서 강수관으로 흐르는 물과 수냉벽으로 흐르는 기수 혼합물의 밀도차가 감소되어 순환력이 적어진다.

④ 순환력을 증가시키는 방법 : 강수관을 노 외부의 비가열 부분에 설치하고 드럼의 위치를 높게 하며 수관의 직경을 크게 하여 보일러수의 마찰 손실을 적게 한다. 또한, 수관을 가급적 직관으로 설치하여 유동 손실을 적게 한다.

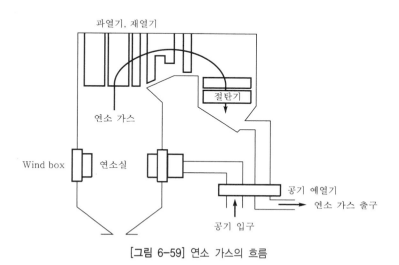

[그림 6-59] 연소 가스의 흐름

⑤ 연소 가스 흐름 경로 : 연소실 → 과열기 → 재열기 → 절탄기 → 공기 예열기 · 집진기 → 연돌 순이다.

⑥ 자연 순환 보일러의 특성 : 자연 순환 보일러는 보일러수 순환을 위한 별도의 설비가 없으므로 구조가 간단하고 운전이 비교적 용이하다. 증기 압력이 높아지면 순환력이 저하되며 보일러의 보유 수량이 많아서 기동, 정지 시간이 길어지고 정지 시 열손실이 많다.

2) 강제 순환 보일러(controlled circulation boiler)

강제 순환 보일러는 [그림 6-60]과 같이 보일러수를 순환시키기 위하여 보일러수 순환 펌프(Boiler Water Circulation Pump ; BWCP)를 사용한다.

강수관에 설치된 순환 펌프는 드럼에 저장된 물을 흡입하여 하부 헤더(lower header) 및 수냉벽을 거쳐 드럼으로 강제 순환시킨다. 강제 순환 보일러는 자연 순환 보일러보다 순환력이 좋으므로 보일러의 크기가 같은 경우 더 많은 증기를 생산할 수 있다.

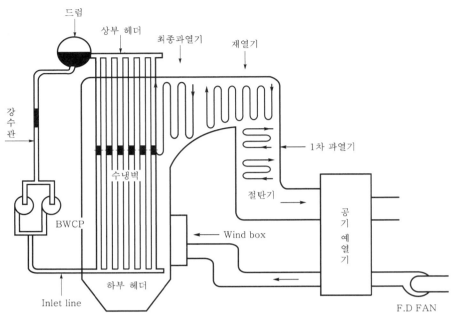

[그림 6-60] 강제 순환 보일러

① 순환력은 증기 압력이 높아지면 포화수와 포화 증기의 밀도차가 적어져 충분한 순환 력을 얻을 수 없으므로 [그림 6-61]과 같이 순환 펌프가 순환력을 증가시킨다.

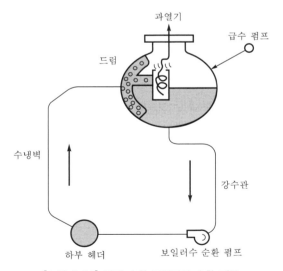

[그림 6-61] 강제 순환 보일러의 순환 계통

강제 순환 보일러의 순환력은 자연 순환력과 보일러수 순환 펌프의 순환력의 합이며 [그림 6-62]는 자연 순환 보일러와 강제 순환 보일러의 순환력의 크기를 비교한 것이다.

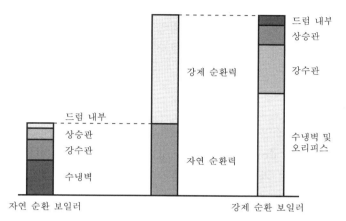

[그림 6-62] 순환력의 비교

② **강제 순환 보일러의 장점** : 강제 순환 보일러는 순환 펌프가 있으므로 사용 압력이 증가하여도 충분한 순환력을 얻을 수 있으며 [그림 6-63]과 같이 하부 헤더(low header) 내부에 오리피스(orifice)를 설치하여 증발관으로 흐르는 유량을 일정하게 하며, 오리피스 입구에 스트레이너(strainer)를 설치하여 오리피스의 막힘(pluging)을 방지한다.

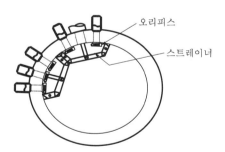

[그림 6-63] 하부 헤더 내부 구조

순환력이 커 증발관이 과열될 염려가 적으며 튜브 두께가 얇아져 열전달율이 좋다. 보일러 보유 수량이 적어 기동·정지 시간이 단축되고 정지 시 열손실이 감소하며 전열면의 수관을 자유롭게 배치할 수 있어 연료나 연소 방식에 따른 노(furnace) 구성이 자유롭다. 보일러 점화 전 순환 펌프가 보일러수를 순환시키므로 물때(scale) 생성이 비교적 적다.

③ 강제 순환 보일러의 단점 : 보일러수 순환 펌프가 설치로 소 내 전력이 증가하고 보일러수 순환 펌프의 유지 및 정비가 어렵고, 고장 시 출력 감발 및 보일러 정지가 불가피하다. 또한, 기동, 정지 절차와 운전이 복잡하다.

④ 보일러수 순환 펌프(BWCP : Boiler Water Circulation Pump)는 보일러수 순환 펌프가 고온 고압의 포화수를 가압할 때 그랜드(gland)부에서 물이 새어 대기로 방출되면 급격히 증기로 변환되므로 이를 방지하기 위해서 특수한 축 밀봉 장치를 설치한다.

(2) 관류 보일러

관류 보일러는 절탄기(economizer), 증발관(evaporator), 과열기(superheater)가 하나의 긴 관(single flow tube)으로 구성되어 있으며, 급수 펌프가 공급한 물은 순차적으로 예열 · 증발하여 과열 증기가 된다. 관류 보일러의 특징은 다음과 같다.

① 압력 손실이 증대되어 급수 펌프의 동력 손실이 많고 기동 시간이 빠르고 부하 추종이 양호하나 제어 기술이 필요하다.

② 기동 시 증기가 고압 터빈을 바이패스하여 재열기로 흐르므로 재열기의 과열을 방지할 수 있다.

③ 터빈 정지 시 보일러의 단독 운전이 가능하며 복수기는 터빈을 바이패스한 증기를 응축시키기 위해서 보일러 점화 전 정상 상태로 운전되어야 한다.

④ 운전 중 보일러수에 포함된 고형물이나 염분 배출을 위한 블로 다운(blow down)이 불가능하여 보충수량은 적으나 수질 관리를 철저히 하여야 한다.

1) 벤슨 보일러(Benson boiler)

① 벤슨 보일러는 과열기 출구에 기동용 플래시 탱크(flash tank)가 설치되어 있다. 보일러 기동 시 과열기까지 순환한 물은 기동용 플래시 탱크를 거쳐 배수 저장조 혹은 급수저장조로 회수된다. 기동 초기 보일러 튜브 속의 불순물에 의해 오염된 보일러수는 배수 탱크로 버린다.

② 벤슨 보일러(Benson boiler)의 특징은 급수가 보일러 내부로 흐르고 있는 상태에서 버너(burner)가 점화되고, 증발관에서 유동 안정을 위하여 최소 급수량은 정격 급수량의 약 30% 이상 유지되어야 하며 보일러 기동 시 보일러수가 증발관과 과열기로 흐르므로 튜브 내면의 물때(scale)가 제거된다. 보일러를 단시간 정지 후 재기동 시 보일러를 반드시 냉각시켜야 하므로 재기동 시 열손실과 시간 손실이 많고 보틀업(bottle-up)이 불필요하다.

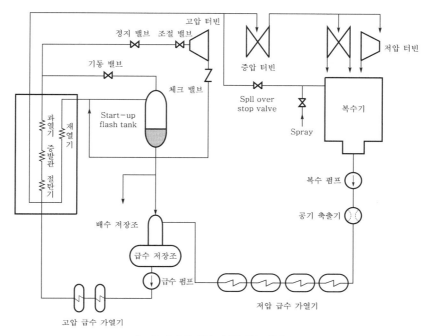

[그림 6-64] 벤슨 보일러의 계통도

2) 술처 보일러(Sulzer boiler)

[그림 6-65]는 초임계압 보일러 계통도이며 증발관 출구에 설치된 기수 분리기(se-parator)가 기동 및 정지 그리고 저부하시 기수 혼합물을 분리시키며, 정상 운전 시는 보일러수가 증발관에서 모두 증기로 변하므로 기수분리의 필요성이 없다.

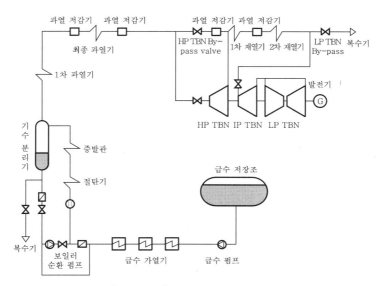

[그림 6-65] 술처 보일러의 계통도

기수 분리기 하부에 설치된 순환 펌프(circulating pump)는 포화수를 절탄기 입구로 재순환 시키며 기동 시 과열기로 물이 순환되지 않으므로 열간 기동(hot start-up)이 가능하고 보일러 기동 시간이 단축되고 열손실이 감소된다.

Section 82   BMPP(Barge Mounted Power Plant)

1 개요

BMPP란 해상 또는 강을 이용하여 이동이 용이하도록 Barge 위에 발전 설비를 설치한 것으로, 전력 공급이 어려운 도서 지역 또는 전력이 긴급히 필요한 곳에 전력을 공급하는 설비이다. 가스, 오일뿐만 아니라 석탄을 이용하여 전력을 생산할 수 있는 여러 종류의 발전 설비를 탑재할 수 있으며, 연료 공급 및 운용상 편의성을 최대한 고려하여 탄력적인 장비 배치가 가능하다. 또한 기존 육상 발전 설비에 비하여 계약에서 인도까지 전체 공사 기간을 단축시킬 수 있고, 현지에서의 작업을 최소화 및 품질을 최대화하여 건설 비용을 절감할 수 있는 장점이 있다. 특히, 이산화탄소 포집(CCS : Carbon Capture & Storage) 기술을 접목할 경우 미래 환경 규제에 대한 유연성을 확보할 수 있는 친환경 발전 설비이다.

2 장점

부유식 화력 발전소(BMPP)는 복합 화력 발전소를 바지선 위에 제작하는 신개념 플랜트로, 육상 플랜트 건설에 비해 품질과 납기를 개선할 수 있는 장점이 있고, 플랜트 제작이 완료된 상태에서 운송하기 때문에 전력망 연결이 어려운 동남아시아 등 도서 지역에서 탄력적 운용이 가능하다. 또한 해상에서 운용되기 때문에 주민 반대와 테러 위험 등으로부터도 상대적으로 자유롭다는 장점이 있다. BMPP(Barge Mounted Power Plant)는 세계 제일의 조선/해양 기술을 기반으로 설계 제작된 발전 설비로써, 일반 육상 발전소 대비 최적화된 Layout 및 설치 지형적 제약에서 자유롭다. 석탄, 가스, 원자력 등 다양한 원료를 기반으로 한 발전 설비를 탑재할 수 있으며, 조선소 내 건조를 통해 품질 향상은 물론 공사 기간을 단축시킬 수 있는 큰 장점이 있다.

[그림 6-66] On-shore Mount Type

③ 설치 방법과 특징

BMPP는 설치 지형에 따라 탄력적인 설치가 가능하며, 대표적으로 Off-shore와 On-shore 방법으로 구분된다. Off-shore 설치 방법은 전력이 필요한 해안가에 접안하여 운용 또는 원근해에 Floating 조건으로 운용되는 방법으로, 현지 토목 작업, 지역 주민의 반발을 줄일 수 있는 장점이 있다. On-shore 설치 방법은 BMPP 제작 후 육상에 기 시공된 Dock 설비에 안착시키는 방법으로써, 극한의 해양 환경 조건에 대비해 안정적으로 전력을 공급할 수 있는 기대 효과가 있다.

Section 83 | TBM(Tunnel Boring Machine)의 기능과 시공에 따른 장단점

① 개요

TBM(Tunnel Boring Machine)은 디스크커터 또는 커터비트가 장착된 굴진기 전면의 회전식 커터헤드에 의해 터널을 전단면으로 굴착하는 장비다. TBM은 굴착과 동시에 Segment를 조립해 벽면을 완성시키면서 굴착된 토사를 컨베이어나 광차 등으로 터널 밖으로 배출시키는 터널 시공 자동화 기계이다.

② TBM(Tunnel Boring Machine)의 기능과 시공에 따른 장단점

TBM의 종류로는 연약 지반이나 도심 공사용으로 많이 사용되는 Shield TBM, 암반용으로 개발되어 수로 공사나 산악 터널에 주로 쓰이는 Open TBM, Open TBM과 Shield TBM의 장점을 조합해 만든 복합 TBM이 있다. 한편 중소 구경 TBM으로 강관이나 흄관을 이용해 터널 공사를 추진하는 Semi Shield TBM은 주로 전력구, 통신구, 상하수도, 가스관로 공사 등에 쓰인다.

TBM 공법(Tunnel Boring Machine Method)은 암질의 터널에서 종래의 화약 발파 공법에 의하지 않고 전단면 터널 굴착기로 암을 압쇄 또는 절삭에 의해 굴착하는 기계식 굴착 공법이다. 주변 암반 자체를 지보재로 활용하여 역학적으로 안정된 원형 구조를 형성하므로 Shotcrete나 Rockbolt 등 지보재를 대폭 줄일 수 있어 시공 속도가 빠르고 안정성이 높은 공법으로, 특히 장대 터널에서 공사비나 공사 기간이 종래 공법에 비하여 월등히 우수한 공법이다.

Section 84 에너지 저장 장치(ESS : Energy Storage System)

① 개요

최근 들어 산업용 등 소비자의 전기 소비 패턴의 변화는 부하 변동에도 영향을 미치고 있다. 평균 부하의 증가율에 비하여 최대 전력의 상승률이 급격히 증가하고 있으며, 전체적인 부하율은 점차 낮아지고 있는 반면, 시간대별 부하 변동뿐만 아니라 하절기 및 동절기 같은 계절별 부하에서의 차이가 커지는 경향을 보이고 있다. 전력 부족 현상을 해결하기 위해서 장기적으로는 전력 공급의 확충, 전력의 수요 관리, 전기 요금의 현실화, 신재생 에너지 보급 등 스마트 그리드를 적극 추진할 필요가 있으며, 시간대별, 계절별 변동이 큰 전기 부하를 평준화시켜 전반적인 부하율을 향상시키는 것이 바람직하다. 이를 위하여 스마트 그리드의 한 분야라 할 수 있는 에너지 저장 시설을 보급 · 확산하여 하절기 및 동절기의 전력 피크에 적극 대응하고, 대규모 정전 사고 등에 효과적으로 대응하는 방안을 모색하여야 한다.

② 에너지 저장 시스템(ESS)

전기는 생산되는 곳과 소비되는 곳이 멀리 떨어져 있어서 전력 계통은 생산(generation), 송전(transmission), 배전(distribution)의 단계를 거치게 된다. 이때 전기 사고의 대부분은 이상의 전력 공급 계통에서 발생하고 있으며, 이 같은 중앙 집중식 전력 계통상의 문제 해결을 위하여 분산 전원의 특징을 갖고 있는 스마트 그리드가 고안되었고, 에너지 저장 시스템이 이를 가능하게 하고 있다. 에너지 저장 시스템(ESS : Energy Storage System)이란 생산된 전력을 전력 계통(grid)에 저장하였다가 전력이 가장 필요한 시기에 공급함으로써 에너지 효율을 높이는 시스템이다. 에너지 저장 시스템은 생산과 동시에 소비가 이루어지는 전기의 특성에 저장 기술을 도입하여 전기 수요가 적을 때 생산된 전기를 저렴한 가격으로 저장하고 수요가 많을 때 저장된 전기를 공급하는 시스템으로, 향후 대규모 전력 저장을 위한 전력망용 저장 기술과 가정용 전력 저장 기술 개발에 대한 수요가 확대될 전망이다.

❸ 에너지 저장 시설의 현황

전력 저장을 위한 주요 기술 중의 하나로 양수 발전(pumped hydro)이 있는데, 양수 발전은 현재 여러 나라 전력 시장에서 활용되고 있는 등 전체 전력 계통에서 중요한 역할을 하고 있다. 양수 발전 다음으로 가장 실용화 단계에 도달한 것은 전기 화학 에너지 저장 시설인데, 그중에서도 2차 전지를 이용한 전기 저장 장치의 개발이 활발히 진행 중이다. 2차 전지 종류로는 리튬 이온 전지(Lithium-ion Battery)가 가장 주목을 받고 있으며, Redox flow 전지, NaS 전지, 그리고 초고용량 커패시터 등이 있고, 에너지 저장 시설은 전력을 필요한 때 그리고 필요한 장소에 공급(Generation Utilization)하기 위하여 전력 계통에 전기를 저장해 두는 시설로서 그 용도가 다양하다. 부하 관리 등 전력 공급을 주된 목적으로 하는 Utility 애플리케이션, 전력 품질과 효율을 높이기 위한 계통 운영 보조 서비스 애플리케이션, 신재생 에너지 시스템을 통합하기 위한 신재생 애플리케이션, 그리고 분산형 저장 애플리케이션 등을 들 수 있다. 그러나 전 세계적으로 리튬 이온 배터리 등 에너지 저장 시장이 아직 크게 활성화되지 못하고 있는 이유는 에너지 저장 비용이 상당히 높기 때문으로, 우리나라의 경우 기술적 측면에서는 선진국과 동등한 수준을 점하고 있으나 저장 시설과 관련된 법령이 정비되어 있지 않은 것도 저장 시설의 활성화에 장애 요인으로 작용하고 있다.

Section 85 | 화력 발전과 원자력 발전의 장단점

❶ 화력 발전의 원리

화력 발전의 대부분은 석유 계열의 연료를 태우는 방법을 사용하며, 연료를 태우면 나오는 열로 물을 끓여서 고온 고압의 수증기로 전환시킨다. 고온 고압의 수증기는 터빈을 돌릴 수 있는 힘을 갖고 있으며, 터빈에 연결된 발전기가 전기를 생산하게 된다. 따라서 화석 에너지원의 화학 에너지를 열에너지로 바꾸고 최종적으로 전기 에너지로 생산하며, 장점은 다음과 같다.

(1) 장점

① 소비지에 가까운 곳에 건설할 수 있어 전력 손실이 적다.
② 건설비가 저렴하며 공사 기간이 짧다.
③ 에너지 밀도가 높다.
④ 설치 장소의 제약이 없다.
⑤ 송전 비용과 전력 손실이 적다.
⑥ 전기를 안정적으로 생산할 수 있다.

(2) 단점

① 석탄, 석유 등의 연료를 계속 공급해 주어야 하므로 연료의 저장과 공급이 어려워 운영비가 비싸다.
② 대기 및 수질 등에 환경 오염을 일으킨다.

② 원자력 발전의 원리

우라늄 및 플루토늄과 같은 광석에 핵분열을 일으켜 전기를 생산한다. 원자의 핵분열 시 질량의 손실은 곧 엄청난 에너지로 전환되고, 발생된 에너지(열)는 화력 발전소처럼 고온 고압의 수증기를 만드는 데 사용된다. 이 수증기로 터빈을 돌려서 전기를 생산하게 되며, 핵에너지를 열에너지로 바꾸고 전기 에너지를 생성하며, 장단점은 다음과 같다.

(1) 장점

① 공해가 적다.
② 연료비가 적게 든다.
③ 저렴하면서도 많은 발전이 가능하다.
④ 비교적 에너지원이 많다.
⑤ 다른 산업으로의 파급 효과가 크다.

(2) 단점

① 방사성 폐기물이 발생한다.
② 안전에 대한 우려와, 공사비가 많이 든다.
③ 공사 기간이 길다.
④ 방사능 노출의 위험이 있다.

Section 86 화력 발전소 보일러수(water)의 이상 현상인 캐리오버 (carry over)와 포밍(foaming) 및 프라이밍(priming) 현상

1 캐리오버(carry over)

(1) 개요

보일러에 있어서 캐리오버는 보일러수 속에 용해 또는 현탁되어 있는 고형물이 증기의 흐름과 함께 증기 사용 시스템으로 넘어가는 현상이다. 보일러수 속의 고형물이 증기 시스템으로 넘어가면 증기 건도가 저하하여 제품의 품질을 저하시키고, 과열기를 팽창·파열시키며, 증기 사용 시스템의 열사용 설비의 고형물 부착에 의한 전열 효율 감소 인해 증기 사용량이 증가되는 문제가 발생된다.

(2) 캐리오버에 의한 장해

캐리오버가 일어나면 증기 중의 수분, 고형물의 양과 종류 등에 의해서 여러 가지 장해를 받는다. 용존 고형물 중 염화나트륨, 황산나트륨, 수산화나트륨은 점착성이 있기 때문에 다른 불순물과 함께 부착되며, 캐리오버에 의한 장해는 다음과 같다.

① 증기의 건도가 낮아져 증기 시스템의 증기 사용량이 증가한다.
② 증기 밸브 시트, 터빈 날개 등에 석출물이 부착되어 운전이 양호하게 되지 않는다.
③ 워터 해머에 의해 배관 계통의 휘팅류 등이 파괴된다.
④ 보일러 동체 수위의 상하 진동이 심해 정확한 수위 제어가 어렵다.
⑤ 증기관에 물이 있어 과열기에서 증기 과열이 불충분하게 된다.
⑥ 과열기 내에 석출물이 부착되어 과열관의 손상 또는 막힘으로 열전도를 저하시킨다.

(3) 캐리오버의 방지

캐리오버를 방지하기 위해서 증기 드럼에 기수 분리 장치가 설치되어 있으나 격렬한 프라이밍이 발생하는 경우에는 충분히 그 효력이 발휘되지 못하는 수가 많다. 캐리오버를 방지할 수 있는 대책으로 다음과 같은 사항을 주의하도록 한다.

① 수면이 비정상적으로 높게 유지되지 않도록 주의하여야 한다. 특히 수면이 높을수록 프라이밍의 영향을 받기 쉬울 뿐만 아니라 증기실의 부하율도 높아져 더욱 발생되기 쉽다.
② 보일러 운전 압력을 당초 설계 조건대로 유지한다. 보일러수가 증발하는 경우 압력이 당초 압력보다 낮을수록 비체적이 증가되어 증기 속도가 빨라져 캐리오버의 위험성이 커진다.

③ 부하를 급격하게 증대시키면 프라이밍이 발생될 위험이 있다. 수관식 보일러와 같이 축열량이 적은 보일러는 부하가 급격히 증가하면 그에 따라 압력이 급격히 저하된다. 이때 보일러수는 상대적 온도가 높아 과열 상태로 유지되기 때문에 평형 상태보다도 여분의 열에너지를 보유하게 되어 보일러수를 급격히 재증발시키고 기포의 발생을 유도함으로써 프라이밍이 발생된다.

④ 보일러수의 TDS 농도를 적정 농도로 유지한다(유지류 및 비누류 등이 혼입되지 않도록 한다).

② 포밍(foaming)

(1) 개요

포밍은 증기 거품이 보일러 수면을 이탈하는 동안 증기 거품이 보일러수의 피막으로 둘러싸이면서 보일러수의 피막에 함유된 불순물에 의해서 다시 안정 상태로 되어 다량의 거품이 기수면을 덮는 경우에 일어난다. 포밍의 발생 정도는 보일러수의 성질과 상태에 의존하는 경우가 많은데, 보일러수가 증류수와 같이 순수하고 수면이 아주 고요하게 유지되고 있으면 발생되기 어렵다.

(2) 원인

포밍의 원인이 되는 것은 나트륨(Na), 칼륨(K), 칼슘(Ca), 마그네슘(Mg) 등의 염류이며, 포밍을 조장하는 성분으로는 식생물의 유지류(유지류는 보일러수의 알칼리와 작용해서 비누를 생성), 유기물, 현탁 고형물 등이 있다. 또한, 포밍을 촉진하지는 않더라도 잠재적인 원인이 될 수 있는 성분은 수산화나트륨, 인산나트륨 등이며, 거품을 파괴하는 것으로는 염화나트륨이 있다.

③ 프라이밍(priming)

(1) 개요

보일러수가 미세한 수분이나 거품 상태로 다량 발생하여 증기와 더불어 보일러 밖으로 송출되는 현상이다.

(2) 원인

프라이밍은 보일러 부하의 급변이나 수위의 급격한 상승 때문에 발생한다.

가압 유동층 연소(PFBC : Pressurized Fluidized Bed Combustion) 발전 플랜트의 구성 및 운영상 특징

1 개요

　PFBC는 유동층에서 연소된 석탄의 열을 증기 터빈용 증기 생성에 사용하고 고압의 배기는 가스 터빈에 사용하는 방식으로, 석탄을 깨끗하고 효율적으로 연소시켜 복합 발전에 사용하는 최신 기술이다. 석탄은 세계적으로 가장 많이 분포되어 있고 쉽게 얻을 수 있는 연료로 알려져 있다. 현재 전 세계적으로 약 40%의 발전 연료로 석탄이 이용되고 있으며, 매장량의 풍부함과 가격의 안정성 때문에 많은 나라에서 석탄을 발전 연료로 바꾸고 있는 추세이며, 다음 세기의 주요 연료로 주목받고 있는 상황이다.

2 기본 구성 요소

① **연료 설비** : 석탄을 5mm 이하의 크기로 분쇄하여 유황을 제거할 수 있는 석회나 백운석 그리고 물과 함께 혼합하여 유동층상에 공급하는 설비이다. 저질탄의 경우에는 공기로 공급한다.

② **연소기** : 연소용 공기가 Inert Bed에 공급되면 마치 물이 끓는 것처럼 연소한다. 가스 터빈 압축기에서 공급하는 12~16bar의 연소 공기가 압력을 가하여 유동층 깊숙이 완전 연소시켜 연소 효율을 높인다.

③ **증기 발생기** : 증기는 유동층상에 배열된 튜브군으로부터 발생된다. 기존 보일러에 비하여 열전달률을 4~5배 이상 향상시킬 수 있다.

④ **원심 분리기** : 연소 가스가 가압 연소기에서 배출되기 전에 비산회를 2단 원심 분리기에서 약 98% 제거하며, 나머지 2%의 분진은 $10\mu m$ 또는 500ppm 이하로 가스 터빈에 유입된다.

⑤ **절탄기** : 열교환기에 의해 터빈 출구의 연소 가스를 굴뚝으로 안전하게 배출 가능한 온도까지 낮추도록 급수를 가열하는 장치이다.

⑥ **가스 터빈** : 터빈에서 가스를 팽창시키고 압축기를 구동하면서 약 20%의 전력을 생산한다.

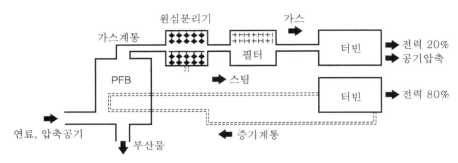

[그림 6-67] PFBC 발전 계통 구성도

⑦ **증기 터빈** : 고압 증기를 사용하며, 80%의 전력을 생산한다.

⑧ **필터** : 연소로 내에서 발생된 고압의 연소 가스가 원심 분리기를 통과 후 가스 터빈에 유입되기 전에 필터를 설치하여 남아 있는 잔유 분진을 제거한다.

❸ PFBC의 특징

① **환경적 안정성** : 연소 과정에서 각종 공해 물질을 제거하므로 깨끗하고, 배출 물질이 적으며, 부산물도 무해하다.

[표 6-77] 공해 물질 배출 비교

SO_x	NO_x	CO_2
99% 제거	95% 제거	15% 제거

※ 기존 화력 발전소의 배출량을 100%로 했을 때의 제거량

② **고효율** : 가압 상태로 연소되고, 높은 가스 밀도에 의한 전열 성능 향상과 복합 발전 방식에 의한 효율 향상으로 인해 이제까지 입증된 효율은 약 45%로 대단히 높으며, 향후 약 50% 이상의 효율도 기대하고 있다.

③ **운영비의 절감** : 복합 사이클과 조합하면 기존 석탄 화력에 비해 10~15%의 연료를 절감할 수 있다(발전 원가 중 연료비는 약 40%).

④ **건설 공기의 단축** : PFBC는 구성이 간단하고 모듈화 할 수 있어 건설비 및 공기가 절감될 수 있으며, 용량의 증가 등 설비의 확장을 용이하게 할 수 있다.

⑤ **연료의 다양성** : 유동층 연소 기술은 우리나라의 저질탄이나 각종 도시 쓰레기, 산업 폐기물 등 다양한 연료를 활용할 수 있다.

⑥ **설비 구성의 단순성** : 공해 방지 설비를 따로 설치할 필요가 없다. 또한, 가압 상태에서 연소시키므로 플랜트의 크기를 기존 보일러보다 1/3로 작게 할 수 있고, 공간을 적게 차지하며, 무게도 절반 정도이다. 따라서 기존의 노후화된 유류 화력이나 석탄 화력

의 Repowering용 대체 발전소로서 활용하는 경우 입지적인 제약을 전혀 받지 않으므로 Repowering용의 대표적인 발전 방식으로 주목받고 있다.

4 PFBC 기술의 문제점 및 개발 과제

유동층에서 연소된 가스가 직접 터빈을 통과하므로 필터를 설치하여도 터빈 날개의 부식이 매우 심하다. 현재 3~4년에 한 번씩 터빈 계통을 교체해야 하는 것으로 알려져 있다. 또한, 1기당 단위기의 용량 규모가 작은 것이 단점이며, 주된 문제점 및 향후 개발 과제를 요약하면 다음과 같다.
① 현재까지 200MW급 이하에 적용되고 있으며, 대형화 기술의 정립이 미흡하다.
② 고온 유동층에 의한 전열관 마모 및 회처리 문제가 있다.
③ 부하의 추종성이 만족할만 하지 못하다.
④ 고온 가스의 정제 기술이 미흡하다.

Section 88 해양 소수력 발전

1 개요

물은 중력의 영향을 받아 높은 곳에서 낮은 곳으로 향해서 흐른다. 그 흐름을 수로로 끌어 들여 수차 발전기를 회전시켜 전기 에너지를 발생시키는 것이 수력 발전(hydropower generator)이다.

수력 발전은 높은 위치에 있는 하천이나 저수지 물의 위치 에너지인 낙차를 이용하여 수차에 회전력을 발생시키고, 수차와 직결되어 있는 발전기에 의해서 전기 에너지로 변환시키는 것을 말한다. 수차를 회전시키는 물의 유량이 많고 낙차가 클수록 발전 설비 용량이 커지고 전력량도 그만큼 많아진다. 수력 발전 설비는 물의 유동 에너지를 변환시켜 전기를 생산하는 설비이며, 발전 시스템은 수차, 발전기, 수배전 설비 등으로 구성된다.

신재생 에너지 연구 개발 및 보급 대상은 주로 1만kW 이하의 소수력 발전을 대상으로 하고 있으며, 다양한 수력 자원 조건에 적용할 수 있는 친환경 수력 에너지의 개발, 발전 설비의 설계 및 제작, 자동화 및 최적 운영, 표준화 및 간소화, 그리고 발전 설비 현대화 등에 필요한 일체의 선진 기술을 말한다.

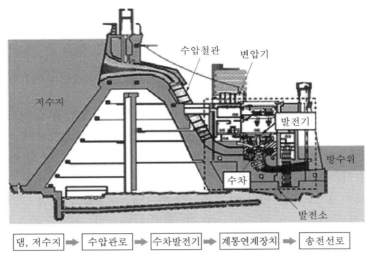

[그림 6-68] 수력 발전 흐름도

② 소수력 발전의 특징

소수력 발전은 소규모 발전 설비의 사용으로 지형 변화나 하천 수질, 수생 생물 등 주변 생태계에 미치는 영향이 적은 환경 조화형 에너지로서, 그 특징은 다음과 같다.

① 발전 중에 이산화탄소(CO_2)를 발생하지 않는 청정 에너지이고, 지구 온난화 방지에 공헌하며, 발전 설비가 비교적 간단하여 단기간 건설이 가능하고 유지 관리가 용이하다.

② 소수력 발전에 의한 전기를 지역 에너지 사업에 이용하면 지역 발전과 자연 에너지 이용으로 상호 작용하여 경제적, 사회적 및 심리적인 효과 등 지역 경제 활동에 기여한다.

③ 기존 농업용수 시설이나 상하수도 시설 등을 이용한 발전 계획이 가능하고, 발생 전력에 의한 시설의 유지 관리비 경감에 기여하며, 타 에너지(태양광, 풍력 등)에 비해 에너지 밀도가 높다.

Section 89 해양 플랜트 중 FLNG(Floating Liquid Natural Gas)

① 개요

LNG 플랜트(LNG Plant)란 가스전의 천연가스를 전처리한 후 영하 162℃ 초저온 상태로 액화시켜 부피를 1/600로 줄임으로써 수송과 저장이 용이하도록 만드는 플랜트이다. FLNG는 '부유식 액화천연가스 설비(Floating Liquefied Natural Gas facility)'로 천연가스를 해양에서 시추한 뒤 액화 · 저장 · 하역까지 할 수 있는 종합 해양플랜트다. 규모가 작고 원거리에 있는 해저 가스전에서부터 대형 가스전까지 과거 경제성이 낮아 개발하지 않던 가스전 개발을 가능하게 하는 새로운 기술이다.

❷ 해양 플랜트 중 FLNG(Floating Liquid Natural Gas)

(1) 최근 LNG 생산 방식

최근에는 시추, 액화 및 저장을 동시에 할 수 있는 부유식 액화 천연가스 생산 방식인 LNG-FPSO 혹은 LNG-FLNG와 같은 해양 에너지 플랜트로부터 LNG를 해상에서 바로 생산해 낸다. 이 부유식 해양 플랜트 생산 방식은 최근 세계 주요 LNG 생산업체들이 보다 깊은 해저에 매장되어 있는 천연가스에 눈길을 돌리면서 각광받게 되었다. 더욱이 부유식 생산 방식은 종래의 육상 액화 천연가스 생산 설비 투자 비용에 비에 훨씬 저렴하기 때문에 세계 석유, 가스 생산업체들이 수출 가격 경쟁력에서 서로 우위를 차지하기 위해 현재는 이 방식을 더 많이 선호하고 있다.

(2) LNG-FPSO(Liquefied Natural Gas-Floating Production Storage Offloading)

LNG-FPSO(Liquefied Natural Gas-Floating Production Storage Offloading : 부유식 해양 LNG 액화 플랜트)는 원거리 해양에 있는 가스전으로 이동하여 해상에 부유하며 (Floating) LNG를 생산(Production), 저장(Storage), 출하(Offloading)할 수 있는 해상 이동식 복합 기능 플랜트이다. LNG-FPSO는 해저 가스전으로부터 유입된 천연가스를 전처리, 액화, 저장하는 설비를 갖춘 부유식 해상 구조물로, 종전 천연가스 생산 방식에 비해 생산 절차를 축약하여 생산 비용이 저렴하며, 가스전 생산 완료 시 이동이 가능하다.

(3) LNG-FPSO 사업의 배경 및 필요성

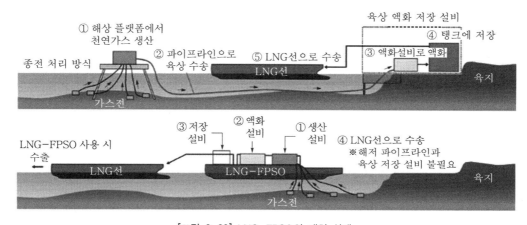

[그림 6-69] LNG-FPSO의 배치 상태

고유가 및 천연가스 수요 증가 등에 따라 에너지 공급 체계의 붕괴 위험성이 높아져 에너지 다소비 국가들의 에너지 안보에 심각한 위협이 되고 있다. 또한, 오일 및 천연가스의 수요 증가로 대규모 LNG 액화 플랜트 건설에 대한 투자비가 크게 증가함에 따라 LNG 가격 상승으로 채산성이 확보되고, 중규모 가스전 개발에 대한 경제성이 향상됨에 따라 LNG-FPSO의 경쟁력이 확보된 상태이다. 심해 에너지원 개발에 필수적인 FPS(Floating Production System) 중 FPSO와 LNG-FPSO는 다양한 기능의 수행 능력을 토대로 시장의 주류로 부상할 전망이며, 국내 조선사는 건조 시장 분야에서 해외 어느 기업보다도 독점적 우위를 점하고 있으나 FEED 설계 능력 부족이라는 치명적 단점을 안고 있다. 국외 업체는 기술 독점(해양 플랜트 개념 및 FEED 설계)을 이용한 새로운 해양 플랜트 및 기자재 개발이라는 선순환을 이끌어내는 반면, 국내 업체는 관련 기술적 장벽으로 인하여 악순환이 진행되고 있다.

Section 90 제철용 플랜트 중 제강법 분류 및 파이넥스(finex) 공법의 특징

1 개요

고로 공정에서는 원료인 철광석과 연료인 석탄이 반드시 필요하지만, 이들은 높은 온도를 갖는 고로 내부에서 안정하지 못하고 분상으로 깨져서 고로 내 가스 흐름을 악화시키는 등의 문제점을 일으킨다. 그래서 고로에 직접 투입하지 못하고 고로에 넣기 전에 소결광과 코크스의 형태로 가공하여 공급한다.

2 제철용 플랜트 중 제강법 분류 및 파이넥스(finex) 공법의 특징

(1) 제철용 플랜트 중 제강법 분류

소결 공장에서 철광석을 부원료들과 함께 고온으로 가열하면 작은 철광석 입자들의 표면이 용융하면서 서로 달라붙어 고로에서 사용될 수 있는 크고 단단한 입자가 되는데, 이를 소결광이라 한다.

또한, 석탄도 코크스 공장에서 고온으로 가열, 열분해시켜 덩어리 형태로 크고 단단하게 하여 고로 내부의 고온에서도 강도를 유지할 수 있게 하는데, 이를 코크스라고 한다. 코크스는 철광석과 함께 고로 상부로 투입된다. 고로 하부에서는 1,100℃에 달하는 고온의 공기를 음속에 가까운 초속 200~300m의 속도로 불어 넣어 코크스를 연소시키고, 이

때 발생하는 열과 일산화탄소를 이용하여 철광석을 환원·용융시켜 용선을 얻게 되며, 이 쇳물은 제강 공정으로 공급되어 강철을 만드는 원료로 사용된다.

소결 공정 및 코크스 공정에는 모든 종류의 철광석과 석탄이 사용 가능한 것이 아니다. 우수한 품질의 소결광 제조에 부합하는 성질을 갖는 품질이 좋은 철광석과 코크스를 만들 수 있도록 고온에서 점결성을 갖는 고가의 유연탄이 필요하다. 하지만 세계적으로 양질의 철광석과 유연탄은 그 자원이 한정되고 고갈되고 있으며, 자원 보유국의 영향력이 커지고 있어 수급이 어려워질 뿐만 아니라 그 가격도 큰 폭으로 상승하고 있다. 또한, 소결광과 코크스를 얻는 공정을 위해서는 막대한 설비 투자 및 운용 비용이 필요하며, 제철소 대기 오염물질의 대부분이 이들 공정에서 발생되는 문제점도 있다.

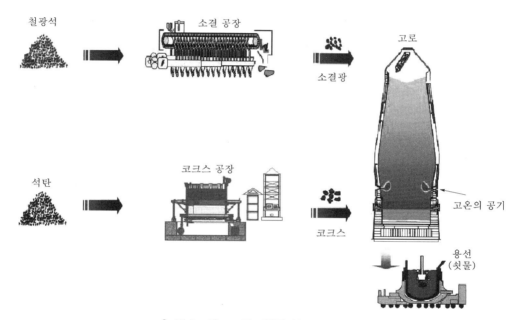

[그림 6-70] 고로를 이용한 쇳물 생산 공정

(2) 파이넥스(finex) 공법의 특징

파이넥스(finex) 공정에서는 미립의 분체 상태인 철광석을 별도로 사전 처리하지 않고 4단의 유동로에 투입하여 철광석 입자들을 유동 상태에서 환원 가스에 의해 균일하게 환원시킨 후, 환원된 미립의 입자를 단광으로 크게 만들어 밀폐형 용융로 상부를 통해 노 내로 투입한다. 한편, 코크스 제조에 사용되지 못하는 저품위의 석탄인 일반탄은 상온에서 단순히 컴팩팅만 하여 성형탄으로 제조되고, 용융로 상부로 투입되어 하부로 이송되며, 노 내의 가스에 의해 가열된다.

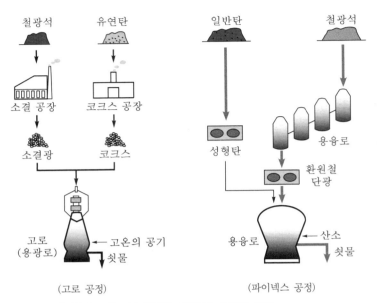

[그림 6-71] 고로 공정과 파이넥스 공정의 비교

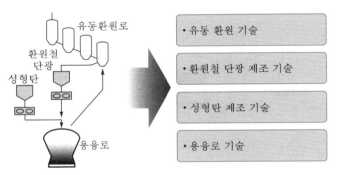

[그림 6-72] 파이넥스 공정의 주요 기술

　가열된 성형탄은 용융로 하부에서 투입되는 상온의 산소와 반응해 연소되어 환원 가스와 열을 발생시키게 되며, 이때 발생한 환원 가스는 용융로 상부로 상승하면서 용융로로 투입되는 단광 형태의 환원된 철광석을 최종 환원 및 용융시켜 액체 상태인 용선으로 변화시키게 된다.

　이와 같이 파이넥스 공정의 기술적 큰 특징은 소결광과 코크스 제조 공정이 생략되어 있다는 점이다. 파이넥스 공정을 구성하는 핵심 단위 기술들을 크게 분류하면 분체 상태의 철광석을 유동 환원 반응기 안에서 균일하게 유동시키면서 환원시키는 철광석 유동 환원 기술, 환원된 분 상태의 환원철을 덩어리 형태로 바꾸는 환원철 단광 제조 기술, 가루 상태의 석탄을 입자가 큰 덩어리 형태로 만드는 성형탄 제조 기술과 환원철 단광을 최종 환원 및 용융시키는 용융로 기술 등으로 구분할 수 있다.

발전용 터빈 발전기의 터닝 기어(turning gear)

1 개요

터빈 기동 전 또는 정지 후 축을 서서히 돌려주어 로타의 편심(偏心, eccentricity) 발생을 최소화하는 장치이다. 터빈 정지 후 축을 그대로 두면 터빈 각 부위가 점차 냉각됨에 따라 축의 상부에는 증기가 고여 있으므로 상하부 온도차가 생길 뿐만 아니라, 축의 자중에 의하여 변형되므로 이것을 최소화하기 위하여 설치한다. 또한 장기간 정지하였던 터빈은 축이 약간 굽어 있으므로 이런 상태에서 고속 회전을 시키면 심한 진동을 일으킨다. 따라서 기동하기 전에 축을 서서히 회전시켜서 축의 온도 분포를 균등하게 하여 굽었던 축을 바르게 한다.

2 발전용 터빈 발전기의 터닝 기어(turning gear)

터닝 기어를 구동하는 방법은 다음과 같다.

(1) 모터 구동 방식(electric motor driven)

터빈의 축 이음부를 전동기 회전차로 삼아 회전시키는 방법과 감속 기어를 통한 회전 방법이 있으며, 감속 기어를 이용하는 것이 가장 많이 사용된다.

(2) 고압유 터빈에 의한 구동 방식(oil turbine driven)

축에 날개를 부착하여 터닝 기어유 펌프(TGOP : Turning Gear Oil Pump) 또는 윤활유 펌프 출구쪽 압력으로 터닝 기어의 날개에 충동력을 주어 회전시킨다.

3 운전조건

(1) 윤활유 온도

터닝 기어 운전 시 공급되는 윤활유 온도는 점도를 고려하여 10℃ 이상으로 하되, 27~32℃가 적당하다. 윤활유 온도가 적당하지 않으면 원활하게 회전되지 않는다.

(2) 설치 및 운전

터닝 기어의 설치 위치는 일반적으로 저압 터빈과 발전기 사이에 설치한다. 회전 속도는 대부분 발전소가 2~3rpm으로 회전하며, 일부 발전소는 60~120rpm으로 회전하는 경우도 있다. 터빈이 기동되어 회전 속도가 점차 증가하면 터닝 기어는 자동적으로 풀려 정지되며, 이때 분리되지 않을 경우 고장의 원인이 된다. 터닝 기어 기동 시 윤활유 압력만으로는 축의 자중으로 인한 유막 파괴 때문에 회전이 불가능하므로 100~150kg/cm²의 유압(jacking oil pump)을 저널 베어링 하부에 공급하여 축을 약 0.015mm 정도 들어서 회전시킨다.

일반적으로 축의 온도가 100℃ 이하로 내려가면 터닝 기어 운전은 중지할 수 있으나, 시간적 여유가 있으면 축의 온도가 상온으로 냉각될 때까지 계속 운전하는 것이 좋다. 또한, 터빈이 소내 전원 상실 등 여러 가지 비상 정지되거나 축 온도가 100℃ 이상일 때 또는 정비 등의 목적으로 정지 시 반드시 수동으로 운전하여 조금씩 회전시켜야 한다. 이때 축이 회전되지 않을 경우 무리하게 기계적 힘을 가하여 회전시켜 터빈 내부를 손상시키는 일이 없도록 하여야 한다. 터닝 기어 운전 시간은 다음과 같이 실시하는 것이 이상적이다.

[표 6-78] 터닝 기어의 운전 시간

항 목		운전 시간
정지 시		터빈 각 부위의 온도가 균등히 냉각될 때까지
기동 시	정지 시간이 24시간 미만	2~4시간
	정지 시간이 7일 미만	12시간
	정지 시간이 30일 미만	48시간 이상

Section 92 민간 투자 제도의 사업 방식에서 BTO(Build Transfer Operate)와 BTL(Build Transfer Lease)

❶ 수익형 민자 사업(BTO : Build-Transfer-Operate)

민간 자금으로 건설(build), 소유권을 정부로 이전(transfer), 사용료 징수 등 운영(operate)을 통해 투자비를 회수하며, 대상은 도로, 철도 등 수익(통행료 등) 창출이 용이한 시설 등에 적용한다.

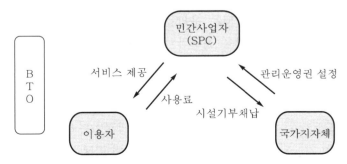

[그림 6-73] 수익형 민자 사업(BTO : Build-Transfer-Operate)

② 임대형 민자 사업(BTL : Build-Transfer-Lease)

민간 자금으로 공공시설 건설(build), 소유권을 정부로 이전(transfer), 정부가 시설 임대료(lease) 및 운영비를 지급하며, 대상은 학교, 문화 시설 등 수요자(학생, 관람객 등)에게 사용료 부과로 투자비 회수가 어려운 시설에 적용한다.

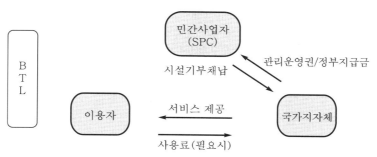

[그림 6-74] 임대형 민자 사업(BTL : Build-Transfer-Lease)

[표 6-79] BTO과 BTL 방식 비교

추진 방식	Build-Transfer-Operate	Build-Transfer-Lease
대상 시설 성격	최종 수용자에게 사용료 부과로 투자비 회수가 가능한 시설	최종 수요자에게 사용료 부과로 투자비 회수가 어려운 시설
투자비 회수	최종 사용자의 사용료	정부의 시설 임대료
사업 리스크	민간의 수요 위험 부담	민간의 수요 위험 배제

③ 기타 방식

(1) BOT(Build-Operate-Transfer) 방식

사회 기반 시설의 준공 후 일정 기간 동안 사업 시행자에게 당해 시설의 소유권이 인정되며, 소유권 기간 만료 시 시설 소유권이 국가 또는 지방 자치 단체에 귀속되는 방식이다.

(2) BOO(Build-Own-Operate) 방식

사회 기반 시설의 준공과 동시에 사업 시행자에게 당해 시설의 소유권이 인정되는 방식이다.

(3) BLT(Build-Lease-Transfer) 방식

사업 시행자가 사회 기반 시설을 준공한 후 일정 기간 동안 타인에게 임대하고, 임대 기간 종료 후 시설물을 국가 또는 지방 자치 단체에 이전하는 방식이다.

(4) ROT(Rehabilitate-Operate-Transfer) 방식

국가 또는 지방 자치 단체 소유의 기존 시설을 정비한 사업 시행자에게 일정 기간 동안 시설에 대한 운영권을 인정하는 방식이다.

(5) ROO(Rehabilitate-Own-Operate) 방식

기존 시설을 정비한 사업 시행자에게 당해 시설의 소유권을 인정하는 방식이다.

(6) RTL(Rehabilitate-Transfer-Lease) 방식

사회 기반 시설의 개량, 보수를 시행하여 공사의 완료와 동시에 당해 시설의 소유권이 국가 또는 지방 자치 단체에 귀속되며, 사업 시행자는 일정 기간 관리 운영권을 인정받아 당해 시설을 타인에게 사용, 수익하도록 하는 방식이다.

Section 93 한국형 스마트(SMART) 원자로의 특징

1 개요

세계적으로 비싸고 오래된 화력 발전소를 대체할 새로운 발전원이 요구되고 있다. 전 세계 발전소 12만7000기의 97.2%는 300MWe 이하 규모의 소형 발전소이며, 그 중 30년 이상 운전해 노후화 된 300MWe 이하 화력 발전소는 3만1500기 이상이다. 화석 연료의 가격 상승과 시설 노후화로 경제성이 떨어지는 노후 중소형 화력 발전소를 대체하려는 요구는 비슷한 용량의 중소형 원전으로 교체하는 움직임으로 이어지고 있다.

2 한국형 스마트(SMART) 원자로의 특징

SMART(System-integrated Modular Advanced ReacTor)는 열출력 330MW(전기 출력 100MW)로 대형 원전(전기 출력 1,000MW 이상)의 10분의 1 수준인 중소형 원전이다. 원자로를 이루는 주요 기기들이 대형 배관으로 연결된 대형 원전과 달리 SMART는 증기 발생기, 가압기, 원자로 냉각재 펌프 등 원자로 계통 주요 기기를 원자로 압력 용기 안에 모두 설치한 일체형으로 이루어졌다.

일체형 원자로는 기기들을 연결한 대형 배관이 깨져서 발생하는 대형 냉각재 상실 사고의 가능성을 원천적으로 배제할 수 있어 안전성을 획기적으로 높일 수 있다. 특히, SMART는 주요 기기를 모듈 형태로 설계해 건설 현장에서 조립·용접 과정을 최소화함으로써 건설 공기를 획기적으로 단축시킬 수 있는 게 특징이다. 전력 생산뿐만 아니라 바닷물을 민물로 바꾸는 해수 담수화나 지역난방, 공정열 공급 등 다양한 활용이 가능하다. 해수 담수화용으로 건설할 경우 SMART 원자로 1기로 인구 10만 명 규모 도시에 전기 9만kW와 하루 4만 톤의 물을 동시에 공급할 수 있다.

이 같은 성능을 갖춘 SMART는 원자력 발전 도입을 희망하지만 1기당 건설 비용이 3조 원이 넘는 대형 원전을 짓기에는 경제력이 약한 국가에 적합하다. 또 전력망의 규모가 작아 대형 원전을 지을 수 없고 넓은 국토에 인구가 분산되어 있어 대형 원전을 지을 경우 송전망 구축에 과도한 비용이 소요되는 국가에 최적의 도입 조건을 제공한다.

중동 등 물 부족 국가는 바닷물을 끓여 민물로 만드는 해수 담수화에 석유나 천연가스 등 막대한 양의 화석 연료를 소비하고 있는데, 화석 연료 대신 원자력 에너지를 이용한 해수 담수화를 꾀하는 국가도 중소형 원전 도입을 희망하고 있다.

Section 94 플랜트(plant)를 수출 시 공급자의 준비절차와 공정별 중점 점검항목

1 개요

플랜트 산업은 산업구조의 고도화에 이바지하는 바가 큰 산업으로 전 세계적으로 시장규모가 지속적으로 성장할 것으로 전망되며 세계 플랜트 시장 규모는 세계 금융위기의 여파로 2009년 침체기를 맞이하였으나 경기회복 및 에너지 자원개발 활성화와 맞물려 급속한 성장이 예상되며 반도체 산업에 버금가는 경제성장의 핵심동력이다. 또한, 엔지니어링, 기계설비, 건설 등의 복합 산업으로서 산업 연관 효과가 높은 산업으로 국내 플랜트 산업의 매출 규모가 반도체 산업에 버금가는 등 경제성장의 핵심동력 중 하나로 부상되고 있으며 특히, 오일 쇼크와 외환위기 때에는 중동 오일머니 등 외화를 벌어들여 외화 유동성 확보에 크게 기여하고 있다.

2 플랜트(plant)를 수출 시 공급자의 준비절차와 공정별 중점 점검항목

플랜트 구축 계획은 ① 기획/탐색 → ② 개념설계 → ③ 기본설계 → ④ 상세설계의 단계적인 엔지니어링(설계) 작업을 통해 구체화된다는 점을 고려할 때, 플랜트 대형 R&D 사업의 투자여부 대한 의사결정을 위한 사업기획은 어느 단계까지 수행해야 하는지에 대한 결정이 필요하다.

분석을 위한 각 단계별 의미, 내용, 활용목적, 비용 정확도를 정리하면 [표 6-80]과 같으며, 이 중 개념설계(Class 4), 기본설계(Class 3) 단계를 살펴보면 다음과 같다.

(1) 개념설계

일반적으로 프로젝트(project) 실행 가능성을 검토하기 위하여 그 프로젝트의 의도에 따른 개략의 모양을 설정하고, 기술적, 경제적 타당성을 평가하기 위한 설계로 정의되며 비용 정확도는 −30~+50%의 오차 범위를 가진다. 사업수행 범위, 플랜트 생산규모, 사업부지, 사업통합관리, 스케줄, 위험관리, 업무분장 등의 초안 성격의 사업 관련 정보가 산출될 수가 있다.

(2) 기본설계

플랜트 건설을 위한 핵심설계 자료를 도출하는 단계로 결과물은 프로젝트 투자 여부 검토 및 승인을 위해 활용되며 비용 정확도는 −20~+30%의 오차 범위를 가지고 개념설계 시 생산된 초안 성격의 사업 관련 정보가 확정된다.

[표 6-80] 화학 산업에서의 비용추정 등급 매트릭스

Class 구분	플랜트 구축 생애 주기 구분	추정비용의 활용	비용 정확도
Class 5	기획/탐색	프로젝트 기획 및 조사	• L : −20%~−50% • H : +30%~+100%
Class 4	개념설계	프로젝트 타당성 검토	• L : −15%~−30% • H : +20%~+50%
Class 3	기본설계	프로젝트 투자 여부 검토 및 승인	• L : −10%~−20% • H : +10%~+30%
Class 2	상세설계	프로젝트 공사 입찰	• L : −5%~−15% • H : +5%~+20%
Class 1	(구매)	실공사 및 기가재 구매 비용 추정	• L : −3%~−10% • H : +3%~+15%

상기 내용을 종합해 보면 타당성 조사의 관점으로는 개념설계의 선행 후 사업계획을 수립하는 것이 적절할 것으로 보이나 사업의 투자여부 검토 및 승인과 비용의 정확도 측면에서 보면 기본설계의 선행이 필요할 수 있으며, 개념설계를 통해 제공되는 초안 성격의 사업 관련 정보가 내용적으로 타당성 조사를 수행하는 데 있어 실효성과 구체성이 확보되었다면 개념설계를 바탕으로 수행될 수 있다. 그러나 비용 정확도에 있어 상당히 큰 오차 범위를 제시하고 있다는 점에서 사업비에 대한 불확실성에 대한 리스크는 크다.

타당성 조사 전 선행되어야 할 설계단계로 85% 이상이 최소 개념설계 수준의 구체성을 갖추어야 한다고 평가하며, 개념설계(57.1%) > 기본설계(28.6%) > 사업구상(14.3%) 순이다.

반면, 비용추정에 있어서는 개략적인 단위 공정 장치별 기자재 조립 원가를 비용추정의 기준으로 하는 Class 3 추정법(기본설계 단계)에 대한 선호도가 높으면, Class 4(28.6%) > Class 3(64.3%) > Class 2(7.1%) 순이다.

따라서 플랜트 사업의 기획은 최소한 개념설계 단계 이후 결과를 바탕으로 수립되어야 하며, 비용의 오차 범위를 최소화할 수 있는 방안이 마련되어야 한다.

Section 95 교량용 이동식 가설구조물 작업 시 구조계산서와 설계도면의 준비 내용

1 개요

이동식 비계는 교량 상부공 철근콘크리트의 하중, 이동식 비계의 자중, 작업하중, 풍하중, 충격하중 등을 모두 안전하게 지지할 수 있는 구조로 설계·제작되어야 한다. 그러나, 현재 우리나라에서는 이동식 비계의 구조에 관한 제작기준이 제정되어 있지 않다. 우리나라에서 사용되고 있는 이동식 비계의 대부분은 독일 등 선진국에서 설계 및 제작된 것이며, 최근에는 우리나라 업체가 자체 기술로 또는 외국업체의 기술지원으로 설계 및 제작하고 있다. 그러나, 설계·제작 및 품질관리 기준이 제작업체에 따라 서로 상이하여 사용과 안전관리에 어려움이 많다.

이동식 비계 사용 중에는 물론이고 현장 반입 및 반출, 설치 및 해체 전 과정에서 안전성을 확보할 수 있도록 설계·제작되어야 한다.

2 교량용 이동식 가설구조물 작업 시 구조계산서와 설계도면의 준비 내용

모든 공정에서 안전성을 확보하기 위하여 제작기준이 제정되어야 하며, 제작기준에 포함되어야 할 주요사항은 다음과 같다.

① 교량 상부공 철근콘크리트의 하중, 작업하중, 풍하중, 충격하중 및 이동식 비계의 자중을 안전하게 지지할 수 있는 구조설계
  ㉠ 작업하중, 풍하중 등 설계하중 및 각 구조 부재의 안전율
  ㉡ 트럭 또는 트레일러를 이용하여 도로운송과 현장에서의 분해 및 조립을 안전하게 할 수 있는 단위 부재의 크기와 무게
② 이동 대차의 구조 및 성능
③ 사용 부재의 재질, 용접 및 볼트의 품질
④ 안전시설의 구조 및 품질
⑤ 성능검사, 품질검사 및 안전관리
⑥ 사용자 매뉴얼 작성

Section 96 차량계 건설기계 중 백 호 사용 시 예상되는 위험 요인 및 예방 대책

1 개요

차량계 건설기계는 작업의 종류에 따라 트랙터계와 셔블계 건설기계로 구분하며, 불도저, 모터 그레이더, 로더(무한궤도, 타이어), 스크레이퍼, 스크레이퍼 도저, 파워 셔블, 백 호, 드래그라인, 크렘셸, 트렌치, 롤러 및 콘크리트 펌프카 등을 말한다.

2 차량계 건설기계 중 백 호(back hoe) 사용 시 예상되는 위험 요인 및 예방 대책

(1) 백 호 작업 중 전도 · 전락 위험

① 위험 요인
   ㉠ 협소한 장소에서 근로자와 공동 작업 중 협착 · 충돌
   ㉡ 굴착 선단부 근접 작업 중 토사 붕괴 및 슬라이딩에 의한 전도
   ㉢ 장비 운행 가설 도로 노폭의 부족으로 사면 붕괴에 의한 전도 · 전락
   ㉣ 비탈 구간, 곡면부에서 과속으로 운전 중 전도 · 전락
   ㉤ 무자격 운전원의 조작 미숙으로 전락
   ㉥ 백 호 버킷 커플러 해지 장치의 미설치로 탈락 · 협착

② 재해 예방 대책
   ㉠ 절취 · 절토 작업 시 안전한 소단 확보
   ㉡ 굴착 선단부 작업 시 1m 이상 이격 정차 후 장비 작업
   ㉢ 장비 운행 가설 도로의 충분한 노폭 확보 및 다짐(곡면부 노폭 추가 · 확대 · 확보)
   ㉣ 비탈 구간, 곡면부 속도 제한 표지판 및 반사경 설치
   ㉤ 운전원 유자격 여부 확인
   ㉥ 백 호 버킷 커플러 해지 장치 설치

(2) 백 호 작업 중 충돌 · 협착 위험

① 위험 요인
   ㉠ 작업 반경 내 근로자의 출입으로 장비와 충돌 · 협착
   ㉡ 백 호 작업 시 신호 · 유도자의 미배치로 장비 간 충돌
   ㉢ 백 호 후진 경보음 미작동 및 후사경 탈락으로 후방 근로자 충돌
   ㉣ 협소한 작업 구간 내 장비 및 작업자의 투입으로 충돌 · 협착

ⓜ 백 호 시동 중 운전원 이탈에 의한 장비의 불시 이동으로 충돌

② 재해 예방 대책

ⓐ 작업 반경 내 신호·유도자를 배치하여 근로자 출입 통제

ⓑ 다수의 장비 작업 구간 유도자의 배치

ⓒ 협소한 작업 구간 내 장비 및 근로자의 과투입 금지(작업 동선 고려)

ⓓ 백 호 운전원 하차 시 시동 정지 및 브레이크 등 안전장치 고정

ⓔ 장비 투입 전 안전장치 점검(후진 경보음 작동 및 후사경 탈락 여부)

ⓕ 어두운 터널 등 시야 확보가 어려운 곳에는 야광 안전 표지판 및 경광등 설치

(3) 백 호 작업 중 추락 및 지장물 접촉

① 위험요인

ⓐ 백 호 버킷에 근로자의 탑승으로 인한 추락

ⓑ 운전원 안전벨트 미착용 및 승차석 이외 근로자 탑승

ⓒ 백 호 작업 반경 내 전선 방호 조치 미실시로 인한 접촉

ⓓ 굴착 반경 내 지하 매설물 현황 및 위치 미확인으로 인한 매설물 파손

ⓔ 지장물 접촉 위험 구간에서 작업 시 감시원 미배치로 인한 접촉

② 재해 예방 대책

ⓐ 백 호 버킷에 근로자 탑승 금지

ⓑ 운전원 안전벨트 착용 및 승차석 이외에 근로자 탑승 금지

ⓒ 작업 전에 전신주 및 가공 선로 현황 파악 후 보호 조치

ⓓ 지하 매설물 위치 및 현황 파악 후 굴착 실시(매설물 발견 시 인력 파기로 확인)

ⓔ 사전에 지장물을 파악하여 작업 동선 및 장비 작업 위치 협의

ⓕ 작업 구간 내 감시원 배치

(4) 백 호 작업 중 낙하·비래

① 위험 요인

ⓐ 백 호의 주 용도 외 사용 중 자재 낙하

ⓑ 양중용 달기 로프 파단 및 단말부 불량으로 로프 풀림

ⓒ 로프의 인양 고리 결속 방법 불량으로 로프 이탈

ⓓ 버킷 이탈 방지 안전핀 미설치로 인한 버킷 탈락

ⓔ 붐대를 올려놓고 장비 점검 및 보수 작업 중 유압의 빠짐으로 인한 붐대의 낙하

ⓕ 버킷에 하중을 받은 상태에서 운전원 이탈 및 오동작으로 인한 낙하

② 재해 예방 대책

ⓐ 백 호의 주 용도 외 사용 금지

ⓑ 버킷에 부착된 인양 Hook 해지 장치 부착

ⓒ 양중용 달기 로프 사전에 점검(결속 및 말단부)

ⓔ 버킷 이탈 방지 안전핀 설치

ⓜ 붐대를 올려놓고 정비·보수 시 하부 안전 지주 또는 안전 블록 설치

ⓗ 운전원 이탈 시 버킷을 지면에 내리고 철저히 브레이크 제동

Section 97 | 최근 건설 현장의 지원 모니터링 시스템인 RFID, 스테레오 비전, 레이저 기술

1 개요

건설 업계는 최첨단을 갖춘 빌딩, 교각, 산업 설비를 위한 건설로 분주한 나날을 보내고 있으며, 이 분야는 제조 및 항공 등 정보 기술이 생산성 향상에 기여해 온 업종과는 달리 첨단 기술 수용에 가장 뒤처진 업종으로 알려져 있다. 비용 초과 지출, 안전 문제, 지연, 품질 문제 등은 건설 업계에게 지속적인 어려움을 주고 있어 지원 모니터링 시스템은 건설 업계의 비용 절감과 안전사고를 방지할 수 있다.

2 RFID, 스테레오 비전, 레이저 기술

(1) RFID(Radio Frequency Identification)

건설 업계에 속해 있는 일부 기업들은 RFID가 자재의 선적과 수신을 추적하는 데 사용되어 효율성을 강화해 줄 수 있을 것으로 판단하고 있다. 텍사스와 런던 등 일부 건설 현장에서 도난이나 분실을 방지하기 위해 망치나 드라이버에서부터 착암기와 용접 장비 등에 이르는 건축 도구의 추적을 위해 RFID에 대한 테스트가 진행되고 있다. 크레인이나 불도저 등을 공급하는 중장비 업체들의 경우 임대 수익을 극대화하고 건설 현장에서 사용되지 않고 방치되는 것을 막기 위해 장비를 추적하고 사용을 모니터링하기 위해 RFID를 도입하고 있다. 또한 여러 회사들이 근로자들의 안전과 생산성을 위해 RFID를 시범적으로 도입하고 있다.

(2) 스테레오 비전(Stereo Vision)

물체에 대해 다른 각도에 설치된 두 대의 카메라를 사용하며, 교정 기법이 사용되어 카메라 두 대 사이의 픽셀 정보를 조율하고 깊이 정보를 추출한다. 이 방법은 거리를 시각적으로 측정하기 위해 우리의 두뇌가 작동하는 방법과 가장 유사하다.

(3) 레이저 기술

레이저 선이 물체에 투사되고 카메라로 이미지를 수집하고 물체의 단일 슬라이스에서 레이저 선의 변위를 측정하여 높이 프로파일을 생성한다. 레이저와 카메라는 물체 표면의 여러 슬라이스를 스캔하여 결과적으로 3D 이미지를 생성하게 된다.

Section 98 Plant 건설 후 시운전의 개요 및 종류

1 개요

시운전은 설치가 완료된 단위 기기 및 장치에 대하여 상태 확인, 예비 점검, 기동, 시험 및 조정 작업 등 단독 시운전을 거쳐 전 단위 기기 및 장치가 하나의 종합 플랜트로 조합되어 정상 운전 상태에 이르기까지의 기간 동안 행해지는 일련의 운전 조작 과정을 말한다.

이 단계에서는 시운전 요원들에 대한 교육 훈련, 시운전 절차 및 조작 방법 확립, 기기의 규격과 설치 상태 적정 여부 확인 및 기능 시험, 그리고 단위 기기와 계통별 예비 점검을 거쳐 시험 운전과 조정 기록, 각종 기기와 배관 계통의 세정 및 누설 시험, 종합 시운전, 보증 성능 시험 및 설비상의 문제점 도출과 시정 업무가 수행된다.

2 시운전 체계

시운전 책임자는 건설 책임자와 독립하여 시운전 업무를 주관하여 실시하며, 본 업무와 관련해서는 발전 플랜트 완공 후 발전 운영 총책임자의 지휘를 받는다. 시운전 책임자는 시운전 업무에 관하여 시운전 관계 책임자 및 요원(이하 "시운전 요원"이라 함)을 지휘 감독하고 건설 부서 및 계약자와의 업무 협조 체계를 유지해야 한다. 발전 플랜트 시운전 체계는 다음과 같이 각 부서별 역무를 통해 이해하는 것이 쉽다.

(1) 시운전 공무 부서

시운전 공무 부서의 역무는 다음과 같다.
① 종합 시운전 계획 수립 및 공정 관리
② 시운전 요원 교육 계획 수립 및 시행
③ 시운전 자료의 작성, 접수, 배부 및 시운전 기록 유지
④ 발전 실적, 효율 및 정지 관리 및 제반 공무
⑤ 설비의 가인계 인수

(2) 시운전 부서

시운전 부서의 역무는 다음과 같다.

① 시운전과 직접 관련된 시험, 점검 및 운전 조작

② 시운전 절차 수립, 교육 자료 개발 및 교육 시행 관련 업무 협조

③ 시운전과 관련된 급전 연락 및 정비 부서 발족 전 시운전 정비 관련 업무

(3) 환경 및 화학 부서

환경 및 화학 부서의 업무는 다음과 같다.

① 화학, 환경 설비의 시운전 및 운용

② 발전 용수, 연료 및 윤활유 등의 분석

③ 환경 오염 방지 대책 확보 관리

(4) 정비 부서

정비 부서의 업무는 다음과 같다.

① 시운전 정비 대책 수립 추진 및 경상 정비 업체 관리

② 예비 부품 및 장비 확보 현황 파악 및 관리

③ 정비 필수 자료 수집 및 관리

④ 시운전 기간 중 발생 문제점 파악 및 대책 수립

⑤ 기타 향후 유지 정비와 관련된 제반 업무

❸ 시운전 계획

원활하고 안전한 시운전을 위하여 단독 시운전 개시 전에 다음 사항이 포함된 시운전 계획을 수립하여야 한다.

① 시운전 조직 구성 지휘 체계, 업무 분장 및 인력 투입 계획

② 시운전 요원 교육 훈련 계획

③ 시운전 공정 계획

④ 시운전 절차서 작성과 시운전 자료 확보 및 관리 계획

⑤ 시운전 정비 대책

⑥ 공해 방지 대책

⑦ 안전사고 예방 대책 등

❹ Plant 건설의 시운전 종류

시스템별로 완성 상태를 확인 및 점검을 한 후 배관 속을 증기나 수압으로 청소한 다

음 무부하 시험을 하며, 그 후에 원료를 투입하여 생산을 하며 전 계통의 이상 유무를 파악한다. 시운전 단계는 다음과 같은 단계로 나누어서 진행한다.

① Pre-commissioning

② Commissioning

③ Start-up operation

Section 99 철골 작업의 중지 조건

1 개요

철골 작업은 빔을 이용하여 볼트나 너트로 체결하거나 용접, 리벳에 의해서 결합을 시키며, 풍압과 풍속에 의해 저항력을 받으므로 현장의 여러 조건을 충분히 검토하여 진행을 해야 하며 풍속별 작업 범위는 다음과 같다.

[표 6-81] 풍속별 작업 범위

풍속(m/sec)	종별	작업 범위
0~7	안전 작업 범위	전작업 실시
7~10	주의 경보	외부 용접, 도장 작업 중지
10~14	경고 경보	건립 작업 중지
14 이상	위험 경고	고소 작업자는 즉시 하강 안전 대피

2 철골 작업의 중지 기준

철골 작업의 중지 조건은 다음과 같다.

① 풍속이 초당 10m 이상인 경우

② 강우량이 시간당 1mm 이상인 경우

③ 강설량이 시간당 1cm 이상인 경우

Section100 타워 크레인 기종 선택 시 유의 사항과 설치 순서

1 기종 선택 시 유의 사항

① 거리별 최대 사용 중량 검토
② Jib 길이 검토 : 주변 건물과 간섭 여부, 도로측 침범 길이 최소화, 도로측 자재 반입성을 검토한다.
③ 설치 위치 검토 : 지하 구조물 보간섭, 지상부 건물 마감선과 이격 거리, 지하 구조물 작업성을 검토한다.
④ 기타 검토 : 설치와 해체 용이성, 안전성과 작업 효율성, 추가 Mast 사용 여부, Climbing 작업 시간, 해체 시 옥상층의 가이데릭 해체 장비 설치, 사후 관리 처리, 국내 보유 현황을 검토한다.

2 설치 순서

설치 순서는 다음과 같다.
① 기초 앙카 설치
② Basic master 설치
③ Telescoping cage 설치
④ 운전실 설치
⑤ Cat head 설치
⑥ Counter Jib 설치
⑦ 권상 장치 설치
⑧ Main Jib 설치
⑨ Counter weight 설치
⑩ Trolley 주행용 와이어 로프 설치
⑪ 권상용 와이어 로프 설치
⑫ Telescoping 작업

Section 101 | 이동식 크레인의 선정 시 고려 사항

1 개요

이동식 크레인이라 함은 원동기를 내장하고 있는 것으로서 불특정 장소에 스스로 이동할 수 있는 크레인으로, 동력을 사용하여 중량물을 매달아 상하 및 좌우(수평 또는 선회를 말한다)로 운반하는 설비로서 「건설기계관리법」을 적용받는 기중기 또는 「자동차관리법」 제3조에 따른 화물·특수 자동차의 작업부에 탑재하여 화물 운반 등에 사용하는 기계 또는 기계 장치를 말한다.

2 안전상 검토 시 고려하여야 할 일반 사항

① 이동식 크레인의 선정 시에는 작업장 조건, 기상 조건(풍향, 풍속, 기온 등), 지형, 작업 반경을 고려한 이용 가능 면적, 기계가 위치하는 지반 지지력, 취급물의 중량, 형상, 크기, 인양 높이 또는 거리, 이동 속도, 이동 횟수, 작업량 등을 고려하여 선정하여야 한다.

② 이동식 크레인의 작업 반경과 인양 높이, 인양 하중과의 상관 관계를 고려하여야 한다.
  ㉠ 이동식 크레인의 작업 반경이 커지면 인양 하중은 작아지고, 작업 반경이 작아지면 인양하중은 커진다.
  ㉡ 수평면에 대한 붐의 각도가 커질수록 인양 하중은 커지고, 붐의 각도가 작아질수록 인양하중은 작아진다.
  ㉢ 지브를 사용하면 인양 하중은 현저히 작아진다.

③ 크레인 붐의 각도가 작으면 하중을 들어 올릴 수 있는 능력이 떨어지고, 각도가 너무 큰 경우는 선회 시 요동이 심하거나 붐이 뒤로 넘어지는 일이 발생하므로 붐의 각도는 기본 붐의 최대 허용 각도 이내에서 사용토록 하여야 한다. 일반적으로 55~78° 범위가 적당하다.

④ 임계 하중 상태에서는 좌우로 회전할 경우 크레인이 넘어질 우려가 있으므로 임계 하중은 다음과 같이 산정하여야 한다.
  ㉠ 아웃트리거가 장착되어 있는 트럭 크레인의 작업 하중은 임계 하중의 85% 이내로 하고, 크롤러 크레인(무한궤도 크레인)의 작업 하중은 임계 하중의 75% 이내로 하여야 한다.
  ㉡ 위험 지역의 작업 하중은 인양물을 높이 끌어 올리거나 깊은 굴착 장소에 인양물을 반입시킬 때 와이어 로프에 걸리는 스프링 효과 때문에 실제의 중량보다 큰 중량을 이겨내야 되므로 이를 고려하여 임계 하중의 50% 이내로 하여야 한다.

ⓒ 단면이 넓은 인양물(형강류, 철골 트러스, 패널류 등)의 작업 하중은 바람에 의한 하중의 급격한 변화, 자중에 의한 힘, 크레인의 수평 선회에 따른 관성 선회, 매다는 부속 설비에 의한 중량의 증가, 중심 위치 설정 등의 문제점 때문에 취급할 때는 작업 하중을 적게 책정하여 안전을 확보하도록 하여야 한다.

⑤ 이동식 크레인 양중 작업의 안정성 검토는 인양 화물에 대한 인양 능력 검토와 지반 지지력을 검토하여야 한다.

ㄱ 인양 화물에 대한 인양 능력의 적정 여부를 판단하여 넘어짐 방지 조치를 하여야 한다.
- 인양물의 크기, 중량, 붐 길이, 작업 반경 등을 고려하여야 한다.
- 인양 하중에 의한 인양 능력은 이동식 크레인 작업 반경별 허용 인양 하중표를 검토하여 기종을 선정한다.

ㄴ 연약 지반, 경사 지반에 이동식 크레인을 설치 시에는 지반 지내력 검토를 통하여 부판 · 철판 설치 등의 침하 방지 조치와 넘어짐 방지 조치를 취하여야 한다.

ㄷ 이동식 크레인의 화물 인양 작업 시 크레인 전도를 방지하기 위한 과경사 방지 장치와 과모멘트 방지 장치 등을 사용한다.

⑥ 정확한 기종이 선정되지 않았다면 절차에 따라 재검토를 하여야 한다.

⑦ 도로, 철도 등 운행선 인접 공사에는 반드시 장비 신호수를 배치하여야 한다.

⑧ 크레인 제작사의 인양 하중표 등이 제시되어 있는 것은 제작사의 기준에 따르고, 없는 것은 계산하여 사용하도록 하여야 한다.

Section 102

보일러의 부속 장치 중 과열기, 절탄기, 공기 예열기, 어큐 뮬레이터의 역할

1 개요

보일러는 기름이나 가스, 석탄 혹은 나무나 쓰레기, 전기 등을 연소시켜 그 연소열을 물에 전하여 증기를 발생시키는 기계이다. 다만, 효율과 안전 문제로 난방용 보일러는 증기 대신 보일러가 가열시킨 물을 모터로 순환시키는 방식이 더 많다. 열원은 뭐든지 사용 가능하다. 연료를 태워서 열을 얻는 방법이 일반적이지만 태양열을 집광해서 물을 끓이는 보일러도 있고, 원자력 발전은 노심에서 방출하는 열로 물을 끓인다. 원자로 구조도를 보면 냉각 계통이라 써 있어서 보일러라는 느낌이 안 드는데, 가압, 경수로 기준에서 1차 냉각 계통은 열교환기이고, 2차 냉각 계통이 바로 보일러이다.

② 보일러의 부속 장치 중 과열기, 절탄기, 공기 예열기, 어큐뮬레이터의 역할

① 과열기(Superheater) : 발전소 열효율은 증기 압력과 증기 온도가 높을수록 증가하며, 과열기는 드럼에서 분리된 포화 증기를 가열하여 온도가 높은 과열 증기로 만든다. 과열 증기를 사용하므로 터빈에서 열낙차가 증가하고, 터빈의 내부 효율이 증가하고 터빈과 증기 공급관의 마찰 손실이 적어지고, 습분에 의한 침식이 경감된다.

② 재열기(Reheater) : 고압 터빈(High Pressure Turbine)에서 일을 한 온도가 떨어진 증기를 다시 가열하여 과열도를 높이는 장치로, 재열기는 발전소의 열효율을 향상시키고 저압 터빈(Low Pressure Turbine) 날개(Blade)의 침식을 경감시킨다.

③ 절탄기 : 절탄기는 보일러에서 배출되는 연소 가스의 남은 열을 이용하여 보일러에 공급되는 급수를 예열하는 장치이다. 절탄기는 급수 기준으로 최종 급수 가열기와 드럼 사이에 위치하며, 연소 가스 기준으로 가스 온도가 약 400℃ 정도 되는 보일러의 후부 통로 1차 과열기와 공기 예열기 사이에 위치한다. 절탄기의 효과는 다음과 같다.

　　㉠ 연소 가스의 남은 열을 이용하여 급수를 예열하므로 보일러 효율이 상승된다.

　　㉡ 급수를 가열하므로 드럼과 급수 온도 차가 작아져 드럼의 열응력 발생을 방지한다.

④ 공기 예열기 : 연소 가스의 여열을 이용하여 연소용 공기를 예열하는 것으로, 특징은 다음과 같다.

　　㉠ 대기로 방출되는 열을 감소시켜 보일러 효율을 증대한다.

　　㉡ 미분탄 연소 보일러의 경우 연소용 공기를 22℃ 상승시키면 보일러 효율은 1% 상승한다.

　　㉢ 공기의 열전달률이 물보다 작으므로 큰 전열 면적이 필요하다.

　　㉣ 연소 가스의 온도가 가장 낮은 부위에 설치되므로 저온 부식 위험 때문에 출구 가스 온도는 150~170℃ 이상 유지한다.

　　㉤ 재생 사이클의 도입으로 급수 온도가 높아 절탄기 출구의 가스 온도가 높으면 공기 예열기를 설치한다.

⑤ 축열기(스팀 어큐뮬레이터) : 증기 저장 탱크로서 잉여 증기를 압축하여 포화수 상태로 보관하다가 과부하 시 사용한다. 변압식은 보일러 출구 증기측에 설치하고, 정압식은 보일러 입구 급수측에 설치한다.

Section 103 건설작업용 리프트의 설치 시 유의사항과 운전시작 전 확인사항

1 화물취급 시 유의사항

(1) 화물을 크레인으로 취급하여 적재할 경우는 중심위치, 인양하는 화물의 균형, 적재높이, 안정도, 긴결방법 등 다음 사항을 준수하여야 한다.

① 취급화물은 정리정돈을 하되, 반입·출순서를 고려하여 실시하여야 한다.
② 무리하게 아래방향에서 크레인의 권상능력을 이용하여 끌어내서는 아니 된다.
③ 적재방법은 중심이 밑으로 오도록 하고, 중심의 이동에 의해서 물체가 균형을 잃지 않도록 하여야 한다.
④ 적재높이, 취급수량, 적재면적 등을 고려하여 안전한 적재방법으로 하고 전도에 의한 충격을 방지하여야 한다.

(2) 정격하중 이상의 화물을 인양해서는 아니 된다.

(3) 공동작업은 반드시 신호에 따라서 움직여야 한다. 크레인은 반드시 1인의 신호수가 신호하도록 한다. 신호수는 상대방이 확실하게 알 수 있도록 정확한 신호를 하여야 한다.

(4) 인양하는 물체의 진행방향에 위험이 없는가를 확인하여야 한다. 경보를 울리고, 상대방이 이를 확인한 후 선회, 권상, 권하 등의 작업을 하여야 하며, 확인되지 않을 경우는 일단 정지하여야 한다.

(5) 운전자는 운전 중 곁눈질하지 말고 주의하여 작업하여야 한다. 특히, 보조운전자가 동석하는 경우 잡담 등을 하여서는 아니 된다.

(6) 폭풍우 시의 조치는 다음과 같다.

① 하중이 걸리지 않은 상태에서 훅을 최상단까지 끌어올리고, 지브는 바람이 부는 방향으로 향하게 하여 최하한까지 내려두어야 한다.
② 선회브레이크를 풀어, 풍향에 따라 지브가 자유로 선회하도록 하고 근처에 장애물이 있는지 확인하여야 한다.
③ 주행식은 레일 클램프를 확실히 하고, 또한 차륜에는 쐐기로 전후를 고정해야 한다.
④ 인입스위치를 꺼야 한다.

⑤ 운전실의 창 및 문짝은 완전하게 폐쇄하고 각 전기부품은 물에 젖지 않도록 덮개를 하여야 한다.

⑥ 기초, 기계 받침지반 등의 토사가 무너질 우려가 있는 경우에는 적당한 붕괴 방지 조치를 취하여야 한다.

❷ 작업개시 전 안전 확인 사항

① 설치할 기초면의 이상 유무

② 화물을 매다는 장소, 주행장소 등에 장애물 유무

③ 각부의 고정장치가 해제되어 있지 않은지 여부

④ 수전전압은 규정대로 유지되고 있는지 확인하고 만약 10% 이상 저하되면 작업을 중지하여야 한다.

⑤ 무부하로 시운전을 하고 제어스위치의 작동을 확인한다.

⑥ 줄걸이 작업자, 신호수 등과 필요한 협의를 하여야 한다. 새로운 사람이 줄걸이 작업자로 들어온 경우에는 다시 확인한다.

⑦ 권과방지장치, 과부하방지장치, 비상정지장치, 해지장치, 안전밸브 등 안전장치의 부착여부 및 작동상태를 확인한다.

Section104 이동식 크레인에서 전도모멘트, 안정모멘트 및 전도안전율에 대하여 설명하고 전도안전율을 산출하는 방법

❶ 개요

이동식 크레인이란 원동기를 내장하고 있고, 불특정 장소로 이동할 수 있는 크레인으로 동력을 사용하여 중량물을 매달아 상하 및 좌우(수평 또는 선회를 말한다)로 운반하는 설비로서, 「건설기계관리법」을 적용받는 기중기 또는 자동차관리법에 따른 화물·특수자동차의 작업부에 탑재하여 화물운반 등에 사용하는 기계 또는 기계장치를 말한다.

❷ 이동식 크레인에서 전도모멘트, 안정모멘트 및 전도안전율에 대하여 설명하고 전도안전율을 산출하는 방법

크레인 평형조건은 다음과 같다.

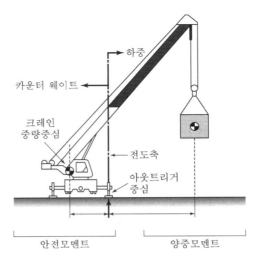

[그림 6-75] 이동식 크레인의 안전조건

안정모멘트는 양중모멘트와 동일하며 다음과 같다.

안정모멘트=크레인중량×크레인 중량 중심으로부터 전도축까지의 수평거리

여기서, 크레인 중량 : 전도축을 중심으로 Counter Weight 방향 쪽 크레인의 중량

양중모멘트=양중물의 중심부터 전도축까지의 거리×양중물의 무게

여기서, 양중물의 무게는 전도축을 기준으로 붐 방향의 크레인 중량을 포함한다.

Section 105 운반기계에 건설기계를 적재할 경우의 주의사항과 적재 후의 주의사항

1 개요

차량계 건설기계(이하 '건설기계'라 한다)라 함은 원동기를 내장하고 불특정 장소에 스스로 이동이 가능한 건설기계로서 안전보건규칙 별표 6(차량계 건설기계) 중도저형 건설기계, 모터그레이더, 로더, 스크레이퍼, 크레인형 굴착기계(크램쉘, 드래그라인 등), 굴삭기, 준설용 건설기계, 콘크리트 펌프카, 덤프트럭, 콘크리트 믹서트럭, 도로포장용 건설기계 등을 말한다.

❷ 운반기계에 건설기계를 적재할 경우의 주의사항과 적재 후의 주의사항

(1) 운반기계에 건설기계를 적재할 경우 주의사항

1) 건설기계를 운반기계에 적재하기 전에 다음 사항을 확인하여야 한다.
   ① 운반기계를 적재하기에 알맞은 위치에 둔다.
   ② 운반기계의 최대적재하중은 적재할 기계의 중량보다 커야 한다.
   ③ 운반기계에 적재할 때에는 운반기계의 운전석 위로 건설기계의 버켓 등을 회전시키는 행위를 금지하고, 운반기계의 운전자는 운반기계로부터 내려와야 한다.
   ④ 운반기계의 브레이크는 확실하게 작동시켜야 하며, 운반기계의 바퀴에 굄목 등을 확실하게 받친다.

2) 파워 셔블, 백 호 등은 붐을 내리고 버켓 등을 적재함 위에 내려놓는다. 또한 도로사정에 따라 건설기계를 조립된 그대로 적재할 수 없는 경우가 있으므로 유의한다.

3) 발판을 오르내릴 경우 다음 사항에 주의하여야 한다.
   ① 원칙적으로 전진방향으로 오르고, 후진으로 내려온다.
   ② 발판 위에서 건설기계를 방향전환하여서는 안된다. 방향이 잘못된 경우에는 반드시 지상까지 내려서 방향을 교정한 후 다시 올라가야 한다.
   ③ 가능한 서서히 운전하고 배토판이나 버켓, 붐 등이 하대에 부딪히지 않도록 주의한다.
   ④ 운반기계에 적재할 때는 하중이 한쪽으로 치우치지 않도록 한다.
   ⑤ 발판 위로의 오르내림은 유도자의 신호에 따라야 한다.

(2) 운반기계에 적재한 후 주의사항

   ① 운반기계 위에 적재물이 소정의 위치에 정확히 적재되었는지 여부와 운반기계가 기울지 않았는지 점검한다.
   ② 운반기계의 이상유무를 확인한 후에 건설기계를 운반기계에 고정한다. 또한, 수송 중 기계가 흔들릴 경우가 있으므로 바퀴(또는 무한궤도) 양측 전후에 굄목 등을 받치고 체인이나 와이어 로프로 고정하며 특히 옆으로 쏠리지 않도록 한다.
   ③ 굴착기계의 경우 붐, 암 등의 작업장치는 제한높이를 넘지 않도록 최대한 낮추고 버켓, 리퍼 등은 운반기계의 적재함 위에 고정한다.
   ④ 적재된 기계는 브레이크와 잠금장치를 모두 걸고 엔진을 정지시킨 후 전원을 끄고, 주 클러치를 넣은 위치에서 연료레버를 전폐위치에 둔다.

Section 106 이동식 크레인에서 전도하중과 정격 총하중의 관계

1 개요

이동식 크레인이라 함은 원동기를 내장하고 있는 것으로서 불특정 장소에 스스로 이동할 수 있는 크레인으로 동력을 사용하여 중량물을 매달아 상하 및 좌우(수평 또는 선회를 말한다)로 운반하는 설비로서 「건설기계관리법」을 적용 받는 기중기 또는 「자동차관리법」 제3조에 따른 화물·특수자동차의 작업부에 탑재하여 화물운반 등에 사용하는 기계 또는 기계장치를 말한다.

2 이동식 크레인에서 전도하중과 정격 총하중의 관계

이동식 크레인의 정격능력은 전방안전성에 대한 임계하중율(Rate of tipping)을 국가별 혹은 제작사별로 기준을 정하고 있으며 임계하중률 기준은 다음과 같다.
① 크롤러크레인 : 75%(정격 총하중 = 임계하중 × 75%)
② 트럭크레인 : 아웃트리거 확장 시 85%, 타이어 사용 시 75%(정격 총하중 = 임계하중 × 75% or 85%)
③ 카고 크레인 : 85%(정격 총하중 = 임계하중 × 85%)

임계하중률이 의미하는 것은 전도 및 부재손상 직전 임계하중을 기준으로 크레인 종류별 일정한 Factor을 적용하여 국제표준으로 정한 것이며, 정격 총하중은 안전여유가 포함되어 있다고 간주하여 작업 시 이 기준을 초과하여 작업을 해서 전도사고에 이르는 경우가 있다. 정격 총하중은 생명선과 같은 것으로 절대로 초과하면 안 되며 안전을 확보할 수 없다. 정격 총하중(Gross load)은 정격하중과 훅, 슬링 등의 달기기구의 중량을 포함하여 인양할 수 있는 최대 하중을 말한다.

이동식 크레인의 중요한 또 다른 안전 요소 중에 하나는 후방 전도 안전성이다. 이동식 크레인 설계 시에는 전방안전성을 기준으로 양중 능력표를 적용하는 게 일반적이지만 크레인의 특성에 따라 양중했을 때보다도 무부하 시에 후방으로 전도될 우려가 있는 크레인도 많다.

Section 107 건설기계의 무한궤도가 이탈되는 원인과 트랙 장력을 조정하는 방법

1 건설기계의 무한궤도가 이탈되는 원인

무한 궤도형 건설기계에서 트랙이 자주 벗겨지는 원인은 다음과 같다.
① 유격(긴도)이 규정보다 크다.
② 트랙의 상하부 롤러가 마모되었다.
③ 트랙의 중심 정렬이 맞지 않는다.

2 건설기계의 트랙 장력을 조정하는 방법

기본적으로 장비는 W타입(휠타입/바퀴)와 트랙타입(무한궤도) 방식이 있으며 트랙장비의 하부에는 텐션실린더가 있으며 트랙의 장력을 조절하는 역할을 한다.

조절장치는 아이들러와 연결되어 있으며 텐션실린더 안에는 텐션씰과 롯드가 들어있어 장력을 조절을 통해 텐션스프링을 밀어주는 역할을 하게 된다. 텐션실린더 교체가 필요한 경우는 트랙에 윤활유를 주입해도 트랙이 늘어지거나 쳐져 자주 벗겨졌을 때 관련 부품을 교환해야 한다.

Section 108 건설작업용 리프트 「방호장치의 제작 및 안전기준」에 대하여 쓰고, 리프트의 설치·해체 작업 시 조치사항

1 개요

건설작업용 리프트라 함은 동력을 사용하여 가이드레일을 따라 상하로 움직이는 운반구를 매달아 사람이나 화물을 운반할 수 있는 설비 또는 이와 유사한 구조 및 성능을 가진것으로서 건설현장에서 사용하는 것을 말한다. 건설작업용 리프트는 동력전달형식에 따라 랙 및 피니언식 리프트와 와이어 로프식 리프트로 구분하며, 사용용도에 따라 화물용 리프트와 사람의 탑승이 가능한 인화공용 리프트로 구분하고 있다.

2 건설현장 리프트 작업 시 준수사항(산업안전보건법)

① 안전인증은 적재하중 0.5톤 이상인 리프트를 제조·설치·이전 등을 하는 경우이다.

② 안전검사(건설현장에서 사용하는 경우)는 설치한 날로부터 6개월마다 실시한다.

③ 안전인증 및 안전검사 기준에 적합하지 않은 리프트 사용을 제한한다.

④ 리프트를 사용하는 작업 시작 전 방호장치 등의 기능 및 정상작동 여부를 확인한다(관리감독자).

⑤ 리프트에 설치한 방호장치를 해체하거나 사용 정지를 금지한다.

⑥ 정격하중 표시 및 적재하중 초과하여 적재·운행을 금지한다.

⑦ 순간풍속이 35m/s를 초과하는 바람이 불어올 우려가 있는 경우 건설작업용 리프트에 대하여 받침의 수를 증가시키는 등 붕괴 등을 방지하기 위한 조치를 실시한다.

③ 리프트 설치·해체 등 작업 시 준수사항(산업안전보건기준에 관한 규칙)

(1) 리프트의 설치·조립·수리·점검 또는 해체 작업을 하는 경우 다음 각 호의 조치를 하여야 한다.

① 작업을 지휘하는 사람을 선임하여 그 사람의 지휘하에 작업을 실시할 것

② 작업을 할 구역에 관계 근로자가 아닌 사람의 출입을 금지하고 그 취지를 보기 쉬운 장소에 표시할 것

③ 비, 눈, 그 밖에 기상상태의 불안정으로 날씨가 몹시 나쁜 경우에는 그 작업을 중지시킬 것

(2) 리프트의 설치·조립·수리·점검 또는 해체 작업을 지휘하는 사람은 다음 각 호를 이행하여야 한다.

① 작업방법과 근로자의 배치를 결정하고 해당 작업을 지휘하는 일

② 재료의 결함 유무 또는 기구 및 공구의 기능을 점검하고 불량품을 제거하는 일

③ 작업 중 안전대 등 보호구의 착용상황을 감시하는 일

Section109 플랜트 설비의 EPC 개념을 설명하고 각 단계별 업무

① 개요

EPC는 설계부터 조달, 제작, 시공 등을 전체 수주(Tuen key)로 받아 발주처의 맞춤형 요구에 따라 플랜트를 지어주는 사업이다. 즉, 발주처(사업주 및 라이선스 보유업체)가 플랜트 등의 사업(신설, 유지, 보수, 증축 등)의 전체를 의뢰하면, EPC 업체는 Order made에 맞게 Proposal을 제안 및 입찰경쟁을 하여, 입찰에서 따낸 수주를 수행하는 사업이다.

2 플랜트 설비의 EPC 개념을 설명하고 각 단계별 업무

EPC의 핵심은 Optimization(최적화)로 EPC가 고부가가치인 이유는 대부분의 사업이 단순한 모듈을 조합하는 것이 아닌 발주처의 까다로운 요구조건에 맞게 전체 공정을 최적화시키는 것이 어렵다. 또한, 입찰을 하기 위한 Proposal 단계에서부터 EPC의 프로젝트 매니저가 각 공정의 Milestone과 WBS(Work-Breakdown Structure)을 최적화시켜 제안해야 하고, 수주 후 실제 사업을 진행함에 있어서도 각 공정 단계에서 Fast-track 등을 활용해 최적화시키는 작업을 끊임없이 진행 및 수정·보완해야 하기 때문이다. EPC는 석유화학 플랜트, PP, 비닐, LCD 플랜트 등 다양한 플랜트 사업을 할 수 있는 이유는 기본 공정 모듈이 있으며 기본 모듈을 바탕으로 자신만의 노하우를 이용해 수정·조정·보완하는 작업을 하며 단계별 절차는 다음과 같다.

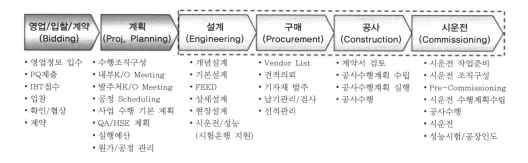

[그림 6-76] EPC의 각 단계별 업무

표준작업 시간

1 표준시간의 정의

보통의 숙련도를 가진 작업자가 주어진 작업조건(정상적인 작업조건)하에서 신체적·정신적 무리없이 단위제품을 생산하는 데 소요되는 주기적인 시간이다. 표준시간의 설정 목적 및 활용은 제조활동에 필요한 시간, 생산량, 공수 등의 예측치에 대한 기초자료 및 실적치에 대한 지표평가 자료로 설정 및 관리한다.

② 표준작업 시간

작업시간과 표준시간의 구성은 다음과 같다.

① 표준시간＝정미시간+여유시간＝정미시간×(1+여유율)

② 주 작업시간은 단위제품의 생산(가공)을 위해 직접적으로 필요한 시간이다.

③ 작업준비시간은 주 작업 실행을 위해 수반되는 기타 작업준비 시간으로 기종변경, Tool교환, 기타 준비작업 등이 해당한다.

④ 정미작업시간은 순수하게 해당 작업요소에 필요한 시간으로 주기적·규칙적으로 발생한다.

⑤ 여유시간은 지속적인 작업수행을 위해 불가피하게 필요한 시간으로 불규칙적·우발적으로 발생한다.

Section111

Plant 공사에서 설계 및 시공 일괄 입찰 공사(Turnkey) project를 수행할 경우에 project의 주요 공정 절차 (procedure) 및 각 공정별 주요 관리 항목들에 대하여 설명

① 개요

건설 사업 관리의 특징은 건설 사업 관리가 매우 다양하고 유연하게 활용되고 있다는 점이다. 즉 건설 사업 관리는 매우 다양한 형태의 계약에 의하여 이루어지고 있다.

다음의 [표 6-82]는 미국에서 주로 도입되고 있는 건설 공사 계약 방식을 정리한 것이다.

[표 6-82] 건설 사업 관리 계약의 유형(미국의 예)

중요 공사 계약 종류	특 징
전통 건축가/엔지니어 계약 방식 (Traditional Architect/Engineer (A/E) contract)	• Separate designer • Single general contractor • Numerous subcontractors • Fixed price, unit price, guaranteed maximum, or cost plus a fixed fee construction contract • Negotiated professional fee for design service
설계/건설 공사 관리 계약 (Design/Construction Manager (D/CM) contract)	• 하나의 업체가 설계와 건설 관리의 책임을 갖고 있음 • Fixed price, or negotiated individual construction contracts or subcontracts • Fixed priced, or cost plus a fee design construction contract

중요 공사 계약 종류	특 징
전문 건설 공사 관리 계약 (Professional Construction Manager (PCM) contract)	• Three party team of owner, designer, and construction manager • Fixed price of negotiated individual construction contracts directly with owner • Negotiated professional fee for construction management services • Negotiated professional fee for design service
설계 시공 일괄 계약 (Design-build contract, similar to turnkey construction)	• Combined designer and construction contractor • Numerous subcontractors • Fixed price, guaranteed maximum or cost plus fixed fee designed/build cotract • No separate fee for design service

중요 유형은 전통적인 건축가/엔지니어 계약 방식(Traditional Aarchitect/Engineer, 즉 A/E contract), 설계/건설 공사 관리 계약(Design/Construction Manager 또는 (D/CM) contract), 전문 건설 공사 관리 계약(Professional Construction Manager (PCM) contract), 설계 시공 일괄 계약(Design-build contract, similar to turnkey construction) 등이 있다.

이러한 건설 사업 관리 방식의 유형의 특징에 따라서 건설 공사 과정에서의 참여 주체들의 범위와 내용이 달라지고 있다.

예를 들면, 설계/건설 공사 관리 방식은 하나의 건설 업체가 설계와 건설 사업 관리 업무를 일괄적으로 맡아서 수행하는 방식으로 이 경우 건설 사업 관리자의 역할이 더욱 더 중요해지게 된다. 그러나 전문 건설 공사 관리 방식은 일반적인 건설 사업 관리 방식으로 발주자(건설 수요자), 설계자, 건설 사업 관리자가 팀을 형성하여 사업을 수행하는 방식이다. 이 방식은 우리 나라의 건설 공사 방식과 거의 유사하게 현장 상주 사업 책임자의 역할이 감리자나 설계자보다 더욱더 강조되는 방식이다.

특히 앞에서 살펴본 바와 같이 건설 사업 관리자의 역할이 우리 나라의 일반 건설 업체의 건설 기술자의 역할과는 크게 다르다는 점에 유의하면서 건설 사업 관리 방식에 대해 접근하여야 한다.

2 계약방식의 분류

(1) 전통적인 설계자/기술자 계약 방식

일반적인 작업에서는 보통 발주자는 두 개의 주 계약(prime contracts)을 체결하고 있다. 두 개 중 하나는 작업의 설계와 계획을 위하여 건축가/기술자와 체결하게 되고 다른 하나는 한 명의 건설 도급자(construction contractor) 또는 여러 명의 주 계약자(prime contractors)와 체결하는 계약이다. 이 방식에서는 설계가 시공과 분리되고 하나의 일반 도급자와 다수의 하도급자들로 구성되어 있다. 그리고 이러한 방식에서는 고정 가격 (fixed price), 단위 가격(unit price)이 적용되고 건설 비용은 최대한 보장받는다.

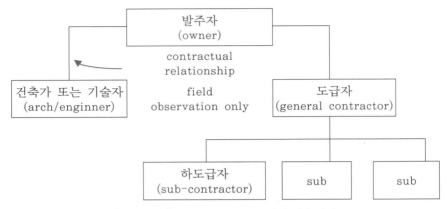

[그림 6-77] 전통적인 건설 사업 관리 계약 방식

복잡한 현대 건설 공사에서 종종 나타나듯이 발주자와 건설 공사 시공 계약을 맺은 도급자(contractor)는 작업을 전문 건설 업자와 하도급 계약을 통해서 더욱더 쉽게 추진하고 수행할 수 있다. 이 때문에 전통적인 형태의 건설 사업 관리 계약이 대부분의 건설 공사에서 적용되고 있다.

그러나 여기에서 유의할 것은 하도급 계약은 주 계약자(prime 또는 general contractor)와 하도급 업자(sub-contractor) 간의 사이의 협정이고 하도급 업자나 발주자 사이에는 아무런 계약 관계도 의미하지 않는다는 점이다. 발주자의 건설 계약 아래 주 계약자(general contractor)는 하도급자가 작업 부분에 쓰여지는지 간에 상관없이 작업 전반에 걸쳐 책임져야 한다는 것이 특징이다.

(2) 설계/건설 관리 계약(Design/Construction Manager(D/CM) contract)

설계/건설 관리 계약은 전통적인 건설 사업 관리 계약 유형인 건축가와 기술자(A/E)의 계약과는 달리 모든 건설 과정에서 건설 공사의 필요한 모든 사항을 충족하기 위하여 건축가 또는 기술자인 건설 사업 관리자가 발주자에 대해 건설 과정 전반에 걸쳐 책임을 갖는다. 이 점을 제외하면 전통적인 방식과 거의 유사하다.

이 방식에서는 공정 관리, 비용 관리(cost control), 품질 관리(quality control), 사전적인 장비 조달에 필요한 복수 임대 계약 및 공정 조정을 포함하여 계약을 하게 된다. 설계/건설 관리 계약에서 건설 사업 관리자의 책임은 공사가 완료되었다고 발주자가 인정할 때까지 계속된다. 이러한 책임은 설계와 건설 단계에서의 비용 절감을 위한 대안 제시 및 발주자의 요구 사항을 만족하기 위한 계약 사항을 변경할 수 있는 권한도 포함된다.

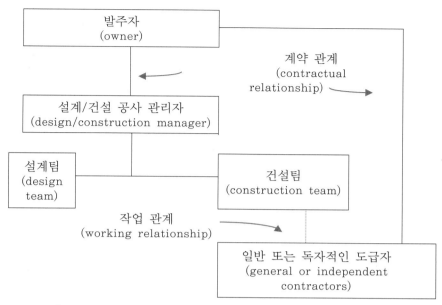

[그림 6-78] 설계/건설 관리(Design/Construction Manager) 계약 방식

(3) 전문 건설 공사 관리 계약(Professional Construction Manager(PCM) contract)

전문 건설 공사 관리 계약은 수년 전에 미연방정부의 일반 서비스 행정 당국(General Services Administration)에 의하여 개발되었고 얼마동안 이 기관에 의하여 공공 건물 건설에 널리 사용되어 왔다.

비록 전문 건설 공사 관리 계약자에 의하여 실행되는 기능은 건설 공사 관리 계약에서 설계 업체의 기능과 다르지 않지만 책임과 계약상의 지위가 약간 다르다. 발주자는 건축 가/엔지니어 및 건설 시공 계약(construction contractor contract)에 추가로 분리된 계약 체결로 건설 공사 관리 업체와 접촉을 갖는다.

그러므로 두 종류의 계약 대신에 실제로 발주자는 세 종류의 계약을 체결하고 있는 셈이다. 이 개념의 원칙에 있어서 전문 건설 공사 관리 업체는 자신들의 인력으로 설계나 건설 업무를 하지 않고 공사 기간 동안에 발주자의 대표자로서 기능을 실행한다. 많은 경우에 전문 건설 공사 관리 업체는 도급자뿐만 아니라 건축가나 엔지니어들의 지불 요청을 검토하는 역할을 한다. 어느 경우에도 전문 건설 공사 관리 업체는 총 공사 기간과 비용 관리 및 품질 관리와 조정 등에 책임이 있으며 건축가 및 엔지니어와 도급자의 기능적 역할을 감독하고 통제한다.

이 방식에서는 발주자, 설계자와 건설 관리자의 세 개의 팀이 구성되고 고정된 가격 또는 발주자와 직접 협상하여 개개인이 건설 계약을 체결하며 건설 공사 관리자는 확장된 권한으로 발주자의 대리인 역할을 할 수 있으며 건설 공사 관리 서비스와 설계 서비스의 대가는 협상을 통하여 결정한다는 것이 특징이다. 이 방식에서 전문 건설 공사 관

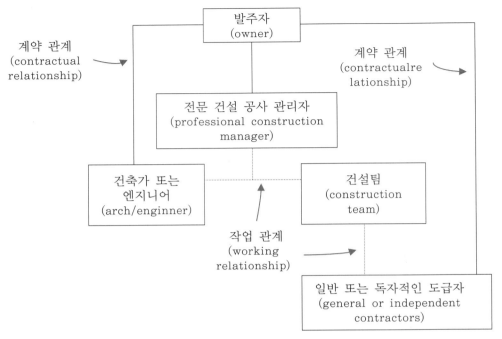

[그림 6-79] 전문 건설 공사 관리 계약 방식(Professional Construction Manager)

리자란 한 개인을 명칭하는 것이 아니라 한 조직 단체를 의미하는 것이다. 그러므로 건설 공사 관리 업체는 현장과 사무실에 사업 관리자, 견적 업자(estimators), 공정 관리 전문가(schedulers), 회계사(accountants), 건설 공사 조정자(construction coordinators), 현장 기술자(field engineers), 품질 관리 요원 등을 제공할 수 있어야 한다.

(4) 설계 시공 일괄 계약(Design-build contract, similar to turnkey construction)

설계 시공 일괄 계약은 '턴키 공사(turnkey construction)'라고도 부른다. 발주자가 자체 내의 인력으로 모든 계획, 설계 및 건설 업무를 담당하려고 한 개의 업체와 협정에 들어간다. 설계 시공 일괄(design-build) 계약과 턴키 공사 계약 사이에는 설계와 건설이 모두 한 개의 업체나 여러 개의 업체가 공동 참여(joint venture)에 의하여 이루어진다는 점에서는 거의 동일하나 턴키 공사는 '패키지'로 건설 금융을 함께 포함시킨다는 점에서는 차이가 있다.

그러한 설계 시공 일괄(design-build) 업체는 주에 따라서 건축가나 기술자 또는 일반 건설 도급자로 제한하고 있으며 발주자에게 완전하게 '패키지'화된 건설 서비스를 제공한다. 이 방식의 장점은 계획이나 시방서(specification)의 에러나 프로젝트가 완공됨에 따라서 각 분리된 단계의 건설을 시작으로 인하여 발생한 발주자를 상대로 도급자의 소송을 없앴다는 점이다.

그러나 공공 발주 공사의 경우에는 단점이 있다. 대부분의 법(法) 아래 건설 도급자는 경쟁 입찰 과정에 의하여 정해져야 하고 최소한의 입찰 가격을 제시한 자가 작업을 맡게 된다. 보통 설계 업체나 건설 관리 조직들은 개개인의 전문 분야나 설계하려는 작업에 경험이 있나에 따라서 선발된다.

이러한 개념 아래 설계 단계에서 조심스럽게 짜여진 계획에 의하여 발주자는 최대의 절약과 비용 효과를 볼 수가 있고 때때로 설계의 책임을 경쟁 입찰 과정으로 결정해서 얻은 비용 절약은 자세한 조사 없이 준비된 계획이나 시방서(specifications)에 의하여 늘어난 건설 비용의 결과로 무용지물이 될 수가 있다.

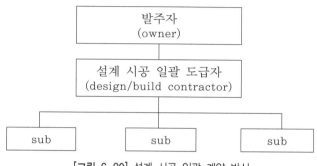

[그림 6-80] 설계 시공 일괄 계약 방식

❸ 건설 사업 관리 업무 내용

건설 사업 관리자는 발주자와의 계약에 의하여 다양한 업무를 수행하고 있다. 따라서 건설 사업 관리 업무 내용은 매우 다양하고 복합적이다. 그러나 명확한 것은 건설 사업 관리는 발주자에게 위임을 받아서 전체 건설 과정에 참여한다는 것이다. 이를 감안하여 개략적으로 건설 단계별 건설 산업 관리 업무 내용을 정리하였다.

(1) 기획 단계(conceptual phase)

① 개략 견적(develop conceptual estimates)
② 개략적인 공정 계획 작성(develop conceptual schedules)
③ 건설 산업 위험 요인 분석에 필요한 정보 제공

(2) 사업 계획 단계(program planning phase)

① 건설 관련 기술적 타당성 분석(provide constructability analysis)
② 건설 공사 과정에서 발생할 수 있는 장애 요인 분석
③ 자재/인력 등의 요구 조건 작성(project resource requirements)
④ 자재/인력 조달 방안 강구(inventory available area resources)

⑤ 재원 조달 지원(assist in development of capital budgets)

⑥ 자금 흐름 검토(development of cash flow projection)

⑦ 상세 견적(parametric estimates)과 비용(cost) 추정

⑧ 건설 공정 계획 조정

⑨ 건설 공사 관리 체계 구축

⑩ 건설 공사 정보 관리 체계 구축

⑪ 건설 공사 안전 계획 수립

⑫ 보증 보험 계획 수립

⑬ 전자 정보 처리 서비스

(3) 설계 단계(design phase)

① 전반적으로 건설 공사 계획 감독

② 총건설 사업 총비용(project life-cycle costs) 추산

③ 비용 조정(evaluate cost trade-offs)

④ 가치 공학 기능(value engineering function) 제공

⑤ 도급자의 시공 능력 평가(qualify potential bidders)

⑥ 선구매 자재 항목(procure long-lead-time items) 작용

⑦ 발주 계획 수립

⑧ 적격 업체 명부 작성

⑨ 공정 계획 수립

⑩ 건설 공사장 배치 계획 수립

⑪ 건설 공사 관리 계획 수립

⑫ 인허가 업무 지원

⑬ 계약 서류의 검토

(4) 건설 단계(construction phase)

① 건설 현장 교통 체계(area transporation system) 계획 및 집행

② 건설 공사 관련 계획의 집행

③ 노조 관계 조정

④ 입찰 서류 접수/평가 및 공사 수행자 선정

⑤ 건설 공사 현장 조건 관리

⑥ 시간/비용 관리

⑦ 발주자 또는 건축가/기술자 관리

⑧ 주 계약 집행

⑨ 기성 검토 및 승인

⑩ 계약 변경과 크레임 관리
⑪ 품질 감독
⑫ 계약 서류 해석

Section 112 건설기계안전기준 시행세칙에서 낙하물 보호가드(FOG), 전방가드, 변형한계체적(DLV), 시편의 정의

1 개요

적용 범위는 굴삭기의 조종실 전방 또는 상부에서 접근하는 물체(돌, 파편 등)로 부터 굴삭기 조종사의 안전을 확보하기 위한 안전기준 제12조의6 제1항 제1호의 조종사를 보호하는 가드에 대한 세부기준 및 시험방법에 대하여 규정한다.

2 건설기계안전기준 시행세칙에서 낙하물 보호가드(FOG), 전방가드, 변형한계체적(DLV), 시편의 정의

용어의 정의는 다음과 같다.
① 낙하물 보호가드 : 굴삭기 조종사를 보호하기 위해 조종실에 설치하는 상부가드와 전방가드를 말한다.
② 전방가드 : 굴삭기의 조종실 전방에 대한 보호를 목적으로 하는 가드를 말한다.
③ 상부가드 : 굴삭기 조종실 위에서의 낙하물에 대한 보호를 목적으로 하는 가드를 말한다.
④ 변형한계체적(DLV) : 안전기준 제2조 제40호에 따른 조종사를 보호할 수 있는 최소공간을 말한다.
⑤ 시편 : 낙하물 보호가드의 시험을 위해 충격을 가하는 낙하 시편을 말한다.

Section 113 지게차 운영 시 위험성과 그 원인 및 재해 방지대책

1 개요

지게차는 타이어식으로서 들어 올림 장치를 가진 것으로 다만 전동식으로 솔리드타이어를 부착한 것을 제외한다. 지게차 주행차대에 마스트 또는 붐을 설치하고 쇠스랑을 설치한 것이 이 기종의 표준형으로 선택작업 장치에 의해 중량물을 적재할 수 있는 구조의 건설기계도 이에 속하며, 규격은 최대 들어올림 용량(t)으로 표시한다.

② 지게차 운영 시 위험성과 그 원인 및 재해 방지대책

지게차에서 발생하는 재해의 유형은 충돌, 전도, 낙하, 추락위험으로 충돌은 운전자의 시야가 불량하거나, 운전미숙, 과속 등으로 발생한다. 전도위험은 경사면 또는 무게 중심 상승상태에서 급선회를 할 때 발생한다. 낙하위험은 화물을 과다하게 적재한 경우나, 편하중 발생 시, 지면요철 등의 원인으로 발생한다. 추락위험은 포크를 상승시킨 상태에서 고소작업 시 발생하는 것이 대부분이다.

(1) 지게차 운영 시 재해방지대책

1) 충돌재해예방
① 지게차 전용통로를 확보한다.
② 지게차 운행구간별 제한속도를 지정하고 해당 운행구간에 표지판을 부착한다.
③ 후사경, 룸미러, 전조등, 후미등, 후진경보음 등을 설치한다.
④ 무자격자 운전금지 등 관리감독을 한다.
⑤ 교차로 등 사각지대 반사경을 설치한다.
⑥ 지게차 관리전담자 지정 및 키 관리를 한다.

2) 협착재해예방
① 불안전한 화물 적재 금지 및 시야 확보가 가능토록 적재한다.
② 급선회 시 사용하는 핸들 knob를 제거한다.
③ 안전벨트를 부착한다.
④ 경사진 노면에 지게차 방치를 금지한다.
⑤ 지게차 작업장소의 지형 등을 반영한 작업계획서 마련 및 교육을 실시한다.

3) 낙하재해예방
① 화물 적재 상태를 확인한다.
② 허용하중을 초과한 과다적재를 금지한다.
③ 마모가 심한 타이어를 교체한다.

4) 추락재해예방
① 지게차를 이용한 고소작업 금지 등 관리를 감독한다.
② 안전난간이 부착된 전용운반구를 사용하여 고소작업 시 안전모 등 보호구를 지급한다.

(2) 지게차의 안전대책

지게차의 위험에 대한 안전대책은 다음과 같다.

1) 안전통로 확보
① 전용통로를 확보(작업공간이 충분할 경우)한다.
② 통로를 구분(바닥 면 또는 선을 색채로 표시)한다.

③ 반사경을 설치(교차로 등 사각지대)한다.

2) 방호장치 설치

① 안전벨트 부착 및 착용을 한다.

② 헤드가드 및 백레스트를 설치한다.

③ 지게차 주행 시 전조등 및 후미등을 점등한다.

3) 화물 적재의 안전성 확보

① 운전자 시야를 확보(화물 과다적재 금지)한다.

② 포크에 화물을 매달은 상태에서 주행(급선회)을 금지한다.

③ 팔레트에 화물을 과다적재 후 시야 확보 시까지 포크를 상승시킨 상태에서 주행을 금지한다.

④ 급선회 시 사용하는 핸들에 knob 부착을 금지한다.

4) 지게차 안전운행

① 지게차 운행구간별 제한속도 지정·준수 및 표지판을 부착한다.

② 방향지시기 및 후진경보장치 작동여부를 확인한다.

5) 고소작업 사용금지

단, 안전난간이 설치된 전용 운반구는 사용이 가능하다.

6) 전담 관리자 지정

① 지게차 전담관리자 지정 및 키를 관리한다.

② 승차석 외(포크, 팔레트, 스키드 등) 탑승을 금지한다.

③ 무자격자 운전을 금지한다.

④ 운전 중 휴대폰 사용을 금지한다.

Section 114 건설폐기물을 파쇄 선별하여 순환골재를 생산하는 리싸이클링 플랜트의 폐목재 선별방법

1 개요

건설산업은 전 산업의 자원이용량의 약 50%를 건설자재로 사용하고 있다. 한편, 건설공사에 수반해서 배출되는 배출물(건설폐기물)은 전 산업폐기물 배출량의 약 50%를 점유하고, 불법 투기량의 대부분을 건설폐기물이 차지하고 있다. 즉, 건설산업은 자재의 사용과 폐기에 있어서 대단히 큰 비중을 가진 산업이므로, 건설공사 관계자가 이러한 막중한 인식을 가지고 건설폐기물의 발생 억제, 리싸이클의 철저를 기하는 것이 우리나라 자원 순환형 사회를 구축하는 밑거름이 될 것이다.

② 리싸이클링 플랜트의 폐목재 선별방법

건설계 발생 목재는 해체공사 및 신축공사 현장에서 분류 정도에 따라 두 종류의 형태로 리싸이클 시설에 반입된다. 해체현장·신축현장에서는 분류위탁비용을 줄일 목적으로 분류 해체·신축 시의 목재 분류를 철저히 하고 있다. 따라서 용이하게 분별할 수 있는 것은 현장에서 실시하고, 직접 리싸이클 공장에 반출한다. 그러나 공시기간의 단축이나 분류 장소의 확보가 어려운 경우 혼합 폐기물로 배출하고, 혼합폐기물을 전용으로 분류하고 중간 처리하는 공장에서 목재만을 추출한다. 리싸이클 공장에서는 반입 폐목재를 파쇄 처리하여 목재 칩을 제조하고 있다. 또한, 제조된 목재 칩을 리싸이클 용도별로 이용업자에게 판매하는 역할을 맡고 있다. 이용업자로는 제지회사, 목재합판(파티클 보드) 제조회사 및 발전사업체로 대략 분류되고 있다.

리싸이클 방법으로는 폐목재를 목재 전용파쇄 시설에서 4~60mm의 침상(狀)모양 칩으로 제조하는 것이다. 제품 칩의 공급처는 제지회사와 목재 합판 제조회사이며, 펄프용 칩이나 합판용 원재료 칩의 대체품 및 석탄대체를 목적으로 공장 내의 보일러 연료로 사용되기 때문에 처리한 폐목재 칩은 모두 제품으로 판매되고 있다. 폐목재 칩은 원재료나 화석연료의 대체로 되기 때문에 품질관리가 매우 엄격한 조건으로 되어 있어, 리싸이클 시설에서는 이물질 제거 장치로 중력 선별 등의 신기술 개발을 도입하고 있다.

[그림 6-81] 리싸이클링 플랜트의 폐목재 선별방법

Section115 ## 플랜트 현장 내 공기 단축을 위한 module화 공법의 장단점

① 개요

모듈이란 일반적으로 구조 프레임, 프로세스 기기(베슬, 열교환기, 펌프 등), 배관, 밸브, 전기 & 계장의 케이블-트레이, 콘테이너화 된 패키지, 계장, 단열처리, 내화처리, 사다리, 플랫폼, 핸드레일, 마감 페인트 등이 완료되어 시험까지 마무리되어 설치가 준비된 상태이다.

② 플랜트 현장 내 공기 단축을 위한 module화 공법의 장단점

모듈은 현장에 설치되는 각각의 프로세스(process)별 패키지(package)를 하나로 묶어 하나의 조립부품화시킨 단위(unit)를 말하며, 완제품에 가깝게 모듈로 제작 공급하여 현장에 설치하는 방식을 모듈러 공법이라 한다. 플랜트는 일반적으로 수천 개에서 수만 개의 부품으로 구성되며, 종래에는 현장에 반입, 조립하는 방식으로 수행해 왔으나, 현재는 모듈러 공법을 통해 플랜트를 몇 개의 큰 덩어리(모듈)로 나눠 공장에서 미리 가조립한 후 현장에 반입하여 설치할 수 있게 되었다. 현장의 건설작업은 모듈을 맞춰 조립만하면 되기 때문에 공기가 짧아지고 건설비용은 대폭 절하될 수 있는 기회가 확보되는 이점이 있다. 건설기술자, 숙련노동자가 부족한 중동 등 국제플랜트에서 각광받고 있으며, 현장 접근의 제약이 있는 지역이나 동절기에 건설작업을 할 수 없는 혹한 지역 등에 광범위하게 이용되고 있다.

해외 플랜트에서의 모듈러 공법의 건설사례로는 LNG plant의 최초의 모듈러 프로젝트인 카라싸(Karrahtha) 프로젝트가 있었으며, 플랜트 확장단계에서 9개의 독립된 모듈을 구성하여 진행한 바 있다. 모듈러 비율이 60% 정도로 노동력, 일정, 자원 등의 한계를 극복하고 독립 주체 간 협업에 의하여 성공적으로 수행한 사례로 평가되고 있다. 또한, 조선업계의 사례로는 FPSO(Floating Production Storage Offloading)선의 건조를 예로 들 수 있으며, 주요 탑사이드(top side)를 모듈로 만들어 건조된 선체에 설치하는 방식으로 수행된다. 이러한 모듈러 공법이 없이는 선체 건조 후에 탑사이드를 설치해야 하므로 건조 시간이 지금의 1.5배는 소요될 정도로 공기 단축 정도가 탁월하다.

[그림 6-82] 모듈러 플랜트 설치

Section116 산업안전보건법에 의한 굴착기 선정 시 고려사항, 안전장치 종류, 인양작업 전 확인사항, 작업 시 안전준수 사항

1 개요

토사의 굴착을 주목적으로 하는 장비로서 붐, 암, 버킷과 이들을 작동시키는 유압 실린더 · 파이프 등으로 작동되며 별도의 장치부착을 통해 파쇄 · 절단작업 등이 가능한 기계를 말한다.

2 산업안전보건법에 의한 굴착기 선정 시 고려사항, 안전장치 종류, 인양작업 전 확인사항, 작업 시 안전준수 사항

(1) 굴착기 선정 시 고려사항

① 굴착기는 작업여건, 작업물량, 운반장비의 조합 등을 고려하여 선정하여야 한다.
② 굴착기와 선택작업장치는 작업 목적에 적합한 기종을 선정하여야 한다.
③ 굴착기는 운전자 보호를 위하여 운전석에 헤드가드(head guard)가 설치된 기종을 선정하여야 한다.

(2) 안전장치 종류

운전자는 굴착기의 안전운행에 필요한 안전장치[전조등, 후사경, 경광등, 후방 협착방지봉, 전 · 후방 경고음 발생장치(전진, 후진 경고음 구분), 운전석 내에서 운전자의 후방을 감시할 수 있는 카메라 등]의 부착 및 작동여부를 확인하여야 한다.

(3) 인양작업 전 확인사항

굴착기를 사용하여 인양작업을 하는 경우에는 다음의 사항을 준수하여야 한다.
① 굴착기 제조사에서 정한 작업설명서에 따라 인양할 것
② 사람을 지정하여 인양작업을 신호하게 할 것
③ 인양물과 근로자가 접촉할 우려가 있는 장소에 근로자의 출입을 금지시킬 것
④ 지반의 침하 우려가 없고 평평한 장소에서 작업할 것
⑤ 인양 대상 화물의 무게는 정격하중을 넘지 않을 것

(4) 작업 시 안전준수 사항

운전자는 장비의 안전운행과 사고방지를 위하여, 굴착기와 관련된 작업 수행 시 다음 사항을 준수하여야 한다.

① 관리감독자의 지시와 작업 절차서에 따라 작업할 것
② 현장에서 실시하는 안전교육에 참여할 것
③ 작업장의 내부규정과 작업 내 안전에 관한 수칙을 준수할 것

Section 117 스마트건설기계의 개발동향과 디지털기술 접목 발전단계

1 개요

스마트건설기술은 공사기간 단축, 인력 투입 절감, 현장 안전 제고 등을 목적으로 전통적인 건설기술에 ICT 등 첨단 스마트 기술을 적용함으로써 건설공사의 생산성, 안전성, 품질 등을 향상시키고, 건설공사 전 단계의 디지털화, 자동화, 공장제작 등을 통한 건설산업의 발전을 목적으로 개발된 공법, 장비, 시스템 등을 의미한다.

2 스마트건설기계의 개발동향과 디지털기술 접목 발전단계

	설계		시공		유지관리	
패러다임 변화	• 2D 설계 • 단계별 분절	• 4D↑BIM 설계 • 전 단계 융합	• 현장 생산 • 인력 의존	• 모듈화, 제조업 化 • 자동화, 현장 관제	• 정보 단절 • 현장 방문 • 주관적	• 정보 피드백 • 원격제어 • 과학적
적용기술	 Drone을 활용한 예정지 정보 수집  VR 기반 대안 검토	Big Date 활용 시설물 계획   BIM 기반 설계자동화	Drone을 활용한 현장 모니터링 장비 자동화 & 로봇 시공	IoT 기반 현장안전관리 3D 프린터를 활용한 급속시공	센서활용 예방적 유지관리 AI 기반 시설물 운영	Drone을 활용한 시설물 모니터링

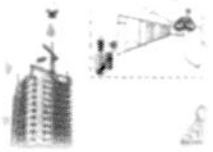

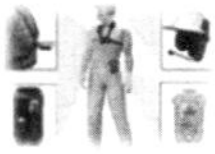

[그림 6-83] 스마트 건설기술 개념

토공사는 굴착기, 도저, 그레이더 등의 굴착장비와 덤프트럭 등의 운반장비를 통해 공사가 진행된다. 따라서 효율적인 장비군의 운영은 공사의 가격, 생산성 및 안전에 중요한 관리 포인트이다. 토공사의 장비군 관제에 필요한 대표적 두 가지의 기능은 다음과 같다.

① 현장에 투입된 모든 장비의 위치를 모니터링 하는 것이다. 이를 통해 관리자는 어디에서 운반장비의 병목현상 및 휴지시간(Idle Time)이 발생되는지 인지할 수 있다. 이를 통해 관리자는 최적의 장비조합 계획을 수립하여 효율적이고 경제적인 장비군 운영이 가능하다.

② 투입된 장비의 작업에 대한 이력관리가 가능하고 자동문서화 기능이 지원되어야 한다. 굴착장비의 경우, 대부분 일대 혹은 월대로 대가가 계상되기 때문에 이를 문서화하고, 이력이 저장되어야 한다. 운반장비의 경우, 운반횟수 혹은 일대 등 다양한 방법으로 대가가 계상이 될 수 있어야 한다. 전통적인 방식으로는 장비담당자가 대부분 수기로 기입 혹은 전표를 작성하여 계상함으로써 비효율적이며 비신뢰적인 정보가 기록될 수 있다.

장비군 관제 솔루션이 현장에 원활하게 적용되기 위해서는 장비의 정보를 획득하기 위한 시스템의 설/해체가 편리하여야 한다. 상용화된 많은 솔루션은 장비군 관제를 위해 장비에 복잡한 케이블 연결 작업이 필요하다. 혹은 휴대폰 앱으로 개발되어 장치내의 GPS 정보를 플랫폼과 연계하는 방식이 대부분이다. 그러나 외부 운반장비의 경우, 매우 빈번하게 변경되어 매번 설/해체를 진행하거나 운전자의 휴대폰에 앱을 설치하거나 교육에 어려움이 있다.

Section118 건설기계의 구성품(부품) 파손분석에서 원인해석을 위한 일반적인 파손분석 순서

1 개요

완벽한 파손분석에 의해서만 정확한 파손원인 인식과 적당한 대책이 수립될 수 있다. 물론 각 파손사건에 대해 파손분석 절차가 고유하기는 하지만, 경험적으로 파손분석에 유용하다고 알려진 여러 가지 기본 절차가 제시되고 있다.

2 일반적인 파손분석 순서

파손분석 의뢰자는 파손분석을 의뢰할 때 보통 파손사건의 원인에 대한 자세한 의견을 제시하는 것이 보통이다. 그 이유는 파손양상이 분명해서이거나, 또는 의뢰자 측에서 실시한 간이 분석의 결과를 파손분석 의뢰자가 믿기 때문일 것이다. 그러나 전자의 경우에는 파손분석을 의뢰할 필요가 없으므로 대부분은 후자의 경우에 해당되며 파손 원인 분석 순서는 다음과 같다.

(1) 파손사고와 관련된 문제점 인식
(2) 파손사고와 관련된 자료의 수집

1) 파손사고의 배경
   ① 시간, 날씨 및 장소
   ② 파손기계 지시장치의 지시 값, 작동부의 위치
   ③ 목격자의 증언

2) 파손부품의 제작 및 설계에 대한 자료
   ① 시스템의 사양
   ② 조립과정의 지침서
   ③ 보수, 유지에 관한 지침서
   ④ 설계근거 및 도면
   ⑤ 제작공정기록 : 기계가공 공정, 열처리공정, 화학처리공정
   ⑥ 품질검사과정(품질검사 성적서)
   ⑦ 관련 코오드나 규격

3) 사용기록
   ① 파손사고 전의 보수기록
   ② 파손사고 시의 작동기록

(3) 현장검사
   ① 파괴(wreckage)에 따른 파손부품 분포 기록
   ② 각 부품의 변형 상태
   ③ 사진기록
   ④ 목격자 및 사용자의 증언 녹음
   ⑤ 실험실 조사를 위한 부품 선정

(4) 실험실에서의 파손분석
   ① 파손부품의 보존 및 예비검사
   ② 파면의 세척 및 절단
   ③ 비파괴시험
   ④ 기계물성 시험
   ⑤ 파면의 거시검사
   ⑥ 파면의 미시검사
   ⑦ 조직검사
   ⑧ 화학분석

(5) 모의시험 및 파손방지대책 수립

① 파손과정에 대한 추측

② 모의시험

③ 파손방지대책 수립

(6) 보고서 작성

① 모든 가정의 검사

② 파손원인 및 파손방지대책에 관한 보고서 작성

③ 기록보관

CHAPTER 07 유공압 및 진동학

[유공압]

유압의 작동 원리와 장단점

❶ 작동 원리

유체에 흐름과 압력을 발생시키기 위하여는 펌프가 사용되며, 기계적 운동을 시키기 위하여는 전동기가 쓰인다. 직선 운동에는 유압 실린더(hydraulic cylinder), 회전 운동에는 유압 모터(hydraulic motor)가 쓰인다. 방향 조절, 압력 조절, 유체 조절 등 힘과 유동 속도, 방향 등의 조정은 밸브(valve)가 사용된다.

❷ 장단점

유압의 장단점은 다음과 같다.

(1) 장점

① 어려운 조작을 간단하고 적은 양의 매개물로 할 수 있다.
② 타기구 요소의 방해를 받지 않고 넓은 범위에서 용이하게 힘을 전달할 수 있다.
③ 큰 힘을 발생할 수 있다.
④ 과부하에 대하여 비교적 안전하다.
⑤ 운동 방향의 전환 시 충격이 적고 조작이 용이하다.
⑥ 부하가 걸렸을 때 속도가 무단으로 민감하게 조절된다.

(2) 단점

① 작동유의 압축성과 온도에 대하여 민감하고, 용적과 점성의 변화로 인한 속도 변화는 불가피하다.
② 기밀 안내부에서의 마찰에 의한 효율 손실, 누수에 의한 출력 감소, 과류에 의한 손실 (유체와 압력 조절 시)이 나타난다.
③ 운동부의 끼워맞춤 공차와 기밀을 위한 정밀 가공에 제작비가 많이 든다. 또 배관이 복잡하다.

Section 2 **작동유의 특성**

1 개요

작동유(광물성유)는 온도에 따라 점도가 변하며 또 압축성이 있다. 그러나 일반 사용 조건에서는 중요하지 않다. 이 압축성은 일정하지 않으며 압력과 온도에 따라 변한다. 기름의 온도는 수지화되는 까닭에 될수록 60℃를 넘지 않도록 하여야 한다. 따라서 낮은 압력(15~60atm)에서 작동하도록 하는 것이 유리하다.

2 작동유의 특성

작동유가 너무 가열될 때에는 추가적으로 냉각 장치가 필요하게 된다. 이 작동유의 온도 상승을 감소시키기 위하여 유관의 단면적이 너무 작아서는 안 된다. 가능하면 지름이 5m 이하가 되지 않도록 한다. 또한 유속이 너무 빠르지 않도록 한다. 작동유의 열팽창 계수는 매우 높은 편이며, 팽창 계수 $\alpha_t = 7 \times 10^{(-4)}/℃$이다.

최근에는 합성 실리콘유를 사용하기에 이르렀으며, 이것은 온도에 따른 점도의 변화가 매우 적고, 영점도 낮다(−100℃).

작동유의 최대 허용 흐름 속도는

- 일반 관로 : 3m/sec
- 압력 관로(60atm까지) : 4m/sec
- 배출 관로 : 2m/sec
- 흡입 관로 : 1.5m/sec

정도로 한다.

길이가 짧은 유관(길이=0.5~2×지름)에 대하여는 위의 최대값의 약 2~5배의 속도로 하여도 좋다 유량 및 점성에 의한 허용 유속을 [그림 7-1]에서 정할 수 있다. 허용 유속은 v_c보다 낮아야 하며, 높을 때에는 과유가 나타난다. 유관의 지름 d_t는 [그림 7-2]에서 구할 수 있다.

작동유 중의 공기는 높은 압축성을 나타내므로 매우 해롭다. 유중의 공기는 예기치 않은 위험을 구동 부분에 가져오며, 유산이 나타나고 함유된 공기의 단열 압축으로 인하여 국부적인 온도 상승(500℃)이 나타난다. 이 현상은 작동유의 산화를 촉진시킨다. 작동유는 약 1,500시간 사용한 후에는 교환하여야 한다. 작동유 중의 공기는 다음 방법으로 침입을 방지하며, 또 분리할 수 있다.

① 배기 밸브의 설치 및 공기와 기름의 분리 장치를 설치한다.
② 펌프에 의한 공기 흡입의 저지를 위하여 펌프는 가능하면 유조의 유면 아래에 설치한다.

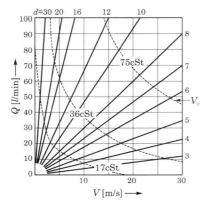

[그림 7-1] $\eta(500℃)$에 의한 한계
유속 v_c의 결정

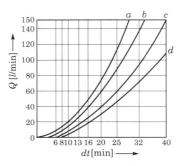

여기서, a : 100atm까지의 압력 흐름, b : 25atm까지의 압력 흐름,
c : 배유 흐름, d : 흡입 흐름

[그림 7-2] 유량 Q에 의한 유관의 안지름

③ 충분히 큰 단면의 짧은 흡입관이 되도록 한다.
④ 안전 밸브를 설치한다.
⑤ 실린더보다 높은 위치에 흡입 및 배출 관로를 설치한다.

한편 작동유는 깨끗하고 이물질이 섞이지 않아야 한다. 따라서 작동유를 깨끗하게 유지하기 위하여 여과를 하여야 한다. 일반적으로 유조 내 흡입관에 여과기를 장착하며, 여과 장치로는 강 또는 거즈 필터, 마그넷 필터 등이 쓰인다.

Section 3 물리적 법칙과 계산식

❶ 압력

단위 면적에 작용하는 힘

$$p = \frac{F}{A} , \quad 단위 \quad 1\frac{\mathrm{kgf}}{\mathrm{cm}^2} = 1\mathrm{atm}(공학 \ 단위)$$

❷ Bernoulli의 정리

유로의 임의 단면에 있어서 총 수두 p는 일정하다. 총 수두는 정수두 p_s, 위치 수두 및 속도 수두로 구성된다. 즉

$$p = p_s + \frac{\gamma h}{10} + \frac{\gamma v^2}{20g} \qquad (7.1)$$

이 되며, 일반적으로 위치 수두는 무시한다.

여기서 단위는, p, p_s : kgf/cm^2, h : m, v : m/sec

g : 9.81m/sec^2, γ : kgf/cm^{3}이며 1kgf/cm^2=10mAq와 동일하다.

③ 연속의 법칙

관로를 흐르는 유량은 모든 단면에서 동일하다.

$$Q = vA = 일정 \qquad (7.2)$$

여기서 아주 가는 관로에는 적용되지 않는다. 또 흐름과 관벽과의 마찰은 무시할 수 없다.

단위로 Q : l/min, A : cm^{2}로 하면

① 작은 단면적에서 v [m/sec]로 하면

$$Q = 6vA \left(= \frac{60 \times 100}{1,000} vA \right) \qquad (7.3)$$

② 큰 단면적에서 v [m/min]으로 하면

$$Q = \frac{vA}{10} \left(= \frac{100vA}{1,000} \right) \qquad (7.4)$$

④ 출력

$$P = \frac{Qp}{450} \, [\text{PS}]$$

$$P = \frac{Qp}{612} \, [\text{kW}] \qquad (7.5)$$

여기서, Q : l/min, p : kgf/cm^2

펌프의 구동 마력 P_d는

$$P_d = \frac{P}{\eta} \qquad (7.6)$$

$$\eta = \eta_{vol} \eta_{mech} \quad (총 \ 효율) \qquad (7.7)$$

여기서, η_{vol} : 체적효율, η_{mech} : 기계효율

Section **4** 유압 구동 장치의 기호

여기에 표기하는 유압 구동 장치의 기호는 국제 규격을 국가의 표준 규격으로 정한 것이다. 기호에는 장치와 기능을 도시하며 구조를 나타내는 것은 아니다.

[표 7-1] 유압 구동 장치의 요소 기호

1. 에너지 형성

펌 프		모 터	
	정용량형 유압 펌프		정용량형 유압 모터
	가변 용량형 유압 펌프		가변 용량형 유압 모터
	정용량형 유압 모터붙이 가변 용량형 유압 펌프		요동형 유압 모터
실린더			
	복동 실린더, 한쪽 로드형		단동형 실린더, 스프링붙이
	양 로드형 복동 실린더		플런저식 실린더, 단동형
	양 쿠션형 복동 실린더		텔레스코프 실린더, 압력 변환기

2. 에너지, 방향, 조정, 제어

밸브(일반)		방향 제어 밸브		압력 제어 밸브	
	밸브의 표시		2방향 2위치 밸브		상시 폐쇄(일방향)
	번호=밸브 위치 0=0 위치		3방향 2위치 밸브		상시 개방(일방향)
	0 상태의 연결		4방향 2위치 밸브		2방향 압력 제어 밸브
	화살붙이선은 흐름의 방향		4방향 3위치 밸브 0위치에서는 바이패스		릴리프 밸브
	점을 통한 2통로의 점속, 회선으로 차단 표시		4방향 3위치 밸브 0위치에서는 오픈 센터		시퀀스 밸브
	상시 폐쇄		우측 전자 좌측 귀환용 스프링		감압 밸브

유량 제어 밸브		체크 밸브			
가변형		역류 차변용 밸브 •출구압 > 입구압 •입구압 > 출구압		유압 파일럿식 기계적 조작	
2방향 유량 제어 밸브, 내부 드레인식					
3방향 유량 제어 밸브, 외부 드레인식		셔틀 밸브		급속 배기 밸브	
분류기		체크 밸브붙이 유량 조절 밸브			

3. 원동기, 에너지 절약, 제어

에너지 전달		전동기	
——	주 관로	⊙—	압력원
----------	파일럿 관로	○—	전동기
··············	드레인 관로	□—	내열 기관, 기타 열기관
⌣	곡선 관로	부속 기기	
⊥	관로의 접속	⊥	탱크
a ⊁⊀ b ⊸⊁⊀⊶	급속 커플링 •연결 상태 체크 밸브 없음 •양측 체크 밸브 있음	⬭	어큐뮬레이터
		◇	필터(배수기 없음)
		⊘	압력계
⟍⟋	전기 전달	⟍	압력 스위치

4. 제어 방식표

제어 방식표		기계 방식	
⊐н	일반	⊐▯	누름봉 방식
⊐ᗎ	버튼식	⊐ᵚ	스프링 방식
⊐ᵃ	레버식	⊐º	롤러 방식
⊐ᵇ	페달식	⊐╱	한쪽 레버 방식
전기식		압력식	
⊐ᗒ	전자 방식	⊐←	파일럿 방식, 직접식
⊐─Ⓜ	전동기 방식	⊐ᵚ▱	간접식
조합 방식			
⊐ᗒ	전자 및 간접 방식	⊐ᗕ	전자 및 스프링 방식

유압 펌프의 종류와 특성

❶ 정량 펌프

배유량을 일정하게 유지하는 펌프로서 기어 펌프(gear pump)와 스크루 펌프(screw pump)가 이에 속한다.

기어 펌프는 2개 또는 3개의 서로 물고 도는 기어로 구성되며, 이 기어들은 한 개의 하우징(housing) 안에 들어 있고 고속으로 회전한다.

일반적으로는 20~60atm까지의 압력에 쓰이며, 때로는 높은 압력 150atm에서도 사용된다. 펌프의 회전수는 1,400~2,800rpm이며, 배출량은 회전 속도, 기어의 잇수 및 피치에 따라 변한다.

이 기어의 각 이는 상대편 기어의 두 이 사이의 홈에 들어 있는 기름을 밀어내며, 그 양은 그 기어의 바깥 지름과 상대 기어의 바깥 지름 사이에 끼어 있는 이의 용적과 같다.

즉, 배출량 Q [L/min]은

$$Q = \frac{\pi d_o 2mbn}{10^6}[\text{L/min}] \tag{7.8}$$

여기서, m : 치형의 모듈(mm)

d_o : 기어의 피치원 지름(mm)

b : 치폭(mm)(b=6~12m)

n : 기어의 회전수(rpm)

이며, 소요 구동 동력 p_{an}은

$$p_{an} = \frac{Qp10}{102 \times 60\eta} \ [\text{kW}] \tag{7.9}$$

여기서, p : 유압(kgf/cm^2), η : 전효율

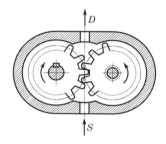

[그림 7-3] 기어 펌프

❷ 변량 펌프(베인 펌프)

펌프 편심으로 설치한 회전체의 반지름 방향의 홈 안에서 베인(vane)의 왕복 운동으로 펌프 작용을 한다. 베인의 행정은 케이싱에 대한 회전체의 편심에 비례하여 변한다.

[그림 7-4]와 같이 회전체의 편심을 바꾸면 일정한 속도 및 일정한 방향으로 회전체를 회전시키면서 배출량과 배출 방향을 바꿀 수 있다. 편심량을 바꾸기 위해서는 회전체의 중심을 일정한 위치에 두고, 펌프 케이싱의 중심을 편심시키는 것이 일반적인 방법이다.

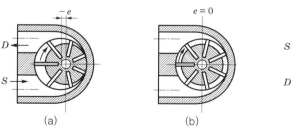

여기서, D : drain

S : suction

(a) 최대 편심량, $-e$는 하반부에서 상반부로 기름을 배출한다.
(b) 중앙 위치는 흡입, 배출을 하지 않는다.
(c) 최대 편심량, $+e$는 상반부에서 하반부로 기름을 배출한다.

[그림 7-4] 베인 펌프의 하우징의 위치

[그림 7-4] (b)는 회전체와 케이싱 중심이 일치된 상태이며, 회전체, 펌프 케이싱 및 베인에 의하여 둘러싸인 공간은 항상 같으므로 펌프는 회전체가 회전하여도 배출 작용을 하지 못한다. (a)의 경우는 회전체, 펌프 케이싱 및 베인에 둘러싸인 공간은 회전체가 회전함에 따라 펌프의 하반부에서는 점차 증대하고, 상반부에서는 감소한다. 즉, 하반부에서 흡입하고, 상반부에서 배출하게 된다. (c)는 (a)의 반대 위치에 있으므로 작용이 반대가 된다.

① 최대 편심량, $-e$는 하반부에서 상반부로 기름을 배출한다.
② 중앙 위치는 흡입, 배출을 하지 않는다.
③ 최대 편심량, $+e$는 상반부에서 하반부로 기름을 배출한다.

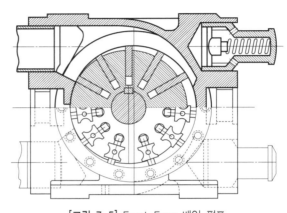

[그림 7-5] Forst-Enor 베인 펌프

[그림 7-5]는 Forst-Enor 베인 펌프의 회전축에 대하여 직각으로 절단한 단면도이다.
하우징의 일정한 위치에서 회전하는 구동축의 축심에 대하여 좌측 또는 우측으로 케이싱을 이동시켜 편심량을 변경시킨다.

베인의 하반부 공간에서는 1회전마다 최대에서 최소로 변화하며, 이 공간은 축방향으로 구멍을 뚫어 베인이 움직이기 쉽게 한다. 이 구멍은 공간을 흡입측과 배출측을 교대로 연결하고 있다. 여기서 배출량 등의 크기는

작동 압력 : p=15~25atm

배출량 : Q=0~1,500L/min

회전수 : n=710~1,400rpm

이며, 베인 펌프의 배출량은 다음 식으로 계산된다.

$$Q = \frac{D_m \pi n 2 e B}{10^6} [\text{L/min}] \tag{7.10}$$

$D_m = d + e$ 이므로

$$Q = \frac{(d+e)\pi n 2e B}{10^6} \, [\text{L}/\text{min}] \tag{7.11}$$

여기서, D_m : 회전체 윤상 공간의 평균 지름(mm)

　　　　B : 하우징의 폭(mm)

　　　　d : 회전체의 바깥 지름(mm)

　　　　e : 편심 거리(mm)이다.

❸ 피스톤 펌프(piston pump)

펌프 축과 피스톤의 상호 위치에 따라

① 레이디얼 펌프(radial pump)

② 액시얼 펌프(axial pump)

등이 있다.

이 펌프들은 높은 제작 기술이 요구된다. 발생하는 압력은 베인 펌프나 기어 펌프보다 높다. 작업 압력은 일반형이 p=150atm, 고압은 p=400atm까지 있다.

[그림 7-6]은 피스톤 내부 배출식 레이디얼 펌프의 원리를 설명한 단면도이다. 중공 축은 고정되어 있으며, 그 위에서 회전 트로멜이 회전한다. 격판을 사이에 두고 흡입측과 압력측으로 분할된다.

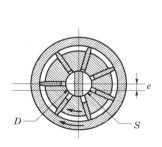

[그림 7-6] 내부 배출식 레이디얼 피스톤 펌프의 원리(oil gear pump)

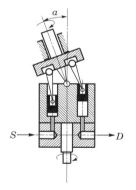

[그림 7-7] 경사각이 있는 액시얼 피스톤 펌프의 원리(john thoma pump)

하우징의 편심으로 피스톤은 반지름 방향으로 펌핑 작용을 한다. 그림에서 트로멜이 회전할 때 중공축의 좌측 S를 통하여 작동유를 실린더 안으로 흡입하고, 우측 D를 통하여 압력유를 배출한다. 하우징인 실린더를 회전 트로멜과 같은 방향으로 회전시키면 피스톤의 마멸이 감소된다.

[그림 7-7]은 액시얼 피스톤 펌프의 작동 원리를 도시한 것이다. 실린더 하우징에 축 방향으로 원형으로 배치된 피스톤의 행정은 구동 원판을 α 각 실린더 하우징에 대하여 경사시켜 얻을 수 있다. 구동 원판과 실린더 하우징은 자유 이음으로 연결되어 있다.

배출량은 구동 원판의 경사각 a에 의하여 변한다. 배출량 Q는

$$Q = \frac{Ahzn}{1,000} [\text{L}/\text{min}] \tag{7.12}$$

로 계산되며,

여기서, A : 피스톤 단면적(cm^2)

$\quad\quad h$: 피스톤의 행정

$\quad\quad\quad h = 2e$ -레이디얼 피스톤 펌프에서

$\quad\quad\quad h = d\sin\alpha\,(d$: 피스톤의 배치원 회전 지름)-액시얼 피스톤 펌프에서

Section 6 유압 모터(hydraulic motor)

1 개요

유압 모터는 구조에 있어서 유압 펌프와 근본적으로 다른 점은 없다. 여기서는 베인형에 대하여 설명하기로 한다. 속도 조절 유압 모터는 편심량을 조절하여 최소값에서 최대값까지 회전 속도를 변화시킬 수 있다.

편심량이 0인 곳에서는 작동유의 통과를 저지하므로 모터는 정지한다. 유압 펌프에서 배출되는 유량이 일정할 때, 유압 모터의 편심량을 크게 하면 모터에 흘러들어가는 유량, 즉 기름을 받아들이는 양이 커져서 회전수는 감소한다.

2 유압 모터의 특징

펌프와 모터는 조합된 구동 장치로 조립할 수 있으며, [그림 7-8]은 펌프와 모터 관계 위치의 5가지의 경우를 도시한 것이다. 여기서 펌프의 회전 방향은 일정하고 베인의 편심 방향의 변화가 가능하며, 유압 모터는 편심량이 조절되어 회전 속도를 변화시킬 수 있도록 되어 있다. 번호에 따라 설명하면,

0 : 펌프의 편심량은 0이고 작동유는 배출되지 않는다. 이때 유압 모터의 편심량은 최대 $e_{\max}$이다. 펌프의 배출량이 없으므로 모터는 정지한다.

1 : 모터의 편심량은 일정 불변하고 펌프는 최대 편심량 $+e_{pmax}$까지 변화시킨다. 모터의 회전수는 0에서까지 증가한다.

2 : 모터의 편심량을 e_{Mmin}까지 감소시킨다. 이때 모터의 회전수는 더욱 증가하여 $+n_{max}$에 이른다.

3 : 펌프의 편심량을 정반대로 $-e_{pmax}$으로 하면 모터축의 회전 방향이 반대가 된다. 이때 모터의 편심량은 e_{Mmax}이다.

4 : 모터의 편심량을 줄이면 회전수는 $-n_{max}$으로 변한다.

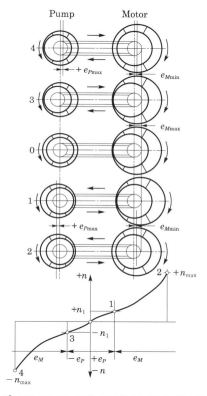

[그림 7-8] 유압 펌프와 유압 모터의 편심량의 함수인 회전수

일반적으로 베인 모터를 그것과 같은 형식의 펌프와 조합하여 무단 변속 구동 장치로 사용할 경우가 많다. 유압 펌프의 작동유 배출량과 유압 모터의 회전수와의 관계는 다음과 같다.

n : 회전수(rpm)

Q : 유량(L/min)

q : 회전체 매 회축마다의 유량(L)(편심량에 따라 변한다.)

η_{vol} : 용적 효율

첨자 M은 유압 모터, P는 유압 펌프이다.

펌프로부터의 배출량을 유압 모터가 받는다고 하면

$$Q_P = Q_m$$

$$Q_P = q_P \times n_P \times \eta_{volp} \tag{7.13}$$

$$Q_M = \frac{q_M \times n_M}{\eta_{volM}} \tag{7.14}$$

$$n_M = n_P \times \frac{q_P}{q_M} \times \eta_{volP} \times \eta_{volM} \tag{7.15}$$

으로 계산된다.

Section 7 유압 실린더의 종류와 특징

1 개요

압력과 유속을 가진 작동유를 주입하여 피스톤에 작용시켜, 피스톤을 추력과 속도로 바꾸어 직선 운동을 시키는 기기이다.

2 유압 실린더의 종류

(1) 단동형 실린더(single acting cylinder)

피스톤 한쪽에만 유압이 작용하고 유압에 의하여 제어되는 힘의 방향은 1방향뿐이다. 피스톤의 귀환은 중력 또는 스프링의 힘에 의한다.

(2) 복동식 실린더(double acting cylinder)

피스톤 양측에 유압이 작용하며, 유압으로 제어되는 힘의 방향이 왕복 2방향인 실린더이다. 이 형식에는 일측 로드형과 양측 로드형이 있다.

(3) 차동 실린더(differential cylinder)

피스톤 양쪽의 유효 면적의 차를 이용하며, 양쪽에서 같은 크기의 유압을 주어 피스톤을 로드측으로 움직이게 하는 실린더이다.

(4) 압력 변환기(booster)

같은 종류 또는 다른 종류의 유체를 사용하며 유압을 공압으로, 또는 그 반대로 압력을 변환하여 전달하기 위하여 [그림 7-10]과 같이 피스톤의 면적을 달리한 복동식 실린더이다.

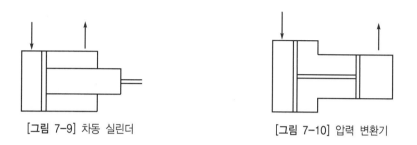

[그림 7-9] 차동 실린더   [그림 7-10] 압력 변환기

(5) 텔레스코프형 실린더(telescopic cylinder)

[그림 7-11]과 같이 단동형과 복동형이 있으며, 단동형은 자중 또는 부하로 복귀한다. 수압 면적의 차로 피스톤을 움직이게 한다.

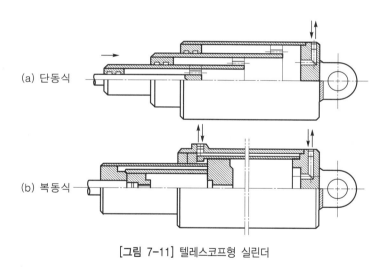

(a) 단동식

(b) 복동식

[그림 7-11] 텔레스코프형 실린더

Section 8

유압 실린더의 구조

실린더는 튜브, 커버, 피스톤 및 피스톤 로드로 구성된다.

① 실린더 튜브

실린더의 본체가 되는 것으로 내압, 내마멸성이 높고 강도가 커야 한다. 재료는 튜브용 인발관이 사용되며, 그 밖에 고급 주철, 스테인리스강 등이 쓰인다. 내면은 호닝 가공을 하며, 필요하면 마찰을 적게 하고 내마멸성을 높이기 위하여 경질 크롬 도금을 할 때가 있다.

[그림 7-12]는 실린더 헤드 커버(head cover)의 연결 방식의 예이다.

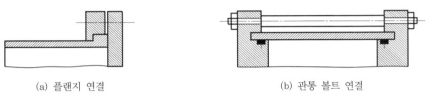

(a) 플랜지 연결   (b) 관통 볼트 연결

[그림 7-12] 실린더 헤드 커버의 연결

② 피스톤(piston)

피스톤은 피스톤 패킹의 종류, 고정 방법, 압력, 속도 등에 따라 여러 가지가 있다. 패킹의 종류는 [그림 7-13]과 같으며, 재료는 합성고무, 경화고무, Teflon 등이 쓰인다.

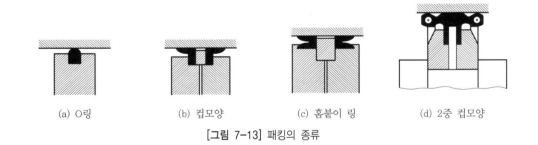

(a) O링   (b) 컵모양   (c) 홈붙이 링   (d) 2중 컵모양

[그림 7-13] 패킹의 종류

③ 유압 쿠션 기구(hydraulic cushion)

운동하고 있는 피스톤이 실린더 커버에 닿으면 충격이 일어난다. 이 충격을 완화시키기 위하여 [그림 7-14]와 같은 쿠션 기구가 커버에 설치된다. 피스톤이 커버에 충돌하기 전에 피스톤 끝에 붙은 쿠션 링 E가 기름 구멍 B에 들어간다. A의 기름은 폐쇄되고 초크 C를 통하여 쿠션 밸브에 의하여 유량이 조절되면서 B에 유입한다.

따라서 피스톤의 운동 속도는 감소하며, 마지막에는 정지하게 된다. 전진할 때는 기름은 체크 밸브를 통하여 유로 D를 거쳐서 유압이 피스톤의 면적에 작용하므로 급속히 움직이게 된다.

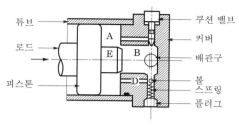

[그림 7-14] 유압 쿠션 기구

밸브(valve)의 종류

1 개요

밸브는 회로의 압력, 작동유의 흐름 방향 및 유량을 조절하여 실린더 및 원동기에 필요한 운동을 시키는 것으로 조절 내용에 따라 구조가 다르다.

2 밸브의 종류

(1) 압력 제어 밸브(pressure control valve)

유입구로 들어오는 압력유는 조절이 가능한 스프링의 힘을 이겨 밸브를 열고 유출구로 흘러 나가게 하는 ① 직동식 릴리프 밸브(direct acting type relief valve), 유압 회로 내의 잉여 압력유를 기름 탱크로 되돌려 보내는 ② 밸런스 피스톤형 릴리프 밸브 (balance pistion type relief valve)가 있다.

이 밖에 릴리프 밸브로 설정한 압력보다 낮은 압력이 필요할 때 쓰이는 ③ 감압 밸브 (reducing valve), 회로 안의 압력이 설정된 값에 달하면 펌프의 온 유량을 직접 기름 탱크로 보내어 펌프를 무부하로 하는 ④ 언로드 밸브(unload valve), 2개 이상의 분기 회로가 있을 경우 회로의 압력에 의하여 각각 실린더나 모터에 작동 순서를 주는 ⑤ 시퀀스 밸브(sequence valve), ⑥ 카운터 밸런스 밸브(counter balance valve) 등이 있다.

(2) 유량 제어 밸브(flow control valve)

회로에서 원동기로 유입하는 유량을 조절하는 밸브로서 ① 니들 밸브(needle valve), ② 압력 보상 유량 제어 밸브(pressure compensate flow control valve), ③ 압력·온도 보상 유량 제어 밸브(pressure-temperature compensate flow control valve) 등이 있다.

(3) 방향 제어 밸브(direction control valve)

방향 제어 밸브는 압력유의 흐름 방향을 제어하는 밸브로서 흐름의 방향 변환용이며 흐름의 정지, 역류를 방지하는 밸브도 이에 속한다.

종류로는 역류를 방지하는 밸브로는 체크 밸브(check valve), 방향 제어 밸브에는 2방향 2위치 밸브, 3방향 2위치, 4방향 2위치, 4방향 3위치 등이 있다.

Section 10 유압 회로(미터링 인, 미터링 아웃, 블리드 오프 회로)

❶ 개요

유압 회로는 공작 기계에 있어서 주축 회전보다는 이송, 공작물의 고정, 램이나 테이블 등 직선 운동에 많이 이용된다. 회로는 원칙적으로 개방 회로, 반폐쇄 회로, 폐쇄 회로로 분류한다.

❷ 유압 회로

개방 회로(open circuit)에서는 항상 대기압하에 있는 개방 기름 탱크로부터 작동유를 흡입하고 회로를 통과한 것은 기름 탱크로 되돌아간다. 이 개방 회로의 속도 제어 3가지 기본 회로는 다음과 같다.

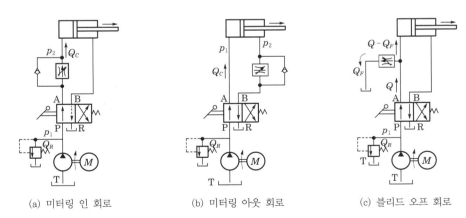

(a) 미터링 인 회로   (b) 미터링 아웃 회로   (c) 블리드 오프 회로

[그림 7-15] 개방 회로 속도 제어의 3기본 회로

(1) 미터링 인 회로(metering-in circuit)

실린더 입구측에 압력 보상 유량 조절 밸브를 직렬로 배치하여 유량을 제어함으로써 피스톤의 속도를 제어하는 회로이다. 이 회로에서는 실린더가 필요로 하는 유량을 펌프가 배출하여야 한다. 여분의 압력유는 릴리프 밸브를 통하여 기름 탱크로 돌아간다. 이때 기름이 가지는 에너지는 열로 변하여 기름의 온도가 상승한다.

배출 유압을 유지하고 펌프의 동력 손실을 될수록 적게 하기 위하여 릴리프 밸브의 설정 압력은 부하 압력보다 다소 높게 설정한다([그림 7-15] (a)). 이 회로의 효율 η_i 는

$$\eta_i = \frac{Q_C p_2}{(Q_R + Q_C) p_1} \times 100 [\%] \tag{7.16}$$

이다.

여기서, Q_C : 유량 조절 밸브를 통과하고 실린더에 유입하는 작동 유량
Q_R : 릴리프 유량
$Q_C + Q_R$: 펌프의 배출량
p_1 : 릴리프 밸브의 설정 압력
p_2 : 실린더에 유입하는 유량

(2) 미터링 아웃 회로(metering-out circuit)

실린더에서 배출되는 유량은 배유관에 직렬로 설치한 유량 조절 밸브로 조절되며, 실린더에 배압이 작용하므로 피스톤의 급격한 속도 변화를 방지하고, 급격한 부하 변동이 있어도 피스톤이 일정한 속도로 움직이게 할 필요가 있을 때 쓰인다. 이 회로의 효율 η_o 는

$$\eta_o = \frac{Q_C (p_1 - p_2)}{(Q_R + Q_C) p_1} \times 100 [\%] \tag{7.17}$$

이다.

여기서, p_1 : 릴리프 밸브의 설정 압력
p_2 : 실린더의 배압
Q_C : 실린더에 유입하는 유량
Q_R : 릴리프 유량

(3) 블리드 오프 회로(bleed off circuit)

실린더와 병렬로 유량 조절 밸브를 설치하고, 실린더로 유입하는 유량을 제어하는 회로이다([그림 7-15] (c)).

이 회로에서 잉여유는 릴리프 밸브에 의하지 않고, 유량 조절 밸브를 통하여 탱크로 배출되므로 동력 손실이나 열발생이 적다. 다만 펌프의 배출량이 부하 압력에 의하여 영

향을 받으므로 부하 변동이 심할 때에는 정확한 유량 조절이 어렵다. 따라서 비교적 부하 변동이 적은 회로에 이용된다. 회로의 효율은 좋으나 펌프 배출량이 대부분 실린더로 송유될 때 유효하다. 효율 η_b는 다음과 같다.

$$\eta_b = \frac{Q - Q_F}{Q} \times 100 [\%]$$ (7.18)

여기서, Q : 펌프의 배출량

Q_F : 유량 조절 밸브의 통과 유량

예제

구동 압력 p=65kgf/cm², 작용력 F=500kgf에 사용할 유압 실린더에 대하여 계산하여라. (단, 펌프의 효율 $\eta_{vol} = 0.8$, $\eta_{mech} = 0.9$로 하고, 실린더의 효율 저하는 무시한다. 그리고 스트로크 h=120mm, 피스톤 속도 : 전진 v_a=0~5m/min, 후퇴 v_r=10m/min이다.)

풀이 피스톤 단면적 A_k

$$A_k = \frac{F}{P} = \frac{500}{65} = 7.7 \text{cm}^2$$

$$v_a : v_r = 1 : 2$$

Section 11 유압의 점도 지수

① 정의

유압유는 온도가 변하면 점도도 변화하므로 온도 변화에 대한 점도 변화의 비율을 나타내기 위하여 점도 지수(Viscosity Index ; VI)가 사용된다. 점도 지수란 VI=100인 나프텐계 걸프코스트 원유를 기준으로 해서 다음 공식에 의해 구할 수 있다.

$$\text{VI} = \frac{L - U}{L - H} \times 100$$

여기서, L : VI=0인 기준유의 100°F에서의 점도(SUS)

H : VI=100인 기준유의 100°F에서의 점도(SUS)

U : 구하고자 하는 기름의 100°F에서의 점도(SUS)

위의 사실에서 점도 지수란 [그림 7-16]에 표시하는 바와 같이 미지의 기름의 온도-점도 특성 곡선이 VI=100인 기준유의 온도-점도 특성 곡선에 접근하는 비율을 백분율로 표시한 것이라고 말할 수 있다.

❷ 특징

VI의 값이 큰 것일수록 온도에 대한 점도 변화가 적은 기름이다. 유압유의 선정에 있어서 VI는 중요하며 VI가 낮은 기름은 저온에서 그 점도가 증가하므로 펌프의 시동이 곤란해지기도 하고 마찰 손실이 커서 흡입측에 캐비테이션이 생기기도 하고 압력 손실에 따른 동력 손실이 크다. 또 유압 작동도 활발치 못하여 정상 운전에 들어가는 데 시간이 걸리고, 설사 정상 운전에 들어갔다고 해도 온도 변화로 작동이 불안정하게 되기 쉽다.

그리고 유온이 상승하면 점도가 저하하므로 기기나 배관부에서 기름이 누출되고 운동 부분이 마모하는 등 효율이 저하하며 고온으로 될수록 혹은 압력이 높아질수록 효율에 영향을 미친다.

[그림 7-17]은 점도 지수가 효율에 미치는 영향을 표시한 것이다. 보통 유압유의 VI값은 90~120 정도가 좋다.

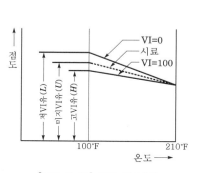

[그림 7-16] 점도 지수(VI)

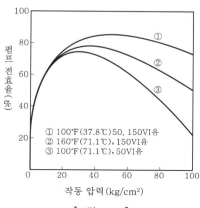

[그림 7-17]

유압 작동유의 첨가제

① 개요

자연 탄화수소 오일 및 합성 유압 유체는 현대의 유압 요소나 장치에 요구되는 조건을 만족시켜 주지 못한다. 미네랄 오일을 기초로 하는 오일은 생산 과정에서 특성을 향상시킬 수 있지만, 그것은 매우 한정적이다. 그래서 원하는 특성을 얻기 위해서는 화학적 첨가물이 필요하다.

첨가물은 VT 거동, 결정화 경향성, 노화 안정도 등과 같이 기초 유체의 화학적, 물리적 특성과 같이 유체와 유압 요소 또는 오염 물질의 경계면에서 작용하는 것으로 나눈다.

압력 매체는 한 개의 기초 유체와 첨가물로 구성되어 있다. 첨가물의 화학적 작용은 시너지 효과 또는 서로 적대적인 효과를 야기시킨다. 그러나 대부분의 첨가물은 서로 다른 기능을 갖고 있으므로 서로 방해할 가능성은 매우 한정되어 있다.

② 유압 작동유의 첨가제

(1) 산화방지제

유압 유체가 높은 온도에서 산소와 접촉하면 오일에서 산화 반응이 일어난다. 동, 철 및 납과 같은 금속이 산화적 또는 환원적으로 작용하여 노화 반응을 촉진시킨다. 이러한 반응을 억제하기 위해 산화방지제를 사용한다.

미네랄 오일은 정제 후에 황산과 질산화합물의 형태를 갖는 자연적 방지제를 포함하고 있지만 산화 안정도는 충분하지 않기 때문에 다른 화합물을 더 추가하여 산화 안정도를 높이는 것이 필요하다. 주요 화합물로는 황산화합물, 인산페놀 유도체 형태의 인화합물, 황산인화합물, 페놀 유도체가 있다.

압력 매체, 금속, 특히 동, 철의 산화 촉매 반응을 방지하기 위한 적합한 첨가물로 소위 킬레이트(chelate) 형성제가 있다. 여기에는 소량의 농축액으로 큰 효과를 갖는 N-살리신에틸렌디아민이 있다.

(2) 마모 방지제

고부하 조건에서 마모를 최소화하기 위해 부하 지지 능력이 큰 압력 매체가 필요하다. 이 목적을 위해 고압 또는 EP(Extreme Pressure) 첨가제를 사용한다. EP 첨가제는 고압의 부하와 고온의 습동 부위에서 효과를 발휘한다. 또한 이 물질은 혼합 마찰 범위에서도 효과를 발휘한다. 상대 운동을 하는 마찰 경계면에 금속 결합을 형성하여 윤활 성질을 갖고 있어서 경계면이 소착(seizure)되는 현상을 방지한다. 중요한 EP 첨가물로는 황, 인, 염소 결합물 및 이들 물질의 혼합물이다.

(3) 마찰 저감제

약간의 고압 첨가제로 저속으로 상대 운동을 하는 금속 표면에서 스틱 슬립 현상을 방지하고, 소음을 낮추고, 마찰력과 에너지 손실을 줄일 수 있다. 이 첨가물은 그 물리적 접착 성질로 마찰면에 얇은 층을 형성하여 마찰값을 수정하는 효과를 발휘한다. 이것은 지방 알코올, 지방산, 지방산 에스터, 지방산 아미드와 같은 물질로 이루어져 있다. HE 매체는 극성을 갖는 기초 오일로 윤활 특성이 상당히 좋다.

(4) VI 향상제

오일의 온도에 대한 점성 특성을 향상시키기 위해 점도 지수(VI) 향상제를 첨가한다. 즉, 이 첨가제로 온도 변화에 대한 점도 변화를 감소시킨다.

오늘날 많이 사용하는 VI 향상제는 선상 폴리머 분자를 기초로 한다. 이것이 바로 각 온도 범위에서 오일의 점도를 서로 다르게 변화시키는 특성을 갖는다. 그래서 뉴턴 유체라고 부를 수 없을 만큼 압력 매체의 유동 특성을 바꾸어 버린다. 또한 점도는 전단력에 따라 변한다.

VI 향상제가 그의 분자 질량이 증가함에 따라 기계적 하중에 대하여 상당히 민감해지는 것을 주시해야 한다. 예를 들면, 피스톤과 실린더 벽에서 전단 응력으로 폴리머 분자가 비가역적으로 파괴되어 점도값이 내려갈 수 있다.

HE 매체와 물을 기초로 하는 매체는 상당히 높은 VI값을 갖기 때문에 VI 향상제가 필요하지 않다.

(5) 유동점 강하제

주위 온도가 0℃ 이하인 환경에서 매체의 유동성을 보장하기 위해 많은 주의가 필요하다. n-파라핀 탄화수소물은 온도가 내려가면 결정 형태로 변해서 오일의 유동성이 나빠져서 바로 유동점에 이르게 된다.

오일의 저온 특성 향상을 위해 탈파라핀 과정을 거친다. 그러나 높은 비용이 수반되기 때문에 보통 부분적인 탈파라핀 과정만 거친다. 이런 오일은 −15℃의 유동점을 갖는다. 유동점을 더 낮추기 위해서는 폴리머 생성물과 응측 생성물을 기초로 하는 유동점 강하제를 사용한다.

그 대표적인 것으로 폴리메타크릴레이트(Polymethacrylate), 알킬페놀(Alkylphenole), 또는 비닐아세테이트(Vinylacetate)와 에틸렌의 코폴리머(Coplymer)가 있다.

(6) 소포제

기포로 인해 오일의 윤활성이 나빠지고 산화를 촉진시키며, 펌프에 공기가 유입될 수 있다. 순수 미네랄 오일에서 기포는 점도 및 표면 장력의 함수이다. Stokes 법칙에 의하면 공기주머니의 상승 속도는 직경의 제곱에 비례한다. 즉, 점도가 낮은 오일에서는 기포가 크게 형성되어 빨리 사라진다. 그와 반대로 점도가 높은 오일에는 안정도가 매우 높은 작은 기포의 공기주머니가 형성된다. 좋은 소포제로 실리콘 첨가물이 있다.

(7) 분산제와 청정제

분산제와 청정제는 첨가물의 50%를 차지하는 것으로, 양적으로 보아 주요한 참가물이다. 이 첨가물은 오일에 용해되지 않는 물질, 예를 들면 송진과 아스팔트 같은 산화물을 순환하지 못하게 하고, 금속 표면에 부착되거나 슬러지로 형성되는 것을 방지하는 역할을 한다. 분산과 청정 효과는 첨가하는 농도에 따라 다르다.

분산제는 콜로이드 입자가 응고되는 것을 방지하고, 청정제는 오염 물질을 용해한다. 이 두 첨가제는 특성을 서로 보완한다. 또한 이들은 산화물을 중화시키는 능력도 갖고 있다. 분산-청정 및 중성화 기능을 갖는 HD(Heavy Duty) 첨가물을 비교적 많이 사용한다. 유체 내에 수분이 흡입되면 방해 특성을 갖지만, 상당히 안정된 W/O(Water in Oil) 에멀션이 생긴다. 이 에멀션은 경계면 장력이 변해야만 없어진다. 유화 방지를 위해서는 근본적으로 모든 경계면에서 효과적으로 작용하는 물질이면 적당하다. 그러나 유화 방지제에 의하여 기포가 쉽게 형성되기 때문에 소량만 첨가하여야 한다. 특히 난연성 유압 유체를 위해 에멀시파이어(Emulsifier)가 필요하다. 에멀시파이어는 경계층에서 능동적인 특성을 갖고 있어서 물의 표면장력을 약화시킨다. 그래서 에멀션을 쉽게 형성하고 지속성을 갖게 된다. 여기에는 음이온 에멀시파이어, 양이온 에멀시파이어, 그리고 비이온 에멀시파이어가 있다.

(8) 부식 방지제

금속 표면에 산소(또는 다른 침식성 물질)와 수분이 동시에 작용하면 부식이 발생한다. 부식 방지제는 비금속 보호막을 형성하여 전해 부식을 방지한다. 특히 금속에 굳건히 부착되어 물과 산소를 통과시키지 않는 필름을 형성한다. 여기에는 질소 결합물, 지방산 아미드, 인산 유도체, 술폰(sulfon)산과 황산 결합물 및 키본산 유도체가 있다.

유격 현상(oil hammer)

1 개요

유압이란 것은 유체역학에 의한 힘과 운동량을 제어하여 동력을 전달하는 것으로 동력원은 전동기 및 엔진이고 이 동력을 움직이고 싶은 부분에 부착되어 있는 액추에이터에 전달한다. 전달매체는 구동기에 부착되어 있는 펌프에 의하여 흡입 토출되는 유압 작동유이다. 힘과 운동의 제어는 주로 밸브로 한다.

2 유격 현상(oil hammer)

유압 회로 내를 흐르고 있는 기름이 급격히 전환 밸브 등에 의해 막히면, 급격한 압력 상승을 가져온다. 이것은 유체의 운동 에너지가 탄성 에너지로 변환되기 때문이다. 이렇게 발생된 충격적인 압력 상승은 압력파가 되어 관로 내에 전파된다. 이 현상을 유격이라 하며

$$\Delta p = \gamma(a - V)$$

여기서, γ : 기름의 비중량, a : 기름 속의 음파, V : 밸브 폐쇄 전의 관 내의 평균 유속

로프 드럼(rope drum)을 사용하는 권선(hoisting) 기구의 로프 장력을 항상 일정하게 유지하고자 한다. 드럼을 구동시키는 유압 모터 회로

1 개요

권선(hoisting) 기구의 로프 장력을 항상 일정하게 유지하기 위해서는 유량 제어 밸브를 유압 모터의 A포트와 B포트에 설치를 하므로 일정한 속도를 유지할 수가 있으며 구동 밸브는 전기의 공급이 되지 않아도 안전한 상태를 유지하도록 3포지션 4포트 더블 솔레노이드 밸브를 채택하여 시스템 회로를 구성하면 된다.

2 시스템 회로도

로프 드럼(rope drum)을 사용하는 권선(hoisting) 기구의 로프 장력을 항상 일정하게 유지하고자 한다.

드럼을 구동시키는 유압 모터 회로는 안전 장치에 대한 회로 구성, 장력을 일정하게 하기 위한 정속 운전에 대해서 검토를 하여 구성을 해야 한다.

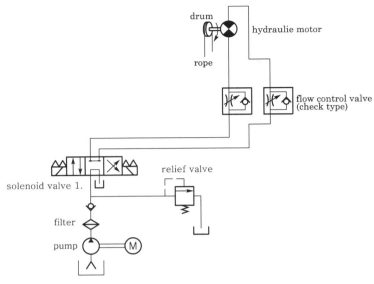

[그림 7-18] 드럼 구동 유압 모터 회로

Section 15 **채터링 현상(chattering)**

① 정의

피스톤이 회로 압력에 의하여 열리기 시작하면 피스톤 하부의 압력이 갑자기 저하되므로 피스톤은 급속히 스프링의 힘에 의하여 닫히게 된다. 그러면 회로 압력이 상승되어 피스톤은 다시 열리고 또 닫히는 작동이 연속적으로 반복되면서 심한 진동과 소음이 발생하는데, 이러한 현상을 채터링 현상이라 말한다.

② 영향

채터링 현상은 포펫 시트(poppet seat)를 상하게 하고 정상적인 압력 제어가 힘들게 되며 회로 전체의 불규칙적인 진동을 일으킨다. 배출구를 통하여 오일이 탱크로 귀환되기 시작할 때의 압력을 크래킹 압력(cracking pressure), 최대 허용 유량으로 귀환될 때의 압력을 전유량(全開) 압력(full flow pressure), 크래킹 압력과 전유량 압력과의 차를 오버라이드(override) 압력이라 하며, 이 오버라이드 압력이 클수록 릴리프 밸브의 성능이 나빠지고 포펫의 진동은 심해진다.

Section 16 유압에서 Pilot Operation Valve

1 사용 목적

이 밸브는 내부에 파일럿과 블리드 오리피스(bleed orifice)가 있으며, 밸브 작동을 위한 보조 압력을 사용할 수 있도록 해 준다. 솔레노이드에 전기가 통하지 않을 때 파일럿 오리피스는 닫혀 있고 유체 압력은 피스톤과 다이어프램(diaphragm) 위에 가하면서 확실한 닫힘을 위해 내려 누르고 있다.

2 작동 원리

솔레노이드에 전기가 통할 때 밸브의 출구쪽을 거쳐 피스톤 또는 다이어프램 위에서부터 압력이 이완되면서 코어가 파일럿 오리피스를 연다. 유체 압력 그 자신은 다이어프램과 피스톤을 주 오리피스로부터 들어올려 밸브를 연다. 이러한 내부 파일럿 작동 밸브에는 다음과 같은 두 가지 구조가 있다.
① 열린 상태를 유지하기 위하여 최소한의 밸브 입·출구 압력차를 요구하는 부동(浮動) 다이어프램 또는 피스톤
② 솔레노이드 코어에 의해 기계적으로 고정시켜 열린 상태인 형형(Hung-Type) 다이어프램 또는 피스톤으로서 0 압력차에서 열리면서 열린 상태를 유지한다.

Section 17 유압에서 축압기의 종류와 방출 용량 계산

1 개요

어큐뮬레이터는 압축성이 극히 작은 유압유에 대하여, 압축성이 있는 기체(공기, 질소 가스) 등을 사용하여, 압력을 측정하거나 충격을 완화시키는 등 기름의 특성을 보완해 주는 유압 기기이며 펌프 맥동·서지 압력의 흡수, 정전·고장 시의 비상용 유압원이나 보조 유압원으로 이용하고 있다.

② 종류 및 특징

어큐뮬레이터를 구조에 의해 분류하면 다음과 같으며 현재에는 가스와 오일이 혼합되지 않고, 응답성이 좋고, 취급이 용이한 블래더형(bladder accumulator)이 가장 많이 사용된다(전체의 80% 이상).

[표 7-2] 어큐뮬레이터의 종류

종 류	구 조	특 징
중추식		• 수직으로 설치된 실린더 내 피스톤 위에 주물 추를 얹은 것으로 항상 일정 압력을 얻을 수 있음 • 내용량에 비해서 크기가 크고, 고압을 얻기 위해서는 큰 추가 필요 • 저압, 대용량에 적합
스프링식		• 실린더 내 피스톤을 스프링이 밀어서 압력을 얻음 • 저압, 소 용량에 적합하나 현재 그다지 사용 안 됨
비분리식		• 용기 내에서 기체와 유체가 직접 접촉 • 구조가 간단하나 유체 속으로 기체가 직접 혼입 등의 문제가 있음 • 대용량에 적합, 일반적 아님
피스톤형		• 실린더 내 피스톤에 의해 기체와 유체를 분리 구조 • 구조 간단, 강도가 크고 내구성이 있음 • 저압 작용은 곤란, 응답성 미흡(피스톤의 중량, 진동 등의 이유)
다이어프램형		• 2개 반구상의 용기에 다이어프램을 설치, 기체와 유체를 분리하는 구조 • 구형이므로 내용적에 비해 경중량, 항공기 등에 주로 사용 • 오일 방출량이 적도, 다이어프램의 수명도 블래더식에 비해 적음
고무 튜브형 (in-line형)		• 배관 중에 설치하는 형태 • 주로 진동 충격 제거용
블래더형		• 이음매 없는 관 상·하부를 반구형으로 만든 용기 내부에 고무 주머니(bladder)를 설치, 기체와 분리 • 소형일 때도 용량이 크고, bladder의 응답성이 좋아 용도가 넓음 • 고무의 강도가 어큐뮬레이터의 수명을 결정 • 현재 가정 널리 사용됨

❸ 가스 어큐뮬레이터

[표 7-3] 가스 어큐뮬레이터의 종류와 구조

블레더식	다이어프램식	피스톤식
1. 압력 용기 2. 어큐뮬레이터 블레더 3. 가스 충진 밸브 4. 오일 입측	1. 가스 충진 스크루 2. 압력 용기 3. 멤브레인 4. 밸브 플레이트 5. 유체 포트	1. 외부 실린더 튜브 2. 피스톤 3. 실링 시스템 4. 프런트 커버 5. 유체 6. 가스 포트

❹ 어큐뮬레이터의 용량 선택

Gas 충진형 Accumulator(piston, diaphragm 및 bladder type)는 보일의 법칙에 의해 작동된다.

즉, $P_1 V_1^n = P_2 V_2^n = \text{const}$ 로서, 압력과 체적의 관계식으로 나타낸다.

(1) 등온 변화 시(Isothermal condition)

Gas의 압축과 팽창이 천천히 일어나서 충분히 열을 발산할 경우

지수(비열비) $n = 1$

$P_1 V_1 = P_2 V_2$ [등온 조건식]

(2) 단열 변화(Adiabatic condition)

열의 이동이 없는 경우 지수 n은 Gas의 정적 비열(specific heat at constant volume)과 정압 비열(specific heat at constant pressure)의 비와 같다. 이때 질소(N_2) Gas의 경우 $n = 1.4$가 된다.

$$P_1 V_1{}^{1.4} = P_2 V_2{}^{1.4} \text{[단열 조건식]}$$

일반적으로 어큐뮬레이터 블레더가 수축, 팽창이 3분 이내에(미국 Greer사 : 1분으로 계산) 이루어질 때를 단열 변화로 보고, 3분 이상이 걸릴 경우 등온 변화로 본다.

① 보조 동력원으로 사용 시(auxiliary power source, energy storage)

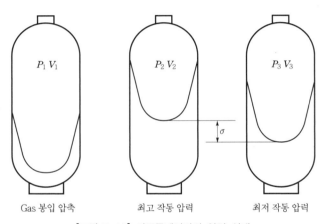

[그림 7-19] 어큐뮬레이터의 압력 상태

② 어큐뮬레이터 용량 : 처음 봉입 시 체적 $V_1(\text{cm}^3)$으로 표시

　㉠ 등온 변화의 경우 용량(isothermal condition)

$$V_1 = \frac{\sigma V(P_2/P_1)}{1 - (P_1/P_2)}$$

　㉡ 단열 변화의 경우 용량(adiabatic condition)

$$V_1 = \frac{\sigma V(P_2/P_1)^{0.714}}{1 - (P_1/P_2)^{0.714}}$$

여기서, V_1 : 필요한 어큐뮬레이터의 용량(cm^3)

　　　　σV : 어큐뮬레이터에서의 방출 유량(시스템에서 필요로 하는 추가 유량)

　　　　V_2 : 최고 작동 압력하의 Gas 체적

　　　　V_1 : 최저 작동 압력하의 Gas 체적

　　　　P_1 : 가스 봉입 압력(가스 봉입 압력은 시스템의 최저 작동 압력보다 낮거나 같아야 함)

P_2 : 시스템의 최고 작동 압력(kgf/cm^2)

P_3 : 시스템의 최저 작동 압력(kgf/cm^2)

※ V_1은 Accumulator의 호칭 용량이나, 실제 사용 용량은 V_1을 90%로 보고 계산

즉, 필요한 어큐뮬레이터의 용량은 $V = V_1 \times 0.9$

Section 18 유압 실린더에서 쿠션

1 개요

유압과 공압에서 쿠션(cushion)은 내장된 실린더는 큰 부하가 매달려 있거나 피스톤의 속도가 빠를 경우에 전·후진 완료 위치에서 큰 충격을 받는 것을 방지하기 위한 것이다. 또한 충격으로 인하여 접촉부에 손상과 위치제어에 오차를 유발할 수도 있다.

2 유압 실린더에서 쿠션

쿠션(cushion)이 내장된 실린더는 큰 부하가 매달려 있거나 피스톤의 속도가 빠를 경우에 전·후진 완료 위치에서 큰 충격을 받는 것을 방지하기 위한 것이다. 쿠션은 실린더의 속도가 6m/min(10cm/sec) 이하일 때는 필요하지 않으나 실린더 속도가 6~20m/min(10~33.3cm/sec)의 경우에는 브레이크 밸브나 교축 요소를 통하여 쿠션을 줄 수 있다.

속도가 20m/min(33.3cm/sec) 이상인 경우에는 특별한 쿠션이나 브레이크 장치가 필요하게 된다. 피스톤이 전·후진 완료 위치에 다가서면 정상적으로 복귀되던 유량이 일부만 복귀되고 일부는 압력 릴리프 밸브를 통하여 탱크로 귀환된다. 이러한 방법으로 피스톤 속도가 감소되어 고속으로 인한 충격 위험을 방지하게 된다. 쿠션은 전진 위치, 후진 위치, 또는 전·후진 위치에 각각 설치될 수 있다. 한 가지 분명한 것은 쿠션이 작용하려면 반드시 압력 릴리프 밸브가 사용되어 유량이 나누어져야 한다는 것이다. 실린더에는 전·후진 위치에 모두 쿠션 기능을 갖춘 실린더도 있는데, 이 실린더는 전·후진 시 모두 갑작스러운 충격을 방지할 수 있다.

유압 회로에서 압력 제어 회로의 종류와 원리

① 개요

유압회로에서 제어밸브는 압력, 유량, 방향제어밸브가 있다. 압력제어밸브는 적정한 하중상태를 유지하거나 안전을 고려하여 상한치를 제어하며 여기서는 유압회로에서 다양하게 활용되는 압력제어밸브에 관한 회로도를 제시한다.

② 유압 회로에서 압력 제어 회로의 종류와 원리

(1) 솔레노이드 밸브 4부분의 압력 제어

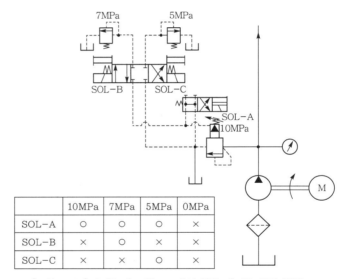

	10MPa	7MPa	5MPa	0MPa
SOL-A	○	○	○	×
SOL-B	×	○	×	×
SOL-C	×	×	○	×

[그림 7-20] 솔레노이드 밸브 4개의 압력 제어와 설정 압력

전자 밸브의 솔레노이드가 전부 OFF일 때는 언로드 상태이며 전자 밸브의 각 솔레노이드를 ON한 경우 표에 표시한 설정 압력이 된다.

(2) 압력의 설정을 무단계로 설정한 경우

비례 전자식 릴리프 밸브를 사용하며 비례 전자식 릴리프 밸브는 전기 신호에 대하여 비례한 압력으로 설정할 수 있다. PC, 시퀀스, 설정기, 패턴 발생기 등의 전기 신호에 의하여 조정한다.

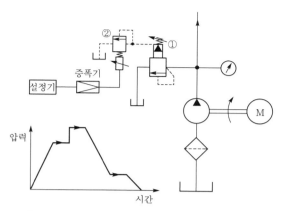

[그림 7-21] 압력의 설정을 무단계로 설정한 경우

(3) 저압 복귀 회로

복귀 시 릴리프 밸브가 작동 7MPa이 되게 하는 방법이 있으며([그림 7-22]), 감압 밸브에 의한 회로로 여러 개의 실린더를 사용할 경우의 저압 복귀 회로가 있다([그림 7-23]).

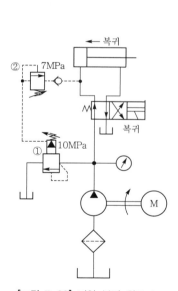

[그림 7-22] 저압 복귀 회로 I

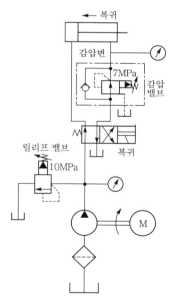

[그림 7-23] 저압 복귀 회로 II

(4) 압력 빼기 회로

헤드측을 가압 후 쇼크 방지를 위해 천천히 압력을 낮춘 후 상승시키는 방법이 있으며 ([그림 7-24]), 헤드측 가압 후 압력 빼기용 전자 밸브를 ON하면 압력이 떨어져 압력 스위치(PS)의 설정 압력까지 저하된 후 상승용 솔레노이드를 ON시키는 방법이 있다([그림 7-25]).

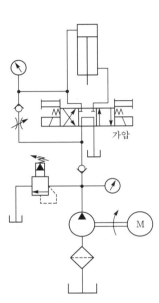

[그림 7-24] 압력 빼기 회로 I

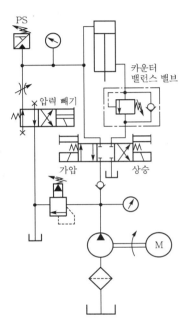

[그림 7-25] 압력 빼기 회로 II

(5) 밸런스 회로(하중)

밸런싱 밸브를 사용하여 압력이 없는 경우 내부 누유로 인해 하중을 유지하는 것이 어렵기 때문에 파일럿 체크 밸브를 부착하는 것이 일반적이다.

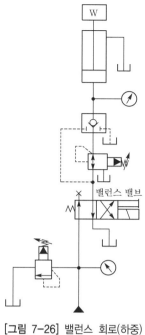

[그림 7-26] 밸런스 회로(하중)

유압 장치에서 동기 작동(synchronizing actuation)으로 구성 방법

1 개요

동기회로는 유압실린더의 치수, 누유량, 마찰 등에 의해 크기가 같은 2개의 실린더가 동시에 작용할 때 발생하는 차이를 보상하는 회로로 기계적, 유량제어밸브, 분배변, 직렬결합, 유압모터, 실린더, 서보밸에 의해서 회로를 구현할 수가 있다.

2 유압 장치에서 동기 작동(synchronizing actuation)으로 구성 방법

유압 장치에서 동기 작동(synchronizing actuation)으로 구성하는 방법은 다음과 같다.

(1) 기계적 동기회로

기계적으로 동기 작동하도록 가이드·동기 핀 등을 설치하고, 기계적으로 따로 따로 움직이지 않도록 한다.

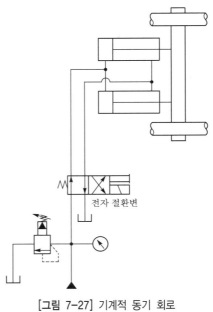

[그림 7-27] 기계적 동기 회로

(2) 유량 제어 밸브의 동기 회로

유량 제어 밸브로서 각 실린더의 속도를 조정해 동기한다.

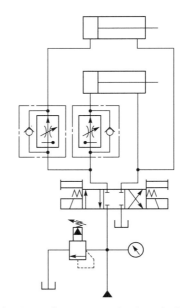

[그림 7-28] 유량 제어 밸브의 동기 회로

(3) 분배변 회로

동기용으로 설계된 분배변을 사용하는 회로로, 부하압의 차에 의해 정도가 다르지만 1.5% 정밀도를 가지고 있다.

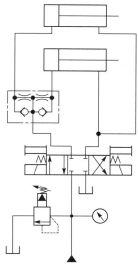

[그림 7-29] 분배변 회로

(4) 직렬 결합 회로

실린더를 직렬 결합하는 동기 회로로서, 고려할 점은 직렬 접속 부분의 급유, 공기 빼기 발열, 누유, 기름의 압축에 의한 정도 등을 검토해야 한다.

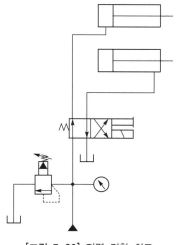

[그림 7-30] 직렬 결합 회로

(5) 유압 모터에 의한 동기

동축의 유압 모터에 같은 유량을 각 실린더에 보내는 회로로서, 모터의 용적 효율이 동기 정밀도를 좌우한다. 때문에 고속 회전으로 사용하는 것은 좋지 않다.

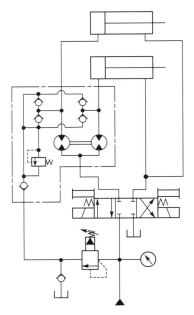

[그림 7-31] 유압 모터에 의한 동기

(6) 동기 실린더에 의한 회로

기계적으로 연결된 동기 실린더를 사용하는 회로로서, 고려할 점은 동기 실린더의 급유, 공기 빼기, 발열, 누유에 의한 압축에 따른 정도 등을 검토한다.

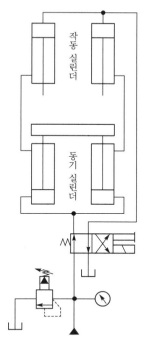

[그림 7-32] 동기 실린더에 의한 회로

(7) 서보 밸브를 사용한 회로

두 개의 실린더에 위치 검출기를 부착해서 feed-back하여 서보 제어하는 회로로서, 일단 실린더의 위치를 검출하여 다른 실린더에 feed-back하여 동기 제어를 한다.

각각의 서보 밸브를 이용하여 제어를 하는 방법이 작동 지연이 작기 때문에 정도가 좋다.

서보 밸브는 전원 OFF 시에는 중립점 변동 등으로 실린더의 위치 유지가 어렵기 때문에 실린더의 위치 유지용으로 shut-OFF valve를 조합하여 사용한다.

서보 시스템은 설정 신호와 검출기 신호의 편차를 증폭기로 연산하여 서보 밸브에 보내 차압을 없애는 시스템이다.

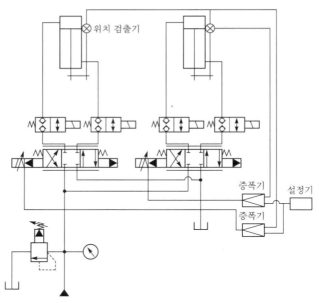

[그림 7-33] 서보 밸브를 사용한 회로

축압기(accumulator)의 용도와 사용 목적

❶ 정의

축압기는 용기 내의 오일을 압입하고 고압으로 저장함으로써 유용한 작업을 하게끔 하는 압유 저장용 용기로서, 유압의 에너지를 저장하는 것이다.

❷ 축압기의 용도

(1) 충격 흡수용

압력이 최고일 때 여분의 오일을 저장하였다가 서지(surge)가 지난 후에 다시 내보내는 일을 하며, 이때 장치 내의 진동과 소음이 감소된다. 또, 어큐뮬레이터는 가변 송출 펌프가 행정을 시작할 때와 같이, 압력의 상승이 지연되는 동안 저장했던 오일을 방출하여 유압이 저하되지 않도록 한다.

(2) 압력의 점진성

유압 프레스에서와 같이 고정 부하에 대한 피스톤의 동력 행정을 부드럽게 하며, 이때 상승하는 오일 압력의 일부를 흡수하여 행정을 느리게 한다.

(3) 일정 압력

누출, 팽창, 수축 등으로 오일의 체적이 변해도 장치 내의 압력이 항상 일정한 값을 유지할 수 있게 한다.

③ 축압기의 사용 목적

(1) 유압 에너지의 축적

간헐 운동을 하는 펌프의 보조로 사용하는 것에 의하여 토출 펌프를 대신할 수 있다. 정전이나 사고 등으로 동력원이 중단될 경우 축압기에 축적한 압유를 방출하여 유압 장치의 기능을 유지시키거나 펌프를 운전하지 않고 장시간 동안 고압으로 유지시켜 서지 탱크용으로도 사용한다.

(2) 2차 회로의 구동

기계의 조정, 보수 준비 작업 등으로 주 회로가 정지하여도 2차 회로를 동작시키고자 할 때 사용한다.

(3) 압력 보상

유압 회로 중 오일 누설에 의한 압력의 강하나 폐회로에 있어서의 유온 변화에 수반하는 오일의 팽창, 수축에 의하여 생기는 유량의 변화를 보상한다.

(4) 맥동 제거

유압 펌프에 발생하는 맥동을 흡수하여 첨두 압력을 억제하여 진동이나 소음 방지에 사용하며, 이 경우 노이즈 댐퍼라고도 한다.

(5) 충격 완충

밸브를 개폐하는 것에 의하여 생기는 유격이나 압력 노이즈를 제거하고, 충격에 의한 압력계, 배관 등의 누설이나 파손을 방지한다.

(6) 액체의 수송

유독, 유해, 부식성의 액체를 누설 없이 수송하는 데 사용한다. 이 경우 트랜스퍼 바이어라고도 부르고 있다.

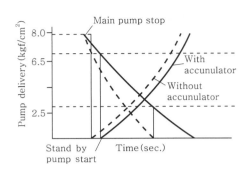

[그림 7-34] 축압기의 구조와 성능 특성

에어 브레이크 장치에 대한 공압 기호와 설명

1 개요

상용 브레이크란 주행 중인 차량을 제동시키기 위한 브레이크로서 일반적으로 발로 조작하기 때문에 풋 브레이크라고 한다. 상용 브레이크에는 유압 배력식(hydraulic servo type)과 공기식(full air type)이 있음을 알 수 있다.

2 브레이크의 분류

(1) 유압 배력식(hydraulic servo type) 브레이크

파스칼의 원리를 응용한 것이며 운전자의 답력(foot power)을 유압으로 바꾸어 파이프를 통하여 제동 장치에 전달하여 제동력을 발생시키는 형식이며, 차량에 사용하기 위해 큰 제동력을 얻기 위해서 운전자의 답력에는 한계가 있으므로 엔진에서 발생된 흡기 부압(진공압 : max. 1kgf/cm^2) 또는 압축 공기(8~10kgf/cm^2)를 이용하여 제동력을 크게 한 형식이다.

① 진공 배력식(vacuum)

㉠ 진공 배력식은 순수 유압의 힘으로만 작용하는 것으로 운전자가 브레이크를 밟으면 그 밟는 힘에 진공압이 더해져서 그 힘으로 브레이크 오일을 밀어 최종적으로 브레이크가 작동되는 방식이다.

ⓒ 진공 배력식은 승용차나 혹은 1톤 화물차 정도의 작은 차에 많이 사용되는 방식이 며 에어브레이크가 아니다. AOH 방식은 에어 브레이크라고 할 수는 있지만 완전 한 에어 방식이 아닌 에어 반, 유압 반의 방식이다. AOH 방식의 브레이크를 사용 하기 위해서는 에어 컴프레서(공기 압축기)와 에어탱크가 있어야 하며 브레이크 오일도 넣어주어야 한다.

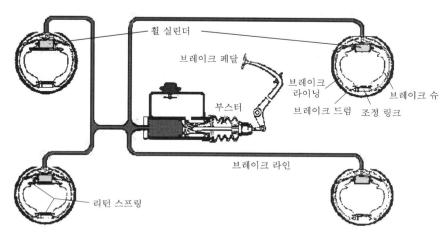

[그림 7-35] 진공 배력식 회로도

② **공기압 배력식** : 공기압 배력식은 AOH라고 하는 방식으로서 운전자가 브레이크를 밟 으면 에어 탱크에서 연결된 파이프의 구멍이 열려 에어가 흐르게 되고 그 공기압으로 브레이크 오일을 밀어내어 브레이크를 작동시키는 방식이다.

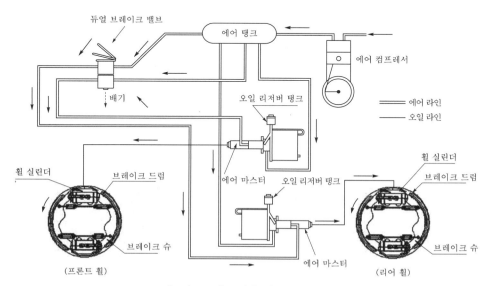

[그림 7-36] 공기압 배력식 회로도

(2) 공기식(full air type) 브레이크

엔진에서 발생된 동력으로 에어 컴프레서(air compressor)를 구동시켜 고압의 압축 공기(약 8~10kgf/cm²)를 만들어 에어 탱크(air tank)에 저장하고, 제동 시 조정 밸브(control valve)를 작동시켜 압축 공기가 브레이크 챔버(brake chamber) 내의 다이어프램(diaphram)에 압력을 가해 제동시키는 형식이다. 여기서 중요한 말은 브레이크 챔버인데, 이 브레이크 챔버가 풋 브레이크 및 파킹 브레이크의 작동을 제어한다. 브레이크 챔버를 자세히 살펴보면 공기 구멍이 여러 개가 있는데, 에어가 빠지는 구멍이 있고 Spring break라는 큰 구멍이 한 개, Service break라는 큰 구멍이 한 개가 있다. 스프링 브레이크란 말 그대로 스프링의 장력에 의해서 브레이크가 작동한다는 뜻인데 버스 파킹 브레이크 스위치를 넣으면 공기 빠지는 큰 소리가 나면서 브레이크 챔버 내의 에어가 싹 빠져 버리게 된다. 그러면 초강력 스프링이 늘어나서 브레이크를 작동시키게 되는 것이다. 파킹 스위치를 원위치로 하면 스프링 라인으로 공기가 들어가서 초강력 스프링을 줄어들게 하여 브레이크가 풀리게 한다. 이 상태에서 풋 브레이크를 밟으면 서비스 브레이크 라인으로 공기가 들어가게 되는데, 그러면 그 공기의 힘으로 다이어프램에 압력을 가해 제동시키게 된다.

공기식 브레이크의 최대 강점은 브레이크 오일을 전혀 사용하지 않는다는 점이다. 그리고 브레이크 챔버 하나로 스프링, 서비스 브레이크가 작동하므로 브레이크 파열로 인한 사고의 위험성이 없으며 베이퍼 록(브레이크 오일의 온도가 올라가 끓게 되면 공기

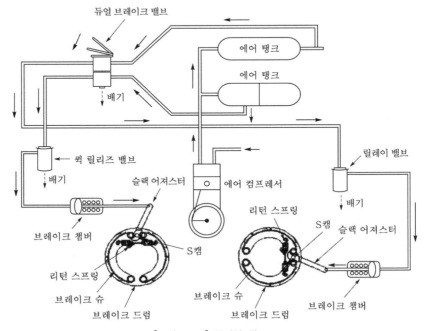

[그림 7-37] 공기식 회로도

방울이 생겨 브레이크를 밟아도 압력이 생기지 않아 브레이크가 작동하지 않는 현상) 현상이 발생하지 않는다.

공기압 실린더의 구조와 종류

❶ 공기압 실린더의 구조

자동화의 직선 운동 기기 중 가장 많이 사용되는 기기로서, 매우 기본적인 것부터 사용 목적에 따른 특수한 구조의 제품까지 다양하게 제작되고 있으며 그 중에서도 피스톤 형식의 복동 실린더가 가장 많이 사용되고 있다.

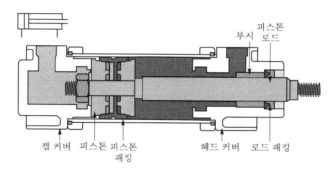

[그림 7-38] 공기압 실린더의 기본 구조

(1) 실린더 튜브

실린더의 외곽 부분이며 피스톤의 움직임을 안내한다. 피스톤의 미끄럼 운동 및 내압 작용으로 내압성, 내마모성이 요구되어 튜브에 $20\mu m$ 정도의 경질 크롬으로 도금하고, 표면 거칠기는 1.6S로 다듬질한다.

(2) 피스톤

튜브 내에서 미끄럼 운동을 하며 때로는 고속으로 헤드 커버에 충돌하므로 충분한 강도와 내마모성이 요구되고 피스톤과 튜브 사이에 누설 방지용 패킹으로 조립한다.

(3) 피스톤 로드

피스톤에 연결되어 피스톤의 출력을 외부에 전달하는 로드로 작용하는 부하에 따라 인장, 압축, 굽힘, 진동 등의 하중에 견딜 수 있는 충분한 강도와 내마모성이 요구되며 내식성, 내마모성 향상을 목적으로 경질 크롬 도금을 사용한 예가 많다.

(4) 헤드 커버, 로드 커버

튜브의 양 끝에 설치하며 피스톤의 행정 거리를 결정하고 급배기 포트, 피스톤 로드 부싱, 쿠션기수 등을 내장하는 부품이다.

② 공기압 실린더의 분류

(1) 피스톤 형식에 따른 분류

① **피스톤형** : 일반적인 공기압 실린더와 같이 피스톤과 피스톤 로드를 갖추는 구조이다.

② **램형** : 피스톤의 직경과 로드의 직경의 차가 없는 가동부를 갖는 구조로서, 복귀는 자중이나 외력에 의해 이루어지며 공기압용으로는 많이 사용하지 않는다.

③ **비 피스톤형** : 가동부에 다이어프램이나 밸로즈를 사용한 형식이다. 이 실린더는 미끄럼 저항이 적고 최저 작동 압력이 $0.1kg/cm^2$ 정도로 낮은 압력에서 고감도가 요구되는 곳에 사용한다.

(2) 작동 형식에 따른 분류

작동 형식에 따라서는 단동 실린더, 복동 실린더, 차동 실린더로 분류되며, 단동 실린더는 한 방향 운동에만 공압이 사용되고 반대 방향의 운동은 스프링이나 자중 또는 외력으로 복귀한다.

(3) 장착 형식에 따른 분류

크게 고정형과 요동형으로 나누어지며, 기계나 장치에 부착하는 방법에 따라 결정한다.

① **고정형** : 실린더 본체를 고정하고 로드를 통하여 부하를 움직이는 형식으로 푸트형, 플랜지형이 있다.

② **요동형** : 부하의 움직임에 따라 실린더 본체가 요동하는 형식으로 크레비스형, 트러니언형 등이 있다.

③ 공기압 실린더의 종류

(1) 단동 실린더

단동 실린더는 한 방향의 운동에만 압축 공기를 사용하고 반대 방향의 운동에는 스프링이나 피스톤 및 로드의 자중 또는 외력에 의해 복귀하며 스프링 때문에 행정 거리 제한으로 보통 150mm가 최대이다. 클램핑, 프레싱, 이젝팅 등의 용도에 사용한다.

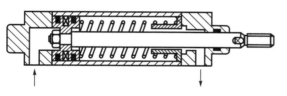
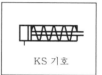
KS 기호

[그림 7-39] 단동 실린더의 구조

(2) 복동 실린더

① 정의 : 압축 공기를 양측에 번갈아 가며 공급하여 피스톤을 전진 운동시키거나 또는 후진 운동시키는 실린더로 전진 운동이나 후진 운동에서 모두 일할 수 있다.

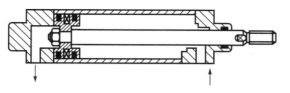
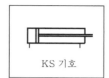
KS 기호

[그림 7-40] 복동 실린더의 구조

② 쿠션 붙이 복동 실린더 : 실린더의 운동 속도가 빠르거나 실린더로 무거운 물체를 움직일 때에는 관성으로 인한 충격으로 실린더가 손상을 입게 된다. 이를 방지하기 위한 것이 쿠션 붙이 실린더로 피스톤 끝 부분에 쿠션 기구를 장착한 실린더이다.

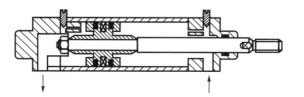
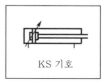
KS 기호

[그림 7-41] 쿠션 붙이 복동 실린더의 구조

(3) 양로드/탠덤 실린더

① 피스톤 로드가 양쪽에 있는 실린더로, 로드를 잡아주는 베어링이 양쪽에 있어 왕복 운동이 원활하며, 횡하중에도 어느 정도 견딜 수 있다. 전진 시와 후진 시 낼 수 있는 힘이 같다는 장점이 있다.

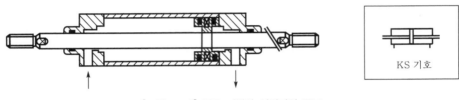

[그림 7-42] 양로드/탠덤 실린더의 구조

② 두 개의 복동 실린더가 나란히 연결된 복수의 피스톤을 갖는 공기압 실린더로, 두 개의 피스톤에 압축 공기가 공급되기 때문에 로드가 낼 수 있는 출력은 2배이며 공압 실린더가 사용 압력이 낮아 출력이 작기 때문에 실린더의 직경은 한정되고 큰 힘을 필요로 하는 곳에 사용한다.

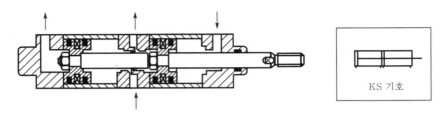

[그림 7-43] 복수의 피스톤을 갖는 실린더의 구조

(4) 다위치형 실린더

2개 이상의 복동 실린더를 동일 축선상에 연결하고 각각의 실린더를 독립적으로 제어함에 따라 몇 개의 위치를 제어하는 것으로 위치 정밀도를 비교적 높게 제어할 수 있다.

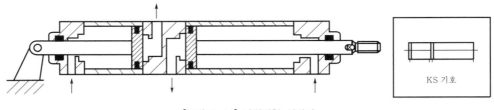

[그림 7-44] 다위치형 실린더

Section 24 건설기계의 유압 장치에서 사용되는 실(seal)의 요구 조건

1 개요

실(seal)은 밀봉 장치의 총칭으로, 유체의 누설 또는 외부로부터 이물질의 침입을 방지하며 정적 실과 동적 실이 있으며 정적 실(static seal)은 고정된 부품의 유밀을 유지하기 위한 것으로, 보통 개스킷(gasket), O링, 패킹 등이 있다. 동적 실(dynamic seal)은 운동하는 부품의 유밀을 유지하는 것으로, 오일을 약간 누출시켜 실의 윤활을 돕는다. 축이나 로드의 실 또는 압축 패킹 등이 있다.

2 유압용 실의 요구 조건

① 양호한 유연성 : 압축 복원성이 좋고 압축 변형이 작아야 한다.
② 내유성 : 오일의 체적 변화가 적고 압축 변형이 작아야 한다.
③ 내열성 : 고온 열화가 적고 저온 탄성 저하가 작아야 한다.
④ 기계적 강도 : 내구성 및 내마모성이 커야 한다.
⑤ 개스킷의 경우 : 작동유에 대하여 적당한 저항성을 갖고, 온도와 압력 변화에 충분히 견딜 수 있어야 한다.
⑥ 패킹의 경우 : 운동 방식(왕복, 회전, 나선 등), 속도, 허용누설량, 마찰력, 접촉면의 조밀(粗密)에 의한 영향 등을 고려한다.

Section 25 유압 장치에서 공기 혼입 현상(aeration)이 생기는 원인과 대책

1 개요

유압은 비압축성 유체로서 유압오일을 사용하여 펌프에 의해서 압력을 생성시키며 유압 장치에서 공기 혼입 현상(aeration)은 유압의 효율을 저하시키며 작동 시 오차를 유발한다. 따라서 공기혼입이 발생하는 원인을 점검하여 대책을 강구해야 한다.

❷ 유압 장치에서 공기 혼입 현상(aeration)이 생기는 원인과 대책

(1) 원인

혼입 공기는 여러 가지 원인에 의해서 유압 회로 속에 기포로 된 미세한 공기가 섞여 있는 상태를 말하며, 이는 유압 회로 내에서 기포가 되어 여러 장해를 발생시킨다.

(2) 방지 대책

이를 방지하기 위한 대책은 다음과 같다.
① 오일 탱크 내의 소용돌이 흐름을 줄인다.
② 회로 중에 유압이 떨어지는 부분이 없도록 한다(속도 등).
③ 배관 중에 누설이 없어야 한다.
④ 공기 드레인을 회로의 상부에 설치한다.

Section 26 밸브의 유량 특성을 나타내는 유량 계수 K 값

❶ 개요

밸브의 크기를 결정하기 위해서는 K라는 수치가 사용된다. 모든 밸브에는 K값이 얼마라는 정격 사양이 있으며, 이 K값은 조절변의 크기와 밸브에 유체가 흐를 수 있는 양이 얼마인지 나타낸다.

❷ K값의 정의

K의 정의는 밸브 전후의 차압을 1psi로 하고 60°F의 물을 흘렸을 때의 유량을 USgal/min으로 표현한 수치이다. K=80이라면 차압이 1psi일 때 1분간 80gal의 물을 통과시킬 수 있는 밸브이다.

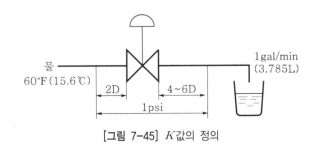

[그림 7-45] K값의 정의

❸ 액체 유량의 K값 계산

① 용적 유량

$$K = 1.17 \times V \times \sqrt{\frac{G}{dp}}$$

여기서, V : $\mathrm{m^3/hr}$
G : 비중(물=1)
dp : $\mathrm{kgf/cm^2}$

② 중량 유량

$$K = \frac{1.17 \times W}{\sqrt{G \times dp}}$$

K를 계산하기 위한 공식은 1976년도 ISA(Instrument Society of America)에서 제시한 기본 공식과 1952년도 FCI(Fluid Controls Institute)에서 제시한 공식이 있으며, 약간의 차이점이 있다.

❹ 기체 유량의 K값 계산

① $dP < p_1/2$의 경우

$$K = \frac{V}{287} \times \sqrt{\frac{G(273.15 + t)}{dP(p_1 + p_2)}}$$

여기서, p_1, p_2 : 밸브 입출구 압력($\mathrm{kgf/cm^2 \cdot A}$)
V : $\mathrm{m^3/hr}$
G : 비중(공기=1)
t : 유체의 온도(℃)

② $dP \geq p_1/2$의 경우

$$K = \frac{V \times \sqrt{G(273.15 + t)}}{287 \times p_1}$$

❺ Steam 유량의 K값 계산

① $dP < p_1/2$의 경우

$$K = \frac{W \times (1 \times 0.0013\, T_{sh})}{13.67\sqrt{dP(p_1 + p_2)}}$$

여기서, p_1, p_2 : 밸브 입출구 압력($\mathrm{kgf/cm^2 \cdot A}$)

$\qquad$ W : $\mathrm{kgf/hr}$

$\qquad$ T_{sh} : 과열도(℃)

② $dP \geq p_1/2$의 경우

$$K = \frac{W \times (1 \times 0.0013\,T_{sh})}{11.9 \times p_1}$$

Section 27 유압회로 설계 시 고려사항

1 개요

유압은 하나의 동력제어 장치로서 그 제어의 우수성과 편리성 때문에 각종 산업기계 설비에 널리 사용되고 있다. 그러나 설계와 사용 조건이 맞지 않을 경우나 압력, 유량 등의 설정을 잘못할 경우 발열이 되고, 에너지 낭비가 클 뿐만 아니라 설비 수명도 현저히 단축된다.

특히, 여름을 맞아 주위의 기온이 상승되어 시스템 내의 발열량이 제대로 방산되지 못할 경우 작동유의 온도가 관리한계 55℃를 넘어 작동유의 수명이 단축되고, 슬러지가 발생되어 각종 밸브 고착이나 제어가 불안정해진다.

2 유압회로 설계 시 고려사항

유압회로는 높은 압력으로 큰 에너지를 생성하므로 정밀성과 안정성을 위한 회로가 구현되어 사용되어야 하며 설계 시 고려사항은 다음과 같다.

① 경제성, 효율성, 내구성, 정숙성이 고려되어야 한다.
② 에너지와 공간의 절약성이 고려되어야 한다.
③ 보수 점검이 용이한 구조이어야 한다.
④ 사용온도와 사이클당 제품생산량을 고려한다.
⑤ 작동조건을 위한 유압회로, 엑추에이터, 제어밸브를 선정한다.
⑥ 정격압력, 유량, 작동방식, 응답시간을 고려하여 유압회로를 구성한다.

Section 28 건설기계 유압화의 장점

1 개요

유압(Hydraulic)은 희랍어 "HYDRO(물)"와 "ALOUS(파이프)"에서 유래되었다. 오늘날 유체와 관련된 모든 것, 즉 유체의 모든 힘과 운동의 전달 및 조절을 의미하며 유체 동력 기술은 1653년 파스칼의 법칙이 발견되면서 산업 분야에 적용되기 시작하였다.

2 건설기계 유압화의 장점

① 비등점이 높아 비교적 높은 온도에서 사용이 가능하다.
② 점성(粘性, 끈적끈적한 정도)이 있어 밀봉 작용과 동시에 윤활 작용을 한다.
③ 방청 역할이 우수하다(부식 방지).
④ 수명이 길고 안정된 성능 획득이 가능하다(Surge 압력 흡수).
⑤ 압축성이 작으므로 응답 성능이 우수하다.
⑥ 마멸된 입자, 이물질 등을 제거한다.
⑦ 열의 분산 및 운반을 한다.

Section 29 건설기계에 사용되는 유압 펌프의 선택 기준

1 개요

유압 공학에서 펌프는 hydrostatic pump로 밀어내기식(positive displacement)이며, 작동 사이클은 흡입(빨아들임), 공간 차단, 압축 및 토출(밀어냄), 공간 차단을 반복한다. 또한 정수압적 유압 기기로서 파스칼의 원리를 기초로 하는 유압 기기로 기기 내부에서 정압(Static pressure)적 특성이 지배한다.

2 건설기계에 사용되는 유압 펌프의 선택 기준

(1) 선택 기준

① 시스템 필요 조건의 관리(계획)
  ㉠ 유체의 종류(fluid type)

ⓛ 사용 정격 압력

ⓒ 작동 교체 모드

ⓔ 여유율과 수명

ⓜ 시스템의 교체

② 펌프의 특성

　　㉠ 정용량형 펌프는 통상적으로 가격이 저렴하나, 제어에 필요한 여러 가지 부품의 가격이 고려되어야 한다.

　　㉡ 가변 용량형 펌프는 가격은 고가이나, 필요한 제어 장치가 적다.

　　㉢ 시스템의 배치는 펌프 타입의 선택에 영향을 미치고, 펌프의 종류에 따라 필요한 공간이 달라진다(원심 펌프 < 왕복 펌프, 수직 펌프 < 수평 펌프).

③ 대체로 같은 용량에서는 기어 펌프가 가장 싸고 피스톤 펌프가 가장 비싸며, 베인 펌프는 중간 정도의 가격이다.

(2) 부하특성

① 경부하(light duty)는 부하 계수(load factor)가 정격 최대 용량의 25% 이내여야 한다.

② 중간 부하(medium duty)는 부하 계수가 25% 이상 75% 이내여야 한다.

③ 중부하(heavy duty)는 부하 계수가 75% 이상이어야 한다.

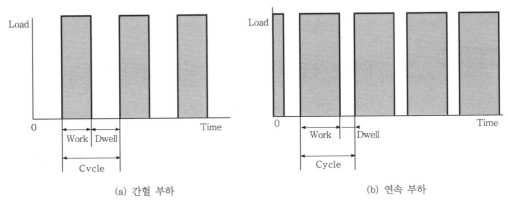

[그림 7-46] 펌프의 부하 특성

(3) 기본 사양과 검토사항

① 펌프 용량은 출력 장치의 속도이다.

② 정격 압력은 출력 장치가 발생하는 최대 힘, 부하 저항 사이클이다.

③ 원동기 속도는 펌프의 토출 유량이다.

④ 펌프 수명은 펌프 내 베어링의 B-10 정격 수명, 내구 시험에 의한 마모 특성이다.

⑤ 설치와 포트 연결 문제는 다른 부품과의 조합성, O-ring, 테이퍼 나사 등이다.

⑥ 크기와 중량

⑦ 효율은 용적 효율, 기계 효율, 전효율이 있다.

⑧ 초기 가격

⑨ 수리 문제는 서비스 부품의 구입, 교환의 용이성을 고려한다.

⑩ 납기 문제

⑪ 수요자 선택은 수요자 요구, 경쟁 기종

⑫ 실적

Section 30 릴리프 밸브와 채터링

1 개요

최초의 압력이 설정 압력 이상이 되면 회로 유량의 일부 또는 전부를 탱크로 보내어 회로 내의 최고 압력을 규제한다(같은 구조의 밸브로서 이상 고압 발생 시에만 작동시켜서 과부하 방지용으로 사용하는 것을 안전밸브라고 한다). 구조면에서 분류하면 파일롯 작동형(밸런스 피스톤 형)과 직동형의 2가지가 있다(유압 장치의 라인 압력 조정에는 파일롯 작동형이 많이 사용되고 있다).

2 릴리프 밸브(relief valve)와 채터링(chattering)

① **파일롯 작동형** : 주 밸브의 움직임을 유압 밸런스로 하고 있으므로 채터링 현상이 일어나지 않고 압력 오버 라이드가 작으며, 벤트 구멍을 이용하여 원격 제어를 할 수 있는 이점이 있다(압력의 설정은 스프링을 이용하는 것은 직동형과 같으나 주 밸브는 기름 압력에 의한다).

② **직동형** : 대체로 저압 또는 작은 유량일 때 쓰이며, 릴리프 밸브의 성능 중 회로의 효율에 크게 영향을 미치는 것으로 오버라이드 특성이 있다. 즉, 직동형은 높은 압력, 많은 유량일수록 오버라이드 특성이 저하한다. 릴리프 밸브 작동 시 채터링이 발생될 때가 있는데, 직동형에서는 채터링 발생 대책으로 덤핑실을 만든다.

Section 31 공압 시스템에서 수분을 제거하는 제습기 및 제습 방식

1 개요

압축 공기 내의 수분은 배관 라인 내에는 부식 및 Scale을 발생시키고, 각종 공압 기기에는 오동작을 유발시켜 효율을 저하시킨다. 뿐만 아니라 제품의 질에 있어서도 좋지 않은 영향을 미치고 있다.

수분 생성의 원리는 공기는 자연법칙상 온도가 높을수록, 압력은 낮을수록 더 많은 수분을 내포하게 된다. 즉, 압축 공기의 온도를 낮추고, 압력은 높일수록 수분 함유량이 적어진다는 것이다. 예를 들면, 흡입 전에는 대기의 상대 습도가 낮다 하더라도 흡입 후 압축 시 압력의 상승으로 흡입된 대기의 상대 습도는 높아지게 된다. 통상 $7kg/cm^2$의 공기 압축기에서 흡입된 $8m^3$의 공기는 압축 후 $1m^3$로 줄어들게 된다. 그러나 대기압하

[표 7-4] 제습기 타입별 장단점 비교표

구분		압력 하 노점 온도	Purge율	원리 및 장단점
냉동식 드라이어		4℃	–	압축 공기를 냉동기로 냉각해서 수분을 응축하여 수분을 제거한다. 설치·유지 비용이 저렴하나 노점 온도가 높아 정밀 또는 도장 공정에는 사용하기 어렵다.
흡착식 제습기	Purge형 (Heaterless)	−40℃	12	압축 공기 속의 수분을 알루미나겔과 같은 흡착제의 미세한 구멍에 모세관 현상을 통해 수분을 흡착 제거하는 방식이며, 흡착제 재사용을 위한 건조 시 생산한 건조 공기를 이용하는 방식이므로 많은 퍼지에어가 소모되어 에너지 낭비가 심하다. 구조가 간단하고 고장이 적으며, 수분 제거율이 뛰어나다.
	Heater형	−40℃	8	Heaterless 타입과 제습 방식은 동일하나 흡착제 건조 방식이 전기 또는 스팀 히터를 이용하므로 고장률과 제습제 손상이 많고 전기 에너지 소모도 많다. 또한 쿨링 시에 건조 공기를 퍼지에어로 사용하므로 압축 공기 소모도 있다.
	Non Purge, Heater형	−10℃	–	Heaterless 타입과 제습 방식은 동일하나 흡착제 건조용 열원을 공기 압축 과정에서 발생되는 폐열을 이용하므로 전기 에너지를 대폭 절약할 수 있다. 그러나 흡착제가 고가이며, 노점 온도가 높아서 초정밀 공정에는 적합하지 않다.
	Blower형	−40℃	5	Heater형과 같은 제습 원리를 가지고 있으나 히팅 시에 건조 공기를 퍼지에어로 사용하는 대신 블로워를 사용함으로써 퍼지에어를 줄여 에너지를 절감하는 에너지 절약형 제습기이다.
복합형 제습기		−60℃	3.5	냉동식 제습기와 흡착식 제습기를 조합해서 구성되어 있으며, 전단에 냉동식 제습기에서 수분을 90% 이상 제거한 후 후단에서 흡착식 제습기로 완전 건조하는 방식이다. 초기 투자 비용이 다소 소요되나, 수분 제거율이 뛰어나고 흡착식 제습기를 소형화할 수 있기 때문에 유지 비용이 기존의 흡착식보다 적게 든다.

$8m^3$ 중에 포함된 수분의 양과 압축 후 체적이 줄어든 $1m^3$ 중의 수분의 양은 절대치에 있어서 변화가 없다. 따라서 압축 후 상대 습도는 공기 압축기가 단열 압축을 한다고 가정했을 때 압축 전보다 8배 증가하게 된다. 만약 흡입 전 공기의 상대 습도가 30%라고 가정한다면 압축 후에는 240%가 된다. 그러나 상대 습도란 100%가 최대이며 그 이상의 수분은 수증기로 존재하지 못하므로 물로 응축하게 되며, 바로 이 240%의 수분이 응축수의 생성 원인이 된다.

❷ 공압 시스템에서 수분을 제거하는 제습기 및 제습 방식

공기로부터 수분을 제거하는 데는 비용이 소요되며, 공기를 더 많이 건조시키기 위해서는 더 많은 비용이 소요된다. 필요한 것보다 너무 큰 용량을 선정하면 비용을 낭비하게 되므로 에어 드라이어의 용량은 공기압 시스템의 용도에 맞게 선정하여 실질적으로 운전 비용이 절감되도록 하는 것이 필요하다.

Section 32 건설기계의 유압 회로에서 오픈 센터 회로와 클로즈드 센터 회로

❶ 방향 변환 밸브의 형식

방향 변환 밸브의 형식은 포핏 밸브식, 로터리 밸브식, 스풀 밸브식으로 구분되며, 특징은 다음과 같다.

① Poppet 형식 밸브 : 추력을 평형시키는 방법이 곤란하고 조작의 자동화가 어려우므로 고압용으로 부적합하다. 내부 누설이 적고 조작이 확실하다. 점성이 적고 윤활성이 나쁜 항착화성 유압유와 같은 특수 목적용으로 사용한다.

② Rotary 형식 밸브 : 회전축에 직각으로 축압이 작용하고 로터에 많은 유압 통로 때문에 비교적 대형으로 고압 대용량에는 부적합하다. $35kg/cm^2$ 이하의 정격 압력에 주로 사용하며, 구조가 비교적 간단하고 조작이 쉽고 확실하므로 원격 제어용 파일럿 밸브로 사용한다. 파일럿 밸브로 사용할 경우 소유량으로 $70kg/cm^2$ 정도까지 사용한다.

③ Spool 형식 밸브 : 스풀 축방향의 정적 추력 평형이 얻어지며 스풀 원주 둘레에 가느다란 홈을 파 측압 평형이 가능하다. $10 \sim 20 \mu m$ 의 간극 때문에 누설이 발생하고 이물질에 의한 유체 고착 현상이 발생할 수 있다.

2 건설기계의 유압 회로에서 오픈 센터(Open Center) 회로와 클로즈드 센터 (Closed Center) 회로

① closed center type : 스풀 폭이 스풀 랜드의 폭보다 커 중립 위치에서 각 포트를 서로 차단되는 방식이다.

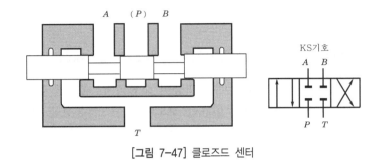

[그림 7-47] 클로즈드 센터

② open center type : 스풀 폭이 포트 폭보다 작아 중립에서 4개의 포트가 서로 통하는 방식이다.

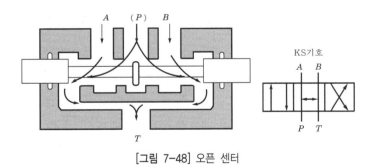

[그림 7-48] 오픈 센터

Section 33 역류방지 밸브 종류 중 하나인 논슬램 체크밸브(Non Slam Check Valve)

1 개요

체크밸브 하면 스윙체크밸브(SWING CHECK VALVE)를 말하지만 체크밸브 종류도 스윙체크밸브, 듀얼체크밸브, 판체크밸브 등등 종류가 다양하다. 하지만 노즐체크밸브 (NOZZEL CHECK VALVE)의 경우에는 생소한 이유는 일단 우리나라 밸브 업계에서 개발된 지 얼마 되지 않았고 다른 체크밸브에 비해 고가이다.

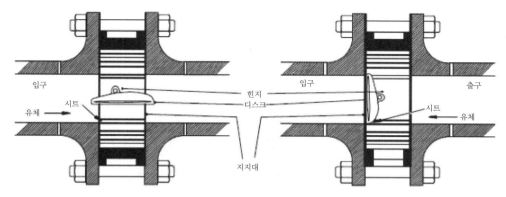

[그림 7-49] 논슬램 체크밸브(Non Slam Check Valve)

② 역류방지 밸브 종류 중 하나인 논슬램 체크밸브(Non Slam Check Valve)

노즐체크밸브(NOZZLE CHECK VALVE)는 내부 구조가 유선형으로 되어 있어서 압력과 유량 손실이 적고 스프링의 강한 힘에 의해서 유체가 역류하기 전에 디스크가 닫히는 구조로 되어있기 때문에 논슬램이 가능하지만 체크밸브는 강한 충격력과 진동을 수반하는 수격현상(Water hammer)의 주원인으로 이를 보완하는 밸브가 논슬램 체크밸브(Non Slam Check Valve)이다.

종류는 Tiliting Check Valve, Nozzle Check Valve, Dual Plate Check Valve(버터플라이 밸브의 일종) 등이 있다.

Section 34 유압 브레이크에 사용되는 탠덤 마스터 실린더(Tandem Master Cylinder)의 구조와 작동

① 개요

탠덤(tandem) 마스터 실린더는 2개의 싱글 마스터 실린더를 연이어 접속시킨 형식이다. 즉, 1개의 실린더 내에 2개의 피스톤이 들어 있다. 운전자의 제동력이 전달되는 순서에 따라 즉, 페달쪽 피스톤을 1차 피스톤, 안쪽에 들어 있는 피스톤을 2차 피스톤이라 한다. 1, 2차 피스톤은 모두 복동식이다. 그리고 각 피스톤의 전/후 컵씰(cup seal) 사이는 원통형의 밀폐된 공간으로서, 보충실(replenishing chamber)의 역할을 한다.

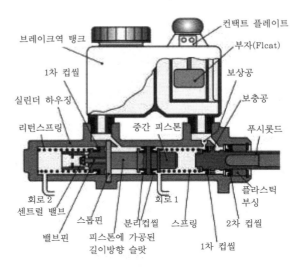

[그림 7-50] 탠덤 마스터 실린더의 기본구조

❷ 유압 브레이크에 사용되는 탠덤 마스터 실린더(Tandem Master Cylinder)의 구조와 작동

각 피스톤에 설치된 고무제의 컵씰(cup seal)은 피스톤과는 반대로 앞쪽의 것을 1차 컵씰(primary cup seal), 뒤쪽의 것을 2차 컵씰(secondary cup seal)이라 한다.

제동할 때 1차 컵씰이 보상공(compensating port)을 지나면, 각 회로의 압력실은 곧바로 밀폐되고, 회로압력이 형성된다. 이때 필러 디스크(filler disk)는 1차 컵씰이 피스톤에 뚫린 보충통로로 밀려드는 것을 방지한다.

1차 피스톤(페달쪽)에 설치된 2차 컵씰과 진공 컵씰은 설치방향이 서로 반대이다. 2차 컵씰은 유압측 누설을 방지하고, 진공 컵씰은 진공(배력장치) 측로부터의 진공유입을 방지한다.

2차 피스톤(안쪽 피스톤)에 설치된 2차 컵씰과 분리 컵씰(cup)도 설치방향이 서로 반대이다. 1차 컵씰과 같은 방향으로 설치된 2차 컵씰은 보충실의 기밀을 유지하고, 1차 컵씰과 반대방향으로 설치된 분리(고압) 컵씰은 다른 회로의 압력실을 형성한다. 즉, 두 회로를 완전히 분리시키는 기능을 한다. 1차 피스톤과 2차 피스톤은 스프링을 사이에 두고 연결 볼트에 의해 연결되어 있다. 즉, 1차적으로 강체연결과 같다. 따라서 1차 피스톤과 2차 피스톤 사이에는 항상 일정한 간격이 유지된다.

Section 35 배관 플랜지(Flange)의 용도 및 종류

1 개요

(1) 배관자재와 플랜지 이음방법에 따른 분류

SO(Slip On)는 배관 파이프를 플랜지 내경 속으로 끼워 넣어 용접하는 방식이며 WN(Welding Neck)은 플랜지 개스킷 면의 반대쪽면이 목(Neck)처럼 튀어나와 있는데, 이 부분에 배관파이프를 맞대기 용접하는 방식이다.

SW(Screwed)는 플랜지 내경부분이 나사산으로 되어 있어 배관파이프와 나사식으로 체결하는 방식으로 배관파이프 끝에도 나사산으로 되어 있어야 체결이 된다.

(2) 플랜지면의 형상에 따라 분류

FF(Flat face)는 개스킷 면이 평평한 모양이고 RF(Raised face)는 개스킷 면이 볼록하게 올라나온 모양이며 TG(Tung & Groove)는 마주보는 플랜지가 각각 암수홈이 파져 있는 모양이다.

2 배관 플랜지(Flange)의 용도 및 종류

위에서 언급한 두 가지 분류방법을 조합해 SOFF, SOHRF, SOHFF 등과 같이 나타내기도 하며 오늘은 플랜지의 종류와 특징은 다음과 같다.

(1) Slip-On Flange(SOF)

슬립온 플랜지는 가장 많이 사용되는 일반적인 플랜지로, 파이프의 외경이 플랜지의 내경으로 삽입되는 타입으로 파이프가 플랜지 내경의 안팎으로 용접되기 때문에 충분한 강도를 보장한다. 플랜지의 내경은 파이프보다 약간 큰 구경으로 제조되며, 파이프를 삽입 후 필렛 용접으로 고정시킨다. 낮은 초기비용 때문에 웰딩넥 플랜지보다 많이 선호하는 편이며, 저압용으로 많이 사용한다.

(2) Socket Welding Flange(SWF)

소켓웰딩 플랜지는 슬립온 플랜지와 유사하나 내경에 또 하나의 내경을 가진 형상으로 파이프의 삽입을 용이하게 하기 위해 슬립온 플랜지처럼 플랜지 내경을 파이프 외경보다 약간 크게 제조한다. 웰딩넥 플랜지보다는 용접부가 강한 압력에 견디지 못하기 때문에 NPS 1/2"~NPS 4"까지로 보다 작은 사이즈만 제한적으로 사용된다.

(3) Welding Neck Flange(WNF)

웰딩넥 플랜지는 보통 하이허브(high hub) 플랜지를 말하며, 파이프가 삽입되어 맞닿는 면적이 넓어 보다 튼튼하기 때문에 고압용으로 많이 사용된다. 웰딩넥 플랜지는 구조특성상 현재 생산 가능한 플랜지 중 가장 뛰어나게 설계된 플랜지라 불리며, 가격 또한 비싼 편으로 적용 가능한 사이즈는 NPS 1/2"~NPS 96"까지 가능한 것으로 보고 있다.

(4) Threaded(Screwed) Flange(THDF)

쓰레드 플랜지(나사식 플랜지)는 슬립온 플랜지와 유사한 형상이지만, 플랜지 내경에 나사산이 있다. 따라서 용접없이 파이프와 체결이 가능하며, 용접으로 폭발위험이 있는 곳에서 사용한다. 나사식이기 때문에 보통 저압에서 많이 사용되며, 이를 보완하기 위해 나사부 반대편을 용접하여 밀폐성을 높이기도 한다.

(5) Blind Flange(BLF)

블라인드 플랜지는 내경이 없는 플랜지로, 배관 시스템의 끝부분의 개폐부를 차단하는 용도로 사용하는 플랜지이다. 블라인드 플랜지에 손잡이(Hand Grip)를 용접해 붙인 것도 있으며, 이를 블랭크 플랜지(Blank Flange)라 부르기도 한다.

(6) Lap joint Flange(LJF)

랩조인트 플랜지는 슬립온 플랜지와 유사하나, 플랜지 표면 개스킷 부분 내경 쪽으로 반경을 가지고 있다. 이 반경은 플랜지가 랩조인트 스터브 엔드(lap joint stub end)를 조절하는 데 필요하며, 용접없이 볼팅(Bolting)만으로 체결되어 사용된다. 따라서 주기적으로 배관검사를 해야 하는 부분 혹은 잦은 내부청소가 필요한 곳에 많이 사용한다.

(7) Nipo Flange

니포 플랜지는 웰도렛 또는 니포렛과 플랜지의 일체형으로 제작(단조)된 것으로 파이프의 배관연결부에 사용하는 플랜지이다.

(8) Compact Flange

콤팩트 플랜지는 해양공사에 주로 사용되며, 육상플랜트에도 적용 가능한 플랜지로 컴팩트 플랜지는 일반플랜지보다 중량 및 사이즈가 최대 80%까지 절감이 가능한 다운사이징 플랜지이다.

(9) Orifice Flange(ORIF)

오리피스 플랜지는 오리피스 미터와 함께 파이프 안의 유량(액체 또는 기체)을 측정하는데 사용되는 플랜지이다. 웰딩넥 플랜지, 슬립온 플랜지 또는 나사식 플랜지에 사용할 수 있다.

(10) Spectacle Blind Flange(SPECT)

스펙타클 블라인드 플랜지는 다른 플랜지에 비해 독립적인 성격을 갖고 있다. 플랜지와 플랜지 사이에 설치되어 밸브처럼 유체의 흐름을 개폐하는 역할을 하며 배관 검사나 보수 및 점검시에 유용하게 사용이 가능한 플랜지이다.

(11) Spades and Spacers (PADDLE)

스펙타클 플랜지와 사용방법은 동일하며 스펙타클 플랜지는 일체형으로 제작이 되지만 스페이드 & 스페이서 플랜지는 중량에 따라 사용상의 편의를 목적으로 개별로 제작된다. 보통 스펙타클이 20kg 이상 넘어가면 스페이드와 스페이서로 제작된다.

Section 36 유압펌프의 소음 발생원인 및 대책

1 소음의 특성과 발생원인

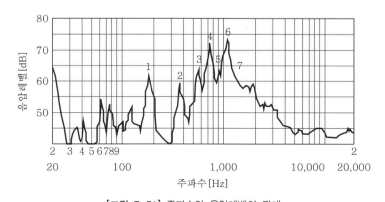

[그림 7-51] 주파수와 음압레벨의 관계

① 3kHz 까지는 NZ 정수배 주파수 성분 특성을 가지며 여기서, N은 회전자의 회전수, Z은 펌프 기구를 수행하는 고체벽의 수이다.

소음의 원인은 캐비테이션 붕괴, 와류, 회전체 불균형, 베어링, 설치 및 배관지지 불량, 기어펌프 맞물림 부분의 치음이 원인이 된다.

② 저소음 펌프 소음 $N = 50 + 14\log_{10}L_o$

여기서, N : 펌프로부터 1m 거리에서 소음 dB(A), L_o : 유체동력

유압펌프 소음 원인은 기름의 급격한 압력변화, 출구에서 압력맥동이 원인이 된다.

② 소음에너지 전달기구와 저감대책

소음에너지 전달기구와 저감대책은 다음과 같다.
① 급격한 압력변화를 피한다.
② 펌프출구에 유압 muffler를 설치한다.
③ 방진고무 설치한다.
④ 송출관로 일부에 고무 hose을 사용한다.
⑤ 펌프 장치를 차폐시키기 위해 흡음재 장치를 사용한다.
⑥ 캐비테이션이 발생하지 않도록 한다.

Section 37 건설기계의 사용 목적에 적합한 유압 모터를 선정하고 회로를 결정하는 순서

① 개요

유압모터는 유압 시스템과 연결돼 회전 구동을 만드는 유압 액추에이터이며 시스템 설계에 따라 한쪽 방향 또는 양쪽 방향으로 돌아간다. 유압 모터 설계는 펌프와 비슷하다. 다만 펌프가 전동기 회전 구동을 이용해 유압유를 토출시키는 반면 모터는 유압유가 안으로 들여와 구동 회전을 만들어낸다는 점이 다르다.

② 건설기계의 사용 목적에 적합한 유압 모터를 선정하고 회로를 결정하는 순서

건설기계의 사용 목적에 적합한 유압 모터를 선정하고 회로를 결정하는 순서는 설계 자마다 견해차이는 있지만 다음과 같다.
① 압력(고압, 중압, 저압)을 설정하며 압력의 구분은 저압은 $0{\sim}13.8\text{kgf/cm}^2$, 중압은 $13.8{\sim}34.5\text{kgf/cm}^2$, 중고압은 $34.5{\sim}82.8\text{kgf/cm}^2$, 고압은 $82.8{\sim}207\text{kgf/cm}^2$, 초고 압은 207kgf/cm^2 이상이다.
② 유량을 선정하며 가변과 고정이 있지만 현장의 여건에 따라 조정하는 가변이 적절하다.

③ 유압 동력원은 축압식을 장착한 압력에너지를 형성하는 펌프를 선정한다.
④ 회로설계의 결정
　㉠ 하중의 특성 : 마찰계수, 가속도를 고려한 하중의 상태를 결정하며 작동순서, 유압
　　동력 배분, Load cycle를 결정한다.
　㉡ 유압시스템에 사용하는 부품을 선정하며 신뢰성이 있는 부품이 고장이 적다.
　㉢ 회로선정은 기름누출, 소비동력, 배관크기를 고려하여 변화가 작도록 설정한다.
　㉣ 유압시스템이 제작하여 사용하면서 고장이 날 때 보수와 점검이 쉬워야 한다.
　㉤ 작동상태가 안전성이 있어야 한다(압력, 유압유).
　㉥ 가능한 간결한 회로를 구현하여 경제성이 있어야 한다.

Section 38 기어펌프의 폐입현상

1 개요

　기어펌프(Gear pump)는 흡입구에서 Gear 맞물림이 풀어질 때 회전 Gear의 홈에 액체가 채워진다. 이 때 Gear Casing 및 Plate에 의해 생긴 공간에 액체가 채워지면 Casing 내부 원주를 따라 토출 쪽으로 이동하고, 토출구에서 액체는 Gear 맞물림에 의해 흘러간다.

2 기어펌프의 폐입(trapping)현상

　인벌루트(involute) 치형의 기어는 물림률(contact ratio)이 1보다 크기 때문에 반드시 2개 기어의 이가 맞물린 구간이 있다. 2개 기어 이가 동시에 맞물릴 때 기어 홈 사이에 갇힌 작동유가 앞뒤로 출구가 막혀 갇히게 되는 현상으로 폐입 체적 내부의 압력이 높아지면 축동력과 축하중이 증가하고, 진동과 소음이 발생한다. 또한, 압력이 낮아지는 부분이 발생하여 기포가 발생하고 폐입을 해소하기 위해 relief groove를 확보하며 평기어에서 relief groove의 위치는 다음과 같다.

$$B = 0.5t_n \cos \alpha$$

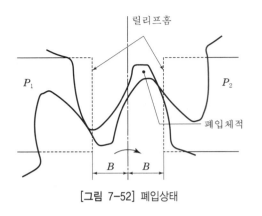

[그림 7-52] 폐입상태

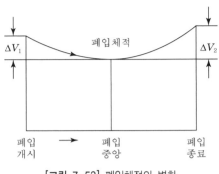

[그림 7-53] 폐입체적의 변화

Section 39 유압유의 오염과 관리

1 개요

정상적 계통운용(system operation)을 보전하고, 유압계통의 비금속 부품에서의 손상을 방지하기 위해 알맞은 유압유를 사용하여야 한다. 유압계 통에 유압유를 보충할 때 정비매뉴얼(manufacturer's maintenance manual) 또는 저장용기(reservoir)에 부착되어 있는 사용설명 표지판(instruction plate) 또는 구성 부품상에 명시된 특정 종류(type)의 유압유를 사용해야 한다.

2 유압유의 오염

(1) 유압유의 오염(Hydraulic Fluid Contamination)

유압유가 오염될 때마다 유압계통의 고장은 피할 수 없으며 오염의 종류에 따라 간단한 기능불량 또는 구성요소의 완전한 파괴가 발생한다. 두 가지 일반적인 오염물은 다음과 같다.

① 심형모래(core sand), 용접스패터(weld spatter), 기계가공 깎아낸 부스러기(machining chip), 그리고 녹(rust)과 같은 입자를 포함하는 연마제

② 시일(seal)과 다른 유기체부품으로부터 마모 입자 또는 오일산화(oil oxidation)와 연한 입자의 결과로서 생기는 부산물을 포함하는 비 연마제

(2) 오염물 관리(Contamination control)

필터(filter)는 유압계통이 정상적으로 작동하는 동안 오염문제의 적절한 처리를 제공한다. 유압 계통으로 들어가는 오염원(contamination source)의 크기와 양의 제어는 장비를 정비하고 운용하는 사람의 책임이다. 그러므로 예방법은 정비, 수리, 보급 운용 시에 오염을 최소화하도록 조치가 취해져야 한다. 만약 시스템이 오염되었다면, 필터소자(filter element)를 장탈하여 청소하거나 교체해야 한다.

Section 40 유체역학의 무차원수 5가지

1 개요

유동을 상사시킬 때 상사시키고자 하는 유동현상과 관련한 무차원수를 같도록 해야 한다. 한 개의 무차원수만 만족시켜도 되는 경우가 있지만, 다수의 무차원수를 동시에 고려해야 하는 경우도 있다. 여러 가지 유동현상을 상사시키기 위해 여러 개의 무차원수를 동시에 만족시킬 수 없다면 각각의 현상들은 별도의 평가를 수행해야 한다.

2 유체역학의 무차원수

유체역학의 무차원수를 열거하고 설명하면 다음과 같다.

(1) Reynolds수(Re)

관성력과 점성력의 비로서 난류와 층류를 구분하는 척도가 된다.

$$Re = \frac{\rho VL}{\mu} = \frac{VL}{\nu}$$

여기서, ρ : 밀도, V : 유속, L : 특성길이, μ : 점성계수, ν : 동점성계수($= \mu/\rho$)

(2) Euler수(Eu)

압력강하에 대한 무차원수, 일정한 유량이 흐를 때 발생하는 압력강하의 정도, 복잡한 유로에서 동일한 압력 차에 의한 영향 및 유량 분배 등을 평가할 때 사용한다.

$$Eu = \frac{\Delta p}{\frac{1}{2}\rho V^2}$$

여기서, Δp : 압력강하, ρ : 밀도, V : 유속

(3) Froude수(Fr)

관성력과 중력의 비로서 댐과 같이 중력에 의해 영향을 받는 유동현상을 설명한다.

$$Fr = \frac{V^2}{gL}$$

여기서, V : 유속, g : 중력가속도, L : 특성길이

(4) Weber수(We)

표면장력에 대한 상사 시에 적용한다.

$$We = \frac{\rho V^2 L}{\sigma}$$

여기서, ρ : 밀도, V : 유속, L : 특성길이, σ : 표면장력

(5) Strouhal수(St)

주파수에 대한 무차원수, Vortex shedding과 같이 주기를 갖는 유동현상을 설명할 때 사용한다.

$$St = \frac{fL}{V}$$

여기서, f : 주파수, L : 특성길이, V : 유속

(6) Mach수(Ma)

음파에 대한 무차원수, 유체영역 내에서 음파의 전달을 설명할 때 사용한다.

$$Ma = \frac{V}{a}$$

여기서, V : 유속, a : 음속[$= \sqrt{(K/\rho)}$, K : 체적탄성계수, ρ : 밀도]

(7) 항력 혹은 양력계수(C_D 혹은 C_L)

유체영역 내에 잠긴 구조물에 가해지는 항력 혹은 양력이 발생하는 정도

$$C_D = \frac{F_D}{\frac{1}{2}\rho V^2 A} \quad 혹은 \quad C_L = \frac{F_L}{\frac{1}{2}\rho V^2 A}$$

여기서, F_D : 항력, F_L : 양력, ρ : 밀도, V : 유속, A : 면적

Section 41 원심펌프의 설치방법과 절차

1 개요

원심펌프는 회전차(impeller)가 밀폐된 케이싱(casing) 내에서 회전함으로써 발생하는 원심력을 이용하는 펌프이며, 유체는 회전차의 중심에서 유입되어 반지름방향으로 흐르는 사이에 압력 및 속도에너지를 얻고, 이 가운데 과잉의 속도에너지는 안내깃(guide vane, diffuser vane)을 지나 와류실(volute casing)을 통과하는 사이에 압력에너지로 전환되어 토출되는 방식의 펌프이다.

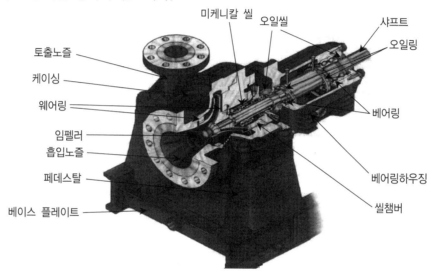

[그림 7-54] 원심펌프의 일반적인 구조

2 원심펌프의 설치방법과 절차에 대하여 설명

(1) 펌프 배관 설치 시 고려사항

① 취급물질의 종류에 따라 관련 법규에서 요구하는 배관에 대한 규칙을 준수하여야 한다.

② 배관지름은 여유가 있는 구경을 선정하고, 굽힘, 확대 및 분기 등은 가능한 한 적게 하여 압력손실을 줄인다.

③ 배관에서 공기가 유입되거나 또는 공기가 고이지 않도록 하고, 배관의 상부지점에는 벤트밸브를 설치한다.

④ 120℃를 넘는 유체를 취급하는 펌프에는 승온(warming up) 배관을 설치할 필요가 있다.

⑤ 곡관부 등 하중이 많이 걸리는 부위는 콘크리트 기초 위에 충분한 배관 지지가 필요하다.

⑥ 펌프의 흡입 및 토출 배관에는 진동을 흡수하기 위한 적절한 신축이음을 설치할 수 있다.

⑦ 수충격(hydraulic shock)이 발생할 위험성이 있는 경우에는 적절한 방지설비를 설치한다.

⑧ 공사 후에는 반드시 배관 내부를 청소하여야 한다.

⑨ 흡입배관에는 최소 배관지름의 4배 이상의 직관부를 설치하는 것이 바람직하다.

⑩ 흡입배관은 펌프측이 높도록 1/100 정도의 구배의 상향배관으로 설치하여 흡입배관에 기체가 고일 수 없는 구조로 설치하여야 한다.

⑪ 흡입배관의 유속은 1.5m/s 이하로 하는 것이 바람직하며, 배관지름 및 물질종류별 흡입 권장유속, 물질종류별 흡입 권장유속은 [표 7-5]와 같다.

[표 7-5] 배관지름 및 물질종류별 흡입 권장유속

배관지름		흡입배관 권장유속(m/s)			
인치	mm	물	Light oil	Boiling liquid	Viscous liquid
1	25	0.50	0.50	0.30	0.30
2	50	0.50	0.50	0.30	0.33
3	75	0.50	0.50	0.30	0.38
4	100	0.55	0.55	0.30	0.40
6	150	0.60	0.60	0.35	0.43
8	200	0.75	0.70	0.38	0.45
10	250	0.90	0.90	0.45	0.50
12	300	1.40	0.90	0.45	0.50
12 초과	300 초과	1.50	—	—	—

⑫ 토출배관의 유속은 3m/s 이하로 하는 것이 바람직하며 배관지름 및 물질종류별 토출 권장유속은 [표 7-6]과 같다.

[표 7-6] 배관지름 및 물질종류별 토출 권장유속

배관지름		토출배관 권장유속(m/s)			
인치	mm	물	Light oil	Boiling liquid	Viscous liquid
1	25	1.00	1.00	1.00	1.00
2	50	1.10	1.10	1.10	1.10
3	75	1.15	1.15	1.15	1.10
4	100	1.25	1.25	1.25	1.15
6	150	1.50	1.50	1.50	1.20
8	200	1.75	1.75	1.75	1.20
10	250	2.00	2.00	2.00	1.30
12	300	2.65	2.00	2.00	1.40
12 초과	300 초과	3.00	—	—	—

⑬ 펌프 흡입배관의 수축관(reducer) 설치방법은 다음과 같다.

　㉠ 펌프 흡입측이 흡상인 경우에는 [그림 7-55]의 (a)와 같이 수축관의 상부가 평평한 상태가 되도록 설치하여 기포가 상부에 고이지 않도록 설치한다.

　㉡ 펌프 흡입측이 가압인 경우에는 [그림 7-55]의 (b)와 같이 수축관의 하부가 평평한 상태가 되도록 설치하여 액체가 하부에 고이지 않도록 설치한다.

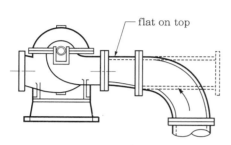
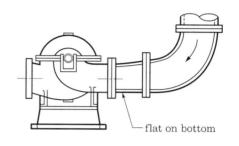

(a) 펌프 흡입배관이 흡상인 경우 수축관 설치방법
(저조가 하부에 있을 때)

(b) 펌프 흡입배관이 가압인 경우 수축관 설치방법
(저조가 상부에 있을 때)

[그림 7-55] 펌프 흡입배관의 수축관(reducer) 설치방법

(2) 펌프 기초 설치 시 고려사항

① 펌프의 기초는 펌프, 모터, 부속품 및 유체중량을 지지함과 동시에 운전에 의해 생기는 각종 진동을 흡수할 수 있을 정도의 강도를 가져야 한다.

② 기초 자체가 견딜 수 있는 중량은 전동기 직결형의 경우 기계중량의 3배 이상, 엔진 직결형의 경우는 기계 중량의 5배 이상으로 하는 것이 바람직하다.

③ 펌프와 모터가 직결 구동일 경우에는 반드시 일체형의 기초 위에 설치할 필요가 있다.

④ 겨울철 결빙기에는 지반의 표면이 얼어 지내력이 저하하므로 기초의 깊이를 동결 깊이보다 깊게 설치하여야 하며, 일반적으로 500mm 이상으로 설치하고, 한랭지에서는 700~1,000mm 이상으로 설치할 필요가 있다.

⑤ 건물의 2층 바닥 등에 펌프의 기초를 설치할 때는 들보의 중심과 기초의 중심을 일치시키거나 또는 2개의 들보에 걸치도록 설치하고, 가능한 한 건물의 벽에 가깝게 기초를 설치하는 것이 좋다.

펌프에서 유량에 관한 상사법칙(law of similarity)

1 개요

같은 펌프의 경우 $D_1 = D_2$이므로 유량은 (N_2/N_1)에 비례하고 전양정은 (N_2/N_1)의 제곱에 비례하며 축동력은 (N_2/N_1)의 세제곱에 비례한다.

$$Q_2 = Q_1 \left(\frac{D_2}{D_1}\right)^3 \left(\frac{N_2}{N_1}\right), \quad H_2 = H_1 \left(\frac{D_2}{D_1}\right)^2 \left(\frac{N_2}{N_1}\right)^2, \quad L_2 = L_1 \left(\frac{D_2}{D_1}\right)^5 \left(\frac{N_2}{N_1}\right)^3$$

2 펌프에서 유량에 관한 상사법칙(law of similarity)

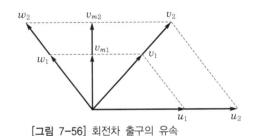

[그림 7-56] 회전차 출구의 유속

2대의 펌프의 회전차 출구에서의 유로의 면적을 A_1, A_2 반지름 방향의 유속을 v_{m1}, v_{m2}이라 하면

$$Q_1 = A_1 \times v_{m1}$$
$$Q_2 = A_2 \times v_{m2}$$

각각의 회전차의 원주속도를 u_1, u_2라 하면 유동은 상사가 되므로 [그림 7-56]에서

$$\frac{v_{m1}}{v_{m2}} = \frac{u_1}{u_2}, \quad \frac{Q_1}{A_1 u_1} = \frac{Q_2}{A_2 u_2}$$

이 관계식은 2대의 펌프 사이에 상사인 관계가 성립되면 내부의 유동이 상사인 관계를 유지하는 한 일정한 상수가 된다.

$$\frac{Q}{Au} = \phi$$

여기서, ϕ : 유량계수

기하학적인 상사로부터 구조가 상사하므로 2대의 펌프의 유로의 단면적의 비는, b를 회전차의 출구 폭이라고 하면

$$\frac{A_1}{A_2} = \frac{\pi D_1 b_1}{\pi D_2 b_2} = \left(\frac{D_1}{D_2}\right)^2, \ \frac{u_1}{u_2} = \frac{\pi D_1 N_1/60}{\pi D_2 N_2/60} = \frac{D_1}{D_2} \times \frac{N_1}{N_2}$$

$$\therefore \ \frac{Q_1}{D_1^3 N_1} = \frac{Q_2}{D_2^3 N_2}$$

유량은 회전수에 비례하므로 다음과 같다.

$$Q_2 = Q_1 \times \left(\frac{D_2}{D_1}\right)^3 \times \frac{N_2}{N_1}$$

Section 43 유압유 첨가제의 종류

1 개요

유압 작동유는 유압 시스템의 성능과 효율에 있어서 가장 중요한 요소로 볼 수 있다. 유압 시스템 내부에서 가장 중요한 압력과 동력 전달의 역할뿐만 아니라, 습동 부분에 대한 마찰 방지, 열의 방출과 먼지 마모 등의 협잡물 세정의 역할까지 유압 작동유의 역할은 광범위하다. 유압 작동유는 기유(base stock)에 산화방지제, 녹부식 방지제, 분산제 등 다양한 첨가제(additives)를 5~20% 가량 첨가하여 만든다.

2 유압유 첨가제의 종류

유압유 첨가제의 종류는 다음과 같다.

1) 점도지수 향상제(viscosity index improver, viscosity modifier)

온도에 따른 점도변화를 줄여 점도지수(온도변화에 따른 오일의 점도 변화 안정성)를 향상시키기 위해 사용되는 첨가제로 보통 분자량이 10,000~1,500,000 정도인 유용성 고분자 화합물이 사용된다. 고분자 물질은 저온에서는 응집되고 고온에서는 팽윤되는데 이를 이용하여 점도를 조절하여 점도지수를 향상시키며 종류는 polymethacrylate(PMA), polyisobutylene, olefin copolymer 등이 있다.

2) 분산제(dispersant)

콜로이드(colloidal) 형태로 되어 있으며, 비교적 저온운전조건에서 발생하는 sludge 를 유중에 분산하며, 검댕이나 기타 크기가 작은 불용해성 입자를 oil 내 고루 분산시켜 sludge 퇴적물의 생성 억제 및 산중화 역할을 한다. 즉, 불완전 연소물질(soot)의 분산과 슬러지(sludge) 형성을 차단하며 종류는 Polyisobutenyl Succinimides, Polyisobutenyl Esters 등이 있다.

3) 청정제(detergent)

고온하에서 윤활유가 쓰이는 경우 연료 및 윤활유의 불완전연소 등으로 열화물 등이 생기는데 청정제는 열화물의 침적 예방 및 억제하며 산성물질을 중화한다. 이를 통해 금속표면의 부식 방지, 피스톤 링의 고착 및 녹 방지, 락카, 바니쉬, 퇴적물 생성을 억제하며 종류는 metal sulfonates(neutral & overbased), metal alkyl phenates 등이 있다.

4) 산화방지제(anti-oxidant)

윤활유는 공기 중의 산소와 반응하여 산화되는데 이를 촉진시키는 인자는 사용온도, 주위환경, 촉매 등이 있다. 산화방지제는 산화에 의해 생성되는 부식성의 산이나 슬러지(sludge)의 생성을 방지하여 윤활유의 사용기간을 연장시켜 주며 종류는 phenol type, amine type, Zinc dialkyldithiophosphate(ZnDDP) 등이 있다.

5) 방청제(corrosion inhibitor)

산소와 물에 의해 발생하는 녹(rust)의 발생을 억제한다. 녹 방지를 위해서는 금속에 대한 충분한 흡착성과 기름에 대한 용해성이 필요하므로 강한 극성기와 적당한 크기의 친유기(탄화수소기)가 있어야 하며 종류는 ethoxylated alkyl phenols or neutral detergent substrate salts, alkenyl succinicacids and amine phosphates, overbased substrates and amino compounds 등이 있다.

6) 내마모제(anti-wear agent)

유기극성 화합물의 금속 표면에 대한 흡착과 금속 표면과의 반응에 의한 고체 윤활막을 생성하여 장비의 마모를 방지하기 위해 사용하는 첨가제이다. 종류는 organic sulfur and chlorine compound, organic phosphate esters, ZDDP 등이 있다.

7) 소포제(antifoamer agent)

윤활유에 발생되는 거품을 방지하기 위해 사용하며 silicon과 같이 오일보다 표면장력이 낮은 물질을 사용하여 기포표면에서 표면장력을 변화시켜 기포가 파괴되게 작용하며 종류는 silicon계 등이 있다.

8) 마찰 저감제(friction modifier)

금속 간의 미끄럼 시 낮은 마찰계수를 부여하여 윤활성능을 향상시키는 첨가제로 연비를 향상시킬 수 있으며 종류는 long chain alkyl ester, amine, acid 등이 있다.

9) 유동점 강하제(pour point depressant)

유동점(오일이 흐를 수 있는 가장 낮은 온도)을 낮춰주는 첨가제로, 저온에서 왁스(wax) 생성 시 왁스에 흡착되어 왁스끼리 뭉치는 것을 방해하여 윤활유의 유동점을 낮추는 역할을 하며 종류는 polymethacrylate(PMA), polyacrylamide 등이 있다.

Section 44 점성계수(Coefficient of Viscosity)와 동점성계수(Kinematic Viscosity)의 차이점과 국제단위계에 의한 단위

1 개요

점성계수는 점성의 크기를 나타내는 계수로서, 유체 및 유체에 가해지는 전단응력의 성질에 따라 몇 가지로 분류된다. 동 점성계수(dynamic viscosity coefficient) 혹은 절대 점성계수(absolute viscosity coefficient)는 비압축성 유체의 점성 정도를 나타내며, 운동 점성계수(kinematic viscosity coefficient)는 뉴튼 유체에 있어 동 점성계수를 밀도로 나눈 값으로 정의된다. 체적 점성계수(volume 혹은 bulk viscosity coefficient)는 압축성 뉴튼 유체의 점성 정도를 나타내며, 전단 점성계수(shear viscosity coefficient)와 확장 점성계수(extension viscosity coefficient)는 각각 비뉴튼 유체에 전단응력 혹은 확장 응력이 가해졌을 경우에 있어 점성의 크기를 나타낸다.

2 점성계수(Coefficient of Viscosity)와 동점성계수(Kinematic Viscosity)의 차이점과 국제단위계에 의한 단위

(1) 두 평행평판 사이에 점성 유체가 가득 차 있을 경우

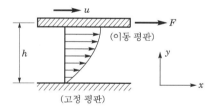

[그림 7-57] 두 평행평판 사이의 점성유체

$$\therefore F \propto A \frac{u}{h} \to F = \mu A \frac{u}{h} \quad \text{①}$$

여기서, u : 이동 평판의 속도, F : 평판을 끄는 힘, h : 평판의 간격
①식을 고쳐 쓰면

$$\frac{F}{A} = \mu \frac{u}{h} = \tau (\text{유체의 전단응력}) \quad \text{②}$$

따라서 전단응력과 변형율은 비례한다.
②식을 미분형으로 쓰면

$$\tau = \mu \frac{du}{dy} \quad \text{③}$$

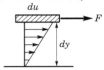

평판 사이가 아주 작으면
속도 분포는 선형이다.

[그림 7-58] 평판 사이가 아주 작은 경우(속도분포는 선형)

(2) 점성계수(μ)

① 기체의 경우 온도(T)가 상승하면 μ도 증가(주로 분자 상호 간의 운동이 μ를 지배)
② 액체의 경우 온도(T)가 상승하면 μ가 감소(주로 분자 간 응집력이 점성을 좌우)

(3) 점성계수의 차원

②식에서

$$\mu = \frac{h \cdot F}{u \cdot A} = \frac{\text{m} \cdot \text{kgf}}{\text{m/sec} \cdot \text{m}^2} = \text{kgf} \cdot \text{sec/m}^2 \ (\text{중력 단위})$$

$$= \text{N} \cdot \text{sec/m}^2 (\text{SI 단위}) = \frac{\text{sec} \cdot \text{kg} \cdot \text{m/s}^2}{\text{m}^2} = \text{kg/m} \cdot \text{sec} (\text{절대 단위})$$

$\therefore$ 차원은 FTL^{-2} 또는 $\text{ML}^{-1}\text{T}^{-1}$

※ **1poise** $= 1\text{g/cm} \cdot \text{sec}, \ 1\text{poise} = 100\text{centipoise} = 1\text{dyne} \cdot \text{sec/cm}^2$

※ **1kgf $\cdot$ sec/m^2** $= 9.8\text{N} \cdot \text{sec/m}^2 = 9.8 \times 10^5 \text{dyne} \cdot \text{sec/}10^4 \text{cm}^2$

$$= 98\text{dyne} \cdot \text{sec/cm}^2 = 98\text{poise}$$

※ **1dyne $\cdot$ sec/cm^2** $= 1\text{poise} = \dfrac{1}{98}\text{kgf} \cdot \text{sec/m}^2$

(4) 동점성 계수(ν)

① 동점성 계수

$$\nu = \frac{\mu(점성계수)}{\rho(밀도)}$$

② 동점성 계수의 단위와 차원

$$\nu = \frac{\mu}{\rho}\left[\frac{\text{kg/m} \cdot \text{s}}{\text{kg/m}^3}\right] = \text{m}^2/\text{s}\,[\text{L}^2\text{T}^{-1}], \quad \blacktriangleright 1\,\text{stokes}(1스토크스) = 1\text{cm}^2/\text{sec}$$

Section 45 펌프의 설계 순서 및 각 단계별 검토사항

1 개요

펌프(pump)는 액체나 슬러리(진흙, 시멘트 따위에 물을 섞어 만든 현탄액)를 이동하는 데에 쓰이는 장치이다. 수력시스템에서 펌프는 낮은 압력에서 더 높은 압력으로 액체를 움직이며 에너지를 시스템에 추가함으로써 압력의 차이를 나타낸다. 가스 펌프는 팬과 송풍기로 구성된 장치가 있는 HVAC와 같은 매우 낮은 압력의 기기를 제외하고는 보통 압축기라고 불린다.

2 펌프의 설계 순서 및 각 단계별 검토사항

(1) 펌프의 설계 단계

펌프의 설계 단계는 다음과 같다.
① 설계 시방(時方) 결정
② 형식 결정
③ 기본 구조의 선정
④ 사용재료의 선정
⑤ 기초설계
⑥ 펌프주요부의 치수결정(펌프의 회전차와 케이스 설계)
⑦ 설계도 작성
⑧ 제작도 작성

(2) 각 단계별 검토사항

1) 펌프의 설계시방

펌프를 계획할 때 먼저 고려사항으로 시방 결정은 액체의 종류와 요구되는 조건들로부터 구한다.
① 수송액체 : 물
② 액체의 성질 : 상온($0\sim40°$)
③ 펌프의 실양정(H_a) : 15m
④ 양수량(Q) : $1\text{m}^3/\text{min}$
⑤ 펌프의 설치높이=흡입 실양정(H_s) : 3m
⑥ 원동력 : 4극 삼상유도전동기 펌프와 직결
⑦ 펌프의 계획 설치도[그림 7-59]

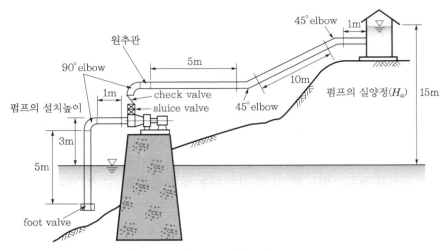

[그림 7-59] 펌프의 계획 설치도

2) 펌프의 형식선정

① 펌프의 형식 선정 도표를 이용하면 전양정과 양수량에 적합한 펌프의 형식을 결정할
수 있다.

② 펌프의 설계 시방에 따라 알맞은 펌프의 형식을 선정한다.

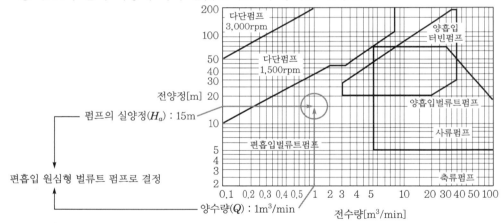

[그림 7-60] 펌프의 형식선정도

3) 펌프의 기본구조 및 재료의 선정

① 펌프의 기본 구조의 선정은 다음과 같다.

㉠ 회전차의 구조 : 폐쇄깃 혹은 개방깃이 있으나 폐쇄깃으로 선정한다.

㉡ 케이싱 구조 : 와류실의 단면 형상 선택과정으로 일반적으로 실험결과를 기본으로
하여 형상을 정한다.

㉢ 주축의 구조 : 단이 붙은 것과 없는 것이 있으며 가격, 보수유지를 위해 단 붙임축
으로 한다.

㉣ 축이음의 구조 : 펌프와 원동기의 동력을 전달하는 방법은 커플링으로 연결한다.

　　ⓜ 베어링의 구조 : 롤러 베어링을 선전한다.

　　ⓗ 밀봉장치의 구조 : 그랜트 패킹 방식으로 선정한다.

② 펌프의 재료의 결정

　　㉠ 회전차 : 액체가 물이므로 청동주물로 선정한다.

　　㉡ 케이싱과 흡입커버 : 가격이 저렴하고 내구성이 좋아서 최근에 많은 펌프들이 주철로 제작되어 주철제로 선정한다.

　　㉢ 주축 : 기계구조용 탄소강으로 결정한다(ⓔ SM25C).

4) 펌프 크기의 결정 시 고려사항

① 펌프를 크기를 계획할 때 고려해야 할 항목

　　㉠ 취급액체의 종류와 온도

　　㉡ 전양정, 즉 압력수두계수

　　㉢ 소요 양수량

　　㉣ 원동기의 종류 및 회전수

② 회전차의 형상, 치수 등을 결정하는 3가지 기본요소를 결정한다.

③ 시방에 따라 혹은 비속도를 구해서 회전차의 형식을 결정한다.

④ 각 부분의 상세한 치수를 구한다.

　　㉠ 흡입 및 송출관의 치수

　　㉡ 전양정, 즉 압력수두계수(H_m) : 15m + 손실수두

　　㉢ 원동기의 종류 및 회전수

　　㉣ 펌프 동력의 결정

5) 펌프 크기의 결정(흡입 및 토출관의 치수)

① 흡입구의 구경(D_s)

　　흡입구의 유속 v_s는 보통 1~3m/s의 범위를 잡는 것이 좋으나 일반적인 경우 2~2.5m/s를 잡을 때가 많다. 점성이 큰 액체의 경우에는 1m/s 전후로 한다. 흡입구의 유속은

$$v_s = K_s \sqrt{2gH}$$

여기서, K_s : 흡입구의 유속계수[그림 7-61], g : 중력가속도, H : 펌프의 전양정(m)

양수량 Q와 유속과의 관계는 연속방정식에 의해 $Q = \frac{\pi}{4} D_s^2 v_s$

흡입구경 $D_s [m] = \sqrt{\dfrac{Q}{v_s} \times \dfrac{4}{\pi}}$

따라서, 현재 설계 중인 펌프 흡입구의 구경 D_s, 입구측의 속도를 2m/s라고 가정하고 손실량을 무시하면

$$D_s[m] = \sqrt{\frac{Q}{v_s} \times \frac{4}{\pi}} = \sqrt{\frac{0.0167}{2} \times \frac{4}{\pi}} = 0.103\text{m}$$

그러므로 $D_s = 105\text{mm}$로 한다.

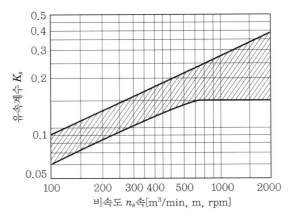

[그림 7-61] 펌프흡입구의 유속계수

② 송출구의 구경 (D_d)

고속원심펌프에서는 송출구의 구경을 흡입구보다 작게 하여 유속 v_d를 5~6m/s로 증속한다. 보통의 경우에는 2.5~3m/s를 잡는다. 흡입구경과 마찬가지로, 송출구의 유속계수(K_d)를 이용하여 송출구경을 구할 수 있다.

$$D_d[m] = \sqrt{\frac{Q}{v_d} \times \frac{4}{\pi}}$$

따라서, 현재 설계 중인 펌프 송출구의 구경 D_d, 송출구측의 속도를 2.5m/s로 하면

$$D_d[m] = \sqrt{\frac{Q}{v_d} \times \frac{4}{\pi}} = \sqrt{\frac{0.0167}{2.5} \times \frac{4}{\pi}} = 0.092$$

그러므로 $D_d = 90\text{mm}$로 한다.

Section 46

관 속의 유체흐름에서 층류와 난류

❶ 개요

층류는 대기권에서 대기층, 바다에서는 열성층 등에서 볼 수 있다. 반면에 난류는 유체의 분자나 입자들이 서로 다른 속도로 흐르는 혼돈된 상태를 말한다. 즉, 유체가 여러

방향으로 서로 다른 속도로 흐르는 것을 의미하며 이러한 혼돈된 흐름은 대부분 동적인 유체에서 발생한다.

❷ 관 속의 유체흐름에서 층류와 난류

(1) 레이놀즈수(Reynolds number, Re)

① $Re = \dfrac{\rho Vd}{\mu} = \dfrac{Vd}{\nu}$ (원관일 경우)

여기서, d : 관의 직경, V : 평균 유속, ν : 동점성계수

② $Re = \dfrac{Vx}{\nu}$ (평판일 경우)

여기서, x : 유동방향의 평판의 거리

층류는 $Re < 2,320$, 천이구역은 $2,320 < Re < 4,000$ 이며 학자에 따라 약간의 차이가 있다.

하임계 레이놀즈수는 2,320으로 난류에서 층류로 전환하며, 상임계 레이놀즈수는 4,000으로 층류에서 난류로 전환한다.

(2) 경계상태에 대한 임계레이놀즈수

① 원관 $Re = \dfrac{Vd}{\nu} = 2,100$ 여기서, d : 직경

② 평행평판 $Re = \dfrac{Vt}{\nu} = 1,000$ 여기서, t : 간극

③ 개수로 $Re = \dfrac{V \cdot R_h}{\nu} = 500$ 여기서, x : 길이

④ 구의 주변유동 $Re = \dfrac{Vd}{\nu} = 1$ 여기서, d : 구의 직경

Section 47 기계설비의 제작공정의 공장검수 중 펌프의 시험항목과 검사기준

❶ 개요

원심펌프(축류 · 사류펌프 포함)의 공장시험 및 검사방법은 KS B 6401 규격에 따른다. 펌프의 범위는 원칙적으로 펌프 흡입 플랜지와 토출 플랜지의 단면 치수 규격으로 분류한다.

② 기계설비의 제작공정의 공장검수 중 펌프의 시험항목과 검사기준

펌프를 시험 회전 속도로 운전하고, 펌프의 토출 쪽 밸브를 조정함으로써 전 양정 및 토출량을 변화시켜 시험한다.

(1) 전양정

측정은 부르동관식, 액주계 등을 사용하고 규정 전 양정의 1/100까지 읽는다.

(2) 토출량

측정은 KS B 6302의 3각 위어/4각 위어 노치측정 방법에 따른다.

펌프 토출 쪽 플랜지부에서 단위시간에 토출되는 유효 액량(m^3/min)을 펌프의 토출량으로 한다. 다만 다른 목적을 위하여 펌프의 토출구에 이르기 전에 유출되는 액량을 토출량에 포함시키는가 아닌가는 협정에 따른다. 또한 누출수, 펌프 베어링 냉각수, 축 추력 균형을 위하여 사용하는 물 및 글랜드 기밀 유지용 물은 토출량에 포함시키지 않는다.

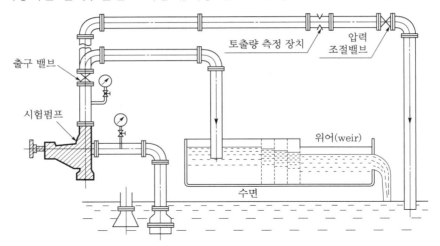

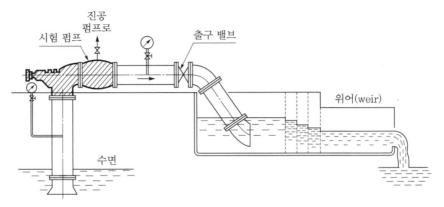

[그림 7-62] 토출량의 시험방법

(3) 회전속도

측정은 정확한 회전계를 사용하고, 측정치는 1/200까지 기록하고, 여러 번 측정하여, 그 평균치를 취해서 그것을 회전수로 한다.

(4) 축동력

축동력은 정확한 시험에 의해 원동기의 출력을 측정 또는 동력계로 측정하고, 단위는 kW로 표시한다. 축동력을 산출하는 데에 필요한 모든 측정 수치는 전부 그 1/100까지 읽는다. 축동력이라 함은 펌프축의 소요 동력을 말한다.

(5) 흡입 상태

흡입 상태는 규정양정 때의 토출량으로 시행하고, 캐비테이션에 따른 양정의 저하 및 이상음의 유무를 조사한다. 특히 지정에 의해서 필요 NPSH를 구하는 경우는, 총 양정이 정상 운전 시에 대해서 3% 저하하였을 때, 그 토출량에 있어서의 필요 NPSH 값으로 간주한다.

Section 48
단동형 실린더와 복동형 실린더의 용도와 특징

❶ 개요

실린더(cylinder)는 기하학적으로 원기둥을 의미하며 피스톤 운동을 하며 공압 실린더는 공기의 힘으로 피스톤 운동을 하고 유압 실린더는 유압(기름의 힘)에 의해 플런져를 움직여 피스톤은 운동을 한다. 클린룸의 환경에서는 유압을 사용할 수 없기 때문에 2차 전지, 반도체 분야에서는 공압 실린더를 대부분 사용한다.

❷ 단동형 실린더와 복동형 실린더의 용도와 특징

공압 실린더는 구조 및 원리에 따라 단동 실린더와 복동 실린더와 나누어지며 다음과 같다.

1) 단동 실린더

피스톤이 한쪽에서만 공압이 작용하여 전진하는 힘을 받으며 복귀 시에는 스프링 또는 기타 외력에 의해 움직인다. 움직일 수 있는 길이(행정길이)가 제한적이며 가격이 저렴하고 공기 소모량도 적다.

2) 복동 실린더

피스톤 양쪽에서 공압이 작용하여 전진 및 복귀를 할 수 있으며 움직일 수 있는 길이 (행정길이)의 제한이 적고 양방향 모두 힘을 가하거나 조절할 수 있다.

Section 49 가변 속 펌프시스템의 구동장치인 인버터의 종류, 구성, 장점과 적용법, 제동에 대해 설명

1 개요

인버터는 교류전원을 정류회로에 의해 직류로 변환시키고, 평활회로에서 매끈한 직류로 만든 다음 역 변환회로로 이 직류를 가변주파수, 가변전압의 교류를 만든다.

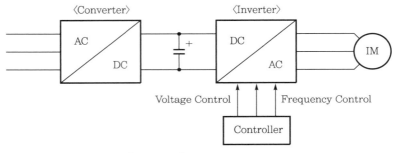

[그림 7-63] 인버터

정류회로에는 다이오드, 평활회로에는 콘덴서, 역변환회로에는 기계접점 대신에 IGBT(Insulated Gate Bipolar Transistor)가 사용되고 있다. 출력전압은 전항의 설명에서는 방형파(方形波)이었지만, 실제의 인버터에서는 방형파를 펄스 폭 변조(PWM, Pulse Width Modulation) 함으로써, 출력전압 파형을 정현파에 근접시키는 연구가 이루어지고 있다. 이와 같은 인버터를 PWM 인버터라고도 부른다.

2 가변 속 펌프시스템의 구동장치인 인버터의 종류, 구성, 장점과 적용법, 제동에 대해 설명

(1) 인버터의 제어방식

인버터에 의한 유도전동기의 속도제어로는 전동기의 특성, 부하기의 특성, 운전속도에 대응해서, 인버터의 출력전압 및 주파수를 최적으로 제어할 필요가 있다. 인버터의 제어방식은 전동기의 속도에 따라, 전압과 주파수를 어떻게 관련시켜 제어할지가 포인트가 된다. 인버터에 의한 전동기의 제어방법을 크게 나누면 다음과 같고, 성능, 제품가격, 조정의 용이함 등에 각각 특징이 있다.

① V/f(전압/주파수)제어

② 벡터(Vector)제어

(2) 인버터 적용의 장점

인버터는 주파수와 전압을 임의로 제어하는 장치이다. 이것을 전동기에 적용하는 것으로 속도를 자유롭게 바꾸는 것이 가능하므로, 여러 가지 적용상의 장점이 얻어진다.

① 에너지를 절약할 수 있다.

② 운전 및 정지를 매끈하게 할 수 있다(고빈도 운전 및 정지가 가능).

③ 고속회전이 가능하다(소형화, 생산성 향상).

④ 전기식 브레이크를 걸 수가 있다.

⑤ 왕복대의 전동기를 속도제어가 가능하다.

⑥ 전원용량이 작아도 된다.

[표 7-7] 회로 구성에 따른 분류

구분		동작특성	비고
전류형(current source)		정류부(rectifier)에서 전류를 가변하여 평활용 reactor로 일정 전류를 만들어 인버터로 주파수를 가변함.	대용량에 채용
전류형 (voltage source)	PAM	정류부(rectifier)에서 DC전압을 가변하여 콘덴서로 평활전압을 만들어 인버터부로 주파수를 가변함.	초기에 사용된 기술로 현재는 단종됨.
	PWM	정류부(rectifier)에서 일정 DC전압을 만들고 인버터로 전압과 주파수를 동시에 가변함.	최근 대부분의 인버터에 채용

※ PWM : 펄스 폭 변조(Pulse Width Modulation)

※ PAM : 펄스진폭변조(Pulse Amplitude Modulation)

[표 7-8] Inverter Switching 소자에 따른 분류

Switching 소자	MOSFET	GTO	IGBT	고속 SCR
적용 용량	소용량 (5kW 이하)	초대용량 (1MW 이상)	중대용량 (1MW 미만)	대용량
Switching 속도	15kHz 초과	1kHz 이하	15kHz 이하	수백 Hz 이하
특징	일반 Transistor의 Base전류 구동방식을 전압구동방식으로 하여 고속 스위칭이 가능	대전류, 고전압에 유리	• 대전류, 고전압에의 대응이 가능하면서도 스위칭 속도가 빠른 특성을 보유 • 최근에 가장 많이 사용되고 있음.	전류형 인버터에 사용

※ MOSFET : Metal Oxide Semiconductor Field Effect Transistor

※ GTO : Gate Turn Off Thyristor

※ IGBT : Insulated Gate Bipolar Transistor

[표 7-9] 제어방식에 따른 분류

구분	Scalar Control Inverter		Vector Control Inverter
	V/F 제어	SLIP 주파수 제어	
제어 대상	전압과 주파수의 크기만을 제어		• 전압의 크기와 방향을 제어함으로써 계자분 및 토크분 전류를 제어함. • 주파수의 크기를 제어
가속특성	• 급가 · 감속 운전에 한계가 있음. • 4상한 운전 시 0속도 부근에서 Dead Time 이 있음. • 과전류 억제능력이 작음.	• 급가 · 감속 운전에 한계가 있음(V/F보다는 향상됨). • 연속 4상한 운전가능 • 과전류 억제능력 중간	• 급가 · 감속 운전에 한계가 없음. • 연속 4상한 운전가능 • 과전류 억제능력이 큼.
속도제어 정도	• 제어범위 1 : 10 • 부하조건에 따라 SLIP 주파수가 변동.	• 제어범위 1 : 20 • 속도검출 정도에 의존.	• 제어범위 1 : 100 이상 • 정밀도(오차) : 0.5%
속도검출	속도검출 안함.	속도검출 실시	속도 및 위치검출
TORQUE 제어	원칙적으로 불가	일부(차량용 가변속) 적용	적용 가능
범용성	전동기 특성차이에 따른 조정 불필요	전동기 특성과 Slip 주파수 조합하여 설정 필요함.	전동기 특성별로 계자분 전류, 토오크분 전류, Slip 주파수 등 제반 제어량의 설정이 필요함.

Section 50 유압 기기의 속도제어 회로 중 미터 – 인 회로와 미터 – 아웃 회로의 구조와 특징

1 개요

유압장치는 일반적으로 유압을 발생시키는 유압펌프와 펌프를 구동하기 위한 전동기, 작동유를 밀폐보관하는 오일탱크, 유압제어용 밸브, 액츄에이터(작동기)로 구성된다. 유압회로는 유압장치를 단면도, 회화식 및 기호를 사용하여 간단하게 도면화 한 것이다. 기본회로는 압력제어회로, 속도제어회로, 방향제어회로, 유압모터제어회로로 대별되며 유압회로를 설명하는 수단으로 주로 단면회로도, 회화식회로도, 기호회로도가 사용된다.

❷ 미터-인 회로와 미터-아웃 회로의 구조와 특징

유압실린더, 유압모터의 직선 또는 회전속도를 무단계이고 흡입유량을 제어하여 속도를 제어하며 속도는 액추에이터의 크기, 유량, 부하 등에 의하여 결정하며 유량제어 밸브에 의한 방법은 다음과 같다.

1) 미터-인 회로(meter in circuit)

유량제어밸브를 실린더 입구측에 설치한 회로이며 유압실린더에 유입하는 유량을 제어하는 방식을 부하방법의 하중이 걸리지 않는 경우, 즉 플런저의 움직임에 대해 저의 저항을 주는 경우 적합하다.

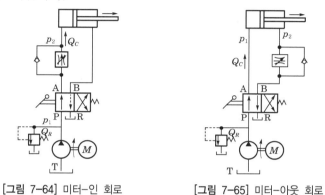

[그림 7-64] 미터-인 회로   [그림 7-65] 미터-아웃 회로

2) 미터-아웃 회로(meter out circuit)

유압실린더에서 나오는 유량을 제어하며 실린더 로드측에 언제나 배압이 작용하므로 급격한 부하변동에 대하여 실린더의 이탈됨을 방지하고 (−) 방향의 부하에 대해서도 속도제어를 할 수 있으나 회로 효율이 좋지 않다.

Section 51

유압관로 내 난류유동에 의한 마찰손실에 영향을 미치는 인자들을 설명하고 무디선도와 연관 지어 설명

❶ 개요

Moody 선도는 관마찰계수(friction factor)를 나타내며 관마찰계수란 유체가 관 내부를 흐를 때 관 벽의 마찰에 의해서 발생하는 에너지 손실을 계산할 때 필요한 계수이다.

2 유압관로 내 난류유동에 의한 마찰손실에 영향을 미치는 인자들을 설명하고 무디선도와 연관 지어 설명

관마찰 손실식(Darcy–Weisbach식)은 다음과 같다.

$$h = \lambda \frac{l}{d} \times \frac{v^2}{2g}$$

여기서, h : 마찰손실, λ : 관마찰계수, l : 관의 길이, d : 관의 지름

$\quad\quad\quad v$: 유속, g : 중력가속도

관마찰계수는 층류와 난류에서 다르게 평가되는데, 층류에서는 다음과 같다.

$$\lambda = \frac{64}{Re}$$

난류에 대한 관마찰계수는 Blasius의 식을 사용해 계산하는데 다음과 같다.

$$\lambda = \frac{0.3164}{Re^{\frac{1}{4}}}$$

위의 식들을 사용하면 유동에 대한 관마찰계수를 구할 수 있는데 실무에서는 Moody 선도를 참고한다. 마찰손실은 유속이나 점성 외에도 관 벽의 거칠기에 영향을 받기 때문이다. Blasius의 식은 매끈한 관에서 결정된 것이다. [그림 7-66]의 왼쪽 세로축에 관마찰계수를 나타내며 왼쪽 세로축에서 가장 가까운 선이 층류(laminar flow)에 대한 관마찰계수로 64/Re라는 식이 쓰여 있다.

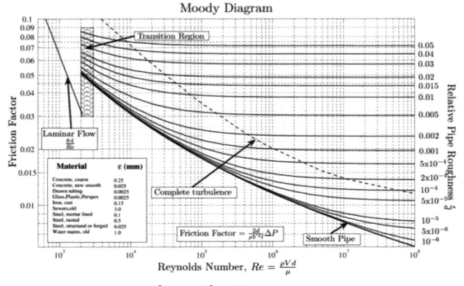

[그림 7-66] 무디선도

그리고 천이영역(transition region)을 지나면 난류의 영역이다. 즉, 가로축이 레이놀즈수이며, 가로축이 증가하는 방향에 대해서 난류 유동의 레이놀즈수가 더 높아지는 것을 알 수 있다.

난류에 대한 관마찰계수는 선이 매우 많고 복잡하다. 우선 오른쪽 세로축에 위치한 상대조도를 보면 상대조도란 관의 지름대비 거칠기로 관벽이 거칠수록 관마찰계수는 커진다. 따라서 난류 유동에 대한 관마찰계수를 구하려면 우선 관의 상대조도(10-6~0.05 범위)를 확인한 후 많은 선들 중 적절한 상대조도의 곡선을 선택한다. 그리고 레이놀즈수에 해당하는 관마찰계수를 선택하면 된다. 상대조도 곡선에서 레이놀즈수가 증가하다 보면 어느 순간 관마찰계수는 일정한 것을 확인할 수 있으며 관 내부 유동의 마찰손실을 계산할 때 사용한다.

Section 52 송풍기에서 발생하는 기계적 소음과 난류성 소음의 원인 및 대책 방안

1 개요

원심송풍기(centrifugal blower)는 각 산업에 널리 사용되고 있으며 기종과 크기는 각양각색이다. 대형인 플랜트 환풍용 펌프팬(pump fan)으로 임펠러의 직경이 수 m에서부터 소형인 퍼스널 컴퓨터 CPU의 냉각용 시로코 팬(sirocco fan)으로 임펠러(impeller) 직경이 수십 mm까지 다양하다. 대형 송풍기의 소음은 소음공해를 일으키고 소형 송풍기의 소음은 청각 장애로 주거환경을 악화시키는 요인이 된다.

2 송풍기에서 발생하는 기계적 소음과 난류성 소음의 원인 및 대책 방안

송풍기에서 발생하는 기계적 소음과 난류성 소음의 원인 및 대책 방안을 원심송풍기를 중심으로 설명하며 원심송풍기의 소음 스펙트럼에서 나타난 것처럼 원심송풍기에서 발생되는 공기력소음은 회전소음과 난류소음으로 대별될 수 있다. 회전소음은 임펠러를 통과하면서 여기에 따라 주기적인 압력변동으로 발생되어 날개수×회전수(=날개통과 주파수)와 그 반대음으로 튀어 오르는 성분을 가지며 전체 소음레벨에 기여도가 크고 청각장애 성분이 된다. 따라서 원심송풍기에 있어 회전소음을 저감하는 것이 중요하다.

(1) 회전소음

날개뿌리의 주변에 형성되는 압력장이 회전하면서 발생하는 소음(포텐셜 소음)과 날개 뿌리의 후류(웨이크)에서 발생되는 소음(간섭소음)으로 분류된다. 전자는 임펠러 단체로 도 발생하고 후자는 임펠러 근처에 물체가 있어 흐름과 간섭되어 큰 소음을 만든다. 원심 송풍기는 많은 스크롤 케이싱을 갖고 있어 케이싱의 곡면시작부분에 있는 혀형상부 (tongue part)가 임펠러에 가장 근접하게 되어 여기가 가장 큰 소음원이 된다.

(2) 난류소음

송풍기 내부흐름에서 발생된 랜덤한 교란으로 인해 발생된다. 구체적으로 정적날개와 동적날개 위의 난류 경계층에서 기인한 물체 표면의 압력변동과 입구흐름의 교란으로 인해 발생되는 날개의 양력변동이 음원으로 된다고 생각된다. 난류유동은 일반적으로 넓은 범위의 주파수 분포를 갖고 회전소음에 비하여 파워가 약하므로 전체 소음 레벨에 대한 기여도가 부차적이다.

(3) 저풍량 영역의 불안정 현상에 기인한 소음

설계 포인트를 벗어난 저풍량에서는 서징(surging) 현상과 선회실속 등의 비정상 현상에 기인한 소음이 발생한다. 일반적으로 수십 Hz의 저주파수 성분으로 발생하지만 소음 에너지는 크다.

Section 53 | 대용량과 소용량 두 개의 펌프를 병렬과 직렬로 연결하여 운전시 관로 저항크기에 따라 발생할 수 있는 문제점에 대하여 펌프의 성능곡선에 저항곡선을 그려서 각각 설명

1 개요

직렬과 병렬운전의 선정 조건은 2대 이상의 펌프를 이용하여 양정 또는 토출량을 증가시키는 경우에 직렬 및 병렬운전 중 어느 쪽이 유리한지를 검토해야 한다. 이런 부분은 시스템의 관로저항곡선의 양상에 따라 변화하기 때문에 시스템 설계에 유의해야 한다. 직렬, 병렬연결 시 전체적으로 양정 또는 토출량이 증가하는 방향이지만 어느 쪽을 하더라도 안전하고 경제적으로 운전하기 위해서는 각각 어떤 상황에서 펌프가 운전되는지, 충분한 동력을 가지고 구동되는지, 캐비테이션 발생 및 진동의 영향이 없는지도 검토되어야 한다.

② 대용량과 소용량 두 개의 펌프를 병렬과 직렬로 연결하여 운전시 관로 저항크기에 따라 발생할 수 있는 문제점에 대하여 펌프의 성능곡선에 저항곡선을 그려서 각각 설명

(1) 용량이 다른 펌프의 직렬운전

용량이 다른 2대의 펌프를 직렬로 연결한 경우에도 합성 직렬성능은 단독 성능의 전양정을 합하여 구하면 된다. 그러나 합성 토출유량은 각 펌프의 토출유량의 합에 반이 된다.

토출유량이 소용량 펌프보다 작은 경우의 관로저항곡선 R_1을 고려해 보면 이때 합성운전점은 A가 되고, 각 펌프의 운전점은 B와 C가 된다.

그러나 토출유량이 소용량 펌프보다 큰 관로저항곡선 R_2를 검토해 보면 상황이 많이 달라진다. 관로저항곡선 R_2가 대용량 펌프와 합성펌프의 교점인 Z보다도 낮은 곳을 지나가게 되면 합성운전점은 A′가 된다. 그리고 각 펌프의 운전점은 B′와 C′가 된다. 이때 소용량 펌프의 운전점 C′는 음의 양정이기 때문에, 저항으로 작용하게 된다. 이런 경우 오히려 큰 펌프 1대만을 운전하는 편이 보다 많은 유량을 송출할 수 있게 되며 이런 상태로 운전하게 되면 저항으로 작용하는 특성 때문에 매우 큰 소음이 발생하게 되고 소용량 펌프에 무리가 가해지게 된다.

특히 용량이 다른 펌프의 직렬운전 시에는 반드시 작은 용량의 펌프를 입구측(탱크에 가까운 주입측)에 두어 가압할 필요가 있으며 이렇게 배치하면 뒤쪽의 큰 펌프의 요구 유량과 차이가 줄어들게 된다. 하지만 큰 펌프의 입구측에서 요구 유량이 더 많게 되면 캐비테이션이 발생하게 된다.

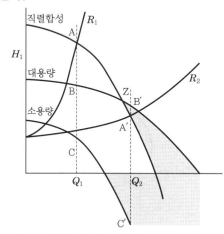

[그림 7-67] 성능이 다른 펌프의 직렬연결

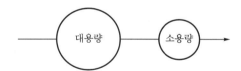

[그림 7-68] 정상구동을 위한 펌프의 직렬연결(반대가 되면 캐비테이션이 발생)

[그림 7-68]은 뒤에 있는 펌프보다 앞에 있는 펌프(＝탱크에 가까운 펌프)의 용량이 크게 설정 되어야 한다는 의미이다. 만약 동일한 성능의 펌프를 시리얼로 연결해도 뒤쪽 펌프를 더 빠르게(＝더 큰 용량으로) 가동하면 캐비테이션이 발생하기도 하는데, 이 경우 탱크에 가까운 펌프의 유량이 좀 더 커야 캐비테이션을 방지할 수 있다.

(2) 용량이 다른 펌프의 병렬운전

대유량 펌프와 소유량 펌프의 병렬 합성운전의 경우에는 대용량 펌프의 H-Q곡선에 소용량 펌프의 H-Q곡선을 소유량 펌프의 양정위치에서 확장하여 합성성능을 나타낼 수 있다. 이때 합성 운전점 A에서 그은 수평선이 만나는 점 B와 C가 각각 펌프의 운전점이 된다.

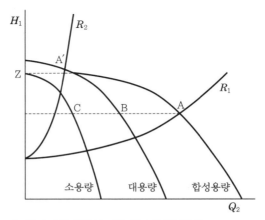

[그림 7-69] 용량이 다른 펌프의 병렬운전

유량이 크고 양정이 높지 않은 관로저항곡선(R_1)과의 합성 운전점을 살펴보면 합성 운전점 A의 양정이 소용량 펌프의 최고 양정 Z보다도 낮은 경우(Z＞A)에는 두 펌프로 동시에 양수하는 것이 가능하다.

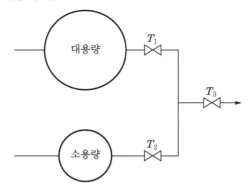

[그림 7-70] 정상구동을 위한 펌프의 병렬연결

그러나 합류 후 토출밸브 T_3에서 유량 조절을 하게 되면 밸브를 서서히 닫으면서 관로저항곡선이 점차 왼쪽 방향으로 움직이게 된다. 이때 관로저항곡선(R_2)과의 운전점 A′가 소용량 펌프의 양정 Z보다 높게 되면 소용량 펌프는 양정이 부족하게 되어 양수 불능이 된다. 이런 경우에는 대용량 펌프만을 이용해 토출하도록 하고 토출밸브 T_1를 이용해서 유량을 제어하는 것이 좋다.

Section 54 재생펌프의 작동원리와 특징, 주요 구성요소

1 개요

재생펌프는 마찰 펌프(friction pump), 와류 펌프(vortex pump), 웨스코 펌프(westco pump)의 이름으로 불린다. 이 펌프는 [그림 7-71]에서 보듯이 임펠러 주변에 많은 홈을 파서 이것이 회전할 때 입구 쪽에서 홈에 들어간 액체가 케이싱에 둘러싸여 송출구 밖으로 운반되는 방법을 사용한다.

2 재생펌프의 작동원리와 특징, 주요 구성요소

재생펌프는 유체의 점성력을 이용하여 매끈한 회전체 또는 나사가 있는 회전축을 케이싱 내에서 회전함으로써 액체의 유체 마찰에 의하여 압력 에너지를 주어서 송출한다. 이 펌프는 원심 펌프와 회전 펌프의 중간적 구조를 가지고 있으며 원심 펌프에 비하면 고 양정을 얻을 수 있으나 최고 효율은 떨어진다. 또한 효율은 물인 경우 30~40%로 낮다. 그 이유는 유로 내에서 액체의 난류가 심해지는 것과 로터의 홈이나 벽 사이의 틈에 충격이나 마찰이 생기기 때문이며, 이것은 마찰 펌프로써 마찰을 이용하는 것이기 때문에 어쩔 수 없는 일이다.

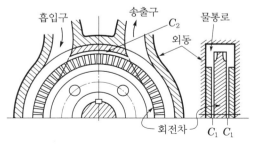

[그림 7-71] 재생펌프의 작동원리

[진동학]

진동학의 정의와 진동의 분류

① 정의

　진동학은 물체에 작용하는 힘과 이로 인하여 발생되는 진동 운동에 관하여 연구하는 학문이다. 질량과 탄성을 지니는 모든 물체는 진동할 수 있다. 따라서 대부분의 기계와 구조물은 어느 정도 진동하게 되며, 이에 대한 설계를 할 때에는 진동 특성에 관한 연구가 필수적이다.

　진동계는 선형(linear) 및 비선형(nonlinear)으로 크게 나눌 수 있다. 선형계에 대해서는 중첩의 원리를 적용할 수 있으며, 수학적 해석의 기법도 매우 많다. 반면에 비선형계에 대한 해석의 기법은 많이 알려져 있지 않으며, 적용하기에도 어렵다.

　또한 모든 계는 진폭이 증가함에 따라 비선형화되는 경향이 있으므로, 진동 특성을 해석하기 위해서는 비선형계에 대한 다소간의 지식을 갖추고 있는 것이 바람직하다.

② 진동의 분류

　일반적으로 진동은 자유 진동과 강제 진동으로 구분한다. 자유 진동(free vibration)은 외력이 없는 경우에 계의 자체에 내제하는 힘에 의하여 발생한다. 자유 진동인 경우에 계는 하나 또는 그 이상의 고유 진동수(natural frequencies)를 가지고 진동하며, 이 고유 진동수는 질량과 강성의 분포에 의하여 결정되는 동적계의 고유한 특성이다.

　외력의 작용하에 발생하는 진동은 강제 진동(forced vibration)이라고 하며, 외력이 주기적인 경우에는 계가 여진과 동일한 주파수를 가지고 진동하게 된다. 외력 주파수가 계의 고유 진동수 중의 어느 하나와 일치하는 경우에는 공진(resonance)이 발생하며, 이 때에는 진폭이 매우 커져서 위험 상태에 도달하게 된다. 교량, 빌딩, 또는 비행기의 날개와 같은 구조물의 파괴는 공진에 의한 경우가 상당히 많다. 따라서 고유 진동수의 해석은 진동의 연구에서 매우 중요한 분야이다.

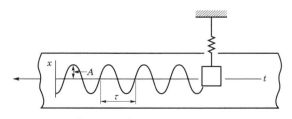

[그림 7-72] 조화 운동의 기록

대부분의 진동계에서는 마찰과 그 밖의 저항에 의하여 에너지가 손실되므로 다소간의 감쇠(damping)가 존재한다. 감쇠가 적은 경우에는 고유 진동수에 대한 영향이 미비하므로 감쇠가 없는 것으로 가정하여 고유 진동수를 계산한다. 반면에 공진의 상태에서 진폭을 제한하고자 하는 경우에는 감쇠가 매우 중요하다.

계의 운동을 나타내기 위하여 필요한 독립적인 좌표의 수를 그 계의 자유도(degree of freedom)라고 한다. 따라서 공간에서 운동을 하는 자유로운 질점(particle)은 세 개의 자유도를 가지며, 강체는 여섯 개의 자유도, 즉 세 개의 위치 성분과 방향을 정의하는 세 개의 각도 성분을 가진다. 그리고 탄성이 있는 연속체는 그 운동을 나타내기 위하여 무한한 개수의 좌표(물체의 각 점에 대하여 세개)를 필요로 하며, 자유도의 수는 무한대이다. 그러나 대부분의 경우에 있어서 이러한 물체의 부분 부분을 강체로 가정할 수 있으므로 연속체는 동적으로 동등하고, 유한한 개수의 자유도를 가지는 계로 이상화시켜서 해석할 수 있다.

사실상 대부분의 진동 문제는 계(system)를 몇 개의 자유도만을 가지는 계로 축소하여 해석해도 충분한 정확도를 얻을 수 있다.

Section 2 조화 운동

1 개요

진동은 시계의 추와 같은 규칙적인 운동이나 지진과 같은 불규칙적 운동으로 발생된다. 이 운동이 일정한 시간 τ에 따라 반복되는 경우 이를 주기 운동(periodic motion)이라고 한다. 이 때에 반복 시간 τ를 진동의 주기(period)라고 하며, 그 역수 $f=1/\tau$을 진동수(frequency)라고 한다. 운동을 시간에 대한 함수 $x(t)$로 나타내면 모든 주기 운동은 $x(t)=x(t+\tau)$의 관계를 만족해야 한다.

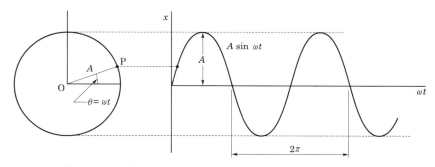

[그림 7-73] 원주를 따라 운동하는 점의 투영으로 표현한 조화 운동

2 조화운동

가장 간단한 주기 운동은 조화 운동(harmonic motion)이며, 이것은 [그림 7-72]와 같이 가벼운 스프링에 매달린 질량으로 설명할 수 있다. 질량을 정지 위치로부터 이동시킨 후에 자유로이 놓아두면, 이 질량은 위아래로 진동하게 된다. 이 질량에 광원을 부착하고 감광 용지에 기록된 운동은 다음 식으로 나타낼 수 있다.

$$x = A \sin 2\pi \, \frac{t}{\tau} \tag{7.19}$$

여기서, A와 τ는 각각 진폭과 주기를 나타내며, 이 운동은 시간 τ에 따라 반복된다. 조화 운동은 [그림 7-73]과 같이 원주를 따라 등속으로 운동하는 점의 투영으로 표현할 수 있다. 여기에서 선분 OP의 각속도를 ω라고 하면 변위 x는 다음과 같이 된다.

$$x = A \sin \omega t \tag{7.20}$$

ω의 크기는 보통 rad/sec의 단위로 나타내며, 이것을 각진동수(circular frequency)라고 한다. 이 운동은 2π 라디안(radian)마다 반복되므로 다음과 같은 관계식을 얻을 수 있다.

$$\omega = \frac{2\pi}{\tau} = 2\pi f \tag{7.21}$$

여기서, τ와 f는 조화 운동의 주기와 진동수이며, 각각 초와 초당 회전수의 단위로 나타낸다. 조화 운동의 속도와 가속도는 식 (7.20)을 미분하여 간단히 구할 수 있다. 시간에 대한 미분을 점으로 나타내면 다음과 같은 식을 구할 수 있다.

$$\dot{x} = \omega A \cos \omega t = \omega A \sin\left(\omega t + \frac{\pi}{2}\right) \tag{7.22}$$

$$\ddot{x} = -\omega^2 A \sin \omega t = \omega^2 A \sin(\omega t + \pi) \tag{7.23}$$

이 식으로부터, 속도와 가속도는 변위와 동일한 진동수를 가진 조화 운동이나 그 위상이 변위에 비하여 각각 $\pi/2$와 π 라디안만큼 앞선다는 것을 알 수 있다. [그림 7-74]는 조화 운동에 있어 변위와 속도 그리고 가속도 사이의 시간에 따른 변화와 벡터 위상의 관계를 보여주고 있다. 식 (7.20)과 (7.23)으로부터 다음 식이 성립하게 된다.

$$\ddot{x} = -\omega^2 x \tag{7.24}$$

따라서 조화 운동에서 가속도는 변위에 비례하고 중심을 향한다. Newton의 제2 운동 법칙에 의하면 가속도는 힘에 비례하므로 조화 운동은 kx로 힘이 변하는 선형 스프링을 갖는 계에서 가능하다.

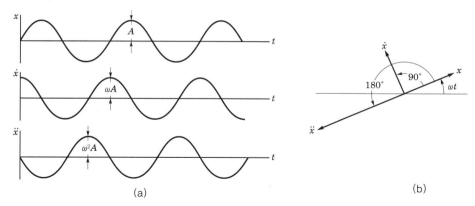

(a)　　　　　　　　　(b)

[그림 7-74] 조화 운동에서의 속도와 가속도는 변위에 비하여 위상이 각각 $\pi/2$와 π 만큼 앞선다.

Section 3　주기 운동

1　개요

대부분의 진동에서는 몇 개의 서로 다른 진동수가 동시에 존재하게 된다. 예를 들어, 바이올린 현의 진동은 진동수 f와 $2f$, $3f$ 등의 진동수를 가지는 모든 조화항(harmonics)으로 구성된다. 또 다른 하나의 예는 다자 유도계에 의한 자유 진동이며, 이 경우는 각각의 고유 진동수가 모드 전체에 영향을 미치는 진동이다. 이러한 진동은 [그림 7-75]와 같이 주기적으로 반복되는 복합파의 형태로 된다.

2　주기 운동

프랑스의 수학자인 Fourier(J.Fourier, 1768~1830)는 모든 주기 운동을 정현파 및 여현파 함수의 급수로 나타낼 수 있다는 것을 밝혔다. 주기가 τ인 주기 함수 $x(t)$는 Fourier 급수에 의하여 다음 식으로 전개할 수 있다.

$$x(t) = \frac{a_0}{2} + a_1 \cos \omega_1 t + a_2 \cos \omega_2 t + \cdots \tag{7.25}$$

$$+ b_1 \sin \omega_1 t + b_2 \sin \omega_2 t + \cdots$$

여기에서

$$\omega_1 = \frac{2\pi}{\tau}, \quad \omega_n = n\omega_1$$

계수 a_n 과 b_n 을 구하기 의해 식 (7.29)의 양 변에 $\cos \omega_n t$ 또는 $\sin \omega_n t$를 곱하고, 각 항을 주기 τ에 대하여 적분한다.

$$\int_{-\tau/2}^{\tau/2} \cos \omega_n t \cos \omega_m t \, dt = \begin{cases} 0, & m \neq n \\ \tau/2, & m = n \end{cases} \text{일 때}$$

$$\int_{-\tau/2}^{\tau/2} \sin \omega_n t \sin \omega_m t \, dt = \begin{cases} 0, & m \neq n \\ \tau/2, & m = n \end{cases} \text{일 때}$$

$$\int_{-\tau/2}^{\tau/2} \cos \omega_n t \sin \omega_m t \, dt = \begin{cases} 0, & m \neq n \\ \tau/2, & m = n \end{cases} \text{일 때} \tag{7.26}$$

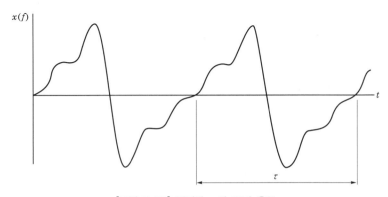

[그림 7-75] 주기가 τ인 주기 운동

다음의 관계식에 의하여 식의 우변에서 하나의 항을 제외한 모든 항이 0으로 되며, 다음 결과를 얻을 수 있다.

$$a_n = \frac{2}{\tau} \int_{-\tau/2}^{\tau/2} x(t) \cos \omega_n t$$

$$b_n = \frac{2}{\tau} \int_{-\tau/2}^{\tau/2} x(t) \sin \omega_n t \, dt \tag{7.27}$$

Fourier 급수는 또한 지수 함수의 항으로 표현할 수 있다.

$$\cos \omega_n t = \frac{1}{2}(e^{i\omega_n t} + e^{-i\omega_n t})$$

$$\sin \omega_n t = -\frac{1}{2}(e^{i\omega_n t} - e^{-i\omega_n t})$$

진동에 관한 용어(피크값과 평균값)

1 개요

진동에 사용되는 일반적인 용어에 관하여 설명하기로 하겠다. 이들 중에 가장 간단한 것은 피크값(peak value)과 평균값(average value)이다.

2 피크값과 평균값

피크값은 진동부가 받은 최대 응력을 나타내며, 이 값은 소음 공간(rattle space) 조건의 제한값을 나타낸다.

정적 또는 정상값을 나타내는 평균값은 전기에서 전류의 DC 레벨과 다소 비슷하며, 다음과 같이 시간에 대한 적분으로 정의된다.

$$\overline{x} = \lim_{T \to \infty} \frac{1}{T} \int_0^T x(t)\,dt \tag{7.28}$$

$A \sin \omega t$ 로 표현되는 정현파의 예를 들면, 한 주기에 대한 평균값은 0이며, 반주기에 대한 평균값은

$$\overline{x} = \frac{A}{\pi} \int_0^\pi \sin \omega t\,dt = \frac{2A}{\pi} = 0.637A$$

이다.

이 값은 [그림 7-76]에 보인 정류된 정현파의 평균값과 같다는 것을 알 수 있다. 변위의 제곱은 일반적으로 제곱 평균값으로 표시되는 진동 에너지와 관련이 있다. 시간 함수 $x(t)$의 제곱 평균값은 제곱값을 특정 시간 T동안 적분함으로써 구할 수 있다.

$$\overline{x^2} = \lim_{T \to \infty} \frac{1}{T} \int_0^T x^2(t)\,dt \tag{7.29}$$

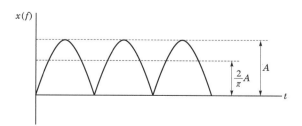

[그림 7-76] 정류된 정현파의 평균값

예를 들어, $x(t) = A \sin \omega t$ 의 제곱 평균값은

$$\overline{x^2} = \lim_{T \to \infty} \frac{A^2}{T} \int_0^T \frac{1}{2}(1 - \cos 2\omega t)\,dt = \frac{1}{2}A^2$$

이다.

① 제곱 평균 평방근(rms) : 제곱 평균값의 제곱근으로 정의된다. 위의 예로부터 진폭이 A인 정현파의 제곱 평균 평방근은 $A/\sqrt{2} = 0.707A$ 가 됨을 알 수 있다. 진동의 크기는 보통 제곱 평균 평방근계(rms meter)로 측정한다.

② 데시벨 : 데시벨(decibel)은 진동 측정에서 빈번히 사용되는 측정 단위로서 다음과 같이 일률의 자연대수로 정의한다.

$$db = 10 \log_{10}\left(\frac{p_1}{p_2}\right) = 10 \log_{10}\left(\frac{x_1}{x_2}\right)^2 \tag{7.30}$$

두 번째 식은 일률이 진폭이나 전압의 제곱에 비례한다는 사실에 의한 결과이다. 데시벨은 다음과 같이 진폭이나 전압의 1차승으로 나타내는 경우도 있다.

$$db = 20 \log_{10}\left(\frac{x_1}{x_2}\right) \tag{7.31}$$

따라서 전압의 상승치(gain)가 5인 앰프의 상승치를 데시벨의 단위로 나타내면 다음과 같다.

$$20 \log_{10}(5) = +14$$

데시벨은 대수 단위이므로 광범위한 수치를 나타내는 데 매우 유용하다.

③ 옥타브 : 주파수 범위의 상한값이 하한값의 두 배가 되는 경우에는 이 주파수 범위를 옥타브(octave)라고 부른다. 예를 들어, [표 7-10]의 각 주파수 폭은 옥타브 폭을 나타낸다.

[표 7-10]

옥타브 폭	주파수 범위(Hz)	주파수 폭
1	10~20	10
2	20~40	20
3	40~80	40
4	200~400	200

자유 진동

1 개요

질량과 탄성을 가지는 계는 자유 진동(외부의 가진력이 없어도 발생하는 진동)할 수 있다. 이러한 계에서 기본적인 사항은 고유 진동수를 파악하는 것으로 운동 방정식을 세우고 고유 진동수를 해석하는 과정이다. 적당한 크기의 감쇠는 고유 진동수에 거의 영향을 미치지 않으므로 고유 진동수를 계산하는 과정에서 무시한다.

이와 같이 가정한 진동계는 보존계로 취급할 수 있으며, 이때에 에너지 보존 법칙을 이용하여 고유 진동수를 계산할 수 있다. 감쇠의 영향은 시간에 따른 진폭의 감소로 현저하게 나타난다.

2 자유 진동

(1) 진동 모델

진동계는 기본적으로 질량, 질량이 없는 스프링, 그리고 감쇠기(damper)로 구성된다. 여기서 질량은 집중된 것으로 가정하며 SI 단위계에서 기본 단위는 kg, 영국의 고유 단위계는 $m=w/g[\text{lb} \cdot \text{s}^2/\text{in}]$를 사용한다.

질량을 지지하고 있는 스프링의 질량은 무시한다고 가정한다. 스프링에서 힘과 변위와의 관계는 선형이며 Hooke의 법칙(Hooke's law) $F=kx$를 만족한다고 가정한다. 여기에서 k는 SI 단위계에서 뉴턴/미터, 영국의 고유 단위계에서는 파운드/인치를 단위로 사용한다.

일반적으로 대시포트(dashpot)로 나타내는 점성 감쇠는 속도에 비례하는 힘, $F=c\dot{x}$로 표현한다. 여기에서 c는 감쇠 계수로서 그 기본 단위는 뉴턴/미터/초 또는 파운드/인치/초이다.

(2) 운동 방정식-고유 진동수

[그림 7-77]은 단순한 비감쇠 스프링-질량계를 나타내고 있으며, 여기에서 질량은 수직 방향으로 움직인다고 가정한다. 이 계의 운동은 하나의 좌표 x로 표현할 수 있으므로 자유도는 1이다. 질량의 위치를 변화시킨 후에 자유로이 놓아두면 고유 진동수가 f_n인 진동이 발생하며, 이 진동수는 계의 고유한 특성이다.

지금부터는 자유도가 1인 자유 진동에 대하여 기본적인 개념을 설명하기로 한다. 계의 운동을 검토하는 가장 기본적인 법칙은 Newton의 제2법칙이다.

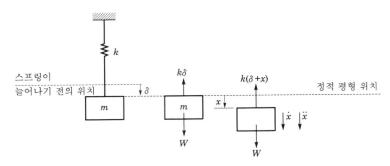

[그림 7-77] 스프링-질량계와 자유 물체도

[그림 7-77]에 보인 바와 같이, 정적 평형 위치에서 스프링이 변형된 크기를 δ라고 하면 스프링에 작용하는 힘 $k\delta$는 질량 m에 작용하는 중력 w와 같다.

$$k\delta = w = mg \tag{7.32}$$

변위 x를 정적 평형 위치로부터 측정하면 질량 m에 작용하는 힘은 $k(\delta + x)$와 w이다. 아래 방향으로 움직인 경우에 변위 x가 양(+)의 값을 가진다고 가정하면 모든 양(量)—힘, 속도, 가속도—은 마찬가지로 아래 방향에 대하여 양의 값을 가지게 된다.

이제 질량 m에 대하여 Newton의 제2법칙을 적용하면,

$$m\ddot{x} = \Sigma F = w - k(\delta + x)$$

이 성립하고, $k\delta = \omega$이므로 다음 식이 성립함을 알 수 있다.

$$m\ddot{x} = -kx \tag{7.33}$$

정적 평형 위치를 x의 기준점으로 선택하면 운동 방정식에서 중력 ω와 정적인 스프링 힘 $k\delta$가 소거되며, 결과적으로 m에 작용하는 순수한 힘은 변위 x에 의한 스프링힘이라는 것을 알 수 있다. 각진동수 ω_n을 다음과 같이 정의하면

$$\omega_n{}^2 = \frac{k}{m} \tag{7.34}$$

식 (7.33)을 다음 식으로 표현할 수 있다.

$$\ddot{x} + \omega_n{}^2 x = 0 \tag{7.35}$$

그리고 주기운동 (7.27)과 비교하면 이 운동은 조화 운동임을 알 수 있다. 식 (7.35)는 2차 선형 미분 방정식이며, 일반 해는 다음과 같다.

$$x = A\sin\omega_n t + B\cos\omega_n t \tag{7.36}$$

여기서, A와 B는 상수이다. 초기 조건 $\dot{x}(0)$와 $\ddot{x}(0)$로부터 이 상수를 구하여 식 (7.36)에 대입하면 다음 식을 유도할 수 있다.

$$x = \frac{\dot{x}(0)}{\omega_n} \sin \omega_n t + x(0) \cos \omega_n t \tag{7.37}$$

진동의 고유 주기는 $\omega_n \tau = 2\pi$ 로부터

$$\tau = 2\pi \sqrt{\frac{m}{k}} \tag{7.38}$$

이 되며, 고유 진동수는 다음과 같다.

$$f_n = \frac{1}{\tau} = \frac{1}{2\pi} \sqrt{\frac{k}{m}} \tag{7.39}$$

이 식은 식 (7.32)의 $k\delta = mg$인 관계를 이용하여 정적 변형량 δ의 함수로 다음과 같이 표현할 수 있다.

$$f_n = \frac{1}{2\pi} \sqrt{\frac{g}{\delta}} \tag{7.40}$$

지금까지의 식으로부터 τ, f_n, 그리고 ω_n은 계의 특성인 질량과 강성에 의해서만 결정된다는 것을 알 수 있다.

지금까지의 설명은 [그림 7-77]에 보인 스프링–질량계에 국한하였지만, 이 결과는 회전 운동을 포함하는 모든 1자유도계에 적용할 수 있다. 스프링은 막대 또는 비틀림 요소로 구성될 수 있으며, 질량은 관성 모멘트로 대치할 수 있다.

예제

$\frac{1}{4}$ kg의 질량이 0.1533N/mm의 강성을 갖는 스프링에 매달려 있다. 이 계의 고유 진동수를 cycle/sec의 단위로 구하고, 정적 처짐량을 구하여라.

풀이 강성 $k = 153.33\,\text{N/m}$를 식 (7.39)에 대입하면 고유 진동수를 구할 수 있다.

$$f = \frac{1}{2\pi} \sqrt{\frac{k}{m}} = \frac{1}{2\pi} \sqrt{\frac{153.33}{0.25}} = 3.941\text{Hz}$$

스프링의 정적 처짐량은 $mg = k\delta$의 관계식으로부터

$$\delta = \frac{mg}{k} = \frac{0.25 \times 9.81}{0.1533} = 16.0\text{mm}$$

가 된다.

예제

다음 그림과 같이 질량을 무시할 수 있는 외팔보의 자유단에 놓여있는 질량 M의 고유 진동수를 구하여라.

풀이 집중하중 P가 외팔보의 자유단에 작용하는 경우에 자유단의 처짐량은

$$\delta = \frac{Pl^3}{3EI} = \frac{P}{k}$$

로 되며, 여기에서 EI는 외팔보의 굽힘 강성을 나타낸다.

따라서 외팔보의 강성은 $k = 3EI/l^3$로 구해지며, 고유 진동수는 다음과 같이 된다.

$$f_n = \frac{1}{2\pi}\sqrt{\frac{3EI}{Ml^3}}$$

예제

다음 그림과 같이 지름 0.5cm, 길이 2m인 강철 막대에 자동차의 바퀴가 매달려 있다. 이 바퀴가 각변위 θ만큼 변형된 후 자유로이 놓아졌을 때 30.2초 동안 10번 진동하였다. 이 바퀴의 관성 모멘트를 구하여라.

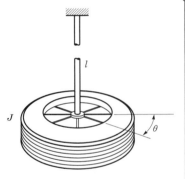

풀이 Newton의 식에 해당되는 회전 운동의 식은 다음과 같다.

$$J\ddot{\theta} = -K\theta$$

여기서, J는 회전 질량 관성 모멘트, K는 비틀림 강성, 그리고 θ는 라디안 회전각을 나타낸다. 따라서 고유 진동수는 다음과 같이 구해진다.

$$\omega_n = 2\pi \frac{10}{30.2} = 2.081\,\mathrm{rad/s}$$

막대의 비틀림 강성은 $K = GI_P/l$로 되며, 여기에서 $I_P = \pi d^4/32$은 단면이 원인 막대의 극관성 모멘트를, l은 막대의 길이를, $G = 80 \times 10^9\,\mathrm{N/m^2}$는 강철의 가로 탄성 계수를 나타낸다.

$$I_P = \frac{\pi}{32}(0.5 \times 10^{-2}) = 0.006136 \times 10^{-8}\,\mathrm{m^4}$$

$$K = \frac{80 \times 10^9 \times 0.006136 \times 10^{-8}}{2} = 2.455\,\mathrm{N \cdot m/rad}$$

이것을 고유 진동수의 식에 대입하면 바퀴의 극관성 모멘트를 다음과 같이 구할 수 있다.

$$J = \frac{K}{\omega_n^2} = \frac{2.455}{2.081^2} = 0.567\,\mathrm{kg \cdot m}$$

Section 6

에너지 방법

1 개요

보존계인 경우에는 모든 에너지의 합이 일정하므로 에너지 보존 법칙을 이용하여 운동의 미분 방정식을 유도할 수 있다. 비감쇠계의 자유 진동에서는 에너지가 운동 에너지와 위치 에너지로 나누어진다.

2 에너지법

운동 에너지 T는 속도에 의하여 질량에 저장되며, 위치 에너지 U는 탄성 변형에 의한 탄성 에너지의 형태로 저장되거나 중력장 등에서 행하여진 일의 형태로 저장된다. 보존계에서는 모든 에너지의 합이 일정하므로 그 변화율은 다음과 같이 0이 된다.

$$T + U = 일정 \tag{7.41}$$

$$\frac{d}{dt}(T + U) = 0 \tag{7.42}$$

계의 고유 진동수만을 고려하는 경우에는 다음과 같이 구할 수 있다. 서로 다른 두 시각을 첨자 1, 2로 나타내면 에너지 보존 법칙을 다음 식으로 나타낼 수 있다.

$$T_1 + U_1 = T_2 + U_2 \tag{7.43}$$

질량이 정적 평형 위치를 통과하는 시각을 2로 하고, $U_1 = 0$을 위치 에너지의 기준으로 정하자. 질량이 최대 변위의 위치에 오는 시각을 2라고 하면 이때에 질량의 속도는 0이 되므로 $T_2 = 0$으로 된다. 따라서 에너지 보존 법칙의 식은

$$T_1 + 0 = 0 + U_2 \tag{7.44}$$

가 되며, 계가 조화 운동을 하는 경우에는 T_1과 U_2가 최댓값을 가지므로

$$T_{\max} = U_{\max} \tag{7.45}$$

가 성립한다. 이 식으로부터 고유 진동수를 간단히 구할 수 있다.

예제

다음 그림에 보인 계의 고유 진동수를 구하여라.

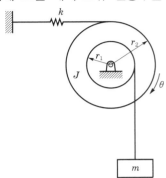
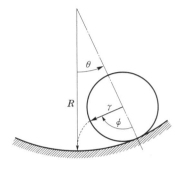

풀이 이 계가 정적 평형 위치로부터 진폭이 θ인 조화 진동을 한다고 가정하자. 최대 운동에너지는

$$T_{\max} = \frac{1}{2}J\theta^2 + \frac{1}{2}m(r_1\theta)^2$$

으로 되며, 스프링에 저장되는 최대 위치 에너지는

$$U_{\max} = \frac{1}{2}k(r_2\theta)^2$$

으로 구하여진다.
이 두 에너지의 크기가 동일하다고 놓으면 다음과 같이 고유 진동수를 구할 수 있다.

$$\omega_n = \sqrt{\frac{kr_2^{\,2}}{J + mr_1^{\,2}}}$$

Section 7 — Rayleigh 방법 : 질량 효과

❶ 개요

에너지 방법은 계의 모든 점의 운동이 알려진 경우에 한하여 다중 질량계 또는 분산 질량계에 적용될 수 있다. 질량들이 견고한(rigid) 링크, 레버 또는 기어 등으로 연결되어 있는 계에서 여러 질량들의 운동이 어떤 특정한 점의 운동 $\dot{x}$으로 표현되며, 하나의 좌표(x)로 운동을 나타낼 수 있으므로 이 계의 자유도는 1이 된다.

❷ Rayleigh 방법 : 질량 효과

운동 에너지는 다음과 같이 나타낼 수 있다.

$$T = \frac{1}{2} m_{eff}\, x^2 \tag{7.46}$$

여기서, m_{eff}는 효과 질량(effective mass) 또는 특정한 점에서의 등가 집중 질량이다. 그 점에서의 강성을 알고 있는 경우에는 다음과 같이 단순한 식으로 고유 진동수를 계산할 수 있다.

$$\omega_n = \sqrt{\frac{k}{m_{eff}}} \tag{7.47}$$

스프링 또는 보와 같은 분산 질량계에서 운동 에너지를 계산하려면 진동 진폭의 분포를 알아야 한다.

Rayleigh는 진폭 분포의 형상을 합리적으로 가정하여, 이전까지 무시되었던 질량들까지 포함해서 고려함으로써 고유 진동수에 대한 보다 정확한 예측이 가능함을 보여주었다.

예제

다음 그림의 계에서 스프링의 질량이 계의 고유 진동수에 미치는 영향을 구하여라.

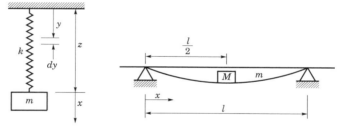

풀이 집중 질량 m의 속도를 $\dot{x}$라 하고, 스프링의 고정단으로부터 y만큼 떨어진 곳의 스프링 요소의 속도가 다음 식과 같이 선형적으로 변한다고 가정한다.

$$x = \dot{x}\frac{y}{l}$$

스프링의 운동 에너지는 다음의 적분식으로 구할 수 있으며,

$$T_{add} = \frac{1}{2}\int_0^l \left(\dot{x}\frac{y}{l}\right)^2 \frac{m_s}{l}dy = \frac{1}{2}\frac{m_s}{3}\dot{x}^2$$

이 결과로부터 효과 질량은 스프링 질량의 $\frac{1}{3}$이 됨을 알 수 있다. 이 값을 집중 질량에 더하면 고유 진동수는 다음과 같이 교정된다.

$$\omega_n = \sqrt{\frac{k}{m + \frac{1}{3}m_s}}$$

Section 8 가상일의 원리

① 개요

에너지 방법에 대한 보충으로서 다른 스칼라(scalar) 방법인 가상일의 원리에 기초하는 방법을 설명하기로 한다. 가상일의 원리는 Johann J. Bernoulli에 의하여 처음으로 공식화되었다. 이 방법은 특히 서로 연결된 여러 개의 물체들로 이루어진 다자 유도계를 다루는 데 중요한 역할을 한다.

② 가상일의 원리

가상일의 원리는 물체들의 평형에 관계되어 있으며 다음과 같이 설명할 수 있다.

일련의 힘들이 작용하는 가운데 평형을 이루고 있는 계에 가상 변위가 가해진다면, 그 힘들에 의해 행해진 가상 일은 0이다.

위의 설명에 쓰인 용어들은 다음과 같이 정의된다.

① 가상 변위 δr은 일정한 시각에 시간의 변화 없이 가상적으로 주어진 미소한 좌표 변화이며, 계의 제한 조건을 만족해야 한다.

② 가상일 δW는 가상 변위에 따라 모든 능동적인 힘이 행한 일이다. 가상 변위에 의해 기하학적으로 큰 변화는 일어나지 않으므로 가상일을 계산하는 과정에서 계에 작용하는 힘들은 일정하게 유지된다고 가정할 수 있다.

> **예제**
>
> 가상일의 원리를 이용하여 다음 그림에 보인 질량 M의 강제 막대에 대한 운동 방정식을 유도하여라.

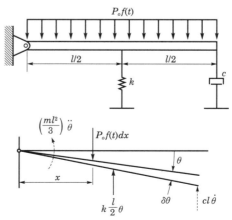

> **풀이** 변위가 θ인 위치에 막대를 표시하고 관성력과 감쇠력을 포함하여 막대에 가해지는 힘들을 표시한다. 막대를 가상 변위 $\delta\theta$만큼 이동시키고 각각의 힘에 의하여 행해진 일을 구한다.
>
> 관성력 $\qquad \delta W = -\left(\dfrac{Ml^2}{3}\ddot{\theta}\right)\delta\theta$
>
> 스프링력 $\qquad \delta W = -\left(k\dfrac{l}{2}\theta\right)\dfrac{l}{2}\delta\theta$
>
> 감쇠력 $\qquad \delta W = -(cl\dot{\theta})l\delta\theta$
>
> 균일 하중 $\quad \delta W = \displaystyle\int_0^l (p_0 f(t)\,dx)\,x\,\delta\theta = p_0 f(t)\dfrac{l^2}{2}\delta\theta$
>
> 가상일들의 합을 0이라고 놓으면 다음과 같이 운동 방정식을 구할 수 있다.
>
> $\left(\dfrac{Ml^2}{3}\right)\ddot{\theta} + (cl^2)\dot{\theta} + k\dfrac{l^2}{4}\theta = p_0\dfrac{l^2}{2}f(t)$

Section 9 점성 감쇠 자유 진동

❶ 개요

점성 감쇠력은 다음 식으로 표현된다.

$$F_d = c\dot{x} \tag{7.48}$$

여기서, c는 비례 상수이며, [그림 7-78]에 보인 대시포트로 기호화되었다. 자유 물체도로부터 운동 방정식이 다음과 같음을 알 수 있다.

$$m\ddot{x} + c\dot{x} + kx = F(t) \tag{7.49}$$

위 식의 해는 두 부분으로 구성된다.

만약 $F(t)=0$이면, 물리적으로 감쇠 자유 진동(free-damped equation)의 해를 갖는 동차(homogeneous) 미분 방정식을 얻게 된다. $F(t) \neq 0$라면 동차해와 무관한 가진에 의한 특수해를 얻게 된다.

❷ 점성 감쇠 자유 진동

감쇠의 역할을 이해할 수 있도록 동차 방정식을 살펴보도록 하자.

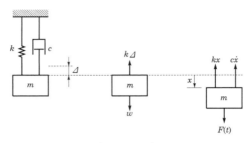

[그림 7-78]

동차 방정식

$$m\ddot{x} + c\dot{x} + kx = 0 \tag{7.50}$$

에서 해를 다음과 같이 가정하자.

$$x = e^{st} \tag{7.51}$$

이 때 s는 상수이다. 이것을 미분 방정식에 대입하면 다음 식을 만족하여야 한다.

$$(ms^2 + cs + k)e^{st} = 0$$

이 식이 모든 시간 t에 대해 성립하려면 다음 식을 만족하여야 한다.

$$s^2 + \frac{c}{m}s + \frac{k}{m} = 0 \tag{7.52}$$

식 (7.52)는 특성 방정식(charateristic equation)이라고 불리며, 두 개의 해를 갖는다.

$$s_{1,2} = -\frac{c}{2m} \pm \sqrt{\left(\frac{c}{2m}\right)^2 - \frac{k}{m}} \tag{7.53}$$

그러므로 다음과 같은 일반해를 얻는다.

$$x = Ae^{s_1 t} + Be^{s_2 t} \tag{7.54}$$

여기서, A, B는 초기 조건 $x(0)$, $\dot{x}(0)$에 의해 결정되는 상수이다.

식 (7.53)을 식 (7.54)에 대입하면 점성 감쇠 자유 진동의 해를 구할 수 있다.

$$x = e^{-(c/2m)t}\left(Ae^{\sqrt{(c/2m)^2 - k/mt}} + Be^{-\sqrt{(c/2m)^2 - k/mt}}\right) \tag{7.55}$$

위 식의 첫째 항 $e^{-(c/2m)t}$는 단순히 시간에 따라 지수적으로 감소하는 함수이다. 그러나 괄호 안의 항들의 거동은 근호 안의 값이 양수, 0, 음수 중 어느 값을 가지게 되는가에 따라 달라진다. 감쇠항 $(c/2m)^2$이 k/m보다 클 때 위 식의 괄호 안의 항들이 지수는 실수가 되며, 진동은 일어나지 않는다. 이 경우를 과도 감쇠(over damped)라고 한다.

감쇠항 $(c/2m)^2$이 k/m보다 작을 때 괄호 안의 항들의 지수는 허수

$$\pm i \sqrt{k/m - (c/2m)^2} t$$

로 된다. 이 때

$$e^{\pm i \sqrt{k/m - (c/2m)^2 t}} = \cos \sqrt{\frac{k}{m} - \left(\frac{c}{2m}\right)^2} t \pm i \sin \sqrt{\frac{k}{m} - \left(\frac{c}{2m}\right)^2} t$$

이므로 식 (7.55)의 괄호 항들은 진동하는 경우가 되는데, 이러한 경우의 감쇠를 부족 감소(under damped)라고 한다.

$(c/2m)^2 = k/m$일 때, 즉 근호 안의 값이 0일 때에는 진동하는 경우와 진동하지 않는 경우 사이에 놓이는 임계의 경우가 되며, 이 경우에 해당하는 감쇠 계수를 임계 감쇠 계수(critical damping) c_c라 한다.

$$c_c = 2m \sqrt{\frac{k}{m}} = 2m \omega_n = 2 \sqrt{km} \tag{7.56}$$

모든 감쇠는 임계 감쇠의 비인 감쇠비(damping ratio)라고 하는 무차원 수 ζ로 표현할 수 있으며,

$$\zeta = \frac{c}{c_c} \tag{7.57}$$

또한 수 $s_{1,2}$를 다음과 같이 ζ항으로 나타낼 수도 있다.

$$\frac{c}{2m} = \zeta \left(\frac{c_c}{2m}\right) = \zeta \omega_n$$

ζ를 이용하면 식 (7.53)은 다음과 같이 된다.

$$s_{1,2} = \left(-\zeta \pm \sqrt{\zeta^2 - 1}\right) \omega_n \tag{7.58}$$

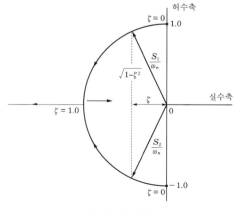

[그림 7-79]

여기서 논의된 세 가지의 감쇠는 ζ값이 1보다 큰가 작은가, 또는 1과 같은가에 따라 결정된다. 더 나아가 ζ와 ω_n을 이용하여 다음과 같이 운동 방정식을 표현할 수도 있다.

$$\ddot{x} + 2\zeta\omega_n\,\dot{x} + \omega_n{}^2 x = \frac{1}{m}F(t)\tag{7.59}$$

자유도계에 대한 이러한 형태의 운동 방정식은 계의 고유 진동수와 감쇠를 찾아내는 데 매우 유용할 것이다. 앞으로 설명할 다자 유도계에서 모드 합성 시에는 이러한 형태의 방정식을 자주 접하게 될 것이다.

[그림 7-79]는 ζ를 가로축으로 하여 식 (7.58)을 도시한 것이다. 만일 $\zeta=0$이라면 식 (7.67)은 $s_{1,2}/\omega_n \pm i$로 되며, 비감쇠 경우에 해당하는 이 해들은 허수축에 놓인다. $0 \ll \zeta \ll 1$인 경우 식 (7.58)은 다음과 같이 된다.

$$\frac{s_{1,2}}{\omega_n} = -\zeta \pm i\,\sqrt{1-\zeta^2}$$

근 s_1과 s_2는 공액 복소수이며, 원호 위에 놓이는 점들이다. 또한 이 점들은 $s_{1,2}/\omega_n = -1.0$점으로 수렴해간다. ζ가 1을 넘어 계속 커지면, 이 근들은 수평축을 따라 서로 멀어져가며 실수값을 유지한다.

Coulomb 감쇠

❶ 개요

Coulomb 감쇠는 건조한 두 표면의 미끄럼으로부터 발생한다. 일단 운동이 시작되면, 감쇠력은 수직 반력과 마찰 계수 μ의 곱과 같으며, 속도와는 무관하다고 가정한다. 감쇠력의 방향은 속도의 방향과 항상 반대이므로, 각 방향에 대한 운동 방정식은 반 사이클 동안만 유효하다.

❷ Coulomb 감쇠

진폭의 감소를 결정하기 위해서는 행해진 일-운동 에너지의 변화량이 같다는 일-에너지의 원리(work-energy principle)를 이용한다. 속도가 0이고 진폭이 X_1인 정점에서 시작하는 반사이클을 선택하면 운동 에너지의 변화량은 0이고, m에 행해진 일도 0이다.

$$\frac{1}{2}k(X_1{}^2 - X_{-1}{}^2) - F_d(X_1 + X_{-1}) = 0$$

또는

$$\frac{1}{2}k(X_1 - X_{-1}) = F_d$$

여기서, X_{-1}은 [그림 7-80]에서 볼 수 있듯이 반사이클 후의 진폭이다. 이 과정을 다음의 반사이클에 대해서 반복하면, 진폭이 $2F_d/k$만큼 더 감소하게 된다. 따라서 한 사이클당 진폭의 감소는 일정하고 다음과 같이 된다.

$$X_1 - X_2 = \frac{4F_d}{k} \tag{7.60}$$

그러나 이 운동은 스프링힘이 정적 마찰력(보통 동적 마찰력보다 크다)을 능가할 수 없게 되는 진폭 $\varDelta$에서 멈추게 된다.

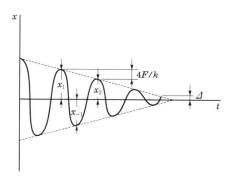

[그림 7-80] Coulomb 감쇠 자유 진동

[표 7-11] 스프링 강성표

k_1 ⟋⟋ k_2 ⟋⟋	$k = \dfrac{1}{1/k_1 + 1/k_2}$	여기서,
k_1 ⟋⟋ / k_2 ⟋⟋	$k = k_1 + k_2$	I : 단면의 관성 모멘트 l : 전체의 길이 A : 단면적
(나선 스프링)	$k = \dfrac{EI}{l}$	J : 단면의 비틀림 상수(극관성 모멘트) n : 권선수
← ▭ → l	$k = \dfrac{EA}{l}$	k : 하중 위치에서의 강성 계수
↻ ▭ ↻ l	$k = \dfrac{GJ}{l}$	

		여기서,
	$k = \dfrac{Gd^4}{64nR^3}$	I : 단면의 관성 모멘트 l : 전체의 길이
	$k = \dfrac{3EI}{l^3}$	A : 단면적 J : 단면의 비틀림 상수(극관성 모멘트) n : 권선수 k : 하중 위치에서의 강성 계수
	$k = \dfrac{48EI}{l^3}$	
	$k = \dfrac{192EI}{l^3}$	
	$k = \dfrac{768EI}{7l^3}$	

이때 진동 주파수는 $\omega_\mu \sqrt{k/m}$ 이며 비감쇠계의 고유 진동수는 같다. [그림 7-80]은 Coulomb 감쇠 자유 진동을 보여주고 있다. 여기서 보면 진폭은 시간에 따라 선형적으로 감소한다.

Section 11 조화 가진 운동

1 원인

조화적인 외력이 가해지면 계는 외력과 동일한 진동수를 가지고 진동하게 된다. 조화적인 가진력의 일반적인 원인은 회전 기계의 불균형, 왕복동 기구에 의하여 발생하는 힘 또는 기계 자체의 운동 등이다.

2 대책

진폭이 큰 진동이 발생하는 경우에는 장비가 제 기능을 발휘하지 못하거나 구조물의 안정성을 해치므로 이러한 가진은 바람직하지 않다. 거의 모든 경우에 있어서 공진은 피해야 하며, 큰 진폭이 발생하는 것을 방지하기 위하여 감쇠기와 흡진기를 흔히 사용하고 있다. 따라서 이러한 진동 제어 요소의 거동에 관하여 살펴볼 필요가 있다.

Section 12 **강제 조화 운동**

1 개요

조화력에 의한 가진은 공학 문제에서 흔히 나타나며, 보통 회전 기계의 불균형에 의하여 발생한다. 주기적인 가진 또는 다른 종류의 가진에 비하여 순수한 조화 가진이 발생하는 빈도가 적다고 하더라도 더욱 복잡한 형태의 가진력에 대한 계의 응답을 이해하기 위해서는 조화 가진력에 대한 계의 거동을 이해하지 않으면 안 된다.

2 강제 조화 운동

조화 가진은 힘의 형태로 또는 계의 어떤 점에 가하여지는 변위의 형태로 주어진다. 우선 [그림 7-81]과 같이 $F_0 \sin \omega t$의 조화력에 의하여 가진되는 점성 감쇠의 1자유도 계를 생각해 보자. 자유물체도로부터 다음의 운동 방정식을 구할 수 있다.

$$m\ddot{x} + c\dot{x} + kx = F_0 \sin \omega t \tag{7.61}$$

이 방정식의 해는 두 부분으로 이루어진다. 하나는 동차 방정식의 보조해(complementary function)이고, 또 하나는 특수해(particular intergral)이다. 이 경우에 있어서 보조해는 감쇠가 있는 자유 진동의 해에 해당된다.

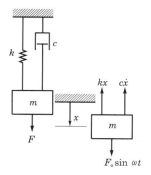

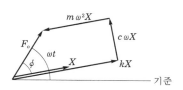

[그림 7-81] 조화적인 외력이 작용하는 점성 감쇠계   [그림 7-82] 감쇠가 있는 강제 진동의 벡터 관계도

특수해는 가진과 같은 주파수 ω로 진동하는 평형 상태의 진동이며, 다음의 형태로 가정할 수 있다.

$$x = X \sin(\omega t - \phi) \tag{7.62}$$

여기서, X는 진동의 진폭이며, ϕ는 가진력에 대한 변위의 위상이다.

위 식의 위상과 진폭은 식 (7.61)에 식 (7.62)를 대입하여 구할 수 있다. 조화 운동에 있어서 속도와 가속도의 위상이 변위에 비해 90°, 180° 선행함을 기억하면 미분 방정식의 각 항은 [그림 7-82]와 같이 도식적으로 나타낼 수 있다. 이 그림으로부터 다음 식이 성립함을 간단히 알 수 있다.

$$x = \frac{F_0}{\sqrt{(k - m\omega^2)^2 + (c\omega)^2}} \tag{7.63}$$

그리고

$$\phi = \tan^{-1} \frac{c\omega}{k - m\omega^2} \tag{7.64}$$

이제 이 결과의 도식적인 표현을 위해 식 (7.63)과 식 (7.64)를 무차원화하여 표현하자. 식 (7.63)과 식 (7.64)의 분자와 분모를 k로 나누면 다음과 같이 된다.

$$X = \frac{\dfrac{F_0}{k}}{\sqrt{\left(1 - \dfrac{m\omega^2}{k}\right)^2 + \left(\dfrac{c\omega}{k}\right)^2}} \tag{7.65}$$

그리고

$$\tan \phi = \frac{\dfrac{c\omega}{k}}{1 - \dfrac{m\omega^2}{k}} \tag{7.66}$$

이 식은 다시 다음의 항으로 표현할 수 있다.

$$\omega_n = \sqrt{\frac{k}{m}} \quad : \text{비감쇠 진동의 고유 진동수}$$

$$c_c = 2m\omega_n \quad : \text{임계 감쇠 계수}$$

$$\zeta = \frac{c}{c_c} \quad : \text{감쇠비}$$

$$\frac{c\omega}{k} = \frac{c}{c_c} \frac{c_c \omega}{k} = 2\zeta \frac{\omega}{\omega_n}$$

진폭과 위상을 무차원화한 식은 다음과 같다.

$$\frac{Xk}{F_0} = \frac{1}{\sqrt{\left[1 - \left(\dfrac{\omega}{\omega_n}\right)^2\right]^2 + \left[2\zeta\left(\dfrac{\omega}{\omega_n}\right)\right]^2}} \tag{7.67}$$

그리고

$$\tan \phi = \frac{2\zeta \left(\dfrac{\omega}{\omega_n} \right)}{1 - \left(\dfrac{\omega}{\omega_n} \right)^2} \tag{7.68}$$

이 식에서 무차원화된 진폭 Xk/F_0와 위상 ϕ는 단지 진동수비 ω/ω_n와 감쇠비 ζ의 함수이며, 그래프로 나타내면 [그림 7-83]과 같다. 이 곡선들은 공진 영역 근처의 진동수에 있어서 위상과 진폭에 감쇠비가 큰 영향을 미치는 것을 보여준다.

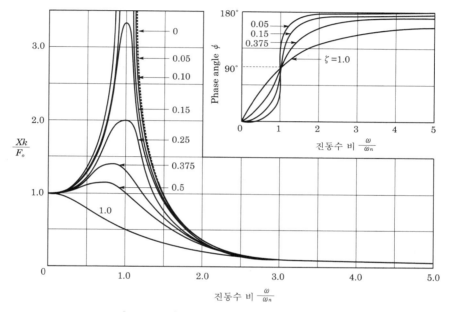

[그림 7-83] 식 (7.76)과 식 (7.77)의 그래프

ω/ω_n의 크기가 작은 경우, 1인 경우, 그리고 큰 경우에 대하여 [그림 7-83]에 보인 힘의 선도를 다시 고찰하여, 이 진동계의 특성을 더욱 상세히 파악할 수 있다.

$\omega/\omega_n \ll 1$일 때 관성력과 감쇠력은 작으며, 그 결과로 위상각 ϕ도 작게 된다. 또한 가해진 힘의 크기는 [그림 7-84] (a)에서 볼 수 있는 것처럼 스프링힘과 거의 같다.

$\omega/\omega_n = 1.0$일 때 위상각은 90°이고 힘의 선도는 [그림 7-84] (b)와 같다. 관성력은 이제 보다 크게 되고 스프링힘과 균형을 이루며 가해진 힘은 감쇠력을 능가하게 된다. 공진일 때의 진폭은 식 (7.65), (7.66) 또는 [그림 7-84] (b)에서 구할 수 있다.

$$X = \frac{F_0}{c\omega_n} = \frac{F_0}{2\zeta k} \tag{7.69}$$

$\omega/\omega_n \gg 1$일 때는 [그림 7-84] (c)와 같이 ϕ는 180°에 접근하고, 가해진 힘은 대부분 관성력을 극복하는 데 소요된다.

미분 방정식과 과도적인(transient) 항을 포함한 일반해를 요약하여 나타내면 다음과 같다.

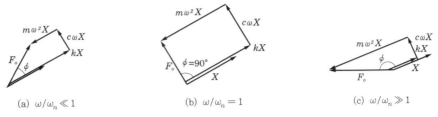

(a) $\omega/\omega_n \ll 1$ (b) $\omega/\omega_n = 1$ (c) $\omega/\omega_n \gg 1$

[그림 7-84] 강제 진동에서의 벡터 관계도

$$x + 2\zeta\,\omega_n\,x + \omega_n{}^2 x = \frac{F_0}{m}\sin\omega t \tag{7.70}$$

$$x(t) = \frac{F_0}{k}\frac{\sin(\omega t - \phi)}{\sqrt{\left[1 - \left(\dfrac{\omega}{\omega_n}\right)^2\right]^2 + \left[2\zeta\dfrac{\omega}{\omega_n}\right]^2}}$$

$$+ X_1 e^{-\zeta\omega_n t}\sin\left(\sqrt{1-\zeta^2}\,\omega_n t + \phi_1\right) \tag{7.71}$$

Section 13 회전 진자의 불균형

① 정적 불균형

얇은 회전판의 경우와 같이 불균형 질량이 모두 하나의 면에 놓여 있을 때 총합 불균형은 단일 반지름 방향의 힘이다.

[그림 7-85]와 같이 이러한 불균형은 바퀴를 회전시키지 않고 감지할 수 있으므로 이를 정적 불균형(static unbalance)이라 한다.

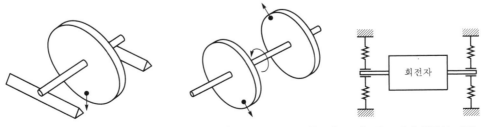

[그림 7-85] 정적 불균형이 있는 계   [그림 7-86] 동적 불균형이 있는 계   [그림 7-87] 밸런싱 머신

② 동적 불균형

불균형이 하나 이상의 평면에 분포되어 있는 경우에는 그 합력이 힘과 요동 모멘트로 되며, 이것을 동적 불균형(dynamic unbalance)이라 한다. 앞에서 서술했듯이 정적 시험으로 합력의 힘은 감지할 수 있지만, 요동 모멘트는 회전자의 회전 없이 감지할 수 없다.

예를 들어, [그림 7-86]과 같은 두 개의 판을 가진 회전축을 생각하자. 만일 두 개의 불균형 질량이 크기가 같고 180°로 떨어져 있다면, 회전자는 회전축에 대하여 정적으로 균형을 이룬다. 그러나 회전자가 회전할 때 각각의 불균형 판으로 인하여 베어링이 있는 회전축을 흔드는 원심력이 발생한다. 일반적으로 모터의 전기자나 자동차 엔진의 크랭크축과 같이 긴 회전자는 약간의 불균형을 가진 얇은 판의 연속으로 생각할 수 있다. 이와 같은 회전자는 불균형을 조사하기 위해서는 회전시켜야 한다.

불균형 회전을 감지하고 교정시키기 위한 기계를 밸런싱 머신(balancing machine)이라고 한다. 밸런싱 머신은 기본적으로 [그림 7-87]처럼 회전에 의한 불균형력을 감지할 수 있게 하기 위해 스프링으로 지지된 베어링으로 이루어져 있다.

각 베어링의 진폭과 그들의 상대적 위상을 안다면 회전자의 불균형을 결정하고 그들을 교정할 수 있다. 그러나 2자유도계는 축의 병진 운동과 회전 운동이 동시에 발생하므로 지금까지의 설명과 같이 간단하지는 않다.

Section 14

진동 절연

① 개요

기계나 다른 원인들에 의해 발생되는 진동력은 종종 피할 수 없는 경우가 있다. 그러나 동적 시스템에 미치는 그들의 영향은 적절한 진동 절연기 설계에 의해 최소화될 수 있다. 이 절연 시스템은 기계를 지지하는 구조물로부터 오는 지나친 진동을 방지해 주기도 하고 기계가 그 주위에 미치는 진동을 방지해 주기도 한다. 기본적 문제는 이 두 경우에 있어서 같다. 그것은 결국 전달력을 감소시키는 것이다.

② 진동 절연

기계에 의해 지지 구조물에 전달되는 힘을 감소시키는 문제도 같은 요구 조건을 만족시켜야 한다. [그림 7-88]에 보인 것처럼 절연되어야 할 힘은 스프링과 감쇠기를 통해 전달된다. 그 식은 다음과 같다.

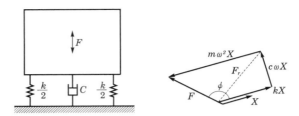

[그림 7-88] 스프링과 감쇠기를 통해 전달되는 외란력

$$F_T = \sqrt{(kX)^2 + (c\omega X)^2} = kX\sqrt{1 + \left(\frac{2\zeta\omega}{\omega_n}\right)^2} \tag{7.72}$$

외란의 힘을 $F_0 \sin\omega t$ 라고 두면 앞 식에서 X의 값은 다음과 같이 된다.

$$X = \frac{F_0/k}{\sqrt{\left[1 - (\omega/\omega_n)^2\right]^2 + \left[2\zeta\omega/\omega_n\right]^2}} \tag{7.72)(a}$$

전달 계수 TR은 외란력에 대한 전달력의 비율로 정의되며, 그 식은

$$TR = \left|\frac{F_T}{F_0}\right| = \sqrt{\frac{1 + (2\zeta\omega/\omega_n)^2}{\left[1 - (\omega/\omega_n)^2\right]^2 + \left[2\zeta\omega/\omega_n\right]^2}} \tag{7.73}$$

또한

$$TR = \left|\frac{F_T}{F_0}\right| = \left|\frac{X}{Y}\right|$$

임을 알 수 있다. 그리고 감쇠를 무시할 때 전달 계수는 다음과 같이 줄어든다.

$$TR = \frac{1}{(\omega/\omega_n)^2 - 1} \tag{7.74}$$

여기서, ω/ω_n는 항상 $\sqrt{2}$ 보다 커야 한다는 것을 알 수 있다. 계속해서 ω_n을 δ/g로 대치하면 여기서, g는 중력 가속도이고 δ는 정적 처짐이다. 식 (7.74)는 다음과 같이 표현될 수 있다.

$$TR = \frac{1}{(2\pi f)^2 \delta/g - 1}$$

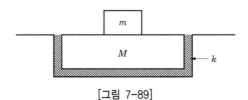

[그림 7-89]

TR을 변경하지 않고 절연된 질량 m의 진폭 x를 감소시키기 위해 [그림 7-89]와 같이 m이 큰 질량 M 위에 올려지는 경우가 있다. 강성 계수 k는 비 $k(M+m)$이 같은 값이 되게 하기 위해서는 강성 계수 k가 증가되어야 한다. 그러나 식 (7.72)(a)의 분모에 k가 있으므로 진폭 X는 줄어든다.

보통 문제에 있어서 절연되어야 할 질량은 6자유도를 가지고 있으므로 (세 개의 병진 운동과 세 개의 회전 운동) 절연계의 설계자는 반드시 그의 영감과 재능을 사용해야 한다. 이 때 1자유도계의 해석 결과는 매우 좋은 길잡이 역할을 할 것이다.

Section 15

설비의 이상(비정상적) 진동의 요인은 유체적 요인, 기계적 요인, 전기적 요인으로 분류할 수 있다. 각 요인별 진동 원인

1 개요

설비의 고장은 출력의 변화, 온도의 이상 상승 및 소음과 진동을 수반하여 나타나는 데, 거의 예외 없이 설비의 이상은 진동을 유발하게 된다. 이러한 변화는 설비가 완전히 중단되기 전부터 나타나기 때문에 설비의 진동 상태를 점검하여 개선하므로 설비의 수명과 효율을 극대화할 수가 있다.

2 각 요인별 진동 원인

각 요인별 진동 원인을 구체적으로 분류하면 다음과 같다.

(1) 기계적 원인에 의한 진동

이것은 물체의 충돌로 인한 진동 발생의 원인이 되기도 하는데 이러한 진동은 공명에 의해 방사음을 발생시키기도 한다. 큰 소음을 방사하는 진동면의 진동을 제진하면 이러한 방사음을 감소시킬 수 있다.

① 저소음 기계 사용 : 신설 기계는 소음이 적은 기계를 구입하여 사용한다.

② 기계의 방진 지지 : 기계의 가진력을 감소시킬 수 있는 방진재를 지지하여 진동의 전달을 차단한다.

③ 고체 내에서의 진동 전파 방지 : 축이나 관 등을 따라 전파하는 진동을 차단하기 위해서는 도중에 탄성재를 삽입한다.

④ 진동면의 진동을 제진하여 방사 효율 감소 : 재료 외측에 제진재를 부착 또는 대체하여 제진 효과를 얻을 수가 있다.

⑤ 기계 운전의 정상화 유지 : 축, 베어링, 벨트 등 마모에 의한 진동으로 발생되는 소음을 줄이기 위해서는 기계 부품을 교환하여 정상 운전이 되도록 한다.

(2) 연소에 의한 진동

이러한 경우에는 연소 조건에 주의하여 정상 상태로 연소되도록 하고 유동 진동수가 용기의 고유 진동수와 일치하면 큰 연소 소음이 발생되므로 용기의 조합을 변경하는 것이 유효하다.

(3) 유체적 원인에 의한 진동

유체기계의 운전 조건이 맞지 않아서 유체의 용적 변화를 일으키게 되면 그에 따라 압축과 팽창의 진동으로 인한 파동이 음파로서 전파되면서 생기는 소음을 말하며, 송풍기 및 내연 기관의 급·배기음과 증기 및 압축 공기에 의한 방출음은 발생 부위에 소음기를 설치하여 감소시키는 것이 효과적이다.

(4) 전기적 원인에 의한 진동

삼상 유도 전동기는 전원 전압의 불평형에 의해서 소음이 발생된다는 사실에 주의할 필요가 있다. 특히 주파수가 고정자나 고정자 철심의 고유 진동수와 일치할 때 큰 공명 소음이 발생된다. 정상적인 운전 조건하에서 발생되는 기계의 고유 소음은 적은 편이다.

CHAPTER 08

기타 분야

Section 1 단위와 비열

① 단위

(1) 동력(power)

$$1PS = 75kg \cdot m/s, \quad 1kW = 102kg \cdot m/s$$

(2) 일과 에너지

$$1kcal = 427kg \cdot m, \quad 1psh = 623.3kcal$$

② 비열(specipic heat)

어떤 물체의 단위 질량당 열용량을 말하고, 공업상으로는 단위 질량의 물체의 온도를 1℃ 상승시키는 데 필요한 열량(kcal/kg · ℃)

(1) 열량(Q, quantity of heat)

$$Q = G C_m (t_2 - t_1) \, [kcal]$$

여기서, G : 물체 무게, C_m : 평균 비열, $t_2 - t_1$: 온도차

(2) 정압 비열(C_p, specific heat at constant pressure)

기체 1kg을 일정한 압력 밑에서 1℃ 높이는 데 필요한 열량

(3) 정적 비열(C_v, specific heat at constant volume)

기체 1kg을 일정한 체적 밑에서 1℃ 높이는 데 필요한 열량

(4) 비열의 비(k)

$$k = \frac{C_p}{C_v} > 1, \ 공기의 \ 경우 \ k = 1.4$$

예제

질량 5kg, 비열 $C = 0.1$kcal/kg · ℃인 물질 위에 무게 854kg인 추를 높이 1.0m에서 떨어뜨렸다. 이 때 마찰 손실을 무시한다면 물질의 온도 상승은 얼마인가?

풀이 $Q = GC_m(t_2 - t_1)$

$G = 5$kg, $C_m = 0.1$kcal/kg · ℃

$W = mgh$

$mg = 854$kgf, $h = 1.0$m

① = ②

$$GC_m(t_2 - t_1) = AW$$

$$\therefore t_2 - t_1 = \frac{AW}{GC_m} = \frac{854 \times 1}{5 \times 0.1 \times 427} = 4℃$$

Section 2 일(절대일과 공업일)

1 절대일

압력 P_1[kg/m^2], 비체적 v_1[m^3/kg]의 상태 1인 가스가 외부와의 열의 출입이 없는 단열 팽창을 하여 상태 2로 변화되었다고 하면, 1~2 사이에서 가스는 외부에 대하여 일을 하였으며, 이 일을 일량 $_1W_2$[kg · m/kg]라 하면

$$dW = Pdv$$

$$_1W_2 = \int_1^2 Pdv \quad _1W_2 : 절대일(absolute\ work)$$

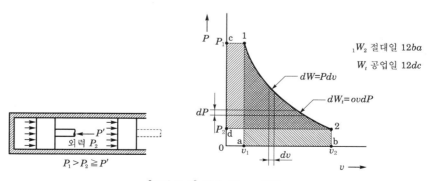

[그림 8-1] 일과 $P-v$ 선도

② 공업일

만일, $dW = -vdP$라 하면

$$W_t = -\int_1^2 vdP, \qquad 여기서, \ W_t : 공업일$$

$$W_t = {}_1W_2 + P_1 v_1 - P_2 v_2$$

> **예제**
>
> 밀폐가 없는 과정에서 $P = (5 - 15V)\text{kgf/cm}^2$의 관계에 따라 변한다. 체적이 0.1m³에서 0.3m³로 변하는 동안 계가 한 일은 몇 kg · m인가?
>
> **풀이** $\quad {}_1W_2 = \int_{V_1}^{V_2} Pdv = \int_{0.1}^{0.3} (5 - 15v)\,dv = \left[5v - \dfrac{15}{2}v^2 RIGHT\right]_{0.1}^{0.3}$
>
> $\qquad = \left[5(0.3 - 0.1) - \dfrac{15}{2}(0.3^2 - 0.1^2)\right] \times 10^4 = 0.4 \times 10^4 \text{kg} \cdot \text{m}^3$

Section 3 열역학 제1법칙

① 열역학 제1법칙

열과 일은 본질상 에너지의 일종이며 에너지 불변의 법칙으로부터 일을 열로 전환할 수 있고 또 그 역도 가능하다. 즉, 밀폐계가 임의의 사이클(cycle)을 이룰 때 열전달의 총화는 이루어진 일의 총화와 같다(에너지 보존의 법칙).

$$dQ = dU + APdV = dU_s + dU_l + AdW = dU + AdW \,[\text{kcal}]$$

여기서, Q : 열량(kcal)

$\qquad U$: 내부 에너지(kcal)

$\qquad U_s$: 현열(kcal)

$\qquad U_l$: 잠열(kcal)

$\qquad P$: 압력(kg/m²)

$\qquad V$: 물체의 체적(m³)

$\qquad W$: 일량(kg · m)

Section 4 **정적 비열(C_v)과 정압 비열(C_p)**

1 정적 비열(C_v)과 정압 비열(C_p)의 관계

엔탈피 $h = u + Apv$ 와 완전 가스의 특성식 $Pv = RT$ 로부터

$$h = u + ART \ [\text{kcal/kg}]$$

두 변을 T에 대하여 미분하면

$$\frac{dh}{dT} = \frac{du}{dT} + AR$$

$$C_p = C_v + AR$$

$$\left(C_p = \frac{dQ}{dT} = \frac{d\eta}{dT} [\text{kcal/kg·℃}], \ C_v = \frac{dQ}{dT} = \frac{du}{dT} [\text{kcal/kg·℃}] \right)$$

$$C_p = C_v + AR$$

분자량 M인 가스에 대해서는

$$C_p - C_v = \frac{1.986}{M} [\text{kcal/kg · ℃}]$$

$C_p / C_v = k$ 라 하면

$$C_p = AR \frac{k}{k-1}, \quad C_v = AR \frac{1}{k-1} \ (C_p / C_v = k : \text{비열비})$$

또한, $dh = C_p\,dT$ 와 $dV = C_v\,dT$ 를 식 $dQ = G(CvdT + APdv)$, $dQ = (CpdT + AvdP)$에 대입하면

$$dQ = G(C_p dT - AvdP), \ dp = 0 \ \rightarrow \ _1Q_2 = GC_p(T_2 - T_1)[\text{kcal}]$$

또는

$$dQ = G(C_v dT + APdv), \ dv = 0 \ \rightarrow \ _1Q_2 = GC_v(T_2 - T_1)[\text{kcal}]$$

2 완전 가스의 내부 에너지 변화

$$U_2 - U_1 = GC_v(T_2 - T_1)[\text{kcal}], \ u_2 - u_1 = C_v(T_2 - T_1)[\text{kcal/kg}]$$

3 완전 가스의 엔탈피 변화

$$H_2 - H_1 = GC_p(T_2 - T_1)[\text{kcal}], \ h_2 - h_1 = C_p(T_2 - T_1)[\text{kcal/kg}]$$

완전 가스의 법칙

❶ 보일의 법칙

가스의 절대 온도 T가 일정하면 비체적 v는 압력 P에 반비례한다.

$$T_1 = T_2 \rightarrow P_1 v_1 = P_2 v_2 = C \,(\text{Constant})$$

$$\frac{v_2}{v_1} = \frac{P_1}{P_2}$$

여기서, T : 절대 온도(K), P : 압력(kg/m^2), v : 비체적(m^3/kg)

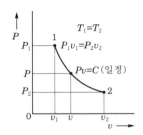

[그림 8-2] Boyle의 법칙

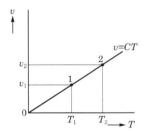

[그림 8-3] Guy-Lussac의 법칙

❷ 게이뤼삭의 법칙

가스의 압력 P가 일정하면 비체적 v도 절대 온도 T에 비례한다.

$$P_1 = P_2 \rightarrow \frac{v_2}{v_1} = \frac{T_2}{T_1}$$

$$\frac{v_1}{T_1} = \frac{v_2}{T_2} = C \,(\text{Constant})$$

❸ 아보가드로의 법칙

동일 압력 및 동일 온도하에서 모든 가스는 단위 체적 내에 같은 수의 분자를 함유한다.

Section 6

완전 가스의 상태 변화

1 개요

내연 기관이나 공기 압축기 등에서는 공기와 가솔린과의 혼합 가스나 공기를 완전 가스로 생각하고, 그 상태 변화를 조사하여 압력, 온도, 체적 등의 변화량을 계산하여 내연 기관이나 압축기의 설계를 할 때의 기본 자료로 삼는다.

2 완전 가스의 상태 변화

(1) 가역 변화(reversible change)

① 정적 변화(isovolumetric change)
② 정압 변화(constant pressure change)
③ 등온 변화(isothermal change)
④ 가역 단열 변화(reversible adiabatic change)
⑤ 폴리트로픽 변화(polytropic change)

(2) 비가역 변화(irreversible change)

- 비가역 단열 변화(irreversible adiabatic change)
- 교축(throttling)
- 가스의 혼합(mixing of gases)

1) 정적 변화

온도와 압력 관계는

$$\frac{P_1}{T_1} = \frac{P_2}{T_2}$$

$$_1W_2 = \int_1^2 v dP = v(P_2 - P_1) = 0 \, (du = 0)$$

$$_1Q_2 = \int_1^2 dQ = \int_1^2 (C_v dT + APdv)$$

$dv = 0$ 이므로

$$_1Q_2 = \int_1^2 C_v dT = C_v(T_2 - T_1) = u_2 - u_1 [\text{kcal/kg}]$$

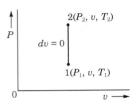

[그림 8-4] 정적 변화

정적 변화는 외부로부터 가해진 모든 열량이 내부 에너지 증가, 즉 온도를 높이는 데 이용된다.

2) 정압 변화

온도와 비체적 관계는

$$\frac{v_1}{T_1} = \frac{v_2}{T_2}$$

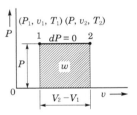

[그림 8-5] 정압 변화

절대일 $_1W_2$ 는

$$_1W_2 = \int_1^2 Pdv = P(v_2 - v_1) = R(T_2 - T_1)[\text{kg} \cdot \text{m/kg}]$$

외부로부터 가해진 열량 $_1Q_2$ 는

$$_1Q_2 = \int_1^2 C_P dT = C_P(T_2 - T_1)[\text{kcal/kg}]$$

엔탈피에 대해서는

$$_1Q_2 = C_P(T_2 - T_1) = h_2 - h_1[\text{kcal/kg}]$$

3) 등온 변화

온도 T 가 일정한 상태에서 압력 P 와 비체적 v 가 반비례하므로

$$P_1 v_1 = P_2 v_2$$

절대일 $_1W_2$는

$$_1W_2 = \int_1^2 Pdv = \int_1^2 \frac{RT}{v}dv = RT\int_1^2 \frac{1}{v}dv = RT\log_e \frac{v_2}{v_1}[\text{kg}\cdot\text{m/kg}]$$

$$(\log_e A = 2.303_{10}A)$$

가스에 가해진 열량 $_1Q_2$는

$$_1Q_2 = \int_1^2 dQ = A\int_{P_1}^{P_2} vdP = A\int_{v_1}^{v_2} Pdv = -AW_t = A_1W_2[\text{kcal/kg}]$$

따라서

$$_1Q_2 = ART\log_e \frac{P_1}{P_2} = ART\log_e \frac{v_2}{v_1}[\text{kg}\cdot\text{m/kg}]$$

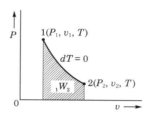

[그림 8-6] 등온 변화

4) 가역 단열 변화

가스가 외부와의 열의 흡수가 없는 상태, 즉 외부로부터 열을 받지 않고 외부에 대해 열을 방출하지 않는 팽창 또는 압축을 할 때의 이상적인 변화를 말한다.

절대일 $_1W_2$는

$$_1W_2 = \frac{R}{k-1}(T_1 - T_2) = \frac{C_v}{A}(T_1 - T_2)[\text{kg}\cdot\text{m/kg}]$$

$$_1W_2 = \frac{1}{A}(u_1 - u_2)[\text{kg}\cdot\text{m/kg}]$$

공업일 W_t 는

$$W_t = \frac{C_P}{A}(T_1 - T_2) = \frac{kC_v}{A}(T_1 - T_2)$$

5) 폴리트로우프 변화

내연 기관의 실린더 속에서 혼합 가스가 압축될 때나 연소 가스가 팽창할 때 등의 실제의 변화에 적용된다.

절대일 $_1W_2$는

$$_1W_2 = \frac{1}{n-1}(P_1v_1 - P_2v_2) = \frac{R}{n-1}(T_1 - T_2) \quad (n : \text{폴리트로우프 지수})$$

공업일 W_t는

$$W_t = {_1W_2} + P_1v_1 - P_2v_2 = \frac{n}{n-1}(P_1v_1 - P_2v_2) = n\,_1W_2$$

가스에 가해진 열량 $_1Q_2$는

$$_1Q_2 = C_v(T_2 - T_1) + A\,_1W_2 \,[\text{kcal/kg}]$$

내부 에너지 변화 $u_2 - u_1$은

$$u_2 - u_1 = C_v(T_2 - T_1) = \frac{1}{k-1}ART_1\left\{\left(\frac{P_2}{P_1}\right)^{\frac{n-1}{n}} - 1RIGHT[\text{kcal/kg}]\right.$$

엔탈피 변화 $h_2 - h_1$은

$$h_2 - h_1 = C_P(T_2 - T_1) = \frac{k}{k-1}ART_1\left\{\left(\frac{P_2}{P_1}\right)^{\frac{n-1}{n}} - 1RIGHT[\text{kcal/kg}]\right.$$

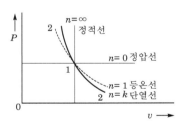

[그림 8-7] 폴리트로우프 변화

예제

체적 3.2m³의 탱크에 압력 2kgf/cm², 온도 70℃의 공기가 들어 있다. 이 공기의 압력을 4kgf/cm²까지 올리는 데 필요한 열량은 얼마인가? (단, 공기의 정적 비열 C_v = 0.172kcal/kg · ℃, 가스 상수 R = 29.27kg · m/kg · K이다.)

풀이 ① 정적 과정

$$V_1 = 3.2\,\text{m}^3, \quad V_2 = 3.2\,\text{m}^3$$
$$P_1 = 2\,\text{kgf/cm}^2 = 2 \times 10^4\,\text{kgf/m}^2$$
$$P_2 = 4 \times 10^4\,\text{kgf/m}^2$$
$$T_1 = 300\,\text{K}, \quad T_2 = 600\,\text{K}$$
$$PV = \text{const} = RT, \quad \frac{P_1}{T_1} = \frac{P_2}{T_2}$$

$$\therefore \ T_2 = T_1\left(\frac{P_2}{P_1}\right) = 600\,\mathrm{K}$$

② 열량

$$C_v = \frac{\partial u}{\partial T}\bigg)_v = \frac{\partial q}{\partial T}\bigg)_v \leftarrow \ dq = du + Pdv$$

$$\therefore \ dq = C_v\,dT \rightarrow \quad Q = mC_v(T_2 - T_1)$$

$$P_1V_1 = mR_1T_1 \rightarrow \ 2\times104\,\mathrm{kgf/m}^2\times3.2\,\mathrm{m}^3$$

$$= m\times29.27\,\mathrm{kgf\cdot m/kg\cdot K}\times300\mathrm{K}$$

$$\therefore \ m = \frac{2\times10^4\times3.2}{29.27\times300} = 7.3\,\mathrm{kg}$$

$$Q = 7.3\,\mathrm{kg}\times0.172\,\mathrm{kcal/kg\cdot ℃}\times(600-300)℃ = 376.1\mathrm{kcal}$$

예제

분자량 44인 완전 기체 5kgf을 일정 압력하에서 10℃로부터 80℃까지 가열하는 데 68kcal의 열량이 소요된다. 정적하에서 이 가스를 10℃에서 150℃까지 가열할 경우 다음을 구하여라. (단, $R = 19.27\mathrm{kcal/kgf\cdot K}$)

풀이 ① 소요 열량

$$dQ = dh - AvdP = C_pdT, \quad {}_1Q_2 = mC_p(T_2 - T_1)$$

$$68 = 5\times C_p\times(80-10) \quad \therefore \ C_p = 0.194\,\mathrm{kcal/kg\cdot ℃}$$

$$C_v = C_p - AR$$

$$= 0.194 - \frac{19.27}{427} = 0.149\,\mathrm{kcal/kg\cdot ℃} \quad \therefore \ Q = mC_v(T_2 - T_1)$$

$$= 5\times0.149(150-10) = 104.4\,\mathrm{kcal}$$

② 내부 에너지 증가

$${}_1U_2 - U_1 = mC_v(T_2 - T_1) = 104.4\,\mathrm{kcal}$$

③ 엔탈피 증가

$$H_2 - H_1 = mC_p(T_2 - T_1) = 136\,\mathrm{kcal}$$

예제

처음 압력 1kgf/cm², 용적 0.32m³의 어느 기체를 일정한 압력하에서 42kcal의 열량을 가할 때 3,587kgf·m의 일을 하게 되었다. 지금 이 기체를 압력 4kgf/cm²까지 단열 압축할 때 필요한 열량은 얼마인가?

풀이 $dQ = C_vdT + APdv$

$$① \ {}_1W_2 = \frac{1}{A}(u_1 - u_2) = \frac{C_v}{A}(T_1 - T_2)$$

$$= \frac{R}{k-1}(T_1 - T_2) = \frac{1}{k-1}(P_1v_1 - P_2v_2)\,[\mathrm{kgf\cdot m/kg}]$$

k를 구하기 위하여

$$k = \frac{mC_p(T_2 - T_1)}{mC_v(T_2 - T_1)} = \frac{dH}{dU}$$

$$dU = dQ - A_1 W_2$$

$$= 42 - \frac{1}{427} \times 3,587 = 33.6 \text{ kcal}$$

$$\therefore \ k = \frac{42}{33.6} = 1.25$$

② $\dfrac{V_2}{V_1} = \left(\dfrac{P_1}{P_2}\right)^{\frac{1}{k}}$

$$V_2 = V_1 \left(\frac{P_1}{P_2}\right)^{\frac{1}{k}} = 0.32 \times \left(\frac{1}{4}\right)^{\frac{1}{1.25}} = 0.1055 \text{ m}^3$$

$$_1 W_2 = \frac{1}{1.25 - 1}(1 \times 10^4 \times 0.32 - 4 \times 10^4 \times 0.1055)$$

$$= -4,080 \text{ kgf} \cdot \text{m}$$

예제

어느 완전 가스 1kgf을 온도 400℃로 상승시킬 때 정압의 경우와 정적의 경우에는 20kcal의 열량차가 생겼다. 이 기체의 가스 상수 R값은 얼마인가?

풀이 ① 등적 $Q_v = m C_v (T_2 - T_1)$, 등압 $Q_p = m C_p (T_2 - T_1)$

② $Q_p - Q_v = m(C_p - C_v)(T_2 - T_1)$

$$\therefore \ C_p - C_v = \frac{Q_p - Q_v}{m(T_2 - T_1)} = AR$$

$$R = \frac{20 \times 427}{1 \times 400} = 21.36 \text{ kgf} \cdot \text{m/kg} \cdot \text{K}$$

예제

공기가 압력 10kgf/cm², 체적 0.4m³인 상태에서 50℃의 등온 과정으로 팽창하여 체적이 4배로 되었다. 엔트로피 변화량은?

풀이 $dQ = du + APdv$

$$ds = \frac{dq}{T} = \frac{C_v \, dT}{T} + \frac{P}{T} A dv$$

$$S_2 - S_1 = \frac{P_1 V_1}{T_1} \ln \frac{V_2}{V_1}$$

$$= \frac{10 \times 10^4 \times 0.4}{(273 + 50℃) \times 427} \ln 4 = 0.402 \text{ kcal/K}$$

예제

2kgf의 아황산 가스를 정압하에서 가열하였더니 온도가 250K에서 300K로 변하였다. 변화 과정간의 엔트로피 변화는? (단, 아황산 가스의 엔탈피 h와 온도 T 구간에는 $h = 0.563 \, T$[kcal/kgf]인 관계를 갖는다.)

풀이 $dQ = dh - vdP$

$$ds = \frac{dq}{T} = \frac{dh}{T} = \frac{0.563 \, dT}{T}$$

$$S_2 - S_1 = 0.563 \ln\frac{T_2}{T_1} = 0.563 \ln\frac{300}{750} = 0.1026 \, \text{kcal/kg} \cdot \text{K}$$

$$S_2 - S_1 = m(S_2 - S_1) = 2 \times 0.1026 = 0.2052 \, \text{kcal/K}$$

예제

1kgf인 공기가 3atm[kgf/cm²], 300℃의 상태에서 1atm 0.5m³인 상태로 변화하였다. 변화 후의 엔트로피는 얼마인가? (단, $R = 29.27 \text{kgf} \cdot \text{m/kg} \cdot \text{K}$, $C_p = 0.24 \text{kcal/kg} \cdot \text{K}$)

풀이 $P_1 = 3 \, \text{atm}, \quad T_1 = 300 + 273 = 573 \, \text{K}$

$P_2 = 1 \, \text{atm}, \quad V_2 = 0.5 \, \text{m3}$

$$T_2 = \frac{P_2 V_2}{R} = \frac{10,000 \times 0.5}{29.27} = 170.82 \, \text{K}$$

$$dq = dh - AvdP$$

$$ds = \frac{C_p dT}{T} - v\frac{AdP}{T}$$

$$S_2 - S_1 = C_p \ln\frac{T_2}{T_1} - AR\ln\frac{P_2}{P_1}$$

$$S_2 - S_1 = mC_p \ln\frac{T_2}{T_1} - AmR\ln\frac{P_2}{P_1}$$

$$= 1 \times 0.24 \ln\frac{170.82}{573} - 1 \times \frac{29.27}{427} \ln\frac{1}{3} = -0.215 \, \text{kcal/K}$$

Section 7 열역학 제2법칙

① 정의

일을 열로 전부 바꿀 수 있으나 반대로 열을 일로 바꾸는 경우에는 어떠한 제한이 있어 무제한으로 계속 변환할 수 없다. 이러한 비가역적인 현상, 즉 항상 엔트로피가 증가하는 방향으로만 일어나며, 엔트로피 증가의 법칙이다.

② 비가역의 주요 원인

비가역의 주요 원인은 다음과 같다.
① 마찰
② 유한한 온도차로 인한 열전달
③ 자유 팽창
④ 혼합
⑤ 비탄성 변형

Section 8

Section 8 카르노 사이클(Carnot's cycle)

① 카르노 사이클(Carnot's cycle)

2개의 등온 과정과 2개의 단열 과정으로 이루어지는 가역 사이클로서 열기관의 가장 이상적인 사이클이다.

$$\eta_c = \frac{AW}{Q_1} = 1 - \frac{Q_2}{Q_1} = 1 - \frac{T_2}{T_1}$$

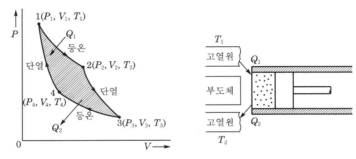

[그림 8-8] 카르노 사이클

Section 9 오토 사이클(정적 사이클) : 가솔린 기관

① 개요

전기 점화 기관의 이상 사이클로서 작동 유체의 열 공급 및 방열이 일정한 체적하에서 이루어지므로 정적 사이클이라 하며, 가솔린 기관의 기본 사이클이다.

② 오토 사이클

오토 사이클의 가정은 다음과 같다.
① 동작 물질은 이상 기체로서 고려되는 공기이며 비열은 일정하다.
② 폐사이클을 이루며 고열원에서 열을 받아 저열원으로 열을 방출한다.
③ 모두 가역 과정이다.
④ 압축 및 팽창 행정은 단열 등엔트로피 변화이고 이들의 단열 지수는 서로 같다.

⑤ 열해리 현상이나 열손실은 없다.

$$압축비 \ \varepsilon = \frac{V_c + V_s}{V_c} = 1 + \frac{V_s}{V_c} \quad (여기서, \ V_c : 극간 \ 체적, \ V_s : 행정 \ 체적)$$

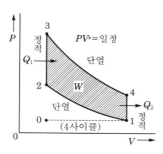 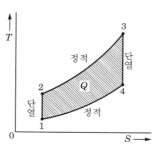

[그림 8-9] 정적 사이클 $P-V$ 선도와 $T-S$ 선도

(1) 1→2 과정 : 단열 압축 과정

$$\frac{T_2}{T_1} = \left(\frac{V_1}{V_2}\right)^{k-1}$$

$$\therefore \ T_2 = T_1 \left(\frac{V_1}{V_2}\right)^{k-1} = T_1 \cdot \varepsilon^{k-1} [\varepsilon : 압축비(\text{compression ratio})]$$

(2) 2→3 과정 : 정적 과정

$$\frac{T_2}{P_2} = \frac{T_2}{P_3}$$

$$\therefore \ T_3 = T_2 \left(\frac{P_3}{P_2}\right) = T_1 \varepsilon^{k-1} \beta$$

$$\beta = \frac{P_3}{P_2} = \frac{T_3}{T_2} [\beta : 압력비(\text{pressure ratio})]$$

(3) 3→4 과정 : 단열 팽창 과정

$$T_3 V_3{}^{k-1} = T_4 V_4{}^{k-1}, \quad T_4 = T_3 \left(\frac{V_3}{V_4}\right)^{k-1}$$

(4) 가열과 방열량

수열량 $Q_1 = C_v (T_3 - T_2) \,[\text{kcal/kg}]$

방열량 $Q_2 = C_v (T_4 - T_1) \,[\text{kcal/kg}]$

(5) 이론 열효율

$$\eta_{tho} = \frac{Q_1 - Q_2}{Q_1} = 1 - \frac{Q_2}{Q_1} = 1 - \frac{T_4 - T_1}{T_3 - T_2} = 1 - \frac{T_4 - T_1}{\epsilon^{k-1}(T_4 - T_1)}$$

$$= 1 - \left(\frac{1}{\epsilon}\right)^{k-1} \text{(압축비만의 함수이며 압축비가 클수록 열효율이 좋아진다.)}$$

(6) 유효일

$$W = Q_1 - Q_2$$

(7) 평균 유효 압력

$$P_m = \frac{W}{V_1 - V_2} = \frac{Q_1 - Q_2}{A(V_1 - V_2)} = \frac{C_v(T_3 - T_2 - T_4 + T_1)}{A V_1(1 - 1/\epsilon)}$$

Section 10 사바테 사이클(Sabathe cycle, 합성 연소 사이클)

① 개요

압축 착화 방식은 오토 사이클에 비해 고효율이지만 상대적으로 높은 압축비로 작동되는 단점을 갖고 있으며 오토 사이클의 정적 연소 방식은 동일 압축비에서 대해 상대적으로 높은 열효율을 갖고 있다.

복합 사이클은 압축 행정 후반에 연소가 시작되어 오토 사이클과 같은 정적 연소가 이루어지고, 피스톤이 상사점을 지나면서 디젤 사이클과 같은 정압 연소가 이루어지도록 설계된 4행정 고속 CI 엔진의 공기 표준 열역학적 이상 사이클이다.

② 고속 디젤 엔진의 기본 사이클

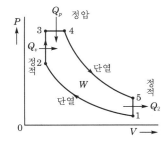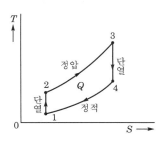

[그림 8-10] 합성 사이클의 $P-V$ 선도와 $T-S$ 선도

(1) 1 → 2 과정 : 단열 압축 과정

$$\frac{T_2}{T_1} = \left(\frac{V_1}{V_2}\right)^{k-1} \quad \therefore T_2 = T_1 \varepsilon^{k-1}$$

(2) 2 → 3 과정 : 정적 가열 과정

$$V_2 = V_3 = \frac{P_2}{T_2} = \frac{P_3}{T_3} \quad \therefore T_3 = \frac{P_3}{P_2} T_2 = \beta \varepsilon^{k-1} T_1 \ [\beta : 압력비]$$

(3) 3 → 4 과정 : 정압 가열 과정

$$P_4 = P_3 \frac{T_4}{T_3} = \frac{V_4}{V_3} T_3 = \frac{V_3}{V_4} T_4$$

$$T_4 = T_3 \frac{V_4}{V_3} = \frac{V_4}{V_2} \cdot \frac{V_2}{V_3} \cdot T_3 = \rho \varepsilon^{k-1} \beta T_1 \ [\rho : 분사 차단비]$$

(4) 4 → 5 과정 : 단열 팽창 과정

$$\frac{T_5}{T_4} = \left(\frac{V_4}{V_5}\right)^{k-1}$$

$$T_5 = T_4 \left(\frac{V_4}{V_3}\right)^{k-1} = T_4 \left(\frac{V_4}{V_3} \cdot \frac{V_3}{V_4}\right)^{k-1} = \left(\frac{V_4}{V_2} \cdot \frac{V_2}{V_1}\right)^{k-1} \cdot T_4$$

$$= \left(\rho \cdot \frac{1}{\varepsilon}\right)^{k-1} \rho \varepsilon^{k-1} \beta T_1 = \rho^k \beta T_1$$

(5) 수열량

$$Q_1 = Q_v + Q_P = C_v(T_3 - T_2) + C_P(T_4 - T_3)$$

(6) 발열량

$$Q_2 = C_v(T_5 - T_1)$$

(7) 유효일

$$A\,W = Q_1 - Q_2 = \left[C_v(T_3 - T_2) + C_P(T_4 - T_3) - C_v(T_5 - T_1) \right]$$

(8) 열효율

$$\eta_{ths} = \frac{Q_1 - Q_2}{Q_1} = 1 - \frac{1}{\varepsilon^{k-1}} \frac{\beta \rho^{k-1}}{(\beta - 1) + k\beta(\rho - 1)}$$

여기서, ρ : 분사 차단비(injection cut off ratio)

β : 압력비(pressure ratio)

(9) 평균 유효 압력

$$P_m = \frac{W}{V_1 - V_2} = \frac{\eta_{ths}(Q_v + Q_P)}{(V_1 - V_2)}$$

Section 11 증기 원동기 사이클

1 랭킨 사이클(Rankine cycle)

증기 원동소의 정상류 사이클이며 2개의 단열 변화와 2개의 등압 변화로 이루어진다.

⇒ 비가역 사이클

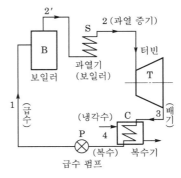

[그림 8-11] 랭킨 사이클의 구성

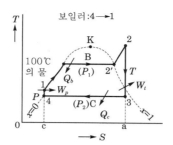

[그림 8-12] 랭킨 사이클의 $T-S$ 선도

① 과정

　㉠ 4−1 과정 : 복수기에서 응축된 포화수를 급수 펌프로부터 보일러에 급수하며 정적 압축 과정이다.

　㉡ 1−2 과정 : 보일러에 열을 공급하며 정압 가열 과정으로 공급된 압축수는 건포화 증기이다.

　㉢ 2−3 과정 : 터빈 내에서 단열 팽창하고 팽창 후 증기는 습증기이며 터빈은 발전기를 구동시킨다.

　㉣ 3−4 과정 : 터빈에서 나온 습증기를 정압하에서 냉각하여 포화수로 응축한다.

② **열효율** : 랭킨 사이클의 이론적 열효율(η_k)

$$\eta_k = \frac{\text{사이클 중에 이용된 열량}}{\text{사이클에서 가열량}} = \frac{AW}{Q_1} = \frac{Q_1 - Q_2}{Q_1} = 1 - \frac{Q_2}{Q_1}$$

$$= \frac{AW_t - AW_p}{Q}$$

$$= \frac{(h_1 - h_2) - (h_4 - h_3)}{h_1 - h_4}$$

혹은

$$\eta_R \fallingdotseq \frac{AW_t}{h_1 - h_3} = \frac{h_1 - h_2}{h_1 - h_3}$$

❷ 재열 사이클

　랭킨 사이클의 등압 가열 과정의 평균 온도를 높이는 방법으로 터빈 중간의 전증기를 빼내어 재가열하여 과열도를 높여 고온에서 터빈에 보내어 단열 팽창시켜 열효율을 향상시킨 사이클이다.

　터빈 출구의 습도를 줄여(전도를 증가시켜) 터빈 날개의 부식을 방지하여 열효율을 높인다. 수열량 Q_1은

$$Q_1 = (h_1 - h_3) + (h_b - h_a) \, [\text{kcal/kg}]$$

여기서, $h_1 - h_3$: 보일러에서 공급받는 열량

$h_b - h_a$: 재열기에서 공급받는 열량

발생하는 일량 $A\,W$는

$$A\,W = (h_1 - h_a) + (h_b - h_2) \, [\text{kcal/kg}]$$

단, 재열 사이클의 다른 열효율 η_{th}는

$$\eta_{th} = \frac{A\,W}{Q_1} = \frac{(h_1 - h_a) + (h_b - h_2)}{(h_1 - h_3) + (h_b - h_a)}$$

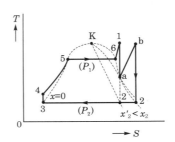

[그림 8-13] 재열 사이클의 $T-S$ 선도

❸ 재생 사이클

랭킨 사이클에서는 원동기에서 나온 폐기가 복수기 안에서 복수될 때 그 증발열이 무익하게 복수기 냉각수에 버려져서 큰 열손실을 초래한다. 이 열손실을 감소시키기 위해서 원동기 내에서 팽창하고 있는 증기의 일부를 팽창 도중에 원동기 밖으로 빼내어 그 증발열의 방출로 보일러 급수를 가열한다.

Section 12 유체기계의 분류

1 개요

유체기계(fluid machinery)는 공기, 물과 같이 유체를 작동물질로 하여 에너지의 변환을 이루는 기계로서 점성(viscosity)과 압축성(compressibility)을 갖는 실제 유체를 취급하며 유체가 가지고 있는 에너지를 기계에너지로 변환한다.

2 유체기계의 분류

유체기계의 분류는 다음과 같다.

(1) 에너지의 변환과정에 의한 분류

① 기계적 에너지를 유체에너지로 변환시키는 기계는 펌프, 팬, 송풍기, 압축기가 있다.
② 유체에너지를 기계적 에너지로 변환시키는 기계는 풍차, 수차, 증기터빈, 가스터빈, 유압모터가 있다.
③ 유체를 이용하여 에너지를 전달하는 기계는 유체전동장치(fluid power transmission)로 유체 coupling, 유체 torque converter가 있다.

(2) 작동유체의 종류에 의한 분류

① 수력기계(hydraulic machinery)는 물과 같은 액체를 작동유체로 에너지변환을 한다.
② 공기기계(air machinery)는 공기와 같은 기체를 작동유체로 에너지변환을 한다.
③ 고압공기기계(high pressure type air machinery), 저압공기기계(low pressure type air machinery), 유압기계(oil hydraulic machinery)는 기름과 같은 점성유체를 작동유체로 에너지를 전달한다.

(3) 작동원리에 의한 분류

① 터보형 기계(turbo machinery)는 회전차, 깃 사이를 유체가 연속적으로 통과하면서 유체동역학(fluid dynamics)원리로 반경류형 또는 원심형(radial flow type, centrifugal type), 축류형(axial flow type), 사류형(diagonal flow type)이 있다.
② 용적형 기계(positive displacement type machinery)는 용적실(chamber)의 체적을 변화시켜 유체정역학(fluid statics)적 원리로 왕복형(reciprocation type), 회전형(rotary type)이 있다.

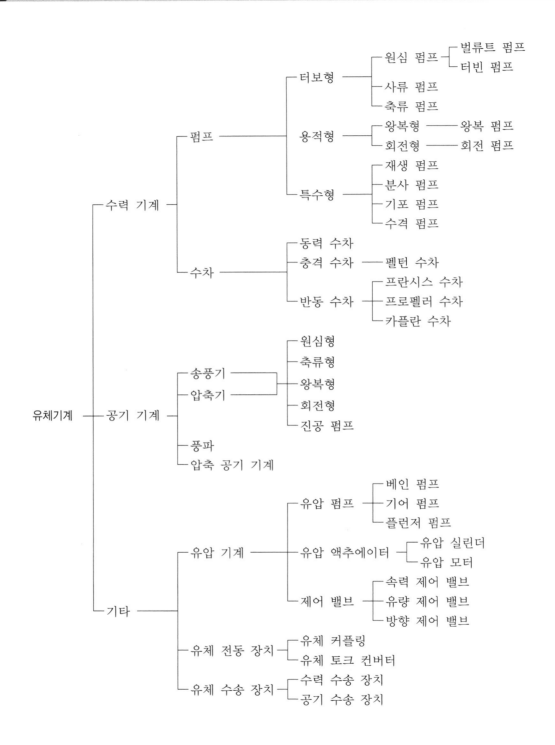

Section 13 터보 기계와 용적형 기계의 특성 비교

1 터보 기계의 특성

① 유량과 수두에 비하여 크기가 작다.
② 내부 마찰 부분이 없다.
③ 비교적 간격이 크므로 소형의 고형물이 포함된 유체도 취급할 수 있다.
④ 저수두, 대유량에 적합하다.

2 용적형 기계의 특성

① 효율이 높다.
② 고수두, 소유량에 적합하다.

Section 14 펌프의 종류 및 특성

동력을 사용하여 물 또는 기타 유체에 에너지를 주는 기계를 펌프라 한다. 건설 공사에 있어 펌프는 배수, 급수, 준설, 세정, 그라우트 등의 용도에 쓰인다.

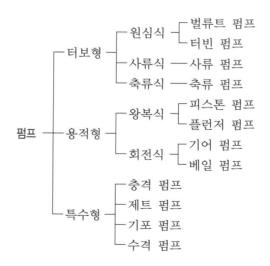

(1) 원심 펌프(centrifugal pump)

원심 펌프(centrifugal pump)는 변곡된 다수의 깃(blade 혹은 vane)이 달린 회전차가 밀폐된 케이싱 내에서 회전함으로써 발생하는 원심력의 작용에 유체(주조물)는 회전차의 중심에서 흡입되어 반지름 방향으로 흐르는 사이에 압력 및 속도 에너지를 얻고, 이 가운데 과잉된 속도 에너지는 안내 깃을 지나 과류실을 통과하는 사이에 압력 에너지로 회수된다.

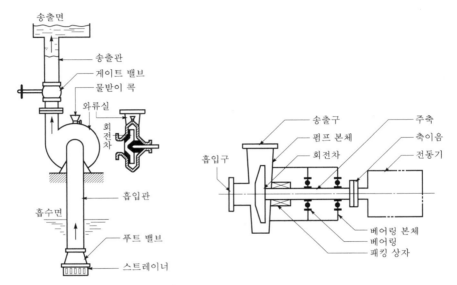

[그림 8-14] 펌프 계통도 원심 펌프의 구성 요소

① 구조

　㉠ 회전차 : 여러 개의 만곡된 깃이 달린 바퀴이며 깃의 수는 보통 4~8개로서 원판(disc plate) 사이에 끼어 있다. 재료는 청동을 사용하고(주조가 쉽고, 가공이 용이, 표면이 매끄럽고, 녹슬지 않음) 고속 회전인 경우는 내합금강, 스테인리스강과 같은 내열 합금강을 쓰며 바닷물과 같이 전해질에는 주철, 배식성을 필요할 때는 플라스틱을 사용한다.

　㉡ 안내 깃 : 압력 에너지로 변환하는 역할을 하며 유량의 대소에 따라 각도를 변화시킨다.

　㉢ 와류실 : 과실의 물을 송출관 쪽으로 보내는 스파이럴형 동제이다.

　㉣ 흡입관 : 흡상(吸上)되는 액체를 수송하며 하단은 푸트 밸브가 끼이고 이 속에는 흡입관의 역류를 방지하는 체크 밸브가 있으며 하부에는 불순물 침입을 방지하는 방려장치(strainer)를 설치한다.

　㉤ 송출관 : 액체를 수송하며 게이트 밸브가 유량을 조절한다.

　　　ⓗ 주축 : 회전 동력을 전달한다(기계 구조용 탄소강 : SM25C, SM30C, SC35C).

　　　ⓢ 패킹 상자 : 물의 누수를 방지한다.

② 특징

　　　㉠ 고속 회전이 가능하다.

　　　㉡ 경량이며 소형이다.

　　　㉢ 구조가 간단하고 취급이 쉽다.

　　　㉣ 효율이 높다.

　　　㉤ 맥동이 적다.

③ 분류

　　　㉠ 안내 깃(guide vane)의 유무에 의한 분류

　　　　• 벌류트 펌프(volute pump) : 회전차의 바깥 둘레에 안내 깃이 없는 펌프이며 양
　　　　　정이 낮은 것에 사용한다.

　　　　• 디퓨저(diffuser) 혹은 터빈 펌프(turbine pump) : 회전차(impeller)의 바깥 둘
　　　　　레에 안내 깃이 달린 펌프이며 양정이 높은 것에 사용한다.

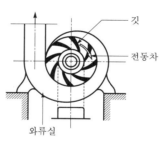

[그림 8-15] 벌류트 펌프

　　　㉡ 흡입구에 의한 분류

　　　　• 편흡입(single suction) : 회전차의 한쪽에서만 흡입되며 송출량이 적다.

　　　　• 양흡입(double suction) : 펌프 양쪽에서 액체가 흡입되며 송출량이 많다.

　　　㉢ 단수에 의한 분류

　　　　• 단단(single stage) 펌프 : 펌프 1대에 회전차 1개를 단 것

　　　　• 다단(multi stage) 펌프 : 고압을 얻을 때 사용

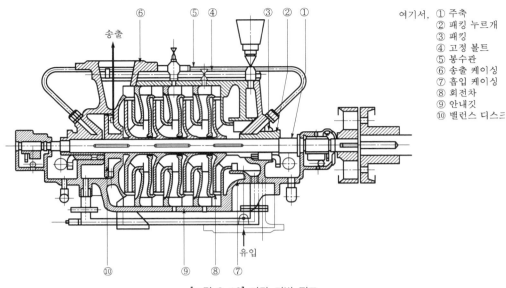

여기서, ① 주축
② 패킹 누르개
③ 패킹
④ 고정 볼트
⑤ 봉수관
⑥ 송출 케이싱
⑦ 흡입 케이싱
⑧ 회전차
⑨ 안내깃
⑩ 밸런스 디스크

[그림 8-16] 다단 터빈 펌프

ㄹ 회전차의 모양에 따른 분류
- 반경 유형 회전차(radial flow impeller) : 액체가 회전차 속을 지날 때 유적(流跡)이 거의 축과 수직인 평면 내를 반지름 방향으로 외향으로 되는 것(고양정, 소유량)
- 깃 입구에서 출구에 이르는 동안에 반지름 방향과 축방향과의 조합된 흐름(저양정, 대유량)

ㅁ 축의 방향에 의한 분류
- 횡축(horizontal shaft) 펌프 : 펌프의 축이 수평
- 입축(vertical shaft) 펌프 : 연직 상태(설치 면적이 좁고, 공동 현상이 일어날 우려가 있는 곳)

ㅂ 케이싱에 의한 분류
- 상하 분할형
- 케이싱에 흡수 커버(suction cover)가 달려 있는 형식
- 윤절형(sectional type)
- 원통형(cylindrical type)
- 배럴형(barrel type)

④ 펌프의 흡입 구경과 송출 구경
ㄱ 흡입 구경

$$V_S = K_S \sqrt{2gh} \quad \text{(여기서, } V_S : \text{흡입구 유속, } K_S : \text{유속 계수)}$$

$$Q = \frac{\pi}{4} D_{V_s}^2 S \qquad \therefore\ D_S = \sqrt{\frac{4Q}{\pi V_s}}$$

ⓛ 송출구 구경

$$V_d = K_d \sqrt{2gh} \quad \text{(여기서, } V_d : \text{송출구 유속, } K_d : \text{유속 계수)}$$

$$Q = \frac{\pi}{4} D_{V_d d}^2 \qquad \therefore\ D_d = \sqrt{\frac{4Q}{\pi V_d}}$$

⑤ 펌프의 양정

$$H = H_1 + H_2 = \left(H_d + h_d + \frac{V_d^2}{2g} \right)(H_s + h_s)$$

$$= H_a + (h_d + h_s) + \frac{V_d^2}{2g}$$

⑥ 펌프의 회전수

$$n = \frac{120f}{P} \quad \text{(여기서, } n : \text{회전수, } f : \text{주파수(Hz), } P : \text{전동기 극수)}$$

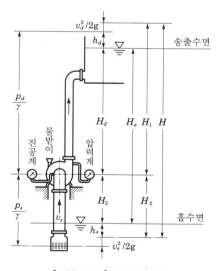

[그림 8-17] 펌프의 양정

⑦ 펌프의 동력과 효율

㉠ 수동력

$$L_w = \frac{rHQ}{75 \times 60} [\text{ps}], \ L_w = \frac{rHQ}{102 \times 60} [\text{kW}]$$

© 축동력과 효율

$$\eta = \frac{수동력}{축동력} = \frac{L_W}{L} \quad (\eta : \text{total efficiency})$$

$$\eta = \eta_v \cdot \eta_m \cdot \eta_h \quad (\text{여기서}, \ \eta_v : 체적\ 효율, \ \eta_m : 기계\ 효율, \ \eta_h : 수력\ 효율)$$

예제

유량 1m³/min, 전양정 25m인 원심 펌프를 설계하고자 한다. 펌프의 축동력과 구동 전동기의 동력을 구하여라. (단, 펌프의 전효율은 $\eta = 0.78$, 펌프와 전동기는 직결한다.)

풀이 $L = \dfrac{rHQ}{\eta} = \dfrac{1,000 \times 25 \times 1}{0.78 \times 102 \times 60} = 5.24\,\text{kW}$

k를 $k = 1.1 \sim 1.2$로 하면

$$L_d = K_L = (1.1 \sim 1.2) \times 5.24 = 5.76 \sim 6.29\,\text{kW}$$

---

(2) 축류 펌프

① **구조** : 임펠러는 마치 선풍기 팬 또는 선박의 스크루 프로펠러(screw propeller)와 같이 회전에 의한 양력(lift)에 의하여 유체에 압력 에너지와 속도 에너지를 공급하고, 유체는 회전차 속으로 축방향에서 유입되어 회전차를 지나 축방향으로 유출된다.

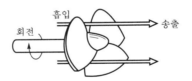

[그림 8-18] 축류 펌프의 날개

② **특징** : 축류 펌프는 유량이 대단히 크고 양정이 낮은 경우(보통 10m 이하)에 사용하는 것으로, 농업용의 양수 펌프, 배수 펌프, 증기 터빈의 복수기(condensor)의 순환수 펌프, 상수도, 하수도용 펌프 등에 사용한다.

(3) 왕복 펌프

① **구조와 형식** : 피스톤 혹은 왕복 펌프(reciprocating pump)는 흡입 밸브와 송출 밸브를 장치한 실린더 속을 피스톤(piston) 또는 플런저(plunger)를 왕복 운동시켜 송수하는 펌프로 정역학적 에너지를 전달하며 플런저, 실린더, 흡입 밸브, 송출 밸브가 주체가 된다. 그 밖에도 관 내의 파동을 감소시켜 유동을 균일하게 하기 위하여 공기실을 설치하는 경우가 많다.

피스톤의 왕복 운동에 의하여 유체를 실린더에 흡입하고 송출시키기 위해서 흡입 밸브와 송출 밸브가 설치되어 있다. 이와 같은 구조 때문에 자연히 저속 운전이 되고 동일 유량을 내는 원심 펌프에 비해 대형이 된다. 그러나 송출 압력은 회전수에 제한은 받지 않고 이론적으로 송출측의 압력은 얼마든지 올릴 수 있는 것으로 되어 있다. 따라서 유량(송출)은 적으나 고압이 요구될 때 적용된다. 더욱 송출 압력이 크게 되어 피스톤 로드(piston rod)로는 견디기가 어려울 경우 피스톤 대신에 플런저(plunger)를 사용한다.

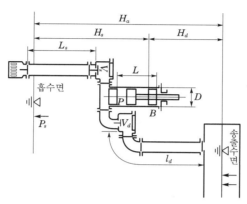

[그림 8-19] 왕복 펌프(단동식)

왕복 펌프의 대표적 구조는 [그림 8-19]에 도시되어 있다. 플런저가 우측으로 움직이는 행정에서는 실린더 내부는 진공으로 되어 흡입 밸브는 자동적으로 열리고 행정에 상당하는 부피의 물이 흡입되며 좌측으로 움직이는 행정에서는 흡입 밸브는 닫히고 물은 송출 밸브를 통과하여 송출관으로 송출된다. 즉, 플런저의 1왕복에 1회의 흡수와 송수가 이루어진다. 이와 같은 작동 방식을 단동식(single acting type)이라고 한다.

② **왕복 펌프의 송출량 및 피스톤 속도**

왕복 펌프는 크랭크의 회전(각속도)이 일정하다 하더라도 송출량은 진동하게 되는 결점이 있다.

㉠ **피스톤 속도 : V**

$$\chi = -r\cos\theta + \sqrt{l^2 - r^2\sin^2\theta} = -r\cos\theta + l\left(1 - \frac{r^2}{l^2}\sin^2\theta\right)^{\frac{1}{2}}$$

$\left(1 - \frac{r^2}{l^2}sin^2\theta\right)^{\frac{1}{2}}$ 을 이항 정리하면

$$\left(1 - \frac{r^2}{l^2}sin^2\theta\right)^{\frac{1}{2}} = 1 - \frac{1}{2}\cdot\frac{r^2}{l^2}sin^2\theta + \frac{1}{8}\cdot\frac{r^4}{l^4}sin^4\theta + \cdots$$

$$\therefore \ \chi = l\left(1 - \frac{1}{2} \cdot \frac{r^2}{l^2} sin^2\theta\right) - r\cos\theta$$

피스톤의 속도 $\quad V = \dfrac{dx}{dt} = \dfrac{dx}{d\theta} \cdot \dfrac{d\theta}{dt} = \dfrac{dx}{d\theta} \cdot \omega$

$$\therefore \ \ V = r\omega\left(\sin\theta - \frac{1}{2} \cdot \frac{r}{l}\sin^2\theta\right)$$

만일, $L \gg r$, $V = r\omega\sin\theta$

여기서, 행정 $L = 2r$

Ⓛ 유량

$$Q = A \cdot V = A \cdot r\omega\left(\sin\theta - \frac{1}{2}\frac{r}{l}sin^2\theta\right) \ (순간 \ 이동 \ 배수량)$$

만일, $L \gg r$, $Q = Ar\omega\sin\theta$

$$Q_{\max} = [Q]_{\max} = [Ar\omega\sin\theta]_{\max} = Ar\omega = Ar\frac{2\pi N}{60}$$

$$= \pi A(2r)N/60 = \pi ALN/60 = \pi V_o N/60 = \pi Q_o$$

여기서, $Q_o = \dfrac{ALN}{60}$: 이론 배수량의 평균값

단동식 실린더의 경우 송출 행정($\theta = 0 \sim \pi$)에서는 액체를 송출하지만, 다음의 흡입 행정($\theta = \pi \sim 2\pi$)에서는 송출을 정지한다.

이와 같은 송출관 내의 유동의 변화가 큰 것을 방지하기 위해서는 복동 실린더, 다시 복동 2 실린더와 같이 실린더 수를 많이 하면 그 변동을 작게 할 수 있다.

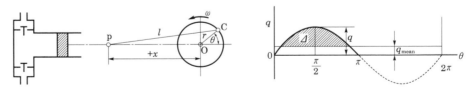

[그림 8-20] 단동 펌프의 크랭크각과 피스톤의 운동/배수량 곡선

Ⓒ 과잉 송출 체적비 : δ

$$\delta = \frac{\varDelta}{V_o} \ (여기서, \ \varDelta : 과잉 \ 송출 \ 체적, \ V_o : 행정 \ 용적)$$

송출량의 변동의 정도를 나타내는 정도

③ 왕복 펌프의 효율

　㉠ 체적 효율 : η_v

$$\eta_v = \frac{Q}{Q_{th}} = \frac{Q_{th} - Q_l}{Q_{th}} = 1 - \frac{Q_l}{Q_{th}}$$

　㉡ 수력 효율 : η_h

$$\eta_h = \frac{rH}{(P_2 - P_1)_{\min}} = \frac{P}{P_m}$$

　㉢ 도시 효율 : η_i

$$\eta_i = \frac{rQH}{Q_{th}(P_2 - P_1)_{\min}} = \frac{PQ}{P_m Q_{th}}$$

　㉣ 기계 효율 : η_m

$$\eta_m = \frac{Q_{th}(P_2 - P_1)_{\min}}{L} = \frac{P_m Q_{th}}{L}$$

　㉤ 펌프의 효율 : η

$$\eta = \eta_m \eta_h \eta_v = \eta_m \eta_i$$

예제

단실린더의 왕복 펌프의 송출 유량을 0.2m³/min으로 하려고 할 때 피스톤의 지름 D 행정 L은 얼마로 하면 되는가? (단, 크랭크의 회전수는 100rpm, L/D=2/1, η_v=0.9 이다.)

풀이 $Q = \dfrac{0.2}{60} \, \mathrm{m^3/sec}, \quad N = 100 \, \mathrm{rpm}, \quad L/D = 2/1, \quad \eta_v = 0.9$

　　체적 효율 η_v

$$\eta_v = \frac{Q}{Q_o}$$

$$\therefore \ Q_o = \frac{Q}{\eta_v} = \frac{0.2}{0.9 \times 60} = 3.7 \times 10^{-3} \, \mathrm{m^3}$$

$$Q_o = ALN/60 = \frac{\pi D^2}{4} L \frac{N}{60} = \frac{\pi D^2}{4}(2D)\frac{N}{60} = \frac{\pi D^3 N}{120}$$

$$\therefore \ D = \sqrt[3]{\frac{120 Q_o}{\pi N}} = \sqrt[3]{\frac{120 \times 37 \times 10^{-3}}{\pi \times 100}} = 0.112 \, \mathrm{m}$$

$$\therefore \ L = 2D = 2 \times 0.112 = 0.224 \, \mathrm{m}$$

예제

피스톤의 단면적이 150cm², 행정이 20cm인 수동 단실린더 펌프에서 피스톤의 1왕복 때의 배수량이 2,700cm³이었다. 이 펌프의 체적 효율은 얼마인가?

풀이 $A = 0.015\,\mathrm{m}^3$, $L = 0.2\,\mathrm{m}$, $Q = 2.7 \times 10^{-3}\,\mathrm{m}^3$

① 이론 배수량의 평균값 Q_o

$$Q_o = AL = 0.05 \times 0.2 = 3 \times 10^{-3}\,\mathrm{m}^3$$

② 체척 효율 η_v

$$\eta_v = \frac{Q}{Q_o} = \frac{2.7 \times 10^{-3}}{3 \times 10^{-3}} = 0.9$$

(4) 회전 펌프(rotary pump)

① 원리 : 회전 펌프는 원심 펌프와 왕복 펌프의 중간 특성을 가지고 있으므로 양쪽의 성능을 반반씩 가지고 있다. 원리적으로는 왕복 펌프와 함께 용적식 기계(positive displacement MC)에 포함되는 것이나, 차이는 피스톤에 해당되는 것이 회전 운동을 하는 회전체(rotor)이고, 밸브가 필요치 않다.

또한 양수 작용의 원리는 원심 펌프와 전혀 다르다. 운동 특성에서 보면 회전 펌프는 연속적으로 유체를 송출하기 때문에 왕복 펌프와 송출량이 맥동하는 일이 거의 없으며 송출량의 변동이 거의 없는 이점이 있다.

② 특징

㉠ 구조가 간단하고 취급이 용이하다.

㉡ 밸브가 필요 없다.

㉢ 정압력 에너지가 공급되기 때문에 높은 점도에서 사용된다.

㉣ 원동기로 역작용이 가능하다.

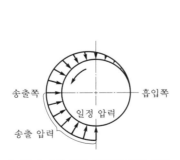

[그림 8-21] 기어 펌프의 압력 분포

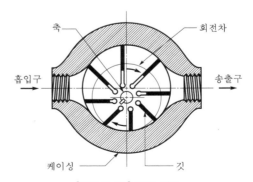

[그림 8-22] 베인 펌프

③ 용도 : 왕복 펌프와 같이 소유량, 고압의 양정을 요구하는 경우에 적합하며 유압 펌프로서 널리 사용되고 있다.

④ 종류

㉠ 기어 펌프(gear pump) : 서로 물리면서 회전하는 이빨은 흡입측에서 분리될 때 이빨 홈에 흡입된 유체를 기어가 회전함과 동시에 그대로 송출측으로 운송하여 그곳에서 이빨이 서로 물릴 때 신출시키는 것이다. 기어 펌프의 특이한 종류로서 나사 펌프(screw pump)가 이에 속한다.

㉡ 베인 펌프(vane pump) : 케이싱에 편심되어 있는 회전차(rotor)가 있다. 회전차의 회전에 따라서 그 주위에 부착되어 있는 깃(vane)이 항상 케이싱의 내면에 접하게 됨에 따라 유체를 그 사이에서 그대로 송출하게 된다.

(5) 특수 펌프

① 재생 펌프(regenerative pump), 웨스코 펌프(wesco pump), 마찰 펌프(firction pump) : 원판 모양의 깃과 이 깃을 포함하는 동심의 짧은 원통 모양의 케이싱으로 되어 있다. 원판 모양의 회전차(깃 포함)는 그 주위에 많은 홈을 판 원판으로 이것을 회전시킴에 따라서 홈과 케이싱 사이에 포함된 작동 유체는 흡입구에서 단지 1회전으로 고압을 얻어서 송출구에서 바깥으로 내보내게 된다.

송출구에서 흡입구까지의 케이싱의 단면은 일부 협소하게 되어있어 작동 유체의 역류를 방지할 수 있다. 요약하면 원심 펌프와 회전 펌프의 중간적인 구조를 하고 있다. 소형의 1단으로 원심 펌프 수의 양정과 비슷한 양정을 낸다.

원심 펌프와 비교하면 고양정을 얻을 수 있지만 최고 효율은 떨어진다.

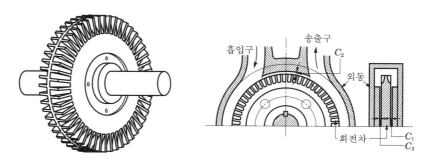

[그림 8-23] 재생 펌프의 회전차와 구조

㉠ 용도 : 소용량, 고양정의 목적으로 석유나 그 밖의 화학 약품의 수송용으로 사용되며, 또 가정용 전동 펌프로서 널리 사용된다.

② 분사 펌프(jet pump) : 고압의 구동 유체(제1 유체)를 노즐로 압송하여 목(throat)을 향해 고속으로 분출시키면 분류의 압력은 저압으로 된다(베르누이 정리). 이 결과 분류 주위의 동유체(제2 유체)는 분류에 흡입되고 이를 제1, 제2 유체는 혼합 충돌하며 흡입 작용을 높이면서 목을 통과한다. 그 곳에서 다시 확대관(diffuser)으로 들어가면 여분의 운동 에너지는 압력 에너지에 회수되어 송출구를 통하여 송출된다.

㉠ 특성 : 일반적인 펌프에 비하면 효율 η은 낮지만 구조는 움직이는 동적 부분이 없으므로 간단하여 제작비가 저렴하고 취급이 용이하다. 또한 전체를 내식성 재료의 구조로 하는 것이 간단하기 때문에 부식성 유체의 처리에 널리 이용된다.

$$\eta = \frac{\gamma_2\, H_2\, Q_2}{\gamma_1\, H_1\, Q_1}$$

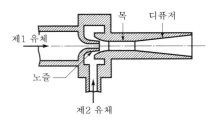

[그림 8-24] 분사 펌프의 원리

③ **기포 펌프**(air lift pump) : 압축 공기를 공기관을 통하여 양수관 속으로 혼입시키면 양수관 내는 물보다 가벼운 혼합체가 되기 때문에 부력의 원리에 따라 관외의 물에 의하여 위로 밀려 올라가게 된다.

이 펌프는 구조가 간단하여 수리에 관한 걱정은 적다. 위와 아래에 다른 이물에 포함되어도 별로 차가 없는 것이 장점이며, 효율이 낮은 것이 결점이다.

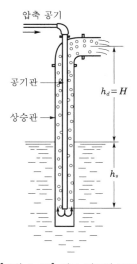

[그림 8-25] 기포 펌프의 구조

④ **수격 펌프**(hydraulic pump) : 낙차 H_1의 물 1이 수관 2, 3을 통과하여 밸브 4에서 유출된다. 수관을 통과하는 물의 속도가 증가하면 밸브 4는 위로 밀어 올려져 자동적으로 닫히게 된다. 그 속의 수압은 갑자기 상승한다.

즉, 수격 작용의 상승 압력에 따라서 물은 밸브 5를 밀어 올려 공기실 6, 양수관 7을 통과하여 낙차 H_2의 수면 8까지 양수한다.

단, 여기서 상승 압력 수두가 H_2보다 클 때에는 이 현상이 계속되지만, H_2보다 작게 되면 밸브 5는 닫히게 되어 양수가 중단된다.

한편 밸브 4에 작용하는 압력도 간소하기 때문에 밸브 4가 열려서 다시 수관 2-3-4 로 유통을 일으켜 앞의 동작을 반복한다.

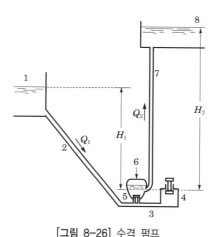

[그림 8-26] 수격 펌프

Section 15

유체기계의 여러 현상(공동현상, 수격현상, 서징현상, 공진현상, 초킹, 선회실속)

① 캐비테이션(cavitation) 현상

물이 관속을 유동하고 있을 때 흐르는 물속의 어느 부분의 정압(static pressure)이 그때 물의 온도에 해당하는 증기압(vapor pressure) 이하로 되면 부분적으로 증기가 발생한다. 이 현상을 캐비테이션이라 한다.

① 캐비테이션 발생의 조건 : 그림에서 처럼 유체가 넓은 유로에서 좁은 곳으로 고속으로 유입할 때, 또는 벽면을 따라 흐를 때 벽면에 요철이 있거나 만곡부가 있으면 흐름은 직선적이 못되며, A부분은 B부분보다 저압이 되어 캐비티(空洞)가 생긴다.

이 부분은 포화 증기압보다 낮아져서 증기가 발생한다. 또한 수중에는 압력에 비례하여 공기가 용입되어 있는데, 이 공기가 물과 분리되어 기포가 나타난다. 이런 현상을 캐비테이션, 즉 공동 현상이라고 한다.

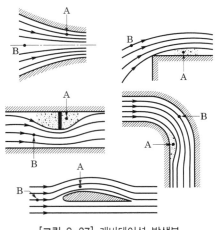

[그림 8-27] 캐비테이션 발생부

② 캐비테이션 발생에 따르는 여러 가지 현상

　㉠ 소음과 진동 : 캐비테이션에 생긴 기포는 유동에 실려서 높은 압력의 곳으로 흘러 가면 기포가 존재할 수 없게 되어 급격히 붕괴되어서 소음과 진동을 일으킨다. 이 진동은 대체로 600~1,000 사이클 정도의 것이다. 그러나 이 현상은 분입관에 공기를 흡입시킴으로써 정지시킬 수 있다.

　㉡ 양정 곡선과 효율 곡선의 저하 : 캐비테이션 발생에 의해 양정 곡선과 효율 곡선이 급격히 변한다.

　㉢ 깃에 대한 침식 : 캐비테이션이 일어나면 그 부분의 재료가 침식(erosion)된다. 이 것은 발생한 기포가 유동하는 액체의 압력이 높은 곳으로 운반되어서 소멸될 때 기포의 전 둘레에서 눌려 붕괴시키려고 작용하는 액체의 압력에 의한 것이다. 이 때 기온 체적의 급격한 감소에 따르는 기포 면적의 급격한 감소에 의하여 압력은 매우 커진다. 어떠한 연구가가 측정한 바에 의하면 300기압에 도달한다고 한다. 침식은 벽 가까이에서 기포가 붕괴될 때에 일어나는 액체의 압력에 의한 것이다. 이러한 침식으로 펌프의 수명은 짧아진다.

③ 캐비테이션의 방지책

　㉠ 펌프의 설치 높이를 될 수 있는 대로 낮추어서 흡입 양정을 짧게 한다.

　㉡ 펌프의 회전수를 낮추어 흡입 비속도를 느리게 한다.

$$S = \frac{n\sqrt{Q}}{\Delta h^{\frac{4}{3}}}$$ 에서 n 을 작게 하면 흡입 속도가 느려지게 되고, 따라서 캐비테이션 이 일어나기 힘들다.

　㉢ 단흡입에서 양흡입을 사용한다.

$S = \dfrac{n\sqrt{Q}}{\Delta h^{\frac{4}{3}}}$ 에서 유량이 작아지면 S 가 작아진다. 이것도 불충분한 경우 펌프는

그대로 놔둔다.

ㄹ 입축 펌프를 사용하고, 회전차를 수중에 완전히 잠기게 한다.

ㅁ 2대 이상의 펌프를 사용한다.

ㅂ 손실 수두를 줄인다(흡입관 외경을 크게, 밸브, 플랜지 등 부속 수는 적게).

(2) 수격 현상(water hammer)

다음 그림과 같이 물이 유동하고 있는 관로 끝의 밸브를 갑자기 닫을 경우, 물이 감속 되는 분량의 운동 에너지가 압력 에너지로 변하기 때문에 밸브의 직전인 A점에 고압이 발생하여, 이 고압의 영역은 수관 중의 압력파의 전파 속도(음속)로 상류에 있는 탱크 쪽 의 관구 B로 역진하여 B상류에 도달하게 되면 다시 A점으로 되돌아오게 된다. 다음에는 부압이 되어서 다시 A, B 사이를 왕복한다. 그 후 이것을 계속 반복한다.

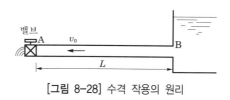

[그림 8-28] 수격 작용의 원리

이와 같은 수격 현상은 유속이 빠를수록, 또한 밸브를 잠그는 시간이 짧으면 짧을수록 심하며 때에 따라서는 수관이나 밸브를 파괴시킬 수도 있다.

다른 경우, 운전 중의 펌프가 정전 등에 의하여 급격히 그것의 구동력을 소실하면 유 량에 급격한 변화가 일어나고, 정상 운전 때의 액체의 압력을 초과하는 압력 변동이 생 겨 수격 작용의 원인이 된다.

• 수격 작용 방지책

① 관 내의 유속을 낮게 한다(단, 관의 직경을 크게 할 것).

② 펌프에 플라이휠(flywheel)을 설치하여 펌프의 속도가 급격히 변화하는 것을 막는다.

③ 조압 수조(surge tank)를 관선에 설치한다.

④ 밸브(valve)는 펌프 송출구 가까이에 설치하고 이 밸브를 적당히 제어한다. → 가장 일반적인 제어 방법

(3) 서징 현상(surging) : 동현상

펌프(pump), 송풍기(blower) 등이 운전 중에 한숨을 쉬는 것과 같은 상태가 되어, 펌 프인 경우 입구와 출구의 진공계(眞空計)와 압력계의 침이 흔들리고 동시에 송출 유량이 변화하는 현상, 즉 송출 압력과 송출 유량 사이에 주기적인 변동이 일어나는 현상이다.

① 발생 원인

  ㉠ 펌프의 양정 곡선이 산고 곡선(山高曲線)이고, 곡선이 산고 상승부에서 운전했을 때

  ㉡ 송출관 내에 수조 혹은 공기조가 있을 때

  ㉢ 유량 조절 밸브가 탱크 뒤쪽에 있을 때

② 서징 현상의 방지책

  ㉠ 회전차나 안내 깃의 형상 치수를 바꾸어 그 특성을 변화시킨다. 특히 깃의 출구 각도를 적게 하거나 안내 깃의 각도를 조절할 수 있도록 배려한다.

  ㉡ 방출 밸브를 써서 펌프 속의 양수량을 서징할 때의 양수량 이상으로 증가시키거나 무단 변속기를 써서 회전차의 회전수를 변화시킨다.

  ㉢ 관로에서의 불필요한 공기 탱크나 잔류 공기를 제거하고 관로의 단면적 양액의 유속 저항 등을 바꾼다.

(4) 공진 현상

왕복식 압축기의 흡입 관로의 기주의 고유 진동수와 압축기의 흡입 횟수가 일치하면, 관로는 공진 상태로 되어 진동을 발생함과 동시에 체적 효율이 저하하여 축동력이 증가하는 등의 불안한 운전 상태로 된다. 따라서 관로의 설계 시 이와 같은 공진을 피할 수 있는 치수를 선정해야 된다.

(5) 초킹(choking)

축류 압축기에서 고정익(안내 깃)과 같은 익열에 있어서 압력 상승을 일정한 마하수에서 최대값에 이르러 그 이상 마하수가 증대하면 드디어 압력도 상승하지 않고, 유량도 증가하지 않는 상태에 도달한다. 이것은 유로의 어느 단면에 충격파(shock wave)가 발생하기 때문이다. 이 상태를 초킹이라 한다.

(6) 선회 실속(rotating stall)

단익의 경우 각이 증대하면 실속하는데, 의열의 경우에도 양각이 커지면 실속을 일으켜 깃에서 깃으로 실속이 전달되는 현상이 일어나는 수가 있다. 그 이유는 B의 것이 실속했다면 A와 B의 사이의 유량이 감소하여 A의 깃의 양각이 증가하고 반면 B와 C의 사이는 양각이 감소하여 C에서의 실속(stall)은 사라지고 A깃에서 실속이 형성된다. 이와 같이 실속은 깃에서 깃으로 전달된다. 이와 같은 현상을 선회 실속(rotating stall)이라 한다.

Section 16 공기 압축기의 분류 및 특징

1 개요

공기 압축기는 건설 공사에서 사용되는 동력용의 압축 공기를 생산하는 기계로서 착암기, vibrator, 항타기의 동력으로 이용된다. 이것은 구동 유닛, 압축 유닛과 부속품으로 구성되어 있으며 송출 압력이 게이지 압력 1kgf/cm^2 정도 이상의 것을 압축기(compressor)라 하며 분류는 다음과 같다.

$$
\text{압축기}
\begin{cases}
\text{터보형}
\begin{cases}
\text{원심 압축기} \\
\text{축류 압축기}
\end{cases} \\
\text{용적형}
\begin{cases}
\text{왕복 압축기} \\
\text{회전 압축기}
\end{cases}
\end{cases}
$$

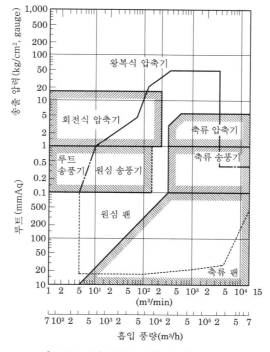

[그림 8-29] 송풍기 · 압축기 적용 범위

① 터보형 : 터보 압축기는 고속 회전에 적용되고 전동기나 증기 터빈 등의 원동기에 직결이 가능하며 또한 고속 회전 관계로 소형이다. 점유 면적이 작고 공사비도 저가이며 가스의 진동이 작다.

② 용적형 : 왕복 압축기는 가스 밸브의 개폐에 다소의 시간이 요구되기 때문에 회전수를 낮게 하고, 가스의 맥동을 고려해야 한다. 단, 1단의 압력 상승은 터보형(압력비 1, 2 정도)보다 높다. 압력비 7 정도로 하여 고압의 경우 터보형에서는 단수를 높여야 하지만 왕복형에서는 1단으로 가능하며 또한 효율이 높은 것을 저가로 얻을 수 있다.

② 공기 압축기의 분류 및 특징

(1) 원심 압축기

① 구성 : 회전차(impeller or rotor)는 일련의 깃으로 구성되어 있으며, 그 깃은 유체를 축방향으로 흡입하여 반경 방향으로 송출시키게 한다. 흡입된 공기는 통로의 확대에 의하여 유속은 감소되고 정압을 높게 하여 작동 유체가 연속적으로 고압 영역으로 흐르도록 되는 것이다. 압축 온도가 높아지고 압축 일량이 증가됨에 따라 열응력이 증가하여 기계 부분이 파손될 위험이 있다. 따라서 기체 온도를 낮게 유지하도록 케이싱에 물재킷을 만들거나 회전차의 2~3단으로 제작한다. 또한 중간 냉각기를 설치하여 회전차를 나온 기체가 다음 단으로 가는 도중에 여기를 통과시켜서 냉각한다.

② 특징

효율적이고 비교적 값이 싸며 또한 많은 양의 작동 유체를 취급할 수 있다. 먼지가 앉은 경우에도 별 영향을 받지 않는다. 최고 풍량은 $1.8 \times 10^5 \text{m}^3/\text{hr}$ 정도이며 송출 압력은 50kgf/cm^2까지 제작된다.

③ 용도
  ㉠ 공기 분리 장치용
  ㉡ 화학 공업용
  ㉢ 제철소
  ㉣ 광산용 등

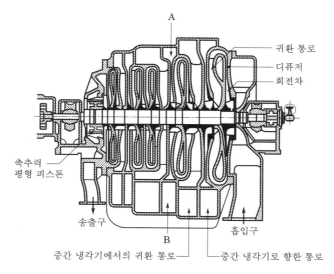

축추력
평형 피스톤

귀환 통로
디퓨저
회전차

송출구
흡입구

중간 냉각기에서의 귀환 통로
중간 냉각기로 향한 통로

(a) 외부 냉각용 9단 원심 압축기

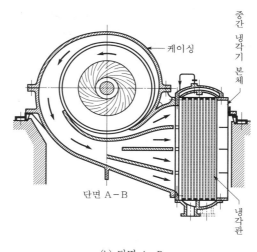

케이싱

중간 냉각기 본체

단면 A-B

냉각관

(b) 단면 A-B

[그림 8-30] 원심 압축기

(2) 축류 압축기

① **구성** : 로터(rotor)에 고정시킨 동익(動翼)과 동익의 사이에 정익(靜翼)을 조합시킨 익렬로 구성되어 있으며, 흡입구에서 익렬 전까지의 증속 구간, 익렬에서의 에너지 증가 구간, 디퓨저에서 토출구까지의 감속 구간으로 구성되어 있다.

② **특징** : 원심 압축기보다 훨씬 많은 유량을 처리할 수 있으며 만일 충분한 단이 사용된다면 10보다 큰 압력비를 낼 수 있다. 실제적으로 2개나 그 이상의 압축기 회전차(rotor)를 직렬로 운전함으로써 높은 압력비를 쉽게 얻을 수 있다.

1단의 압력비는 원심 압축기(최고 4.5 정도)보다 적으며 설계점을 벗어날 때 효율이 급격히 저하한다. 또한 구조적으로 고속 회전이 가능하므로 같은 풍량을 취급하는 경우에 다른 형상의 것에 비해 소형이 된다. 따라서 저압·소형부터 고압·대형까지 광범위하게 제작되고 있다. 최고 송출 압력은 4kgf/cm² 정도이다.

③ **용도** : 보일러 강압 통풍용 송풍기, 광산용, 고속 도로 터널의 환기, 정면 면적이 작기 때문에 항공기용으로 사용된다.

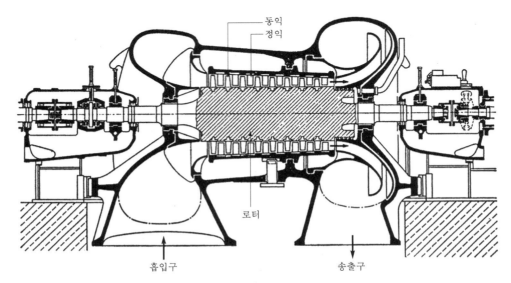

[그림 8-31] 축류 압축기

(3) 왕복 압축기

① **구성** : 실린더 속의 왕복 운동을 하면서 공기나 가스를 흡입 밸브로부터 실린더에 흡입하여 이를 압축하고 송출한다.

② **특징** : 터보 압축기와 같이 고속 회전이 불가능하여 회전수를 낮게 하게 되고, 따라서 형이 크게 된다. 그러나 열효율이 좋아 단위 동력당의 공기량이 많고 용량 조정이 간단하며 무엇보다도 고압의 공기 내는 특징으로 터보형에서는 여러 개의 단수를 필요로 하는 것도 1단으로 가능하며 또한 효율이 좋은 것을 염가로 얻을 수 있다. 즉 고압의 압축 공기를 만든다(압력 20kgf/cm² 이상). 또한 공기가 맥동하여 공기실이 필요하며 대형이며 시설비가 비싸다.

③ **용도** : 풍량이 작아서 변동이 심한 용도에 널리 사용되고 있으며 또 최고압 영역(약 100kgf/cm² 이상)에서는 현재 왕복 압축기가 채용되고 있다.

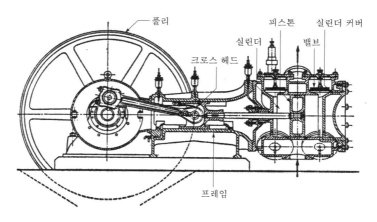

[그림 8-32] 왕복 압축기의 구조(횡형)

(4) 회전 압축기(rotary compressor)

① 구조

　　㉠ 루트 압축기(roots) : 2개의 회전차와 그것을 둘러싸고 있는 케이싱으로 구성

　　㉡ 나사 압축기 : 단면 현상이 다른 한 쌍의 나사형 회전차와 그것을 둘러싼 케이싱으로 구성. 1단당 압력비는 최고 5 정도

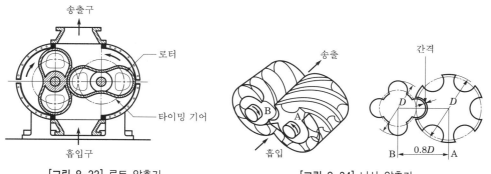

[그림 8-33] 루트 압축기　　　　　　　[그림 8-34] 나사 압축기

　　㉢ 가동익 압축기 : 반지름 방향으로 작동하도록 설치된 박판을 가진 회전차와 이것에 편심된 중공 원통형이 케이싱으로 구성, 1단당 압력비 7 정도, 편심 회전차를 고속 회전시켜 용적변화를 이용하여 압축하는 기계

② 특징 : 원심식에 비하여 이점은 회전수가 일정할 때 유량은 압력비에 무관하여 일정하게 유지된다(원심식에서는 관호의 마찰때문에 변한다).

　　또한, 유량을 회전수에 비례시키는 것도 있다. 단점은 크기가 일반적으로 대형이므로 경비가 증대되며 급격한 압력 변화에 따른 편하중이 베어링에 작용되어 고장을 일으킨다. 또 공기에 의한 배출 압력의 증대로 인한 안전 장치가 필요하다.

Section 17 송풍기(blower)의 종류 및 구조

1 개요

압력 상승의 정도가 1kgf/cm² 이하의 것이 송풍기이다. 폭파에서 발생한 유해 가스를 신선한 공기와 교환하거나 경내에서 작업할 때 작업 환경을 좋게 한 목적으로 신선한 공기를 공급하는 기계로서 먼 거리까지 송풍이 가능하다.

2 송풍기의 종류 및 구조

(1) 원심 송풍기

[그림 8-35]처럼 흡입구로부터 유입한 공기는 흡입 케이싱 흡입관을 거쳐서 축방향으로 회전차에 흡입된다. 회전차에 의하여 원심력을 받은 공기는 회전차 외주로부터 형실에 유입하며 형실 내를 돌면서 감속하여 속도 에너지가 압력 에너지로 변환되어 토출구물에서 배출된다.

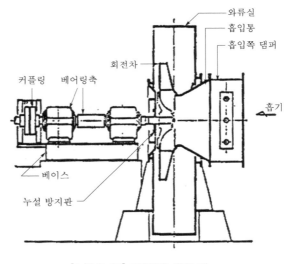

[그림 8-35] 편흡입형 원심 팬

(2) 축류 송풍기(axial blower)

기계가 회전축에 대하여 축방향으로 유입하여 축방향으로 유출한다. 동익(rotation vane)과 안내 깃, 즉 정익(stator vane)축에 동심의 원형면으로 전달하여 이것을 평면에 전개함으로써 얻어지는 익론을 적용한다.

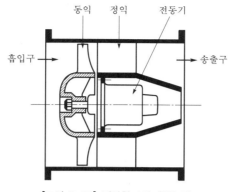

[그림 8-36] 직관형 1단 축류 팬

기체는 익열을 통과하는 동안에 감속에 의한 압력 상승을 얻으며 익열에서 나온 기체를 다시 다류적에서 더욱 정압 상승을 얻게 된다.

Section 18

유체 이음(flud Coupling)과 토크 컨버터(torque converter)

1 개요

액체 전동 장치로서 액체의 중계로 2축 사이의 회전 운동을 전달하는 기계 장치이다. 액체 전동 장치는 용적형 펌프와 유압 모터가 조합한 유압 전동 장치와 펌프와 터빈과를 조합한 동수력 전동 장치로 분류된다.

2 유체 이음(flud Coupling)과 토크 컨버터(torque converter)

동수력 전동 장치는 입력축(原動축)과 출력축(종동축)에 토크 차가 발생하지 않은 fluid copling과 토크의 차이가 생기는 torque converter로 분류된다.

(1) 유체 커플링(fluid couping)의 구조 및 기능

유체 이음의 일반적인 구조의 주요부는 입력축에 펌프, 축력축에 터빈을 설치한다. 펌프와 터빈의 회전차는 서로 맞대서 케이싱 내에 다수의 깃이 반지름 방향으로 달려있다. 이 회전차 내부에 액체를 충만시키고 있으며 입력축을 회전하면 그 축에 달린 펌프의 회전차가 회전하여, 액체는 임펠러로부터 유출하여 출력축에 달린 터빈의 러너에 유입하여 출력축을 회전시킨다. 펌프와 터빈으로 하나의 회로를 형성하고 있으며 일정량의 순환류가 일어나서 전동을 수행하는 것이다.

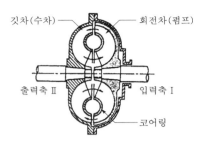

[그림 8-37] 유체 커플링의 구조

(2) 토크 컨버터(torque converter)의 구조 및 기능

원동축에 펌프 임펠러, 중동축에 터빈 러너를 달고 있으며, 별도로 안내 깃이 고정되어 있다. 종동축의 회전에 의하여 펌프 임펠러로부터 나온 작동유는 터빈 러너를 통과하면서 종동축을 회전시키고, 안내 깃을 거쳐서 펌프 임펠러로 되돌아온다.

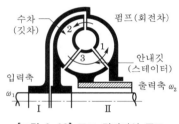

[그림 8-38] 토크 컨버터의 구조

Section 19 유체의 성질

1 밀도(density) : ρ(단위 체적당 질량)

$$\rho = \frac{m}{V} \, [\text{kg/m}^3]$$

여기서, m : 질량, V : 체적 $\rho_w = 1,000 \text{kg/m}^3$

② 비중량(specific weight) : γ(단위 체적당 중량)

$$\gamma = \frac{W}{V} \, [\text{kgf/m}^3]$$

여기서, W : 중량

$$\gamma_w = 9,800 \text{N/m}^3 = 1,000 \text{kgf/m}^3$$

③ 비체적(specific volume) : V_s(단위 질량당 체적)

$$V_s = \frac{1}{\rho} \, [\text{m}^3/\text{kg}]$$

④ 비중(specific gravity) : S

$$S = \frac{\rho}{\rho_w} = \frac{\gamma}{\gamma_w} : \text{물의 비중} \ S = 1$$

$$S = \frac{\text{물체의 무게}}{\text{동체적의 } 4℃ \text{에서 물의 무게}} = \frac{\rho}{\rho_w} = \frac{\gamma}{\gamma_w} \quad (\gamma_w : 4℃\text{에서 물의 비중량})$$

⑤ 대기압(atomospheric pressure)

$$1\text{atm} = 760 \, \text{mmHg} = 1,000 \times 13.6 \times 0.76 = 10,336 \, \text{kgf/m}^2$$

Section 20

Newton의 점성 법칙

① 개요

실험에 의하면 [그림 8-39]처럼 평행한 두 평판 사이에 점성 유체가 있을 때 위 평판을 일정한 속도 U로 운동시키는 데 필요한 힘 F는 위 평판의 넓이 A와 속도 U에 비례하고 두 평판 사이의 수직 거리에 반비례한다.

$$F \propto A\frac{U}{h} \rightarrow \tau = \frac{F}{A} = \mu\frac{U}{h}$$

❷ Newton의 점성 법칙

미분형은

$$\tau = \mu \frac{du}{dy}$$

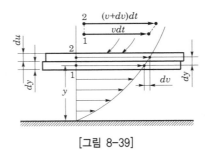

[그림 8-39]

여기서, τ : 전단 응력(shear stress)

μ : 점성 계수(coefficient of viscosity) : 차원 $FTL^{-2} = ML^{-1}T^{-1}$

$\dfrac{du}{dy}$: 속도 구배 혹은 각변형률(velocity gradient)

이 법칙을 만족시키는 유체를 뉴턴 유체라 한다.

Section 21 **Pascal의 원리**

❶ 개요

파스칼의 원리란 밀폐된 용기에 담겨있는 액체가 점성(粘性)이나 압축성을 무시한 완전 액체라면 그 액체의 압력 분포는 동일하게 나타나고, 액체의 일부에 가해진 압력은 크기에 관계없이 액체의 모든 부분에 골고루 전달된다는 법칙이다. 1653년 파스칼(Blaise Pascal)이 정리하였기 때문에 파스칼의 원리로 불린다.

❷ Pascal의 원리

파스칼의 원리는 피스톤 등에 적용되며, 피스톤과 피스톤 및 연결부를 모두 유체로 채우게 되면 파스칼의 원리에 의해 두 개의 피스톤에 가해지는 압력은 같다. 이때 피스톤의 면적이 다를 경우 동일한 압력에 대하여 작용하고 있는 면적이 달라지기 때문에, 피스톤에 작용하는 힘 역시 달라지며, 그 비는 압력=힘/면적에 의해 면적의 비와 같게 나타나면 관력식은 다음과 같다.

$$P_1 = P_2, \quad \frac{W_1}{A_1} = \frac{W_2}{A_2}$$

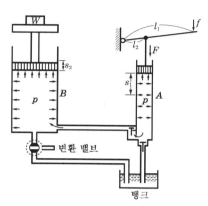

[그림 8-40] 파스칼의 원리

Section 22

정지 액체 속의 압력

❶ z방향 힘의 평형

$$p(x,\ z)\,dA_z - \left[p(x,\ z) + \frac{\partial p}{\partial z}dz \right]dA_z - \rho g\,dA_z\,dz = 0$$

$$\therefore \ \frac{\partial p}{\partial z} = -\rho g = -\gamma \ (z증가에 \ 따라 \ z축 \ 방향 \ 압력은 \ 감소)$$

따라서 z방향의 경우가 p가 z만의 함수가 되어

$$dp = -\rho g dz \ \rightarrow \ 적분 \int_1^2 dp = -\int_1^2 \rho g dz$$

$$\therefore \ p_2 - p_1 = -\rho g(z_2 - z_1)$$

만일 p_2가 대기압의 높이까지라면 h만큼 깊은 곳의 압력은 p_1은

$$p_1 = p_2 + \rho g(z_2 - z_1) = p_0 + \gamma h$$

만일 $p_0 \simeq 0$으로 놓으면(기준 압력),

$$p_1 = \gamma h$$

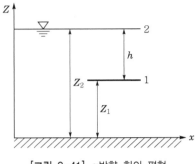

[그림 8-41] z방향 힘의 평형

② 시치액주계

$P_C = P_D$[그림 8-42]

$P_C = P_A + \gamma H$,

$P_D = P_B + \gamma_s h + \gamma(H-h)$

$\therefore P_A + \gamma H = P_B + \gamma(H-h) + \gamma_s h$ (8.1)

$P_A - P_B = (\gamma_s - \gamma)h$ (8.2)

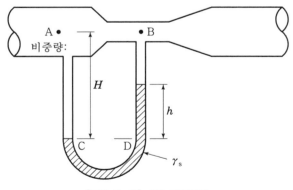

[그림 8-42] 시차 액주계형

예제

다음 그림과 같이 레버 AB의 끝단 A에 100kgf의 힘을 AB에 수직하게 작용했다. 하단 B는 지름이 10cm인 피스톤과 연결되어 있다. 실린더 안에 비압축성인 기름이 있다면 평형 상태에서 실린더 안에서 발생하는 기름의 압력과 지름 50cm의 큰 피스톤에 얼마의 힘을 가해야 평행을 이루는가?

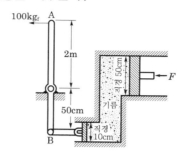

풀이 A점에 작용하는 힘의 모멘트 M_A 는

$$M_A = 100 \times 2 = 200 \, \text{kgf·m}$$

$$M_A = M_B \text{이므로} \quad M_B = 0.5 \times F_B \quad \therefore \quad F_B = 400 \, \text{kgf}$$

따라서 기름에 발생하는 압력은 같으므로

$$P = \frac{400}{\frac{\pi}{4} \times 10^2} = 5.1 \, \text{kgf/cm}^2$$

$$\frac{F_B}{A_A} = \frac{F}{A}$$

$$\therefore \quad F = F_B \frac{A}{A_A} = 400 \times \left(\frac{50}{10}\right)^2 = 10,000 \, \text{kgf}$$

Section 23 연속 방정식(continuity equation)

① 연속 방정식

질량 보존 법칙을 흐르는 유체에 적용한 식

$$m = \rho_1 A_1 V_1 = \rho_2 A_2 V_2$$

질량 유동률

만약, $\rho_1 = \rho_2 A_1 V_1 = A_2 V_2 = Q$ (유량)

Section 24 오일러의 운동 방정식과 베르누이 방정식

① 오일러(Euler)의 운동 방정식 : 유체 입자에 뉴턴의 제2법칙

$dF = (dM)a$ 를 적용한 식

① 장점

$$PdA - \left(P + \frac{\partial P}{\partial S}dS\right)dA - \rho gdA \cos\theta = \rho dA \frac{dV}{dt}$$

양변을 $\rho dAds$ 로 나누어 정리하면

㉠ 유체 입자는 유선을 따라 움직인다.

$$\frac{1}{\rho}\frac{\partial P}{\partial S} + g\cos\theta + \frac{dV}{dt} = 0$$

속도 V는 S와 t의 함수이다. 즉, $V = V(S, t)$

㉡ 유체는 마찰이 없다.

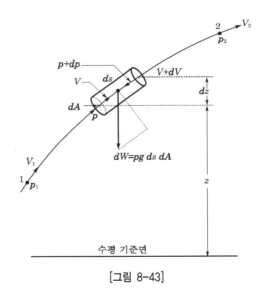

[그림 8-43]

$$\frac{dV}{dt} = \frac{\partial V}{\partial S}\frac{dS}{dt} + \frac{\partial V}{\partial t} = V\frac{\partial V}{\partial S} + \frac{\partial V}{\partial t}$$

㉢ 정상 유동이다.

$$\cos\theta = \frac{dZ}{dS}$$

ⓛ, ⓒ를 ⓐ에 대입

∵ 정상류

$$\frac{1}{\rho}\frac{\partial P}{\partial S} + g\frac{dZ}{dS} + V\frac{\partial V}{\partial S} + \frac{\partial V}{\partial t} = 0$$

$$\therefore \frac{dP}{\rho} + gdZ + VdV = 0 \,(\text{Euler equation})$$

② 단점 : 비압축성 유체

② 베르누이 방정식(Bernoulli equation)

Euler equation을 적분하면

$$\int\frac{dP}{P} + gZ + \frac{V^2}{2} = \text{const}, \quad \rho : \text{const}$$

$$\frac{P}{\rho} + \frac{V^2}{2} + gZ = H = \text{const}$$

$$\frac{P_1}{\gamma} + \frac{V_1^2}{2g} + Z_1 = \frac{P_2}{\gamma} + \frac{V_2^2}{2g} + Z_2 = H\,(\text{Bernoulli equation})$$

y 마찰 고려 $\dfrac{P_1}{\gamma} + \dfrac{V_1^2}{2g} + Z_1 = \dfrac{P_2}{\gamma} + \dfrac{V_2^2}{2g} + Z_2 + h_L$

예제

다음 그림과 같은 펌프계에서 펌프의 송출량이 30L/sec일 때 펌프의 축동력을 구하라. (단, 펌프의 효율은 80%이고 이 계 전체의 손실 수두는 $10V^2/2g$이다. 그리고 h =16m이다.)

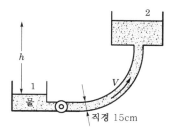

풀이 ① 연속 방정식

$$V = \frac{Q}{A} = \frac{0.03}{\dfrac{\pi}{4}(0.15)^2} = 1.698\,\text{m/s}$$

펌프에서 물을 준 수두를 H_P라 하자,

② 베르누이 방정식

$$\frac{P_1}{\gamma} + \frac{V_1^2}{2g} + Z_1 + H_P = \frac{P_2}{\gamma} + \frac{V_2^2}{2g} + Z_2 + \frac{10\,V^2}{2g}$$

$$H_P = 16 + \frac{10 \times 1.698^2}{2 \times 9.8} \qquad \therefore \ H_P = 17.47\,\text{m}$$

③ 유체 동력 P_f

$$P_f = \frac{\gamma Q H_p}{75} = \frac{1,000 \times 0.03 \times 17.47}{75} = 6.988\,\text{PS}$$

④ 펌프 동력 P_P

$$P_P = \frac{6.988}{0.8} = 8.735\,\text{PS}$$

예제

다음 그림에서 펌프의 입구 및 출구측에 연결된 압력계 1,2가 각각 −25mmHg와 2.6bar를 가리켰다. 이 펌프의 배출 유량이 0.15m³/sec가 되려면 펌프의 동력은 몇 PS인가?

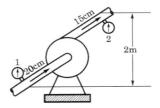

풀이 ① 연속 방정식

$$V_1 = \frac{Q_1}{A_1} = \frac{0.15}{\frac{\pi}{4}(0.2)^2} = 4.77\,\text{m/s}$$

$$V_2 = \frac{Q}{A_2} = \frac{0.15}{\frac{\pi}{4}(0.15)^2} = 8.49\,\text{m/s}$$

펌프의 양정을 H_P라 하고

② 베르누이 방정식

$$\frac{P_1}{\gamma} + \frac{V_1^2}{2g} + Z_1 + H_P = \frac{P_2}{\gamma} + \frac{V_2^2}{2g} + Z_2$$

$$P_1 = -25\,\text{mmHg} = -9,800 \times 13.6 \times 0.025 = -3,332\,\text{N/m}^2$$

$$P_2 = 2.6\,\text{bar} = 0.6 \times 10^5\,\text{N/m}^2$$

$$Z_2 - Z_1 = 3\text{m}$$

$$-\frac{3,332}{9,800} + \frac{4.77^2}{2 \times 9.8} + H_P = \frac{2.6 \times 10^5}{9,800} + \frac{8.49^2}{2 \times 9.8} + 3$$

$$\therefore \ H_P = 32.38\text{m}$$

③ 펌프의 동력

$$P = \frac{\gamma QH_p}{75} = \frac{1,000 \times 0.15 \times 32.38}{75} = 64.76\text{PS}$$

예제

그림과 같은 원형 관로 내를 물이 충만하여 흐르고 있다. A부의 내경은 20cm, B부의 내경은 40cm, A부의 속도는 4m/s라 하면 B부와 A부의 정압차는 얼마인가? (단, 손실은 없다고 가정한다.)

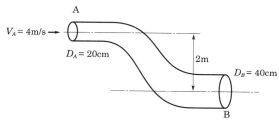

풀이 ① 연속 방정식

$$V_A \frac{\pi {D_A}^2}{4} = V_B \frac{\pi {D_B}^2}{4}$$

$$V_B = V_A \frac{{D_A}^2}{{D_B}^2} = 4 \times \left(\frac{1}{2}\right)^2 = 1\text{m/s}$$

② 베르누이 방정식

$$\frac{P_1}{\gamma} + \frac{{V_1}^2}{2g} + Z_1 = \frac{P_2}{\gamma} + \frac{{V_2}^2}{2g} + Z_2$$

$$\frac{P_2 - P_1}{\gamma} = \frac{V^2}{- {V_{2g}^2} + (h_1 - h_2)1}$$

$$P_2 - P_1 = \left(\frac{(4^2 - 1^2)\,\text{m}^2/\text{s}^2}{2 \times 9.8\text{m/s}^2}\right) \times 1,000\text{kg}_\text{f}/\text{m}^3 = 2,765\text{kg}_\text{f}/\text{m}^2$$

Section 25 수평 원관 속에서 층류 운동-하겐·푸아죄유 방정식

① 개요

하겐-푸아죄유(Hagen-poiseuille) 방정식의 가정조건은 층류이고 정상류이며 뉴턴유체이어야 하며 유체의 점성계수가 일정하고 흐름이 완전히 발달되어 있어야 한다. 따라서 수평원관 속에서 층류형태의 흐름이 있을 때 유량의 특징은 관련 식에서 알 수 있듯이 점성에 비례하고 지름의 네제곱과 관의 길이에 비례하며 압력강하에 반비례한다.

② 수평 원관 속에서 층류 운동–하겐 · 푸아죄유 방정식

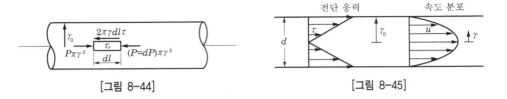

[그림 8-44] [그림 8-45]

$P\pi r^2 - (P+dP)\pi r^2 - 2\pi r dl\tau = 0$ ← ∵ 자유 물체도의 입구와 출구에서 유속은 $V_1 = V_2$ 이므로 운동량 변화 $\rho Q(V_2 - V_1)$은 "0"이다.

(1) 전단 응력

$$\therefore \quad \tau = -\frac{dP}{dl}\frac{r}{2}$$

뉴턴의 점성 법칙

$$\tau = \mu\frac{du}{dy} = -\mu\frac{du}{dr}$$

$$-\mu\frac{du}{dr} = -\frac{dp}{dl}\frac{r}{2} \rightarrow \mu = \frac{1}{2\mu}\frac{dP}{dl}\frac{r^2}{2} + C$$

(2) 속도

$$\therefore \quad u = -\frac{1}{\Delta\mu}\frac{dP}{dl}(r_o{}^2 - r^2)$$

$$u_{\max} = u_{r=0} = -\frac{r_o{}^2}{4\mu}\frac{dP}{dl}$$

$$\frac{u}{u_{\max}} = 1 - \frac{r^2}{r_o{}^2}$$

(3) 유량

$$Q = \int_0^{r_o} u dA = \int_0^{r_o} u(2\pi r dr)$$

$$= -\frac{\pi}{2\mu}\frac{dP}{dl}\int_o^{r_o}(r_o{}^2 - r_2)r dr = -\frac{\pi r_o{}^4}{8\mu}\frac{dP}{dl}$$

$$-\frac{dP}{dl} \rightarrow \frac{\Delta P}{L} \quad Q = \frac{\Delta P\pi r_o{}^4}{8\mu L} = \frac{\Delta P\pi d^4}{128\mu L}$$

(4) 압력 강하

$$\Delta P = \frac{128\,\mu LQ}{\pi d^4} \quad \Delta P = P_1 - P_2$$

(5) 손실 수두

$$h_L = \frac{\Delta P}{\gamma} = \frac{128\,\mu LQ}{\gamma \pi d^4}$$

(6) 평균 속도

$$V = \frac{Q}{A} = \frac{\Delta P \pi r_o^4 / 8\mu L}{\pi r_o^2} = \frac{\Delta P r_o^2}{8\mu L}$$

(7) 관속의 손실 수두

$$h_L = f\,\frac{L}{d}\,\frac{v^2}{2g}$$

(8) 관마찰 계수

$$f = \frac{64}{Re}$$

예제

어떤 액체가 직경 200mm인 수평 원관 속을 흐르고 있다. 관벽에서 전단 응력 150Pa이다. 관의 길이가 30m일 때 압력 강하 ΔP는 몇 [kPa]인가?

풀이 $\tau = -\dfrac{dP}{dl}\,\dfrac{r}{2}$, $1\text{Pa} = 1\text{N/m}^2$

$\tau = 150\,\text{Pa}$, $r = 0.1\,\text{m}$, $dl = 30\,\text{m}$

$-dP$ 대신 ΔP를 대입하면

$150 = \dfrac{\Delta P}{30} \times \dfrac{0.1}{2}$ $\quad \therefore\ \Delta P = 90,000\ \text{N/m}^2 = 90\text{kPa}$

예제

$0.001\text{m}^3/\text{s}$의 유량으로 직경 5cm, 길이 400m인 수평 원관 속을 비중 $S = 0.86$인 기름이 흐르고 있다. 압력 강하가 2kgf/cm^2이면 기름의 점성 계수 μ는?

풀이 층류라 가정하고 하겐-푸아죄유에서

$$Q = \frac{\Delta P \pi d^4}{128\mu L} \rightarrow \mu = \frac{\Delta P \pi d^4}{128 QL}$$

$$\mu = \frac{(2 \times 10^4) \times \pi \times (0.05)^4}{128 \times 0.001 \times 400} = 7.67 \times 10^{-3} \mathrm{kgf \cdot s/m^2}$$

※ 레이놀드 수를 구해 층류인지 판단해야 한다.

$$R_e = \frac{\rho V d}{\mu} = \frac{\left(\frac{860}{9.8}\right) \times \left[\frac{0.001}{\pi (0.05)^2 / 4}\right]}{7.67 \times 10^{-3}} = 291.5 < 2{,}100$$

$\therefore \mu$ 는 정확한 값이다.

예제

$9\mathrm{m^3/min}$의 유량으로 직경이 10cm인 관속을 기름이 흐르고 있다. 거리가 10km 떨어진 곳에 수송하려면 필요한 동력은? (단, 기름의 비중 $S=0.92$, 점성 계수 $\mu=0.1\mathrm{kgf \cdot s/m^2}$)

풀이 평균 속도 V

$$V = \frac{9/60}{\frac{\pi}{4}(0.1)^2} = 19.1\,\mathrm{m/s}$$

$$\rho = \rho_w\, S = 1{,}000 \times 0.92 = 920\mathrm{kg/m^3} = 920\,\mathrm{N \cdot s^2/m^2}$$
$$= 93.9\mathrm{kg \cdot s^2/m^2}$$

레이놀드 수

$$R_e = \frac{\rho V d}{\mu} = \frac{93.9 \times 19.1 \times 0.1}{0.1} = 1{,}793 < 2{,}100 \leftarrow 층류$$

층류이므로 하겐 · 푸아죄유 방정식에서

$$Q = \frac{\Delta P \pi d^4}{128 \mu L}$$

$$\rightarrow \Delta P = \frac{128 Q \mu L}{\pi d^4} = \frac{128 \times \left(\frac{9}{60}\right) \times 0.1 \times 10{,}000}{\pi (0.1)^4}$$
$$= 6.12 \times 10^7\,\mathrm{kgf/m^2}$$

동력

$$P = \frac{\gamma Q h_L}{75} = \frac{\Delta P Q}{75} = 6.12 \times 10^7 \times \left(\frac{9}{60}\right) \times \frac{1}{75}$$
$$= 1.224 \times 10^5\mathrm{Pa}$$

예제

안지름이 10cm인 수평 원관으로 2,000m 떨어진 곳에 원유(비중 $S=0.86$, $\mu = 0.02$ $\mathrm{N \cdot s/m^2}$)를 $0.12\mathrm{m^3/min}$의 유량으로 수송하려 할 때 손실 수두와 필요한 동력을 구하여라.

풀이 평균 유속

$$V = \frac{Q}{A} = \frac{0.12/60}{\frac{\pi}{4}(0.1)^2} = 0.254 \, \text{m/s}$$

$$\rho = \rho_w \cdot S = 1,000 \times 0.86 = 860 \text{kg/m}^3 = 860 \, \text{N} \cdot \text{s}^2/\text{m}^4$$

레이놀드 수

$$R_e = \frac{\rho V d}{\mu} = \frac{860 \times 0.254 \times 0.1}{0.02} = 1,092 < 2,100 \quad (\text{층류 유동})$$

마찰 계수 f

$$f = \frac{64}{R_e} = 0.0586$$

손실 수도 h_L

$$h_L = f \frac{L}{d} \frac{V^2}{2g} = 0.0586 \times \frac{2,000}{0.1} \times \frac{0.254^2}{2 \times 9.8} = 3.86 \, \text{m}$$

동력 P

$$P = \frac{\gamma Q h_L}{75} = \frac{\left(\frac{860}{9.8}\right) \times 9.8 \times \left(\frac{0.12}{60}\right) \times 3.86}{75}$$
$$= 0.088 \, \text{Pa}$$

Section 26 유체 계측

(1) 비중량의 계측

① 비중병 : 그림과 같이 무게가 W_1인 비중병에 온도 $t[℃]$, 체적 V인 액체를 채웠을 때의 무게를 W_2라 하면 온도 $t[℃]$에서 액체의 비중량 γ_t는

$$\gamma_t = \rho_t \, g = \frac{W_2 - W_1}{V}$$

여기서, ρ_t : 온도 $t[℃]$에서 밀도

② 아르키메데스의 원리 이용 : 그림과 같이 체적을 알고 있는 추를 공기 중에서 잰 무게가 W_a, 비중량(또는 밀도)을 측정하고자 하는 액체 속에서의 추의 무게를 W_t라고 하면 아르키메데스의 원리(부력)를 이용하여 다음과 같이 쓸 수 있다.

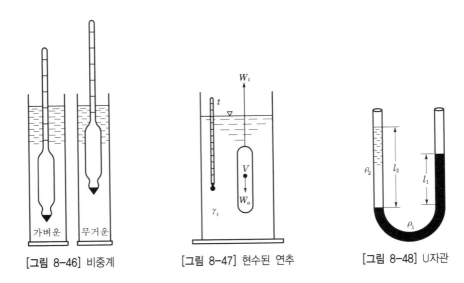

[그림 8-46] 비중계 　　　 [그림 8-47] 현수된 연추 　　　 [그림 8-48] U자관

$$W_L = W_a - \gamma_t\, V$$

여기서, γ_t : 측정 온도에서 비중량

③ 비중계 : 비중계는 가늘고 긴 유리관에 아래 부분을 굵게 하여 수은 또는 납을 넣어서 비중을 측정하고자 하는 액체 중에서 바로 서게 한 것으로, 물에 띄웠을 때 수열과 일치하는 곳을 1로 하여 위와 아래로 눈금이 매겨져 있다.

그러므로 비중계를 측정하고자 하는 액체 속에 넣고 액체의 표면과 일치하는 점을 읽으면 된다.

④ U자관 : 위의 그림에서 A에서의 압력과 B에서의 압력은 같다. 즉,

$$\gamma_2\, l_2 = \gamma_1\, l_1$$

(2) 점성 계수의 측정

점도계(viscosimeter 또는 viscometer)로 알려진 기구들에 의하여 행하여지며 구조나 조작에 따라서 회전식(rotational), 낙구식(falling-sphere) 또는 관식(tube) 기구들로 분류되며 측정 조건은 다음과 같다.

㉠ 층류 유동 존재에 의존한다.

㉡ 항온조에 잠입되어야 한다.

㉢ 온도계가 비치되어 있어야 한다.

① 회전식

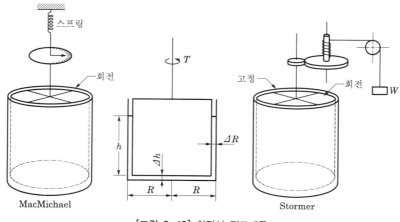

[그림 8-49] 회전식 점도계들

㉠ 맥미첼형 점도계(macmichael 점도계) : 바깥 원통이 일정한 속도로 회전하고 안쪽 원통(ratational deflection)(스프링 반항해서 이루어지는)이 액체 점성 계수의 척도가 된다.

㉡ 스토머 점도계(stormer 점도계) : 안쪽 원통이 낙추 기구에 의하여 회전하고 고정된 회전수에 대하여 요구되는 시간이 액체 점성 계수의 척도가 된다.

㉢ 원리

ΔR, Δh 와 $\Delta R/R$ 이 작다고 가정하고 원주 속도를 V 라고 하면 토크 T 는

$$T = \frac{\tau \pi R^2 h \mu V}{\Delta R} + \frac{\pi R^3 \mu V}{2 \Delta h}$$

R, h, ΔR 와 Δh 는 장치의 정수들이고, 회전수(N)는 V 에 비례하므로

$$T = K \mu N \text{ 또는 } \mu = \frac{T}{KN}$$

Macmichael 점도계에서 토크 torsional deflection θ $(T = K_1 \theta)$ 에 비례하므로

$$\mu = \frac{K_1 \theta}{KN}$$

Stormer 점도계에서는 토크는 추 W 에 비례하므로 일정하며 회전수에 대해 요구되는 시간 t 는 N 에 역비례하여 $(t = k_2/N)$

$$\mu = \left(\frac{T}{KK_2} \right) t$$

점성 계수를 측정하는 점도계는 스토크스 법칙을 기초로 한 낙구식 점도계, 하겐
–푸아죄유의 법칙을 기초로 한 오스트왈트 점도계와 세이볼트 점도계, 뉴턴의 관
성 법칙을 이용한 맥미첼 점도계와 스토머 점도계가 있다.

② **낙구식 점도계** : 그림과 같이 아주 작은 강구를 일정한 속도 V로 액체 속에서 거리 l을
낙하하는데 요하는 시간 t를 측정한다. 이때 강구의 직경을 d, 낙하 속도를 V라 할
때 층류 상태$\left(\dfrac{V_d}{V} \leq 0.1\right)$에서 항력 D는 스토크스 법칙으로부터 다음과 같이 된다.

$$D = 3\pi\mu V_d$$

강구가 일정한 속도를 얻은 후 힘의 평형을 고려하면

$$D - W + F_B = 3\pi\mu V_d - \frac{\pi d^3}{6}\gamma_s + \frac{\pi d^3}{6}\gamma_l = 0$$

따라서 점성 계수 μ는

$$\mu = \frac{d^2(\gamma_s - \gamma_l)}{18 V}$$

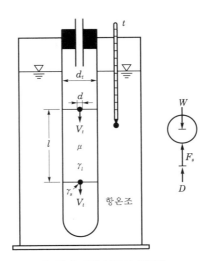

[그림 8-50] 낙구식 점도계

③ **오스트왈트(Ostwald) 점도계** : 그림에서 점성 계수를 측정하고자 하는 액체를 A까지 채
우고 다음에 B까지 끌어올려서 B의 액면에서 C까지 내려오는 데 걸리는 시간을 구하
면 동점성 계수를 측정할 수 있다.

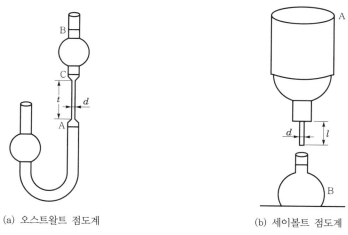

(a) 오스트왈트 점도계 　　　　　　(b) 세이볼트 점도계

[그림 8-51] 관식 점도계

④ 세이볼트(Saybolt) 점도계 : 그림에서 용기의 출구를 막은 다음에 A까지 액체를 채우고
마개를 빼어서 그릇 B에 일정한 액체를 모으는 데 걸리는 시간을 측정함으로써 동점
성 계수를 구할 수 있다.

(3) 정압 측정

유동하고 있는 유체의 정압(static pressure)은 교란되지 않은 유체 압력이며 피에조
미터와 정압관으로 측정할 수 있다.

① 피에조미터(piezometer) : 표면에 수직하게 작은 구멍을 뚫어 액주계와 연결하여 액주
계의 높이로 정압을 측정할 수 있다.

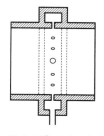

[그림 8-52] 피에조미터링

② 정압관(Static tube) : 내부 벽면이 거칠어 피에조미터 구멍을 뚫을 수 없을 때에는 선
단은 막혀 있고 측면에는 작은 구멍이 뚫어져 있어 정압을 측정한다.

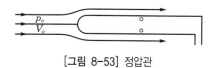

[그림 8-53] 정압관

(4) 유속 측정

① 피토-정압관(pitot-static tube)

Bernoulli's 방정식

$$P_o + \frac{1}{2} \rho V^2 = P_s$$

$$\therefore V = \sqrt{\frac{2(P_s - P_o)}{\rho}} \quad \cdots\cdots\cdots\cdots\cdots\cdots\cdots\cdots\cdots\cdots ①$$

$$A(P_s - P_o) = \rho' g h A$$

$$\therefore P_s - P_o = \rho' g h \quad \cdots\cdots\cdots\cdots\cdots\cdots\cdots\cdots\cdots\cdots ②$$

②식을 ①식에 대입

$$V = \sqrt{\frac{2\rho' g h}{\rho}}$$

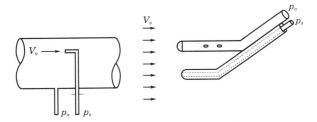

[그림 8-54] pitot-static tube(결합형)

② hot-wire anemometer(열선 유속계) : 피토에 의한 유속 측정은 평균 압력으로 난류 유동에서의 fluctuation 성분을 측정하지 못한다. 또한 벽면 근처에서 정확한 측정이 어렵다. 이 장치는 전기로 가열하는 백금선과 이를 지지하는 두 개의 철사로 되어 있다. 다음 그림에서 백금 혹은 텅스텐 와이어(5mm)에 일정한 온도를 유지할 수 있도록 전기적인 장치와 연결되어 유속이 빨라지면 wire의 표면의 온도가 떨어지기 때문에 전기

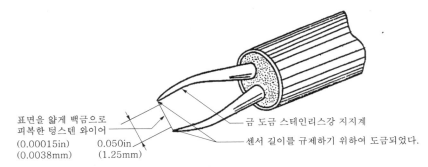

표면을 얇게 백금으로
피복한 텅스텐 와이어
(0.00015in)   0.050in
(0.0038mm)   (1.25mm)

금 도금 스테인리스강 지지계
센서 길이를 규제하기 위하여 도금되었다.

[그림 8-55] 열선 센서와 지지침

적인 장치에서 더 많은 전류를 보내야 한다. 이때 이러한 공기의 속도와 보내야 하는 전류의 양은 비례하므로 변화량으로 공기의 유속을 측정할 수 있는 계측 방법이다.

③ LDV(Laser Doppler Velocimeter) : 레이저를 이용한 계측법으로 유체 속에 probe를 삽입할 필요가 없으므로 흐름에 방해하지 않는 장점이 있다.

다음 그림처럼 laser에서 나온 두 빔이 서로 교차하면 그곳에서 probe volum이 형성되고 두 빔이 서로 간섭하여 등간격의 줄무늬를 형성한다. 이때 산란하는 입자를 유체와 함께 띄워 이 간섭 무늬를 통과하게 하여 유속을 측정하는 방법이다.

$$\delta_f = \frac{\lambda}{2\sin\left(\dfrac{H}{2}\right)}$$

$$f_D = \frac{U_x}{\delta_f} = U_x / \frac{\lambda}{2\sin\left(\dfrac{H}{2}\right)} = \frac{2U_x}{\lambda}sin\frac{H}{2}$$

$$U_x = f_D \cdot \delta_f$$

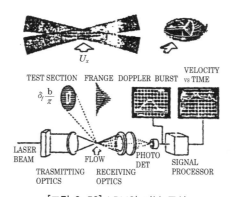

[그림 8-56] LDV의 기본 구성

(5) 유량 측정

① 벤츄리미터(venturi meter) : [그림 8-57]처럼 한 단면에 축소 부분이 있어서 두 단면의 압력차로 인해 유량을 측정하는 방법이다.

$$Q = \frac{A_2}{\sqrt{1 - \left(\dfrac{A_2}{A_1}\right)^2}}\sqrt{\frac{2g}{\gamma}(P_1 - P_2)}$$

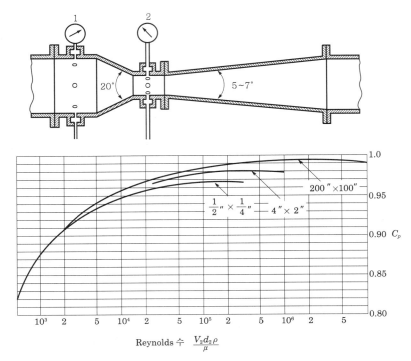

[그림 8-57] 벤츄리미터계와 계수들

② 유동 노즐 : 노즐을 사용하면 오리피스 보다 압력 손실이 작다.

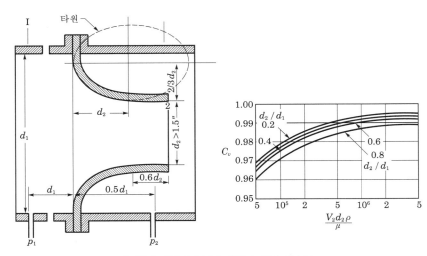

[그림 8-58] A.S.M.E 유동 노즐과 계수들

③ 오리피스(orifice) : 그림과 같이 단면적을 갑자기 축소시켜 유속을 증가시키고 압력 강하를 일으킴으로써 유량을 측정하는 장치이다.

$$Q = \frac{C_u CcA}{\sqrt{1 - Cc^2 (A/A_1)^2}} \sqrt{2g\left(\frac{P_1}{\gamma} + Z_1 + \frac{P_2}{\gamma} - Z_2\right)}$$

$$Q = CA \sqrt{2g\left(\frac{P_1}{\gamma} + Z_1 - \frac{P_2}{\gamma} - Z_2\right)} \quad (C : \text{오리피스 계수(orifice coefficient)})$$

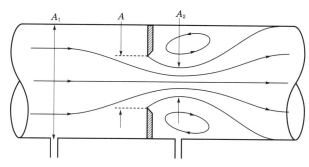

[그림 8-59] 오리피스계에 대한 규정 스케치

레이놀드 수

① 개요

실제 유체의 흐름에 있어서 점성의 효과는 흐름의 형태를 두 가지의 서로 전혀 다른 유동 형태로 만들며 실제 유체의 흐름은 층류와 난류로 구분된다. 여기서 층류에서는 유체의 입자가 서로 층의 상태로 미끄러지면서 흐르게 되며, 이 유체 입자의 층과 층 사이에서는 다만 분자에 의한 운동량의 변화만이 있는 흐름이다.

반면에 난류는 유체의 입자들이 아주 심한 불규칙한 운동을 하면서 상호 간에 격렬하게 운동량의 교환을 하면서 흐르는 상태를 말한다. 다시 한 번 층류와 난류를 요약하면 층류가 아주 질서정연한 유체의 흐름이라고 말할 수 있는 반면에, 난류는 아주 무질서한 유체의 흐름으로 구분된다.

레이놀드는 [그림 8-60]에서 보는 바와 같은 물탱크에 긴 투명 유리관을 설치하고 이 유리관의 입구는 유동 마찰을 줄이기 위하여 매끈한 노즐로 만들어 층류와 난류의 상태를 확인할 수가 있었다.

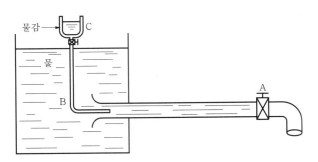

[그림 8-60] 레이놀드(Reynold)의 실험

유체의 흐름에서 층류를 난류로 바꾸어 주는 유체 속도를 상임계 속도(upper critical velocity)라고 한다.

그리고 난류 상태의 흐름에서 점차 유체의 속도를 줄여 어느 임계 속도에 이르면 난류가 층류로 다시 되돌아오게 되는데, 이 임계 속도를 하임계 속도(lower critical velocity)라고 한다.

레이놀드는 무차원의 극수, 즉 레이놀드 수 R_e을 다음과 같이 정의함으로써 그의 실험 결과를 종합하였다.

$$R_e = \frac{Vd\rho}{\mu} \text{ 또는 } \frac{Vd}{\nu}$$

여기서, V : 관 속에서의 유체의 평균 속도
d : 관의 직경
ρ : 유체의 밀도
μ : 유체의 점성 계수
ν : 유체의 동점성 계수

관유에 대한 여러 실험치를 종합하여 보면 레이놀드 수 R_e가 약 2,100보다 작은 값에서 유체는 층류로 흐르고, R_e가 2,100과 4,000 사이의 범위에서는 불안정하여 과도적 현상을 이루며, 다만 R_e의 값이 4,000을 넘게 되면 대략적으로 유체의 흐름은 난류가 된다.

따라서 일반적으로 어느 유체이거나 또는 어떠한 치수의 관이거나를 막론하고 원통관의 흐름에 대하여 다음과 같이 결론지을 수 있다.

$R_e < 2,100$이면 유체의 흐름은 층류
$R_e > 4,000$이면 유체의 흐름은 난류

여기서, 2,100을 하임계 레이놀드 수, 4,000을 상임계 레이놀드 수라고 한다. 그러나 이런 임계 레이놀드 수의 값은 이와 같이 언제나 일정한 값을 갖는 것이 아니고, 유체 장치의 여러 가지 기하학적인 조건과 기타 주위 환경의 조건에 따라 크게 변하게 된다. 다시 말하면 유체 상류 감속에서의 안정도, 관입구의 모양, 관의 표면 마찰 등에 따라서 크게 변동될 수 있어서 임계 레이놀드 수의 값은 반드시 2,100과 4,000이 아니지만 공학적인 안전도를 고려해서 이 값이 일반적으로 사용되고 있다.

Section 28 **배관 공사의 방법**

1 개요

배관 공사를 극단으로 표현한다면 배관의 제작과 현장 공사의 두 가지 방법이 있으며 공장에서 제작하는 방법은 소정의 공장 제작, 현장 설치의 공장 제작, 현장 제작이 있으며 현장착공에 따른 방법은 에리어(도면)별 공법과 라인별 공법이 있다. 이들 방법은 장단점이 있어 어느 방법이 최상이라 할 수 없다. 즉 공사 현장의 지리적 조건, 플랜트의 성격 등에 따라 최적의 조합이 채용된다.

2 배관 공사의 방법

(1) 소정 공장에서의 배관 제작(shop fabrication system)

이 방법은 배관을 소정의 제작 공장에서 프레파브하는 방법이며 보통 스테인리스강 혹은 저합금 강관 등의 특수 강 재료에 대해서는 전 사이즈의 배관, 보통의 탄소강 강관에 대해서는 2B~20B의 강관에 대해 실시한다. 배관의 제작 공장은 보통의 제조 생산 공장과 똑같은 방법으로 운영된다. 즉 배관의 금긋기, 절단, 개선, 용접이라는 일련의 작업을 기계력을 100% 발휘하여 행한다.

① 장점
  ㉠ 배관량이 많은 플랜트의 경우에는 현장에 투입하는 배관공의 수를 줄일 수 있다.
  ㉡ 기계력을 이용하므로 공정이 빠르고 품질의 질도 우수하다.
  ㉢ 배관 재료의 부족을 조기에 발견할 수 있고 남은 재료의 재고가 다른 방법보다 적다.
  ㉣ 현장에서의 가설 공간을 확보하지 않아도 된다.

② 단점
  ㉠ 현장 수송비가 소요된다.
  ㉡ 배관 재료가 공장과 현장으로 분리화되므로 그 관리가 복잡하다.

(2) 현장 설치의 공장 제작(unit shop fabrication system)

현장의 지리적 조건에 의하여 프레파브품의 수송상 극단적으로 불리하다고 생각될 경우에는 반대로 샵파브용의 기계류를 현장에 반입하여 분공장 같은 형태로 프레파브리케이션을 행하는 방법이다. 이것은 앞의 제작 방법과 다름이 없으며 이 경우 주의해야 할 것은 작업원은 어디까지나 현장 요원과 구별된다.

① 장점
  ㉠ 공장 제작법과 거의 같은 이점을 가진다.
  ㉡ 현장에 설치되므로 현장과 동일한 관리자에 의해 관리되어 스케줄의 파악이 용이하다.
  ㉢ 재료 관리가 현장 공사와 동일한 관리자에 행해지므로 복잡하지 않다.
② 단점
  ㉠ 현장에 의한 공간의 확보가 어렵다.
  ㉡ 작업원이 출장자이므로 작업 효율이 떨어진다.
  ㉢ 공장 건설의 가설비가 많이 든다.

(3) 현장 제작 공법(field fabrication system)

지금까지 많이 채용되던 방법이며 소형 플랜트와 같이 배관의 평균 사이즈가 작고 직선 running이 많은 경우에 유리하다. 모든 배관 재료는 현장으로 직송되어 창고 관리된다. 주요 배관은 보통 간단한 가옥 안에서 행해지지만 대부분은 시공 장소 부근의 지상에서 제작이 이루어진다. 제작과 시공은 같은 배관공에 의해 실시된다.

① 장점
  ㉠ 재료의 분산이 없으므로 창고 관리가 다른 방법에 비해 용이하다.
  ㉡ 특히 배관의 평균 사이즈가 3B 이하의 소규모 플랜트에는 동작 범위가 작아서 유리하다.
② 단점
  ㉠ 다수의 배관공이 현장에 투입되므로 주거 시설, 식사 장소 및 시설비가 증대된다.
  ㉡ 양점의 영향이 크다. 따라서 우기의 스케줄은 지연되기 마련이다.
  ㉢ 배관 재료의 관리가 분산되므로 남은 재료가 많아진다.

다음은 이상과 같은 프레파브된 배관 스풀을 실제로 현장에서 기기에 부착시킬 경우의 공법을 설명한다.

(4) 에리어별(도면별) 공법

이 공법은 도면별 배관 공사를 시공하는 것이며 배관공이 그 구역의 배관을 완전히 시공하고 다음 구역으로 옮겨가는 공법이다.

① 장점

ㄱ 대개 배관공이 조단위로 조직되어 있으므로 에리어별로 책임 분담이 명확해진다.

ㄴ 배관공의 한 조가 다른 조와 같은 장소에서 혼잡을 이루는 일이 없다.

ㄷ 배관 공사의 스케줄을 세우기 쉽고 기기 반입 등의 계획도 이에 따르면 된다.

ㄹ 배관 공사가 소구역에 집중되므로 건설기계나 가설의 유효적인 사용이 가능하다.

② 단점

ㄱ 배관 재료의 출고가 도면 단위가 되므로 분실, 파손 등의 손실이 많아진다.

ㄴ 도면상의 매치 라인이 반드시 조끼리의 접속점이 되는 것이 아니므로 관리가 필요하다.

(5) 라인별 공법

이 공법은 라인별로 배관 공사를 시공하는 것이며 배관의 일조가 일군의 라인을 완전히 시공하고 다음 라인으로 옮겨가는 공법이다.

① 장점

ㄱ 라인별로 완전 시공한다는 관념을 일관할 수 있으므로 테스트를 포함한 계획을 세우기 쉽다.

ㄴ 라인의 중요도에 따른 품질의 관리를 계획적으로 할 수 있다.

ㄷ 배관 재료의 충고를 라인별로 하므로 손실이 적다.

② 단점

ㄱ 배관 공의 한 조가 다른 조와 공사 시공 중에 어떤 장소에서 겹쳐서 공사하기가 어렵다.

ㄴ 라인별로 시공하므로 건설기계나 가설 등의 이용에 손실이 많다.

Section 29 배관 재료

① 강관(steel pipe)

강관은 가장 많이 사용되는 관으로 다른 관에 비하여 ① 강도가 크며, ② 접합과 시공이 비교적 용이하고, ③ 가격도 싼 편이다. 그러나 내식성이 작아 ① 부식이 잘 되며, ② 수명이 짧은 것이 단점이다.

② 주철관(cast iron pipe)

다른 관에 비하여 특히 내식성, 내구성 등이 우수해 위생 설비를 비롯해 가스 및 지중 매설 배관으로 사용한다. 접합에는 소켓 접합(socket joint), 플랜지 접합(flange joint), 매커니컬 조인트(mechanical joint), 빅토리 조인트(victoric joint) 등이 있으며, 특히 누수 및 가소성이 우려되는 곳에는 볼트에 의해 고무 링을 압착하는 메커니컬 조인트와 내면 홈부에 고무 링을 끼우는 빅토리 조인트가 바람직하다.

[그림 8-61] 일반적인 주철관의 이음쇠

③ 연관(lead pipe)

연관은 ① 부식성이 적고, ② 굴곡이 용이하며, ③ 신축에 견디는 등 배관상 우월하여 오래 전부터 급수관으로 사용되고 있다. 특히 산에는 강하나 알칼리에는 침식되므로 산성 배수관 재료로 유기산 재료 공장 등에 적합하며 수도용 및 배수용으로도 사용된다. 연관 접합에는 납(Pb)과 주석(Sn)을 6 : 4의 비율로 녹여 붙이는 플라스턴 접합(plastern joint)과 납땜, 용접 접합이 있다.

④ 동관 및 황동관(copper and brass pipe)

동 및 동합금은 ① 내식성이 강하며, ② 수명이 길고, 또 ③ 동결되어도 잘 파괴되지 않으며, ④ 마찰 저항이 작다는 것이 장점이다. 반면에 ① 충격 강도에 약하며, ② 가격이 비싼 것이 흠이지만 특히 열전도율이 좋아서 난방용 배관 같은 전열관에 적합하다. 접합에는 납땜, 압축, 용접 접합이 있다.

⑤ 경질 염화비닐(P.V.C pipe)

① 가격이 싸고, ② 내식성이 풍부하며, ③ 관내 마찰 손실이 적기 때문에 급·배수관, 통기관용으로 광범위하게 사용된다.
단점은 ① 충격과 ② 열에 약하다. 접합에는 TS 이음관(taper sited fitting)을 이용한 냉간 공법과 110~130℃에서 가공하는 열간 공법이 있다.

6 콘크리트관

주로 옥외의 지중 매설 배수관용으로 많이 사용되는 이 관은 용도와 종류에 따라서 ① 원심력 철근 콘크리트관(흄관), ② 석면 시멘트관, ③ 철근 콘크리트관 등이 있다. 특히, 흄관은 외부압력에 견디도록 만들어진 관으로 철도 부지 하수관으로 적합하다.

[표 8-1] 관 재료의 특징

종 류	장 점	단 점
강관	① 강도가 다른 관에 비해 크다. ② 시공이 비교적 용이하다. ③ 가격도 비교적 싸다.	① 내식성이 작다. ② 가요성(flexible)이 작다. ③ 수명이 짧다.
주철관	① 다른 관에 비하여 내식성, 내구성, 내압성이 크다.	① 중량이 크므로 시공이 어렵다. ② 가요성이 짧다.
연관	① 가요성, 내식성이 크다. ② 내산성이 크다.	① 가격이 제일 높다. ② 충격에 약하다.
동관	① 가요성, 내식성이 크다. ② 수명이 길다. ③ 마찰 저항이 작다.	① 열에 약하다. ② 강도가 작다. ③ 열팽창률이 크다.
염화비닐관 (PVC)	① 내식성이 크다. ② 가격은 제일 싸다. ③ 마찰 손실이 작다. ④ 시공이 용이하다.	① 강도가 작다. ② 가요성이 작다.
콘크리트관	① 내식성이 크다. ② 값은 금속관보다 싸다.	

7 배관용 스테인리스 강관

스테인리스 강관은 고도의 내식성, 내열성을 가지고 있으므로 화학 공장, 화학 실험실 등의 특수 배관으로 사용된다. 또 저온 배관용으로도 사용된다. 전기로에 의해 강괴에서 이음매 없이 제조하는 것과 강판에서 자동 아크 용접에 의하여 제조하는 것이 있다.

Section 30 배관의 기본 사항(유의 사항)

1 개요

특유한 장치의 유틸리티를 제외한 보통의 유틸리티는 동일 공장 내에서 몇 가지 다른 장치가 있어도 한개소에서 집중 관리 되어 각 장치에 공급되므로 유지관리 및 경제성을 고려하여 그 배관에 사용되는 설계 기준, 규격 등은 통일된 것을 사용한다.

② 배관의 기본 사항(유의 사항)

① 배관은 가급적 그룹화되게끔 고려한다. 이것은 미관의 강조와 pipe support의 경제성을 확보하는 점에서 기본이 되는 문제이다.
② 배관은 가급적 최단 거리로 행하게 함과 동시에 굴곡을 적게 하며 불필요한 에어포켓이나 드레인포켓을 만들지 않게끔 배열한다.
③ 고온, 고압 라인은 기기와의 접속용 플랜지 이외의 플랜지 사용을 피할 것과 플랜지는 leak의 보정치가 낮은 것을 선택해야 한다.
④ 고압 라인 혹은 빠른 유속의 라인은 특히 굴곡부와 T브랜치부를 최소한으로 하여 정렬해야 한다. 이것은 그 부분에서의 충격파에 의한 진동의 원인을 피하기 위해 중요한 일이다.

Section 31 관의 부식 작용과 방지법

① 개요

관의 부식 작용은 금속관, 특히 강관이 가장 극심하다. 관을 부식시키는 상태는 관의 재질에도 따르나 이에 접하는 물이나 산소(공기)가 크게 관여한다. 부식은 물에 접하는 관의 내면에 많이 생기나 지중 매설관 등은 지하수에 접하는 외벽에도 생긴다. 부식의 작용은 다음 3가지로 대별된다. 이들은 셋 또는 두 개의 부식 현상이 동시에 일어난다.

② 관의 부식 작용과 방지법

(1) 부식 원인

① 금속의 이온화에 의한 부식 : 가장 일반적인 부식 현상이다. 금속은 수중에서 대부분 (+)이온이 되어서 녹으려는 성질이 있다. 철관이 물에 접하고 있을 때는 생각하면 물은 약한 전해액이며 극히 미량이기는 하나 수소이온(H^+)과 수산이온(OH^-)으로 전해된다.

$$H_2O \leftrightarrows H^+ + OH^-$$

다시 철은 수소(H)보다 이온화 경향이 크므로

$$Fe + 2H^+ \leftrightarrows Fe^{++} + H_2$$

다시 Fe^{++}는 OH^-와 결합하여 수산화 제1철이 된다.

$$Fe^{++} + 2OH^- \rightarrow Fe(OH)_2$$

다시 수중의 산소와 물이 합쳐져서 산화제2철이 된다.

$$4Fe(OH)_2 + O_2 + 2H_2O \rightarrow 4Fe(OH)_3$$

② 2종의 금속간에 일어나는 전류에 따르는 부식 : 2종의 금속이 서로 접촉해서 수중에 있을 때 일어나는 현상이며 이것을 접촉 부식이라고도 한다. 여기서 철관과 동관을 접속 배관해서 관속에 물을 충만할 때 Fe은 Cu보다 이온화 경향이 크므로 철은 항상 미온(Fe^{++})이 되려고 하고 Cu^{++}는 전하를 잃고 Cu(금속동)이 되어서 석출하려 한다. 이 때문에 전류는 물을 통해서 철관에서 동관으로 향한다. 이후 전기(前記)의 전리 현상이 발생하여 부식이 진행된다. 이 때 물이 산성 혹은 알칼리성인 경우에는 물의 전도성이 커지므로 부식은 일층 진행한다. 실제로는 이종의 금속관의 접속 외에 동관 또는 납관의 납땜(Pb와 Su의 합금)은 접합 혹은 금속 소재의 불순물에 의해서도 일어난다.

③ 외부에서의 전류에 의한 부식 : 이 부식은 전식(電蝕)이라고도 하는 것으로서 전류가 외부에서 철관의 내부에 침입하여 철관이 부식한다.

(2) 부식 방지법

① 이종 금속관이 접속하고 있을 경우, 비금속의 면적이 귀금속의 면적보다도 커지도록 한다 (2종 금속 사이에 일어나는 전류에 따른 부식). 따라서 용접에 사용하는 용접봉의 재료를 주재료보다 이온화 경향이 낮은 금속을 사용한다.

② 일반적으로 기체와 액체가 접하는 부분에서 부식이 극심하므로 지하 매설관이나 피트의 저부에 드레인이 고인다든가, 물방울이 부착하지 않도록 하고 청소하기 쉬운 구조로 한다.

③ 금속 표면에 요철이 있으면 부식하기 쉽다. 따라서 나사 부분이나 용접부에 부식이 빠르므로 다듬질을 깨끗이 함과 동시에 방식 도료로 이 부분을 특히 깨끗이 도포해야 한다.

④ 냉각수나 일반 급수에 있어서 용존 산소나 기포가 존재하면 부식이 현저하게 촉진되므로 탱크의 유입구나 유출구에서 공기를 흡입하는 일이 없도록 연구할 필요가 있다.

⑤ 금속관의 관벽과 물과의 접촉을 차단하는 것이 배관 시공 현장에 있어서 가장 간단한 방법이다. 타르, 아스팔트, 페인트, 래커 등의 도장 재료에 의해 물의 접촉을 차단하는 방법이 흔히 사용된다.

⑥ 금속관에 아연, 주석, 메랄리콘 등의 내화학성이 강한 금속을 피복하여 부식을 막는 방법

⑦ 전식에 대한 부식 방지법으로 주트와 피치(아스팔트)로 관의 외벽을 피복해서 전기 절연체를 만들어 외부에서의 전류를 차단하는 방법

⑧ 금속관의 이음부에 고무 혹은 플라스틱 등의 전기 절연체의 원판을 끼워서 플랜지 접합하여 관을 흐르는 전류를 차단하는 방법

Section 32 관의 접합 시공법

❶ 배관용 탄소강 강관의 접합법

나사 접합은 건축 설비 배관에 가장 많이 사용하며 용접(welding)은 가스 용접을 적용한다.

❷ 연관의 접합

연관의 접합은 플라스턴 접합, 납땜 접합, 쌓기 납땜 접합, 용접법이 있다.

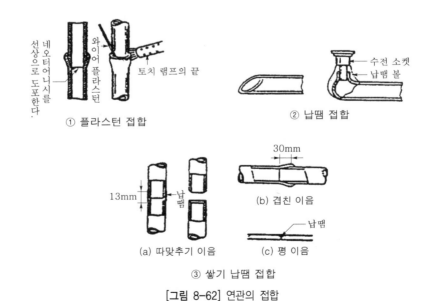

[그림 8-62] 연관의 접합

③ 주철관의 접합법

주철관에는 급수용과 배수용이 있으나 관의 접합법으로서는 양자 모두 소켓 접합이 가장 많이 사용되고 있다. 플랜지 용접은 밸브류 기계류의 접속 외에 특수한 곳의 접합에 주로 사용된다. 메커니컬 조인트도 도시 수도 배수관에는 많이 사용되고 있고 그밖에 교량이나 철도 선로에 따라서 포설하는 경우 등 진동을 받기 쉬운 곳에는 다소 굴곡성이 있는 빅토리 접합이나 동경 접합 등이 사용되고 있다.

① 소켓 접합

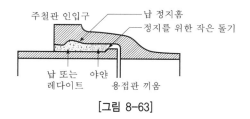

[그림 8-63]

② 플랜지 접합

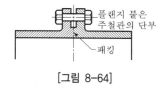

[그림 8-64]

③ 메커니컬 접합(mechanical joint) : 소켓 접합과 플랜지 접합의 좋은 점을 갖춘 방법

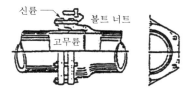

[그림 8-65]

④ 동관의 접합법

① 압축 접합

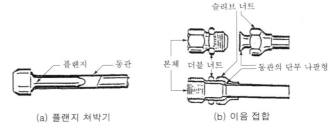

(a) 플랜지 쳐박기　　　　(b) 이음 접합

[그림 8-66]

② 납땜 접합

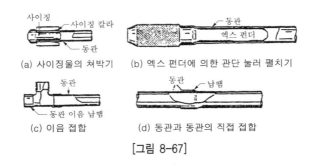

(a) 사이징울의 쳐박기　(b) 엑스 펀더에 의한 관단 눌러 펼치기

(c) 이음 접합　　　　(d) 동관과 동관의 직접 접합

[그림 8-67]

③ 용접법

⑤ 콘크리트 관의 접합법

일반적으로 칼라 이음과 기볼트 이음이 많이 사용된다.

① 칼라 접합(collar joint) : 주로 원심력 콘크리트관의 접합에 사용된다.

② 기볼트 접합(gibault soint) : 두 개의 고무륜과 한 개의 슬리브가 두 개의 플랜지로 되어 있다. 주로 석면 시멘트관의 접합에 사용되며 접합부에 탄력성을 필요로 한 경우 예를 들면 궤도 밑을 횡단하는 배관 등 진동을 수반하는 장소에 사용한다.

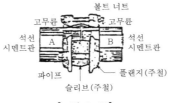

[그림 8-68]

③ 소켓 접합(socket joint) : 소켓 부분 관 끝의 주벽에 시멘트 모르타르를 충만한다.

탄소 강관과 stainless 강관의 사용상의 특성과 용접성

❶ 탄소 강관의 사용상 특성과 용접성

(1) 배관용 탄소강 강관

급수, 급탕, 배수, 통기 등의 배관에 사용하는 강관은 탄소강 강관이며 증기 배관 및 가스 유류 등의 수송, 기타 구조물 등에도 널리 사용된다.
① 단접 강관
② 전기 저항 용접 강관
③ 이음매 없는 강관으로 제조된다.
　㉠ 부식을 막기 위해 강관의 내·외면에 아연 도금을 한 것을 백관이라고 하며 급수, 배수, 통기 배관에 널리 사용된다.
　㉡ 아연 도금을 하지 않은 것을 흑관이라 하며 증기 배관 혹은 도시 가스 배관 등에 사용된다.
④ 장점
　㉠ 연관, 주철관에 비해서 가볍다.
　㉡ 시공이 비교적 용이하다.
　㉢ 항장력이 크다.
　㉣ 충격에 대하여 강하다.
　㉤ 휘어지는 성질이 많다.
⑤ 단점
　㉠ 주철관에 비하여 부식이 쉽고 사용 년수가 비교적 짧다.
　㉡ 이음의 제작이 주철관에 비해서 약간 곤란하여 종류가 적다.

(2) 배관용 탄소강의 용접성

① 산소, 아세틸렌 가스 용접
② 아크 용접

② 스테인리스 강관의 사용상 특성과 용접성

(1) stainless 강관

고도의 내식성, 내열성을 가지고 있으므로 화학 공장, 화학 실험실 등의 특수 배관으로 사용된다. 또한 저온 배관용으로도 사용된다.

① 전기로에 의한 이음매 없는 제조
② 강관에서 자동 아크 용접에 의한 제조로서 제조된다. Fe에 Cr 혹은 Cr + Ni을 첨가하여 내열, 내식성을 높인 관

(2) stainless 강관의 용접성

① 피복 아크 용접
② 서브머지드 아크 용접
③ 불활성 가스 아크 용접(TIG, MIG 용접)
④ 저항 용접

Section 34 │ 트러스 힘의 계산

(1) joint법

예제

하중을 받는 외팔보 트러스의 각 부재에 작용하는 힘을 조인트 법에 의하여 계산하시오.

조인트에 힘을 발생시키는 부재와 같은 방향으로 힘의 화살표를 그린 사실을 주목해야 된다. 이러한 방법에 따르면 인장(조인트에서 멀어지는 화살표)은 압축(조인트로 향하는 화살표)과 구별된다.

풀이 첫째 단계로 트러스 전체의 자유 물체도에서 A와 E에 작용하는 외력을 구해야 한다.

$$\Sigma M_E = 0 \qquad 5T = 20(5) + 30(10) = 0, \qquad T = 80\text{kN}$$
$$\Sigma F_y = 0 \qquad 80\cos 30° - E_x = 0, \qquad E_x = 63.3\text{kN}$$
$$\Sigma F_y = 0 \qquad 80\sin 30° + E_y - 20 - 30 = 0, \qquad E_y = 10.0\text{kN}$$

다음은 각 연결핀에 작용하는 힘을 나타내는 자유 물체도(F.B.D)를 그린다.
조인트 A지점은

$$\Sigma F_y = 0 \qquad 0.866\text{AB} - 30 = 0, \qquad \text{AB} = 36.64\text{kN (T)}$$
$$\Sigma F_x = 0 \qquad \text{AC} - 0.5(36.64) = 0, \qquad \text{AC} = 17.32\text{kN (C)}$$

여기서, T는 인장력, C는 압축력이다.
조인트 B지점은

$$\Sigma F_y = 0 \qquad 0.866\text{BC} - 0.866(34.64) = 0, \qquad \text{BC} = 34.64\text{kN}(C)$$
$$\Sigma F_x = 0 \qquad \text{BD} - 2(0.5)(36.64) = 0, \qquad \text{BD} = 36.64\text{kN}(T)$$

조인트 C지점은

$$\Sigma F_y = 0 \qquad 0.866\text{CD} - 0.866(34.64) - 20 = 0, \qquad \text{CD} = 57.75\text{kN}(T)$$
$$\Sigma F_x = 0 \qquad \text{CE} - 17.32 - 0.5(34.64) - 0.5(57.74) = 0, \qquad \text{CE} = 63.51\text{kN}(C)$$

조인트 E지점은

$$\Sigma F_y = 0 \qquad 0.866\text{DE} = 10.00, \qquad \text{DE} = 11.55\text{kN}(C)$$

Section 35

평형 방정식

$$\Sigma F_x = 0 \quad \Sigma F_y = 0 \quad \Sigma M = 0$$

예제

그림과 같이 풀리가 배열되어 있다. 1,000N의 하중을 받고 있는 케이블 장력 T를 구하시오. 또한 각 풀리는 베어링으로 지지되어 있어 회전이 자유롭고 모든 부분의 무게는 하중에 비해 아주 작다. 풀리 C의 베어링에 작용하는 모든 힘의 크기를 구하시오.
① 작용 반작용에 대한 뉴턴의 제3법칙에 주목하자.
② γ은 결과에 영향을 주지 않는다. 일단 하나의 간단한 풀이를 분석하게 되면 세밀한 검토에 의해 그 결과는 아주 명백해진다.

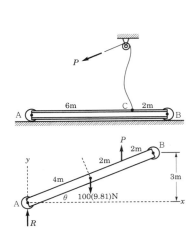

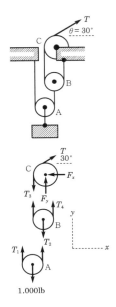

① 평행한 힘계(system)의 평형은 θ에 무관하다.

풀이 $\Sigma M_o = 0$ $T_1 r - T_2 r = 0$, $T_1 = T_2$

$\Sigma F_y = 0$ $T_1 + T_2 - 1,000 = 0$, $2T_1 = 1,000$

$T_1 = T_2 = 500\text{N}$

풀리 A의 예로부터 풀리 B의 힘의 평형을 생각한다.

$$T_3 = T_4 = T_2/2 = 250\text{N}$$

풀리 C의 경우 각 $\theta = 30°$는 풀리 중심에 대한 T의 모멘트에는 영향을 주지 않기 때문에 모멘트 평형에서 다음이 성립된다.

$\Sigma F_x = 0$ $250\cos 30° - F_y = 0$, $F_x = 217\text{N}$

$\Sigma F_y = 0$ $F_y + 250\sin 30° - 250 = 0$, $F_y = 125\text{N}$

$F = \sqrt{F_{+F_y^2 x}^2}$, $F = \sqrt{(217)^2 + (125)^2} = 250\text{N}$

예제

지지 케이블의 장력 T를 구하고, 그림과 같은 지브(jib) 크레인에 대하여 A에서 핀에 걸리는 힘의 크기를 구하시오. (단, 보 AB는 0.5m의 표준 I형 보이고, 길이 1m당 95kg의 질량을 갖는다.)

① 이 단계는 Varignan의 정리이다. 이 원리의 모든 이점을 자주 이용할 수 있도록 하라.

② 2차원 문제에서의 모멘트의 계산은 일반적으로 벡터적 $\bar{r} \times \bar{F}$에 의한 것보다 스칼라 대수학에 의해 더욱 간단히 할 수 있다. 3차원에서는 다음에 설명하겠지만 때때로 반대의 경우도 있다.

③ 원한다면 A에서 힘의 방향을 쉽게 계산할 수 있다. 그러나 핀 A를 설계하거나 그 강도를 검토하는 경우는 단지 힘의 크기만이 문제가 된다.

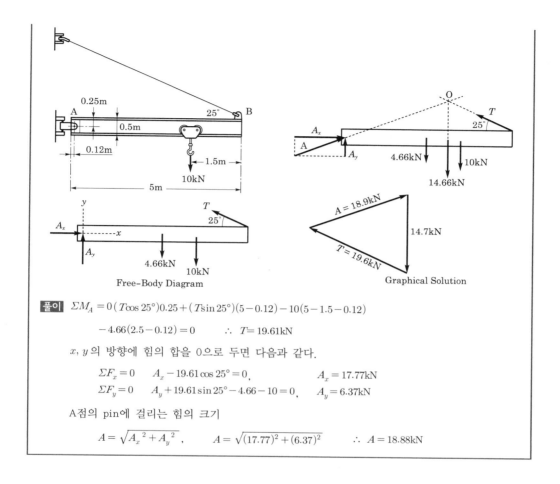

풀이 $\Sigma M_A = 0\,(T\cos 25°)0.25 + (T\sin 25°)(5-0.12) - 10(5-1.5-0.12)$

$$-4.66(2.5-0.12) = 0 \qquad \therefore \ T = 19.61\text{kN}$$

x, y의 방향에 힘의 합을 0으로 두면 다음과 같다.

$$\Sigma F_x = 0 \qquad A_x - 19.61\cos 25° = 0, \qquad\qquad A_x = 17.77\text{kN}$$
$$\Sigma F_y = 0 \qquad A_y + 19.61\sin 25° - 4.66 - 10 = 0, \qquad A_y = 6.37\text{kN}$$

A점의 pin에 걸리는 힘의 크기

$$A = \sqrt{A_x^{\,2} + A_y^{\,2}}\,, \qquad A = \sqrt{(17.77)^2 + (6.37)^2} \qquad \therefore \ A = 18.88\text{kN}$$

Section 36 마찰

1 마찰의 성질

한 물체가 다른 물체 위에서 미끄러지거나 미끄러지려 할 때 두 물체의 접촉면에서 그 면에 나란하게 일어나는 운동이나 일어나려는 운동을 방해하는 두 물체 간의 힘을 마찰이라 한다. 마찰의 예로는 belt 전동 장치, 브레이크, 미끄럼 운동과 회전 운동 등이 있다.

① 정지 마찰(static friction) : 두 물체가 상대 운동을 하지 않을 경우
② 동 마찰(kinetic friction) : 한 물체가 다른 물체에 대하여 상대 운동을 할 때 접촉면에서 그 면에 나란하게 작용하는 저항력
※ 동마찰력은 최대 정지 마찰력보다 작다.

2 마찰의 종류

① 건마찰(dry friction) : 윤활되지 않은 두 물체면이 미끄럼 혹은 미끄럼 경향이 있는 접촉상태에서 발생하며 힘의 방향는 항상 운동 방향 또는 운동의 방향과 반대이고 이런 마찰을 쿨롱 마찰(coulomb friction)이라 한다.

② 유체 마찰(fluid friction) : 유체 마찰은 유체(액체 또는 기체)의 인접층이 서로 다른 속도로 움직일 때 발생한다.

③ 내부 마찰(internal friction) : 내부 마찰은 주기적인 하중을 받고 있는 모든 고체 재료 내부에서 발생한다. 즉, 탄성 한도가 높은 재료는 마찰 에너지의 손실이 적고 탄성 한도가 낮으면 소성 변형을 일으킬 때 마찰 에너지의 손실이 크다.

3 마찰의 법칙

① 최대 마찰력은 수직력에 비례한다.
② 최대 마찰력은 접촉면의 면적에 무관하다.
③ 최대 정지 마찰력은 동마찰력 보다 크다.

4 마찰 계수(μ)

① 정지 마찰 계수(μ_k)

$$\mu_k = \frac{F'}{N}$$

여기서, F' : 최대 정지 마찰력의 크기
N : 수직력

② 동마찰 계수 : 서로 상대 운동을 할 때에 F/N값 동마찰 계수는 정지 마찰 계수의 3/4 이다.

5 마찰각

힘 P가 증가하여 운동을 시작하기 직전에 도달하면 마찰력 $F' = \mu N$이 된다.

$$N = R\cos\phi, \quad F = R\sin\phi, \quad \tan\phi = \frac{F'}{N} = \mu$$

※ P의 작용점이 높거나 밑면의 폭이 좁으면 F는 F'되기 직전에 R이 오른쪽으로 벗어나 넘어지게 된다.

⑥ 마찰 문제 형태

① 평형 상태에 있는 물체가 미끄러지려는 순간에 있을 때 마찰력은 최대 정지 마찰력 $F_{max} = \mu_s N$과 동일하다(평형 방정식이 성립).

② 실제 마찰 조건을 결정하기 위하여 정적 평형 상태를 가정한 다음 평형에 필요한 마찰력 F에 대하여 해를 구한다. 3가지 가능한 결과는

   ㉠ $F < (F_{max} = \mu_s N)$: 물체가 가정한 바에 따라 평형 상태에 있다.

      F는 F_{max} 보다 작다.

   ㉡ $F = (F_{max} = \mu_s N)$: 운동이 막 시작하려는 상태 즉 정적 평형 상태

      가정은 유효

   ㉢ $F > (F_{max} = \mu_s N)$: 평형에 대한 가정은 유효하지 않으며 운동이 일어난다.

      F는 $\mu_k N$ 과 같다.

③ 접촉면 사이에 상대 운동이 존재하고, 이때는 동마찰 계수를 적용한다.

예제

그림과 같은 질량 30kg의 물체가 경사면에 놓여 있다. 경사도는 15°, 접촉면의 마찰 계수는 $\mu = 0.4$일 때 물체를 위로 이동시키기 위한 수평력의 최소값을 구하시오.

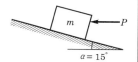

풀이 F.B.D(자유 물체도)

    $F = F' = \mu N$ ∵ 움직이기 시작할 때

        $\Sigma F_y = 0$; $N - 30g\cos 15° - P\sin 15° = 0$ ………………………………… ①

        $\Sigma F_x = 0$; $0.4N + 30g\sin 15° - P\cos 15° = 0$ ……………………………… ②

    ①, ②의 연립

        $N - 284 - 0.26P = 0$

        $0.4N + 76.1 - 0.97P = 0$

        $N - 0.26P = 284$ ……………………………………………………………… ③

        $N - 2425P = -190.25$ ………………………………………………………… ④

    ③, ④

        $2.165P = 474.25$ ∴ $P = 219.05\text{kgf}$

예제

그림에 나타낸 100kg의 블록이 경사면 위로 움직이지도 않고 경사면 아래로 미끄러지지도 않도록 하기 위한 질량 m_o값의 범위를 구하시오. (단, 접촉면의 마찰 계수는 0.30이다.)

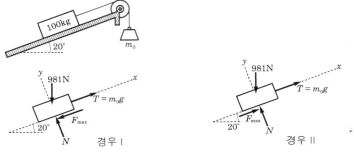

경우 I   경우 II

m_o와 연결되는 억제 작용이 없으면 tan 20°>0.30이므로 블록은 경사면 아래 방향으로 미끄러질 것이다. 평형을 유지하기 위해 m_o값이 필요하다.

풀이 ① m_o의 최대값은 경사면 위 방향으로 운동을 시작하려는 순간 경우 I을 살펴보면 중량은 $mg=100(9.81)=981\,N$이므로 평형 방정식으로부터

$$\Sigma F_y = 0 \qquad N-981\cos 20°=0 \qquad N=922N$$
$$F_{max} = \mu_s N \qquad F_{max} = 0.3(922)=277N$$
$$\Sigma F_x = 0 \qquad m_o(9.81)-277=981\sin 20°=0$$
$$\therefore \ m_o=62.4kg$$

② m_o의 최소값은 경사도 아래로 운동을 막 시작하려고 하는 경우 II를 살펴 보면 x의 평형 조건으로부터

$$\Sigma F_x = 0 \qquad m_o(9.81)+277-981\sin 20°=0 \qquad \therefore \ m_o=6.0kg$$

따라서 m_o값이 6.0kg에서 62.4kg 사이의 어떤 값이라도 블록은 정지한 상태로 있다. 두 경우 모두 평형을 유지하기 위한 조건은 F_{max} 및 N의 합력이 중량 981N 및 장력 T의 합과 일치해야 한다.

$$P=100\,N, \ P=500$$

Section 37 클린 룸(Clean room)의 분류와 필터의 종류

1 클린 룸과 청정도의 정의

클린 룸은 공기 중에 있어서 부유 미립자가 규정된 청정도 레벨 이하로 관리되고 필요에 따라서 온도, 습도, 압력, 기류 현상 등의 환경 조건에 대해서도 관리되는 공간이며

청정도는 현재는 1993년에 개정된 Fed. Std209E가 최신 버전이다. 일반적으로 가장 많이 사용되고 있는 것은 209D로 이것은 1세제곱피트 중(28.8리터)에 0.5미크론 이상의 미립자가 얼마나 있는지 나타낸다. 209D 클래스 100은 1세제곱피트의 체적에 0.5미크론 이상의 미립자가 100개 이하를 의미하며 1,000개 이하인 클래스 1000, 동일하게 10,000개 이하인 클래스 10000이라고 한다. 숫자가 작을수록 미립자가 없는 공간이다. 즉, 고청정 구역이며 국제 표준을 준수하므로 ISO 규격과 KS I ISO 14644-1 규격도 제정되었으며 1m³ 중에 0.1μm 이상의 미립자가 기준이 된다.

② 클린 룸의 분류

(1) 수직 일방향형 클린 룸(수직 층류형 클린 룸)

ULPA 필터 등에서 구성하는 천장 전면에서 공기가 기내로 유입하고, 대항하는 밑면으로 유출하도록 되어 있는 공간으로 수직 일방향유가 흐르는 형식의 클린 룸, 넓은 공간에 대해서도 최고로 높은 청정도를 얻는다.

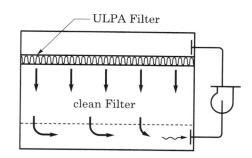

[그림 8-69] 수직 일방향형 클린 룸(수직 층류형 클린 룸)

(2) 수평 일방향형 클린 룸(수평 층류형 클린 룸)

ULPA 필터 등에서 구성하는 일방향의 벽 전면에서 공기가 기내로 유입하고 대항하는 벽 전면에서 유출하는 것으로 되어 있는 공간으로 수평 방향으로 일방향 흐름이 되는 클린 룸, 하류는 대개 청정도가 저하된다.

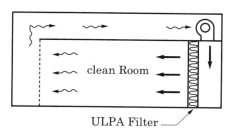

[그림 8-70] 수평 일방향형 클린 룸(수평 층류형 클린 룸)

(3) 비일방향형 클린 룸

기류 패턴과 유속이 같은 상태가 아닌 클린 룸, 실내 공기 중 부유 입자는 천장 또는 벽의 일부에 설치된 흡출구보다 급기된 청정 공기에서 희석되고 흡입구보다 옥외로 배출한다. 청정도 클래스 6 이하의 경우에 사용된다.

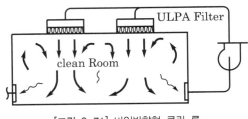

[그림 8-71] 비일방향형 클린 룸

(4) 혼류형 클린 룸

한 공간 내에서 일방향 유형과 비일방향 유형이 혼재하는 형식의 클린 룸, 생산 라인 상은 일방향 유형으로 하여 고청정도를 확보하지만 그 외 통로, 서비스 영역 등은 비일 방향 유형으로 하여 설비비 및 운전비를 절감한다.

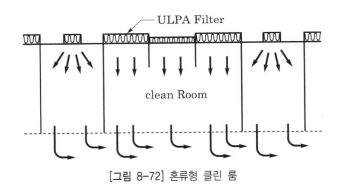

[그림 8-72] 혼류형 클린 룸

(5) 클린 튜브

웨이퍼에 대해 오염 방지를 위한 제조 장치간, 제조 장치와 웨이퍼 스톡카 사이 등의 반송 공정을 고청정 공간을 형성하는 튜브, 클린 룸 전체를 고청정화할 필요가 없기 때문에 생에너지 등의 이점을 가지지만 제조 장치 안티페이스 등의 전자동화 클린화, 유지 관리 자유화 등의 기술이 불가결에 있다.

(6) 클린 터널

클린 룸 내의 일부에 설치하고 ULPA 필터 등에서 구성된 청정면을 가진 터널형의 수직 일방향유 영역, 청정 공기는 터널 내를 수직 일방향유 영역으로 한 경우 전면의 작업 통로 또는 후면의 서비스 영역을 통과하여 순환시킨다.

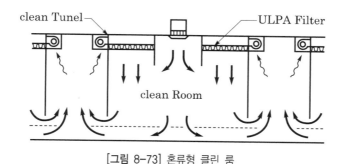

[그림 8-73] 혼류형 클린 룸

3 필터의 종류

(1) ULPA 필터

정격 풍량에서 입경이 $0.1\mu m$의 입자에 대해 99.9995% 이상의 입자 포집률을 가지고 각 압력 손실이 245Pa(25mmH$_2$O) 이하의 성능을 가진 air filer, 주로 VLSI 제조 공정의 슈퍼 클린 룸으로 사용된다.

(2) HEPA 필터

정격 풍량에서 입경이 $0.3\mu m$의 입자에 대하여 99.97% 이상의 입자 포집률을 가지고 각 압력 손실이 245Pa(25mmH$_2$O) 이하의 성능을 가진 air filter이다. 일반적으로 클린 룸 최종 단계에 사용된다.

(3) Medium 필터

주로 $5\mu m$보다 작은 입자에 대해 중정도의 입자 포집률을 가진 air filter이며 일반적으로 air filter와 pre-filter 중간에 설치하여 주 air filter의 운동을 보조하는 중간 필터로 사용된다.

(4) Bag 필터

주로 $5\mu m$보다 큰 입자의 제거에 사용되는 air filter, 일반적으로 공기류에 대해 한번 상류에 설치되는 pre-filter로 사용된다.

(5) 가스 제거용 필터

공기 중의 가스상 오염물을 제거하는 air filter, 가스상 오염물을 흡착에 따라서 제거하는 흡착식, 흡수에 따라서 제거하는 흡수식 등이 있다. 활성탄 필터는 가스와의 접촉 면적이 큰 미세 다공 구조를 가진 흡착식 가스 제거용 필터이다.

Section 38 | 유체 유동 해석 범용 프로그램 CFX

1 개요

유동 해석에 기본적으로 활용되는 navier stokes 방정식을 통한 유동(流動)장의 해석법이 복잡한 현상에 대해서 실용화되는 단계에 이르게 되었다. 설계의 정확성이나 경제성을 고려할 때, 실험이나 근사적인 해석 방법에 의존해오던 유체의 유동 관련 해석법이 컴퓨터 시뮬레이션을 통한 매우 경제적이고도 효율적인 수치 해석 기법으로 전환될 것으로 예상된다.

수치 해석을 통한 유동장 해석법은 해석 코드가 일단 구비 된다면 경계 조건 등 입력 조건의 변경만으로 컴퓨터를 통해 해석이 가능하므로 실험에 의한 방법보다 경제적이고, 제한된 시간에 다양한 기술 동향에 대한 해석이 가능하다. 그리고 제공되어지는 정보는 구체적이고 완전하다. 즉, 한 번의 계산으로 전 유동장 내의 속도, 압력, 온도, 밀도 등의 분포를 알 수 있다.

또한 수치 해석 기법을 사용하여 고온, 고속이나 유독한 환경, 실험으로는 실현시키기 힘든 2차원 유동이나 단열 벽면 등 기술 동향과 같은 조건에서도 아무런 제약없이 해석이 가능하다.

2 특징

CFX는 복잡한 형상 주위의 층류 및 난류 유동과 열전달 문제를 해석하기 위해 개발된 범용 프로그램이다. 비직교 물체 고정 격자(non orthogonal ody fitted grid)를 사용하여 일반적인 압축성 층류 및 난류 유동장 해석이 가능하다. 유동장 해석 능력의 중요한 인자가 되는 난류 모델로는 K 모델을 비롯하여 algebraic stress 모델과 미분 레이놀즈 스트레스 모델 등을 사용자가 정의하여 이용할 수 있다. 확산 효과를 줄이기 위한 다양한 차분 기법이 제공되며, 이차원 adaptive gridding 기법을 사용하여 보다 정확한 해석을 이룰 수 있다.

CFX는 공학 문제 해석에 폭넓게 적용될 수 있는데, 자동차 외형 모델 및 엔진 유동 해석, 생체 내 유동, 건물 내부의 화염 전파와 같은 환경 문제, 화학 공정, 항공기 날개 주위의 유동장 해석, 원자력 발전소의 냉각 시스템 해석 등이 주요 연구 분야이다.

③ 지배 방정식 및 수치 기법

코드가 다루는 기본 유체는 뉴턴 유체(Newton fluid)이며, 사용자 정의 방식으로 단순한 비뉴턴 유체에도 적용될 수 있다. 부력 및 누출–흡입 영역, multiphase 유동에 광범위하게 적용될 수 있으며, 화재 해석을 위한 연소 모델을 정의할 수 있다. 고체면 근처 유동장 경계 조건으로 로그 법칙이 사용되고, 복사 열전달은 엔탈피 방정식의 생성항을 고려하여 해석할 수 있다.

non staggered 격자상에서 속도–압력 관계식을 유한 체적법으로 차분화하여 SIMPLE, SIMPLEC, PISO 알고리즘을 적용한다.

시간 종속항은 내연 후방 차분법(fully implicit backward differencing)과 시간 중심 크랭크–니콜슨법(time centerd crank nicolson method)으로 차분화된다. 대류항 차분은 혼합 차분(hybrid differencing)이 표준이고, 선택 가능한 방법으로 Upwind, Central, QUICK차분을 들 수 있다.

③ 전처리기(pre-processing)와 후처리기(post-processing)

CFX의 전처리기는 CFX Build로서 MSC/PATRAN을 기본으로 하고 있다. CFX Build는 여러 CAD S/W와 호환이 가능하다. 또한 계산 영역의 경계 격자들을 입력하였을 때 내부 격자들을 자동적으로 생성하고, 메뉴 방식의 사용자 인터페이스가 제공되며 경계 조건이 가시화되는 등 복잡한 유동장의 격자계 형성을 쉽게 할 수 있다.

후처리기는 AVS(Advanced Visual Systems)를 채택한 CFX Visualise로서 유동장 해석 결과를 3차원적으로 해석할 수 있다.

Section 39
항력(drag force)과 양력(lift force)

① 양력(lift force)

공기의 흐름이 빨라지면 압력이 낮아진다. (By Bernoulis principle) airfoil의 윗 표면의 camber 부문에는 airfoil의 아래 부문보다 더 빠른 공기의 흐름이 있다. 즉 속도의 증가는 압력을 떨어뜨린다. 그래서 날개에 양력이 발생한다. 양력(lift)은 airfoil lift 또는 Bernoullis lift라 부르며 airfoil에 공기 중을 이동하거나, 난기류보다 부드러운 바람이 불 때도 지속적으로 작용한다. 모든 airfoil은 camber나 chord뿐만 아니라 모든 것에 표면 위를 따라 흐르는 부드러운 흐름을 방해한다. 만약 완벽한 airfoil이 있다면 아마

나뉘어진 기류가 다시 모이는 trailing edge에 난기류를 가질 것이다. 보통의 airfoil은 심지어 수평 비행할 때라도 trailing edge의 앞에 난기류를 가진다.

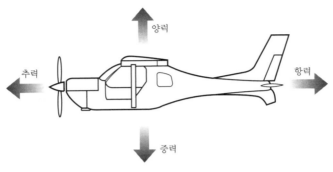

[그림 8-74] 비행기에 작용하는 힘

2 항력(drag force)

(1) 유도 항력

유도 항력은 양력의 피할 수 없는 부산물이고 받음각이 커질수록 증가한다. 받음각이 커질수록 양력도 커지고 유도 항력도 커진다는 것이다. 뒤로 미는 힘(유도 항력)과 위로 밀어주는 힘(양력)이 있을 것이다. 각각 방향에 있는 힘의 양은 받음각에 의존할 것이다. 받음각이 작다면, 그 항력과 양력은 비교적 작다. 받음각의 어떤 증가는 어느 점까지 항력과 양력을 증가시킬 것이다. 그러나 매우 높은 받음각에서는 속도가 불안정해지는 지점에 다다르면서, 양력은 감소할 것이고 항력은 속력과 자세를 수반하는 양력과 추력을 극복할 것이다.

(2) 표면 마찰 항력

모든 유체는 점성을 가지고 있다. 점성을 가진 공기가 고체 표면을 따라 흘러가면 공기 입자는 고체와 접촉하는 면에서 공기의 점성 때문에 고체 표면에 달라붙는다. 경계층 내에서는 흐름층 사이에 속도의 크기가 점성의 크기에 따라 다르게 나타나며 고체 표면에는 공기 흐름과 같은 방향으로 힘이 작용한다. 고체 표면 전체에 작용하는 힘을 표면 마찰 항력이라고 한다. 따라서 점성을 갖는 유체의 흐름에는 경계층이 생기고 마찰 항력이 작용한다. 경계층 내부에서의 흐름을 그 모양에 따라 층류와 난류로 구분한다.

(3) 조파 항력

초음속 흐름에서 에어 포일에 미치는 공력 특성은 에어 포일에 생기는 압축파나 팽창 파에 따라 좌우된다. 여기에서 작용하는 항력은 마찰이나 형상에 의한 항력이 아니며 공기의 압축성 효과로 생기는 충격파에 의한 것으로 이 항력을 조파 항력이라고 한다.

Section 40 과열 증기

① 정의

과열증기란 대기압하에서 수증기를 더욱 가열하여, 포화 온도(대략 100℃) 이상의 상태로 만든 고온의 수증기이며 포화온도는 액체인 냉매(물)와 기체인 냉매(수증기)가 공존하고 있을 때의 온도이다. 액체와 기체가 공존하고 있는 상태를 가열하면, 액체의 일부가 기화하여 공급된 열량을 기화 잠열(증발열)로 흡수하기 때문에, 액체가 공존하고 있는 한 같은 압력하에서는 온도가 일정하게 된다.

② 과열증기의 특징

과열증기는 포화증기 또는 열풍에 비해 다음과 같은 특징을 갖기 때문에 세척, 살균, 건조 등이 필요한 용도인 식품산업, 의료산업 등 다양한 분야에서 주목을 받고 있다.

① **열전달성이 높다** : 가열 공기와 비교하여 단위 체적당의 열용량이 커서, 매우 높은 열전도성을 갖는다.

② **대상물을 건조시키는 능력이 높다** : 대류 열 전달, 응축 열 전달, 복사 전열의 3가지로, 열풍 가열의 2~4배의 건조 능력을 갖는다.

③ **대기압하에서 고온 처리** : 대기압하에서 고온 처리하기 때문에 고압용 특수 배관이나 압력 용기 등이 불필요하다.

④ **저산소 상태(환원성 분위기) 처리 가능** : 물에 용존하는 산소량은 6ml/kg 정도이므로, 과열증기 중에는 수 ppm 정도의 산소밖에 존재하지 않으며 환원성 분위기에서 열분해한 것으로 대상물이 산화하지 않는다.

Section 41 빙축열 설비의 구성 요소와 원리

1 개요

빙축열 시스템이란 심야시간(23:00~09:00) 동안에 값싼 전력요금으로 냉동기를 가동하여 물(현열)을 얼음(잠열)으로 상변환시켜 축열조에 저장하였다가 이를 전력 소비량이 많은 주간 냉방시간에 이용함으로써 에너지를 경제적으로 사용할 수 있는 새로운 냉방시스템이다.

2 빙축열 시스템 구성

3가지 기본 시스템 설계가 있다.

(1) Storage up stream

[그림 8-75]에서 축열조의 방냉 효율은 최대화되지만 냉동기 입구 온도는 떨어진다. 제어 방법과 배관은 간단해지며, 적용 시는 Δt 운전을 고려한다.

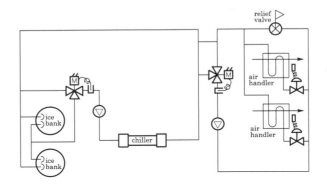

[그림 8-75] Storage up stream(직렬 흐름)

(2) Chiller up stream

[그림 8-76]에서 냉동기는 매우 높은 용량과 효율에서 작동한다. 축열조의 방냉량은 약간 감소된다. 또한 제어와 배관이 간단해진다.

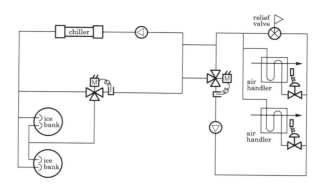

[그림 8-76] Chiller up stream

(3) 병렬 흐름

　　[그림 8-77]에서 냉동기와 축열조 둘 다 높은 온도의 리턴되는 이점을 얻는다. 냉동기는 높은 용량과 효율에서 작동하고, 축열조의 방냉량은 최대화된다. 시스템 압력 강하는 비록 제어와 배관이 연속 시스템보다 약간 더 복잡하지만 감소된다.

　　국내에서 실용화된 직렬 흐름에서의 Chiller up stream과 Chiller down stream(Storage up stream)에 대하여 알아본다.

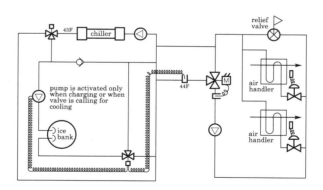

[그림 8-77] Parallel flow

[표 8-2] 빙축열 시스템 Chiller down stream과 Chiller up stream 비교

구분 내용	Chiller down stream	Chiller up stream	비 고
개요	열교환기 기준으로 하류측에 냉동기가 있는 방식으로 부하에 대한 1차 냉각을 축열조가 담당하는 방식이다.	열교환기 기준으로 유동 상류측에 냉동기가 있는 방식으로 부하에 대한 1차 냉각을 냉동기가 담당하는 방식이다.	

구분 내용	Chiller down stream	Chiller up stream	비 고
장점	① 축열조 이용 효율이 증대된다. ② peak 부하 대응 능력이 좋다(냉동기 운전). ③ 온도차를 크게 하여 순환 펌프의 동력이 감소된다. ④ 낮은 온도의 냉수 공급이 가능하다. ⑤ 열교환기의 전열이 면적 감소된다. ⑥ 대형 시스템에 적합하다.	① 냉동기 운전 효율이 증대된다 (COP. 증대). ② 시스템이 간단하고 제어가 용이하다. ③ 소형 시스템에 적합하다.	
단점	① 주간 냉동기가 낮은 온도로 운전되어 효율이 감소된다(COP. 감소). ② 운전 제어 시스템의 기술이 요구된다.	① 축열조 방냉 효율이 감소된다. ② 열교환기 전열 면적이 증가한다. ③ 순환 펌프 동력이 증가한다.	
기타	축열조에 축열량이 남을 수 있으나 입출구 Δt 운전 제어에 의해 완전 방냉된다.		
적용	◎	○	

3 기대 효과

저온 공조 시스템은 빙축열 시스템과의 조합에 의해 다음과 같은 이점이 있다.

① 공조 시스템의 에너지 사용량 감소
② 실내 공기의 질적인 향상과 쾌적성
③ 습도 제어의 용이함
④ 덕트 및 배관의 크기 감소
⑤ 송풍기, 펌프, 공기 조화기의 크기 감소
⑥ 건물 층고의 감소
⑦ 급기 입상 덕트 및 환기 덕트의 크기 감소
⑧ 쾌적한 근무 환경 조성에 의한 생산성 향상
⑨ 기존 건물의 개보수에 적용하면, 낮은 비용으로 냉방 능력의 증감이 용이

Section 42 냉각탑의 작동 원리와 제어 방법

1 개요

냉각탑은 공업용과 공조용으로 나뉘며, 냉동기의 응축기 열을 냉각시키고, 물을 주위 공기와 직접 접촉·증발시켜 물을 냉각하는 장치를 냉각탑이라 한다. 강제 통풍식은 송

풍기 사용, 공기 유통으로 냉각 효과가 크고, 성능 안정, 소형 경량화가 가능해 주로 쓰이며 자연 통풍식은 거의 사용하지 않는다.

② 냉각탑의 작동 원리와 제어 방법

냉각탑의 종류을 살펴보면 개방식은 대기식, 자연 통풍식, 강제 기계 통풍 방식(대향류형, 향류형, 직교류형)이 있으며 밀폐식은 건식과 증발식이 있다. 가장 많이 사용되는 냉각탑의 작동 원리와 제어 방법은 다음과 같다.

① **직교류형** : 저소음, 저동력, 대형시 유닛 조립의 높이가 낮다. 설치 면적이 넓고 중량이 크다. 토출 공기 재순환 위험, K_a치가 낮다. 비산수량이 많아 고가이다.

② **대향류형** : 직교류형의 반대이다.

③ **밀폐식 냉각탑** : 순환 냉각수의 오염 방지를 위해 코일 내 냉각수가 순환하면서 코일과 공기가 접촉하며, 설치 면적이 4~5배 크다. 24시간 공조용 냉각탑에 적용하며 고가이다.

Section 43
산업용 보일러의 안전 장치

① 개요

산업용 보일러는 안전사고 발생 시 폭발력이 광범위해 막대한 인적 · 물적 피해가 발생함으로 사고 예방을 위한 안전관리 활동이 매우 중요하다. 산업용 보일러의 주요사고 유형은 다음과 같이 크게 세 가지로 분류된다.

① **보일러 동체 파열** : 보일러 내부의 수위 부족에 따른 저수위 사고로 보일러에 부착된 저수위경보장치, 배기가스온도상한스위치 등을 주기적으로 점검해 보일러의 과열을 방지해야 한다.

② **보일러 연소실 내 미연소가스 체류로 인한 가스폭발 사고** : 보일러 가동 전후 프리퍼지 및 포스트퍼지가 정상적으로 작동되는지 확인해 미연소가스가 연소실 내 체류되지 않도록 하는 것이 좋다.

③ **보일러 가동 중 발생되는 연소가스(일산화탄소)가 실내로 유입돼 생기는 중독 사고** : 연소가스가 실내로 유입되지 않도록 연도 등의 균열여부를 수시로 점검하고 연소가스가 실내로 유입되지 않도록 주의가 필요하다.

❷ 산업용 보일러의 안전 장치

산업용 보일러의 안전장치는 다음과 같다.

(1) 안전밸브(Saftety Valve)

보일러의 최고 사용 압력하에서 압력이 자동 분출되도록 한 기계적 안전장치로 증기 압이 계속 상승 시 최고압 또는 설정압력에서 내부 압력을 방출시킨다.

(2) 압력제한 장치(압력차단 SW)

설정 상용압력에서 버너 연소작동을 정지시켜 설정압 이상의 압력상승을 제한시킨다.

(3) 과열방지 스위치

설정온도(최고 사용 압력하의 포화온도+약 10℃)에서 전원을 차단하며 퓨즈식은 설정 온도에 의한 퓨즈 단락으로 전원을 차단하고 전자식은 설정온도에 의한 리밋 스위치의 작동으로 전원을 차단한다.

(4) 저수위 차단장치

기계식(부력)은 기계적 감시로 전원을 차단시키며 전자식은 전기적 감지장치에 의한 전자회로로 전원을 차단한다.

(5) 연소 안전장치(프로테트 릴레이 기능)

버너기능 차단은 연료공급밸브의 잠김이 동시에 이루어진다.

(6) 연료공급안전장치(가스버너 적용)

① 가스 압력 부족 시 안전차단(가스압 하한SW) : 설정된 압력 이하로 가스가 공급되거 나, 공급이 중단되었을 경우 버너기능을 차단시킨다(1초 이내).
② 가스 공급 압력초과 시 안전차단(가스압 상한SW) : 설정된 압력 이상으로 가스가 공 급되거나 노 내압 이상 상승 시 버너기능을 차단시킨다(1초 이내).

(7) 가스누설안전장치

메인밸브의 내부누설로 가스가 노 내에 유입됨을 방지하기 위한 안전장치로, 보일러 정 지상태에서 가스 누설 시 전후 압력차에 의한 정지신호로 버너가 작동되지 않도록 한다.

(8) 미연소 가스 배출 안전장치

노 내에 잔류한 미연소가스를 배출시키는 기능으로 30초 이상 프리퍼지 후 착화 기능 이 작동되도록 하는 장치이다.

Section 44 열병합 발전 설비의 장단점과 종류

1 개요

열병합 발전은 전력과 열을 동시에 발생시켜 에너지 이용률을 70~85%(기존 발전의 2배 이상)로 높이는 발전 체계를 말한다. 즉 증기 터빈, 가스 터빈 등 각종 엔진으로 발전기를 구동해 전기를 생산하고, 구동기에서 발생하는 배열을 거두어 효율적으로 사용한다. 예를 들어, 화력 발전소에서 증기 터빈으로 발전기를 구동하고 터빈의 배기를 이용해서 지역 난방을 하는 경우이다.

2 열병합 발전의 장단점

(1) 장점

① 에너지 이용 효율의 향상을 통해 대기오염을 저감할 수 있다.
② 발전 설비가 수요지와 인접되어 있기 때문에 송전 손실이 감소된다.
③ 집단화에 따른 공해 방지 설비 설치가 용이하며 설비비도 절감된다.
④ 화재 등 재해 발생 확률이 감소한다.
⑤ 저질 연료 또는 쓰레기 등의 폐자재 이용이 가능하다.
⑥ 고효율 에너지 시스템 사용을 통한 에너지 절약 및 비용 절감이 가능하다.
⑦ 여름, 겨울철의 전기, 열 수요 불균형에 대응할 수 있다.
⑧ 주어진 조건에 적합한 연료 선택이 가능하다.

(2) 단점

① 초기 투자비가 많이 든다.
② 지역 난방용의 경우 지역의 오염도가 증가한다.
③ 숙련된 인력이 필요하다.
④ 에너지 이용 효율은 좋으나 발전 효율이 떨어진다.

3 열병합 발전 시스템의 종류

열병합 발전은 열이 공급되는 용도에 따라 생산 공정용, 지역 난방용, 급탕용 등으로 나눌 수 있다. 우리 나라의 경우 수도권 신도시의 대규모 아파트 단지에 집단 에너지 공급을 위한 열병합 발전을 하고 있다.

(1) 폐열 회수 발전

생산 공정에서 발생하지만 유효하게 사용되지 못하고 방출되는 양질의 폐열을 폐열 회수 보일러를 통해 회수함으로써 고온·고압의 증기를 생산하고, 생산된 증기를 이용해 증기 터빈을 구동시킴으로써 전력 및 증기를 생산하는 방법이다. 소각로, 시멘트 플랜트, 제철 설비 등에 대표적으로 적용할 수 있다.

(2) 차압 발전

보일러에서 생산한 고온, 고압의 증기를 해당 공정에 필요한 압력으로 감압 시 감압 밸브 대신에 증기 터빈을 이용함으로써 해당 압력의 증기도 사용하고 전력도 생산하는 방법이다.

(3) BIO 가스 발전

생활 쓰레기, 축산 쓰레기 또는 생활 하수를 처리하는 과정에서 발생하는 유해 성분인 메탄가스를 활용하여 전력과 증기 또는 온수를 생산하고 부산물을 처리하는 방법이다.

(4) Land fill gas 발전

쓰레기 매립지에서 발생하는 유해 성분인 메탄가스를 활용하여 전력과 증기 또는 온수를 생산하는 방법이다. 쓰레기 매립장의 규모, 조성 등에 따라 설비 조건이 달라지며 발생 가스의 전처리 설비 구성 등이 매우 중요한 기술 요소이다.

(5) 복합 발전

가스 터빈을 이용하여 전기를 생산하고, 배출되는 배기 가스를 활용하여 폐열 회수 보일러에서 증기를 생산한 뒤 이를 증기 터빈으로 보내 전기를 생산하고 배기 증기를 공정용 증기나 급탕 및 냉난방용으로 사용하는 열병합 발전 시스템을 복합 발전이라 한다.

(6) 기타 발전

그 외에 가스 터빈 열병합 패키지, 가스 엔진 열병합 패키지, 스팀 터빈 열병합 발전 등 다양한 형태의 열병합 발전 시스템이 있다.

Section 45 열교환기 설계 시에 접촉 열저항, Fouling Factor

1 접촉 열저항

냉매관과 열전달 핀의 접촉 열저항은 냉매관과 열전달 핀의 접촉 열저항이 없으면 없을수록 열전달이 잘 이루어지고 효율적인 열교환이 이루어짐을 알 수 있다.

2 Fouling factor

판형 열교환기(PHE)에서는 난류가 크고, 유량 분배가 일정하므로 Channel 내부의 유동이 빠르고 열판의 표면이 매끄럽기 때문에 오염(fouling)이 매우 낮다. 전열면의 표면에 부착된 스케일에 의해 열전달을 방해하게 되는 정도를 오염 계수(fouling factor)라고 하며 물/물 열교환기에서는 대략 0.0001에서 0.0003을 설계상 고려하게 된다. 일반적으로 쉘-튜브 열교환기의 오염 계수에 비해서 PHE는 1/7에서 1/10 정도이다. 그러나 PHE의 경우는 오염 계수 대신에 over surfacing(여유율-오염에 의한 영향을 고려해서 열교환 면적을 증가시키는 비율)을 흔히 사용하는데 일반적으로 ove rsurfacing은 10% 정도면 충분하다.

Section 46 복사 열전달의 Configuration Factor

1 개요

일정한 속도와 주파수를 갖는 전자기파에 의해 공간을 통해 전달되는 에너지이며 복사는 빈공간을 통과한다면 열이나 다른 형태로 변경되지 않고 경로도 변경되지 않는다.

대기 중에서 복사열을 흡수하는 것은 CO_2, H_2O이다. 절대 온도가 0 이상인 모든 물질은 외부 요인과 무관하게 복사 방출하며, 예를 들면 난로에서 불 쬐는 것, 찜질방, 태양열 등이 있다.

진공 속에서 빛의 속도로 이동하는 Planck 양자 이론, 열복사 파장은 적외선을 지나 연장되어 가시광선까지 $\lambda = 0.4 \sim 100 \mu m$이다. 온도가 1,000℃인 물체는 밝은 적색을 나타내며 우리는 우리 눈의 주파수와 같은 파장 범위 내에 있는 열복사를 볼 수 있는 것이다.

온도만의 결과에 의한 복사는 열복사이며 복사는 전장과 자기장으로 구성된 전자기 에너지로서 주파수와 속도를 갖는다.

② 배치 계수(Configuration factor)

방사되는 복사체로부터 일정 거리에 있는 물체에서 받는 복사 수열량, 감소된 에너지 부분을 배치 계수라 하며 거리, 방향, 폭 등에 의하여 결정된다. 복사 수열량은 원격 발화에서 중요하다.

Section 47

배관 규격에서 SCH(schedule) No.

① 개요

배관 두께를 나타내는 스케줄(Schedule) 번호는 숫자를 이용해서 표기하는데 5, 5S, 10, 10S, 20, 20S, 30, 40, 40S, 60, 80, 80S, 100, 120, 140, 160 등이 있다. 배관의 크기마다 각 스케줄이 나타내는 두께는 다르다. 예를 들어, SCH 40이라고 하면 NPS 4에서는 6.02mm를 나타내지만 NPS 6에서는 7.11mm를 나타낸다.

② 배관 규격에서 SCH(schedule) No.

스케줄은 해당 배관의 운전압력(P)을 배관 재질의 최대허용응력(S) 값으로 나눈 값에 1,000을 곱한 것으로써 압력과 최대허용응력의 단위는 psi(pounds per square inch)를 사용한 것이다. 즉, 스케줄 번호는 1000 P/S이다. 스케줄 번호가 클수록 더 두꺼운 두께를 의미한다. 스케줄 번호는 배관의 크기를 나타내는 NPS 시스템과 함께 사용된다. 배관의 내경은 NPS 시스템에서 규정된 외경의 크기와 스케줄 번호에 의해서 자동적으로 결정된다. 스케줄 번호 뒤에 S가 붙어 있는 것들이 있는데, 이것은 stainless steel을 사용한 배관의 두께를 표현할 때 사용한다.

IPS 시스템에서 배관의 두께를 나타내는 STD, XS, XXS 등의 표현은 스케줄에서 함께 표현된다. 예를 들어, NPS 10 이하의 배관에서는 SCH 40이 STD와 같은 두께를 나타내고 NPS 8 이하의 배관에서 SCH 80은 XS와 같은 두께를 나타낸다.

Section 48 플랜트(plant) 및 빌딩 건축 공사의 배관 작업 공정

1 개요

배관이라는 것은 유체의 수송을 목적으로 기기와 기기를 연결하는 것을 말하지만 연결된 관 자체를 배관이라고 부르기도 하며 배관은 철판, 동관, 알루미늄관, 비닐관 등 여러 가지가 있으며 이것을 적당히 연결하면 그 임무가 끝나는 것으로 생각하였다가는 결과에 있어서 큰 오류를 범하게 되는 일이 있다. 만약 배관이 잘못되었을 경우에는 유체의 누출은 물론이고 건물이나 각 장치에까지 큰 피해를 주는 일이 있다. 플랜트 배관은 압력을 요구하는 배관이므로 설계압력, 주위의 온도, 부식, 이음효율, 공장의 가동수명 등을 고려하여 배관설계 및 재질 선정에 특별히 주의하여야 한다.

2 플랜트(plant) 및 빌딩 건축 공사의 배관 작업 공정

플랜트(plant) 및 빌딩 건축 공사의 배관 작업 공정을 순서대로 열거하면 다음과 같다.

(1) 배관절단

배관 및 배관 구성물의 절단방법은 자재 특성에 따라 절단기, 연마절단기, 화염, 아크 절단방법 등을 사용한다. 화염이나 아크절단을 사용한 곳은 연마기로 찌꺼기나 가열부분을 제거함으로써 절단된 가장자리를 매끈하게 만든다.

(2) 관의 굽힘

현장 사정상 피팅류에서 찾을 수 없는 각도를 요구하는 곳에 있어서는 관을 굽혀야 한다. 이때 원칙적으로는 냉간굽힘을 하지만 2" 이상인 경우 열간굽힘도 한다. 시공도면상 특기하지 않는 한 일반적으로 굽힘반경은 호칭외경의 3.5~5배로 한다. 용접된 관을 굽히는 데는 용접된 이음매가 가능한 한 응력을 최소로 줄일 수 있는 위치에 오도록 하며 가열 및 냉각속도는 다음 공식으로 부터 얻어지고 과속도는 모든 부분에서 피하여야 한다.

$$R = 200 \times 25t$$

여기서, R : 가열 및 냉각속도(℃/h), t : 호칭 벽두께(mm)

(3) 나사내기

모든 배관부품에 대한 나사 치수는 작업의 특성에 맞게 따라야 하며 일반적으로 나사식 이음을 하는 곳에는 누출을 방지하기 위하여 마대 등의 밀폐제로 감아준다.

봉인용접(seal welded)을 하는 나사식 이음을 할 경우 나사부품 윤활유 및 나사를 감는 밀폐제 등을 완전히 제거하여야 한다.

(4) 용접

일반적으로 눈, 비, 강한 바람이 불면 용접을 하지 않고 5℃ 이하 온도에서는 모재를 예열하고 용접을 해야 한다. 용접은 평평한 위치에서 하여야 하며 평평한 위치가 불가능한 곳에서는 가능하면 평지에 가까운 장소에서 행한다.

균열, 기포, 언더컷(undercutting) 및 경화부분과 같은 불완전한 부분은 가용접(tack welding) 시 다음과 같은 주의를 요한다.

① 유해한 녹, 기름, 페인트, 모래, 습기 및 기타 유해한 물질이 없도록 용접에 앞서 표면을 깨끗이 청소한다.

② 결합되는 배관부품의 끝은 배관에 잔류응력을 일으킬 수 있는 부적절한 연결이 되지 않도록 연결을 하여야 한다.

③ 용접부의 루트의 간격(Root Opening)은 용접 도중 일그러지지 않도록 틀잡이를 해야 한다.

④ 가용접(tack welding)을 위한 용접봉 크기는 루트 간격에 따라 선택하여야 한다.

⑤ 버팀쇠(Bridge)를 제거는 연마기나 가스절단기중 어느 것을 사용해도 좋지만 용접표면을 가스절단기로 제거하고 모재표면에 대한 마감질은 연마기로 한다.

⑥ 망치로 내려치거나 쪼아내는 방법은 버팀쇠를 제거하는 것으로 사용하여서는 아니 된다.

⑦ 용접 이음매를 갖는 배관과 배관부품의 용접위치는 서로가 관 두께의 5배 이상 차이가 나게끔 용접을 하여야 한다.

(5) 조립

조립하기 전 배관부품에는 녹, 모래, 기름 및 이물질이 없도록 하여야 하며 밸브는 세척 후 닫힌 채 설치되어야 한다. 배관설치 중 이물질이 없도록 하기 위해 열린 채 설치하면 아니 된다.

플랜지식 이음은 개스킷 접촉면에 균일하게 놓여 지도록 플랜지 중심선의 배열과 플랜지면의 평행선을 조종한 후 맞추어 붙여서 비교적 균등한 볼트 응력이 걸리도록 해야 하며 관에 용접되는 플랜지의 볼트구멍 배열은 수평배관에서는 수직 중심선에 대칭으로 설치하고 수직배관에서는 북쪽 대칭으로 하여 설치한다.

이때 배관계는 정확하게 수평 및 수직상에 평행이 되도록 설치하며 볼트, 너트의 나사 및 개스킷의 표면은 페이스트(PASTE)를 발라서 접착이나 누수 등에 대비한다.

펌프, 알람밸브 등 플랜지식 접속부분의 개방된 구멍은 최종 연결 시까지 기기 내에 먼지나 다른 이물질이 들어가는 것을 방지하기 위하여 얇은 판으로 덮어야 한다.

(6) 검사

공사 도중 또는 완료 후 우선적으로 다음과 같은 검사가 수행되어야 한다.

시 간	검 사 항 목	
1. 작업진행 전	• 배관과 자재의 재질 • 용접절차	• 용접사의 자질 • 용접봉
2. 용접수행 전	• 흠 • 가용접	• 관용접 개선부의 모양
3. 용접수행 중	• 예열 • 용접조건	• 내부층 온도 • 용접사 자질확인

4. 용접수행 후	• 육안검사
	• 비파괴시험
	  – X–선
	  – 자기입자
	  – 액체침투
	• 용접 후 열처리
	• 작업성
	• 수압시험 및 기밀시험	

(7) 관의 세척

물로써 관을 세척할 때는 맑은 물, 시수, 응축수 및 공업용수 등을 사용하며, 海水(해수)는 사용하지 않는다.

만일 부득이 해수를 사용하는 경우는 사용 후 녹슬지 않도록 하기 위해서 1회 이상의 맑은 물로 세척을 하여야 한다.

이때 물 세척은 압력용수를 사용하고 햄머링을 해주어야 하며 물을 채웠다가 급격히 유출시키는 방법 등을 이용한다. 세척 후에는 압축기의 공기로 건조시키거나, 아니면 자연 상태로 건조시켜야 한다. 최초의 2회는 배관을 세척하고 제2차 세척은 관을 연결한 기기 · 밸브까지 세척을 하여야 한다.

Section 49 금속의 마모 현상과 대책

1 마모의 정의

마모 현상은 재료 윤활제 환경이 복합된 Tribology 문제이며 마모 현상을 이해하는 것은 다음 [그림 8-78]과 같은 공학 시스템의 이해가 필요하다.

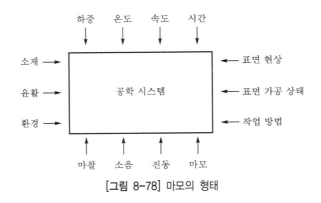

[그림 8-78] 마모의 형태

마찰이 커지면 마모가 두드러지나 일반적인 관계식은 성립하지 않으나 대개 마찰이 작아지면 마모 현상이 줄어들기도 한다. 그리고 환경 하중 조건 등이 달라지면 마모 감량은 크게 달라진다. 지금까지 마모에 대한 언급을 하였지만 마모에 대한 정확한 정의는 하지 않았던 이유는 아직까지 완벽한 정의가 없기 때문이다. 따라서 여기에서는 일반적으로 널리 사용되고 있는 여러 가지 정의를 나타냄으로써 마모 정의에 대신한다.

❷ 마모의 종류

산업 현장에서 흔히 볼 수 있는 마모 현상은 대개 다음의 카테고리로 분류가 가능하며 그 생성률은 대략 다음의 비율로 구성되어 있다.

• Abrasive 50%
• Adheive 15%
• Erosion 8%
• Fretting 8%
• Chemical 5%

그러나 실제 마모가 일어날 때는 한 가지 종류로 마모가 일어나는 것이 아니고 마모 과정 중 현상이 바뀌고 또 온도, 피로 조건, 충격 조건 등의 다른 조업 조건과 병합하여 나타나기 때문에 대단히 복잡하나 여기에서는 이해를 위하여 마모 종류에 따른 기본 개념을 소개함으로써 추후 마모 현상의 이해에 도움이 되고자 한다.

(1) Abrasive wear

두 개의 표면 사이에 단단한 물질이 존재할 때 상대 운동에 의해 물질이 표면으로 파고들어 재료를 연신된 칩 모양으로 이동시킴으로 마모되는 현상으로 표면 조도가 거칠은 단단한 금속과 마찰할 때도 같은 현상으로 인하여 재료 손실이 생긴다.

(2) Adhesive wear

두 개의 금속이 상대적인 마찰 운동을 일으킬 때 두 개의 계면 사이에서 금속의 이동이 생기는데 이것은 금속 표면을 현미경 스케일로 생각할 때는 결코 평평하지 않으므로 몇 개의 접촉 부위만 존재하게 되어 국부적으로 하중이 아주 크게 되어 소성 변형이 일어나서 금속이 접착되어 이동하게 되는 현상이다.

일반적으로 표면 상태가 깨끗할수록, 무산화성일수록, 또는 조직이나 화학 성분이 비슷할 때 접촉 이동이 심하게 된다. 따라서 두 개의 금속간 생성된 접촉 부위가 단단하면 오히려 마모가 적게 된다. 그 이유는 단단하면 접촉 면적이 작아지게 되기 때문이다.

(3) Fretting

상대적으로 진동을 하고 있는 금속간에서 나타나는 현상으로 일반적으로 적갈색으로 도면 색상이 나타난다. 상대적으로 진동을 하고 있으므로 표면이 계속 접촉하고 있으므로 마모 부스러기가 도망을 가지 못하게 되고 접촉 부위 주위를 연마한 모양으로 마모 형태가 특정지어 진다.

(4) Erosion

유체에 의한 마모 현상으로 홍수 시 모래 더미가 떠내려가는 것과 같이 유체에 의해 금속 표면이 마멸되는 현상을 일컫는다.

❸ 금속마모의 대책

금속마모 현상은 기계 시스템의 구조적인 조건(하중, 마찰면, 윤활조건)에서 주로 발생하지만 오랜 시간 동안 운전을 하게 되면 충분하지 못한 오일 유막에 의한 금속과 금속의 접촉, 공급 오일 중의 연마 입자, 오일유막의 붕괴, 오일과 첨가제 성분에 의한 화학적 마모에 의해 진전이 되므로 주기적인 정비와 기계가 운전 시에 정상적인 진동이나 소음이 아니면 원인을 파악하여 윤활여부나 오일 상태를 파악하여 보충해야 한다. 또한, 진동에 의해 기계장치의 체결부가 풀림현상이 발생하여 비정상적인 마모현상이 발생하므로 정기적인 정비가 대단히 중요하다.

Section 50
Fool proof와 Fail safe

❶ Fool proof

인간이 기계 등의 취급을 잘못하여도 그것이 바로 사고나 재해로 연결되지 않는 기능을 말한다. 본래의 Fool proof는 조작 순서를 잘못하거나 오조작에 대응하는 것으로, 예를 들면 카메라의 이중 촬영 방지 기구이다. 그러나 많은 기계 재해는 그 취급을 잘못에 기인한다는 관점에서 보면 안전 장치의 대부분은 Fool proof를 위한 것이라고 할 수 있다.

Fool proof는 본래 인간의 착오·미스 등 이른바 휴먼 에러를 방지하기 위한 것으로 기계·설비의 위험 부분을 방호하는 덮개나 울, 이동식 가이드의 인터로크가 전제 조건이 되며 그 실례는 다음과 같다.

① 동력 전달 장치의 덮개를 벗기면 운전이 정지된다.
② 프레스의 경우 실수하여 손이 금형 사이로 들어갔을 때 슬라이드의 하강이 자동적으로 정지된다.
③ 승강기의 경우 과부하가 되면 경보가 울리고 작동이 되지 않는다.
④ 크레인의 와이어 로프가 무한정 감기지 않도록 권과 방지 장치를 설치한다.
⑤ 로봇이 설치된 작업장에 방책을 닫지 않으면 로봇이 작동되지 않는다.
⑥ 전기 세탁기의 탈수기가 돌아가는 도중에 뚜껑을 열면 탈수가 정지된다. 또는 탈수기의 정지 스위치를 누른 후 정지가 될 때까지는 뚜껑이 열리지 않는다.

❷ Fail safe

(1) Fail safe의 분류

기계나 그 부품에 고장이나 기능 불량이 생겨도 항상 안전하게 유지하는 구조와 그 기능을 말하며 기능면에서 다음의 3단계로 분류한다.

① Fail passive : 부품이 고장나면 통상 기계는 정지하는 방향으로 이동한다.
② Fail active : 부품이 고장나면 기계는 경보를 울리는 가운데 짧은 시간 동안의 운전이 가능하다.
③ Fail operational : 부품의 고장이 있어도 기계는 추후의 보수가 될 때까지 안전한 기능을 유지한다.

위 중에서 ③이 운전상 제일 선호하는 방법이고 상업 기계에서는 일반적으로 ①을 많이 채택하고 있다.

(2) Fail safe의 실례

Fail safe의 실례는 다음과 같다.
① 증기 보일러의 안전변과 급수 탱크를 복수로 설치하는 것
② 프레스 제어용으로 설치된 복식 전자 밸브 중 한쪽의 밸브가 고장이 나면 클러치·브레이크의 압축 공기를 배출시켜 프레스를 급정지시키도록 한 것

③ 화학 설비에 안전변 또는 긴급 차단 장치를 설치하여 이상 시에 작동하여 설비를 보호하는 것

④ 석유 난로가 일정각도 이상으로 기울어지면 자동적으로 불이 꺼지도록 소화 기구를 내장시킨 것

⑤ 승강기 정전시 마그네틱 브레이크가 작동하여 운전을 정지시키는 경우와 정격 속도 이상의 주행 시 조속기가 작동하여 긴급 정지시키는 것

Section 51 건설 현장에서 많이 사용하고 있는 tower crane의 종류, 특성, 안전 관리 대책

1 개요

건설 공사에 있어서 토사, 석재, 시멘트, 철재, 건설기계 등의 이동, 운반이 많아졌고 고층 건축물 혹은 대형의 토목 구조물의 건설이 활발해졌다. 이러한 건설 요구에 대지하여 공사의 능률화 및 합리화를 목적으로 크레인 및 호이스트 등의 성능이 급속도로 향상·발전되고 있으며 분류는 다음과 같다.

(1) 크레인의 분류

1) 자주식 크레인

무한궤도식 크레인(crawler crane), 유압 트럭 크레인(hydraulic truck crane), 휠 크레인(wheel crane), 크레인 트럭(crane truck) 등이 있다.

2) 고정식 크레인

케이블 크레인(cable crane), 데릭 크레인(derrick crane), 타워 크레인(tower crane), Jib 크레인(jib crane), 문형 크레인 등이 있다.

(2) 크레인의 선택 요령

크레인의 선택 요령은 다음과 같다.

① **작업 장소** : 지형, 고저, 이용 가능 면적, 지반 강도, 기상, 도로 등
② **취급 하중** : 형상, 중량, 용적, 작업 반경과의 관련성 등
③ **취급물의 이동량** : 고저차, 거리, 속도, 작업 횟수 등
④ **경제성** : 설비비, 운전비, 사용 후의 전용성 등
⑤ **기계의 선정** : 기종, 형식, 능력, 외형 치수, 운동량, 속도, 동력, 공기 등에 의한 기종, 용량, 대수를 정함.

❷ 타워 크레인의 종류와 특성

일반 크레인과 타워 크레인의 종류와 특성은 다음과 같다.

(1) 무한궤도식 크레인(crawler crane)

① **구조와 기능** : 셔블계 굴삭기의 본체에 붐(boom)과 훅(hook)을 장착한 것으로 본체와 붐(boom), 붐 감아올림 로프(boom hoist rope), 하중 감아 올림 로프, 훅(hook) 등으로 구성

② **특징**

    ㉠ 접지압이 작으므로 연약 지반에서의 작업에 유리하다.

    ㉡ 기계의 중심이 낮으므로 안정성이 좋다.

    ㉢ 훅(hook) 대신 파워 셔블, 클램셸, 백 호 등의 부수 장치를 이용할 수 있다.

[그림 8-79] 무한궤도식 크레인

(2) 트럭 크레인(truck crane)

① **구조와 기능** : 트럭 차 위에 상부 선회체를 탑재한 것으로 주행용과 작업용의 엔진을 각각 별도로 가지고 있으며 기체의 안정성을 유지하고 타이어 및 스프링을 보호하기 위하여 4개의 아우트리거(outrigger)를 장치하고 있다.

② **특징**

    ㉠ 장점

        • 무한궤도식보다 작업상의 안정성이 크다.

        • 도로상의 이동이 신속하다.

    ㉡ 단점 : 접지압이 크므로 연약 지반에 적합하지 않다.

[그림 8-80] 트럭 크레인

(3) 휠 크레인(wheel crane)

① 구조 및 기능 : 무한궤도식 크레인의 무한궤도를 고무 타이어의 차량으로 바꾼 주행 장치를 가지고 있다.

② 특징 : 일반적으로 주행 속도는 낮으나 크레인 작업과 주행을 동시에 할 수 있으며 기계식 보다 유압식이 더 많이 사용한다.

③ 용도 : 항만 및 공장의 하역 작업에 많이 사용된다.

(4) 크레인 트럭(crane truck)

① 구조와 기능 : 보통의 트럭에 크레인을 탑재한 것으로 크레인 작업에 필요한 동력은 트럭의 원동기로부터 전달된다. 기계식보다 유압식이 최근 많이 사용되고 있다.

② 특성 : 사용이 간편하고 기동력이 좋으므로 건설 현장 혹은 자재 창고 등에서 기자재의 하역에 효과적이다.

(5) 케이블 크레인(cable crane)

① 구조와 기능 : 탑과 탑 사이를 로프로 연결하고 endless 와이어를 운행하는 트롤리(trolley) 혹은 캐리지(carriage)를 매달아 그 트롤리에 연결되어 있는 버킷 혹은 재료 등을 목적지까지 운반하는 기계이다.

② 용도

㉠ 콘크리트 하역용 : 댐공사 현장에서 콘크리트 하역 작업을 한다.

㉡ 물자 수송용 : 하천, 기타의 장애물을 넘어서 물자를 수송한다.

㉢ 교량 가설 혹은 조립용

㉣ 하역용

(6) 데릭 크레인(derrick crane)

derrick 크레인은 철골재의 마스트 밑에서부터 붐(boom)이 돌출되어 부록에서 와이어 로프로 중량물을 윈치로서 권상하는 기계. 상하 수평 등으로 작업이 가능하여 구축할 재료를 부상하여 조립하는 등 중량물의 하역용에 쓰이고 있다. 붐의 길이는 10~60m 상당까지, 권상 능력은 5~30ton에 이르고 권상 높이도 20~68m 상당이 된다. guy derrick의 선회각은 360° 인데 비하여 정각 데릭은 270° 상당이다.

철골의 조립, 교량 가설, 항만 하역 등 사용 범위가 넓고 구성 부재가 적은 데 비하여 권상 능력과, 작업 반경이 크므로 경제성이 좋으며, 구조의 간단하고, 취급, 조립 및 해체가 용이하다.

[그림 8-81] 데릭 크레인

(7) Jib 크레인

한 대의 축을 기간으로 붐을 돌출시켜 그 끝에 골차를 달아 본체 위에 권상할 드럼을 통하여 부상하게 하는 크레인으로서 건설 공사에 많이 쓰여지고 있다. 고층 건물의 옥상에 설치하여 건축 재료를 운반하고 공사가 완성되면 제거하게 된다. 동상 권상 능력은 6~9ton, bucket은 2~3m³, 회전 반경은 18~37m 상당이다.

[그림 8-82] Jip 크레인

(8) 문형 크레인

문형 크레인은 고정식과 주행식으로 분류하며 주행형의 구조는 주행 장치, 감아올림, 감아내림, 횡행 장치로 구성되고 하중을 상하, 좌우, 전후로 용이하게 이동시키거나 하역 작업을 한다. 고정형은 공장, 창고 등에서 적재 작업에 필요하나 작업 범위가 한정되어 건설 공사에는 사용하지 않는다.

주행형은 이동성이 좋으므로 자재의 집적, 지하철 공사, 대구경 관의 매립 등에 효과적으로 사용할 뿐이고 건설 공사에 많이 사용된다.

(9) 타워 크레인

타워 크레인은 주로 항만 하역용으로 암벽에서 본선의 하역용 또는 조선소, 고층 건물에서 많이 쓰여지고 있다. 이 크레인은 데릭 크레인에 비하여 공장소, 지소 등이 불필요하므로 선회가 자유스럽고 기체의 조립도 자체가 가진 윈치로서 시공되는 장점이 있으며, 작업 능력도 데릭에 비하여 거의 2배에 상당할 정도이다. 최근 많이 활용되고 있으며, 그 구조는 Jib형, 해머 헤드형 등으로 나뉜다.

① **특징** : 타워 크레인은 중·고층 건축용 크레인으로 발달되었으며 데릭 크레인(derrick crane)에 비하여 지주, 지지 케이블(cable)이 필요치 않고 자유로이 360° 선회가 가능하며, 기체의 조립도 자체가 가진 윈치로서 시공되는 특징이 있다. 또한 작업 능력도 2배에 달한다.

② **분류** : 정부 형상에 의한 분류

   ⊙ 지브형(jib type) : 타워(tower) 꼭대기에 회전 프레임을 설치하고 여기에 붐(boom)을 장치하여 붐의 상승으로 하중을 조작하는 형식이다.

   ⓛ 해머 헤드식(hammer head type) : 타워(tower)의 꼭대기에 선회 프레임을 설치하고 여기에 좌우 평형되게 붐(boom)을 장치한 것으로 하중의 이동을 수평으로 한다.

[그림 8-83] 타워 크레인

   ⓒ 선정법 : 타워 크레인은 고층 빌딩의 건축과 더불어 그 성능이 보다 향상되고 발달을 보여 고성능화·대형화되고 있을 뿐 아니라 최근의 생력화 경향을 반영하여 소

형 크레인도 많이 보급되고 있다. 다음 사항을 충분히 검토 후 기종물의 선정을 요한다.

- 취급 재료의 형상과 단위 중량을 고려한 기종, 용량의 선정
- 취급 하중에 적합한 이동 속도의 선정
- 필요한 작업 반경과 높이에 상응하는 기종의 선정
- 작업 장소의 주변 여건에 의하여 고정식 혹은 이동식의 선정
- 공사 규모, 공사 기간 등에 의하여 기종, 용량, 대수를 검사

❸ 안전 관리 대책

타워 크레인의 설치, 해체는 대부분 전문 업체에서 수행한다. 그러나 각 현장에서도 설치, 해체시 기준에 맞게 수행되고 있는지를 반드시 확인해야 한다. '전문 업체가 알아서 하겠지'라는 안일한 생각을 버리고 철저히 확인·점검해야 안전 사고를 예방할 수 있다.

이처럼 안전 관리는 사전 점검으로 불안전한 상태나 행동을 제거함으로써 재해를 예방할 수 있다는 사실에 기초한다. 따라서 사전 노력 여하에 따라 그 결과가 크게 달라질 수 있다는 점을 명심해야 한다.

첫 번째로, 크레인 구성 부위별 안전 검토 사항을 철저히 준수해야 한다. 기초 상부의 수평은 유지되어 있는지, 상부 하중을 지지할 수 있는 구조가 만들어져 있는지와 같은 기초 설치 규정을 지켜야 한다.

또한 mast(수직도 유지, jack 안전 확인, 회전부 king pin 체결 상태)와 balance weight(설치시 무게 중심 확인, 설치 상태 확인), tension bar(취성 파괴 방지, 용접 금지, 무게 중심 유지)의 설치 시에 반드시 제반 규칙을 준수해야 할 것이다.

두 번째로, 크레인 설치와 해체 시의 준수 사항을 지켜야 한다. 설치와 해체 시에는 작업 구역을 설정해 경고하고 작업자 외의 출입을 엄격히 금지해야 하며, 작업 지휘자 및 신호수를 배치하고 상하 동시 작업을 금해야 한다. 악천후 시(평균 풍속 10m/ sec 이상)에도 작업을 금지해야 한다. 규격품인 조합용 볼트를 사용해 대칭되는 곳을 순차적으로 결합해야 하중을 안전하게 분산시킬 수 있다.

세 번째는, 크레인 작업 시 준수해야 할 사항들이다. 작업자들은 반드시 신호수의 통제 하에 작업을 진행시켜야 한다. 또 인양 물체는 반드시 균형을 유지한 후에 들어올려야 하며, 그 전에 다른 물체와의 접촉 여부를 확인해야 한다. 사람이나 차량 위로 물체를 운반하지 말아야 하고, 트럭 위의 물체를 끌어올릴 때는 운전수가 떠난 후 작업하도록 해야 한다. 전선 근접 작업 시에는 안전 rope를 사용하고, 해체 및 인양 작업 시 자재가 떨어지지 않도록 철저히 고정시켜야 한다. 물론, 정격 하중 준수는 기본적인 안전 수칙이다.

네 번째는, 신호수의 안전 수칙이다. 크레인의 안전 작업에는 신호수의 역할이 중요한

만큼 이들의 안전 수칙 준수는 반드시 필요하다. 신호수는 먼저 복장과 완장을 착용하고 호각 및 무전기를 소지해야 한다.

또한 신호수는 서두르지 말고 작업에 임해야 하며, 자재 운반 시 하부 및 주위에 있는 작업자를 반드시 대피시키는 것은 물론 자신도 안전한 거리에서 신호를 보내야 한다. 자재를 받을 때는 2명 이상이 받도록 조치해야 하며, 작업 시작부터 종료 시까지 훅과 wire에서 시선을 떼지 않도록 해야 한다.

특히 타워 크레인이 작동하고 있을 때 운전기사를 무전기로 부르는 등 불필요한 호출을 하는 것도 매우 위험하다. 신호수의 신호를 받고 작업을 하다 훅 밑에서 일어난 사고 사항은 신호수 자신의 책임이라는 사실을 항상 명심해야 한다.

Section 52 드레싱(숫돌차에서 dressing)

❶ 개요

연삭 작업에서는 먼저 그 작업에 적합한 숫돌을 선택하여야 한다. 이에 관하여는 KS B 0431에 연삭 숫돌의 선택 표준이 있으므로 보통의 경우는 대체로 이에 따르면 되나, 그 일반적인 지침을 간략하게 말하면 다음과 같이 된다.

(1) 지립

인장 강도가 큰 재료에 대하여는 A지립을, 인장 강도가 작은 재료에 대하여는 C지립을 사용하고, 경도가 큰 재료일수록 순도가 높은 지립을 선정한다.

(2) 입도

접촉 면적이 작을 때, 경도가 크고 여린 재료일 때, 고운 다듬질면이 요구될 때 연삭 깊이나 이송이 클 때는 입도가 고운 것을 택한다.

(3) 결합도

접촉 면적이 작을 때, 경도가 낮은 재료일 때, 강성이 낮은, 또는 진동이 큰 연삭기를 사용할 때, 손작업이거나 미숙련자가 작업할 때, 숫돌의 주속이 느릴 때, 공작물의 주속이 빠를 때, 연삭 깊이나 이송이 클 때는 결합도가 높은 것을 택한다.

(4) 조직

접촉 면적이 작을 때, 경하고 여린 재료일 때, 정밀 다듬질할 때는 조직이 조밀한 것을 택한다. 숫돌이 자생 작용을 가지게 하려면 그 작업 조건에 알맞는 결합도의 숫돌을 선정하는 것이 매우 중요하다.

② 드레싱(dressing)

숫돌은 적절하게 사용하면 전술한 자생 작용으로 언제까지나 양호한 연삭 성능을 지닐 것이지만, 실제로 이렇게는 되지 않고 차츰 연삭 성능이 저하되고 형상도 변해간다.

지립이 연삭 불능 상태가 되어도 자생 작용이 행하여지지 않고, 표면이 번들번들하게 되는 것을 glazing이라 하고 유연한 공작물을 연삭하거나 접촉 면적이 너무 커서 칩이 숫돌의 표면 가공을 메꾸어 연삭이 안되게 되는 것을 눈메꿈(loading)이라 한다.

이와 같이 깎이지 않게 된 지립이나, 눈메꿈을 일으킨 칩을 제거하는 것을 드레싱 (dressing)이라 하고, 회전하는 숫돌바퀴에 드레서(dresser)를 대며 행한다. 드레서에는 파형 또는 성형의 자유로이 회전할 수 있는 원판에 자루를 붙인 것과, 자루의 끝에 다이아몬드를 붙인 것이 있다. 또 형상이 변한 숫돌바퀴를 정확한 형상으로 하는 것을 형상 수정(truing), 숫돌바퀴를 깎아서 임의의 형상으로 만드는 것을 성형(shaping)이라 하며 이것도 다이아몬드 드레서로 행할 수가 있다.

Section 53 | 공구의 마모형태와 마모기구

① 개요

절삭중의 공구의 인선은 칩이나 공작물과 고온, 고압의 가혹한 상태에서 접촉 이동하는 것이다. 이 때문에 인선은 다음과 같이 여러 손상을 발생한다. 공구의 마모형태는 인선능의 미소한 결함(치핑), 공구경 사면의 오목한 상태의 마모, 공구 여유면에 후퇴하는 마모 및 경사면과 여유면이 동시에 후퇴하는 인선능이 순화하는 마모 등이 있다.

② 공구의 마모 형태

공구 인선의 손상은 공구와 절삭 성능을 점점 저하시키고, 완전히 절삭 능력을 저하시키는 것이 된다. [그림 8-84]의 표시 중에서 공구 경사면의 오목한 부분의 마모 및 여유면의 마모를 각각 경사면 마모(crater wear, 크레이터 마모) 및 여유면 마모(flank wear, 플랭크 마모)라 한다.

공구의 마모량의 표시는 측정의 편리에서 경사면 마모는 경사면에서 오목한 밑까지의 최대 깊이 K_T, 여유면 마모는 마모량의 최대 폭 V_B 또는 평균 폭 V_A가 사용되고 있다. 경사면 마모는 경사면상의 칩이 찰라 발생하므로, 고속 절삭에서 유동형 칩이 발생하는 경우에 마모되기 쉽고, 현저한 마모와 인선부가 결손하는 것이다.

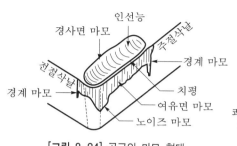

[그림 8-84] 공구의 마모 형태

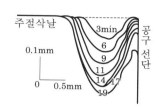

쾌삭강(0.25s, 0.08c), 초경 K 25(0, -7, 7, 7, 15, 0, 0.03), 절입 0.1in, 이송 0.0046ipr, 절삭 속도 1,000fpm, 건식

[그림 8-85] Crater 마모량의 절삭 시간에 따른 변화

이 경사면 마모와 성장 과정을 표시한 것이 [그림 8-85]이며, 이 그림은 마모량의 중앙 부근의 절인에 수직한 단면 형상의 절삭 시간에 의한 변화를 표시한 것이다. 같은 그림보다 불리한 경우에 이 마모는 인선에서 어느 정도 떨어진 위치를 중심으로 하여 발생하고 전후로 확대되지만 주로 위에서 증가한다. 마모의 최대 깊이의 위치가 인선보다 후방에 있으면 경사면의 최고 온도의 위치가 인선보다 후방에 있기 때문으로 고려된다.

여유면 마모량의 일반적 형태로는, 인선능의 마모 형태이고, 노즈 반경부에서 마모 폭이 크게 되며, 이것을 노즈 마모라고 한다. 또한, [그림 8-85]의 표시처럼 공작물 표면과 접촉한 경계부가 깊게 된 홈인 마모를 경계 마모라 한다.

노즈 마모는 일반적으로 고속 절삭의 경우에 많이 발생한다. 경계 마모는 주로 공작물 재질이나 공작물의 표면 상태에 지배되고, 단조, 주조, 열간 가공재의 흑피부 및 가공 경화성이 큰 스테인리스강이나 다이스강 등에 있어서 전가공면의 가공 경화층때문에 발생하기 쉽고, 인선의 치핑은 공작 기계의 진동, 단속 절삭 등의 기계적 작용에 따라서 발생하고, 국부적 응착이나 열적 충격에 따라서 발생하고 있다.

일반적인 치핑은 초경 공구나 세라믹 공구에서 발생하고, 고속도 공구강의 경우에는 작다. 또한 구성 인선의 탈락시에 미소의 치핑을 발생하는 경우도 있다. 이러한 여러 종류의 마모나 파손은 절삭 작용에 크게 영향이 있고, 절삭 저항의 증대, 사상면의 악화, 치수 정도의 저하, 절삭 온도의 상승, 진동이나 채터링을 일으키며, 공구는 절삭 불능이 된다.

❸ 공구의 마모 기구

절삭 공구의 마모 과정은 통상의 기계 부품의 마모의 경우와 다르고, 다음과 같은 특징을 가진다.

① 공구와 접촉하는 칩면은 새로운 면이고, 산화막 상태가 거의 발생하지 않는다.

② 공구 경사면 및 여유면에 있어서 접촉 압력이 대단히 높다(피삭재의 강상 응력 이상이 된다).

③ 접촉면 온도는 높은 경우에는 800~1,000℃인 고온이다.

이러한 가혹한 조건하에 있어서 공구의 마모 기구는 기계적 작용에 의한 것과 열적, 화학적 작용에 의한 것으로 구별되지만, 실제의 마모 기구는 상호 영향이 있는 것으로서, 복잡하다. 다음은 마모 기구 현상에 대해서 설명한다.

(1) 기계적 작용에 의한 마모

① abrasive wear : 공작물 중의 불순물, 금속 탄화물, 금속 간 화합물, 구성 인선의 탈락상 등의 단단한 입자의 붙는 작용에 의한 것이다.

② chipping : 치핑은 공구 인선이 공작물에 절삭할 때의 기계적 충격력에도 인선이 손상된다. 이것은 초경합금이나 세라믹 공구의 경우에 현저하고, 프라이스 절삭 등의 단속 절삭에 있어서 발생하기 쉽다.

(2) 열적, 화학적 작용에 의한 마모

① **열피로, 열균열 등에 의한 치핑** : 프라이스의 경우에 단속 절삭하는 경우에는 절삭 저항이 급격하게 변동하여, 공구도 급열·급랭되며, 공구 인선은 반복되는 열응력을 받는다. 일반적으로 초경합금의 인선 재료는 인장 응력에 약화되기 때문에 급격하게 급랭하므로 공구에 인장 응력이 발생하고 균열로 인한 치핑이 일어나기 쉽다.

② **확산, 합금화에 의한 마모(diffusive wear)** : 공구와 칩의 접촉부에서, 고온 고압의 상태에 있기 때문에, 서로 확산하여 합금을 형성한다.

예를 들면, 초경공구에서 강을 고속 절삭한 경우 공구 경사면과 칩의 접촉면에서는 고온 고압때문에 확산 속도가 크게 되고, 초경합금경의 W나 Co는 칩의 Fe 중에, 또는 칩의 Fe는 초경합금의 Co상 중에 확산하여 접촉면에 확산층을 형성한다. 이러한 확산층에서 초경합금의 결합력이 현저하게 저하되어 마모한다.

일반적으로 경사면의 크레이터 마모는 이러한 확산에 의한 곳이 많이 있다. 또한, 세라믹은 Fe와의 사이에 확산은 대개 발생하지 않기 때문에 이러한 마모가 발생한다.

③ **응착에 의한 마모(adhesive wear)** : 고온 고압하의 공구와 공작물과의 접촉부에서는 국부형으로 응착이 발생하고, 그것이 전단될 때에 공구의 일부에 마모를 발생한다. [표 8-3]에는 각종 초경합금과 강 및 주철과의 응착 온도를 표시했다. 같은 표에서 고속 중 절삭에서는 충분한 응착 온도에 도달될 때 고려된다.

[표 8-3] 공구 재료와 가공 재료의 조합한 응착 온도(접촉 압력 4,200psi)

강(H_V=170)에 대해	응착 온도(℃)	강(H_B=310)에 대해	응착 온도(℃)
WC	1,000	WC	1,040
WC+1%Co	775	WC+1%Co	800
WC+5%Co	625	WC+5%Co	750
WC+20%Co	625	WC+15%TiC+5%Co	850
WC+15%TiC+5%Co	775	TiC	1,150
TiC	1,120	Co	750
Co	548	주철(HB=200)에 대해	응착 온도(℃)
고속도 공구강	571	WC+5%Co	700
		WC+15%TiC+5%Co	825

④ 연화·응착에 의한 손상 : 공구의 절인 선단이 절삭열에 따라 연화하고, 소성 유동때문에 손상한다. 이것은 주로 강계 공구의 경우에 발생하기 쉽다.

⑤ 화학적 반응에 의한 부식 마모(corrosive wear) : 공구 재료의 구성 원소가 공작물 재료중 또는 절삭액 중의 원소와 화학적 반응을 하고 그 결과 공구 표면이 손상되고 마모가 촉진된다. 예를 들면, 18-8형 스테인리스강을 초경공구에서 활성도의 높은 황염화유를 사용하여 절삭해서 건식 절삭의 경우와 비교하면, 공구 수명이 짧아지는 것은 절삭액 중의 S 또는 Cl의 부식 작용에 의한 마모이다.

Section 54

AC motor와 DC motor의 장단점과 AC motor의 회전 속도 변환 방법 및 종류별 특성

1 개요

모터의 원리는 플레밍의 왼손법칙에 따라 전자기장의 에너지를 운동에너지로 변환해주며 전자기장에서는 전류의 방향, 자기장의 방향, 힘의 방향을 나타낸다. 3가지 방향중에서 한 가지 방향을 알면 나머지의 방향을 알 수 있으며 자기장 속에서 도체가 놓여있을 때 도체가 일정 방향으로 운동하게 되면 도체 내부에 전류가 유도되어 흐르게 된다. 이러한 원리를 이용하여 자기장을 형성하고 도체를 구성한 후 전류를 공급하면 이도체가 축을 중심으로 회전운동을 하도록 하게 하는 것을 모터의 원리이다.

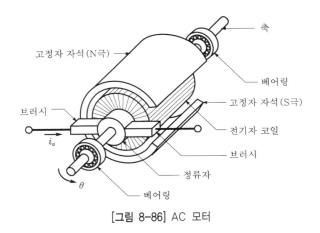

[그림 8-86] AC 모터

❷ AC motor와 DC motor의 장단점

(1) AC모터의 장단점

고정자에 교류 전압을 가하여 전자 유도로써 회전자에 전류를 흘려 회전력을 생기게 하는 교류 전동기는 가장 많이 사용되는 전동기로 구조가 튼튼하고 가격이 저렴하며 취급이 간편하다.

동기 전동기는 고정자에 교류 전압을 가하여 전자 유도로써 회전자에 전류를 흘려 회전력을 생기게 하는 교류 전동기로 여자기가 필요하고 값이 비싸지만 속도가 일정하고 역률 조정이 쉬워서 정속도 대 동력용으로 사용한다.

(2) DC모터의 종류별 장단점

1) 타여자 전동기

전기자 권선과 계자 권선을 각각 별도의 전원에 접속하는 방식으로 계자 및 전압 제어가 모두 가능하여 주로 큰 출력이 요구되는 산업용 공작기계에 사용하며 설비가 복잡하여 가격이 비싸고 유지보수가 어렵다.

2) 직권 직류 전동기

전기자 권선과 계자 권선이 직렬로 전원에 접속하는 방식으로 부하 전류가 증가하면 현저히 속도가 감소하며, 부하 전류가 감소하면 급격히 속도가 상승하여 무부하의 경우 속도가 매우 높아진다.

3) 분권 직류 전동기

전기자 권선과 계자 권선이 병렬로 전원에 접속하는 방식으로 여자 전류가 일정하여 부하에 의한 속도 변동이 거의 없어 정밀한 속도 제어가 요구되는 공작 기계, 압연기 등에 사용한다.

4) 가동 복권 직류 전동기

가동 복권전동기는 직권 계자 권선에 의하여 발생되는 자속과 분권 계자 권선에 의하여 발생되는 자속이 같은 방향으로 합성되어 자속이 증가하는 방식으로 토크가 크고, 무부하가 되어도 직권 전동기와 같이 위험 속도가 되지 않으므로 절단기, 엘리베이터, 공기 압축기 등에 사용한다.

5) 차동 복권 직류 전동기

분권 계자 권선과 직권 계자 권선의 자속이 서로 반대가 되어 상쇄하는 구조의 전동기로 부하 전류의 증가로 인하여 자속의 방향이 반대가 되어 역회전되는 경우가 발생한다.

❸ AC motor의 회전 속도 변환 방법과 종류별 특성

유도 전동기 속도제어 방식은 부하 특성, 속도 제어 범위, 응답성, 기기효율, 조작성, 보전의 용이성, 경제성 등을 종합적으로 검토하여 결정한다.

(1) 주파수 제어

가변 주파수 전원을 이용하여 속도를 제어하는 인버터 제어로 속도제어 전 영역에서 고효율 운전이 가능하고, 광범위한 속도제어가 가능하다.

(2) 극수변환 제어

1차 권선의 접속 변경에 의해 극수를 1:2로 전환하여 2단계의 속도를 얻는 방법으로 1차 권선에 2조의 극수가 다른 권선을 만들어 3단계의 속도를 얻는 방법 등이 있으며 단계적인 속도제어에 유리하다.

(3) 1차 전압제어

사이리스터 회로 등을 이용해서 1차 전압을 증감시켜 토크가 변화하는 것을 이용해 슬립률을 변화시켜 속도를 제어하는 방법으로 장치가 간단하나 저속 시 효율이 나쁘다.

(4) 2차 저항제어

비례추이의 원리를 이용하여 권선형 유도 전동기의 2차 측에 접속한 외부 저항값을 조정하여 슬립을 변화시켜 속도를 제어하는 방법으로 권선형 유도전동기에만 적용할 수 있는 방식이며 장치가 간단하나 저속 시 효율이 나쁘다.

(5) 2차 여자제어

2차 저항제어 방식에서 저항값을 조정하는 대신에 슬립 주파수의 2차 여자 전압을 제어하여 속도제어를 하는 방법으로 효율이 좋으나 속도제어 범위가 좁다.

Section 55 팬(Fan) 및 펌프(Pump)에 근래 적용이 증가하고 있는 인버터(Inverter) 구동 방식

1 개요

인버터(Variable Voltage Variable Frequency ; VVVF)란 전기적으로는 직류가 교류로 변환하는 역변화 장치로써 상용 전원으로부터 공급된 전력을 입력받아 자체 내에서 전압과 주파수를 가변시켜 전동기에 공급함으로써 전동기 속도를 고효율로 용이하게 제어하는 일련의 장치를 말한다.

2 원리 및 구조

[그림 8-87]에 VVVF의 구성을 나타내었다. 이에 대해 동작 원리를 설명하면 우선 상용 전원이 인버터에 들어오면 맨 처음 정류기에 의해 교류 전압을 직류 전압으로 변환시킨다. 이때 변환된 직류 전압의 맥동을 없애기 위해 전해 콘덴서가 이용된다. 이렇게 변환된 직류가 인버터부에 의해 교류로 변환되며 이때 변환된 파형의 형태에 따라 PAM(Pulse Amplitude Modulation) 방식과 PWM(Pulse Width Modulation) 방식으로 구분된다. 이렇게 주파수와 전압이 변환된 출력이 전동기의 입력 전원으로서 원하는 전동기 속도를 얻을 수 있다.

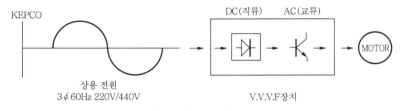

[그림 8-87] VVVF의 구성

3 특징 및 효과

(1) 유도 전동기의 회전 속도 제어

전압과 주파수가 일정한 상용 전원을 공급받아 가변 전압 가변 주파수로 변형시킨 후, 유도 전동기의 회전 속도를 자유 자재로 제어할 수 있는 장치이다.

(2) 속도 제어에 의한 에너지 절약

일정 속도로 구동되는 펌프, 팬은 계절과 시간 혹은 생산 상황에 따라 부하가 변동되며 밸브와 댐퍼를 조절하여 부하 변동에 대응하고 있다. 따라서 이 방식은 유량이나 풍량을 줄이기 위해 밸브와 댐퍼를 조이더라도 손실이 증가하여 절전 효과를 기대할 수 없으며, 이 경우 VVVF를 이용한 전동기의 회전수 제어를 하면 소요 동력은 회전수의 3승에 비례하여 감소되므로 에너지를 절감할 수 있다.

(3) 공조의 쾌적성 향상

VVVF에 의하여 정교한 온도 제어가 가능하여 사무실 거주자의 쾌적한 환경 및 생산성 향상과 공조 소음을 감소시킴으로써 더욱 쾌적한 공간을 창출한다.

(4) 계약 전력 감소

최대 전력 감소 및 PEAK 전력 억제에 효과가 높으며 수요 관리에 의해 계약 전력 감소, 전력 요금 절약 등 일석이조의 효과를 거둘 수 있다.

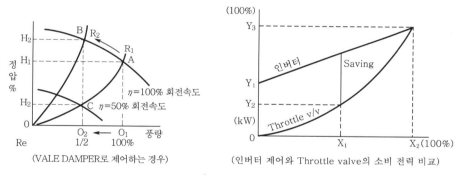

(VALE DAMPER로 제어하는 경우)　　(인버터 제어와 Throttle valve의 소비 전력 비교)

[그림 8-88]

(5) 제어의 우수성

요구하는 값으로 정확히 제어되며, DSM에 의한 프로그램 제어도 가능하다.

(6) 역률 개선

역률 개선 효과가 크다.

(7) 기동 전류 감소

정격 전류 이내에서 기동하므로, 전원의 설비 용량 감소 및 잦은 ON/OFF를 하는 부하 설비에 적용 시 기기의 보호가 가능하다.

(8) 적용 대상

일반적으로 가장 많이 사용되는 전동기는 3상 유도 농형 전동기로서 적용 대상 및 효과는 다음 표와 같다.

[표 8-4]

설비명	제어 대상	재래 방식
급기/배기 팬	풍량	댐퍼
급수/배수 펌프	유량	밸브
냉동기	온도	베인
냉온수 순환 펌프	온도	밸브
쿨링 타워 팬	냉각수 온도	–

Section 56 공기 압축기(Compressor)의 효율

1 개요

펌프나 송풍기의 경우에는 조건이 단일하기 때문에 효율도 일반적으로 정해지고, 기계의 우열이 간단하게 정해진다. 압축기의 경우에는 압축 과정에 종류가 있으므로, 각 압축 과정에 따라 각각 그것에 알맞은 공기 동력을 구하여, 이것과 압축기를 운전하는 데 드는 동력과의 비를 효율로 하여 약간 복잡하게 된다. 즉, 다음에 열거하는 것과 같이 몇 가지의 효율을 생각할 수 있다.

2 전등온 효율 : η_{is}

$$\eta_{is} = \frac{\text{등온 공기 동력}}{\text{축동력}} = \frac{L_{is}}{L} = \frac{P_{01}Q_{01}}{60} \times \log\frac{P_{02}}{P_{01}}$$

기호는 전술한 공기 동력인 때와 같다.

단, 다단 압축기의 경우는 $P_{01} = P_s = $[초단의 흡입쪽의 전압], $P_{02} = P_D = $[최종단의 송출쪽의 전압]으로 한다.(이하의 효율에서도 마찬가지이다.)

3 전단열 효율 : η_{ad}

$$\eta_{ad} = \frac{\text{단열 공기 동력}}{\text{축동력}} = \frac{L_{ad}}{L} = \frac{1}{L} \times \frac{K}{K-1} \times \frac{P_{01}Q_{01}}{60}\left[\left(\frac{P_{02}}{P_{01}}\right)^{\frac{K-1}{K}} - 1\right]$$

Section 57　원심 펌프의 구매 사양서의 Data Sheet에 기재 항목 및 내용

1 개요

원심펌프는 회전차(Impeller)가 밀폐된 케이싱(casing) 내에서 회전함으로써 발생하는 원심력을 이용하는 펌프이며, 유체는 회전차의 중심에서 유입되어 반지름방향으로 흐르는 사이에 압력 및 속도에너지를 얻고, 이 가운데 과잉의 속도에너지는 안내깃(guide vane, diffuser vane)을 지나 와류실(volute casing)을 통과하는 사이에 압력에너지로 전환되어 토출되는 방식의 펌프이다.

2 원심 펌프의 구매 사양서의 Data Sheet에 기재 항목 및 내용

(1) Data Sheet에 기재 항목 및 내용

플랜트 설비 중 원심펌프는 조건이 까다롭고 주변 환경에 따라, 자체 설계(임펠러 사이즈), 운전조건에 따라 성능 차이가 발생한다. 그러한 성능과 특성을 확인할 수 있는 펌프성능곡선이 있다. 이 성능곡선도는 펌프 구매 시 데이터 시트와 함께 제공된다. 성능과 특성을 보여주는 곡선이기 때문에 Performance Curve 또는 Characteristic Curve라고 한다.

원심 펌프의 구매 사양서의 Data Sheet에는 성능곡선도에서는 다양한 특성을 보여주며 유량과 양정, 필요흡입수두, 펌프효율, 축동력을 포함한다. 또한 [표 8-5]에서 제시한

[표 8-5] Data Sheet에 기재 항목 및 내용

OPERATION CONDITION				PERFORMANCE			
Liquid	WATER			Speed	1775 RPM	Des. Effic.	58%
Capacity	2.333m³/min (140m³/hr)	T.Head	12m	NPSHreq'd	5.0m	B.H.P	7.9kW
P r e s s	Diff.	1.20kg/cm²g	P.Temp	34(Des.62)℃	SHOP TEST		
	Dis.	1.20kg/cm²g	Sp. Gr.	1	Performance	□Non WT. ■ Witness		
	Suc.	0kg/cm²g	Visco.	5cp	Hydro Test	■Non WT. □ Witness		3kg/cm²g
	Vap.	kg/cm²g	NPSHa	7.2m	NPSHreq'd	■Non WT. □ Witness		
PUMP CONSTRUCTION				MATERIAL			
Nozzle		Bore	Rating	Type	Position	Casing/Impeller	SSC 13/SSC 13
	Suc.	125A	KS10K	R.F	END	Shaft	A276-304L(STS304L)
	Dis.	100A	KS10K	R.F	TOP	Sleeve	A276-316L(STS316L)
Casing	Mount	Foot		Split	Radial	Bed, Baseplate	SS 400
Impeller	Type	Close		Stage	1(one)	ELECTRIC MOTOR	

data sheet에 기재 항목 및 내용을 보면 펌프의 재질, 펌프 상세(노즐, 임펠러, 유체 성질 등), 모터 상세, 중량 등의 자료는 데이터 시트를 기재되어 설치 시 참고할 수 있다.

(2) 성능곡선도의 구성 세부사항

모든 곡선은 유량의 변화와 관련되어 있으며 각각의 곡선은 동일한 펌프의 곡선이다. 편의상 분류를 하였으나 한 페이지에 모두 표현을 하며 기본 사양은 데이터시트를 참고 하고 전체 곡선의 표현은 데이터 시트 다음에 제시를 한다.

1) 유량과 양정(Q-H curve)

펌프의 목적은 원하는 유량을 원하는 양정으로 이송시키는 것으로 가장 기본이 Q-H curve이다. 이를 기반으로 유량이 변화할 때 나머지 필요흡입수두, 효율, 동력이 어떤 변화를 하는지 알 수가 있다.

유량과 양정의 관계에서는 유량이 커질수록 양정은 작아지며 특정 유량 구간 내에서 더 높은 양정을 필요로 한다면 유량이 줄어든다.

또한 한 펌프에서 임펠러 사이즈로 성능을 변화시킬 수 있으며 최대, 최소 임펠러에서 의 곡선도 같이 보여주며 현재 설계된 펌프 곡선과 비교할 수 있다.

유량이 0인 점의 양정을 Shut off head(체절양정)라 하며 후단 밸브를 닫은 상태의 양정이다. 정상적인 상태는 아니지만 이때의 양정과 정상상태의 양정의 차이를 비교해야 하는 경우가 있어 이 값이 필요하기도 한다. 이때의 양정이 가장 높게 되는데 이 값을 시 스템 설계에 사용하며 최소 유량점 이하 또는 정상 범위 밖으로 운전할 경우 진동이 발 생할 수 있다.

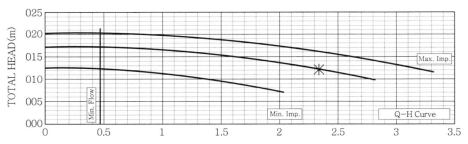

[그림 8-89] 2.33m^3/min, 12mH의 펌프, 임펠러 사이즈에 따라 성능이 달라짐을 알 수 있다.

2) 필요흡입수두(NPSHr curve)

펌프가 필요로 하는 흡입 쪽 압력을 표현하며 토출 유량에 따라 변화하며 유량이 클수 록 필요흡입수두도 증가한다. 이 값을 참고하여 NPSHa와 비교했을 때 문제가 있을지 없을지 판단할 수 있다.

일반적인 원심펌프의 경우 이 값이 작아 크게 문제가 되지 않지만 간혹 상당한 압력을 필요로 하는 경우도 있으니 꼭 확인해야 한다.

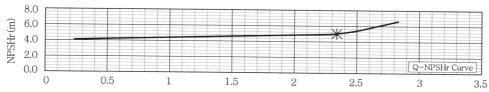

[그림 8-90] 2.33m³/min일 때 NPSHr은 5m이고 약 0.5kgf/cm²의 압력이 필요하다.

3) 펌프 효율(Efficiency curve)

유량과 효율의 관계를 나타내며 효율은 수동력과 축동력의 비율이고 효율이 50%의 펌프는 축동력으로 100의 에너지를 주면 50만큼만 물에 에너지가 전달되는 것이다. 이 효율 값으로 펌프의 동력을 구하는 데 사용할 수 있으며 최대 효율을 내는 점을 Best Efficiency Point(BEP)라 한다.

API 610에는 "정격 유량은 BEP의 80%~110% 내에 들어와야 하고, 운전점은 BEP의 70~120% 사이여야 한다"라고 한다.

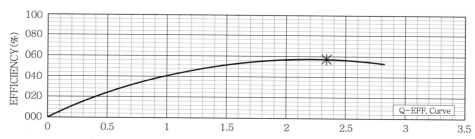

[그림 8-91] 2.33m³/min일 때 효율은 58%로 거의 최고 효율점임(항상 최고점으로 선정되는 것은 아니다.)

4) 축동력(Power Curve)

유량과 축동력사이의 관계되는 곡선으로 축동력은 필요 유량을 얻기 위해 축(Shaft)이 필요로 하는 동력이다.

유량이 커질수록 동력은 자연스럽게 증가하지만 유량이 두 배가 되더라도 동력의 값이 그만큼 커지지 않는 이유는 유량이 커질수록 양정값은 작아지기 때문이다.

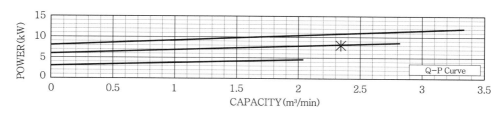

[그림 8-92] 2.33m³/min, $12mH$, 효율 58%일 때 축동력은 7.9kW이다.

Section 58 소각로의 종류와 특징

1 개요

소각처리 대상 폐기물을 태워 없애는 화로를 말하며 구조는 보통 폐기물 투입구와 화격자(火格子), 연소실, 잔류물 호퍼(hopper), 열회수 장치 등으로 이루어져 있다. 화격자는 폐기물이 놓이는 곳으로 쇠살판이라고도 하는데, 공기와 재가 통과할 수 있도록 구멍이 나 있다. 연소실은 노(爐)의 종류에 따라 완전연소를 위한 2차 연소실을 갖춘 것도 있다. 호퍼는 소각재를 모으는 깔때기 모양의 그릇으로, 화격자 아래쪽에 달려 있다. 대형 소각로의 경우 연소실 위쪽 내부에 보일러관이 있어 소각열을 증기터빈으로 전달한다.

2 소각로의 종류와 특징

소각로의 종류와 특징은 다음과 같다.

(1) Grate 방식

이 소각로의 원리 및 구조는 소각로 하부에 Grate가 있어서 연소용 공기를 Grate 하부로부터 흡입하여 폐기물을 소각한다. Grate의 구조, 폐가물의 공급 방법에 따라 수평화 방식, 고정 Stoker 방식, 가동상 Stoker 방식, 경사 Stoker 방식 등이 있다.

1) 장점
① 연속적인 소각 배출이 가능하다.
② 경사 Stoker의 경우 수분이 많은 것이나 발영량이 낮은 것도 어느 정도 소각이 가능하다.

2) 단점
수분이 많은 것이나 plastic과 같이 열에 연화, 용해되는 것은 grate가 막힐 염려가 있는 점 등 때문에 부적당하다.

(2) Rotary klin 방식

이 소각로의 원리 및 구조는 원통형 로의 회전에 의하여 소각물을 교반하면서 계속 소각시키는 것이다. 이 소각로에 소각시킬 대상 폐기물은 슬러지, 분상 고형물 및 고무·점성폐기물 등이 특히 유효하다.

1) 장점
① 수분이 많으나 sludge나 도료 sludge, 점성이 있는 sludge의 소각에 유효하므로 광범위하게 활용이 가능하다.

② 구조가 간단하고 취급이 용이하다.

③ 동력비 및 운전비가 적게 소요된다.

④ 소각제를 소각시킬 수 있다.

2) 단점

① 설비를 위해 비교적 넓은 공간이 필요하다.

② 탈수도가 나쁘면 조립작용으로 입도가 커지며 건조가 불충분해지기 쉽다.

(3) 다단로 방식

이 소각로의 원리 및 구조는 6~8단으로 되어 있는 원통관로 중에 회전축이 있고 이 회전축에 연결된 Arm(2~4개의 날개로 됨)이 각 단에서 회전하면서 슬러지를 긁어 상단으로부터 하단으로 밀어내면서 상단의 2개 단은 건조, 3~4단에서는 소각, 5~6단은 냉각시키는 역할을 한다. 이 방식은 수분을 많이 함유하고 있는 슬러지의 소각에 유효하다.

1) 장점

① 연소가 완만하고 취급이 용이하다.

② 동력이 적게들고 운전비가 저렴하다.

③ 온도 제어가 용이하고 조작이 쉽다.

④ 분진 발생이 적다.

2) 단점

① 로 내가 회전 구조로 되어 있기 때문에 열량이 많은 슬러지의 소각 처리에는 부적당하다.

② 24시간 연속 운전을 필요로 한다.

③ 가동 부분이 많아 고장률이 높다.

④ 산성 가스가 발생하는 폐기물에는 부적당하다.

⑤ 혼합 소각에는 부적당한 점을 들 수 있다.

(4) 유동층 소각로 방식

이 소각로의 원리 및 구조는 여러 개의 공기 분사 노즐이 있는 화상 위에 모래를 넣고 노즐로부터 공기를 압송하여 모래를 유동시켜 유동층을 형성한다. 이 유동층에 폐기물을 공급하여 순간적으로 건조, 소각시킨다. 이 소각로에 적합한 폐기물은 슬러지류 및 폐유이다.

1) 장점

① 적은 공간에서 많은 용량의 폐기물을 처리할 수 있다.

② 기계적인 고장이 적다.

③ 열량이 적고 난연성인 액상 슬러지도 소각이 용이하다.

④ 로내 온도 분포가 일정하다.

⑤ 로내에서 산성 가스 제거가 가능하다.

⑥ 폐기물의 연소에 필요한 최대한의 표면적을 제공하게 된다.

⑦ 2차 연소실이 불필요하다.

2) 단점

① 유동층에 강한 재질을 사용해야 한다.

② 고형 폐기물의 경우 분쇄가 필요하다.

③ 유동 매체의 보충이 필요하다.

(5) 분무 소각 방식

이 방식의 원리 및 구조는 액상 폐기물을 고온의 로내로 분사시켜 자연 그대로 또는 조연물을 사용하여 소각시킨다. 분무식으로서 소각물의 물성에 따라 고압 분무 방식, rotary 분무 방식, 공기 분무 방식 및 증기 분무 방식 등을 채택할 수 있다.

이 소각 방법의 장점은 다음과 같다.

① 수분 99%의 유기 폐액도 소각이 가능하다.

② 운송은 전부 펌프나 배관으로 이루어지므로 밀폐 구조가 가능하여 냄새나 휘발성 폐기물의 처리에 적합하다.

③ 가동 이외의 경우 무인 운전이 가능하다.

④ 대상 폐기물은 유기성 폐유 및 일반 폐유이다.

(6) 습식 연소 방식(Zimmermann process)

이 방식은 zimmermann에 의하여 창시된 처리법으로 슬러지를 그 자체의 발열량으로 $250 \sim 315\,^{\circ}\mathrm{C}$로 가열하고, $70 \sim 150\,\mathrm{kg/cm^2}$로 가압한 후 최소량의 공기와 혼합하고 내압 용기 내에서 수분이 많은 상태에서 산화 분해시키고 연소 가스와 물 그리고 Ash로 배출시키는 방법이다. 이 방법의 장점은 이론상 고형물 농도 3%이고 그 중에 가연성 성분이 70%가 되면 열원을 자급 자족할 수 있으며 유지 관리비가 상당히 싼 점을 들 수 있고, 단점으로서는 실제로 연소하는 것이 아니며, 유기물이 저지방산으로 분해되는 정도의 경우가 많고 배수 중에 BOD가 높으므로 만족할 만한 평가를 받지 못하며, 기기의 부식, 냄새, 열교환기의 이상 및 조작상의 어려움 등을 들 수 있다.

Section 59 유전 방식법(Cathodic protection)

1 개요

금속의 부식, 즉 녹이란 공기 중 또는 수 중에 있는 산소와 금속이 반응하는 산화 반응으로 점차 금속의 강도와 고유의 성질을 잃게 되는 것을 의미한다. 선박, 배관, 기계 등 모든 금속으로 된 제품에서 발생하고 그 사용 수명을 결정하는 데 중요한 요인이 되며 그 화학식은 다음과 같다.

$$Fe \rightarrow Fe + 2e \quad \text{①}$$
$$H_2O \rightarrow H + (OH) \quad \text{②}$$
$$Fe + 2(OH) \rightarrow Fe(OH) \quad \text{③}$$
$$4Fe(OH_2) + O_2 + 2H_2O \rightarrow 4Fe(OH_3) \quad \text{④}$$

① 철이 전해질을 통하여 회로가 형성되면 철의 양 이온과 자유 전자가 분리된다.
② 물의 일부는 전기적으로 분리되어 있다.
③ 철의 자유 전자는 전위가 낮은 곳으로 끌려가고, 철의 양 이온은 용액 속으로 들어가 수산이온 즉 (OH)와 반응하여 수산화 제1철 Fe(OH)이 된다.
④ 이런 반응이 계속되면 물 속에 용해된 산소와 반응하여 적갈색의 쇠녹인 제2철 Fe(OH₃)이 된다. 이때 양극 주위는 OH가 Fe와 반응 소모되기 때문에 H가 모여 산성이 된다.

이것을 외관상 분류해보면 전면 부식, 국부 부식으로 크게 나눌 수 있다. 전면 부식은 대기 중의 금속 부식이나 각종 금속의 고온 부식 등과 같이 전 금속 표면이 거의 균일하게 소모되는 부식이며 금속 자체가 거의 균질이고 환경도 거의 균일할 때 생긴다. 국부 부식은 전면 부식과는 달리 금속 자체가 균질이 아닌 합금이거나 놓여져 있는 환경이 달라서 어느 한 부분이 계속적으로 양극으로 작용함으로써 생기는 부식을 말한다. 특히 많이 부식되어 깊어진 부분을 공식(Pitting Corrosion)이라 칭하며 전체적인 평균 부식에 대한 공식의 비율 d/p, 즉 공식 계수(Pitting Factor)로 표시하며 전면 부식의 공식 계수는 1이고 국부 부식은 1 이상이다. [그림 8-93]

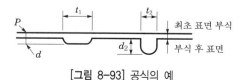

[그림 8-93] 공식의 예

국부 부식은 그 원인에 따라 극간 부식, 입계 부식, 선택 부식 등으로 나뉜다. 이러한 국부 부식의 조건은 금속 전위가 다른 두 금속이 전기적으로 연결되어 있고 전해질 속에 있는 경우 또는 피복되어 있는 금속 일부분의 피복이 손상되었을 경우 손상된 부분은 양극 부위, 손상되지 않은 부분은 음극 부분으로 작용하여 부식이 생긴다. 또한 계속적으로 과도한 Strees를 받는 부분도 부식되기 쉽다.

② 유전방식(Cathodic Protection)

이러한 전기 화학 반응에 의한 손실을 막기 위한 방법으로 내식성 재료를 사용하거나 비금속의 피복 또는 전기 화학적 방식법 등을 사용한다. 이러한 화학적 반응을 하는 피방식체보다 저 전위의 금속이나 직류 전원을 통한 회로를 형성시켜 전위 평형을 이루어 부식을 억제시키는 방법이 음극 방식(Cathodic Protection)이며 외부 전원법(Impressed current method)과 희생 양극법(sacrificial anode method)으로 나뉜다.

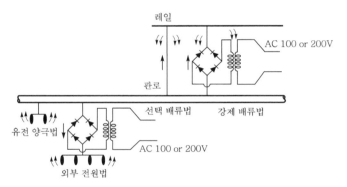

[그림 8-94] 유전 방식법의 분류

(1) 외부 전원법(impressed current method)

피방식체가 있는 지중 또는 해수나 담수 중에 불용성 양극을 설치하고 DC전원의 (+), 피방식체에 (−)를 연결하여 피방식체와 기준 전극의 전위차를 조정하여 줌으로써 철의 자유 전자가 분리되지 않도록 하는 방법이며 불용성 양극에는 백금 양극, 주철 양극, 아연 양극, 탄소 양극 등이 사용된다. 이에 대한 장점으로는 정기적인 점검 시 설계 요구 전류가 나오지 않을 경우 양극을 더 설치하거나 수리하지 않고 정류기에서 전류, 전압의 양을 조절할 수 있다는 것과 작은 양극으로 큰 전류를 발생시킬 수 있어 협소한 장소, 환경 변화가 심해서 수시로 전류를 조정해야 되는 조건일 경우 유용하다는 것이다.

(2) 희생 양극법(sacrificial anode method)

피방식체에 이것보다 저 전위(부식성이 높은)의 소모성 양극을 직접 혹은 전선을 이용하여 접속시켜 철의 부식을 억제하는 방법이다. 소규모 설치시 공사비가 저렴하고 간단하며 인위적인 유지 관리가 필요없고 외부 전원이 없는 곳에서 유리한 반면 정기 점검시 설계 요구 전류가 발생치 않을 경우 지하에 매설된 배관을 다시 노출시켜 Anode를 설치해야 하는 부담이 따르고 양극이 다 소모되었을 경우 다시 설치해야 하므로 도시 지역이나 간섭이 많은 곳 등에서는 적용하지 않는 것이 좋다. 소모성 양극에는 마그네슘 합금 양극, 아연 합금 양극, 알루미늄 합금 양극 등이 사용된다.

Section 60 원심 펌프의 손실과 효율

1 손실

에너지 소비 효율은 이론적으로 필요한 축동력 이외의 각종 손실의 다소로 결정된다. 각종 손실을 열거하면 아래와 같다.

(1) 수력 손실(hydraulic loss)

① 펌프 흡입구에서 송출구에 이르는 유로에서의 마찰 손실
② 곡관, 부속품, 단면 변화 등에 의한 부차적 손실
③ 와류 손실(회전차, 안내깃, 와류실 등)
④ 깃 입구와 출구에서 발생하는 충돌 손실 등
　어느 손실보다도 펌프의 성능에 큰 영향을 미친다.

(2) 누설 손실(leakage loss)

① 펌프 입구부에서의 웨어링 부분
② 축 추력 평형 장치부
③ 패킹
④ 봉수봉에 사용하는 압력수
⑤ 베어링 및 패킹 박스 냉각에 사용하는 냉각수

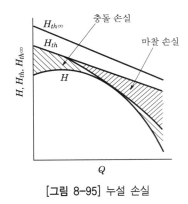

[그림 8-95] 누설 손실

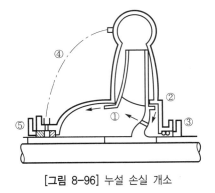

[그림 8-96] 누설 손실 개소

(3) 환상 틈

① 누설 유량

$$\Delta H = \text{friction loss} + \text{inlet loss} + \text{loss in a labyrinth} + \text{exit loss}$$

$$= \lambda \frac{1}{2b} \frac{v^2}{2g} + 0.5 \frac{v^2}{2g} + z \frac{v^2}{2g} + \frac{v^2}{2g}$$

여기서, b : width of a gap

l : length of a gap

z : number of labyrinth

D : average diameter of a gap

λ : friction coefficient

$$\therefore v = \frac{1}{\sqrt{\lambda \dfrac{1}{2b} + 1.5 + z}} \sqrt{2g\Delta H}$$

$$\therefore \Delta Q = \pi Dbv = \frac{\pi Db}{\sqrt{\lambda \dfrac{1}{2b} + 1.5 + z}} \sqrt{2g\Delta H}$$

② 환상 틈의 누설 헤드 : Stepanoff의 실험식

$$\Delta H = H(1 - K_{vc}^2) - \frac{1}{4} \frac{u_2^2 - u_r^2}{2g} \, [\text{m}]$$

여기서, H : total head

u_2 : circumferential speed of an impellor

u_r : circumferential speed of a wearring

$v_c = K_{vc}\sqrt{2gH}$: average velocity in a spiral casing

[그림 8-97]은 비속도와 K_{vc}의 관계를 나타낸 것으로 비속도가 증가하면 K_{vc}는 감소하는 것을 알 수 있다.

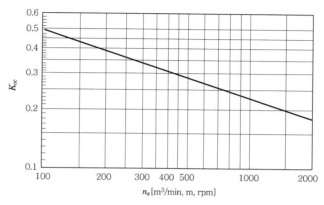

[그림 8-97] 비속도와 K_{vc}의 관계

(4) 기계 손실(mechanical power loss)

① 베어링과 패킹 장치에서의 손실 : 회전수 제곱에 비례
② 누설량과 반비례 관계
③ Stepanoff의 경험 : 축동력의 1%

(5) 원판 마찰 손실(disk friction power loss)

① 임펠러와 바깥 케이싱 사이의 유체에 의한 마찰 손실
② 간단한 모델에 대한 원판 마찰 손실

$$\Delta L_d = k\gamma u_2^{~3} D_2^{~2} \left(1 + 5\frac{e}{D_2}\right)[\text{PS}]$$

여기서, k : friction loss coefficient $= 1.1 \times 10^{-6}$

γ : specific weight of liquid

D_2 : outer diameter of an impellor

u_2 : circumferential velocity at outer diameter

[표 8-6] 연결 방식과 k의 관계

연결 방식	k
직결	1.10~1.20
V 벨트	1.15~1.25
경사치차	1.15~1.25
평치차	1.20~1.25
평벨트	1.25~1.355

Pfleiderer의 실험식

$$\Delta L_d = 1.2 \times 10^{-6} \gamma u_2{}^3 D_2{}^2 [\text{PS}]$$

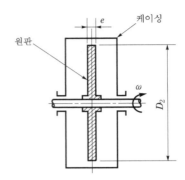

[그림 8-98] 원판 마찰 손실(disk friction power loss)

(6) 원심 펌프의 에너지 소비 효율 향상

수력 손실은 수력 설계의 우열에 좌우되며 기타 손실은 부품의 동심도, 직각도 등 정밀도의 우열과 표면 조도에 관련이 크다.

예제

원심 펌프의 웨어링에서의 누설량을 구하라. 단, 웨어링의 지름 100mm, 틈 0.2mm, 틈새 길이 28mm, 마찰 손실 계수 0.015, 회전차 바깥 지름 200mm, 회전수 1,450rpm, 양정 12m, 유량 0.54m³/min, K_{vc} = 0.42로 가정하라.

풀이 ① 손실 수두

$$\Delta H = H(1 - K_{vc}{}^2) - \frac{1}{4}\frac{u_2{}^2 - u_r{}^2}{2g}$$

$$= 12(1 - 0.42^2) - \frac{1}{4}\frac{15.81^2 - 7.59^2}{2 \times 9.8} = 7.68\text{m}$$

$$\rightarrow u_2 = \frac{2\pi\, 1,405 \times 0.1}{60} = 15.18\text{m/s}$$

$$\rightarrow u_r = \frac{2\pi\, 1,450 \times 0.05}{60} = 7.59\text{m/s}$$

② 누설량

$$\Delta Q = \frac{\pi D b}{\sqrt{\lambda\dfrac{1}{2b} + 1.5 + z}}\sqrt{2\text{g}\Delta\text{H}}$$

$$= \frac{\pi\, 0.1 \times 0.0002}{\sqrt{0.015\dfrac{0.028}{2 \times 0.0002} + 1.5 + 0}}\sqrt{2 \times 9.8 \times 7.68}$$

$$= 4.85 \times 10^{-4}\text{m}^3/\text{s}$$

❷ 효율

(1) 수동력

$$L_w = \rho g H Q$$

(2) 축동력 : 펌프 동력

$$L = \frac{L_w}{\eta}$$

(3) 원동기 동력

$$L_d = kL$$

(4) 효율

① 전효율 $\eta = \dfrac{수동력}{축동력} = \dfrac{L_w}{L}$

② 수력 효율 $\eta_h = \dfrac{H}{H_{th}}$

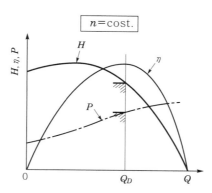

[그림 8-99] 원심 펌프의 성능 곡선 예

Section 61 배관용 동관의 용도와 장단점

1 개요

동(銅)은 전기 및 열전도율이 좋고 내식성이 뛰어나며 전연성이 풍부하고 가공도 용이하여 판, 봉, 관 등으로 제조되어 전기 재료, 열교환기, 급수관, 급탕관, 냉매관, 연료관 등으로 널리 사용되고 있다.

2 배관용 동관의 용도와 장단점

(1) 배관용 동관의 용도

동관의 용도와 종류는 다음과 같다.

[표 8-7] 동관의 분류

구 분	종 류	비 고
사용된 소재에 따른 분류	인탈산 동관 터프 피치 동관 무산소 동관 동합금관	일반 배관재로 사용 순도 99.9% 이상으로 전기 기기 재료 순도 99.96% 이상 용도 다양
질별 분류	연질(O) 반연질(OL) 반경질(1/2H) 경질(H)	가장 연하다. 연질에 약간의 경도 강도 부여 경질에 약간의 연성 부여 가장 강하다.
두께별 분류	K-type L-type M-type N-type	가장 두껍다. 두껍다. 보통 얇은 두께(KS 규격은 없음)
용도별 분류	워터 튜브(순동 제품) ACR 튜브(순동 제품) 콘덴서 튜브(동합금 제품)	일반적인 배관용(물에 사용) 열교환용 코일(에어컨, 냉동기) 열교환기류의 열교환용 코일
형태별 분류	직관(15~150A=6m, 600A 이상=3m) 코일(L/W=300mm, B/C=50, 70, 100m, P/C=15,30mm) PMC-808	일반 배관용 상수도, 가스 등 장거리 배관 온돌 난방 전용

(2) 동관의 장단점

동관의 장단점은 다음과 같다.

① 전기 및 열전도율이 좋아 열교환용으로 우수하다.

② 전·연성이 풍부하여 가공이 용이하며 동파의 우려가 작다.

③ 내식성 및 알칼리에 강하고 산성에는 약하다.

④ 무게가 가볍고 마찰 저항이 작다.

⑤ 아세톤, 에테르, 트레온 가스, 휘발유 등 유기 약품에 강하다.

Section 62 강관과 배관 이음의 종류

1 개요

강관은 일반적으로 건축물, 공장, 선박 등의 급수, 급탕, 냉난방, 증기, 가스 배관 외에 산업 설비에서의 압축 공기관, 유압 배관 등 각종 수송관으로 또는 일반 배관용으로 광범위하게 사용된다.

2 강관의 장단점과 종류

강관의 장단점은 다음과 같다.

[표 8-8] 강관의 장단점

장 점	단 점
① 인장 강도와 신장률이 크므로 내·외압 및 충격에 강하여 압력관으로 적합하다. ② 다른 관에 비하여 가볍고 현장 시공이 용이하여 구재 배관이나 대구경 관로에 적합하다. ③ 연성이 크므로 부등침하나 지반 변형에 적응도가 크다. ④ 관 내·외면에 라이닝하면 부식과 전기 부식 방지가 가능하고 내구성을 보장할 수 있다.	① 처짐이 크다. ② 전식에 약하다. ③ 염분이나 해수 및 철 박테리아가 많은 토양에서는 부식에 약하다. ④ 사용 연수가 경과하면 스케일이 많이 발생하며 단면이 축소되어 통수 능력이 저하된다.

[표 8-9] 강관의 종류와 사용 용도

종류	KS 명칭	KS 규격	사용 온도	사용 압력	용도 및 기타 사항
배관용	(일반)배관용 탄소 강관	SPP	350℃ 이하	10kgf/cm^2 이하	사용 압력이 낮은 증기, 물, 기름, 가스 및 공기 등의 배관용으로, 일면 가스관이라 하고 아연(Zn) 도금 여부에 따라 흑강관과 백강관(400g/m^2)으로 구분되며, 25kgf/cm^2의 수압 시험에 결함이 없어야 하고 인장 강도는 30kgf/mm^2 이상이어야 한다. 1본(本)의 길이는 6m이다. 호칭 지름 6~500A(24종)

종류	KS 명칭	KS 규격	사용 온도	사용 압력	용도 및 기타 사항
배관용	압력 배관용 탄소 강관	SPPS	350℃ 이하	10~ 100kgf/cm^2 이하	증기관, 유압관, 수압관 등의 압력 배관에 사용되고, 호칭은 관두께(스케줄 번호)에 의하며, 호칭 지름 6~500A(25종)
	고압 배관용 탄소 강관	SPPH	350℃ 이하	100kgf/cm^2 이상	화학 공업 등의 고압 배관용으로 사용되고, 호칭은 관두께(스케줄 번호)에 의하며, 호칭 지름 6~500A(25종)
	고온 배관용 탄소 강관	SPHT	350℃ 이상	—	과열 증기를 사용하는 고온 배관용으로, 호칭은 호칭 지름과 관두께(스케줄 번호)에 의함
	저온 배관용 탄소 강관	SPLT	0℃ 이하	—	물의 빙정 이하의 석유 화학 공업 및 LPG, LNG, 저장 탱크 배관 등 저온 배관용으로, 두께는 스케줄 번호에 의함
	배관용 아크 용접 탄소 강관	SPW	350℃ 이하	10kgf/cm^2 이하	SPP와 같이 사용 압력이 비교적 낮은 증기, 물, 기름, 가스 및 공기 등의 대구경 배관용으로, 호칭 지름 350~2,400A(22종), 외경×두께
	배관용 스테인리스 강관	STS	−100 ~ 350℃	—	내식성, 내열성 및 고온 배관용, 저온 배관용에 사용하고, 두께는 스케줄 번호에 의하며, 호칭 지름 6~300A
	배관용 합금 강관	SPA	350℃ 이상	—	주로 고온도의 배관용으로, 두께는 스케줄 번호에 의하며 호칭 지름 6~500A
수도용	수도용 아연 도금 강관	SPPW	—	정수두 100m 이하	SPP에 아연 도금(550g/m^2)을 한 것으로, 급수용으로 사용하나 음용수 배관에서 부적당하며 호칭 지름 6~500A
	수도용 도복장 강관	STPW	—	정수두 100m 이하	SPP 또는 아크 용접 탄소 강관에 아스팔트나 콜타르, 에나멜을 피복한 것으로 수동용으로 사용하며 호칭 지름 80~1,500A(20종)
열전달용	보일러 열교환기용 탄소 강관	STH	—	—	관의 내·외에서 열교환을 목적으로 보일러의 수관, 연관, 과열관, 공기 예열관, 화학 공업이나 석유 공업의 열교환기, 콘덴서관, 촉매관, 가열로관 등에 사용, 두께 1.2~ 12.5mm, 관지름 15.9~139.8mm
	보일러 열교환기용 합금강 강관	STHB (A)	—	—	
	보일러 열교환기용 스테인리스 강관	STS ×TB	—	—	
	저온 열교환기용 강관	STLT	−350 ~0℃	15.9 ~139.8mm	빙점 이하의 특히 낮은 온도에 있어서 관의 내외에서 열교환을 목적으로 열교환 기관, 콘덴서관에 사용
구조용	일반 구조용 탄소 강관	SPS	—	21.7 ~1,016mm	토목, 건축, 철탑, 발판, 지주, 비계, 말뚝, 기타의 구조물에 사용, 관두께 1.9~16.0mm
	기계 구조용 탄소 강관	SM	—	—	기계, 항공기, 자동차, 자전거, 가구, 기구 등의 기계 부품에 사용
	구조용 합금강 강관	STA	—	—	자동차, 항공기, 기타의 구조물에 사용

(1) 스케줄 번호(schedule number) : SCH. NO.

관(pipe)의 두께를 나타내는 번호로, 스케줄 번호는 10~160으로 정하고 30, 40, 80이 사용되며 번호가 클수록 두께는 두꺼워진다.

① 미터계 스케줄 번호(SCH. NO.) $= 10 \times \dfrac{P}{S}$

② 인치계 스케줄 번호(SCH. NO.) $= 1{,}000 \times \dfrac{P}{S}$

여기서, P : 사용 압력(kgf/cm^2)
S : 사용 응력(kgf/cm^2)

③ 허용 응력(S) $= \dfrac{극한(인장) 강도}{안전계수(율)}$

(2) 강관의 표시 방법

강관의 표시 방법은 아래와 같고 관 끝면의 형상은 300A 이하는 PE(Plain End)로 하고, 350A 이상에서는 PE를 표준으로 하고 있으나, 주문자의 요구에 의해 BE(Beveled End)로 할 수 있다.

(a) 배관용 탄소강관

(b) 수도용 아연 도금 강관

(c) 압력 배관용 탄소 강관
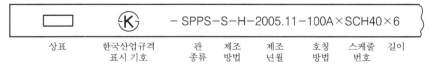

[그림 8-100] 관의 표시 방법

[표 8-10] 제조 방법에 따른 기호

기 호	용 도	기 호	용 도
E	전기 저항 용접관	E-C	냉간 완성 전기 저항 용접관
B	단접관	B-C	냉간 완성 단접관
A	아크 용접관	A-C	냉간 완성 아크 용접관
S-H	열간 가공 이음매 없는 관	S-C	냉간 완성 이음매 없는 관

❸ 강관 이음의 종류

강관 이음 방법에는 나사식 이음, 용접식 이음, 플랜지 이음, 신축 이음(expansion joint)이 있고, 신축 이음에는 슬리브형, 벨로스형, 루프형, 스위블형의 4가지가 있다.

(1) 나사(screw) 접합

① 강관의 나사 접합은 나사 부위에 방식용 실링제 혹은 실링 테이프를 사용하여 누수를 차단한다. 노출된 나사 부위나 표면이 손상된 곳에는 녹막이 페인트를 칠하고 방식용 실링제는 위생상 무해한 합성 수지계 제품을 쓴다.
② 나사 내기에 쓰이는 절삭유는 위생상 해가 없는 수용성으로 한다.

(2) 플랜지(flange)

접합 펌프의 주위 배관, 제수 밸브, 공기 밸브 등의 특수 장소에 사용되는 이음으로, 플랜지와 플랜지 사이에 고무 등 패킹을 넣고 조여서 이음한다.

(3) 용접(welding) 접합에 따른 용접의 종류

① 용접 이음에는 홈용접(맞대기 용접)과 필렛(fillet) 용접이 있다.
② 홈용접은 홈을 파서 용접하는 것이고, 필렛 용접은 두 강판을 겹으로 붙였을 때 한 강판의 갓 부분에 따라서 용접하는 것을 말한다.
③ 필렛 용접은 겹치기 이음 또는 T형 이음에 사용되는 것으로, 용접할 모재를 겹쳐서 그 둘레를 용접하는 경우와 2개의 모재를 T형으로 하여 모재 구석 부분에 용착 금속을 녹여 용접하는 경우의 두 가지가 있다
④ 강구조물 연결에서 약 80%는 필렛 용접이고 홈용접이 15%이며 나머지 5%는 특수 용접으로, 슬롯 용접과 플러그 용접이 사용된다.

(4) 신축 이음의 종류 및 특징

신축 이음(expansion joint)은 재료의 열팽창이 큰 금속일수록, 전체 길이가 길수록, 온도차가 큰 금속일수록 신축력도 크다. 관 내에 온수ㆍ냉수ㆍ증기 등이 통과할 때 고온

과 저온에 따른 온도차가 커짐에 따라 팽창 수축이 생기며 관·기구 등의 파손 또는 구부러뜨리는데 이런 현상을 방지하기 위해 직선 배관 도중에 신축 이음을 설치한다(동관은 20m마다, 강관은 30m마다 신축 이음을 1개 정도 설치한다).

① **슬리브형 신축 이음** : 이음 본체 속에 미끄러질 수 있는 슬리브 파이프를 놓고 석면을 흑연(또는 기름)으로 처리한 패킹을 끼워 밀봉한 것이다. 슬리브형은 복식과 단식이 있고 50A 이하의 것은 나사 결합식이고, 65A 이상의 것은 플랜지 결합식이며 루프형에 비하여 설치 장소는 많이 차지하지 않지만, 시공 시 유체 누설에 주의하여야 한다. 슬리브형은 보통 10kg/cm^2 정도의 중기 배관 또는 온도 변화가 심한 물, 기름 등의 배관에 사용되며, 설치 면적은 작으나 곡선부에는 사용할 수 없다.

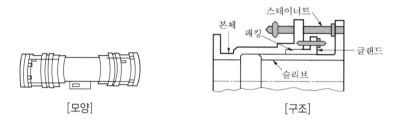

[모양]　　　　　[구조]

② **벨로스형 신축 이음** : 벨로스형 신축 이음쇠는 벨로스 안에 슬리브가 있고 슬리브 미끄럼에 따라 벨로스가 신축해서 수축·팽창을 흡수하는 구조로 되어 있으며 패킹이 없어 누설이 없다. 설치 장소도 슬리브형보다 작게 차지하나 벨로스에 유체가 고여 부식되기 쉬운 단점이 있다.

재료에 따라 구리, 고무, 인청동, 스테인리스강의 제품으로 주름이 신축을 흡수하는 것으로 전부 밀폐되어 있어 누설이 없고 트랩과 같이 사용할 수도 있으며 난방, 냉방용 어느 용도나 사용할 수 있다. 가스의 성질에 따라 부식을 고려하여야 하며 신축으로 인한 응력은 받지 않는다. 축방향 신축만이 아니고, 축에 직각 방향의 변위, 각도 변위 등을 흡수하는 것도 있다.

벨로스형 신축 이음은 일명 패크리스(packless) 신축 조인트라고도 한다.

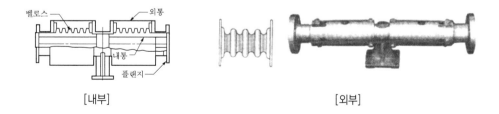

[내부]　　　　　[외부]

③ **스위블형 신축 이음** : 2개 이상의 엘보를 사용하여 관절을 만들어 나사의 회전에 따라 관의 신축을 흡수하므로 가스나 큰 신축관인 경우에는 누설될 염려가 있다. 나사가 풀려 느슨하게 될 경우가 있어 신축량이 큰 곳에는 적당하지 않고, 저압 중기나 온수 배관의 신축 이음에 사용되고 있다.

  ㉠ 굴곡부에서 압력 강하가 있어 압력 손실이 있다.

  ㉡ 신축량이 너무 큰 배관은 나사 이음부가 헐거워져 누설의 우려가 있다.

  ㉢ 설치비가 적게 들며 손쉽게 제작·조립하여 사용이 가능하다.

  ㉣ 주관의 신축이 수직관에 영향을 주지 않고 또 수직관의 신축도 주관에 영향을 주지 않는다.

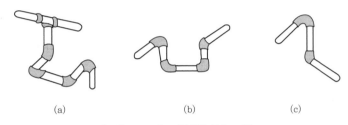

(a)   (b)   (c)

[그림 8-101] 스위블형 신축 이음

④ **루프형** : (신축 곡관)-강관 또는 동관 등을 루프상으로 만들어 생기는 휨에 의해 신축을 흡수한다.

  ㉠ 디플렉션(deflection)을 이용한 신축 조인트이다.

  ㉡ 장소에 따라 구부림을 달리한다.

  ㉢ 응력을 수반하는 결점이 있다.

  ㉣ 고압 중기의 옥외 배관에 이용한다.

  ㉤ 굽힘 반지름은 파이프 지름의 6배 이상이어야 한다.

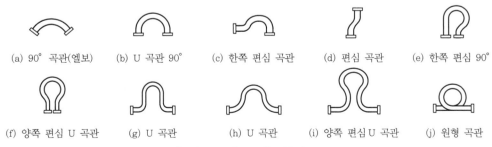

(a) 90° 곡관(엘보)   (b) U 곡관 90°   (c) 한쪽 편심 곡관   (d) 편심 곡관   (e) 한쪽 편심 90°

(f) 양쪽 편심 U 곡관   (g) U 곡관   (h) U 곡관   (i) 양쪽 편심 U 곡관   (j) 원형 곡관

[그림 8-102] 루프형 이음의 종류

펌프에서 발생하는 제반 손실

1 수력 손실

수력 손실에는 펌프의 흡입 노즐에서 송출 노즐에 이르는 유로면의 마찰 손실, 회전차, 안내 깃, 스파이럴 키싱, 송출 노즐을 흐르는 부차 손실(와류 손실) 및 회전차 입구와 출구에서의 충돌 손실이 있다.

① 마찰 손실은 고정 유로와 회전차 깃 사이의 유로에서 일어나는 손실이며 아래와 같이 표시된다.

㉠ 고정 유로에서의 마찰 손실

$$h_f = f \, \frac{l}{m} \frac{v^2}{2g}$$

㉡ 회전차 깃 사이 유로의 마찰 손실

$$h_f{}' = f{}' \frac{l{}'}{m{}'} \frac{w^2}{2g}$$

여기서, l, $l{}'$: 유로의 길이

m, $m{}'$: 유로 단면의 수력 반경

② 부차 손실 $h_f{}' = \zeta_1 \frac{v^2}{2g}$

여기서, ζ_1 : 깃, 안내 깃, 송출 노즐에 있어서 와류로 인한 손실 계수

$$h_f \, d = h_f + h_f{}' + hd = K_1 Q^2$$

③ 충돌 손실은 입구와 출구에서 유량이 일정하지 못하면 유량 변화에 따라 속도의 크기와 방향이 변하게 되므로 속도 변화량에 대한 충돌 손실이 발생한다.

㉠ 입구 충돌 손실

$$h_{s_1} = \zeta_2 \frac{\Delta u_{u_1}^2}{2g}$$

㉡ 출구 충돌 손실

$$h_{s_2} = \zeta_3 \frac{\Delta u_{u_2}^2}{2g}$$

여기서, Q_s : 설계점에서의 유량, Q : 충돌에 의해서 감소된 유량

그리고 이에 따른 양정 손실을 이론 손실에서 **빼면** 실제 양정 곡선이 구해진다. 또한, 수력 효율은 $\eta_h = \dfrac{H}{H_{th}}$ 이며, 수력 효율 곡선은 충돌 손실이 없을 때보다 조금 있을 때 펌프의 효율은 최고가 된다. 따라서 수력 손실 수두에 의한 펌프 효율은 수력 효율로 나타난다.

❷ 누설 손실

① 원심 펌프에는 회전 부분과 고정 부분이 반드시 존재하므로 유체는 간극을 통하여 압력이 높은 쪽에서 낮은 쪽으로 흐르게 되므로 누설 유량(q)이 발생하고 체적 효율이 저하한다.

② 주요 누설 부분
   ㉠ wearing ring
   ㉡ bush와 사이의 간격
   ㉢ balance disc의 간극
   ㉣ 개방형 회전차에서의 깃 횡단 간격
   ㉤ 축봉 장치

③ 간극에 의한 수두 손실

$$\Delta H = f\,\frac{l}{D}\,\frac{v^2}{2g} + 0.5\,\frac{v^2}{2g} + \frac{v^2}{2g} = \left(f\,\frac{l}{D} + 0.5 + 1\right)\frac{v^2}{2g}$$

여기서, 1항은 마찰 손실, 2항은 입구 손실, 3항은 출구 손실을 나타낸다.

④ 수력 반경

$$m = \frac{d}{4} = \frac{간접\ 면적}{접수\ 길이} = \frac{\pi D a}{2\pi D \times 2} = \frac{a}{4}\,(지름\ 간격)$$

⑤ 누설 유량

$$q = Ka\,\sqrt{2g\,\Delta H}$$

$$K = \frac{1}{\sqrt{fl/2b + 1.5 + Z}}$$

여기서, b : 간극폭, l : 간극 길이, Z : 홈의 수

경험식에 의하면

$$\Delta H = \frac{3}{4}\left(\frac{u_2^2 - u_1^2}{2g}\right)$$

이며,

$$q = Ka \sqrt{2g \cdot \frac{3}{4}\left(\frac{u_2^2 - u_1^2}{2g}\right)} = Ka \sqrt{\frac{3}{4}(u_2^2 - u_1^2)}$$

이 된다.

누수량에 의한 펌프 효율은 체적 효율로 표시되며 대개 90~95%에 해당된다.

$$\eta_v = \frac{Q}{Q+q} = 0.9 \sim 0.95$$

③ 원판 마찰 손실

① 발생 원인 : pump casing과 회전차는 고정된 casing 내에서 회전차가 회전 운동을 하므로 유체 입자는 회전 운동을 받게 된다. 따라서 casing 표면과 impeller 표면 조도에 의하여 마찰 손실이 발생한다. 펌프 회전차의 원판 마찰 손실은 Pfleiderer의 여러 가지 펌프를 실험한 결과 원판 마찰에 흡수된 동력을 $L_f = 1.2 \times 10^{-6} \times \gamma u_2^3 D_2^2$ 으로 표시되며, 비교 회전도가 낮은 펌프일수록 마찰 손실이 크다.

② 원판 마찰에 흡수된 동력

$$F = ma = \int \frac{dmv}{dt} = \int \frac{(2\pi r dr dt v p)v}{dt} = 2\pi p \int v^3 r dr$$

$$L_f = Fv = 2\pi p \int v^3 r dr$$

$v = \dfrac{\pi D_2 N}{60}$ 을 위의 식에 대입하여 정리하면,

$$L_f = 2\pi p \int \left(\frac{\pi D_2 N}{60}\right)^3 r dr$$

여기서, 상수항을 모두 K로 놓으면 $L_f = KN^3 D^3$이 된다. 이에 대하여 Pfleiderer은 실험을 통해 아래와 같이 실험식을 정하였다.

$$L_f = 1.2 \times 10^{-6} \times \gamma u_2^3 D_2^2$$

여기서, u_2 : 원주 속도, D_2 : 원판 지름, γ : 원판 끝 두께

③ 회전차와 케이싱면에 의하여 유체가 회전할 때 발생되는 마찰 손실
   ㉠ 거친 주철 케이싱에 도료를 바르면 원판 마찰 동력은 4~12% 감소
   ㉡ 원판을 연마하면 13~30% 감소
   ㉢ 녹슨 주철 원판은 새로 가공된 원판보다 30%의 동력이 더 소모
   ㉣ 물의 온도가 65°F에서 150°F로 증가하면 7~19% 감소

4 기계 손실

① 베어링에서의 손실 : 비교 회전도와는 무관하다.

② 축봉 장치에서의 손실 : 비교 회전도와는 무관하다.

축봉 장치의 마찰력은 누설량이 어느 정도 있으면 거의 변하지 않으나 누설량을 줄이기 위하여 축봉을 조이게 되며 누설은 줄일 수 있으나 마찰 손실 동력이 증대하게 되므로 축봉 장치의 누설은 어느 정도 허용하여 마찰 손실 동력을 줄이는 것이 효과적이다.

Section 64 배관의 마찰 손실 수두

1 달시-바하(Darcy-Weisbach) 방정식

① 압력 강하 : $\Delta p = \gamma \left(f \dfrac{l}{d} \times \dfrac{V^2}{2g} \right) [\mathrm{kgf/m^2 \cdot mmHg}]$

② 손실 수두 : $h_L = f \dfrac{l}{d} \dfrac{V^2}{2g} [\mathrm{m}]$

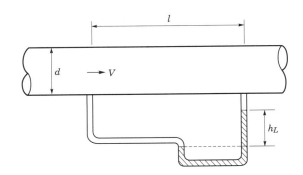

③ 원관의 층류 유동에서 마찰 계수와 레이놀즈 수와의 관계

$$Q = \frac{\pi d^4 \Delta p}{128 \mu l} = A V = \frac{\pi}{4} d^2 V$$

$$\Delta p = \frac{32 \mu l V}{d^2} = f \frac{l}{d} \frac{\rho V^2}{2}$$

$$\rightarrow f = \frac{64 \mu}{\rho V d} = \frac{64}{R_e}$$

$$\therefore f = \frac{64}{R_e} \text{(관 마찰 계수)}$$

② 관 마찰 계수(f)의 결정 방법

① 층류 구역($R_e < 2{,}100$) : 관 마찰 계수(f)는 레이놀즈 수만의 함수

$$f = \frac{64}{R_e}$$

② 천이 구역($2{,}100 < R_e < 4{,}000$) : 관 마찰 계수(f)는 상대 조도$\left(\dfrac{e}{d}\right)$와 레이놀즈 수의 함수

즉, $3{,}000 < R_e < 100{,}000$일 때

㉠ 매끈한 관 : $f = 0.3164\,R_e^{-1/4}$

㉡ 거친 관 : $\dfrac{1}{\sqrt{f}} = 1.14 - 0.86\,l_n\left(\dfrac{e}{d}\right)$

③ 난류 구역($R_e > 4{,}000$)

㉠ 매끈한 관 : f 는 R_e만의 함수(Blasius 실험식)

$$f = 0.3164 R_e^{-1/4}$$

㉡ 거친 관 : f 는 $\dfrac{e}{d}$만의 함수(Nikuradse 실험식)

$$\frac{1}{\sqrt{f}} = 1.14 - 0.86\,l_n\left(\frac{e}{d}\right)$$

㉢ 중간 영역 : f 는 R_e와 $\dfrac{e}{d}$의 함수(Colebrook 실험식)

$$\frac{1}{\sqrt{f}} = -0.86\,l_n\left(\frac{e/d}{3.7} + \frac{2.51}{R_e\,\sqrt{f}}\right)$$

Section 65 배관의 스케일(scale) 생성 원인과 방지 대책

1 개요

물에는 광물질 및 금속의 이온 등이 녹아 있다. 이 이온 등의 화학적 결합물($CaCO_3$)이 침전하여 배관이나 장비의 벽에 부착하는데 이를 스케일이라고 한다. 스케일의 대부분은 $CaCO_3$이다. 스케일의 생성과 종류는 다음과 같다.

(1) 생성 화학식

① 녹의 생성 반응

$Fe \rightarrow Fe^{2+} + 2e^-$ (산화 반응)

$4Fe^{2+}O_2 + 6H_2O \rightarrow 4FeOOH$(침철석, 레피도크로사이트) $+ 8H^+$

$2FeOOH \rightarrow Fe_2O_3$(적철석) $+ H_2O$

$3FeOOH + e^- \rightarrow Fe_3O_4$(자철석) $+ H_2O + OH^-$

② 방해석과 자페아이트의 생성 반응

$Ca^{2+} + 2HCO_3^- \rightarrow CaCO_3$(방해석) $+ H_2O + CO_2$

$4Ca^{2+} + 3Si^{4+} + 20OH^- \rightarrow Ca_4(Si_3O_7)(OH)_6$(자페아이트) $+ 7H_2O$

(2) 스케일의 종류

① $CaCO_3$: 탄산염계 스케일

② $CaSO_4$: 황산염계 스케일

③ $CaSiO_4$: 규산염계 스케일

2 스케일의 생성 원인과 방지 대책

(1) 스케일의 생성 원인

① 온도
  ㉠ 온도가 높으면 스케일이 촉진된다.
  ㉡ 급수관보다 급탕관에 스케일이 많다.

② Ca 이온 농도
  ㉠ Ca 이온 농도가 많으면 스케일 생성이 촉진된다.
  ㉡ 경수가 스케일 생성이 많다.

③ CO_3 이온 농도

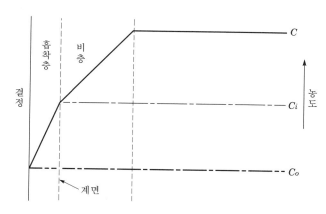

[그림 8-103] 확산 이론

여기서, C_o : 기화 능력
C : 용액 능력
C_i : 중간 농도(실증 불가능)

㉠ C_o을 넘어 C의 값까지 농도가 상승하지 않으면 결정화하지 않은 것을 나타낸다.

㉡ C와 C_i의 차가 큰 만큼 스케일 성장 속도가 느려진다.

㉢ C, C_i, C_o 값의 상호 관련이 있다.

(2) 스케일에 의한 피해

관, 장비류의 벽에 붙어서 단열 기능을 한다.

① 열전달률 감소로 에너지 소비 증가, 열효율 저하

② Boiler 노 내 온도 상승

　㉠ 과열로 인한 사고

　㉡ 가열면 온도 증가로 고온 부식 초래

③ 냉각 system의 냉각 효율 저하

④ 배관의 단면적 축소 마찰 손실 증가 → 반송 동력 증가

⑤ 각종 V/V 및 자동 제어 기기 작동 불량

　㉠ 스케일 등의 이물질 영향

　㉡ 고장의 원인 제공

(3) 스케일 생성 방지 대책

1) 화학적 방법

① 인산염 이용법 : 인산염은 $CaCO_3$ 침전물 생성을 억제하며 원리는 Ca^{2+} 이온을 중화시
킨다.

② 경수 연화 장치(합성수지 이용법)

㉠ Ca^{2+}, Mg^{2+} 이온을 용해성이 강한 Na^+ 이온으로 교환하여 스케일 생성 원인인 Ca 이온 자체를 제거한다.

㉡ 완전 반응 후 Ca, Mg 화합물이 잔류하지 않도록 물로 세척한다.

③ 순수 장치 : 모든 전해질을 제거하는 장치로서, 부식도 감소한다.

2) 물리적 방법

물리적인 에너지를 공급하여 스케일 생성을 촉진시켜 스케일이 벽면에 부착하지 못하고 흘러나오게 하는 방법이다.

① 전류 이용법

② 라디오파 이용법

③ 자장 이용법

㉠ 시중에서 판매하는 scale 방지기의 원리

㉡ 영구 자석을 관 외벽에 부착하여 자장 생성

④ 전기장 이용법

(4) 스케일 방지 장치의 선정 시 고려 사항

① 적용하는 곳의 수질을 분석해야 한다.

② 사용 유량을 검토한다.

③ 스케일 방지 장치 설치 위치를 결정한다.

④ 처리 강도를 조정한다.

(5) 결론

스케일의 생성을 방지하기 위하여 물속의 Ca^{2+} 이온을 제거하여야 하며 가장 널리 사용 되는 방법은 경수 연화법이다.

Section 66 | 배관의 부식 원인과 방지 대책

1 개요

부식이란 어떤 금속이 주위 환경과 반응하여 화합물로 변화(산화 반응)하면서 금속 자체가 소모되어가는 현상이다.

❷ 배관의 부식 원인과 방지 대책

(1) 부식의 종류

① 습식과 건식

ㄱ 습식 부식 : 금속 표면이 접하는 환경 중 습기의 작용에 의한 부식 현상을 말한다.

ㄴ 건식 부식 : 습기가 없는 환경 중 200℃ 이상 가열된 상태에서 발생하는 부식을 말한다.

② 전면 부식과 국부 부식

ㄱ 전면 부식 : 동일한 환경 중에서 어떤 금속의 표면이 균일하게 부식이 발생하는 현상으로, 이를 방지하기 위해선 재료의 부식 여유 두께를 계산하여 설계한다.

ㄴ 국부 부식 : 금속의 재료 자체의 조직, 잔류 응력의 여부, 접하고 있는 주위 환경 중의 부식 물질의 농도, 온도와 유체의 성분, 유속 및 용존 산소의 농도 등에 의하여 금속 표면에 국부적 부식이 발생하는 현상이다.

• 이종 금속 접촉 : 재료가 각각 전극, 전위차에 의하여 전지를 형성하고 그 양극이 되는 금속이 국부적으로 부식하는 일종의 전식 현상이다.

• 전식 : 외부 전원에서 누설된 전류에 의해서 전위차가 발생해서 전지를 형성하여 부식되는 현상을 말한다.

• 틈새 부식 : 재료 사이의 틈새에서 전해질의 수용액이 침투하여 전위차를 구성하고 틈새에서 급격히 부식이 일어난다.

• 입계 부식 : 금속의 결정 입자 경계에서 선택적으로 부식이 발생한다.

• 선택 부식 : 재료의 합금 성분 중 일부 성분은 용해하고 부식이 힘든 성분은 남아서 강도가 약한 다공상의 재질을 형성하는 부식이다.

(2) 부식의 원인

① 내적 원인

ㄱ 금속의 조직 영향 : 금속을 형성하는 결정 상태면에 따라 다르다.

ㄴ 가공의 영향 : 냉간 가공은 금속의 결정 구조를 변형시킨다.

ㄷ 열처리 영향 : 잔류 응력을 제거하여 안정시켜 내식성을 향상시킨다.

② 외적 요인

ㄱ pH의 영향 : pH 4 이하에서는 피막이 용해되므로 부식된다.

ㄴ 용해 성분 영향 : 가수 분해하여 산성이 되는 염기류에 의하여 부식된다.

ㄷ 온도의 영향 : 약 80℃까지 부식의 속도가 증가한다.

③ 기타 원인

    ㉠ 아연에 의한 철부식 : 50~95℃의 온수 중에서 아연은 급격히 용해한다.

    ㉡ 동이온에 의한 부식 : 동이온이 용출하여 이온화 현상에 의해 부식된다.

    ㉢ 이종 금속 접촉 부식 : 용존 가스, 염소 이온이 함유된 온수의 활성화로 국부 전지를 형성하여 부식된다.

    ㉣ 용존 산소에 의한 부식 : 물속에 함유된 산소가 분리되어 부식된다.

    ㉤ 탈아연 현상에 의한 부식 : 밸브의 STEM과 DISC의 접촉 부분에서 부식된다.

    ㉥ 응력에 의한 부식 : 내부 응력에 의하여 갈라짐 현상으로 발생한다.

    ㉦ 온도차에 의한 부식 : 국부적 온도차에 의하여 고온측이 부식된다.

    ㉧ 유속의 영향

(3) 부식 방지 대책

① 배관재의 선정 : 가급적 동일계의 배관재를 선정한다.

② 라이닝재의 사용 : 열팽창에 의한 재료의 박리에 주의한다.

③ 온수의 온도 조절 : 50℃ 이상에서 부식이 촉진되므로 주의한다.

④ 유속의 제어 : 1.5m/s 이하로 제어한다.

⑤ 용존 산소 제어 : 약제 투입으로 용존 산소를 제어한다.

⑥ 희생 양극제 : 지하 매설의 경우 Mg 등을 배관에 설치한다.

⑦ 방식재 투입 : 규산인산계 방식제를 이용한다.

⑧ 급수의 수처리 : 물리적 방법과 화학적 방법이 있다.

(4) 결론

배관의 부식은 관의 재질, 흐르는 유체의 온도 및 화학적 성질에 따라 다르나 일반적으로 금속의 이온화, 이종 금속의 접촉, 전식, 온수 온도 및 용존 산소에 의한 부식이 주로 일어나므로 여기에 대한 대책이 강구되어야 한다.

중력 단위와 Newton 단위의 차이점

① 단위

(1) 기본 단위

① 절대 단위계
- 길이(Length) : m(L)
- 질량(Mass) : kg(M)
- 시간(Time) : sec(T)

② 중력 단위계
- 길이(Length) : m(L)
- 중량(Force) : kgf(F)
- 시간(Time) : sec(T)

MKS
- → cm
- → g
- → sec
- → cm
- → gf(g중)
- → sec

CGS

③ SI 단위계
- 길이 : m
- 질량 : kg
- 시간 : sec
- 온도 : K
- 물리량 : mol
- 전류 : A
- 광도 : cd

(2) SI 단위에서 유도 단위

기본 단위를 연장 확대시킨 단위 체계이다.

① 힘(force) : newton(N)

$$1N=1kg \cdot m/s^2, \quad 1dyne=1g \cdot cm/s^2$$
$$1N=1,000g \times 100cm/s^2=10^5 g \cdot cm/s^2=10^5 dyne$$

② 일(work) : joule(J)

$$1J=1N \cdot m=1kg \cdot m^2/s^2, \quad 1erg=1dyne \cdot cm$$
$$1J=1N \cdot m=10^5 dyne \times 100cm=10^7 erg$$

③ 동력(power) : watt(W)

$$1W=1J/s=1kg \cdot m^2/s^3$$
$$1kW=10^3 W=10^3 J/s$$

※ SI 단위(System International D'uite's) : 각 국가 간 협약에 의한 국제단위(SI 기본 단위+유도 단위)

2 차원(dimensions)

(1) 절대 단위계(MLT계)

① 질량 : M

② 길이 : L

③ 시간 : T

(2) 중력 단위계(FLT계)

① 힘=무게=중량 : F

② 길이 : L

③ 시간 : T

(3) 주요 물리량의 차원

① 힘(force) : $\text{kgf}[F]=\text{kg} \cdot \text{m/sec}^2[MLT^{-2}]$

② 일(work) : $\text{kgf} \cdot \text{m}[FL]=\text{kg} \cdot \text{m}^2/\text{sec}^2[ML^2T^{-2}]$

③ 동력(power) : $\text{kgf} \cdot \text{m/sec}[FLT^{-1}]=\text{kg} \cdot \text{m}^2/\text{sec}^3[ML^2T^{-3}]$

④ 운동량(momentum) : $\text{kgf} \cdot \text{sec}[FT]=\text{kg} \cdot \text{m/s}[MLT^{-1}]$

Section 68 **고체와 고체 사이의 운동 마찰과 유체 유동장(fluid flow field)에서 유체점성과의 차이점**

1 고체와 고체 사이의 운동 마찰

(1) 마찰 계수(μ)

① 정지 마찰 계수(μ_s)

$$\mu_s = \frac{F}{N}$$

여기서, F : 최대 정지 마찰력의 크기

N : 수직력

② 동마찰 계수(μ_k) : 서로 상대 운동을 할 때에 F/N값 동마찰 계수는 정지 마찰 계수의 3/4이다.

(2) 마찰각

힘 P가 증가하여 운동을 시작하기 직전에 도달하면 마찰력 $F = \mu N$이 된다.

$$N = R\cos\phi$$
$$F = R\sin\phi$$
$$\tan\phi = \frac{F}{N} = \mu$$

P의 작용점이 높거나 밑면의 폭이 좁으면 F는 운동하기 직전에 R(반력)이 오른쪽으로 벗어나 넘어지게 된다.

2 뉴턴(Newton's)의 점성 법칙

(1) 두 평행 평판 사이에 점성 유체가 가득 차 있을 경우

$$F \propto A\frac{u}{h} \rightarrow F = \mu A\frac{u}{h} \quad \cdots\cdots\cdots\cdots ⓐ$$

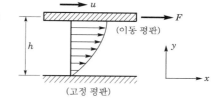

여기서, u : 이동 평판의 속도
F : 평판을 끄는 힘
h : 평판의 간격

ⓐ식을 고쳐 쓰면

$$\frac{F}{A} = \mu\frac{u}{h} = \tau \text{ (유체의 전단 응력)} \quad \cdots\cdots\cdots\cdots ⓑ$$

따라서 전단 응력과 변형률은 비례한다.
ⓑ식을 미분형으로 쓰면

평판 사이가 아주 작으면
속도 분포는 선형이다.

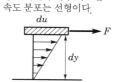

$$\tau = \mu\frac{du}{dy} \quad \cdots\cdots\cdots\cdots\cdots\cdots\cdots\cdots\cdots ⓒ$$

(2) 점성 계수(μ)

① 기체의 경우 온도(T)가 상승하면 μ도 증가(주로 분자 상호 간의 운동이 μ를 지배)
② 액체의 경우 온도(T)가 상승하면 μ가 감소(주로 분자 간 응집력이 점성을 좌우)

(3) 점성 계수의 차원

ⓑ식에서

$$\mu = \frac{h \times F}{u \times A} = \frac{\text{m} \times \text{kgf}}{(\text{m/sec}) \times \text{m}^2} = \text{kgf} \cdot \text{sec/m}^2 \text{(중력 단위)}$$

$$= N \cdot \sec/m^2 \quad (SI \ 단위)$$

$$= \frac{\sec \cdot kg \cdot m/s^2}{m^2} = kg/m \cdot \sec \quad (절대 \ 단위)$$

$$\therefore \ 차원은 \ FTL^{-2} \ 또는 \ ML^{-1}T^{-1}$$

※ 1poise=1g/cm · sec

   1poise=100centipoise=1dyne · sec/cm^2

※ 1kgf · sec/m^2=9.8N · sec/m^2=9.8×10^{5}dyne · sec/10^{4}cm^2

                  =98dyne · sec/cm^2=98poise

※ 1dyne · sec/cm^2=1poise=$\dfrac{1}{98}$kgf · sec/m^2

❸ 차이점

고체와 고체 사이의 운동 마찰과 유체 유동장(fluid flow field)에서 유체 유동 점성과의 차이점은 고체에서는 마찰 계수에 의해서 운동을 하면서 부하를 받고 마찰열이 발생하지만 유체에서는 유막이 형성되고 그에 따라 마찰 계수 대신에 점성 계수가 존재하며 유체의 운동에서 속도 구배가 존재한다. 그로 인하여 전단력이 증가 혹은 감소할 수가 있다.

Section 69 체적 탄성 계수(bulk modules of elasticity)

❶ 압축성 유체를 압축할 경우

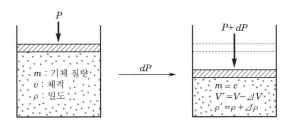

(1) 압축성(compressibility) : β

$$\beta = \frac{체적 \ 변화율}{미소 \ 압력 \ 변화} = \frac{-dV/V}{dP} = -\frac{1}{V}\frac{dV}{dP} \quad \cdots\cdots\cdots\cdots\cdots\cdots\cdots\cdots ①$$

(2) 체적 탄성 계수(K)

$$K = \frac{1}{\beta} = -V\frac{dP}{dV} = \rho\frac{dP}{d\rho} \quad \cdots\cdots\cdots\cdots\cdots\cdots\cdots\cdots\cdots\cdots\cdots\cdots\cdots ②$$

❷ 등온에서의 체적 탄성 계수

$$PV = C \rightarrow P = \frac{C}{V} \rightarrow \frac{dP}{dV} = -CV^{-2}$$

따라서

$$K = -V(-CV^{-2}) = \frac{C}{V} = \frac{P \cdot V}{V} = P$$

$$\therefore \ K = P \quad \cdots\cdots\cdots\cdots\cdots\cdots\cdots\cdots\cdots\cdots\cdots\cdots\cdots\cdots\cdots ③$$

❸ 단열 변화에서의 체적 탄성 계수

$$PV^k = C \rightarrow P = \frac{C}{V^k} \rightarrow \frac{dP}{dV} = -kCV^{-k-1} = -kCV^{-k} \cdot V^{-1}$$

따라서

$$K = -V(-kCV^{-k}V^{-1}) = kCV^{-k} = kP$$

$$\therefore \ K = kP \quad \cdots\cdots\cdots\cdots\cdots\cdots\cdots\cdots\cdots\cdots\cdots\cdots ④$$

여기서, k : 비열비

① 유체 내에서 교란에 의한 압력파의 속도 : $a(\text{or } \alpha_s)$

$$a = \sqrt{\frac{dP}{d\rho}} \quad \cdots\cdots\cdots\cdots\cdots\cdots\cdots\cdots\cdots\cdots\cdots\cdots\cdots\cdots\cdots ⑤$$

⑤식에 ②식을 적용하면

$$a = \sqrt{\frac{K}{\rho}} = \alpha_s$$

② 대기 중에서 음속[압력파(충격파)의 속도로 보면] : α_s

$$\alpha_s = \sqrt{\frac{K}{\rho}} \ \text{에 } K \text{ 대신 ③식과 ④식을 대입하여 정리하면,}$$

㉠ 등온에서 $\alpha_s = \sqrt{\dfrac{P}{\rho}} = \sqrt{RT}$; SI 단위(R : N·m/kg·K)

$$= \sqrt{gRT} \ \text{; 중력 단위계}(R : \text{kg·m/kg·K})$$

ⓛ 단열에서 $\alpha_s = \sqrt{\dfrac{K}{\rho}} = \sqrt{kRT}$; SI 단위(R : N·m/kg·K)

$= \sqrt{kgRT}$; 중력 단위계(R : kg·m/kg·K)

단, $\dfrac{P}{\rho} = RT \rightarrow P \cdot v = RT$를 위 식에 적용

Section 70 유체 유동장 내에서 충격파(shock wave)가 발생하는 원인, 원리 및 대처 방안

① 충격파(shock wave)가 발생하는 원인과 원리

(1) 발생원인

유체 속으로 전파되는 파동의 일종으로, 음속보다도 빨리 전파되어 압력, 밀도, 온도 등이 급격히 변화하는 파이다. 화약이 폭발하여 극히 짧은 시간에 공기가 압축된다든지, 항공기나 탄환 등 파를 생기게 하는 원인이 될 수 있는 물체가 음속 또는 그보다 빠른 속도로 공기 속을 운동할 때 발생한다.

(2) 원리

기체 내의 압력파는 압축된 부분과 팽창된 부분이 다 같이 소리와 같은 일정한 속도로 전달되는 것이 보통이지만, 압력 변화가 급격히 생기면 팽창부는 서서히, 압축부는 급격하게 변화되어 파형이 찌그러져 파면이 중첩된 충격파가 나타난다. 충격파의 전달 속도는 압력 증가가 클수록 빠르고 언제나 음속보다 빠르다. 폭발이 일어났을 때는 먼저 큰 압력파가 충격파의 형태로 사방으로 퍼지지만 압력이 급속히 쇠약해지므로 곧 음속과 같게 되어 전달된다. 또 비행체의 속도가 음속에 가까워지면 날개 근처에서 충격파가 발생하고, 비행체의 속도가 음속을 능가함에 따라 기수(機首)를 꼭지점으로 하는 마하 원뿔이라는 원뿔 모양의 파면이 발생하며 원뿔면 위에서 충격파가 나타난다.

비행체가 비교적 높은 고도를 유지하면서 수평 비행할 경우에는 충격파가 지면에 도달하기 전에 에너지를 잃어버리게 되어 지상에서 관찰할 수 없다. 그러나 고속도로 급강하하는 경우나 방향을 급히 바꿀 때는 큰 에너지를 가진 충격파가 발생하며 지면에 도달하여 폭발음과 함께 강한 압력을 내는 경우도 있다. 이 현상이 소닉 붐(sonic boom)이며 가옥 등에 피해를 입히기도 한다.

일반적인 파동의 세기는 진폭의 크기로 나타내지만 불연속적인 파동인 충격파의 세기는 압축부와 팽창부의 압력 비로 나타내게 된다. 이를 토대로 랭킨-위고니오(Rankine-

Hugoniot) 관계식으로부터 속도, 밀도의 비를 계산할 수 있으며 에너지의 일부가 온도 변화에 사용됨을 알 수 있다.

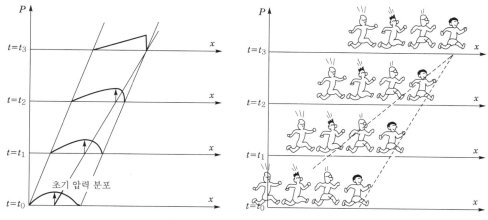

[그림 8-104] 충격파의 생성 과정

2 대처 방안

① 유체 속으로 전파되는 파동의 일종으로 음속보다도 빨리 전파되어 압력, 밀도, 온도 등이 주위 분위기를 서서히 변화하도록 한다.
② 짧은 시간에 공기가 압축된다든지 물체가 음속 또는 그보다 빠른 속도로 공기 속을 운동하지 않도록 유도한다.
③ 파의 전달 속도는 압력 증가가 크지 않도록 하며 언제나 음속보다 느리게 한다.

3 충격파의 효용

고속 액류에 기인하는 저압부에 발생한 기포가 붕괴할 때 생기는 것도 충격파이다. 그런데 이것을 인위적으로 방전, 미소 폭약, 펄스 레이저를 수중에서 초점을 맞추던지 금속막을 전자기적으로 고속 가진시키는 등의 방법에 의해 발생시킨 소위 수중 충격파에 의해 요로 결석 등의 파쇄 제거 치료에 이용하는 것이 행해지고 있다. 이와 같이 충격파를 의료에 응용하는 것은 그 효과를 발휘하여 금후의 발전이 크게 기대되고 있다.

Section 71
Section 71 PWM(Pulse Width Modulation)

1 PWM(Pulse Width Modulation, 펄스폭 변조)의 정의

PWM이란 아날로그(analog)양을 디지털(digital)화하는 하나의 수단으로써, 아날로그 신호를 어느 일정한 주기로 샘플링하고 그 값에 비례한 펄스폭으로 변환하는 것이다. [그림 8-105]는 PWM의 기본 개념을 나타내고 있다.

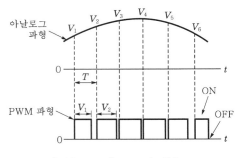

[그림 8-105] PWM의 개념

위의 그림에서 보면 PWM 파형의 펄스폭이 아날로그 파형의 크기에 비례하여 변하고 있다.

이는 아날로그 파형의 V_1값과 V_2값의 크기가 각각 PWM 파형의 V_1, V_2의 펄스폭으로 변환되는 것을 보면 알 수 있다.

2 PWM 파형을 발생시키는 방법

이와 같은 PWM 파형을 발생시키는 방법에는 여러 가지 기술이 있으며 여기에서는 삼각파 비교 방식에 의해서 PWM 파형을 발생시키고 있다. 이에 대한 사항이 [그림 8-106]에 나타나 있다.

[그림 8-106]에서 보면 아날로그 파형과 기준 삼각파가 비교기(comparator)에 입력되고 있으며, PWM 파형이 비교기를 통해서 출력되고 있다. 비교기에서는 입력되는 아날로그 신호와 삼각파 신호의 크기를 비교하여, 아날로그 신호가 큰 경우에는 ON 신호를 출력하고, 삼각파 신호가 큰 경우에는 OFF 신호를 출력하게 된다. 결과적으로 아날로그 신호의 크기에 비례하는 펄스폭을 갖는 PWM 파형이 일정한 주기로 발생되는 것이다.

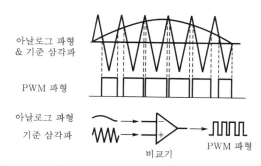

아날로그 파형
& 기준 삼각파

PWM 파형

아날로그 파형
기준 삼각파

비교기

PWM 파형

[그림 8-106] 삼각파 비교 방식에 의한 PWM 파형의 발생

Section 72

듀티 비(duty ratio)

1 듀티 비의 정의

펄스 교류(pulse AC)의 + 또는 −의 주기 시간을 의미하며 신호의 한 주기(+, −) 동안 +전류가 흐른 시간과 −전류가 흐른 시간의 비를 듀티 사이클이라 하며 이때 전류가 흐른 시간에 대한 +전류가 흐른 시간의 비를 듀티 비(duty ratio)라고 한다.

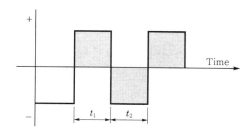

(1) 듀티 비($t_1 : t_2$)= 50 : 50

+ 또는 −의 주기 시간이 동일함을 의미한다.

(2) 듀티 비($t_1 : t_2$)= 51 : 49

+의 주기 시간이 −의 주기 시간보다 "2"만큼 길다는 의미이다.
즉, +의 이온량이 −의 이온량보다 "2"만큼 증가하였음을 의미한다.

(3) 듀티 비$(t_1 : t_2) = 49 : 51$

    −의 주기 시간이 +의 주기 시간보다 "2"만큼 길다는 의미이며 즉, −의 이온량이 +의 이온량보다 "2"만큼 증가하였음을 의미한다.

Section 73 스마트 그리드(smart grid)

① 개요

스마트 그리드는 전력망에 정보 통신 기술을 융합해 전기 사용량과 공급량, 전력선의 상태까지 알 수 있는 기술로 에너지 효율성을 극대화할 수 있다.

스마트 그리드의 핵심은 전력망에 직비, 전력선 통신 등의 정보 통신 기술을 합쳐 소비자와 전력 회사가 실시간으로 정보를 주고받는 것에 있다. 따라서 소비자는 전기 요금이 쌀 때 전기를 쓰고, 전자 제품이 자동으로 전기 요금이 싼 시간대에 작동하게 하는 것도 가능하다.

전력 생산자 입장에서는 전력 사용 현황을 실시간으로 파악하기 때문에 전력 공급량을 탄력적으로 조절할 수 있다. 전력 사용이 적은 시간대에는 최대 전력량을 유지하지 않거나, 남는 전력을 양수 발전에 사용하여 버리는 전기를 줄일 수 있고, 전기를 저장했다가 전력 사용이 많은 시간대에 공급하는 탄력적인 운영도 가능하다. 또 과부하로 인한 전력망의 고장도 예방할 수 있다. 결국 스마트 그리드는 일반 가정에서 사용하는 TV, 냉장고와 같은 전자 제품뿐만 아니라 공장에서 돌아가는 산업용 장비들까지 전기가 흐르는 모든 것을 묶어 효율적으로 관리하는 신개념 시스템이다. 집, 사무실, 공장 어느 곳에서나 사용한 전기 요금을 실시간으로 확인할 수 있고, 전기 요금이 비싼 낮 시간대를 피해 전기를 사용하는 것도 가능하다.

한편으로는 전력망을 지능화함으로써 중앙으로부터 일방적으로 전기가 공급되던 수직적 체계에서 벗어나, 마이크로 그리드와 분산 전원 방식과 같은 양방향 수평적 공급 체계를 마련하여 에너지 프로슈머가 등장하게 되는 발판을 마련할 수 있을 것으로 예상된다.

② 효과

스마트 그리드는 단순히 전력망을 지능화하는 것에서 그치는 것이 아니라, 다른 산업과 연계할 수 있다는 점에서 큰 파급 효과를 가지고 있으며, 2030년에는 1경원에 달하는 시장이 형성될 것으로 예상되고 있다. 스마트 그리드와 연계되는 분야로는 전력 산업, 정보 통신 산업, 전력 저장 장치, 마이크로 그리드 전기 자동차 산업, 건설 산업 등이 있다.

(1) 에너지 절감

스마트 그리드의 최종적인 목표는 에너지 절감이다. 필요한 만큼의 전기를 생산하고, 남는 전기는 축전기를 통하여 저장하고 필요할 때 다시 공급하여 버려지는 전기를 줄일 수 있다. 또 전력 수요를 분산시켜서 발전 설비의 효율을 증가시키고, 분산 전원 방식을 통해 송·배전 효율을 증대시킬 수 있다. 이러한 에너지 절감과 신재생 에너지의 도입을 가속화시켜서 온실 가스의 배출 감소를 얻을 수 있다.

(2) 전기 품질 향상

전기 사용량을 실시간으로 모니터링하여 전력 수요가 일정 시간대에 몰리지 않게 분산시키고, 전력 공급이 끊기는 사고가 발생하였을 때에는 이를 대체할 송·배전 선로를 통해 전기를 보내도록 설정하는 등 유연한 대처도 가능하다. 이를 통하여 높은 품질의 전기를 안정적으로 공급할 수 있다.

Section 74 릴레이, TR 및 마그넷

1 릴레이

릴레이란 전자 계전기라고도 하며 전자 코일에 전원을 주어 형성된 자력을 이용하여 가동 철편을 움직여서 가동 철편과 연동되는 기구에 의하여 접점을 개폐시키는 기능을 가진 장치의 총칭이며 기능은 다음과 같다.
① 분기 기능
② 증폭 기능
③ 변환 기능
④ 반전 기능
⑤ 메모리 기능

2 TR

N형 반도체와 P형 반도체를 PNP/NPN 형태로 접합한 구조의 소자로 전류의 흐름 등을 조절할 수 있도록 만든 회로 구성에서 중요한 반도체 소자이다. 세 가지 기능, 즉 스위칭, 검파, 증폭용으로써 모든 전자 시스템에 한 가지 또는 여러 가지 형태로 사용된다.

(1) PNP형 트랜지스터의 동작 원리

P형, N형, P형의 반도체를 아래 그림과 같이 접합하고 각 반도체로부터 도선을 내놓으면 PNP형 트랜지스터가 된다. 세 조각의 반도체 중 가운데의 얇은 막으로 되어있는 것은 베이스(B ; Base)라고 하고 베이스의 양쪽에 있는 다른 종류의 반도체 중 작은 쪽은 이미터(E ; Emitter)라 하며 큰 쪽은 콜렉터(C ; Collector)라고 한다.

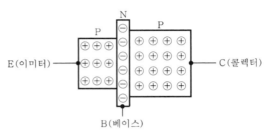

[그림 8-107] PNP형 트랜지스터

(2) NPN형 트랜지스터의 동작 원리

위의 그림은 N형, P형, N형의 순으로 서로 집합된 NPN형 트랜지스터이며 NPN형 트랜지스터 역시 PNP형 트랜지스터와 같이 가운데에 얇은 막으로 되어 있는 것이 베이스이고 양쪽에 있는 다른 종류의 반도체 중 작은 쪽은 이미터이며 큰 쪽은 콜렉터이다.

PNP형에서는 이미터에 들어있는 정공이 전류를 운반하였으나 NPN형에서는 이미터에 들어있는 전자가 전류를 운반하며 NPN형 트랜지스터에서는 이미터에서 베이스측으로 들어가던 전자의 대부분이 콜렉터 측의 +전압에 끌려가는 동작을 한다. 즉 아래의 [그림 8-108]과 같이 NPN형 트랜지스터의 이미터-베이스 사이에 순방향 전압 VEB를 공급하면 이미터에서 콜렉터 측으로 전자가 이동한다. 전류는 전자의 방향과 반대이므로 이때 전류는 베이스에서 이미터측으로 흐른다.

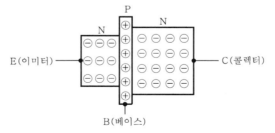

[그림 8-108] NPN형 트랜지스터

③ 마그넷

앙페르의 회로 법칙에서 나타내는 바와 같이 직류가 흐르는 전선은 주변에 자기장이 형성된다. 이때 형성되는 자기장의 세기는 전류의 세기에 비례한다. 코일 형태로 감긴 전선에 전류가 흐르면 자기장이 중첩되어 일정한 극성을 띠게 된다. 이는 코일의 주변에 생성된 자기력선이 중첩되면서 코일의 중앙에 한 방향으로 작용하는 자기력선이 발생하기 때문이다. 코르크 스크류와 같은 모양의 나선을 그리는 코일을 원통 모양으로 만든 것을 솔레노이드라고 하고, 양 끝을 한 곳으로 모아 둥글게 만든 것을 환형 인덕터라고 한다. 형성된 자기장을 보다 강하게 하기 위해 코일의 중앙에 철과 같은 강자성을 띠는 물질로 만든 자기 코어를 놓는 것이 일반적이다. 이는 투자율이 높은 자기 코어를 쓰면 자력선이 보다 강력해지기 때문이다. 엄지를 세우고 오른손을 말아 쥐었을 때 검지 내지 단지가 말린 방향을 전류의 흐름이라고 하면 엄지가 가리키는 방향이 자기력선의 방향, 즉 N극이 된다. 전자석은 영구자석과 달리 전류가 흐를 때만 자성을 띠므로 자성을 조절하여야 하는 여러 곳에 두루 쓰인다.

Section 75 | 신재생 에너지 의무 할당제(RPS ; Renewable Portfolio Standard)

① 개요

발전 회사가 연간 전력 생산의 일정량을 의무적으로 신재생 에너지로 생산한 전력으로 공급하는 제도이며 이산화탄소 배출량을 줄이고, 신재생 에너지 시장 확대와 경쟁력을 키우는 것이 목적이 있다.

② 신재생 에너지 의무 할당제(RPS ; Renewable Portfolio Standards)

매년 0.5~1.0% 포인트씩 늘어나 2022년에는 신재생 에너지 발전 비율을 10%까지 늘려야 한다. FIT(Feed-In-Tariffs ; 가격기반)는 신재생 에너지로 발전하는 전기에 대해 정부가 보조금을 지급하는 제도인 반면 RPS는 정부가 정한 공공기관 및 관공서에는 무조건 태양광 등 신재생 에너지 발전 시설 설치를 의무화해야 한다는 것이다.

정부는 RPS 제도가 활성화되면 공급 의무자에게 직접적으로 의무를 부과함으로써 공급 규모 예측이 용이해 신재생 에너지 보급 확대에 보다 큰 기여를 할 것으로 기대하고 있다.

Section 76 | 대기 오염 감시 설비인 굴뚝 자동 감시 체제(TMS ; Tele-Monitoring System)

1 정의

굴뚝 자동 감시 체제(TMS)란 굴뚝별로 오염 물질의 항목별 배출 상태, 공장 가동 상태 등을 실시간 원격으로 파악할 수 있는 장치로 긴급 사태 예측, 사고의 신속 대처 및 공정 관리 등에 적극 활용하는 등 많은 효과가 있어 그 설치를 확대하는 추세에 있다.

2 효과

전국 사업장에서 굴뚝에 측정 기기를 부착해 7개 오염 물질 항목(먼지, 이산화황(SO_2), 질소산화물(NO_x), 염화수소(HCl), 암모니아(NH_3), 불화수소(HF), 일산화탄소(CO))과 3개 보정 항목(온도, 유량, O_2)을 측정하고 있다.

굴뚝 자동 감시 체제가 구축될 경우 과학적인 상시 감시를 통해 대기 오염으로 인한 주민 건강 피해를 미연에 방지할 수 있을 뿐만 아니라 총량 규제 실시, 배출권 거래제 도입 등과 같은 오염 물질 총량 관리를 위한 사전적 인프라 구축 측면에서도 의의가 매우 크다고 할 수 있다.

TMS는 향후 총량 규제의 자료로도 활용하는 등의 과학 환경 행정 정책 기반을 마련하는 한편 기업 스스로 공정 제어 및 환경 개선에 이용토록 유도하고 있다.

Section 77 | 유체 클러치의 구조와 작동 원리

1 개요

유체 클러치는 2개의 날개 차 사이에 오일을 가득 채운 후 한쪽의 날개 차를 회전시키면 오일은 원심력에 의해 상대편 날개 차를 회전시킬 수 있다. 이 작용을 이용하여 엔진의 동력을 오일의 운동 에너지로 바꾸고, 이 에너지를 다시 토크로 바꾸어 변속기로 전달하는 장치이다.

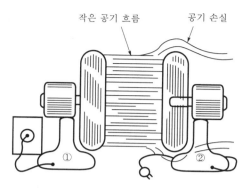

[그림 8-109] 유체 클러치의 원리

② 유체 클러치의 구조

유체 클러치는 엔진 크랭크축에 펌프 임펠러(pump impeller)를, 변속기 입력축에 터빈 러너(turbine runner)를 설치하고, 오일의 맴돌이 흐름(와류 ; 渦流)을 방지하기 위하여 가이드 링(guide ring)을 두고 있다. 그리고 유체 클러치의 날개는 모두 반지름 방향으로 직선 방사선 상을 이루고 있다.

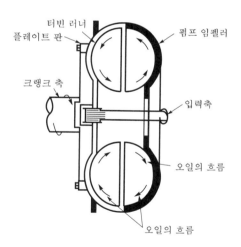

[그림 8-110] 유체 클러치의 구조

③ 유체 클러치의 작동 원리

엔진에 의해 펌프 임펠러가 회전을 시작하면 펌프 임펠러 속에 가득 찬 오일은 원심력에 의해 밖으로 튀어 나간다. 그런데 펌프 임펠러와 터빈 러너는 서로 마주보고 있으므로 펌프 임펠러에서 나온 오일은 그 운동 에너지를 터빈 러너의 날개 차에 주고 다시 펌프 임펠러 쪽으로 되돌아오며, 이에 따라서 터빈 러너도 회전하게 된다.

(a)   (b)

[그림 8-111] 펌프 임펠러가 회전할 때 오일 작용

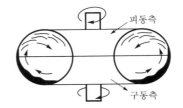

[그림 8-112] 펌프 임펠러의 회전과 오일의 흐름

이때 오일은 맴돌이 흐름(vortex flow)을 하면서 회전 흐름(rotary flow)을 한다. 그리고 오일의 순환을 최대한 이용하기 위해서는 손실을 최소화하여야 한다. 이에 따라 원형(圓形)으로 함으로써 마찰 손실과 충돌 손실을 최소화시키고 있다.

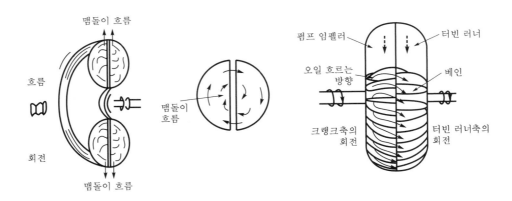

[그림 8-113] 오일의 회전 및 맴돌이 흐름

그러나, 맴돌이 흐름 내부에서는 오일 충돌이 발생하여 효율을 저하시킨다. 이를 방지하기 위해 가이드 링(가이드 코어라고도 함)을 그 중심부에 두어 오일 충돌이 감소되도록 하고 있다.

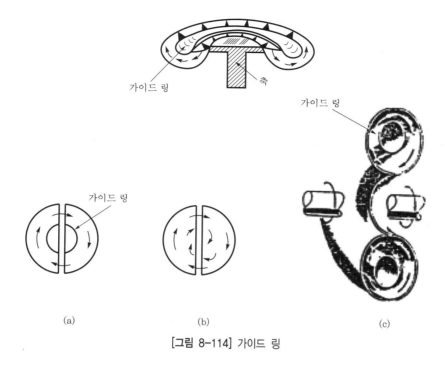

[그림 8-114] 가이드 링

유체 클러치 안에서 오일에 주어지는 운동 에너지의 크기는 [그림 8-115]에서와 같이 설명된다. 즉, 펌프 임펠러 날개 위의 A, B, C 및 D의 각 점이 날개와 함께 90° 회전하여 각 A′, B′, C′ 및 D′ 점에 도달하였다고 하면 호 AA′, BB′ CC′ 및 DD′의 길이는 A, B, C 및 D점에서는 그 접선 방향으로 연장하여 얻은 Aa, Bb, Cc 및 Dd의 궤적 0d로 표시된다.

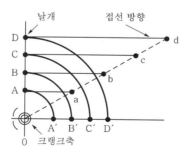

[그림 8-115] 펌프 임펠러 날개의 크기와 오일의 운동 에너지

이것은 날개의 각 점이 표시하는 속도가 중심으로부터 멀수록 빨라진다는 것을 의미한다. 오일의 운동 에너지는 펌프 임펠러의 지름이 커짐에 따라 증가하며, 또한 같은 크기일 경우에는 회전 속도가 빠를수록 증가한다. 유체 클러치는 일종의 자동 클러치이다.

따라서 터빈 러너의 회전속도가 증가하여 펌프 임펠러와 같은 속도가 되었을 때에는 오일의 순환 운동이 정지된다. 이때 토크 변환율은 1 : 1이 되어 마찰 클러치와 같은 역할을 한다.

Section 78 액체, 기체의 온도 변화에 따른 점성 크기 변화

1 개요

점도가 다른 두 물질의 대표적인 예는 물과 기름이다. 물은 쉽게 쏟아지지만 기름은 천천히 쏟아지게 된다. 유체가 흐르는 각 상황은 유체의 점도가 배관 내에 미치는 영향에 따라 결정되기도 한다. 예를 들면, 유체가 배관 내에서 흐르기 위해서는 두 가지 저항값을 이겨내야만 한다. 유체의 점도로 인한 내부 인력을 이겨야 하고, 유체의 점도에 의한 마찰 손실을 이겨내야 한다는 점이다. 또한 배관 벽과 유체 표면과 마찰되는 마찰 손실도 이겨내야 할 것이다. 만약 유체가 층류 상태라면 유체 가운데 부분은 비교적 마찰 저항이 적다고 보아야 할 것이다.

만약 유체가 층류로 흐를 경우에는 점도의 영향에 따라 배관 벽에 가까울수록 느리게 흐르게 된다. 이론적으로 이러한 흐름은 타원형으로 구성되어 중심 부분이 가장 빠른 유속을 보이고 배관 외벽을 점으로 하여 가장 천천히 흐르는 속도 분포를 보이게 된다.

난류에서는 배관 외벽에 따른 속도 분포에 점도가 미치는 영향이 적다. 이 경우에는 유체가 미치는 힘이 상대적으로 적기 때문에 난류 흐름의 상태에서는 층류보다는 속도 분포의 모습이 좀더 평준화되어 있다고 할 수 있다.

그러나 유체의 흐름이 완전히 난류 상태라 하더라도 배관 벽과 접한 면에서는 여전히 층류층이 형성된다는 점을 기억해야 할 것이다.

② 온도에 따른 점도 변화(effects of temperature on viscosity)

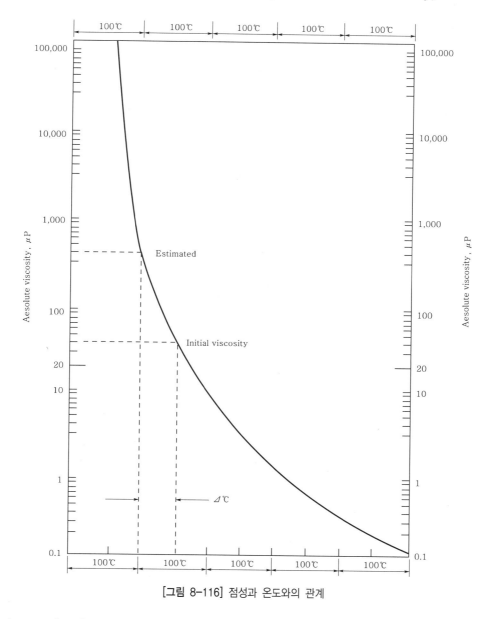

[그림 8-116] 점성과 온도와의 관계

온도는 점도에 중대한 영향을 미친다. 점도는 작은 온도 변화에도 큰 영향을 받으며, 일반적으로 온도가 높으면 점도는 낮아진다. 반대로 온도가 낮아지면 점도는 올라가게 된다. 예를 들어, 방안 온도에서 저장되었던 꿀이 냉장고 안으로 들어가면 점도가 증가하게 되어 딱딱하게 변한다. 그렇지만 꿀이 가열된다면 점도는 감소하게 될 것이다.

만약 일정 온도에서의 액체 점도값을 알고 있다면 다른 온도에서의 이 액체 점도값은 일반적인 온도–점도 곡선표에 의해 예측할 수 있을 것이다. 점도를 표시하는 단위로서 보통 널리 쓰이고 있는 것은 센티푸아즈(cP)이다. 예를 들어, 50℃에서의 점도를 25cP라 알고 있다면 이 액체의 0℃에서의 점도는 일반 온도–점도 상관 곡선표에 의해서 추정할 수 있을 것이다. 만약 알고 있는 점도의 값이 50℃에서 $25\mu cP$일 때 0℃에서의 점도값을 찾기 위해서는 약 50℃의 온도를 아래쪽으로 옮기면 이때의 점도값은 약 400cP가 된다. 이러한 보기로서 물질의 온도에 따른 점도 변화를 추정할 수 있다.

Section 79 음식물 쓰레기 처리 장치의 종류와 처리 과정의 문제점

❶ 음식물 쓰레기 처리 장치의 종류

음식물 쓰레기 처리 원리에는 열풍 건조식, 파쇄 건조식, 미생물 발효 소멸식, 미생물 발효 액상 소멸식 등 크게 네 가지 종류로 나눌 수 있다.

(1) 열풍 건조식

헤어드라이어처럼 음식물 쓰레기에 뜨거운 바람을 쐬어 건조시키고, 발생되는 냄새는 활성탄이 들어있는 필터를 이용해서 제거해야 한다. 구조가 간단해 생산 원가가 적게 들어 판매가가 낮고 냄새 제거를 위한 복잡한 장치가 필요 없는 등의 장점이 있다. 그러나 20여 시간을 가열해도 속까지 다 마르기 어려운 제품들이 있고, 잔존물이 40% 정도가 남아 밖에 내다버리는 수고가 별반 줄어들지 않는 데다 3~4개월에 한번은 1만 5,000~5만원의 비용을 들여 필터를 교환해야 하는 불편함이 있다.

(2) 파쇄 건조식(분쇄건조식)

건조로를 히터로 데워 건조하면서 동시에 음식물을 파쇄하기 때문에 잔존물이 바짝 마른 가루로 나오고 투입물 무게의 약 85%가 감량돼 잔재물을 내다 버리는 횟수가 대폭 줄어든다. 그러나 가격이 비싸고 까다로운 설치를 해야 하는 부담이 있다. 발생되는 냄새를 하수구로 보내야하기 때문이다. 대신 필터가 필요 없어 소모품 비용이 발생하지 않는다.

(3) 미생물 발효 소멸식

음식물 쓰레기를 미생물로 발효해 소멸시키는 처리 방법인데, 소멸도 잘 되고 소모품이나 전기요금 부담이 적다. 반면 가격대가 높고 내부 기준선에 잔존물량이 도달하면 잔존물을 퍼내야 하는데 발효가 진행 중일 경우에는 악취가 나기도 한다.

미생물 발효 액상 소멸식은 음식물을 미생물로 분해해 일부는 기화(이산화탄소로 배출)시키고 일부는 액화시켜 하수구로 흘려 보내는 방식이며 잔존물이 남지 않아 밖에 내다 버릴 필요가 없고, 냄새가 거의 나지 않아 냄새 제거 장치가 필요 없으며 국물도 넣을 수 있다는 장점이 있다. 하지만 가격이 비싸고 설치를 해야 하는 부담과 수도요금이 별도로 소요된다는 단점이 있다. 최근 액상처리기가 오수를 배출한다는 점 때문에 불법 시비가 일부에서 제기됐으나 환경부에서 폐기물 관리법, 하수도법에 저촉되지 않는 합법한 제품으로 유권 해석해 시비가 종결된 바 있다.

❷ 음식물 쓰레기 처리 방법의 문제점

(1) 음식물 쓰레기 문제의 접근법 – 재활용보다 감량이 우선

소비자의 알뜰한 식품 구매를 통한 남은 음식물 줄이기, 식단 짜기, 남은 음식물 요리법 등의 프로그램들은 대부분 소비자들의 실천을 강조한 것이며 음식물 쓰레기의 보다 실질적인 감량을 위해서는 소비자들의 소비 양식의 변화가 무엇보다 중요하지만 우선 음식물 쓰레기의 생산, 유통 과정과 이에 관한 정책 수단들이 심층적으로 분석되고 변화되어야 한다.

(2) 재활용이라는 처리 우위의 정책

지금까지 우리의 음식물 쓰레기에 관한 정책은 재활용을 통하여 처리하는 개념의 정책이다. 이전의 매립이나 소각을 통하여 처리하던 정책보다 발전했다고 할 수 있다. 환경, 생태 개념이 아니더라도 물리적으로도 매립과 소각은 우매한 방법임이 잘 들어나고 있다. 매립지의 침출수와 악취는 지역의 환경파괴 뿐만 아니라 지역주민에게 정신적, 경제적으로 심각한 고통을 안겨 주고 있고 소각장 주변의 주민은 다이옥신의 공포에 떨게 하였다.

(3) 자치단체의 정책 부재

음식물 쓰레기가 본격적인 사회 문제로 부각되기 시작한 것은 지난 96년 수도권 매립지에서 침출수로 인한 주민 피해가 커짐에 따라 젖은 음식물 쓰레기 반입을 금지하면서부터이다. 그동안 중앙 정부는 음식물 쓰레기 재활용의 정책과 대안을 마련하는데 미흡했고, 책임은 자치단체로 떠넘겨져 왔다. 각 자치단체는 적극적인 정책과 대안 마련에 노력하기보다는 적절한 보조 맞추기에 급급했다. 일선 행정 담당 공무원의 전문성은 턱없이 부족했고 빈번한 자리 이동으로 지속성을 기대하기도 어려웠다.

(4) 재활용 시설의 문제들

2000년에 들어 건립 중이던 공공시설이 운영을 시작하였고 집중적인 위탁 처리를 감안하면 지금은 훨씬 더 많은 시설에서 음식물 쓰레기가 재활용되고 있을 것이고 음식물 쓰레기 재활용의 확대는 정말 환영할 만한 일이다. 그러나 많은 재활용 시설들은 그렇지 못하다.

[표 8-11] 공공 및 민간 음식물 쓰레기 자원화 시설(환경부)

	'98	'99
총 계	167개소(3,178t/일)	231개소(4,228t/일)
공공시설	50개소(1,007t/일)	73개소(1,223t/일)
민간시설	117개소(2,171t/일)	158개소(3,005t/일)

(5) 시민 참여 부족

음식물 쓰레기 문제의 해결은 관련한 주체들이 모두 합심하여 적극적으로 참여할 때만이 가능하다. 배출자인 동시에 해결의 가장 큰 실마리를 쥐고 있는 시민, 정책을 수립하고 실행하는 정부, 재활용 시설을 건립하고 운영하는 기업이 모두 함께 해야 한다. 아직 시민 참여는 단순한 분리 배출에 그치고 있다. 이도 제대로 이루어지지 않아 재활용 시설 고장의 원인이 되고 있다.

Section 80 배관의 감육(Wall-Thinning)

① 개요

원자력 발전소에 설치되어 있는 배관은 흔히 인체의 핏줄에 비유되기도 한다. 즉, 산소나 영양분이 핏줄을 통하여 인체의 각 부분에 전달되듯이 원전에서는 배관을 통하여 에너지를 주요 기기로 전달하는 통로 역할을 한다는 것이다. 원전 2차 계통에 설치되어 있는 배관은 수십 킬로미터나 되고 제한적인 공간에 터빈, 복수기, 열교환기 등의 기기를 효율적으로 배치하려다 보니 T자관이나 엘보우와 같은 컴포넌트가 설치되는 것은 필연적이다.

② 배관의 감육(Wall-Thinning)

T자관이나 엘보우와 같은 피팅류는 와류나 난류를 유발시켜 배관의 두께 감육(減肉, Wall Thinning)을 가속시킬 수도 있다. 이러한 배관 감육 손상을 유발시키는 메커니즘으로는 침식, 부식, 유동 가속 부식 등이 있으며, 원전에서는 배관의 감육으로 인한 손상을 예방하기 위하여 많은 노력이 필요하다.

플랜트(plant) 배관의 검사(inspection) 및 시험(test)

1 개요

플랜트 시설에서 배관은 유체를 이동하거나 압력을 생성시켜 소기의 목적을 달성하도록 한다. 하지만 배관의 내부에는 다양한 물질을 사용하므로 화학반응에 의한 부식이 발생할 수가 있다. 그로 인하여 배관에서 물질이 누출이 되면 많은 인명피해와 안전사고를 유발하므로 배관의 검사 및 시험을 통하여 장비의 안전을 유지하고 관리가 되어야 한다.

2 플랜트(plant) 배관의 검사(inspection) 및 시험(test)

(1) 방사선 시험

원리는 시험체의 밀도에 따라 방사선의 투과도가 달라지는 점을 이용하며, 검출기로 필름을 가장 많이 사용하지만 IP나 방사선 검출기도 사용된다. 장단점은 비교적 넓은 영역의 정보를 한번에 얻을 수 있고 영상으로 나타나 판독이 용이하지만, 현상 등의 시간이 필요하고 방사선 피폭의 우려가 있으며 레벨 게이지 등의 오동작을 유발할 수 있다.

1) RT를 이용한 배관 부식 평가

배관의 부식 평가에 초음파 두께 측정기가 유용하며, 다음과 같은 몇 가지 문제점이 간과된다.

① 발전소, 화학 플랜트 등의 많은 배관이 보온재로 싸여 있다.

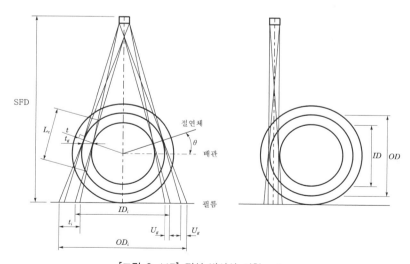

[그림 8-117] 접선 방사선 시험 setup

② 두께 측정기를 사용할 경우 부식 부위를 지나칠 수 있다.

③ 내부의 부착물 평가가 곤란하다.

이러한 경우, 방사선 투과 시험이 효과적일 수 있다.

2) 접선 방사선 시험

① SFD와 배관의 외경을 이용하는 방법

② 배관의 외경을 이용하는 방법

③ 기준 블록을 이용하는 방법

3) 방사선 투과 필름 농도에 의한 배관 평가

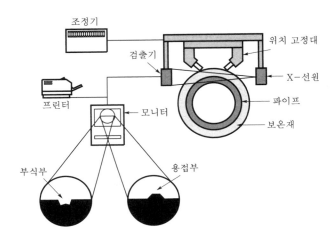

[그림 8-118] 실시간 방사선 시험

방사선원의 종류 및 activity, 공업용 필름의 특성, 시험체의 재질 및 두께, 방사선원과 필름간 거리와 산란 방사선에 의한 누적 효과를 고려한 노출 조건을 구할 수 있는 관계식을 유도한다.

단열재 및 배관 내부에 유체가 있는 경우에 대한 방사선 투과 시험을 전산 시뮬레이션하고 인공 결함을 가공한 배관에 대한 방사선 투과 시험으로 실제 활용의 가능성을 조사한다.

(2) 초음파 시험법

일정한 속도로 진행하는 초음파는 재료 내부에서 반사, 굴절, 산란, 회절 등이 일어난다. 대개의 초음파 시험은 좁은 폭의 펄스를 발생시키고 수신되는 신호를 분석하며 진폭과 도달 시간이 주된 측정 인자가 된다. 음파가 재료 내부로 잘 투과하기 위해서는 물이나 글리셀린과 같은 접촉 매질이 필요하다.

1) 초음파 두께 측정기

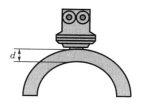 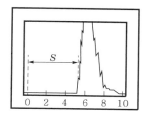 

[그림 8-119] 초음파 두께 측정

초음파 펄스인 에코법을 이용하며, 간편한 측정 장치로 현장에서 널리 사용한다.

$$d = \frac{vt}{2}$$

2) 전자기음향탐촉자(EMAT : Electro Magnetic Acoustic Tansducer) 초음파 두께 측정기

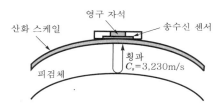

[그림 8-120] 초음파 두께 측정 원리

초음파 두께 측정기는 부식 두께 측정으로 EMAT 사용 시 도막이나 녹을 제거하지 않아도 된다.

3) 종파 속도 및 두께 동시 측정법

기존의 초음파 두께 측정기의 문제점은 음속을 알고 있거나 대비 시험편을 이용하여 교정하고, 검사 대상체와 다른 대비 시험편을 사용할 경우 오차가 발생하며, 동일한 재질에 대해서도 음속이 달라질 수 있다. 또, 미세 조직의 차이(결정립 크기, 크립 손상 여부 등)와 시험체의 온도 등의 영향을 받으며, 재질 열화에 따라 초음파의 속도가 느려져서 재질의 두께를 과대평가하여 파손의 위험성이 커진다.

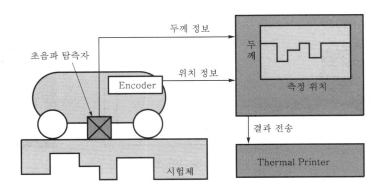

[그림 8-121] 두께 측정용 초음파 B-scan

4) 초음파 핸드 스캐너

초음파 탐상기와 연결하여 손으로 움직이는 초음파 C-scan 장비이다. 파이프, 탱크, 압력 용기 등에서 부식 상태, 재료 내부의 기공, 두께 분포, 접합 상태 등을 실시간으로 도시하며, 검사 영역은 최소 28mm×28mm, 최소 분해능은 0.01mm~0.02mm, 최대 팔 길이는 550mm, Scan arm 행정은 350mm이다.

[그림 8-122] 초음파 핸드 스캐너

Section 82 | 전력 수급 비상 5단계

1 개요

전력 공급 예비력 저하 시 취하는 조치 단계가 500만kW부터 시작된다. 전력거래소는 전력시장운영규칙 일부 개정 작업을 마무리하고 개정된 규칙이 시행됐다. 이에 따라 기존에는 전력 공급이 부족할 경우, 관심→주의→경계→심각 등 4단계로 시행되던 대응 조치에 준비 단계(1단계)가 포함됐다.

전력거래소는 이번 대응 조치 개편과 관련해 전력 공급 예비력이 줄어 500만kW에 도 달하면 준비 단계가 가동될 수 있도록 조치 규정을 신설했다며, 관련 대응 능력을 대폭 강화한 것이 특징이라고 밝혔다.

2 전력 수급 비상 5단계

예비 전력 단계별 대응 조치는 500만~400만kW일 경우, 준비 단계(1단계)가 발령되 고 모든 발전기의 상태를 파악하게 된다. 이후 예비 전력이 400만~300만kW로 떨어질 경우에는 관심 단계(2단계)가 발령돼 기동 가능 발전기의 가동을 지시하게 된다. 300 만~200만kW로 더 낮아지면 주의 단계(3단계)가 발령되고 모든 발전기가 가동에 들어가 게 되며, 200만~100만kW로 더 떨어지면 경계 단계(4단계)가 발령되면서 수요 조절(직 접 부하 제어) 등이 시행된다. 아울러 100만kW 미만이 되면 심각 단계(5단계)가 발령되 고, 긴급 부하 조정이 시행된다. 한편, 이번 규칙 개정에는 전력 공급 예비력 저하 시 조 치 단계 조정 및 조문 수정을 비롯해 시간대 용량 가격 계수 등 재산정 시 반영 시점 조 정 등 총 8건이 변경됐다.

Section 83 물의 임계점(Critical Point)

1 정의

액체인 물은 1기압, 100℃에서 수증기로 변한다. 따라서 1기압 하에서는 100℃ 이상의 온도에서 액체인 물은 존재하지 않는다. 100℃ 이상의 온도에서 물을 액체 상태 그대로 유지하려면 압력을 가할 필요가 있다. 압력을 가해서 218.3기압이 되면 물의 끓는점은 374.2℃가 된다. 그러나 그 이상의 온도가 되면 압력을 계속 가해도 물은 더 이상 액체 상태를 유지하지 못한다. 이 온도를 물의 임계 온도라 하고, 이때의 압력을 임계 압력이 라고 한다.

2 적용 예

공기는 1기압에서는 아무리 온도를 내려도 액체가 되지 않는다. 온도를 −140.7℃로 내리고 37.2기압보다 큰 압력을 가하면 비로소 액체가 된다. 즉, 공기의 임계 온도는 −140.7℃이고, 임계 압력은 37.2기압이다. 그 이하의 온도에서는 더 낮은 압력을 가해 도 액체가 된다.

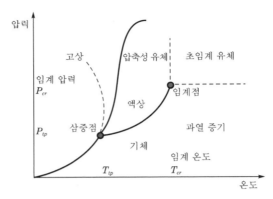

[그림 8-123] 임계점에 대한 온도와 압력의 관계

절삭 저항의 3분력

1 개요

절삭 저항(Cutting Force)이란 공구가 공작물을 절삭할 때 공작물은 소성 변형을 하여 칩이 발생하고 공구는 이에 상응하는 힘을 받는데, 이 저항력은 주분력, 배분력, 이송 분력으로 나누며 절삭 저항에 영향을 주는 요인은 다음과 같다.
① 공작물의 재질
② 공구의 재질
③ 공구의 기하학적 형상
④ 절삭유의 공급량

2 절삭 저항의 3분력

(1) 주분력(F_c, Tangential Force)

수직 하방으로 작용하는 힘으로, 3가지 분력 중 가장 크며, 대략적인 동력 계산에서는 이것만 고려한다.

(2) 배분력(F_t, Radial Force)

공작물의 반경 방향으로 작용하는 힘이다.

(3) 이송 분력(F_a, Axial Force)

공작물의 축 방향으로 작용하는 힘이다.

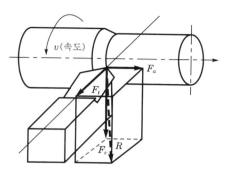

[그림 8-124] 절삭 저항 분력의 상대적인 크기

$$R = \sqrt{F_c^2 + F_t^2 + F_a^2}$$

여기서, F_c : 주분력

$\quad\quad F_t$: 배분력

$\quad\quad F_a$: 이송 분력($F_c : F_t : F_a =10 : 2{\sim}4 : 1{\sim}2$)

Section 85 게이트 밸브(Gate Valve)의 용도 및 구성 요소

① 개요

디스크가 직선 유로에 대하여 직각으로 미끄러짐에 따라 거의 배관 크기와 같은 유체 통로를 개폐하는 것이다.

② 게이트 밸브(Gate Valve)의 용도 및 구성 요소

(1) 특성

① 배관용 밸브로 가장 대표적인 제품이며, 광범위하게 사용되고 있다.

② 전 개폐(ON-OFF)용으로만 사용하고 조절용으로는 사용할 수 없다.

③ 반개(半開) 상태에서 사용하면 게이트의 배면에 와류가 생겨 유체 저항이 커지게 되어 밸브에 진동이 발생하거나 밸브 내면에 침식이 생길 위험이 있다.

④ 유체가 밸브 내부를 통과할 때 방향 및 단면의 변화가 없어 압력 손실이 적다.

⑤ 글로브 밸브에 비해 밸브 부착면간 거리가 짧으나 높이가 높고 리프트가 커서 개폐 시간이 많이 걸리지만, 핸들 조작은 가볍다.

(2) 구조

게이트 밸브의 몸통은 대소를 불문하고 두 개의 원통이 교차된 형상이며, 하나는 유체를 흘리고 다른 하나는 게이트를 수납한다. 게이트 밸브에서 두 개의 주요부는 밸브대 (Stem)와 게이트를 들어 올리는 운동과 게이트 자신이다.

1) 밸브대와 게이트의 운동 방법

밸브대(Stem)와 게이트(Gate)의 운동 방법에 따라 밸브대 상승식(Outside Screw & Yoke)과 밸브대 비상승식(NRS)이 있다.

2) 게이트(Gate)의 종류

게이트의 종류는 사용 목적에 따라 구분되며, Solid Wedge Gate, Flexible Wedge Gate, Tow Piece Wedge Gate, Parallel Slide Gate, Knife Gate 등이 있다.

① 웨지 게이트 밸브(Wedge gate valve) : 밸브 디스크가 쐐기 모양인 게이트 밸브로, 단순한 게이트 밸브라고도 한다.

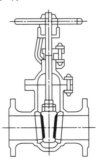

② 패럴렐 슬라이드 밸브(Parallel slide valve) : 서로 평행인 두 개의 밸브 디스크의 조합으로 구성되고, 유체의 압력에 의해 출구 쪽의 밸브 시트면에 면압을 주는 게이트 밸브이다.

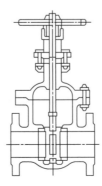

3) 더블 디스크 게이트 밸브(Double disc gate valve)

　　두 개의 밸브 디스크 조합으로 구성되고, 밸브대의 추력에 의해 밸브 디스크를 눌러
벌려서 출구·입구의 밸브 시트면에 면압을 주는 게이트 밸브이다.

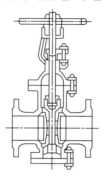

4) 벤투리 포트 게이트 밸브(Venturi port gate valve)

　　유로를 중앙부에서 조이는 게이트 밸브이다.

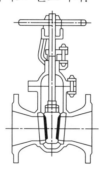

5) 스루콘딧 게이트 밸브(Through conduit gate valve)

　　전개 시 유로와 동일한 크기의 통로로 열리는 밸브 디스크 구조인 게이트 밸브이다.

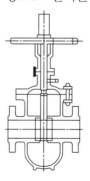

(3) 구성 요소

　　제수 밸브는 주로 상수도에 설치되어 제수를 목적으로 사용되는 밸브로, KSB2332의
사양을 만족시킨다. 개폐*방식은 수동, 전동, 개폐대식(1상식, 2상식) 및 실린더형 등이

있으며, 구경은 50~500mm, 최고 사용 압력은 7.5kg/cm^2, 플랜지 규격은 KSD4309 수도용, 주철, 이형관 및 KSD 3578이 적용되며, 구성 요소는 다음과 같다.

① **몸통** : 회주철(GC200), 구상흑연 주철(GCD450)
② **디스크** : 회주철(GC200), 구상흑연 주철(GCD450)
③ **밸브대** : 단조 황봉동(C3771BE), 고강도 황봉동(C6782BE), 스텐레스강(STS304/403)
④ **씨이트** : 청동 주물(BC6)

Section 86 탄소강을 단조 가공할 때 주의사항(온도 영역)

❶ 개요

탄소강의 온도에 따른 기계적 성질은 동일 성분의 탄소강이라도 온도에 따라 그 기계적 성질은 매우 달라지며, 탄소의 함유량과 온도에 따라 기계적 성질에 변화를 줄 수 있다. 따라서 탄소강의 단조는 해머를 사용하여 제품을 생산하므로 연신율이 좋아야 하며, 열간과 냉간 가공에 따라 기계적 성질이 달라질 수 있다.

❷ 탄소강을 단조 가공할 때 주의사항(온도 영역)

예를 들어, 탄소가 0.25%인 강이 0~500℃ 사이에서 일어나는 성질 변화에는 탄성계수, 탄성한계, 항복점 등은 온도의 상승에 따라 감소하고, 인장 강도는 200~300℃까지는 상승하여 최대가 되며, 연신율과 단면 수축률은 온도 상승에 따라 감소하여 인장 강도가 최대가 되는 점에서 최솟값을 나타내고 다시 커지는 변화가 있다. 충격값은 200~300℃에서 가장 적다.

열간 단조에 탄소강의 단조 온도는 탄소강이 주괴일 경우 용용 온도가 1,250℃이고 단조 온도는 850℃이며, 탄소강이 강재일 경우 용용 온도가 1,250℃이고 단조 온도는 800℃이다.

Section 87 토크 컨버터(torque converter)를 구성하는 3요소

❶ 구조

유체의 운동 에너지를 이용하여 토크를 변환시키는 것으로, [그림 8-125]와 같이 펌프(pump), 터빈(turbine), 스테이터(stator)가 셀 내에 조립되어 있으며, 셀 내에는 작동유체로서 오일을 충만시키고 있다.

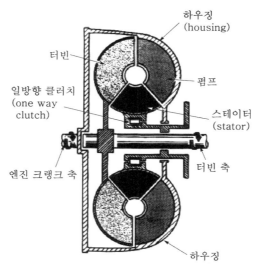

[그림 8-125] 토크 컨버터의 구조

펌프는 하우징과 일체로 되어 있으며, 또한 엔진 크랭크 축과 연결되어 있다. 따라서 엔진이 회전하고 있으면 토크 컨버터의 펌프는 엔진과 같은 회전수로 회전하고 있음을 알 수 있다. 펌프를 빠져 나온 작동유체는 터빈의 날개(vane)를 치면서 터빈을 돌리게 된다. 따라서 터빈과 연결되어 있는 터빈 축을 회전시킨다. 터빈을 돌리고 난 작동유체는 스테이터로 유입되어 작동유체가 회전 방향을 펌프와 터빈의 회전수에 따라 바꾸면서 펌프로 유입된다.

❷ 작동 원리

다음 그림은 [그림 8-125]의 내부구조를 나타낸 것이다.

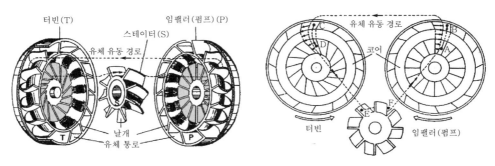

[그림 8-126] 토크 컨버터의 작동 원리

펌프의 회전에 의해 펌프 내의 A에 있는 오일은 원심력을 받아 B로 이동하여 터빈의 C와 D를 거치면서 터빈의 날개에 운동 에너지를 전달한다. 터빈을 빠져 나온 오일은 스테이터의 E와 F를 거치면서 다시 펌프의 A로 유입된다.

유체 커플링과 다른 점은 펌프와 터빈 사이에 스테이터를 장착하고 있으며, 이 스테이터는 일방향 클러치(one way clutch)에 의해 고정 축에 붙어 있다. 스테이터는 펌프의 회전 속도가 터빈의 회전 속도보다 빠르면 일방향 클러치의 쐐기 작용에 의해 스테이터 축에 고정된 상태로 유체의 유동 방향을 변화시켜 준다. 그러나 터빈의 회전 속도가 펌프의 회전 속도의 9/10 정도로 가까워지면 유체의 유동이 스테이터 뒷면에 작용하게 되어 스테이터가 펌프나 터빈과 같은 방향으로 회전하게 되고, 이때부터 토크 컨버터는 유체 커플링과 같은 역할을 한다. 그리고 펌프, 터빈의 날개(vane)가 유체 커플링과는 달리 3차원 각도로 구부려져 있어 그 형상이 복잡하다.

Section 88 설비의 비정상적 진동요인 분류와 요인별 진동 원인

1 개요

설비의 고장은 출력의 변화, 온도의 이상 상승 및 소음과 진동을 수반하여 나타나는데, 거의 예외 없이 설비의 이상은 진동을 유발하게 된다. 이러한 변화는 설비가 완전히 중단되기 전부터 나타나기 때문에 설비의 진동 상태를 측정해서 설비를 분해하거나 중단시키지 않고 진단하는 것이 가능하며, 진동 센서를 사용하여 설비를 관리함으로써 다음과 같은 효과를 얻을 수 있다.

① 설비의 상태를 정확하게 진단할 수 있으므로 설비 및 부품을 수명이 다할 때까지 안심하고 사용할 수 있으며 보전 및 재료비를 삭감할 수 있다.

② 설비가 운전되고 있는 중에 설비를 진단하게 되므로 설비의 정지 시간을 감소시켜 조업률을 향상시킬 수 있다.

③ 설비의 상태를 정확하게 파악하게 되므로 보수 시기와 범위를 결정하는 일 및 재고 부품의 관리가 용이하게 되므로 보다 효율이 좋은 보전 작업을 할 수 있게 된다.

④ 신설 공사 및 개수 공사에서 조기에 결함을 발견하여 초기 고장을 감소시킬 수 있다.

❷ 설비의 비정상적 진동요인 분류와 요인별 진동 원인

(1) 기계적 진동

1) 회전체의 불평형

① 평형불량은 가능하면 현장평형잡이(field balancing)를 하며 평형불량으로 진단되어도 metal gap의 증대에 의한 것일 수 있으므로 반드시 metal gap을 측정한다.

② 회전체의 열적굽힘(thermal bending)은 영향도가 작은 경우는 열영향의 중간점에 주목하여 평형을 잡고, 매우 큰 회전체는 사용 평형상태에 도달하고 나서 현장 평형잡이를 취해야만 한다. 고온유체를 취급하는 경우 온도 상승 시에만 진동이 증대하는 경우가 있다.

③ 정지부와 회전축의 접촉에 의한 회전체의 굽힘은 열적 정렬변화를 고려하여 접촉하지 않도록 세팅 수정한다.

④ 회전체의 마멸 및 부식은 마멸, 부식의 수리 및 평형수정을 한다.

⑤ 이물질 부착은 이물질을 제거하고, 이물질의 부착방지를 도모한다.

⑥ 회전체의 변형 및 파손은 부품을 교체한다.

⑦ 각 부분의 헐거움은 정지 및 개방 시에 점검조사를 하여 적절한 조치를 취한다.

⑧ 결합 상태에서의 불평형은 결합한 축계의 모드를 고려한 탄성회전체(flexible rotor)의 평형잡이를 수행한다.

2) 센터링 불량 및 정렬불량(mis—alignment)

① 센터링 불량은 센터링을 수정(정렬불량의 수정)하고 축과 베어링의 정렬도 조사하며 (메탈의 접촉 상황을 조사) 스러스터력을 줄이는 방안을 검토한다.

② 면센터링의 불량은 면센터링에 대해 수정한다.

③ 열적 정렬변화는 열변형을 고려하여 센터링을 한다.

④ 기초침하는 센터링을 수정한다.

3) 커플링의 불량

① 커플링의 정도불량은 커플링을 교환한다.

② 체결볼트의 조임 불균일은 볼트 또는 고무 스리브의 교환을 한다.

③ 기어 커플링의 기어 이 접촉불량은 기어 이 접촉을 수정한다.

④ 기어 커플링의 윤활불량은 적절한 윤활 방법을 검토한다.

⑤ 유체 커플링에 의한 진동은 추과 회전체의 균형을 점검한다.

4) 베어링의 손상 및 마멸

① 구름 베어링의 손상 및 마멸은 내륜결함, 외륜결함, 전동체 결함, 리테이너 접촉, 과다 끼워박음이 있으며 대책은 베어링을 교환한다.

② 윤활불량은 적절한 윤활유를 사용하여 급유방법을 개선한다.

③ 미끄럼 베어링과 축의 금속접촉은 메탈을 교환한다.

5) 회전축의 위험속도

① 위험속도(critical speed) : 상용 운전속도는 위험속도로부터 25% 정도 낮거나 높게 하는 것이 바람직하다.

② 2차적 위험속도 : 키홈 등은 물론 축의 형상, 강성을 검토하여 가능한 등방성이 되도록 수정한다.

6) 오일 휩(oil whip) 또는 오일 훨(oil whirl)

대책은 다음과 같다.

축의 편심률을 크게 0.8 이상으로 하고(예를 들면, 상부에서 유압을 증가시키거나 상부에 기름이 고이는 곳을 설치한다) 베어링의 중앙에 홈을 파서 베어링의 면압을 증가시키고 동시에 베어링의 L/D 특성을 변화시켜 베어링의 안정성을 높인다.

베어링 틈새를 크게 하고 윤활유의 온도를 높여 점도를 낮게 하며 위험속도를 높이고 특수한 방진 베어링, 예를 들면, lobe 베어링, floating bush 베어링, tilting pad 베어링 등을 채용하는 것도 좋다.

7) 회전부와 정지부의 접촉에 의한 휘돌림(rubbing)

대책은 윤활효과를 개선하고 위험속도를 높이며 감쇠를 증가시킨다.

8) 거더나 비선형에 의한 분수조화공진

진동의 강제력, 즉 불평형을 극단적으로 작게 하여 진동발생 영역에서 벗어나게 하며 계의 감쇠를 어떤 형으로든 증대시켜 진동발생 영역에서 벗어나게 한다. 축계의 위험속도를 상승시키도록 개조한다.

9) 기초의 불량

① 설치레벨불량은 라이너를 이용하여 바로 잡는다.

② 기초볼트 체결불량은 체결을 강하게 한다.

③ 그라우트(grout) 불충분은 그라우트를 보충한다.

④ 기초강성은 기초를 보강하고, 기계를 종합적으로 검토하고 나서 구조설계의 단계에서 유의해야 할 사항이다.

⑤ 기초의 경년변화는 기초 보강을 한다.

10) 공진 및 기타

① 배관계 등의 공진 : 지지강성의 증가 등을 통해 고유진동수를 변경하여 공진을 피한다.

② 연결계에서의 공진 : 연결된 축계로서 위험속도를 구하며 비틀림 진동의 계산을 엔진메이커에 의뢰하여 사용범위에서 축계에 유해한 비틀림 진동이 발생하지 않도록 설계한다.

③ 케이싱의 변형은 열적인 무리가 생기지 않도록 구조를 개선한다.

④ 배관의 늘어남은 배관계의 열팽창이 가능하도록 개조하거나 중간에 신축이음(expansion joint)을 삽입한다.

11) 증속·감속기어의 가공정도의 불량

기어를 다시 shaving하거나 세팅을 개선 또는 교체한다.

(2) 유체적 진동

1) 캐비테이션

① NPSH 혹은 흡입수위과소, 회전속도 과대, 펌프 흡입구의 편류는 유효 흡입압력을 크게 한다.

② 과대토출량에서의 사용은 유량제어 밸브에 의해 유량을 조정한다.

③ 흡입 스트레이너의 막힘은 막힌 찌꺼기를 제거한다.

2) 서징(surging)

펌프, 블로어 성능을 개량하고(주로 계획단계에서 해결할 수 있다.) 배관 내에 공기가 모이는 곳을 없앤다.

또한, 펌프, 블로어 직후의 밸브로 토출량을 조절하며 유량을 변경하여 서징 운전을 피한다.

3) 수충격(water hammering)

계획단계에서 미리 검토하여 해결할 수 있으며 기동, 정지순서의 검토, 제어밸브의 개폐시간을 재검토한다.

서지 탱크를 설치하여 이상 압력상승을 완화한다.

4) 선회실속(rotating stall)

가변 입구안내 날개를 사용하거나 한다.

5) 펌프 내의 맥동, 박리 등

회전차 출구 흐름의 맥동, 부 분토출량에서의 편류박리는 설계 시 구조적 종합검토를 통해 해결할 수 있다.

또한, 사용 토출량을 조정하며 강성보강에 의해 진동을 구속할 수 있는 경우도 있다.

6) Hydraulic whirl

밸브 몸체의 편심을 없애며 밸브 몸체 및 밸브 시트의 형상을 개선한다. 용량이 큰 밸브로 변경하고 제어계통을 재조정한다.

(3) 전기적 진동

1) 공극의 정적불평형

고정자와 회전자의 축심을 조정한다.

2) 공극의 동적불평형

회전자의 현장 평형잡이를 실시한다.

3) 고정자의 이상

고정자 지지부의 취약 및 느슨함, 고정자 권선결함, 고정자 철심의 단락, 고정자 철심의 느슨함은 고정자 지지부의 보강 및 조임을 하고 고정자 권선, 철심을 고정한다.

4) 회전자의 이상

회전자봉의 느슨함, 회전자봉의 절손이나 크랙, 회전자 철심의 단락, 엔드 링(end ring) 결함 불량은 대책은 회전자봉의 고정 또는 교체를 한다.

Section 89 │ 이삿짐 운반용 리프트의 전도를 방지하기 위하여 사업주가 준수하여야 할 사항

1 개요

이사철에 가장 흔히 일어나는 사고 중 하나가 이삿짐을 옮기면서 리프트 탑승구에서 추락하거나 이삿짐 차량 사다리가 전복하는 경우이다. 한 예로 서울의 한 아파트 8층 높이에서 고가 사다리차를 이용해 이삿짐을 나르던 근로자가 떨어져 사망한 바 있어 사업주는 현장에서 전도 방지를 위해 준수 사항을 철저하게 지켜야 할 것이다.

2 이삿짐 운반용 리프트 전도의 방지(제158조)

사업주는 이삿짐 운반용 리프트를 사용하는 작업을 하는 경우 이삿짐 운반용 리프트의 전도를 방지하기 위하여 다음 각 호를 준수하여야 한다.

① 아웃트리거가 정해진 작동 위치 또는 최대 전개 위치에 있지 않은 경우(아웃트리거 발이 닿지 않는 경우를 포함한다)에는 사다리 붐 조립체를 펼친 상태에서 화물 운반 작업을 하지 않을 것

② 사다리 붐 조립체를 펼친 상태에서 이삿짐 운반용 리프트를 이동시키지 않을 것

③ 지반의 부동 침하 방지 조치를 할 것

Section 90

압력 용기의 정의 및 적용 범위, 설계 안전상의 안전 대책

1 압력 용기의 정의

압력 용기란 35℃에서의 압력 또는 설계 압력이 그 내용물이 액화 가스인 경우는 0.2MPa 이상, 압축 가스인 경우는 1MPa 이상인 용기를 말한다. 다만, 다음 중 어느 하나에 해당하는 용기는 압력 용기로 보지 아니한다.

① 용기 제조의 기술·검사 기준의 적용을 받는 용기
② 설계 압력(MPa)과 내용적(m^3)을 곱한 수치가 0.004 이하인 용기
③ 펌프, 압축 장치(냉동용 압축기를 제외한다) 및 축압기(accumulator, 축압 용기 안에 액화 가스 또는 압축 가스와 유체가 격리될 수 있도록 고무 격막 또는 피스톤 등이 설치된 구조로서 상시 가스가 공급되지 아니하는 구조의 것을 말한다)의 본체와 그 본체와 분리되지 아니하는 일체형 용기
④ 완충기 및 완충 장치에 속하는 용기와 자동차 에어백용 가스 충전 용기
⑤ 유량계, 액면계, 그 밖의 계측 기기
⑥ 소음기 및 스트레이너(필터를 포함한다. 이하 같다)로서 다음의 어느 하나에 해당되는 것
　㉠ 플랜지 부착을 위한 용접부 이외에는 용접 이음매가 없는 것
　㉡ 용접 구조이나 동체의 바깥 지름(D)이 320mm(호칭지름 12B 상당) 이하이고, 배관 접속부 호칭 지름(d)과의 비(D/d)가 2.0 이하인 것
⑦ 압력에 관계없이 안지름, 폭, 길이 또는 단면의 지름이 150mm 이하인 용기

2 적용 범위

이 기준을 적용하는 압력 용기 등의 기하학적 범위는 다음과 같다.
① 용접으로 배관과 연결하는 것은 첫 번째 용접 이음매까지이다.
② 플랜지로 배관과 연결하는 것은 첫 번째 플랜지 이음면까지이다.
③ 나사 결합으로 배관과 연결하는 것은 첫 번째 나사 결합부까지이다.
④ 그 밖의 방법으로 압력 용기와 배관을 연결하는 것은 그 첫 번째 이음부까지이다.

3 설계 안전상의 안전 대책

압력 용기는 운전 중에 발생할 수 있는 가장 엄한 조건에서의 온도 압력을 기준으로 설계한다. 보통 연속하여 장기간 운전하는 용기에는 정상 운전할 때의 압력, 온도가 설계 기준으로 되나, 그 압력 및 온도에서 어떤 다소의 변동이 있는 것은 설계 시 반영할 필요는 없다. 이 때문에 용기의 설계 압력 및 설계 온도는 프로세스에서 요구되는 최고의 운전

압력 및 온도의 변동을 고려한 약간의 여유를 보고 결정한다. 대개의 경우 정상 운전 압력의 10% 증가한 압력을 최고 운전 압력이라고 하고, 최고 운전 압력의 10%를 가산한 압력과 최고 운전 압력에 1.8kgf/cm²를 가한 압력 중 큰 수치를 그 용기의 설계 압력으로 한다. 설계 압력은 용기의 최상부의 압력으로 나타내며, 높은 탑류 등 액체가 충만한 경우에는 강도 계산에서는 설계 압력에 정수두를 가산한 압력을 적용하여야 한다. 또한, 설계 온도는 설계 압력을 기준으로 최고의 운전 온도에 10~20℃를 가한 온도로 하는 것이 많다. 그러나 0~10℃를 가산한 온도로 하는 경우도 있다. 설계 온도 및 설계 압력의 기준은 각 사마다 보유한 설계 기준(Owner Specification/Design Criteria)에 따라 다소 차이가 있다.

Section 91 원심 펌프의 비속도를 정의하고, 비속도의 크기가 커짐에 따라 반경류형에서 축류형으로 변하는 이유

① 비속도의 정의

비속도는 회전차의 상사성 또는 펌프 특성 및 형식 결정 등을 논하는 경우에 이용되는 값이다. 회전차의 형상 치수 등을 결정하는 기본 요소는 펌프 전양정, 토출량, 회전수 3가지가 있고, 이들에 의하면 비속도는 다음 식에서 구해진다.

$$\text{비속도 } N_s = \frac{n \times Q^{1/2}}{H^{3/4}}$$

여기서, n : 펌프회전수(rpm)
$\quad\quad\quad Q$: 토출량(m³/min)
$\quad\quad\quad H$: 전양정(m)

비속도는 "어떤 펌프의 최고 효율점에서의 수치에 의해 계산하는 값"으로 정의되며, 그 점에서 벗어난 상태의 전양정 또는 토출량을 대입하여 구하여도 된다는 의미는 아니다. 단, 토출량에 대해서는 양흡입 펌프인 경우 토출량의 1/2이 되는 한쪽의 유량으로 계산하고, 전양정에 대해서는 다단 펌프인 경우 회전차 1단당의 양정을 대입하여 계산하여야 한다.

Q=14m³/min, H=100m일 때

① $n = 1,750\,\text{rpm}$, 편흡입 1단 펌프인 경우

$$N_s = \frac{1750 \times 14^{1/2}}{100^{3/4}} = \frac{1750 \times 3.74}{31.62} = 207$$

② $n = 1,750\,\text{rpm}$, 편흡입 2단 펌프인 경우

$$N_s = \frac{1750 \times 14^{1/2}}{50^{3/4}} = \frac{1750 \times 3.74}{18.80} = 348$$

③ $n = 1,750\,\text{rpm}$, 양흡입 1단 펌프인 경우

$$N_s = \frac{1750 \times 7^{1/2}}{100^{3/4}} = \frac{1750 \times 2.65}{31.62} = 147$$

❷ 수치 계산

비속도 N_s는 무차원수가 아니므로 동일한 회전차에서도 전양정, 토출량, 회전수 등의 단위에 따라 N_s의 값이 다르다. 보통은 m, m³/min, rpm 단위로 계산된다.

❸ 비속도의 크기가 커짐에 따라 반경류형에서 축류형으로 변하는 이유

비속도는 앞에서 언급한 바와 같이 세 개의 요소(H, Q, n)에 의해 결정되고, N_s가 정해지면서 이것에 해당하는 펌프의 형상은 대략 정하여진다고 보아도 된다. 일반적으로는 양정이 높고 토출량이 적은 펌프에서는 대체로 N_s 낮아지고, 반면에 양정이 낮고 토출량이 큰 펌프에서는 N_s가 높게 된다. 또 토출량, 양정이 같아도 회전수가 다르면 N_s가 달라져 회전수가 높을수록 N_s가 높아진다.

근래에 들어 펌프 관련 설계, 제작 및 해석 기술의 발달과 함께 고속 경량화의 추세에 따라 펌프 형식에 따른 비속도의 추천 범위도 다양하게 변하므로 펌프 형식에 대응하는 비속도를 일관성 있게 추천하기는 곤란하지만 대체로 다음과 같이 나타낼 수 있다.

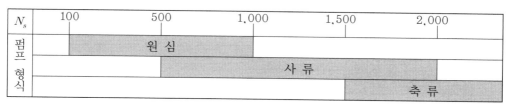

[그림 8-127] 펌프별 비속도 범위

Section 92 공정표 표시방법 중 ADM(Arrow Diagram Method), PDM(Precedence Diagram Method)

1 개요

ADM(Arrow Diagramming Method) 또는 IJ식 네트워크는 공정표 작성중의 하나인 ADM 공정표(화살형 네트워크) 라고도 하는데 ADM이란 Arrow Diagramming Method 의 약자로서 각 작업을 화살표로 표시하는 방법이란 뜻으로 IJ식 네트워크라고도 한다.

2 공정표 표시방법 중 ADM(Arrow Diagram Method), PDM(Precedence Diagram Method)

(1) 공정표 표시방법 중 ADM(Arrow Diagram Method)

IJ식 네트워크는 네트워크에 의한 진도관리로 작업의 선후관계가 명확하고 주공정선 (Critical path)을 찾을 수가 있으며 Cp 및 여유공정을 파악하여 수시로 일정변경이 가능하며 컴퓨터 이용이 가능하다. 또한, 정확한 일정 및 자원 배당에 의하여 사전 예측이 가능하다.

[표 8-12] ADM과 PDM 방식의 특성 비교

유형	ADM 방식	PDM 방식
표기방법	절점 —공종→ 절점 화살표로 공종표기	공종 → 공종 절점에 공종표기
Time scale	가능	가능
연관관계	F-S(Only)	FS, SS, FF, SF
Dummy Activity	발생	없음(LAG 가능)
Network 독해	쉽다	아주 쉽다
PERT/CPM 이론 전개	쉽다	쉽다
Network 수정	어렵다	쉽다

[표 8-13] ADM과 PDM의 선후행관계(Relationship)

구분 Relationship	내용	ADM식 표기법	PDM식 표기법
FS (Finish to Start)	A가 끝나고 얼마후면 B가 시작하는 관계		
SS (Start to Start)	A가 시작하고 얼마후면 B가 시작하는 관계		
FF (Finish to Finish)	A가 끝나고 얼마후면 B가 끝는 관계		
SF (Start to Finish)	A가 시작하고 얼마후면 B가 끝하는 관계		

(2) 공정표 표시방법 중 PDM(Precedence Diagram Method)

프리스던스식 네트워크는 일명 AON 공정표라고도 하는데 AON은 Activity on Node의 약어로서 IJ식과는 반대로 각 작업을 Node (보통 □로 표시하고 ○로 표시할 때에는 써클 네트워크라고도 함)로 표기하고 화살표(Arrow)는 단순히 작업의 선후관계만을 나타낸다. 앞서의 IJ식 네트워크를 프리시던스식 네트워크로 바꾸면 다음과 같다.

특히 프리시던스식 네트워크는 4가지의 다양한 작업관계(relation-ship)로 표기할 수 있는 최대의 장점이 있다. IJ식에서는 선행 작업이 끝나고 후행 작업을 시작하는 Finish-to-Start의 관계만이 허용되나 프리스시던스식은 그 외의 관계도 가능하여 즉, Start-to-Start, Finish-to-Finish, Start-to-Finish의 관계도 사용할 수 있다는 점이다.

Section 93

보일러 사용 시 보일러수 관리를 위한 블로우 다운(Blow-Down)

1 블로우 다운의 필요성

보일러 운전 중 농축되거나 혼탁해진 보일러수의 수질을 개선해주지 않으면 부식이나 스케일, 캐리오버 등 여러 가지 문제들을 일으킬 수 있으며 보일러수의 주기적인 배출과 보충을 통해 보일러수 내의 불순물 농도를 적정치 이내로 조정하는 조작 방법을 블로우 다운이라고 한다.

블로우 다운의 실시 시기나 주기는 대부분 관수 중 TDS(총용존 고형물, ppm)의 농도에 따라 진행하면 된다(TDS는 실무적으로 전기전도율의 측정을 통해 계측이 가능함).

2 **블로우 다운의 조절 대상이나 목적**

블로우 다운의 조절 대상이나 목적은 다음과 같다.

① 전용 해염류나 염소이온 농도, 실리카 농도나 기타 특정 성분의 농도를 제어한다.

② 수처리 약품 사용에 따른 보일러 관수의 pH를 조절한다.

③ 하부의 고형 물질의 침전이나 부착을 방지한다.

Section 94 소각설비에서 사용되는 배출가스 방지설비 중 집진장치의 종류 6가지 및 각각의 특성

1 **개요**

집진장치의 운전 시에는 특히 배출가스의 온도 및 압력손실, 사용수량, 배수의 pH, 또는 연기의 색깔상태 등에 주의하여 운전하며 운전 중에 발생하는 사고로서는 마모, 부식 또는 발생로(爐)의 조업상태 등에 따라서 폭발성가스가 한계를 넘는 경우 폭발의 위험성이 있다.

연료의 교체 및 혼소율을 변화할 경우 또는 원재료를 바꿀 경우에는 집진효율에 큰 영향을 주기 때문에 교체 전후에 배출가스 온도, 압력손실, 소요시간 등을 기록하고 관리를 한다.

2 **소각설비에서 사용되는 배출가스 방지설비 중 집진장치의 종류 6가지 및 각각의 특성**

(1) 중력식 집진장치

분진의 자연침강을 이용하여 분리시키는 방법으로 입자가 비교적 큰 것에 대하여 제거효과가 있고 제거효율이 낮아 연속식 소각로에서는 사용하지 않는다. 배출가스를 용적이 큰 침강실에 끌어 들여 그 내부의 가스유속을 0.5~1m/sec 정도로 해주면 분진이 중력작용에 의해 침강한다는 원리를 이용하여 분진을 가스와 분리시키는 방식이다. 50~100μm 이상의 분진에 대해서 40~60% 정도의 집진효과를 기대할 수 있다.

(2) 관성력 집진장치

폐가스의 흐름방향을 급격하게 바꾸어 줌으로써 분진의 Impact(충돌)에 의하여 분리시키는 방법으로서 입자가 비교적 큰 것에만 효과가 있고 제거효율이 낮다. 분진을 함유한 배출가스를 5~10m/sec의 속도로 흐르게 하면서 장애물들을 이용하여 흐름방향을 급격히 바꾸어 주면 분진이 갖고 있는 관성력으로 인해 분진이 직진하여 장애물에 부딪치는 원리를 이용하여 분진을 가스와 분리하는 방식이다. 10~100μm 이상의 분진을 50~70%까지 집진할 수 있다. 소각로에서는 특히 전처리 집진장치(Pre-Duster)로서 연도 중에 많이 사용한다.

(3) 원심력 집진장치

원심력을 이용하여 분진을 함유한 가스에 중력보다 훨씬 큰 가속도를 주게 되면, 분진과 가스와의 분리속도가 무게에 의한 침강과 비교해서 커지게 되는 원리를 이용하는 집진장치이다. 이 장치는 사이클론으로 실용화되었으나 압력손실이 50~150mmAq 정도로 비교적 크다는 단점이 있다. 폐기물 소각처리 시설에 직경 300~400mm 정도의 소형 사이클론을 여러 개 묶은 멀티 사이클론을 이용할 경우 85~95%의 집진효율을 기대하여 분진량을 0.6~0.7g/Nm^3 정도로 집진할 수 있다.

(4) 세정식 집진장치

분진을 함유한 가스를 액적 또는 액막에 접촉시켜 제거하는 방식으로 스크러버가 대표적이며 대부분의 경우 세정액으로 물을 사용하거나 특별한 경우 용액이 사용하고 분진과 함께 유해가스도 동시 처리가 가능하다.

세정식 집진장치는 종류가 많고 그 성능 또한 다양하지만 종류와 형식에 관계없이 배출가스와 액체와의 접촉을 좋게 하는 것이 집진효율을 높이는 관건이 된다. 세정식 집진장치는 구조가 비교적 간단하고 조작이 용이하나 배출수 처리시설을 함께 설치해야 하기 때문에 운전비용이 많이 드는 단점이 있다.

(5) 여과식 집진장치

Fabric filter에 가스를 통과시켜 분진을 분리하는 방법으로서 Bag filter가 대표적으로 과거에는 배기가스 중의 HCl 및 SOx에 의한 부식과 배출가스 온도(250~350℃)로 인한 여포의 수명 문제로 쓰레기 소각로에 사용하지 않았으나 최근 Dioxin 처리에 효과가 있는 것으로 판명되어 Bag filter의 사용이 증가 하였다. 여과식 집진장치는 백 필터(Bag Filter)로 널리 알려져 있으며 전기집진기와 병렬로 설치하면 집진효율이 높아 일반적인 설비의 집진에는 가장 많이 이용되고 있다.

(6) 전기 집진장치

분진을 Corona 방전에 의하여 하전시키고 Coulomb힘을 이용하여 집진하며 현재까지 가장 많이 사용하고 있는 집진장치로서 집진효율도 대단히 높아 분진 배출량은 0.1~0.03g/Nm^{3}이며 최근에는 0.02g/Nm^3 이하까지도 성능이 향상되고 전기집진기를 통과할 때 Dioxin이 생성되는 것으로 조사되었으며 전기집진기는 산업계에서 널리 이용되고 있는데 운전비도 적게 들고 압력손실도 20mmAq 이하로서 집진효율도 우수하다. 온도 또한 350℃ 정도까지 견딜 수 있어 적용범위가 넓다.

Section 95 **배관의 자중 및 온도변화, 진동 등으로 발생되는 응력 (Stress)을 줄여주는 배관지지 장치의 종류와 기능**

1 개요

배관지지장치는 배관의 자체하중 및 Thermal Movement, Vibration등으로 인한 배관의 Stress 를 줄여주는 역할을 하는 장치를 말한다. 배관 지지장치는 그 기능 및 용도에 따라 Hanger 또는 Support(Rigid Hanger, Variable Spring Hanger Constant Spring Hanger), Restraint(Anchor, Stops, Guide), Brace 또는 Snubber(Hydraulic Dampener, Shock Absorber & Snubber)의 3 종류로 분류한다.

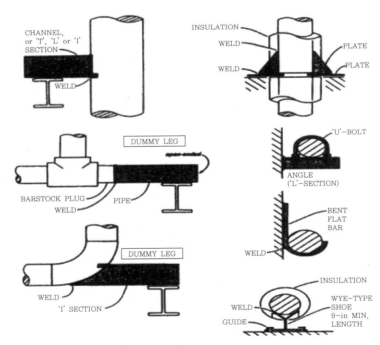

[그림 8-128] 배관의 Support

① 배관계의 중량을 지지하기 위한 목적으로 사용되는 Hanger 또는 Support가 있다.

② 열팽창에 의한 3차원의 움직임을 구속하거나 제한하는 Restraint가 있다.

③ 앞의 중량 또는 열팽창에 의한 외력이외의 힘(예, 진동, 충격 등)에 의해 배관계가 이동하는 것을 제한하는 Brace가 있다.

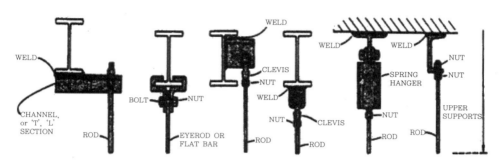

[그림 8-129] 배관의 Hanger

② 주요 배관지지 장치별 기능

(1) Variable Spring Hanger

가장 많이 사용되는 것으로서, 배관계의 수직이동에 따라 지지하중이 변하는 Hanger로써 Constant Hanger가 지지하중이 일정하여 하중계산에 주의를 요하는 데 반해 하중의 지지범위가 넓다. 이 Hanger의 특징은 다음과 같다.

① 소형·경량이므로 협소한 장소에서 탈착이 용이하다.

② Piston Plate가 자유 회전하므로 배관계의 수평이동도 잡아준다.

③ Lock Pin이 있어 일시 혹은 영구히 Rigid Hanger로 사용 가능하다.

④ Travel 및 하중이 [그림 8-130]과 같이 직선으로 변한다(Index Plate에 명시됨).

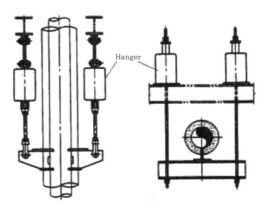

[그림 8-130] Variable Spring Hanger

(2) Constant Spring Hanger

지정된 배관변위 범위 내에서 배관계의 상하이동을 정해진 일정하중(Constant Load)으로 배관을 지지하게끔 설계된 Hanger로서 열팽창에 의해 배관계의 변위가 큰 곳에 또는 전이응력을 조금이라도 적게 하고 싶은 곳에 사용하며 이 Hanger의 특징은 다음과 같다.

① Spring Case의 내부검사가 용이하도록 Slit Hole이 설치되어 있다.

② 전체 회전부에 무급유 Dry Bearing을 사용한다.

③ 배관의 수평방향이동에 대하여 하중 Slit Bolt가 있어 수직에서 4도 Swing이 가능하다.

④ Hanger 지지하중이 정해진 하중에 Setting되어 있으나 수압시험 등 필요시 임의의 위치에 Resetting할 수 있는 Lock 장치가 있다.

⑤ Travel의 점검이 용이하도록 Travel의 수치판 및 Index Plate의 탈착이 가능하며 하중변동량은 이론상 제로이나 실제로는 6% 정도가 가능하다.

(3) Rigid Hanger

Rigid Hanger는 일반적으로 수직방향의 변위가 적은 개소에 사용되지만 고온 배관 또는 기기에 특수한 용도로 많이 사용되고 있다.

사용방법을 알아보면,

① 상온에서 운전되는 배관에 사용한다.

② 비교적 고온이고 긴 수평배관에 사용한다.

③ 대단히 온도가 높은 배관에 Restraint로 사용한다.

④ 고온배관계에서 변위를 제한할 필요가 있는 부위에 Restraint(Stopper, Anchor)을 사용하고 중량지지를 목적으로 하지 않는 경우가 있다. Rigid Hanger는 옥내에 사용될 때는 위에서 메다는 Hanging 형을, 옥외에 사용될 때는 배관을 아래에서 받치는 Rigid Supporting 형을 사용하는 것이 일반적이다.

Section 96 유체기계 등에 사용되는 O-링의 구비조건에 대하여 5가지만 설명

❶ 개요

O-Ring은 일반적으로 설계하는 엔지니어 및 사용자에 의해 대부분 치수가 미리 선정된다. 하지만 수명과 직접 연관된 가장 중요한 홈의 치수, 가공면의 표면조도는 너무 쉽게 간과한다. 오링의 설계를 완벽히 하려면 규격, 압착, 늘림, 내화학성, 압력, 온도, 마찰, 틈새, 표면조도, 오링의 두께, 경도 등 모든 변수를 고려하여야 한다. 따라서 특수고무

한양이 제시한 자료를 상세하게 검토한 후 작업에 임하면 보다 나은 제품이 될 것으로 확신한다. 오링은 공압용 유압용의 구분이 없고 적용조건에 맞는 경도와 재질을 선정함이 옳다.

[그림 8-131] 오링의 종류

2 유체기계 등에 사용되는 O-링의 구비조건에 대하여 5가지만 설명

오링은 압력에 의해 직접적인 영향을 받으며 압력이 증가하면 비틀림이 생기고, 접촉면의 한쪽에 대하여 압착이 형성되며, 홈과 습동면 사이의 틈새가 봉쇄된다. 오링 자신은 고압에 견딜 수 없기 때문에, 압력이 증가하면 홈과 면 사이의 틈새로 밀림 현상, 찢김 현상, 누유 현상, 조기 실패 현상 등이 발생된다. 따라서 압력이 증가할 때 오링의 밀림, 찢김, 누유 현상을 방지하기 위해서 다음과 같다.

① 틈새 치수를 줄인다.
② 오링의 경도를 높인다.
③ 오링의 재질을 바꾼다.
④ 백업링을 사용한다.
⑤ 내구성을 부여한다.

Section 97 증기보일러에서 사용되는 증기축압기(steam accumulator) 중 변압식과 정압식

1 개요

증기축압기(steam accumulator)는 보일러의 연소량 및 증발량을 일정하게 조절해 주며 축열조는 저부하시 및 부하 변동시 과열량을 축열매체인 물에 축적하여 과부하 또는 비상시에 사용할 수 있다.

② 증기보일러에서 사용되는 증기축압기(steam accumulator) 중 변압식과 정압식

증기축압기(steam accumulator) 형식에는 정압식과 변압식이 있으며 변압식 축열조는 보일러 출구 증기계통에 배치되며 과잉증기를 물에 축적하여 두었다가 기내압력을 낮추어 포화증기를 발생시킨다. 따라서 단 시간내 변압식 축열조는 대량증기를 얻는데 적합하다.

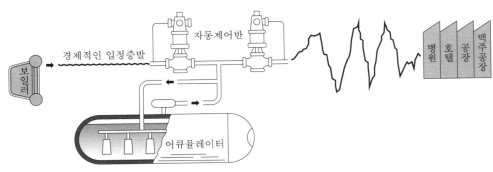

[그림 8-132] 증기축압기(steam accumulator)의 계통도

정압식 증기축압기(steam accumulator)는 보일러 입구측 급수계통에 배치되며 과잉증기 또는 보일러수를 급수로 축열하고 필요에 따라 열수를 보일러에 보내 보일러 증발량의 증가를 도모한다. 따라서 정압식 축열조는 증기압이 일정한 것이 특징이다.

Section 98 **신재생에너지 중 수소의 제조방식**

① 개요

수소제조는 현재, 화석연료를 이용한 수증기 개질 방식이 상용화 되어 있으며 수소는 물의 전기분해로 가장 쉽게 제조할 수 있으나 입력에너지(전기에너지)에 비해 수소 에너지의 경제성이 너무 낮으므로 대체전원 또는 촉매를 이용한 제조기술이 진행 중이며 입력에너지(수소생산)가 출력에너지(수소이용)보다 큰 근본적인 문제가 있다.

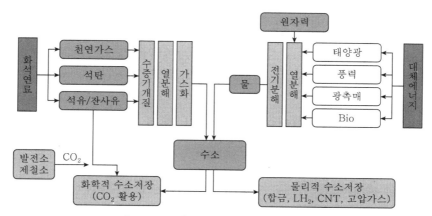

[그림 8-133] 수소에너지 시스템 체계도

2 신재생에너지 중 수소의 제조방식

신재생에너지 중 수소의 제조방식은 다음과 같다.

[표 8-14] 신재생에너지 중 수소의 제조방식

대분류	중분류	기술개발내용
제조	물로부터 수소제조 (세계적으로 연구단계임)	전기분해(태양광, 풍력 등 대체전원이용 등)
		저온열분해(산화물, 유황화합물, 염화물, 불화물, 요드화물 등)
		광촉매(금속산화물, 페롭스카으르, 제올라이트 등)
		바이로(광합성 직·간접, 혐기발효, 과합성 발효 등)
	화석연료료부터 수소제조	수증기개질(상용화 되어 있음)
		플라즈마 개질(반응기, 플랜트 건설) → 미국 상용화
		고온열분해(이론정립, 촉매, 반응기) → 미국 개발단계
	수소정제	고순도 수소 제조(PSA, MH이용 등) → 선진국 기술확립

Section 99

유체기계에서 축봉장치의 필요성 및 종류

1 개요

액체의 누출 혹은 공기의 유입은 펌프 효율을 저하시키며, 동력손실을 초래하며 액체의 누출은 액체 자체의 손실을 유발하고 주변 장치의 손상을 주게 된다.

유체기계에서 패킹의 누출 때문에 교체하는 것은 운전을 중지해야 하므로 손실은 주며 그랜드 패킹의 경우 부적당한 패킹을 사용하면 축의 마모를 가져온다. 따라서 패킹은 베어링과 같이 실제운전에 있어 취급에 가장 주의를 해야하며 패킹의 선정과 운전 중의 취급이 유체기계의 신뢰성을 유지할 수가 있다.

② 유체기계에서 축봉장치의 필요성 및 종류

(1) 필요성

대체로 패킹은 유체기계를 구성하는 중요한 한 요소로 최근에는 유체기계의 취급하는 액의 종류가 대단히 많고, 압력도 높게 되어 패킹의 재질, 구조, 장비 외에 여러 가지가 요구되기 때문에 충분한 검토와 적절한 용도로 사용을 해야 한다. 따라서 패킹은 접합면이나 활동부의 기밀을 유지하고, 액체의 누출을 방지하기 위하여 사용되는 재료 혹은 장치로 필요성이 있다.

(2) 축봉장치의 종류

1) 시이트 패킹(개스킷 패킹)

상호 간의 상대운동이 없는 접합면을 정밀히 사상하여 견고히 체결함으로써 기밀을 유지할 수 있다. 최근에는 고압 보일러 급수펌프의 케이싱의 상하면은 No Packing으로 하는 일이 많은데, 면을 연마하는 데는 많은 경비와 시간을 요하기 때문에 일반펌프의 접합면은 보통 사상하여, 이곳에 패킹을 넣어 면의 불균 등 체결력의 불균일을 보상하고 있다.

2) 그랜드 패킹

축과의 사이에 마찰이 일어나기 때문에 패킹 자체에 자기 윤활성을 가지며 패킹의 표면 및 내부에 유지, 흑연 등을 침투시키는 것이 종종 있다. 이와 같이 하면 마모가 감소하고, 패킹은 간격이 대단히 크기 때문에 내부에 침투한 윤활제는 주로 패킹 내를 관통하여 누출되는 것을 방지하는 데 도움이 된다.

3) 기계적 씰

내장형의 경우는 액체가 회전부와 고정부를 서로 맞닿도록 힘이 작용하고, 외장형의 경우는 이와 반대로 서로 떨어트리는 힘이 작용한다. 외장형은 액의 부식성이 강해 스프링부에 적당한 내식재료를 얻을 수 없는 경우에 적합한데, 액압이 높은 때에는 부적당하며 밀봉을 해야 할 곳은 다음과 같다.
① 회전부와 케이싱 사이
② 회전부와 축(또는 축 슬리브) 사이
③ 회전부와 고정부의 접촉면(활동면) 사이

배관공사 완료 시 플러싱(flushing)작업의 이유와 방식

1 배관공사 완료 시 플러싱(flushing)작업의 이유

오일 플러싱은 각종 유압, 윤활 및 급유장치의 연결배관 및 장치의 설치 또는 조립시 혼입되어 진 용접 슬래그, 스패터, 먼지, 섬유, 주물사 및 기타 이물질을 오일 펌프 플러싱 유니트를 이용하여 오일을 순환시켜 제거함으로써 기기의 고장을 미연에 방지하여 수명연장을 도모하는데 있다.

2 배관공사 완료 시 플러싱(flushing)작업 방식

배관공사 완료 시 플러싱(flushing)작업 방식은 다음과 같다.
① 플러싱 작업 중 최종 배관라인을 점검한다.
② 플러싱 중인 배관에 함마링 작업을 진행한다.
③ 플러싱 유닛의 탱크와 스트레이너 필터, 미크론 필터 하우징 등은 깨끗하게 청소되어 있어야 한다.
④ 플러싱 유닛을 운전하는 작업자는 수시로 오일의 온도와 탱크의 오일 레벨게이지를 확인해야 한다.
⑤ 가장 중요한 또 하나는 플러싱 중에 오일이 돌고 있는 배관에 고무망치 등으로 함마링 작업을 주기적으로 해주어야 한다. 역시 효율적인 이물질 제거에 꼭 필요한 작업이다.
⑥ 함마링 작업은 한 시간에 한 번씩 골고루 모든 배관에 작업해야 하며 작업자는 운전 일지를 만들어서 시간별 점검결과를 보고 해야 한다.
⑦ 함마링 작업보다 더 효율성을 가지는 것은 바이브레이터를 설치하는 방법으로 배관에 직접 바이브레이터를 설치하여 주기적으로 가동하여 효율성을 높인다. 진동의 세기는 플러싱 압력과 비례하여 조정한다.

생활폐기물 소각로에서 각 지점과 제어하는 설비의 명칭 설명

1 개요

쓰레기 소각(-燒却)은 유기물이 포함된 가연성 쓰레기를 연소시켜 처리하는 일련의 과정이며 이러한 처리를 하는 시설을 쓰레기 소각장이라고 한다. 쓰레기가 소각되면 그 부산물로 재, 연소가스, 열이 생성된다. 재는 쓰레기를 구성하는 무기 화합물이 변형된 것으로, 보통 고체 덩어리 또는 미세먼지의 형태로 되어 있다. 연소가스는 순수한 기체 성분으로 되어 있으며, 대기에 퍼져 대기 오염의 원인이 되는 미립자 물질로 구성된다. 또한 쓰레기가 소각되는 과정에서 발생하는 열은 전력 발전의 일환으로 사용되기도 한다. 쓰레기 소각을 이용한 에너지 재생은 열분해, 혐기성 소화 등과 함께 폐기물 에너지 기술의 일환으로 인식되며, 쓰레기 소각으로 인해 생성되는 고온의 열과 가연성의 가스를 이용해 에너지를 발생시킨다는 점에서 가스화와 유사하다.

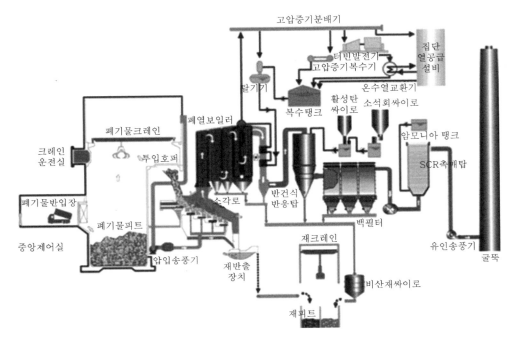

[그림 8-134] 생활폐기물 소각로 흐름도

❷ 생활폐기물 소각로 흐름도

(1) 쓰레기 크레인

폐기물 크레인은 쓰레기를 소각로로 투입하는 설비이며, 반자동 제어방식으로 Over-Head Crane 형식이며 유압구동형 Bucket(포립식)이다.

(2) 계단형 스토커식

소각설비 유압 구동식 스토카형이며 화격자는 건조화격자 연소화격자 후연소화격자로 구성되어 평행 왕복 이동되는 계단형화격자로써 유압구동에 의해 왕복운동을 한다.

(3) 소각로 내부

생활폐기물 소각로는 2회류 연소가스 흐름방식으로 연소가스의 충분한 혼합으로 완전 연소가 가능하며 연소실 천장에 방열판을 설치하여 연소가스의 흐름을 막아 강제로 상하부의 와류 형성하며, 복사열을 최대한 이용할 수 있는 구조로 되어 있다.

(4) 폐열보일러

연소가스 냉각설비로써 소각로에서 발생되는 고온의 연소가스를 회수하여 발전 및 냉난방에 이용하는 설비로 온도를 200℃로 냉각시켜 연소가스 처리설비 등으로 장치를 보호하며 증기터빈, 탈기기, 공기예열기, 복수기 등으로 스팀을 공급한다.

(5) 석탄 주입 설비

다이옥신을 흡착 제거를 위한 활성탄 공급 설비로 활성탄은 블로어 공기압으로 정량장치에 의해 반응탑에 균일하게 분사된다.

(6) 반건식 반응탑

소각로에서 배출되는 유해가스 중 먼지 HCl, SO_x, NO_x, Dioxin등을 제거하는 설비로 소석회가 작은 물방울 상태로 분사되어 그 속에 있는 $Ca(OH)_2$입자가 유해가스와 반응한다.

(7) 백필터

반건식 반응탑에서 반응하여 중금속이 포함된 Mist들이 포집되는 곳으로 백필터 형식은 Pulse Jet Air Filter 방식으로 Venturi에 의한 높은 포집효율과 내부 구동 부분이 없어 고장 발생이 거의 없다.

(8) 선택적 촉매환원설비(Selective Catalystic Reduction System)

소각과정에서 발생된 질소산화물은 NO와 NO_2로 구성되어 있다. 때문에 이 연소가스를 촉매탑을 통과시키면서 암모니아와 반응하여 N_2와 H_2O로 환원 반응을 일으켜 NO_x를 제거하는 설비이다.

(9) 유인송풍기

소각시설의 급배기 설비는 1차 공기 압기 송풍기, 2차 공기 송풍기, 냉각 공기 송풍기, 유인 송풍기로 나누어진다.

(10) 중앙제어실(DCS)

소각장의 제어설비는 최신의 분산제어 시스템설비로 분산 설치된 컴퓨터들의 관리기능을 중앙의 주 컴퓨터로 집중화시켜 자료처리 및 운영관리를 원활히 하고 있다.

(11) 터빈 발전기

폐기물 연소 시 폐열보일러에서 발생되는 증기로 증기터빈을 구동하여 전력을 생산하고 발생된 전력은 소각장 내에서 소요되는 전력을 충당하는 설비로 당 소각장 소요 전력의 70% 이상을 생산한다.

(12) 굴뚝

생활폐기물소각시설의 상징적 이미지이며 높이는 100M로 내부에는 3개(1개는 예정 소각로용)의 굴뚝이 별도로 설치되어있으며 30M 지점에는 오염물질 배출량을 자동 연속 측정장치가 설치되어 있어 그 배출 농도를 실시간으로 감시할 수 있다.

(13) 바닥재처리설비

연소과정이 완료된 노 내의 재는 습식 Conveyor에서 냉각된 후 재 이송 Conveyor로 재 Pit로 이송되며 철편은 분리기를 통하여 별도로 수거한다.

(14) 폐수 처리 설비

소각장 내부에서 발생되는 생활오수 및 용수 생산 시 발생되는 폐수를 처리하는 설비이다.

Section102 원심펌프 진동의 기계적 원인과 방지대책

❶ 개요

기계가 소음을 발생하는 것은 많은 경우 기계의 진동에 기인한다. 기계의 진동은 소리로 대기 중으로 방사, 전파됨과 동시에 기계의 기초를 경유하여 바닥과 벽으로 전파하고, 이것이 이차적인 소음원이 되어 소음을 발생한다. 전자는 대기 전파음, 후자는 고체 전파음이라 칭하고, 이것들은 서로 변환될 수 있다. 유체기계에 있어서는 그 외에 기계 내부와 배관 내에 발생하는 압력 맥동에 의한 유체 전파음도 관 벽을 기진하여 고체 전파음으로 된다.

❷ 원심펌프 진동의 기계적 원인과 방지대책

펌프의 소음 레벨은 펌프의 형식, 회전수 및 동력에 따라서 다르지만, 사양점의 운전 상태에서는 기계로부터 1m에서 80~90dB(A) 정도이고, 일반적으로 디젤기관 보다는 낮고, 전동기와 비교 하여도 동등 또는 그 이하이다. 단, 토출변을 일부 닫은 상태에서의 운전에서는 밸브에서 발생하는 소음이 높게 되는 것에 주의해야 한다. 펌프의 소음으로 는 기계적 원인에 의한 것과 수력적 원인에 의한 것이 있다.

[표 8-15] 원심펌프 진동의 기계적 원인과 방지대책

	발생소음	대책
수력적 원인	(1) 깃통과음, 깃외주부가 케이싱의 볼류트시작부 또는 디퓨저 깃을 통과할 때에 발생하는 압력맥동에 기인한다.	깃의 각도와 압력을 조정한다.
	(2) 캐비테이션에 의한 소음 (3) 회전차 입구의 유속분포가 불균일하여 생기는 소음 (4) 흡입 및 토출수조의 소용돌이 발생에 의한 소음 (5) 서어징에 의한 소음	펌프 계획 시 회피할 수 있다.
기계적 원인	(1) 기계구조부분의 공진에 의해 생기는 소음 (2) 구름베어링의 회전에 의해 생기는 소음 (3) 회전체의 불평형에 의한 진동에 기인하는 소음	공진주파수의 회피 미끄럼베어링의 채용 불평형량의 감소

Section 103 하수처리장 혐기소화가스의 특성과 가스 중 황화수소를 제거하는 기술

1 하수처리장 혐기소화가스의 특성

혐기성 소화과정은 다음과 같다.

(1) 혐기성 소화 관여 미생물

통성 혐기성 세균군(기질분해균, 산생성균), 편성(절대) 혐기성 세균군(메탄균) 등 2종 류의 세균군이다.

(2) 음식물 중 유기물질

탄수화물, 지방, 단백질의 3대 영양소로 나누어진다.
① 제1단계는 탄수화물, 지방, 단백질, 섬유질의 고분자 유기물이 통성 혐기성균에 의해 서 저분자화되면서 저급 지방산인 유기산, 알코올, 이산화탄소, 수소 등을 생성한다.
② 제2단계는 제1단계에서 생성한 유기물질이 편성 혐기성 세균의 작용으로 더욱 분해되 어 메탄, 이산화탄소, 암모니아, 황화수소, 물 등 최종 생성물까지 분해된다.

❷ 하수처리장 가스 중 황화수소를 제거하는 기술

탈황기술(건식, 습식 탈황방법)은 다음과 같다.

혐기성 소화조에서 생성된 바이오 가스는 CH_4가 55~65%, CO_2가 35~45%로 주를 이루며, 1% 이내의 미량가스로 구성되며 미량가스는 NH_3와 H_2S, 기타 휘발성 물질 등으로 이루어져 있다.

이 중 H_2S는 가스배관용 파이프나 기타 사용기기의 부식작용을 초래하는 원인으로 작용하므로 대부분의 혐기성 소화공정은 H_2S 제거시스템을 포함한다.

바이오가스 중 포함된 황화수소 제거방법은 크게 물리적, 화학적, 생물학적 처리방법으로 나눌 수 있으며, 세부적으로는 건식과 습식, 생물학적 처리방법으로 나누어진다.

(1) 황화수소를 제거하는 화학적 방법 중 흡착법

흡착제에 악취물질을 통과시키는 과정에서 악취물질이 흡착제의 공극사이에 흡착되는 특성을 이용하여 악취물질을 제거방법은 장점은 건식 조작으로서 습식조작과 달리 배수나 배액을 처리할 필요가 없으며, 설치비가 비교적 싸고 유지관리가 쉬우며 광범위한 악취가스 제거에 효과적이다. 단점은 활성탄 등의 흡착제 재생문제로서 유지관리비용 및 원활한 흡착제의 주기적인 교체가 필수적이다.

(2) 습식법

수 세정식과 알칼리 세정식, 약액 세정식 등이 있으며 다음과 같다.

1) 수 세정식

지하수나 2차 처리수로 바이오가스를 세정하는 방법으로 건설비는 적으나 다량의 세정수가 발생하며, 황화수소 제거효율도 비교적 낮다.

2) 알칼리 세정식

2~3%의 탄산나트륨(Na_2CO_3) 또는 수산화나트륨 용액과 바이오가스를 접촉시키는 것으로 약품액은 순환 사용가능하며, 일부는 새로운 약품과 교체하며 약품농도의 관리가 필요하지만 황화수소 제거율은 높다.

3) 약액세정식

흡수탑과 재생탑을 결합한 것으로 알칼리 세정 후 약액은 재생탑에서 촉매를 사용하여 황화물을 분리 재생시켜 반복 사용하며 약액세정식은 건설비가 많이드나 황화수소가 고농도이고 바이오가스량이 많은 경우 유지관리비가 싸게 든다.

증발가스처리설비 중 증발가스압축기, 재액화기, 소각탑

1 개요

BOG(Boil Of Gas)를 처리할 수 있는 설비가 필요하며 BOG를 처리하는 방법은 태워 버리는 방법, 바로 송출시킬 수 있도록 처리 방법, 재액화시키는 방법, 연료 가스로 사용하는 방법이 있으며 나열 순으로 비용이 상승하며 연료가스로 사용하는 방법은 태워버리는 과정에서 다량의 CO_2를 발생시키기 때문에 환경이 중요시되는 요즘에는 가급적 최소화하여 이용하는 처리 방법이다.

2 증발가스처리설비 중 증발가스압축기, 재액화기, 소각탑

(1) 증발가스압축기

기체 상태라도 BOG는 압력이 낮아 자체적으로 바로 송출을 할 수가 없기 때문에 송출을 할 수 있는 압력까지 높여야 하고, 이를 위해 압축기를 이용한다. 고압가스 압축기라고 불리는 설비를 이용하여 약 7MPa까지 가압한 후 송출계통으로 보낸다.

(2) 재액화기

선박에서 BOG를 연료로 사용하는 엔진을 100% 가동하더라도 BOG가 남을 수도 있다. 천연가스 생산 기지에서도 마찬가지이며 BOG를 모두 연료 가스로 사용할 수 없으므로 비용이 적게 드는 재액화 방법을 이용한다. 재액화기라 불리는 열교환 장치를 이용해서 기체상태로 변한 천연가스를 LNG로 재액화시키는데, 초저온 상태의 LNG와 BOG를 일정 비율로 섞으면 BOG가 LNG에 열을 뺏겨서 다시 액화가 되는 원리이다.

(3) 소각탑

소각탑을 사용하여 소각하는 방법으로 불을 지펴서 없애버리는 것으로 연소가 잘 일어날 수 있도록 적절한 산소 농도를 유지하게 설비가 구성되어 있다. 그리고 바람에 의한 영향을 최소한으로 하여 완전 연소가 일어나게 하고, 역화 방지를 위한 안전장치도 구축되어 있다.

Section 105 펌프축의 추력 발생원인과 대책

① 개요

원심펌프는 turbo pump 중에서 가장 일반적인 펌프로 diffuser나 와류실(volute chamber)에서 압력에너지로 변환하며 pump 시스템 구성은 흡입관, 송출관, 여과기 (strainer), 역류방지밸브(foot valve), 유량조절밸브(gate valve)로 구성되어 있다.

② 펌프축의 추력 발생원인과 대책

(1) 축추력(Axial thrust)

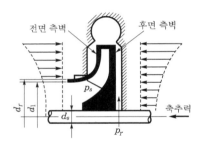

[그림 8-135] 축추력의 역학관계

축추력은 회전차 전면과 후면 shroud에 작용하는 전압력의 차로 인하여 축에 비평형 축방향의 힘이 발생하며 축추력은

$$T = \frac{\pi}{4}\left(d_r^2 - d_s^2\right)(p_r - p_s)$$

여기서, d_r : wearing ring의 지름, d_s : 축의 지름,

p_r : 지름 d_r인 곳에서 후면 shroud에 작용하는 압력, p_s : 흡입압력

Stepanoff 반경류형 회전차는 $p_r - p_s = \dfrac{3}{4}\dfrac{\gamma\left(u_2^2 - u_1^2\right)}{2g}$

(2) 축추력의 방지대책

축추력의 방지대책은 다음과 같다.

① thrust bearing을 사용하여 축직각과 축방향의 추력에 균형을 유지한다.

② 양흡입형 회전차를 사용하여 임펠러에 의한 균형을 유지한다.([그림 8-136] (a))

③ 후면 측벽에 방사상으로 rib을 설치한다.([그림 8-136] (b))

④ 후면 shroud의 hub근처에 구멍(balancing hole)을 내서 작용하는 압력을 낮춘다. ([그림 8-136] (c))

⑤ 다단펌프에서 회전차를 반대방향으로 설치를 한다.([그림 8-136] (d))

⑥ 다단펌프에서 회전차를 모두 같은 방향으로 배치하고 최종단에 평형원판(balance disk)설치를 한다.([그림 8-136] (e))

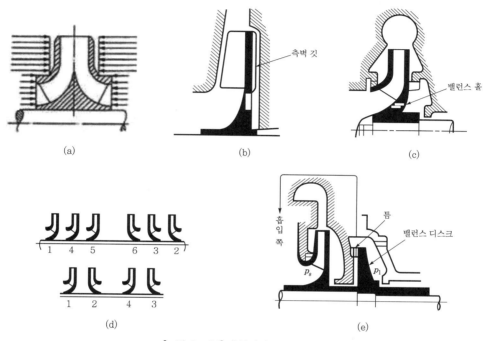

[그림 8-136] 축추력의 방지방법

Section106 쓰레기 소각설비에서 질소산화물 방지대책

❶ 개요

폐기물소각 시, 폐기물의 질소성분이나, 연소공기 중의 질소성분이 고온에서 NO, NO_2로 변환하여 발생하는 질소산화물의 량은 약 100~300ppm내외로 배출된다. 주로 고온으로 소각을 하지 않기 때문에 열적질소산회물(Thermal NOx)는 적으며 대부분 연소성분의 질소 성분이 질소산회물로 생성되어 배출된다. 폐기물소각에서는 NO와 NO_2의 비율은 약 5 : 95 정도이다.

❷ 쓰레기 소각설비에서 질소산화물 방지대책

질소산화물의 종류는 Fuel NO_x, Thermal NO_x, Prompt NO_x 등이 있으며 질소산화물의 제어 및 방지기술은 연소관리, 연소기기 제어 및 배연탈질기술로서 다음과 같다.

(1) 연소관리

과잉공기량 축소는 가연분 산화연소 후 질소반응 공기량을 줄임으로 저감하는 방법(부족시 매연발생)이며 예열공기는 화염의 온도를 높여 열적 질소산화물의 생성을 증가시킨다.

고온연소 부분의 냉각은 고온의 화염부에 2차 냉가공기를 주입하거나, 저온의 연소가스 주입하는 법이다.

(2) 연소장치 개조

다단연소(MSC)는 연소 필요 공기를 다단으로 투입하여 적정 연소시키는 방법(CO 증가 유의)이며 연소가스재순환(FGR)은 저 산소농도의 연소가스를 연소부에 주입하여 연소온도를 낮추는 방법이다.

농염연소(HDC)는 다단연소와 유사한 방법으로 2차 연소 시, 고도로 산소를 주입하여 열적 질소산화물을 저감하며 유동상연소(FBC)는 유동층 하면의 온도를 낮춤으로 질소산화물의 생성을 저감하는 법(석탄연소 적용이다. 저 NO_x버너(LNB)는 다단연소와 FGR이 혼합된 버너를 사용함으로서 저감하는 방법이다.

[표 8-16] 폐기물소각과 배연탈질

	선택적촉매환원법(SCR)	선택적비촉매환원법(SNCR)
공정개요	배기가스와 암모니아를 혼합하여 촉매층을 통과시켜 NO_2를 N_2와 H_2O로 환원분해	요소수나 암모니아수를 연소가스 중에 분사하여 반응시켜 NO_2를 N_2와 H_2O로 환원분해
공정		
특징	• 고효율 및 안정적인 처리 가능 • 고가의 설비 및 유지관리비 • 수분, 황 등에 촉매피독	• 적용온도 영역 난이(950~1,000℃) • 황에 의한 황산암모늄 고온부식 • 저렴한 설치 및 유지관리비

IP 등급(Ingress Protection Code)

1 개요

IP 등급, IP 코드(IP Code), 국제 보호 등급(International Protection Marking), IEC 표준 60529, 방진방수 등급, 방수방진 등급, 인그레스 보호 등급(Ingress Protection Marking)은 전자제품의 외피(인클로저)에 대하여 침범 요소(손과 손가락 등의 신체 일부), 먼지, 돌발적인 접촉, 수분에 대항하여 제공되는 보호 등급을 분류하고 점수를 매긴다. 국제전기기술위원회에 의해 출판되어 있다. 동일한 유럽 표준은 EN 60529이다.

2 IP 등급(Ingress Protection Code)

실제 IP 등급에는 하이픈(–)이 없다. 그러므로 이를테면 IPX–8은 유효하지 않은 IP 등급이다.[1]

아래의 표는 IP 등급의 각 숫자가 나타내는 바를 나타낸 것이다.

IP 표시	고체 입자 보호	액체 인그레스 보호	기계 충격 저항	기타 보호
IP	1자리 숫자: 0-6	1자리 숫자: 0-9	1자리 숫자: 0-9	1자리 문자
필수	필수	필수	더 이상 사용되지 않음	선택사항

SI 단위계에서 사용되는 기본단위 7가지

1 개요

국제단위계(國際單位系, 프랑스어: Système international d'unités, 약칭 SI)는 도량형의 하나로, MKS 단위계(Mètre-Kilogramme-Seconde)이라고도 불린다. 국제단위계는 각 국가별로 상이하게 적용하는 단위를 미터법을 기준으로 현재 세계적으로 일상생활뿐 만 아니라 상업적으로나 과학적으로 널리 쓰이는 도량형이다.

2 SI 단위계에서 사용되는 기본단위 7가지

국제단위계에서는 7개의 기본 단위가 정해져 있다. 이것을 SI 기본 단위(국제단위계 기본 단위)라고 한다.

[표 8-17] SI 기본 단위계

물리량	이름	기호
길이	미터	m
질량	킬로그램	kg
시간	초	s
전류	암페어	A
온도	켈빈	K
물질량	몰	mol
광도	칸델라	cd

Section 109 · PAUT(Phased Array Ultra Sonic Test)의 국내 도입현황과 RT(Radiographic Test) 대비 장단점

1 개요

위상배열 초음파검사법(PAUT, Phased Array Ultrasonic Testing) 도입 절차 중 하나로 검사결과의 신뢰성을 주며 위상배열 초음파시험(PAUT, Phased Array Ultrasonic Testing)은 여러 진폭을 갖는 초음파를 물체에 투과해 2차원 열상을 실시간으로 제공하는 검사 기법이다.

2 PAUT(Phased Array Ultra Sonic Test)의 국내 도입현황과 RT(Radiographic Test) 대비 장단점

일본 후쿠시마 원전사태 이후 방사선 피폭에 대한 사회적 우려에 따라 대국민 안전 강화 및 비정상의 정상화 과제의 일환으로 방사선 투과시험방법으로 시행되고 있는 지역난방 열수송관 용접이음부 검사에 대한 제도개선을 추진 중이었다.

방사선 피해로부터 국민안전 보호를 위해 지역난방 열수송관 비파괴시험에 도입을 추진 중인 위상배열 초음파시험(PAUT) 검사의 신뢰성 검증한다.

방사선투과시험(RT, Radiographic Testing)은 비파괴검사의 일종으로 방사선(x선, γ선 등)을 물체에 방사한 후 투과된 상(像)에 의해 용접부위의 결함 유무를 검사하는 시험이다.

방사선투과시험과 위상배열 초음파시험은 각기 장단점을 갖고 있는 검사로 방사선투과시험은 필림영상을 결과물로 제공하며, 국내 확립된 기술규격이 존재한다는 점과 다수의 기술인력을 두고 있다는 장점이 있지만 위상배열 초음파시험은 2차원 영상컴퓨터 파일을 제공하는 방식으로 방사선 누출 위험의 원천차단과 RT검사시간 대비 약 10%의 빠른 검사시간이 장점이다. 또 RT검사 비용에 비해 75% 저렴한 검사비용이 소요된다는 점이 장점이다.

다양한 각도의 초음파 신호를 동시에 발생시켜 검출 신뢰도를 높인 PAUT는 방사선투과시험 만큼 검사 성능이 뛰어나고 검사시간도 대폭 단축돼 도심지 굴착공사에 적합한 검사기법이라고 평가하고 있다. 특히 PAUT 검사기법은 초음파를 이용하기 때문에 방사선투과시험 대비 안전성 측면에서도 크게 개선될 것으로 기대된다.

Section110 유도전동기 회전수 제어 방식 중 인버터(Inverter) 제어의 원리

① 개요

전기적으로는 DC(직류)를 AC(교류)로 변환하는 역변환 장치이지만 일반적으로는 AC 전원의 전압 및 주파수를 제어하기 위한 전력변환장치를 통칭한다. 주파수만이 아닌 전압도 가변시키기 때문에 VVVF(Variable Voltage variable Frequency : 가변전압 가변주파수)라고도 한다. 기본 원리는 상용 교류전원으로부터 공급된 전력을 입력받아 직류전원으로 변환시킨 후, 다시 임의의 주파수와 전압을 교류로 변환시켜 전동기에 공급함으로써 전동기 속도를 고효율로 제어하게 하는 것이다.

② 인버터 적용 시 장점

① 가격이 싸고 보수가 용이한 농형 유도전동기로 가변속 운전이 된다.
② 전동기, 부하기계 구동계통의 개조가 불필요 하며 기계의 기능을 향상시킨다.
③ 연속적인 광범위 가변속 운전이 가능하다.
④ 유도 전동기의 제어로 브러쉬, 슬립링 등의 필요 없이 보수성과 내환경성이 우수하다.
⑤ 임의 가감속 시간의 조정이 되고, 장시간에 걸쳐 가감속 운전이 쉽다.
⑥ 시동전류가 저하된다.
⑦ 전기적 제동이 용이하다.(회생제동, 직류제동)

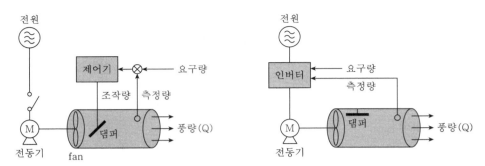

[그림 8-137] 공조에 적용한 인버터제어

❸ 유도전동기 회전수 제어 방식 중 인버터(Inverter) 제어의 원리

인버터의 구성은 상용 AC전원을 DC전원으로 변환하는 컨버터(converter)부분과 DC전원을 재단하여 전압 및 주파수가 변화된 AC전원으로 변환하는 인버터(inverter)부분으로 복잡하게 형성되어 있으나 간단히 인버터(inverter)라 호칭하며 적용과 제어의 원리는 [그림 8-137]과 [그림 8-138]과 같다.

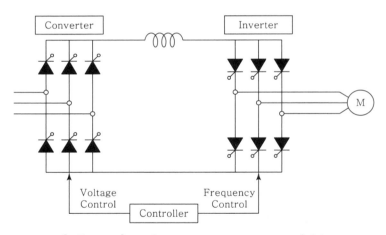

[그림 8-138] PAM(Pulse Ammplitude Modulation)제어

수력발전소에서 흡출관(Draft tube)의 기능과 흡출관 효율

1 개요

수차의 회전차에 유출된 후에도 물이 가지는 유효낙차의 수두는 펠톤수차는 1~4%, 프란시스수차는 4~25%, 프로펠러수차는 20~25%이다. 흡출관(draft tube)은 회전차에서 나온 물이 가지는 속도수두와 회전차와 방수면 사이의 낙차를 유효하게 이용하기 위하여 회전차 출구와 방수면 사이에 설치를 한다.

2 수력발전소에서 흡출관(Draft tube)의 기능과 흡출관 효율

흡출관(Draft tube)은 낙차를 유효하게 이용하기 위하여 회전차 출구와 방수면 사이에 설치를 하며 에너지방정식은 다음과 같다.

$$\frac{p_3}{\gamma} + \frac{v_3^2}{2g} + H_s = \frac{p_a}{\gamma} + \frac{v_4^2}{2g} + h_l$$

여기서, H_s : 흡출관의 높이, $v_4^2/2g$: 흡출관 출구로 폐기되는 에너지, h_l : 흡출관 손실수두

회전차출구의 압력수두는 $\dfrac{p_3}{\gamma} = \dfrac{p_a}{\gamma} - H_s - \dfrac{1}{2g}\left(v_3^2 - v_4^2\right) + h_l$

흡출관 효율 $\eta_d = \dfrac{\left(v_3^2 - v_4^2\right)/2g - h_l}{\left(v_3^2 - v_4^2\right)/2g} = 1 - \dfrac{h_l}{\left(v_3^2 - v_4^2\right)/2g}$

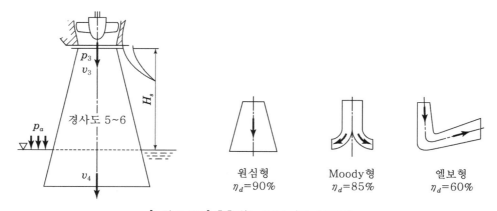

[그림 8-139] 흡출관(Draft tube)과 효율관계

Section 112 통풍계통에 설치하는 PAF(Primary Air Fan), FDF(Forced Draft Fan), IDF(Induced Draft Fan)의 기능과 형식

1 개요

화력 발전 시스템에서 전기는 보일러에서 생성된 증기가 터빈을 회전시키고 터빈에 붙어 있는 발전기가 회전하면서 발생하게 된다. 전기를 돌려주는 매체는 터빈의 증기로써 증기를 만드는데 필요한 것은 물, 연료, 공기이다. 공기는 연소용과 연료 이송용 공기가 있는데 연료와 함께 보일러 내부에서 연소되면서 계통수인 물을 증기로 만드는데 사용된다. 보일러에서 공기의 흐름을 보면 연소용 공기를 흡입하는 압입송풍기(FDF)와 석탄을 이송하는 1차 공기 송풍기(PAF)에 의해 보일러에서 연소된 후 연소가스를 배출시키는 유인송풍기(IDF)를 통하여 연돌로 보내진다.

2 통풍계통에 설치하는 PAF(Primary Air Fan), FDF(Forced Draft Fan), IDF(Induced Draft Fan)의 기능과 형식

(1) 일차송풍기(Primary Air Fan ; PAF)

미분기 내부 석탄 건조, 미분탄 이송 및 노 내로 분사를 하며 PAF는 석탄가루에 1차 공기를 불어넣어 마치 황사바람처럼 뒤섞여 보일러 석탄버너로 공급되는 것이다. PAF에서 나오는 1차공기도 보일러 효율향상을 위해 2차 공기처럼 GAH를 거치면서 가열된다. 이때 1차 공기는 석탄가루와 직접 접촉하는데 1차 공기 온도가 너무 높으면 석탄가루가 보일러로 공급되기도 전에 자연발화 될 수도 있기 때문에 PAF에서 나온 1차 공기는 통로가 2개로 분기되어 하나는 GAH를 거쳐 약 300℃ 뜨거운 1차 공기가 되어 Hot Primary Duct로 다른 하나는 GAH를 거치지 않는 대기온도 수준의 차가운 1차 공기로 Cold Primary Duct를 통해 흐르다가 미분기에 공급되기 전에 Cold와 Hot의 양을 조절하는 Damper들을 거치게 된다.

(2) 압입송풍기(Forced Draft Fan ; FDF)

대기에서 연소용 공기를 흡입하여 노로 공급하며, 즉 산소, 공기량을 맞춰주기 위해 대기 중의 공기를 흡입, 보일러에 공급하는 설비가 FDF이다. 보일러에 필요한 공기량의 약 50%를 담당할 수 있는 용량으로 총 2대가 예비기 없이 설치되어 있고 FDF이 보일러로 공급하는 공기를 2차 공기(Second Air)라고 부르고 2차 공기는 FDF에서 보일러로 공급되기 전에 통풍계통 상에 있는 SCAH, GAH, Wind Box 등 설비들을 차례로 거치게 되지만 일부는 Common Duct 를 통해 빠져나와 SCAF, 보일러 관측창, GAH 밀봉 공기로 보내지기도 한다.

(3) 유인송풍기(Induced Draft Fan ; IDF)

연소가스를 노 내부에서 흡입하여 대기로 배출하며 배기가스중의 아황산가스 계열 물질을 제거하기 위해 비상댐퍼를 통해 굴뚝으로 배출하는 발전소에서 가장 거대한 송풍기다.

Section113 비가역 단열변화

1 개요

비가역과정(퇴화과정)의 퇴화 정도는 과정에 따라 달라지며, 어떤 과정에서의 퇴화의 정도(비가역도)를 정량적으로 나타낼 수 있는 척도가 엔트로피이다.

2 비가역 단열변화

일과 열의 상태변화과정에서 Q/T의 양은 비가역적인 척도로 엔트로피(S)가 증가하며 따라서 어떤 계가 일정한 온도 T에서 Q의 열을 흡수하는 자발적인 과정에서 계의 엔트로피증가 ΔS는

$$\Delta S = \frac{Q}{T}$$

[그림 8-140]은 무게추가 일을 하면 열저장체의 온도가 상승하고 일과 열의 상태변화는 비가역적이다.

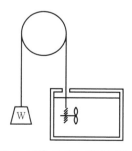

[그림 8-140] 무게추 열저장체의 계

Section 114 피토관

1 개요

흐르고 있는 유체 내부에 설치하여 그 유체의 속도를 알아내는 장치이다. 1728년 프랑스의 물리학자 피토가 발명하여 그의 이름을 붙였다. 넓은 곳을 흐르던 유체가 좁은 피토관에 들어가면 압력이 높아진다. 따라서 피토관 내/외부에는 유체의 압력차이가 생긴다.

2 피토관

베르누이의 정리에 따라 이 압력차는 유체속도의 제곱과 비례하기 때문에 유체의 속도를 구할 수 있다. 식은 다음과 같다.

$$\Delta p = \frac{1}{2}\rho v^2$$

여기서, Δp : 압력차, ρ : 유체밀도, v : 유체속도

여기서 피토관의 모양에 따라 보정계수 K를 곱해 주기도 한다.

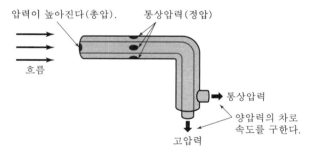

[그림 8-141] 피토관의 원리

Section115 냉매의 구비 조건

① 개요

　　냉매는 냉동효과를 얻기 위해 냉동사이클 내를 순환하는 동작유체로 냉동장치의 냉동사이클에 사용되는 증발하기 쉬운 액체를 말하며, 저온부의 열을 고온부로 운반하는 작용을 하며 대표적인 종류는 다음과 같다.

(1) 암모니아 냉매

　　오래전부터 사용되어 왔고, 제빙, 냉동용은 거의 이 냉매를 사용하고 있지만, 독성, 연소성의 결점을 갖고 있기 때문에 근래에는 공중이 많이 모이는 장소에는 사용되지 않고 있다. 가격이 싸고 효율이 우수한 냉매이다.

(2) 프레온 냉매

　　암모니아보다는 안전하지만, 가격이 비싸고, 윤활유를 잘 녹이며, 수분에 용해되고 혼합하면 부식성이 강하게 되는 결점이 있다. 최근에는 프레온계의 가스가 지구의 오존층을 파괴시키는 등 환경파괴의 주요 인자로 확인되어 앞으로 사용이 규제된다. R-12는 가장 일반적인 냉매로서 압력은 중립이고 가정용 냉동기에서부터 대형 왕복식 압축기에 이르기까지 사용된다.

(3) 물 냉매

　　비열이 크고, 열운반 능력이 좋으며 0℃ 이하에서는 동결하여 사용할 수 없고 일반 냉방에 사용된다.

② 냉매의 구비조건

　　냉매의 구비조건은 다음과 같다.
① 온도가 낮아도 대기압 압력 이상으로 증발, 기화할 것
② 상온에서 비교적 낮은 압력으로 응축, 액화할 것
③ 부식성, 폭발성, 인화성, 악취 등이 없을 것
④ 인체에 무해할 것
⑤ 증발잠열이 크고 냉동작용에 저해가 되지 않을 것
⑥ 임계온도가 높을 것
⑦ 누설의 발견이 용이할 것

Section116 석유화학 플랜트에서 최첨단 환경관리시스템을 구축하기 위한 설비 및 시설을 수질, 대기, 폐기물로 구분하여 설명

1 개요

최첨단 환경관리시스템은 종전의 대기 · 수질 · 토양 · 폐기물 등 환경 매체별로 관리하던 방식을 하나로 통합하여 저비용 · 고효율의 최적기술을 적용하여 오염물질의 배출을 최소 · 최적화하는 환경관리시스템이다.

2 석유화학 플랜트에서 최첨단 환경관리시스템을 구축하기 위한 설비 및 시설을 수질, 대기, 폐기물로 구분하여 설명

석유화학 플랜트에서 최첨단 환경관리시스템을 구축하기 위한 설비 및 시설은 적용하는 시설에 따라 다르겠지만 신뢰성 있는 데이터를 획득하고 분석하여 개선하는 것에 목적이 있어야 한다.

(1) 수질

관련 기관 및 목적에 따라 분절적으로 조사수집되고 있는 수환경 정보의 효율적 수집, 관리, 공유를 위한 수환경 통합정보 빅데이터 플랫폼 구축이 필요하다. 효율적인 수환경 관리를 위해 정부, 지자체, 학계, 주민 간의 유기적 협력이 요구되며, 이를 위해 기술적 지원 및 정보의 통합적 관리가 요구된다.

(2) 대기

인구밀집지역을 중심으로 보급형 센서에 기반한 고해상도 대기질을 계측하여 인프라를 구축하고, 빅데이터 및 수치예보 결과와 머신러닝 기술을 접목한 인공지능 대기질 예측시스템을 실용화하고 또한 실시간으로 수집된 대용량의 데이터를 국가측정망 자료와 연계하여 활용한다.

(3) 폐기물

최근 세계적으로 제품 설계단계부터 재활용을 고려, 자원을 지속 활용하는 순환경제로 전환을 추진하고 있고, 국내에는 IoT를 이용한 폐기물 수거시스템, 로봇 이용 폐기물 선별 등 다양한 모델들의 시범운영하여 진행한다.

절대압력, 게이지압력, 진공압력

1 개요

미소입자(미소면적)에 작용되는 힘의 세기를 압력으로 정의한다. 즉, 밀폐된 공간에서 단위면적당에 작용하는 힘의 세기를 의미하며 유체에 작용하는 힘의 종류는 다음과 같다.
① 체적력 : 중력, 전·자기력, 원심력(내력)에 의한 힘
② 표면력 : 압력(외력)에 의한 힘

2 압력의 분류

(1) 평균 압력(p)

$$p = \frac{F}{A}$$

(단위 : kgf/cm^2, $N/m^2 = Pa$, kgf/m^2, lb/in^2, $dyne/cm^2$, $mmHg$, mAq, bar, $mbar$, HPa)

(2) 전압력(P)

$$P = F = p \cdot A$$

(3) 표준 대기압(standard atmosphere pressure)

P_{atm} (바다 수면 위의 대기압력)

$1atm = 760mmHg = 1.0332kgf/cm^2 = 10.332mAq$(물기둥)

$\qquad = 1013.25mbar = 101,325Pa = 1013.25Hpa = 1.01325bar$

(단, $1bar = 10^5Pa$, $1bar = 10^3mbar$, $1Hba = 10^2Pa$, $1Pa = 1N/m^2$)

(4) 절대 압력(absolute pressure) : P_{abs}

완전 진공을 기준으로 측정한 압력을 말한다. 따라서 완전 진공의 절대압력은 0(zero)이다.

(5) 게이지 압력(gauge pressure) : $P_{gage} = P_g$

국소 대기압을 기준으로 측정한 압력(계기상의 압력)
※ 국소 대기압 : 대기의 온도, 습도, 고도에 따라 다르게 나타난 대기압(P_0)

※ 절대압(P_{abs})＝국소 대기압＋ 게이지압 : ($P_{abs} = P_0 + P_g$)

＝국소 대기압－ 진공압(부게이지압) : ($P_{abs} = P_0 - P_v$)

Section118 진공펌프를 압축기와 비교했을 때 차이점

❶ 개요

진공(Vacuum)이란 대기압보다 낮은 압력으로 기체가 채워져 있는 공간을 의미하며 진공펌프는 대기압 이하의 압력을 생성하는 역할을 하며 압축기는 대기압 이상의 압력을 생성하는 장치로 게이지압력을 유지한다.

❷ 진공펌프를 압축기와 비교했을 때 차이점

진공 펌프는 시스템 내부의 공기를 펌핑하여 회전축으로 공급되는 기계적 에너지를 압력 에너지로 변환하여 내부 압력 수준은 외부 대기압 수준보다 낮게 한다.

① 진공 펌프의 경우 생성된 압력과 대기압의 차이는 절대 진공 상태에서 760mmHg를 초과할 수 없다.
② 절대압력 변화뿐만 아니라 각 흡기 행정 동안 진공 펌프에 공급되는 공기 질량은 진공 레벨이 증가함에 따라 감소한다.
③ 고진공 레벨에서는 펌프를 통과하는 공기의 양이 현저히 줄어든다.
④ 펌프 작동 중에 발생하는 거의 모든 열은 펌프에서 흡수되어 방출되므로 열 제거의 문제가 없다.
⑤ 압축기의 실린더 지름은 고압일수록 적으나 진공 펌프는 동일 직경이다.
⑥ 압력차가 적기 때문에 밸브나 통로의 저항이 적어진다.

Section119 열역학 제2법칙과 관련된 Clausius와 Kelvin-Plank의 표현

❶ 개요

열역학 제2법칙은 자연현상의 방향성 제시, 열과 일의 방향성, 비가역 과정을 설명하며 엔트로피 증가 원리의 법칙이다.

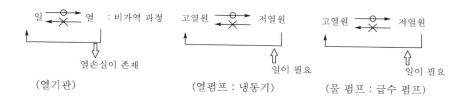

일 →✕→ 열 : 비가역 과정	고열원 →✕→ 저열원	고열원 →✕→ 저열원
열손실이 존재	일이 필요	일이 필요
(열기관)	(열펌프 : 냉동기)	(물 펌프 : 급수 펌프)

엔트로피는 비가역성의 척도 혹은 불확실성의 척도로서 다음과 같다.

(1) **엔트로피** : $S = K \log A$

(2) **엔트로피 변화량** : $\Delta S = \dfrac{\Delta Q}{T}$

　가역과정 : $\Delta S = 0 \rightarrow \oint \dfrac{dQ}{T} = 0$

　비가역 과정 : $\Delta S > 0 \rightarrow \oint \dfrac{dQ}{T} > 0$

❷ 열역학 제2법칙과 관련된 Clausius와 Kelvin-Plank의 표현

열역학 제2법칙에서 Clausius와 Kelvin-Plank의 표현은 다음과 같다.

(1) **켈빈-플랑크(Kelvin-Plank)의 표현**

① 단일 열저장소로부터 열을 받아서 아무런 변화 없이 일을 행하며 사이클(cycle)로 작동되는 장치(열기관)를 만드는 것은 불가능하다.

$$Q \neq W \rightarrow \eta_{th} = \frac{W}{Q_H} < 100\%$$

② 열효율이 100%인 열기관은 존재할 수 없다.

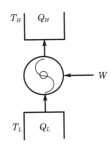

③ 고열원의 온도에서 저열원의 온도로 열을 이동시키지 않으면 열을 일로 바꿀 수 없다.

(2) 클라우지우스(Clausius) 표현

$$T_H > T_L, \quad W \neq 0, \quad \therefore \beta = \frac{Q_L}{W} < \infty$$

① 주변으로부터 아무런 변화 없이 저열원의 온도에서 고열원의 온도로 열을 이동시키는 것은 불가능하다.
② 자기 스스로 저열원으로부터 고열원으로 열을 전달할 수 없다(주변으로부터 어떤 변화가 있으면 가능).
③ 성능계수가 무한대인 냉동기는 제작할 수가 없다.

Section120 펌프 사용 시 고려하는 유효흡입수두에 영향을 주는 요소

① 개요

펌프가 설치되어 사용될 때 펌프 그 자체와는 무관하게 흡입측의 배관 또는 System에 따라서 정해지는 값으로 펌프 흡입구 중심까지 유입되어 들어오는 액체에 외부로부터 주어지는 압력을 절대압력으로 나타낸 값에서 그 온도에서의 액체의 포화 증기압을 뺀 것을 유효 $NPSH$라 한다.

② 펌프 사용 시 고려하는 유효흡입수두에 영향을 주는 요소

(1) $NPSH_{av}$의 계산식

$$NPSH_{av} = h_{av} = \frac{P_s}{\gamma} - \frac{P_v}{\gamma} \pm h_s - f\frac{v_s^2}{2g}$$

여기서, h_{av} : 유효흡입 헤드(m), P_s : 흡수면에 작용하는 압력(kgf/m²abs)

P_v : 사용온도에서의 액체의 포화 증기압(kgf/m²abs)

: 사용온도에서의 단위체적당의 중량(kgf/m³)

h_s : 흡수면에서 펌프기준면까지 높이(m)(흡상되면 음(−), 가압되면(+))

$f\dfrac{v_s^2}{2g}$: 흡입측배관에서의 총손실 수두(m)

식에 의하면 $NPSH_{av}$은 h_s가 일정하다고 가정하면 토출량이 증가하거나, 흡입측의 배관 길이가 길어지는 만큼 작아져서 캐비테이션에 대한 위험도가 높아진다.

(2) 유효 흡입수두에 영향을 주는 요소

유효 흡입수두는 대기압(수면에 작용하는 압력), 포화증기압, 흡입양정에 따라 정해지나 이 값들은 여러 가지 영향을 받아 다양하게 변하므로 주의하여야 한다.

① **양액의 온도** : 수온에 따라 액체의 포화증기압이 변하므로 유효 흡입수두는 변한다. 특히 고온인 경우에는 양액의 온도가 대단히 높아지므로 주의하여야 한다.

② **액질** : 취급액에 따라 포화증기압이 변하므로 특수액을 취급하는 경우는 이 값에 따라 유효 흡입수두를 정한다.

③ **흡수면에 작용하는 압력** : 유효 흡입수두에 직접 영향을 준다. 흡수면이 밀폐 탱크 내에 있을 때는 대기압 대신에 탱크내의 수면에 작용하는 압력을 쓴다.

또한 대기압 및 포화온도는 펌프가 설치되어 있는 고도에 따라서 변하게 되므로 유의하여야 한다.

유체의 직관부와 곡관부의 마찰손실수두과 무디선도

① 개요

단면적이 일정한 곧은 관에서의 손실은 규칙성을 가지지만 단면적의 변화로 인한 부차적 손실(Minor Loss)은 관로의 단면적 변화로 관의 입구와 출구, 밸브, 이음부분, 곡관, 점차확대 또는 축소부분과 급격한 확대 또는 축소부분 등이 있다. 부차적 손실은 일반적으로 두 가지 형태로 나타내고 있다.

② 유체의 직관부와 곡관부의 마찰손실수두과 무디선도

관의 관 마찰에 의한 손실 이외에 밴드(bend), 엘보(elbow), 단면적의 변화부, 밸브 및 관에 부착된 부품에 의한 부가적인 저항손실을 말한다.

(1) 관의 상당길이(le)

부차적 손실을 동일 손실수두를 갖는 관의 길이로 나타낸다.

$$h_L = f\frac{l_e}{d}\frac{V^2}{2g} \quad \cdots\cdots\cdots\cdots\cdots\cdots\cdots\cdots\cdots\cdots\cdots\cdots\cdots\cdots ①$$

$$h_L = K\frac{V^2}{2g} \quad \cdots\cdots\cdots\cdots\cdots\cdots\cdots\cdots\cdots\cdots\cdots\cdots\cdots\cdots\cdots\cdots\cdots\cdots\cdots\cdots ②$$

여기서 K는 부차적 손실 계수

식 ①과 식 ②를 같게 놓고 l_e를 찾으면

$$f\frac{l_e}{d} = K, \quad \therefore\ l_e = K\frac{d}{f}\,(\text{관의 상당길이})$$

(2) 돌연 확대관에서의 손실

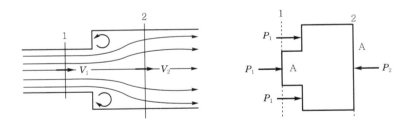

1) 운동량 방정식의 적용

$$\sum F_x = \rho Q\,(V_2 - V_1) \rightarrow p_1 A - p_2 A = \rho A\,V_2\,(V_2 - V_1)$$

$$\therefore\ p_1 - p_2 = \rho V_2\,(V_2 - V_1) \quad \cdots\cdots\cdots\cdots\cdots\cdots\cdots\cdots\cdots\cdots\cdots\cdots ③$$

2) 베르누이 방정식의 적용

$$\frac{p_1}{\gamma} + \frac{V_1{}^2}{2g} + z_1 = \frac{p_2}{\gamma} + \frac{V_2{}^2}{2g} + z_2 + h_L$$

$$h_L = \frac{p_1 - p_2}{\gamma} + \frac{V_1{}^2 - V_2{}^2}{2g} \quad \text{..} \quad ④$$

식 ④에 식 ③을 대입하면,

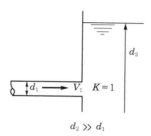

$$d_2 \gg d_1$$

$$h_L = \frac{\rho V_2 (V_2 - V_1)}{\rho g} + \frac{V_1{}^2 - V_2{}^2}{2g} \quad \text{..} \quad ⑤$$

따라서 손실수두 h_L는

$$\therefore h_L = \frac{(V_2 - V_1)^2}{2g} = \frac{(V_1 - V_2)^2}{2g} = \frac{V_1{}^2}{2g}\left(1 - \frac{V_2}{V_1}\right)^2$$

$$= \frac{V_1{}^2}{2g}\left(1 - \frac{A_1}{A_2}\right) = \frac{V_1{}^2}{2g}\left\{1 - \left(\frac{d_1}{d_2}\right)^2\right\}^2 = K\frac{V_1{}^2}{2g} \quad \text{.....................} \quad ⑥$$

그러므로 손실계수 K는

$$K = \left\{1 - \left(\frac{d_1}{d_2}\right)^2\right\}^2 \quad d_2 \gg d_1 \text{이면} \to K = 1\,(\text{그림참조})$$

(3) 돌연 축소관에서의 손실

$$\text{손실수두} : h_L = \frac{(V_0 - V_2)^2}{2g} \quad \text{..} \quad ⑦$$

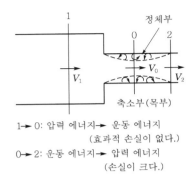

1→ 0: 압력 에너지→ 운동 에너지
(효과적 손실이 없다.)
0→ 2: 운동 에너지→ 압력 에너지
(손실이 크다.)

식 ⑦에 다음의 결과를 대입한다. 즉,

$$A_0 V_0 = A_2 V_2 \ \rightarrow \ V_0 = \frac{A_2}{A_0} V_2 = \frac{1}{C_c} V_2 \ \cdots\cdots\cdots\cdots\cdots\cdots\cdots\cdots\cdots ⑧$$

여기서, $C_c = \dfrac{A_0}{A_2}$: 수축계수

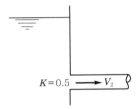

$$\therefore \ h_L = \frac{1}{2g}\left(\frac{1}{C_c} V_2 - V_2\right)^2 = \frac{V_2{}^2}{2g}\left(\frac{1}{C_c} - 1\right)^2 = K\frac{V_2{}^2}{2g} \ \cdots\cdots\cdots\cdots ⑨$$

손실계수는 : $K = \left(\dfrac{1}{C_c} - 1\right)^2$ $\cdots\cdots\cdots\cdots\cdots\cdots\cdots ⑩$

(4) 무디선도

마찰계수(friction factor)는 유동의 특성에 따라서 레이놀즈수와 상대조도의 함수이며 이때 상대조도는 파이프의 거칠기와 내경의 비로 정의된다. 1944년 무디(Moody)는 이러한 관계를 하나의 차트로 나타내어 손쉽게 friction factor를 구할 수 있도록 정리하였다.

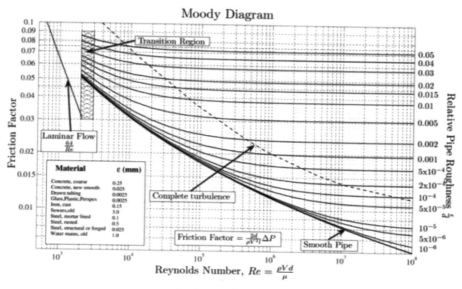

[그림 8-142] 무디선도

펌프 운전 시 2대 이상의 펌프를 직렬과 병렬로 할 때 연결 방법과 운전특성

1 직렬운전

직렬운전은 원리상으로 다단펌프를 운전하는 경우와 같으므로 유량은 같으나 양정이 증가하게 된다. 원칙적으로 동일 구경이어야 하지만 성능이 다른 펌프의 경우에도 운전이 가능하다.

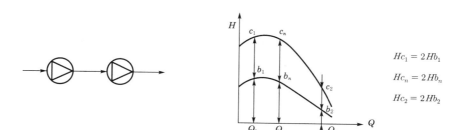

[그림 8-143] 직렬운전펌프의 배치도

[그림 8-144] 동일 성능펌프의 직렬운전

❷ 병렬운전

양정은 같으나 유량이 증가한다. 동일 구경이 아니어도 가능하면 성능이 다른 펌프도
가능하다.

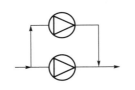

[그림 8-145] 병렬운전펌프의 배치도

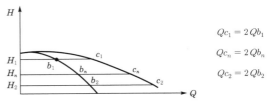

[그림 8-146] 동일 성능펌프의 병렬운전

❸ 성능이 다른 펌프의 병렬운전

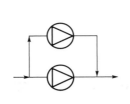

[그림 8-147] 병렬운전펌프의 배치도

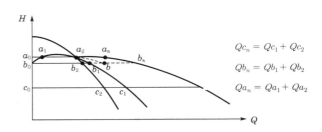

[그림 8-148] 성능이 다른 펌프의 병렬운전

(1) 문제점

① 두 개의 양정곡선을 합성할 때 체결점에서 두 개의 양정곡선이 만나기 전까지는 저양
정의 펌프는 송출할 수가 없고, 체크밸브나 풋밸브가 없으면 역류하게 된다.

② 저양정펌프는 점 a_1에서 처음으로 송출하게 되며, 이에 상응하는 고양정펌프는 a_2점
이므로 합성유량은 a_n에 상당한다. 유량이 더 증가하여 b_2점에 도달하면 합성유량은
b_n점에 상당한다. 여기서, 합성유량 a_n, b_n은 저양정펌프가 a_1, b_1선상을 운전할 때
이지만 고양정펌프는 동일 송출수두를 만족하는 a_1, b_0로 운전할 수도 있다. 따라서
합성운전은 점선과 같이 a_1, b_0점에 상응하는 점을 따라 b_n, b_1, a_1, a_n, b_n을 따라
운전하게 된다.

(2) 해결책

① 양정의 차에 의해서 고양정의 펌프유량이 저양정의 펌프로 역류되므로 펌프 후단에 체크밸브나 풋밸브를 설치하여 역류를 막는다.

② 펌프의 성능곡선이 우상향곡선을 가질 때 일어나므로 모두 우향 하강곡선으로 바꾸면 해결할 수 있다.

Section123 송풍기의 풍량 제어방법

1 개요

송풍기는 전동기의 기계적 에너지를 이용해 유체를 내부로 흡입한 후 유체에 에너지를 공급하여 압력을 점핑시키는 장치로 국소배기 시스템에 걸리는 각종 압력손실을 극복하고 필요한 유량을 배기시키기 위한 동력원이다. 송풍기의 풍량 조절방법은 크게 2가지로 시스템 부하커브를 조절하는 방법과 팬 커브를 조절하는 방법으로 구분된다.

2 송풍기의 풍량 제어방법

시스템 부하커브를 조절하는 방법으로는 댐퍼제어(damper control)와 바이패스제어(by-pass control)가 있다. 팬 커브를 조절하는 방법으로는 속도제어(speed control), 흡입베인제어(inlet vane control), 블레이드 피치제어(blade pitch control)가 있다.

(1) 댐퍼제어

시스템부하커브를 조절하는 방식으로 송풍기 토출측 덕트 내부에 댐퍼를 설치하여 조절함으로써 풍량을 조절하는 방법이다. 즉, 공기조화기와 덕트 사이에 댐퍼를 설치하여 풍량을 조절하는 가장 간단한 방법이다.

(2) 바이패스제어

시스템 커브를 조절하는 방식인 바이패스제어는 송풍기 토출측에서 흡입측으로 바이패스 덕트를 설치하고, 그 내부에 풍량조절용 바이패스 댐퍼를 달아 이를 조절하여 토출공기 중의 일부를 흡입측으로 바이패스함으로써 풍량을 조절하는 방법이다.

(3) 속도제어

송풍기의 회전수를 변화시켜 풍량을 변화시키므로 덕트 내의 정압을 설정치 내로 유지시키며, VAV 유닛의 작동을 원활하게 한다. 가변전압가변주파수(VVVF : Variable Voltage Variable Frequency)를 사용하는 방법으로 일명 인버터라고도 하며 그 특징은 다음과 같다.

① 일반 범용 교류전동기에 인버터를 설치하여 적용한다.

② 에너지 절약과 자동화가 용이하며, 효율이 높고 고속운전에 용이하다.

③ 소용량 전동기에서 대용량 전동기까지 적용이 가능하다.

④ 송풍기의 운전이 안정된다.

⑤ 설비비가 고가이다.

⑥ 전원에 대한 고주파의 영향으로 전자노이즈 발생으로 전자통신기기에 장애를 주는 경우도 있으므로 설치장소에 주의를 요한다.

(4) 흡인베인제어

베인제어는 송풍기 흡입측에 8~12개의 방사형 가이드 베인을 설치하고 베인의 각도를 조절하여 풍압과 풍량을 조절하는 방식이다.

(5) 가변피치제어(variable pitch control)

가변피치제어는 원심송풍기에서는 그 구조가 복잡해져서 비용이 많이 들므로 실용화되지 않고 단지 축류팬에만 적용하는 방식으로, 팬 속도는 고정된 상태에서 운전 중 축 날개의 피치를 조정(임펠러 날개의 취부각도를 바꾸는 방법)하는 것이다.

Section124 송풍기 운전 시 발생하는 서징(Surging)현상

1 개요

각종 송풍기의 고유한 특성을 하나의 선도로 나타낸 것을 송풍기의 특성곡선이라 한다. 즉, 어떠한 송풍기의 특성을 나타내기 위하여 일정한 회전수에서 횡축을 풍량 $Q(\text{m}^3/\text{min})$, 종축을 압력(정압 P_s, 전압 P_r)(mmAq), 효율(%), 소요동력 L(kW)로 놓고 풍량에 따라 이들의 변화 과정을 나타낸 것을 말한다.

2 송풍기 운전 시 발생하는 서징(Surging)현상

[그림 8-149]는 일정속도를 회전하는 송풍기의 풍량조절 댐퍼(DAMPER)를 열어서 송풍량을 증가시키면 축동력(실선)은 점차 급상승하고, 전압(1점 쇄선)과 정압(2점 쇄선)은 산형을 이루면서 강하한다. 여기서 전압과 정압의 차가 동압이다. 한편 효율은 전

압을 기준으로 하는 전압 효율과(점선)과 정압을 기준으로 하는 정압효율(은선)이 있는데 포물선 형식으로 어느 한계까지 증가 후 감소한다. 따라서, 풍량이 어느 한계 이상이 되면 축동력이 급증하고 압력과 효율은 낮아지는 오버로드 현상이 있는 영역과, 정압곡선에서 재하향 곡선부분은 송풍기 동작이 불안정한 서어징(surging) 현상이 있는 곳으로서 이 두 영역에서의 운전은 좋지 않다. 서어징(surging)의 대책은 다음과 같다.

① 시방 풍력이 많고, 실사용 풍량이 적을 때 바이패스 또는 방풍한다.

② 흡입댐퍼, 토출댐퍼, RPM으로 조정한다.

③ 축류식 송풍기는 동·정익의 각도를 조정한다.

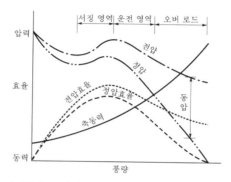

[그림 8-149] 송풍기의 특성곡선(Sirocco Fan)

Section 125 소성 가공의 종류

소성 가공이라 불리는 가공법은 그 작업 내용에 따라 다음과 같은 종류로 나뉘어진다.

① 단조(鍛造 ; forging)

보통은 열간에서 적당한 단조 기계를 사용하여 목적하는 성형을 함과 동시에, 재료의 결정립을 미세화하고 조직을 균일하게 함으로써 재료를 강화시키는 가공법이다. 여기에는 간단한 형상의 앤빌(anvil)과 해머(hammer)로 작업하는 자유 단조와 단형을 사용하여 정해진 형상으로 성형하는 형단조, 나사나 못의 머리를 두들겨 만드는 업셋 단조가 있고, 작은 것은 냉간에서 행한다. 근래에는 단형이나 피가공 재료, 작업법의 개선 등으로 냉간에서 비교적 큰 물건까지 정밀하게 단조할 수 있는 냉간 단조법이 발달하여 기계 부품의 정밀 대량생산에 공헌하고 있다.

❷ 압연(壓延 ; rolling)

열간, 혹은 냉간에서 금속을 회전하는 2개의 롤(roll) 사이를 통과시켜 두께나 직경을 줄이는 가공법이다.

❸ 인발(引拔 ; drawing)

금속의 봉이나, 관을 다이(die)를 통하여 봉의 축방향으로 잡아당겨 그 외경을 줄이는 작업이다.

❹ 압출(押出 ; extrusion)

상온 또는 가열된 금속을 용기 내에 넣고, 이를 한쪽에서 밀고 다른 쪽에 마련된 구멍 또는 주변의 틈이나 중앙부의 구멍으로부터 밀어내어 봉이나 관을 만드는 가공법이다.

❺ 전조(轉造 ; form rolling)

수나사 또는 기어의 가공에 적용되는 방법이며, 압연 가공과 같이 회전하는 롤러의 형을 사용하여 원주형의 재료를 그 사이에 넣어, 회전시키면서 재료의 주변에 나사산 또는 치형이 차츰 솟아오르게 하여 성형하는 가공법이다.

❻ 프레스 가공(press working)

주로 판상의 금속재를 형을 사용하여 절단, 굽힘, 압축, 인장하여 희망하는 형상으로 변형시키는 가공법의 총칭이며 거의 냉간에서 행한다. 이에 속하는 주요 가공법은 전단 가공, 굽힘 가공, 오무라기 가공, 압축 가공 등이다.

이상은 주로 금속 재료의 소성 가공을 말한 것이지만, 근래 발달한 플라스틱 재료는 가열하면 연화되어 가소성이 커지므로 주조 압출 성형 등의 가공을 할 수 있으나, 열가소성 플라스틱의 많은 것은 상온에서도 각종의 소성 가공을 할 수 있다.

구성인선(built-up edge)

① 개요

구성인선이란 경사면과 여유면의 일부와 절삭날에 고착된 퇴적물이며, 공구 절삭날을 대신하여 절삭 작용을 하는 것을 말한다. 즉, 연강(mild steel), 스테인리스강(stainless steel) 및 알루미늄(Al) 등의 연한 재료(인성을 지닌 재료)를 절삭할 때 칩과 공구 경사면 사이의 높은 압력과 큰 마찰 저항 및 절삭열에 의하여 칩의 일부가 가공 경화하여 이상 변질물로서 날끝 앞에 퇴적하여 마치 절삭날과 같은 작용을 하여 공작물을 절삭하게 되는데 이것을 구성인선이라고 한다.

② 구성인선

구성인선이 공구 끝에 형성되면 이것이 절삭에 관여하여 공구에 떨림(chatter)을 일으킬 뿐만 아니라 가공 표면의 정밀도를 저하시킨다.

구성인선은 발생, 성장, 분열, 탈락의 과정을 반복한다. 이 주기의 시간은 1/100초 정도로 짧다. 즉 1초간에 100회 성장하고 탈락하는 셈이다. 탈락에 있어서는 대부분이 칩과 더불어 제거되는데 일부는 절삭면에 잔류하여 표면을 거칠게 한다. 또 다듬질면을 기계 부품으로 사용할 때는 가공 경화를 받은 구성인선의 파단은 상대 금속을 마모시키므로 해롭다.

일반적으로 구성인선은 취성 재료(보통 주철, 청동, 유리, 대리석) 등에는 발생하지 않는다. 이것은 칩 파단에 수반되는 불규칙한 충격 응력이 퇴적의 발생과 대형화로 이를 억제하기 때문이다(고급 주철, 구상 흑연 주철은 구성인선을 일으킨다).

(1) 구성인선 발생에 따른 영향

[그림 8-150]과 같이 구성인선은 둥근 날 끝을 하고 있는 관계로 이것에 의해 절삭된 다듬질면은 필연적으로 거칠게 된다. 또 이때에는 구성인선의 절삭날은 공구의 날 끝보다 아래쪽에 있어 예정의 절삭 깊이 이상으로 공작물이 절삭되므로 제품의 정밀도를 저하시킨다.

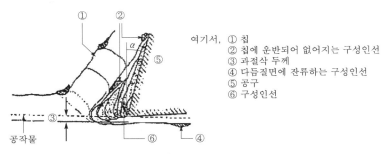

여기서, ① 칩
② 칩에 운반되어 없어지는 구성인선
③ 과절삭 두께
④ 다듬질면에 잔류하는 구성인선
⑤ 공구
⑥ 구성인선

[그림 8-150] 구성인선의 성장 실제

즉, [그림 8-151]과 같이 과절삭(over-cut) 상태가 된다. 구성인선은 전체로서 안정된 경우에도 그 선단은 항상 생성·탈락을 반복한다. 따라서 다듬질은 과절삭 두께 정도의 거칠기를 만들며, 생성·탈락의 불규칙성, 구성인선 형상의 불규칙성 등에 다듬질면을 크게 약화시킨다.

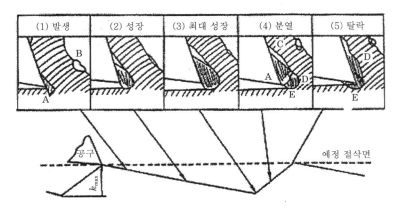

[그림 8-151] 구성인선의 성장 분열과 다듬질면 거칠기

(2) 구성인선의 방지법

구성인선의 발생을 억제하는 방법에는 다음과 같은 방법이 있다.

① 공구의 경사면을 윤활하여 깎이는 재료의 용착을 방지한다. 절삭유제나 깎기 쉽게 개량한 쾌삭 재료를 선정하면 이 목적에 부합시킬 수 있다.

② 절삭 온도를 높인다. 깎이는 재료의 재결정 온도(가공 경화한 금속 재료를 가열하면 변형된 입자가 미세한 다각 형상의 결정 입자로 변하기 시작하는 온도) 이상이 되면 가공 경화는 없어지고 구성인선도 없어진다.

③ 절삭성을 양호하게 한다. 구체적인 방법으로는 절삭 공구의 경사각을 크게 한다. 절입·이송을 적게 하며 절삭유에 의한 윤활을 하는 것이다.

④ 고속 절삭을 한다. 특히 절삭 속도의 증대는 효과가 크고 어떤 속도 이상(연강에서 120~150m/min)이 되면 소멸된다.

⑤ 마찰계수가 작은 절삭 공구를 사용한다(초경 합금 공구, 세라믹).

Section127 플랜트(plant) 설비 설치 후 시행하는 세정(cleaning)

1 개요

산업계의 파이프라인은 다양한 축적물에 의해 배관 표면에 파울링 되어 유체의 흐름의 방해 및 금속의 국부적인 부식 등을 일으킨다. 스케일 층은 압력강하를 증가시키고, 전면적 또는 부분적 폐색을 일으킨다. 플랜트의 건설 및 설치 단계에서 온라인 청소 시스템을 쉽게 설치 할 수 있고, 설치하지 않았다면 가설배관이 필요하며, 격리 밸브 및 세척을 위해 호스 연결이 필요하다. 온라인 파이프라인 세정은 기계 세척의 방법인 피깅 및 브러쉬 방법이 고려되나 이러한 방법은 단단한 스케일이 형성되거나 파이프라인의 관경이 일정하지 않거나 branch 라인이 있는 경우 적용할 수 없는 경우가 대부분이다. 따라서 부착물의 성분 및 특성을 이해하고 적합한 세정제를 선정하여야 한다.

2 플랜트(plant) 설비 설치 후 시행하는 세정(cleaning)

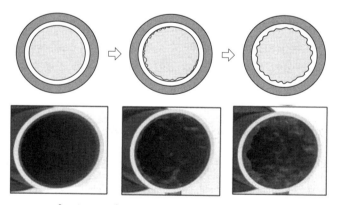

[그림 8-152] 배관 내벽의 스케일 형성 심화단계

일반적인 무기 스케일의 형성 화합물은 다양한 산화철(부식 생성물), 수계 퇴적물 경화된 퇴적물(칼슘 및 마그네슘의 탄산염 및 규산염)과 같은 미네랄을 포함하며, 특정의 다른 스케일일 수 있다. 화학 세정에 사용되는 무기산은 염산, 불화수소산, 황산, 인산, 질산 등이 사용되나 이들 산은 대부분 금속과 반응하여 파이프라인에 손상을 일으키므로 함부로 사용하면 위험하다. 따라서 화학 세정제의 선정에 있어서 미리 적용할 세정제가 파이프라인의 금속 재질과 반응하는지를 검증 후에 적용하여야 한다. 최근의 세정제는 식물 첨가물 기반의 세정제이며 강력한 금속 부식 억제제를 함유하며, 각종 금속의 손상을 원천적으로 차단한 정밀 화학약품으로 개발 및 제조하여 공급되고 있다.

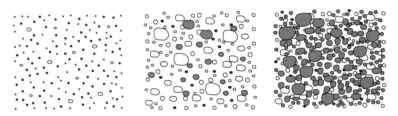

[그림 8-153] 미립자의 고형물이 덩어리 형태의 복합핵으로 변화하는 과정

Section128 수소연료전지(hydrogen fuel cell)의 발전 원리

1 개요

수소 전기차에 사용하는 수소 분자(H_2)는 공기의 14분의 1 정도로 가벼워 1초에 24m를 날아가기 때문에 설령 누출된다 해도 공기 중으로 재빨리 희석된다. 수소폭탄에는 중수소(2H)나 삼중수소(3H)라는 특수한 수소가 쓰인다. 수소폭탄이 터지는 핵융합 환경을 만들기 위해서는 1억℃ 이상의 고온과 고압에서 중수소와 삼중수소를 터트려야 한다. 일반 수소로는 수소폭탄 제조가 불가능하다.

2 수소연료전지(hydrogen fuel cell)의 발전 원리

수소연료전지는 수소와 산소를 결합해 물로 만드는 과정에서 생기는 전위차로 전기를 만든다. 물을 전기분해하면 수소와 산소로 분해되는데, 이 과정을 거꾸로 하는 것이다. 수소연료전지는 원료(산소, 수소)를 구하기 쉽고, 발전 과정에서 환경오염을 일으키지 않으며, 그 효율까지 높은 '수소 → 전기' 변환장치다. 크기가 작아 입지조건이 까다롭지 않다는 장점도 있다.

수소연료전지는 수소 활용에 있어 필수적인 요소로 여겨진다. 수소는 에너지원 그 자체로도 유용하지만, 에너지 운반체로서의 기능 또한 중요하기 때문이다. 수소연료전지의 발전원리는 [그림 8-154]에 설명되어 있다.

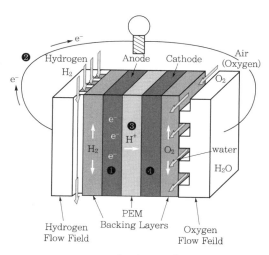

1 Anode : $H_2 \rightarrow 2H^+ + 2e^-$
연료극에서 수소가 수소이온과
전자로 분해

2 전자는 외부회로를 거쳐
전류를 발생

3 수소이온은 전해질을 거쳐
공기극으로 이동

4 Cathode : $O_2 + 2H^+ + 2e^- \rightarrow H_2O$
공기극에서 수소이온과 산소가
결합해 물이 됨

Overall : $H_2 + O_2 \rightarrow H_2O + 전류 + 열$

[그림 8-154] 수소연료전지의 발전 원리

Section 129 환경오염 측정장치 중에서 굴뚝원격측정장치(TMS, Tele-Monitoring System)

1 개요

굴뚝원격감시체계(CleanSYS)란 사업장 굴뚝에서 배출되는 대기오염물질을 자동측정기기로 상시 측정하고 이를 관제센터와 온라인으로 연결하여 배출상황을 24시간 관리하는 시스템이다. 목적은 과학적이고 자율적인 사업장의 대기오염물질을 관리한다. 대기오염물질 배출사업장에 대한 관리체계가 사후처리체계에서 자율적 사전예방체계로 전환하며 배출업소 지도·점검의 효율성을 높이고 대기오염물질의 배출량 저감을 유도하여 지역대기환경을 개선한다. 또한, 환경오염예방 및 대기환경정책 수립의 기본 자료로 활용하여 과학적 환경행정을 도모한다.

2 환경오염 측정장치 중에서 굴뚝 원격측정장치(TMS, Tele-Monitoring System)

주요 기능은 실시간 자료 송수신 및 자동 예경보체계로 환경오염사고를 사전에 예방하고 데이터 모니터링, 분석 등 오염물질 측정 빅데이터 자료를 체계적으로 관리한다. 또한, 배출량, 부과금 산정자료 제공 등 과학적·효율적 환경행정을 지원한다. 대상시설은 발전, 소각시설 등 42개 시설이며 측정항목은 먼지, SO_2, NO_x, HCl, HF, NH_3, CO, 산소, 유량, 온도를 측정한다. 굴뚝원격감시체계는 사업장 굴뚝에 설치된 자동측정기에서 실시간 측정된 대기오염물질의 측정값을 자료수집기(data logger)로 전송하고, 자료수집기는 통신망(인터넷)을 통해 한국환경공단으로 전송한다.

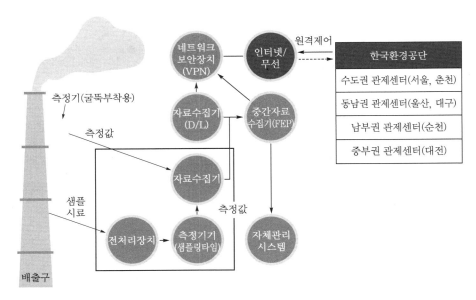

[그림 8-155] 굴뚝원격측정장치(TMS, Tele-Monitoring System) 운영체계도

Section 130 보일러 드럼(drum)의 구조, 기능 및 주요 설비의 역할

1 개요

드럼(drum)은 보일러수와 증기의 순환 경로를 구성하며 증발관에서 유입되는 기수 (汽水)혼합물을 분리한다. 또한, 보일러수를 저장하고 드럼내부의 고형물질을 배출시킨다.

2 보일러 드럼의 구조, 기능 및 주요 설비의 역할

보일러 드럼의 구조, 기능 및 주요 설비의 역할은 다음과 같다.

① 급수관(feed water pipe) : 급수관은 절탄기에서 예열된 급수를 드럼으로 공급한다. 급수관은 급수를 균등하게 공급하기 위해서 드럼의 길이 방향으로 설치되어 있으며 작은 구멍들이 뚫려 있다.

② 강수관(down comer) : 강수관은 드럼하부에 설치되어 하부헤더와 연결되어 있으며 순환력을 크게 하기 위하여 노 외부의 비가열 부분에 설치한다.

③ 상승관(riser tube) : 상승관은 수냉벽 출구에 설치되어 기수혼합물을 드럼으로 공급하는 관으로 드럼 상부로 연결된다.

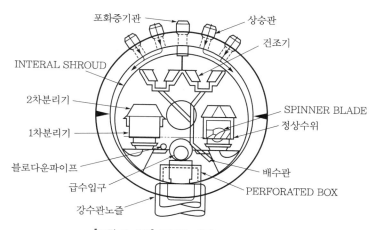

[그림 8-156] 드럼의 내부구조

④ **격판**(Shroud, baffle) : 격판은 상승관의 기수 혼합물을 드럼의 내면으로 안내하여 드럼을 균일하게 가열하므로 열응력 발생을 억제한다.

⑤ **원심분리기**(cyclone separater) : 원심분리기는 [그림 8-157]과 같이 기수혼합물을 선회시켜 물은 원심력에 의해 밖으로 밀려 원통 주위를 회전하면서 아래로 떨어지고 증기는 상부로 올라가 과열기로 흐른다.

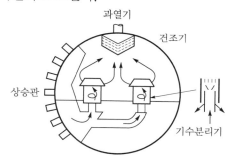

[그림 8-157] 기수 분리기와 건조기

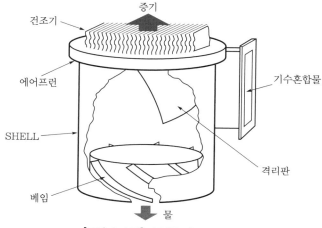

[그림 8-158] 수직형 기수 분리기

⑥ 건조기(dryer) : 건조기는 포화증기 속에 함유된 수분을 제거하기 위해서 주름진 철판을 여러겹 겹쳐 드럼 상부 증기통로에 설치한다. 수분이 포함된 포화증기가 건조기를 통과할 때 증기의 흐름 방향이 변화하면서 물은 철판에 부딪쳐 드럼으로 떨어진다.

⑦ 포화증기관(saturation steam pipe) : 포화증기관은 드럼과 과열기 입구헤더를 연결하는 관으로서 드럼에서 나온 증기를 과열기로 흐르게 한다.

⑧ 수위계(level gauge)

  ㉠ 수위계는 [그림 8-159]와 같이 수위를 표시한다. 수위가 쉽게 인식되기 위해서 수부와 증기부가 청색과 적색의 2가지 색(bi-color)으로 표시되는 수면계가 많이 사용된다.

  ㉡ 고온 고압의 물과 증기에 사용되는 드럼 수위계는 취급에 주의를 하지 않으면 열충격으로 파손되는 경우가 있다.

⑨ 기타

  ㉠ 블로우 다운(blow down) 파이프

  ㉡ 안전밸브(satety valve)

  ㉢ 벤트 파이프(vent pipe)

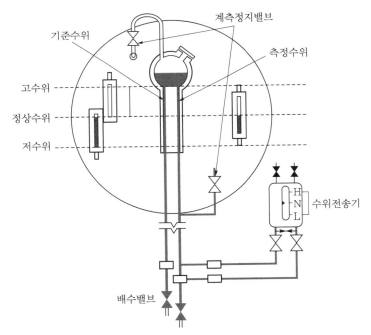

[그림 8-159] 드럼 수위계

Section131 원심력집진기(cyclone)의 집진 원리와 장단점

1 개요

원심력 집진기는 cyclone 형식과 회전식이 있으며, 주로 cyclone 형식이 널리 이용된다. cyclone 형식은 가스유입방법에 따라 접선유입식과 축류식으로 분류하며 접선유입식은 원통에 접한 유입구에서 나선형을 따라 돌면서 내부에 진입하며 입구 가스속도는 7~15m/s 이고 대용량의 가스를 처리하는 데 많이 활용한다. 축류식은 날개의 방향에 의해 축을 따라 가며 내부로 유입하며 입구 가스속도는 10m/s 전후로 접선유입식에 비하여 압력손실이 작아서 동일 압력손실로 약 3배의 가스량을 처리하며 가스의 균일한 분배가 용이하다.

2 원심력집진기(cyclone)의 집진 원리와 장단점

(1) 집진원리

고체 또는 액체상태의 먼지를 가스로부터 분리시키기 위해 가스를 회전시킬 때 발생되는 원심력을 이용하여 제거하며 함진가스가 하향으로 나사운동을 함에 따라 입자는 둘레부분의 벽쪽으로 이동한 다음 바닥으로 침전하며, 청정가스는 하향의 나사운동을 끝마치고 상향 나사운동을 하게 되며 출구내경을 통하여 배출된다.

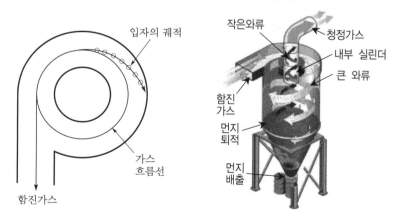

[그림 8-160] 원심력집진기(cyclone)의 집진 원리

(2) 사이클론의 장단점

1) 장점

① 설계, 보수 용이하고 설치면적이 적게 소요된다.
② 압력손실이 낮고 큰 입경을 가진 먼지처리에 적합하다.
③ 먼지부하가 높은 먼지에 적합하며 온도의 영향이 적다.

2) 단점
① 입경이 작은 먼지의 집진효율 낮다.
② 먼지부하, 유량변동에 민감하다.

Section 132 증기(steam) 배관에 설치하는 증기트랩(steam trap)

1 개요

증기(steam)는 배관 이동 시 외부와의 온도 차 및 process상의 열 교환으로 인하여 배관 내에 응축수가 발생하게 되며, 발생된 응축수는 증기가 지나가는 길목을 차지함으로서 병목 현상이 생기고, 배관 내의 부식을 촉진시키게 된다. 증기트랩은 위와 같은 문제를 해결하기 위하여 배관 내의 응축수만 배출하고 스팀은 잡아 주는 역할을 한다.

2 증기 배관에 설치하는 증기트랩의 종류와 특징

증기 배관에 설치하는 증기트랩의 종류와 특징을 살펴보면 다음과 같다.

(1) 열역학식 스팀트랩(thermodynamic steam trap, disk type steam trap)

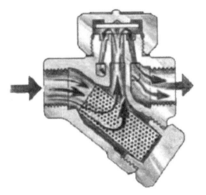

[그림 8-161] 열역학식 스팀트랩

가동초기 자응축수는 유입된 압력으로 오리피스를 통해 배출하고 응축수 유입 시 디스크 하부의 압력이 떨어져 재증발 증기가 발생한다. 디스크 상·하부의 압력 차에 의해 디스크가 내려가고 동시에 재증발 증기가 디스크 상부로 유입되며 밸브를 폐쇄한다. 디스크 상부의 챔버의 재증발 증기가 방열 등에 의해 응축되면 디스크가 다시 올라가 개방되어 응축수를 배출한다.

(2) 압력평형식 스팀트랩(thermostatic steam trap, diaphragm type steam trap)

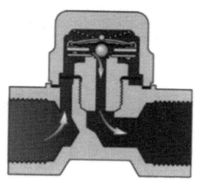

[그림 8-162] 압력평형식 스팀트랩

압력평형식 스팀트랩은 일명 다이아프램 스팀트랩이라 불리는 압력평형식 스팀트랩은 증기와 응축수의 온도 차를 이용하여 물의 비등점보다 낮은 비등점의 특수한 액체가 밀봉된 캡슐이 포화온도에 근접하면 캡슐 내부의 액체가 증발하며 압력이 밸브를 아래로 밀어 밸브를 폐쇄하고 가스응축 시 밸브가 개방되어 응축수가 배출되는 구조로 작동된다.

(3) 기계식 스팀트랩(mechanical steam trap, ball float steam trap)

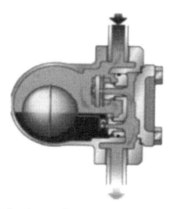

[그림 8-163] 기계식 스팀트랩

기계식 스팀트랩은 응축수 연속배출로 열 전달면의 응축수 정체를 방지하여 공정설비 응용에 적합하며 응축수 배출용량이 크고 압력과 유량의 급격한 변동에 큰 영향을 받지 않는다. 하지만 트랩 내부에 항상 응축수가 있으므로 동파의 우려가 크며 상대적으로 트랩의 부피가 커서 방열손실이 크고 부식성 유체에 취약하다.

(4) 오리피스형 스팀트랩(orifice type steam trap)

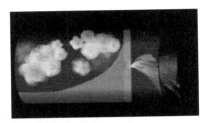

[그림 8-164] 오리피스형 스팀트랩

증기의 이동속도(응축수의 약 30배)와 응축수의 이동속도 차이를 이용하여 고정식 orifice hole을 통하여 응축수를 배출하는 구조로 movement가 없는 구조이므로 유지보수가 거의 없으며 간편한 구조로 설치가 용이하지만 응축수 변동량에 대응이 어렵고 orifice hole의 막힘 또는 커짐으로 인하여 응축수 배출에 문제와 증기손실이 발생할 수 있다.

Section 133 | 폐기물 소각기술의 장점과 단점

1 개요

건축폐기물과 산업폐기물(사업장 폐기물)은 우리의 경제활동 중 발생되는 폐기물을 통상적으로 의미하며 재활용이 가능한 품목을 제외하고 매립, 소각, 중간처리 등과 같은 처리를 하게 된다.

2 폐기물 소각기술의 장점과 단점

(1) 장점

① 다른 신재생에너지에 비해 단기간 내에 상용화가 가능하다.
② 타 신재생에너지에 비해 폐기물자원이 지속적으로 생산되므로 경제성이 매우 높다.
③ 폐기물로 인한 환경문제, 지방자치단체와 산업체의 폐기물 처리에 따른 비용이 절감된다.
④ 온실가스를 저감(고형연료 0.21TC/ton, 열분해 유화 0.48TC/ton, 가스화 0.47TC/ton, 소각열 회수 이용 0.19TC/ton)한다.

(2) 단점

① 핵심적인 원천 기술 및 축적된 노하우가 부족하다.

② 종합적인 폐기물처리 및 재활용 등 관리체제 미흡하다.

③ 폐기물 관련 업계의 영세성으로 기술개발 및 투자가 활발히 진행되지 않는다.

④ 2차 공해가 우려된다.

⑤ 재정적, 제도적 지원 부족 : 수도권 등 청정연료 사용지역에서 폐기물 고형연료 사용을 불허한다.

⑥ 미성형 고형연료 불인정 및 품질기준의 부재, 바이오가스 정제연료 품질기준 부재 등 폐기물 에너지화 촉진을 위한 제도적, 정책적 기반이 취약하다.

⑦ 선진국 대비 기술 수준 50~65%로 수요시장 확대 및 품질 확보에 애로가 있다.

Section 134 플랜트배관 지지방법의 고려사항과 구속(restraint) 종류

1 개요

배관계의 안정성을 유지시켜 주기 위하여 배관계에서 발생되는 배관의 자중, 열팽창에 의한 변형, 유체의 진동, 지진 및 기타 외부충격 등으로부터 배관계를 지지 및 보호하기 위하여 설치하는 장치를 말한다.

2 플랜트배관 지지방법의 고려사항과 구속(restraint) 종류

(1) 플랜트배관 지지방법의 고려사항

배관을 지지할 때는 다음 사항을 유의한다.

① 배관의 양끝 또는 무거운 밸브나 계기 등이 있는 경우에는 그 기기 가까운 곳에 서포트를 설치한다.

② 배관의 곡관부가 있는 경우에는 곡관부 부근에 서포트를 설치하며, 분기관이 있는 경우에는 신축(expansion)을 고려하여야 한다.

③ 지지는 되도록 기존 보를 이용하며 지지간격을 적당히 잡아 휨이 생기지 않도록 함은 물론 배관에 기포가 생기지 않도록 해야 한다.

(2) 배관 구속의 종류

배관의 구속은 열팽창에 의한 배관의 이동을 구속 또는 제한하기 위한 장치로서 구속하는 방법에 따라 앵커(anchor), 스토퍼(stopper), 가이드(guide)로 나눈다.

제8장 기타 분야   **1415**

① 앵커(anchor) : 배관 지지점의 이동 및 회전을 허용하지 않고 일정 위치에 완전히 고정하는 장치를 말하며, 배관계의 요동 및 진동 억제효과가 있으나 이로 인하여 과대한 열응력이 생기기 쉽다.

② 스토퍼(stopper) : 한 방향 앵커라고도 하며 배관 지지점의 일정 방향으로의 변위를 제한하는 장치이며, 열팽창으로부터의 기기 노즐의 보호, 안전변의 토출압력을 받는 곳 등에 자주 사용된다.

③ 가이드(guide) : 지지점에서 배관축(길이) 방향으로 안내면을 설치하여 배관의 회전 또는 축에 대하여 직각방향으로 이동하는 것을 구속하는 장치이다.

Section 135 복합화력발전의 장점

1 개요

복합발전이란 열효율 향상을 위해 두 종류의 열 사이클을 조합하여 발전하는 것을 말하며 복합 사이클 중 가장 대표적인 것은 가스터빈 사이클과 증기터빈 사이클을 결합하여 하나의 발전 플랜트로 운용하는 방식이다.

2 복합화력발전의 장점

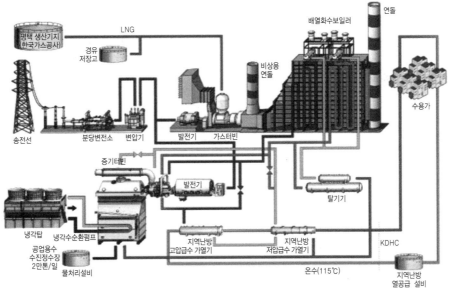

[그림 8-165] 복합화력발전의 구성체계

가스터빈 효율은 현재의 30%이며 가스터빈의 열 사이클은 브레이튼 사이클(Brayton cycle)로 압축기, 연소기, 터빈을 통해 이루어진다. 터빈으로 공급되는 연소가스 온도가 1,000℃ 이상이고, 대기 중으로 배출되는 배기가스 온도는 500℃ 이상으로 배기가스 온도가 높기 때문에 배기가스에 남아 있는 많은 열량이 다른 일을 하지 않고 대기 중으로 버려지는 결과로 열효율이 낮다. 가스터빈으로부터 버려지는 열량의 일부를 회수하기 위한 방안으로 배기가스를 배열회수보일러(HRSG, Heat Recovery Steam Generator)로 보내 증기를 생산하여 증기터빈을 돌린다. 고온 가스를 이용하여 가스사이클에서 한번 발전한 후 증기 사이클에서 다시 이용하여 총 두 번에 걸쳐 전력을 생산하므로 열효율이 높아진다.

Section 136 하수처리장에 방류수를 이용한 소수력 발전설비 설치 시 검토 및 고려해야 할 사항

1 개요

소수력발전은 일정한 처리수가 방류되는 하수처리장에 적용되었을 때 그 가동률은 하천에 설치되는 소수력발전소에 비하여 매우 높다고 알려져 있으며, 향후 하수처리장에 널리 보급될 수 있는 청정에너지원이라고 할 수 있다.

2 하수처리장에 방류수를 이용한 소수력 발전설비 설치 시 검토 및 고려해야 할 사항

하수처리장의 소수력발전 가능성을 검토하기 위해서는 하수처리장의 본래의 목적인 하수처리공정에 지장을 초래하지 않고 계획된 하수처리량을 원활히 방류시키면서 소수력발전이 가능할 수 있도록 기술적인 특성분석이 필요하며, 이를 통하여 각 하수처리장에 적합한 발전규모, 발전소의 연평균가동률 및 연간발전량 등을 예측하여야 한다. 하수처리장의 방류수를 이용한 소수력발전은 월류댐을 갖는 일반 소수력발전과 마찬가지로 유량과 낙차로부터 에너지를 추출하는 것으로 소수력발전소에서 얻을 수 있는 순수한 소수력에너지는 다음과 같다.

$$P_i = \rho g H Q$$

[그림 8-166]은 월류댐을 갖는 소수력발전소의 경우, 단위낙차, 단위시간당, 유량변화에 대한 출력의 변화를 나타내는 그림이다. 순수한 소수력에너지 P_i는 유량변화에 따라 선형적으로 변하게 되지만 소수력발전소의 출력 P_a는 발전소의 설계유량 Q_r이 존재하기 때문에 특성이 바뀌게 된다.

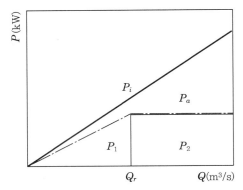

[그림 8-166] 소수력발전소의 출력 특성

소수력발전소의 출력은 설계유량 이하에서는 유량변화에 따라 거의 선형적으로 변하게 되지만, 발전설비의 효율로 인하여 순수한 소수력에너지보다 항상 작은 값을 갖는다. 또한 설계유량 이상에서는 설계유량에 해당하는 유량만을 사용하고 이를 초과하는 유량은 월류시켜 방류하기 때문에 출력은 일정하게 유지된다.

평균발전량 P_a를 구하면 다음과 같다.

$$P_a = P_1 + P_2$$

소수력발전소의 설비용량 C, 연평균가동율 L_f 그리고 연간발전량 E_a는 다음과 같다.

$$C = \rho g H Q_r \eta$$

$$L_f = \frac{P_a}{C_r}$$

$$E_a = 8,760\, C L_f$$

Section 137 대기오염을 방지하기 위한 집진장치 종류 및 특성

1 개요

집진장치는 과학적 근거에 의해 설계되어야만 효율이 높은 합리적 시설을 선정할 수 있는 것이다. 먼지란 일반적으로 기체 중에 가루로 떠있는 상태이므로 집진하고자 하는 배기 중의 기류 특성과 입자 특성을 충분히 파악해야 하며, 투자비와 관련 중요한 요소들로는 입구 분진의 농도, 입경분포(형식선정), 배기량(처리규모의 결정), 배기온도와 부식가스, 수분함유량 등을 고려하여야 한다.

2 대기오염을 방지하기 위한 집진장치 종류 및 특성

대기오염을 방지하기 위한 집진장치 종류 및 특성은 다음과 같다.

(1) 원심력 집진시설(cyclone, multi cyclone)

고체 또는 액체상태의 분진을 가스로부터 분리시키기 위해 가스를 회전시킬 때 발생되는 원심력을 이용하여 분진을 제거하는 집진시설로서 싸이클론이라고도 한다. 싸이클론은 하나의 큰 단실(cyclone)일 수도 있고 평행하게 위치된 여러 개의 관의 집단(multi cyclone)일 수도 있으며 송풍기와 비슷한 동적인 것도 있다. 함진가스가 하향으로 나사운동을 함에 따라 입자는 둘레 부분의 벽쪽으로 이동한 다음 바닥으로 침전하며, 청정가스는 하향의 나사 운동을 끝마치고 상향 나사운동을 하게 되며 출구내경을 통하여 배출된다.

(2) 여과 집진시설(bag filter)

오염된 가스가 필터(여과섬유)를 통과할 때 분진은 여재를 구성하는 섬유와 관성충돌, 직접차단, 확산 그리고 중력 및 정전기력에 의해서 필터에 부착되어 가교를 형성하거나 초층(1차층)을 형성하여 집진한다.

(3) 흡착에 의한 시설(A/C tower)

흡착탑은 가스상의 오염물질을 흡착제에 흡착시켜 제거하는 방지시설이다. 흡착탑은 오염된 가스를 흡입하여 흡착제가 가득 찬 흡착탑 내부로 통과시켜 제거하는데, 오염물질이 비연소성이거나 태우기 어려운 것, 오염물의 농도가 낮은 경우에 유용하며 악취 또한 제거할 수 있다.

흡착탑에 사용하는 흡착제는 활성탄, 제올라이드, 실리카겔, 알루미나 등이 있는데 그중 활성탄이 가장 많이 사용된다. 흡착의 원리는 기체 분자나 원자가 고체 표면에 부착되는 성질을 이용하여 오염된 기체를 흡착제가 들어 있는 흡착탑을 통과시키면 특정 유해가스뿐만 아니라 악취도 함께 제거된다. 흡착은 대상 기체가 회수할 가치가 있는 경우, 비가연성인 경우 그리고 극히 저농도의 경우에 특히 효과가 크다.

(4) 세정·흡수에 의한 시설(wet scrubber, absorption tower)

세정집진시설이나 흡수에 의한 시설이나 처리하는 방법은 비슷하다. 두 시설이 크게 다른 점은 세정집진시설은 물로 먼지를 제거하는 장치이고, 흡수에 의한 시설은 가성소다 등의 세정액으로 유해가스(H_2S, HF 등)을 제거하는 장치이다. 즉 먼지만 제거하게 되면 세정집진시설이고, 먼지 외 유해가스를 동시에 제거하게 되면 흡수에 의한 시설이다.

(5) 세정식 집진시설(wet scrubber)

세정집진시설은 훈연, 미스트 및 부유먼지를 제거하기 위한 습식 포집장치로, 먼지입자와 가스상 물질을 동시에 처리할 수 있고, 고온의 가스를 처리하는 것이 가능하며, 입자가 비산할 염려가 없고, 화재 및 폭발의 가능성이 있는 입자를 처리할 수 있는 장점이 있다. 세정집진장치는 보통 습식집진장치라고 하는데 액적(물방울), 액막, 기포 등에 의해 함진가스를 세정하여 입자에 부착, 입자 상호 간의 응집을 촉진시켜 직접 가스의 흐름으로부터 입자를 분리시키는 장치이다.

Section 138 건설기계의 타이어 부하율

① 개요

타이어가 허용하중에 대하여 어느 정도의 하중을 부담하고 있는가를 비율로 나타낸 값으로 타이어가 설계상 부담할 수 있는 하중은 공기압력에 의하여 결정되며 그 값은 규격으로 규정된다.

② 타이어의 부하율 계산

$$타이어 부하율 = \frac{축하중}{타이어의 최대 허용하중 \times 타이어 수} \times 100\%$$

① 겹 타이어인 타이어의 수는 2로 한다.

② 타이어 부하율은 최대 적재중량 상태와 자재중량(공차중량) 상태에 대해서 각각 구한다.

③ 타이어 부하율 상한치: 건설기계의 타이어 부하율은 100퍼센트 이하이어야 한다. 다만, 최대 적재중량 상태일 때 조향축 외의 축의 타이어의 경우에는 120퍼센트 이하이어야 한다.

참고문헌

1. 김순채, 기계안전기술사, 성안당
2. 김순채, 기계제작기술사, 성안당
3. 김순채, 산업기계설비기술사, 성안당
4. 김순채, 용접기술사, 성안당
5. 김순채, 기계기술사, 엔지니어데이터넷
6. 김순채, 스마트 금속재료기술사, 엔지니어데이터넷
7. 김순채, 완전정복 금형기술사 기출문제풀이, 엔지니어데이터넷
8. 이만극, 건축 설비, 기문사
9. 하재연 외 2인, 유체 기계, 대학도서
10. 박승국, 기계 현장의 보전 실무, 대광서림
11. 염영하, 기계 공학 문제와 해설, 동명사
12. 강명순, 소성 가공학, 보성문화사
13. 차경옥, 재료 역학 연습, 원화
14. 고재군 외 4인, 부정정 구조물, 서울대학교 출판부
15. 엄기권, 실용 용접 공학, 동명사
16. John K. Vennard et al., 유체 역학, 동명사
17. 서정일 외 2인, 기계 열역학, 대학도서
18. 염인찬 외 2인, 금속 재료학, 성문사
19. 임상전, 재료 역학, 문운당
20. 김기곤, 중장비 공학, 기문사
21. 허영근 외 1인, 최신 내연 기관, 동명사
22. Robert L. Peurifoy et al., *Construction Planning, Equipment, and Methods*, The McGraw-Hill Companies, Inc.
23. 김우석, 건축 설비, 형설출판사
24. 김재영 외 2인, 디젤 기관, 집문당
25. 정선모, 윤활 공학, 동명사
26. 박영조, 기계 설계, 보성문화사
27. 종효 외 1인, 설치 시공과 초기 보전, 기전출판사
28. 박승덕 외 2인, 기계 공학 일반, 형설출판사
29. 이종순, 최신 유체 기계, 동명사
30. 이택식 외 1인, 수력 기계, 동명사
31. 이종원, 기계 진동학 총정리, 청문각
32. 프로젝트관리기술회, 프로젝트 관리 기술, 계관지
33. 한국감리협회, 건설 감리, 월간지
34. 건설기술협회, 건설기계기술, 월간지
35. 건설교통부 공지사항, 고시내용
36. 건설기계관리법, 시행령, 시행규칙

부록 과년도 출제문제

| 2013년 | **건설기계기술사 제99회**

제1교시 / 시험시간: 100분

※ 다음 13문제 중 10문제를 선택하여 설명하십시오. (각 10점)

1. 와이어 로프 보통 꼬임과 랭꼬임을 용도와 외관으로 구분하여 특징을 설명하시오.
2. 건설기계 경비 적산시에 적용되는 운전 시간을 설명하시오.
3. 셔블계 굴착기의 종류와 용도를 설명하시오.
4. 건설기계에 사용되는 디젤 엔진에서 조속기(governor)가 필요한 이유를 설명하시오.
5. 건설기계 조향 장치의 구비 조건에 대하여 설명하시오.
6. 건설기계 등 기계 장치에 사용되는 윤활유 첨가제(lubricant additives)에 대하여 설명하시오.
7. 서브 머지드 아크 용접(submerged arc welding)에 대해 설명하시오.
8. 고장력강 및 저합금강 용접시의 저온 균열 방지법에 대해 설명하시오.
9. 표준 기어보다 전위 기어가 채택되는 경우에 대해 설명하시오.
10. 강재(鋼材)와 주강재(鑄鋼材)의 차이점에 대하여 설명하시오.
11. 복사 열전달량에 대하여 설명하시오.
12. 액체, 기체의 온도 변화(0℃~1,000℃)에 따른 점성 크기 변화에 대해 설명하시오.
13. 강도(强度 : strength)와 강성(剛性 : stiffness)에 대해 설명하시오.

제2교시 / 시험시간: 100분

※ 다음 6문제 중 4문제를 선택하여 설명하십시오. (각 25점)

1. 최근 국내 음식물 쓰레기 처리 장치의 종류와 처리 과정에서의 문제점에 대하여 설명하시오.
2. 플랜트(plant) 공사에서 보온·보냉·도장 기술에 대하여 설명하시오.
3. 건설기계에 IT를 융합시킨 GPS(전지구적 위치 측정 시스템) 장착의 장점을 설명하시오.
4. 타워 크레인의 와이어 로프 지지·고정(wire rope guying) 방식을 설명하시오.
5. 기관(engine)의 초기 분사(pilot injection)에 대하여 설명하시오.
6. 용접 이음에서 충격 강도 및 피로 강도에 대하여 설명하시오.

제3교시 / 시험시간: 100분

※ 다음 6문제 중 4문제를 선택하여 설명하십시오. (각 25점)

1. 플랜트(plant) 현장에서 사용되는 보일러의 종류에 대하여 설명하시오.
2. 재료의 열응력(thermal stress)과 열응력 발생을 억제하는 기술을 설명하시오.
3. 건물 해체시에 스틸볼(steel ball)을 사용하는 경우의 장·단점을 설명하시오.
4. 타워 크레인의 전도를 방지하기 위한 구조 계산시 사용되는 3가지 안정성 조건에 관하여 설명하시오.
5. 건설 공사에서 사용되는 굴삭 기계를 굴삭 방식에 따라 분류하고 그 기술적 특징을 설명하시오.
6. 건설기계의 조임용 3각 나사(triangular thread)와 4각 나사(square thread)의 마찰력에 대하여 설명하시오.

제4교시 / 시험시간: 100분

※ 다음 6문제 중 4문제를 선택하여 설명하십시오. (각 25점)

1. 건설기계 유압 장치에서 방향 제어 밸브의 구조 및 조작 방식에 대하여 설명하시오.
2. 발전소에서 배관 설비의 설계, 시공 및 운전상의 주요 사항과 주의점에 대하여 설명하시오.
3. 그랩(grab) 준설선의 특징과 작업 운용상의 장·단점을 설명하시오.
4. 배처 플랜트(batcher plant)의 주요 구조를 설명하시오.
5. 건설기계의 차체 경량화 및 안전성 강화를 위한 가공 기술에 대해 설명하시오.
6. 플랜트 배관용 탄소 강관과 스테인리스(stainless) 강관의 사용상의 특성과 용접성에 대해서 설명하시오.

| 2013년 | **건설기계기술사 제101회**

제1교시 / 시험시간: 100분

※ 다음 13문제 중 10문제를 선택하여 설명하십시오. (각 10점)

1. BMPP(Barge Mounted Power Plant)에 대하여 설명하시오.
2. 내력(proof stress)를 정의하고 내력 변형률 그래프를 이용하여 설명하시오.
3. 기어(gear)에서 치형의 간섭 및 방지법에 대하여 설명하시오.
4. 보(beam)의 단면 형상 중에서 I형(또는 H형) 단면 보가 여러 가지 단면의 보 중에서 가장 널리 사용되는 이유를 설명하시오.
5. 배관의 감육(wall-thinning)에 대하여 설명하시오.
6. 디젤 엔진 오일에서 첨가제의 종류와 기능에 대하여 설명하시오.
7. 디젤 연료의 착화성에 대하여 설명하시오.
8. 타이어식 건설기계에서 공기압이 타이어의 수명에 미치는 영향에 대하여 설명하시오.
9. 건설기계에서 사용되는 과급기의 종류와 사용상의 장·단점에 대하여 설명하시오.
10. 건설기계의 작업 효율에 영향을 미치는 요소를 설명하시오.
11. 하이브리드 굴삭기(hybrid excavator)의 특징과 주요부의 동작에 대하여 설명하시오.
12. 강(steel)에 포함된 Si, Mn, P, S, Cu의 원소가 강에 미치는 영향에 대해 기술하시오.
13. 롤러 베어링의 구조와 장·단점을 설명하시오.

제2교시 / 시험시간: 100분

※ 다음 6문제 중 4문제를 선택하여 설명하십시오. (각 25점)

1. TBM(Tunnel Boring Machine)의 기능과 시공에 따른 장·단점을 설명하시오.
2. 펌프식(pump type) 준설선을 정의하고, 작업 요령, 구조와 기능, 특징 및 준설 능력에 대하여 설명하시오.
3. 건설기계의 유압 장치에서 사용되는 실(seal)의 요구 조건에 대하여 설명하시오.
4. 유압용 압력 제어 밸브의 종류와 특징에 대하여 설명하시오.
5. 건설 공사 표준 품셈의 기계손료(ownership cost)를 산정하고자 한다. 기계손료에 포함되는 항목과 특징, 그리고 계산식을 설명하시오.
6. 유동층 소각로(fluidized incinerator)의 특성 및 장·단점에 대하여 설명하시오.

제3교시 / 시험시간: 100분

※ 다음 6문제 중 4문제를 선택하여 설명하십시오. (각 25점)

1. 디젤 엔진에서 크랭크축의 절손 원인에 대하여 설명하시오.
2. 응력 부식 파괴(SCC : Stress Corrosion Cracking)와 수소 취성 파괴(HEC : Hydrogen Embrittlement Cracking)에 대하여 설명하시오.
3. 유압 장치에서 공기 혼입 현상(aeration)이 생기는 원인과 대책에 대해 설명하시오.
4. 다짐용 건설기계에서 다짐에 이용되는 힘에 대해 설명하시오.
5. 건설기계의 주행 시 생성되는 4가지 저항에 대하여 설명하시오.
6. 용접 결함을 분류하고, 발생 원인과 대응책을 설명하시오.

제4교시 / 시험시간: 100분

※ 다음 6문제 중 4문제를 선택하여 설명하십시오. (각 25점)

1. 플랜트(plant) 배관의 검사(inspection) 및 시험(test)에 대하여 설명하시오.
2. 플랜트(plant) 공사(발전 설비, 석유 화학)에서 공사 계획 수립 시 고려해야 할 사항에 대하여 설명하시오.
3. 굴삭기의 성능 시험을 위한 준비 과정에 대해 설명하시오.
4. 유압 작동체(hydraulic actuator)의 속도를 제어하는 3가지 기본 회로를 그리고 설명하시오.
5. 불활성 가스 아크 용접의 2가지에 대하여 설명하시오.
6. 석탄 가스화 복합 발전(IGCC)의 개요와 기술 경향(technical trend)에 대하여 설명하시오.

| 2014년 | 건설기계기술사 제102회

 제1교시 / 시험시간: 100분

※ 다음 13문제 중 10문제를 선택하여 설명하십시오. (각 10점)

1. 건설기계관리법에 따른 건설기계정비업의 작업 범위에서 제외되는 행위에 대하여 설명하시오.
2. 기계 가공에서 끼워맞춤 종류에 대하여 설명하시오.
3. 정압 비열(C_p)과 정적 비열(C_v)에 대하여 설명하시오.
4. 기계요소의 크리프(Creep) 현상에 대하여 설명하시오.
5. 전력 수급 비상(電力需給非常) 5단계에 대하여 설명하시오.
6. 물의 임계점(臨界點, Critical Point)에 대하여 설명하시오.
7. 건설기계용 중력식 Mixer와 강제식 Mixer를 비교 설명하시오.
8. 금속 재료의 경도 시험에 대하여 설명하시오.
9. 에너지 저장 장치(ESS : Energy Storage System)에 대하여 설명하시오.
10. 건설기계에 사용되는 와이어 로프(Wire Rope)의 검사 기준에 대하여 설명하시오.
11. 내연 기관에서 피스톤 링의 작용과 구비 조건에 대하여 설명하시오.
12. 공작 기계로 가공물을 절삭할 때 발생되는 절삭 저항의 3분력에 대하여 설명하시오.
13. 용접에서 열 영향부(HAZ : Heat Affected Zone)에 대하여 설명하시오.

 제2교시 / 시험시간: 100분

※ 다음 6문제 중 4문제를 선택하여 설명하십시오. (각 25점)

1. 연소 배기가스의 탈질 설비 중 선택적 촉매 환원법(SCR : Selective Catalytic Reduction)에 대하여 설명하시오.
2. 공기 부상 벨트 컨베이어(FDC : Flow Dynamics Conveyor)에 대하여 설명하시오.
3. 피로 한도(Fatigue Limit) 및 피로 현상 요인에 대하여 설명하시오.
4. 건설 장비용 윤활유의 역할 및 구비 조건에 대하여 설명하시오.
5. 수중 토사 굴삭 및 준설 작업에 사용되는 펌프 준설선에 대하여 설명하시오.
6. 미끄럼 베어링의 요구 특성에 대하여 설명하시오.

제3교시 시험시간: 100분

※ 다음 6문제 중 4문제를 선택하여 설명하십시오. (각 25점)

1. T형 타워 크레인(Tower Crane) 설치 순서 및 텔레스코핑(Telescoping) 작업 시 주의 사항에 대하여 설명하시오.
2. 게이트 밸브(Gate Valve)의 용도 및 구성 요소에 대하여 설명하시오.
3. 구조용 강의 Ni, Cr, Mn, Si, Mo 및 S의 역할에 대하여 설명하시오.
4. 화력 발전과 원자력 발전에 대하여 설명하고 각각의 장단점에 대하여 설명하시오.
5. 건설기계용 유압 작동유의 구비 조건과 건설 현장에서 유압 작동유 관리(管理)에 대하여 설명하시오.
6. 건설 현장 용접 작업 시 잔류 응력 발생 원인과 완화 대책에 대하여 설명하시오.

제4교시 시험시간: 100분

※ 다음 6문제 중 4문제를 선택하여 설명하십시오. (각 25점)

1. 수소 연료 전지 발전(發展)에 대하여 설명하시오.
2. 탄소강의 조직과 성질에 대하여 설명하시오.
3. 유압 크레인 붐(Hydraulic Crane Boom)의 자연 하강 원인과 방지 대책에 대하여 설명하시오.
4. 내연 기관 피스톤 링의 플러터(Flutter) 현상이 기관(Engine)에 미치는 영향과 대책에 대하여 설명하시오.
5. 플랜트 EPC(Engineering Procurement Construction) 사업 수행 시 발주처(Inventor)와 시공사(Constructor)의 역할에 대하여 설명하시오.
6. 타워 크레인(Tower Crane)의 운용 관리 시스템(System)에 대하여 설명하시오.

| 2015년 | 건설기계기술사 제105회

제1교시 / 시험시간: 100분

※ 다음 13문제 중 10문제를 선택하여 설명하십시오. (각 10점)

1. 고속 회전체에 대하여 설명하고, 회전 시험하는 경우 비파괴 검사를 실시해야 하는 대상을 설명하시오.

2. 화력 발전소 보일러의 보일러 수(水)의 이상 현상인 프라이밍(priming)과 캐리오버 (carry over) 현상에 대하여 설명하시오.

3. 갈바닉 부식(galvanic corrosion)에 대하여 설명하시오.

4. α-황동 또는 귀금속 합금에 많이 나타나는 바우싱거 효과(bauschinger effect)에 대하여 설명하시오.

5. 밸브의 유량 특성을 나타내는 유량 계수 K값에 대하여 설명하시오.

6. 다음 금속 조직 중 강도가 큰 것부터 차례로 나열하고, 각 특성에 대하여 설명하시오.

   > 마텐자이트(martensite), 페라이트(ferrite), 베이나이트(bainite), 오스테나이트(austenite)

7. 기어(gear)에서 치형 곡선의 접촉점이 그리는 궤적의 차이를 중심으로 하여 사이클로이드(cycloid) 치형과 인벌류트(involute) 치형의 차이에 대하여 설명하시오.

8. 기어(gear)에서 물림률(contact ratio)의 정의 및 값의 범위에 대하여 설명하시오.

9. 엔진 베어링에서 스프레드(spread)에 대하여 설명하시오.

10. 타이어식 크레인의 설치 시 고려해야 할 사항 8가지에 대하여 설명하시오.

11. 굴삭기에 이용되는 암(arm) 또는 스틱(stick)을 정의하고 종류와 특징에 대하여 설명하시오.

12. 불도저 리핑 작업에서 리퍼 생크(ripper shank)의 길이 선정에 영향을 주는 요소 2가지에 대하여 설명하시오.

13. 탄소강을 단조 가공할 때 주의하여야 하는 온도 영역 및 그 온도 영역에서의 탄소강의 특성 변화를 설명하시오.

제2교시 / 시험시간: 100분

※ 다음 6문제 중 4문제를 선택하여 설명하십시오. (각 25점)

1. 유압 기기에 사용되는 축압기(accumulator)와 유압 실린더의 쿠션(cushion) 장치에 대하여 설명하시오.

2. 건설기계의 피로 파손에 대하여 설명하시오.

3. 모터 그레이더의 작업 종류에 대하여 설명하시오.

4. 플랜트 건설 현상의 건설기계 사용 계획을 수립할 때 고려해야 할 사항에 대하여 설명하시오.

5. 미끄럼 베어링(sliding bearing)에서 오일 휩(oil whip)의 정의와 방지법에 대하여 설명하시오.

6. 건설 현장에서 크레인에 사용되는 용어 가운데에서 "안정한계 총하중"과 "정격 총하중"을 비교 설명하고, 타이어식 기중기에서 정격 총하중이 100톤일 때 안정한계 총하중 값을 구하시오. (단, 필요한 경우 훅(hook)의 자중은 2톤으로 한다.)

제3교시 / 시험시간: 100분

※ 다음 6문제 중 4문제를 선택하여 설명하십시오. (각 25점)

1. 건설기계에서 발생하는 다음의 마모 종류에 대하여 설명하시오.
(연마성 마모, 점착성 마모, 침식성 마모, 공동 현상 침식 마모)

2. 건설기계에서 회전 저항(rolling resistance)을 정의하고 그 발생 원인에 대하여 설명하시오.

3. 롤러(roller)의 규격 표시 방법 및 타이어 밸러스트(ballast)에 대하여 설명하시오.

4. 용접 결과에 영향을 미치는 사항(용접 전류, 아크 전압, 용접 속도, 홈 각도, 용제)에 대하여 설명하시오.

5. 수중 펌프의 구조 및 특징에 대하여 설명하시오.

6. 강(鋼)의 열처리 방법 중 심냉(sub-zero) 열처리를 하지 않는 경우 재료의 체적 또는 길이의 변화가 발생하는 원인에 대하여 설명하시오.

제4교시 / 시험시간: 100분

※ 다음 6문제 중 4문제를 선택하여 설명하십시오. (각 25점)

1. 가압 유동층 연소(PFBC : Pressurized Fluidized Bed Combustion) 발전 플랜트의 구성 및 운영상의 특징에 대하여 설명하시오.

2. 구름 베어링(rolling bearing)의 수명 계산식을 설명하시오.

3. 클린 디젤 엔진의 구성 요소에 대하여 설명하시오.

4. 오일 분석의 정의, 장점 및 방법에 대하여 설명하시오.

5. 건설기계의 구비 요건과 선정 시 고려 사항을 설명하시오.

6. 건설기계의 작업 안전 대책에 대하여 설명하시오.

| 2015년 | **건설기계기술사 제107회**

제1교시 / 시험시간: 100분

※ 다음 13문제 중 10문제를 선택하여 설명하십시오. (각 10점)

1. 토크 컨버터(torque converter)를 구성하는 3요소에 대하여 설명하시오.
2. 유체기계에서의 공동 현상(cavitation)에 대하여 설명하시오.
3. S-N 곡선에 대하여 설명하시오.
4. 윤활은 상대 운동을 하는 미끄럼 표면들을 분리시키는 정도에 따라 3가지로 분류된다. 이에 대해 설명하시오.
5. 연강의 응력 변형률 선도를 그리고, 탄성 에너지에 대하여 설명하시오.
6. 관성 반경(회전 반경) K에 대하여 설명하시오.
7. 해양 소수력 발전에 대하여 설명하시오.
8. 온실가스 배출 거래제(emission trading scheme)에 대하여 설명하시오.
9. 베어링(bearing)의 접촉 상태 및 하중 방향에 따라 분류하고 설명하시오.
10. 피스톤링(piston ring)의 3가지 작용에 대하여 설명하시오.
11. 공작 기계의 절삭 저항의 3분력에 대하여 설명하시오.
12. 내연 기관의 과급 장치 역할과 효과에 대하여 설명하시오.
13. 와이어 로프(wire rope)를 꼬는 방법에 있어서 보통꼬임과 랭꼬임에 대해 설명하시오.

제2교시 / 시험시간: 100분

※ 다음 6문제 중 4문제를 선택하여 설명하십시오. (각 25점)

1. 건설 공사 표준 품셈에서 규정한 건설기계의 기계 경비를 구성하는 4가지 항목에 대하여 설명하시오.
2. 건설기계의 시공 능력을 표현하는 식과 구성 항목을 설명하시오.
3. 해양 플랜트 중 FLNG(Floating Liquid Natural Gas) 플랜트에 대하여 설명하시오.
4. 연소 배기가스의 탈황 제거 설비인 석회석 석고법에 대하여 설명하시오.
5. 운반 기계 중에서 체인을 이용한 컨베이어의 3가지 종류와 그 특징을 설명하시오.
6. 축 설계 시 고려 사항 5가지에 대하여 설명하시오.

제3교시 / 시험시간: 100분

※ 다음 6문제 중 4문제를 선택하여 설명하십시오. (각 25점)

1. 디젤 엔진에서 배출되는 유해 배출 가스의 종류 4가지와 유해 배출 가스 저감 장치에 대하여 설명하시오.

2. 토공용 건설기계의 작업 장치인 버킷(bucket)에 대한 용량 표시 방법인 산적(heaped capacity)과 평적(struck capacity)에 대하여 설명하시오.

3. 제철용 플랜드 중 제강법을 분류하고 파이넥스(finex) 공법의 특징에 대하여 설명하시오.

4. 발전용(發電用) 터빈 발전기의 터닝 기어(turning gear)에 대하여 설명하시오.

5. 용접 구조물의 잔류 응력 경감, 완화 및 변형 방지 대책에 대하여 설명하시오.

6. 플랜트 건설에 적용되는 민간 투자 제도 사업 방식에서 BTO(Build Transfer Operate)와 BTL(Build Transfer Lease)에 대해 설명하시오.

제4교시 / 시험시간: 100분

※ 다음 6문제 중 4문제를 선택하여 설명하십시오. (각 25점)

1. 기중기(crane)의 전도 하중(tipping load)과 정격 하중(rated load)과의 관계에 대하여 설명하시오.

2. 건설기계의 안정성을 위해 카운터 웨이트(counter weight)가 설치되는 건설기계 3종에 대하여 기능과 특징을 설명하시오.

3. 원자력 플랜트 중 발전용 원자로와 비교하여 한국형 스마트(SMART) 원자로의 특징에 대하여 설명하시오.

4. 발전용 플랜트 중 가스 터빈에 적용하는 브레이턴 사이클(brayton cycle)의 특징에 대하여 설명하시오.

5. 미끄럼 베어링의 요구 특성 4가지와 마찰열 방산 방법 2가지를 설명하시오.

6. 디젤 기관의 착화 지연 원인과 방지책에 대하여 설명하시오.

| 2016년 | 건설기계기술사 제108회

제1교시 / 시험시간: 100분

※ 다음 13문제 중 10문제를 선택하여 설명하십시오. (각 10점)

1. 디젤기관의 배기량 및 압축비에 대하여 설명하시오.

2. 와이어 로프의 안전율 설정에 대하여 설명하시오.

3. 유압회로에서의 유격현상(油擊現象 : oil hammering)의 발생 원인에 대하여 설명하시오.

4. 전위치차의 사용목적과 장단점을 각각 3가지씩 설명하시오.

5. 슬라이딩 베어링(sliding bearing)의 오일 휩(oil whip)의 특징 및 방지법에 대하여 설명하시오.

6. 다음에 제시하는 금속의 기계적, 물리적 성질에 대하여 설명하시오.

   비열(specific heat), 경도(hardness), 가단성(malleability), 연성(ductility), 항복점(yield point)

7. 플랜트(plant)의 철 구조물의 부식방지 방법에 대해 설명하시오.

8. 유압장치에서 작동유의 유온상승 방지 대책 5가지를 설명하시오.

9. 항타 및 항발기 조립 시 점검사항 5가지에 대하여 설명하시오.

10. 재료의 관성모멘트와 단면계수에 대하여 설명하시오.

11. 2,000N의 중량물을 1.5m/s 속도로 들어올리는 윈치(winch)의 소요동력을 계산하시오. (단, 윈치의 효율은 70%이다.)

12. 삼각나사(triangular thread)의 종류 3가지를 열거하고, 각각 나사의 크기 표시법에 대하여 설명하시오.

13. 플랜트의 배관의 열팽창 문제 및 대책에 대하여 설명하시오.

제2교시 / 시험시간: 100분

※ 다음 6문제 중 4문제를 선택하여 설명하십시오. (각 25점)

1. 공기압축기를 용도별로 분류하고, 각각의 특성과 소음 및 진동에 대하여 설명하시오.

2. 해외에 플랜트(plant)를 수출할 때 공급자의 준비절차와 공정별 중점 점검항목에 대하여 설명하시오.

3. 교량용 이동식 가설구조물 작업 시 구조계산서와 설계도면의 준비 내용에 대하여 설명하시오.

4. 유압회로 설계 시 고려되어야 할 기본적 사항에 대하여 설명하시오.

5. 소각로의 종류 3가지를 나열하고 각각의 장점과 단점에 대하여 설명하시오.

6. 구조용 강의 용접 시공 시 열에 의한 재료에 미치는 영향에 대하여 설명하시오.

제3교시 / 시험시간: 100분

※ 다음 6문제 중 4문제를 선택하여 설명하십시오. (각 25점)

1. 천정 크레인(over head crane) 설계 및 유지보수 관리에 대하여 설명하시오.

2. 고장력 볼트의 접합종류와 검사방법에 대하여 설명하시오.

3. 토크 컨버터(torque converter)의 기능과 성능에 대하여 설명하시오.

4. 스테인리스강(stainless steel)의 종류 2가지와 각각의 특성 및 용도에 대하여 설명하시오.

5. 불도저(bull dozer)의 배토판(blade)의 형상에 의한 분류와 작업능력 산정에 대하여 설명하시오.

6. 곤돌라(gondola)의 설치방법에 따른 분류와 안전장치에 대하여 설명하시오.

제4교시 / 시험시간: 100분

※ 다음 6문제 중 4문제를 선택하여 설명하십시오. (각 25점)

1. 탄소 함량에 따른 탄소강의 종류를 3가지로 나열하고, 각각의 용도와 열처리 방법에 대하여 설명하시오.

2. 건설기계의 설계 시 고려되어야 할 구비조건에 대해서 설명하시오.

3. 디젤기관과 가솔린기관 각각의 장단점 3가지와 각 기관의 향후 기술 발전 방향에 대하여 설명하시오.

4. 이동식 크레인(crane)의 설치 및 작업 시 유의사항에 대하여 설명하시오.

5. 회전형 펌프(rotary pump)를 3가지로 분류하고, 각각의 기능과 특징에 대하여 설명하시오.

6. 설비의 비정상적인 진동요인을 분류하고, 요인별 진동 원인에 대하여 설명하시오.

| 2016년 | 건설기계기술사 제110회

제1교시 / 시험시간: 100분

※ 다음 13문제 중 10문제를 선택하여 설명하십시오. (각 10점)

1. 이삿짐 운반용 리프트를 사용하여 작업할 경우 이삿짐 운반용 리프트의 전도를 방지하기 위하여 사업주가 준수하여야 할 사항에 대하여 설명하시오.

2. 정압, 동압, 전압, 정압 회복에 대하여 설명하시오.

3. 건설기계의 유압화의 장점을 설명하시오.

4. 크레인의 사용 하중(작업 하중), 임계 하중, 정격 하중, 시험 하중에 대하여 설명하시오.

5. 보일러의 부속 장치 중 과열기, 절탄기, 공기 예열기, 어큐뮬레이터의 역할에 대하여 설명하시오.

6. 천장형 크레인에 적용되는 제동용 브레이크 중 교류 전자 브레이크(AC magnetic brake)에 대한 사용 기준, 작동 원리, 점검 방법에 대하여 설명하시오.

7. 건설기계 안전 기준에 관한 규칙 제20조에 따른 지게차 마스트의 전경각, 후경각 정의를 설명하고, 카운터 밸런스형과 사이드 포크형으로 구분하여 전경각, 후경각 기준을 설명하시오.

8. 용접 시 발생되는 용접 잔류 응력(welding residual stress) 원인 및 경감, 완화 대책에 대하여 설명하시오.

9. 절삭 작업 시 사용되는 절삭 공구의 마멸 현상 3가지에 대하여 설명하시오.

10. 용접부의 성질 결함 중 용접 열 영향부(HAZ ; Heat Affected Zone)에 대하여 설명하시오.

11. 릴리프 밸브(relief valve)와 채터링(chattering)에 대하여 설명하시오.

12. 크리프 한도(creep limit)에 대하여 설명하시오.

13. 와이어 로프(wire rope)의 폐기 판단 및 검사 기준에 대하여 설명하시오.

제2교시 / 시험시간: 100분

※ 다음 6문제 중 4문제를 선택하여 설명하십시오. (각 25점)

1. 해상 크레인(floating crane) 개요 및 구조, 선정 시 고려 사항, 중량물 인양 원리에 대하여 설명하시오.

2. 기계 부품이 파손될 때 나타나는 파괴 양식인 연성 파괴, 취성 파괴, 피로 파괴에 대하여 설명하시오.

3. 공압 시스템에서 수분을 제거하는 건조기 및 건조 방식에 대하여 설명하시오.

4. 용접부 결함 중 구조상 결함의 원인과 방지 대책에 대하여 설명하시오.

5. 벨트 컨베이어의 특성과 벨트 컨베이어의 안전장치에 대하여 설명하시오.

6. 산업 안전 기준에 따른 양중기(揚重機)를 분류하고 역할에 대하여 설명하시오.

제3교시 / 시험시간: 100분

※ 다음 6문제 중 4문제를 선택하여 설명하십시오. (각 25점)

1. 준설선 선정 시 고려 사항 및 펌프 준설선의 기능, 구조 및 장단점에 대하여 설명하시오.

2. 체결용 나사의 경우 리드각을 마찰각보다 작게 하여 자립 상태가 유지되도록 설계되어 있으나 실제에 있어서 진동, 충격, 하중의 변화 등에 의하여 나사가 풀려 기계의 파손을 일으킬 우려가 있다. 이를 방지하기 위하여 적용하는 나사의 "풀림 방지 대책"에 대하여 설명하시오.

3. 최근 건설 현장의 지원 모니터링 시스템인 RFID(Radio Frequency Identification), 스테레오 비전(Stereo Vision), 레이저 기술에 대하여 설명하시오.

4. 원심 펌프의 비속도를 정의하고, 비속도의 크기가 커짐에 따라 반경류형에서 축류형으로 변하는 이유를 설명하시오.

5. 소각로 플랜트 등의 연소 장치에서 발생하는 질소 산화물(NOx)을 제어할 수 있는 방법을 연소에 의한 방법, 탈질 장치에 의한 방법으로 구분하여 설명하시오.

6. 건설기계에 사용되는 디젤 엔진의 연소 과정과 노크 방지법에 대하여 설명하시오.

제4교시 / 시험시간: 100분

※ 다음 6문제 중 4문제를 선택하여 설명하십시오. (각 25점)

1. 두 축을 연결하여 토크를 전달하는 기계 요소를 축이음이라 한다. 축이음에는 운전 중에 단속할 수 없는 영구 축이음(coupling)과 운전 중에 자유자재로 단속할 수 있는 클러치(clutch)가 있는데, 여기서 영구 축이음(coupling)을 분류하고 영구 축이음(coupling)의 설계 시 고려 사항에 대하여 설명하시오.

2. 회전 운동용 베어링에는 접촉 상태에 따라 구름 베어링(roller bearing)과 미끄럼 베어링(slide bearing)으로 구분할 수 있는데, 이에 대하여 비교 설명하시오.

3. 압력 용기의 정의 및 적용 범위, 설계 안전상의 안전 대책에 대하여 설명하시오.

4. CM(Construction Management)의 특징, 분류, 사업 단계별 주요 업무와 국내 현황에 대하여 설명하시오.

5. Plant 건설 후 시운전 개요 및 종류에 대하여 설명하시오.

6. 차량계 건설기계 중 백호(backhoe) 사용 시 예상되는 위험 요인 및 예방 대책에 대하여 설명하시오.

| 2017년 | 　　**건설기계기술사 제111회**

제1교시 　시험시간: 100분

※ 다음 13문제 중 10문제를 선택하여 설명하십시오. (각 10점)

1. 건설기계의 구비 조건에 대하여 설명하시오.
2. 축간 거리(Wheel base)와 윤간 거리(Tread)에 대하여 설명하시오.
3. 구름 베어링의 정격 수명(Rating Life)에 대하여 설명하시오.
4. 철골 작업 중지 조건에 대하여 설명하시오.
5. 배관 부식 방지 대책에 대하여 설명하시오.
6. 전자 제어 커먼레일(Common Rail) 시스템의 입력 장치에 대하여 설명하시오.
7. 가변 용량 토크 컨버터(Variable Capacity Torque Converter)에 대하여 설명하시오.
8. 타이어식 롤러에 사용되는 밸러스트(Ballast)에 대하여 설명하시오.
9. 다음 유압 기호의 용어 및 작동에 대하여 설명하시오.

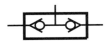

10. 지게차의 전·후 안정도에 대하여 설명하시오.
11. 기중기의 와이어 로프 안전율에 대하여 설명하시오.
12. 건설기계의 하이드로스테틱 구동(Hydrostatic Drive) 방식에 대하여 설명하시오.
13. 베르누이 방정식에서 전수두, 압력 수두, 속도 수두, 위치 수두에 대하여 설명하시오.

제2교시 　시험시간: 100분

※ 다음 6문제 중 4문제를 선택하여 설명하십시오. (각 25점)

1. 유해 배출 가스 저감을 위한 EGR(Exhaust Gas Recirculation) 장치와 EGR율에 대하여 설명하시오.
2. 공동 현상(cavitation)의 발생 원인, 발생 현상 및 방지 대책에 대하여 설명하시오.
3. 타워 크레인 기종 선택 시 유의 사항과 설치 순서에 대하여 설명하시오.
4. 철강 구조물의 파괴 원인과 대책에 대하여 설명하시오.
5. 건설기계의 구배 저항과 회전 저항에 대하여 설명하시오.
6. 이동식 크레인의 선정 시 고려할 사항에 대하여 설명하시오.

제3교시 / 시험시간: 100분

※ 다음 6문제 중 4문제를 선택하여 설명하십시오. (각 25점)

1. 용접 작업 시 발생하는 용접 응력의 방지법에 대하여 설명하시오.
2. 건설기계에 사용되는 유압 펌프의 선택 기준에 대하여 설명하시오.
3. 건설기계 안전 기준에 관한 규칙에서 정하는 건설기계의 무선 원격 제어기 요건과 타워 크레인의 무선 원격 제어기 요건을 각각 설명하시오.
4. 강의 표면 경화법에 대하여 설명하시오.
5. 건설기계 안전 사고의 직접과 간접 원인, 방지책에 대하여 설명하시오.
6. 강구조물 도장 작업에서 표면 처리 방법과 도장 절차에 대하여 설명하시오.

제4교시 / 시험시간: 100분

※ 다음 6문제 중 4문제를 선택하여 설명하십시오. (각 25점)

1. 건설기계의 근원적 안전과 관련된 Fool Proof와 Fail Safe 개념 및 적용 사례에 대하여 설명하시오.
2. 기둥의 좌굴, 세장비, 오일러의 좌굴 하중에 대하여 설명하시오.
3. 유체기계에서 발생하는 서징(Surging)과 수격 작용(Water Hammering)에 대하여 설명하시오.
4. 비파괴 검사법 중 초음파 탐상 시험법과 침투 탐상 시험법에 대하여 설명하시오.
5. 건설기계의 유압 회로에서 오픈 센터(Open Center) 회로와 클로즈드 센터(Closed Center) 회로에 대하여 설명하시오.
6. 굴삭기의 사이클 타임과 사이클 타임에 영향을 주는 요소에 대하여 설명하시오.

| 2017년 | **건설기계기술사 제113회**

제1교시 / 시험시간: 100분

※ 다음 13문제 중 10문제를 선택하여 설명하십시오. (각 10점)

1. 지게차에 사용되는 타이어 및 동력원의 종류에 대하여 설명하시오.
2. 고정식 타워 크레인의 지지 방법에 대하여 설명하시오.
3. 역류방지 밸브 종류 중 하나인 논슬램 체크밸브(Non Slam Check Valve)에 대하여 설명하시오.
4. 건설기계가 갖추 야할 기본 요구조건에 대하여 설명하시오.
5. 굴삭기의 주행장치에 따른 주행속도에 대하여 설명하시오.
6. 나사표기법에 의거하여 표기된 '2N M20x1.5'에 대하여 설명하시오.
7. 축의 위험속도 및 위험속도식에 대하여 설명하시오.(단, 축이 중앙에 한 개의 회전질량을 가진 축이며 자중은 무시)
8. 공정표 표시방법 중 ADM(Arrow Diagram Method), PDM(Precedence Diagram Method)에 대하여 설명하시오.
9. 건설기계 안전기준에 관한 규칙에서 정하는 타워 크레인의 정격하중, 권상하중, 자립고에 대하여 설명하시오.
10. 강의 성질에 영향을 미치는 Si(규소), Mn(망간), Ni(니켈), P(인), S(황)의 효과에 대하여 설명하시오.
11. 열역학 기본법칙(열역학 0~3법칙)에 대하여 설명하시오.
12. 축전지에서 충전하고 방전할 때의 화학식을 쓰고, 축전지의 필요조건을 설명하시오.
13. 안전보건 기술지침(KOSHA GUIDE)에 명시되 있는 특별표지 부착대상 건설기계에 대하여 설명하시오.

제2교시 / 시험시간: 100분

※ 다음 6문제 중 4문제를 선택하여 설명하십시오. (각 25점)

1. 보일러 사용시 보일러수 관리를 위한 블로우다운(Blow-Down)에 대하여 설명하시오.
2. PTO(Power Take Off)를 설명하고, 건설기계에 사용되는 용도를 설명하시오.
3. 크레인의 임계하중(Tipping Load)과 아웃트리거(Outrigger)에 대하여 설명하시오.
4. 용접시 발생하는 균열 중 고온균열과 저온균열에 대하여 설명하시오.

5. 윤활유의 기능과 마찰 종류에 대하여 설명하시오.

6. 소각설비에서 사용되는 배출가스 방지설비 중 집진장치의 종류 6가지 및 각각의 특성에 대하여 설명하시오.

제3교시 / 시험시간: 100분

※ 다음 6문제 중 4문제를 선택하여 설명하십시오. (각 25점)

1. 벨트 컨베이 (Belt Conveyor)설비 계획시 고려사항에 대하여 설명하시오.

2. 유압 브레이크에 사용되는 탠덤 마스터 실린더(Tandem Master Cylinder)의 구조와 작동에 대해 설명하시오.

3. 콘크리트 믹서 트럭의 드럼 회전 방식에 대해 설명하시오.

4. 중장비(Heavy Equipment)설치시 장비 사용계획(Rigging Plan)에 대하여 설명하시오.

5. 하이포이드 기(Hypoid Gear)에 대하여 설명하고, 장·단점에 대하여 기술하시오.

6. 수해지역 복구시 투입되는 건설기계 종류 및 복구 작업시 고려사항에 대하여 설명하시오.

제4교시 / 시험시간: 100분

※ 다음 6문제 중 4문제를 선택하여 설명하십시오. (각 25점)

1. 배관의 자중 및 온도변화, 진동 등으로 발생되는 응력(Stress)을 줄여주는 배관 지지장치의 종류와 기능에 대하여 설명하시오.

2. 배관 플랜지(Flange)의 용도 및 종류를 설명하시오.

3. 과급기의 종류에 대하여 설명하고, 과급기 제 방식인 Compressor Blow Off System과 Exhaust Waste Gate에 대하여 설명하시오.

4. 유압펌프의 종류와 소 음 발생원인 및 대 책 을 설명하시오.

5. 고압의 유체를 사용하는 원 통형 압력용기 내 에서 발생하는 응력(원주방향, 축방향)에 대하여 설명하시오.

6. 4차 산업혁명에 대하여 설명하고, 건설기계분야에서 적용될 수 있는 사례 및 응용분야에 대하여 설명하시오.

| 2018년 | 건설기계기술사 제114회

제1교시 / 시험시간: 100분

※ 다음 13문제 중 10문제를 선택하여 설명하십시오. (각 10점)

1. 건설기계의 사용 목적에 적합한 유압 모터를 선정하고 그 회로를 결정하는 순서에 대하여 설명하시오.
2. 디젤엔진에 사용되는 인터쿨러(intercooler) 또는 애프터쿨러(aftercooler)에 대하여 설명하시오.
3. 건설기계관리법에 의한 롤러(roller)의 구조 및 규격 표시 방법에 대하여 설명하시오.
4. 유체기계 등에 사용되는 O-링의 구비조건에 대하여 5가지만 설명하시오.
5. 엔진 베어링의 크러시(crush)에 대하여 설명하시오.
6. 기어펌프의 폐입현상에 대하여 설명하시오.
7. 플랜트 구조물 설계에 사용되는 재료의 허용응력을 정하기 위한 안전계수 결정 시 고려 사항에 대하여 설명하시오.
8. 건설기계 검사의 종류에 대하여 설명하시오.
9. 타워 크레인의 텔레스코핑 케이지(telescoping cage)에 대하여 설명하시오.
10. 증기보일러에서 사용되는 증기축압기(steam accumulator) 중 변압식과 정압식에 대하여 설명하시오.
11. 용접 결함 중 용입부족에 대하여 설명하시오.
12. 금속재료의 피로파괴에 대하여 설명하시오.
13. 미끄럼 베어링의 구비조건에 대하여 5가지만 설명하시오.

제2교시 / 시험시간: 100분

※ 다음 6문제 중 4문제를 선택하여 설명하십시오. (각 25점)

1. 휠형 로더의 전도하중(static tipping load) 및 버킷 용량에 대하여 설명하시오.
2. 용접균열방지법을 예열, 용접재료 및 용접시공 측면에서 설명하시오.
3. 건설기계에 사용되는 각종 와이어 로프(wire rope)의 꼬임방법, 공식에 의한 선정방법 및 사용상 주의사항에 대하여 설명하시오.
4. 플랜트 배관의 기밀시험에 대하여 설명하시오.

5. 신재생에너지 중 수소의 제조방식에 대하여 설명하시오.
6. 유압 작동유의 구비조건과 첨가제에 대하여 설명하시오.

제3교시 시험시간: 100분

※ 다음 6문제 중 4문제를 선택하여 설명하십시오. (각 25점)

1. 타워 크레인의 안전검사 중 권상장치의 점검사항에 대하여 설명하시오.
2. 건설기계 등의 구성품(부품)파손에서 원인해석을 위한 일반적인 파손분석 순서에 대하여 설명하시오 .
3. 유체기계에서 축봉장치의 필요성 및 종류에 대하여 설명하시오.
4. 유압펌프의 소음발생 조건 및 방지법에 대하여 설명하시오.
5. 배관공사 완료 시 플러싱(flushing)작업의 이유와 방식에 대하여 설명하시오.
6. 아래 그림의 생활폐기물 소각로에서 각 지점(①, ②, ③, ④)의 온도제어 범위와 이유를 설명하고 , TMS(Tele-Monitoring System)에서 측정되는 대기오염가스를 제어하는 설비(ⓐ, ⓑ, ⓒ, ⓓ, ⓔ)에 대하여 설명하시오 .

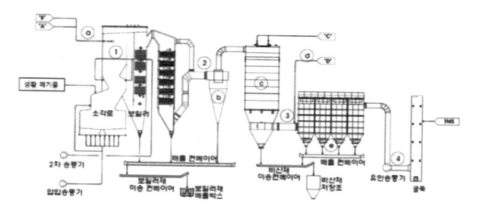

제4교시 시험시간: 100분

※ 다음 6문제 중 4문제를 선택하여 설명하십시오. (각 25점)

1. 디젤엔진 배기가스 저감장치 중 전처리 장치의 적용방식에 대하여 설명하시오.
2. 콘크리트 펌프의 개요를 설명하고, 구동방법에 따라 3가지로 분류한 후 각각에 대하여 설명하시오.

3. 금속의 방식(anticorrosion)에 대하여 설명하시오.

4. 유압장치에서 발생하는 이상현상에 대하여 설명하시오.

5. 원심펌프 진동의 기계적 원인과 방지대책에 대하여 설명하시오.

6. 하수처리장 혐기소화가스의 특성과 가스 중 황화수소를 제거하는 기술에 대하여 설명하시오.

| 2018년 | 건설기계기술사 제116회

제1교시 시험시간: 100분

※ 다음 13문제 중 10문제를 선택하여 설명하십시오. (각 10점)

1. 굴삭기의 시간당 작업량에 대하여 설명하시오.
2. 건설기계의 시공능력 산정기본식에 대하여 설명하시오.
3. 붐 권상드럼의 역회전 방지장치에 대하여 설명하시오.
4. 안전인증 및 안전검사 대상 유해·위험기계에 속하는 건설기계에 대하여 설명하시오.
5. 기계재료의 피로파괴에 대하여 설명하시오.
6. 축의 위험속도에 대하여 설명하시오.
7. 그림과 같은 단순보에 4 kN과 3.5 kN의 집중하중이 작용하고 있는 경우 지점의 반력 R_A, R_B를 구하시오.

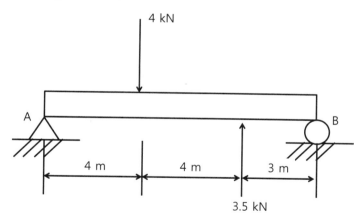

8. 세장비에 대하여 설명하시오.
9. 연강에 대한 응력-변형률 선도를 그리고 탄성구간과 소성구간에 대하여 설명하시오.
10. 응력집중계수에 대하여 설명하시오.
11. 하중의 종류에 대하여 설명하시오.
12. 증발가스처리설비 중 증발가스압축기, 재액화기, 소각탑에 대하여 설명하시오.
13. 복합발전 사이클에 대하여 설명하시오.

제2교시 시험시간: 100분

※ 다음 6문제 중 4문제를 선택하여 설명하십시오. (각 25점)

1. 체인전동의 장단점과 속도변동률에 대하여 설명하시오.
2. 강의 표면경화법에 대하여 설명하시오.
3. 콘크리트 압송타설장비의 종류를 열거하고 각각의 장단점을 비교하여 설명하시오.
4. 타워 크레인을 자립고 이상의 높이로 설치하는 경우 지지하는 방법에 대하여 설명하시오.
5. 펌프축의 추력 발생원인과 대책에 대하여 설명하시오.
6. 쓰레기 소각처리설비에서 반응집진방식, 반건식 및 습식세정방식에 대하여 설명하시오.

제3교시 시험시간: 100분

※ 다음 6문제 중 4문제를 선택하여 설명하십시오. (각 25점)

1. 원심펌프에서 발생하는 제반손실에 대하여 설명하시오.
2. 비파괴검사의 종류 5가지를 나열하고 설명하시오.
3. 건설작업용 리프트의 설치 시 유의사항과 운전시작 전 확인사항에 대하여 설명하시오.
4. 터널보링머신(TBM)과 쉴드머신(Shield Machine)에 대하여 비교하여 설명하시오.
5. 용접 후 잔류응력 발생원인과 대책에 대하여 설명하시오.
6. 이동식크레인에서 전도모멘트, 안정모멘트 및 전도안전율에 대하여 설명하고
   전도안전율을 산출하는 방법을 설명하시오.

제4교시 시험시간: 100분

※ 다음 6문제 중 4문제를 선택하여 설명하십시오. (각 25점)

1. 건설기계의 견인력 및 주행저항에 대하여 설명하시오.
2. 중량물을 적재하는 구조물을 설계하고자 한다. 구조설계의 절차와 방법에 대하여 설명하시오.
3. 운반기계에 건설기계를 적재할 경우의 주의사항과 적재 후의 주의사항에 대하여 각각 설명하시오.
4. 토공기계의 작업과 관련하여 토량변화율과 토량환산계수에 대하여 설명하시오.
5. 이동식 크레인에서 전도하중과 정격총하중의 관계를 설명하시오.
6. 쓰레기 소각설비에서 질소산화물 방지대책에 대하여 설명하시오.

| 2019년 | **건설기계기술사 제117회**

제1교시 / 시험시간: 100분

※ 다음 13문제 중 10문제를 선택하여 설명하십시오. (각 10점)

1. 펌프로 알코올 이송 시 이송 가능한 최대 설치높이는 알코올 표면으로부터 몇 m이어야 하는지 쓰시오. (단, 표준대기압 기준, 알코올 비중은 0.79)

2. 점도지수(VI : Viscosity Index)에 대하여 설명하시오.

3. KS기준에서 구조용 강재 SS400의 개정된 명칭과 강도의 변경내용에 대해 설명하시오.

4. 나사펌프(Screw pump)의 용도 및 장 · 단점에 대하여 설명하시오.

5. IP 등급(Ingress Protection Code)에 대하여 설명하시오.

6. 밀러지수(Miller Index) 대하여 설명하시오.

7. 「건설기계 안전기준에 관한 규칙」에서 정하는 대형건설기계의 범위에 대하여 설명하시오.

8. 배출가스 저감장치 중 선택적 촉매환원장치(SCR : Selective Catalytic Reduction)에 대하여 설명하시오.

9. 재료의 항복강도와 오프셋(Off-Set)방법에 의한 항복강도 결정에 대하여 설명하시오.

10. 큰 축 하중을 받는 부재의 운동에 이용되는 나사 종류 4가지에 대하여 설명하시오.

11. 구름베어링 설계 시 틈새(Clearance)의 필요성과 선정방법에 대하여 설명하시오.

12. 디젤기관 내 피스톤링(Piston ring)의 플러터(flutter) 현상에 대하여 설명하고, 이에 대한 방지법에 대하여 쓰시오.

13. SI 단위계에서 사용되는 기본단위 7가지를 쓰시오.

제2교시 / 시험시간: 100분

※ 다음 6문제 중 4문제를 선택하여 설명하십시오. (각 25점)

1. 건설기계의 무한궤도가 이탈되는 원인과 트랙 장력을 조정하는 방법에 대하여 설명하시오.

2. 유체 전동장치 축이음 방법 중 유체클러치의 종류 2가지에 대하여 설명하시오.

3. 표면경화법 중 침탄법(carburizing)에 대하여 설명하시오.

4. 건설기계에 사용되는 공기브레이크(air brake)의 장 · 단점과 작동방법에 대하여 설명하시오.

5. 축 설계 시 고려할 사항 및 바하(Bach)의 축공식에 대하여 설명하시오.

6. 용접결함 중 라멜라테어(lamellar tear)의 발생원인과 방지 대책에 대하여 설명하시오.

제3교시 / 시험시간: 100분

※ 다음 6문제 중 4문제를 선택하여 설명하십시오. (각 25점)

1. 건설작업용 리프트「방호장치의 제작 및 안전기준」에 대하여 쓰고, 리프트의 설치 · 해체 작업 시 조치사항에 대하여 설명하시오.

2. 기어(gear)설계 시 다음 사항에 대하여 설명하시오.
    ① 언더컷(under-cut)
    ② 한계 잇수
    ③ 백래시(back-lash)

3. 원형관 층류 유동에서의 하겐-포아젤(Hagen-Poiseuille)식이 아래와 같음을 증명하시오.

$$Q = \frac{\Delta P \pi d^4}{128 \mu l}$$

(단, Q : 유량, ΔP : 입출구간압력차, d : 직경, μ : 점도계수, l : 관의 길이)

4. 금속재료의 피로(fatigue)시험과 크리프(creep)시험에 대해 각각 설명하시오.

5. 디젤기관에서 연소 후 주로 배출되는 질소산화물(NOx)과 입자상 물질(PM)의 상호관계 및 생성원인에 대하여 설명하시오.

6. 화력 발전소에서 석탄 등의 운송에 사용되는 벨트 컨베이어의 특징과 설비계획 상 유의사항에 대해 설명하시오.

제4교시 / 시험시간: 100분

※ 다음 6문제 중 4문제를 선택하여 설명하십시오. (각 25점)

1. 미끄럼 베어링 윤활 고려 시 미끄럼 면에서 발생하는 마찰형태 3가지를 설명하시오.

2. 이동식크레인의 양중계획 및 장비 선정 시 고려할 사항에 대하여 설명하시오.

3. PAUT(Phased Array Ultra Sonic Test)의 국내 도입현황과 RT(Radiographic Test) 대비 장 · 단점에 대하여 설명하시오.

4. 가스터빈의 기본 사이클인 브레이튼 싸이클(Brayton-Cycle)의 작동원리 및 특징에 대하여 설명하시오.

5. 덤프트럭 적재함의 제작 요건과 적재함 기울기 변위량을 각각 설명하시오.

6. NPSHa(유효흡입수두)와 NPSHr(필요흡입수두)의 산출방법을 각각 설명하고, 이를 cavitation과 연관시켜 설명하시오.

| 2019년 | **건설기계기술사 제119회**

제1교시 / 시험시간: 100분

※ 다음 13문제 중 10문제를 선택하여 설명하십시오. (각 10점)

1. 유압 작동유의 기능과 구비조건을 5가지씩 쓰시오.
2. 굴삭기의 5대 작동기능에 대하여 설명하시오.
3. 송풍기의 종류를 나열하고 팬, 블로워, 압축기의 분류기준을 설명하시오.
4. 재료의 강도(Strength)와 강성(Stiffness)에 대하여 설명하시오.
5. 유압장치(Hydraulic System)에서 유체가 작동하는 원리를 설명하시오.
6. 타워 크레인의 종류 3가지를 쓰고 도심지 공사에 적합한 타워 크레인 하나를 선정하여 그 이유를 설명하시오.
7. 압력이 큰 대형펌프에 사용하는 축봉장치(Stuffing Box)에 대하여 설명하시오.
8. 모터그레이더의 선회반경을 작게 하는 장치에 대하여 설명하시오.
9. 유도전동기 회전수 제어 방식 중 인버터(Inverter) 제어의 원리를 설명하시오.
10. 지게차의 동력전달장치 중 토크컨버터식과 전동식의 동력전달 순서를 설명하시오.
11. 볼류트펌프(Volute Pump)와 터빈펌프(Turbine Pump)를 비교하여 설명하시오.
12. 산소가 용접부에 미치는 영향에 대하여 설명하시오.
13. 덤프트럭 브레이크 장치에서 자기작동작용에 대하여 설명하시오.

제2교시 / 시험시간: 100분

※ 다음 6문제 중 4문제를 선택하여 설명하십시오. (각 25점)

1. 건설공사 기계화 시공시 발생되는 공해의 종류, 원인 및 대책을 설명하시오.
2. 내연기관의 오토사이클과 디젤사이클을 비교하여 설명하시오.
3. 화력발전소에서 사용하는 응축수펌프(Condensate Pump)의 NPSH에 대하여 설명하시오.
4. 건설기계에 사용하는 토크컨버터의 토크 변환 원리를 설명하시오.
5. 수력발전소에서 흡출관(Draft tube)의 기능과 흡출관 효율에 대하여 설명하시오.
6. 그림과 같은 원형단면의 기둥에 하중이 편심으로 작용할 때 A점에서의 응력 σ_A가 0(MPa)이 되는 편심량(e)과 최대압축응력 σ_B(MPa)를 구하시오.

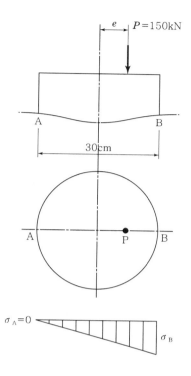

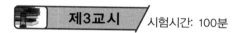

제3교시 / 시험시간: 100분

※ 다음 6문제 중 4문제를 선택하여 설명하십시오. (각 25점)

1. 기계설비에 사용되는 금속재료 선정시 고려해야 할 성질에 대하여 설명하시오.

2. 유압회로도(Oil pressure Circuit Diagram)의 종류와 유압실린더의 속도제어 회로 방식 3가지를 설명하시오.

3. 내연기관의 과급장치 중 기계식 과급과 배기가스 터보 과급을 비교하여 설명하시오.

4. 통풍계통에 설치하는 PAF(Primary Air Fan), FDF(Forced Draft Fan), IDF(Induced Draft Fan)의 기능과 형식에 대하여 설명하시오.

5. 디젤기관의 연소 과정 4단계를 설명하시오.

6. 저널베어링(Journal Bearing)의 마찰특성에 대하여 설명하시오.

제4교시 / 시험시간: 100분

※ 다음 6문제 중 4문제를 선택하여 설명하십시오. (각 25점)

1. 철골공사에서 비틀림 전단볼트(Torque shear bolt)와 고장력 볼트를 비교하여 설명하시오.

2. 펌프장에서 발생하는 수격작용(Water Hammering)과 관련하여 충격파의 전파 속도에 대하여 설명하시오.

3. 플랜트 설비의 EPC 개념을 설명하고 각 단계별 업무를 설명하시오.

4. 전자제어 디젤엔진의 장점과 시스템 구조에 대하여 설명하시오.

5. 다단터빈펌프에서의 추력(Thrust) 발생원인과 대책에 대하여 설명하시오.

6. 그림과 같은 용접부 균열(Crack)의 발생원인과 대책에 대하여 설명하시오.

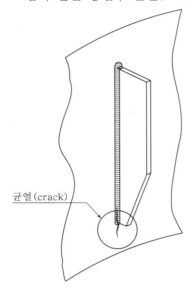

균열(crack)

| 2020년 | **건설기계기술사 제120회**

 제1교시 / 시험시간: 100분

※ 다음 13문제 중 10문제를 선택하여 설명하십시오. (각 10점)

1. 공임률에 대하여 설명하시오.
2. 표준작업 시간에 대하여 설명하시오.
3. 비가역 단열변화에 대하여 설명하시오.
4. 외연기관에 대하여 설명하시오.
5. 플랜트설비에서 사용목적에 따른 배관의 종류를 5가지만 설명하시오.
6. 나사의 풀림방지 방법을 5가지만 설명하시오.
7. 마찰부의 윤활유 급유방법을 5가지만 설명하시오.
8. STS-304와 STS-316을 각각 설명하시오.
9. 피복 아크 용접에서 피복제의 역할을 5가지만 설명하시오.
10. 피토관에 대하여 설명하시오.
11. 펌프의 공동현상(cavitation)에 대하여 설명하시오.
12. 언로드 밸브에 대하여 설명하시오.
13. 차압식 유량계에 대하여 설명하시오.

제2교시 / 시험시간: 100분

※ 다음 6문제 중 4문제를 선택하여 설명하십시오 (각 25점)

1. 타이어 마모 요인에 대하여 설명하시오.
2. 카르노 사이클을 그려서 설명하고, 한 사이클 동안 기관이 흡수한 열량에 대하여 설명하시오.
3. 산업현장에서 사용되는 컨베이어(conveyor)에 대하여 설명하시오.
4. 다음 배관도에서 틀린 부분을 쓰고, 그 이유 및 개선책에 대하여 설명하시오.
5. 토크 컨버터에 대하여 설명하시오.
6. 유압펌프의 서징(surging)에 대하여 설명하시오.

제3교시 시험시간: 100분

※ 다음 6문제 중 4문제를 선택하여 설명하십시오. (각 25점)

1. 건설기계 작업효율의 저하요인과 그 대책에 대하여 설명하시오.
2. 기관의 열효율 향상 방안에 대하여 설명하시오.
3. 축밀봉(shaft seal)방법 중 메커니컬실(mechanical seal), 오일실(oil seal), 글랜드 패킹(gland packing)에 대하여 설명하시오.
4. 동력전달용 축이음(shaft coupling)에 대하여 설명하시오.
5. 굴삭기 선회 장치에 사용되는 센터 조인트(center joint)에 대하여 설명하시오.
6. 유압유의 오염에 대하여 설명하시오.

제4교시 시험시간: 100분

※ 다음 6문제 중 4문제를 선택하여 설명하십시오. (각 25점)

1. 냉매의 구비 조건에 대하여 설명하시오.
2. 기관의 엔진소음에 대하여 설명하시오.
3. 강재의 도장공사 시 표면처리방법에 대하여 설명하시오.
4. 피복아크용접, 가스텅스텐아크용접, 가스금속아크용접, 서브머지드아크용접에 대하여 설명하시오.
5. 타워 크레인의 설치 및 해체 작업 시 그 순서와 주의사항에 대하여 설명하시오.
6. 건설기계관리법령에서 건설기계 주요구조의 변경 및 개조의 범위와 구조변경 불가사항에 대하여 설명하시오.

| 2020년 | **건설기계기술사 제122회**

제1교시 / 시험시간: 100분

※ 다음 13문제 중 10문제를 선택하여 설명하십시오. (각 10점)

1. 석유화학 플랜트에서 최첨단 환경관리시스템을 구축하기 위한 설비 및 시설을 ① 수질, ② 대기, ③ 폐기물로 구분하여 설명하시오.

2. 탄소강의 5대 원소에 대하여 설명하시오.

3. 동력을 전달하는 축이음 요소인 커플링(Coupling)과 클러치(Clutch)에 대하여 설명하고, 각각의 종류 4가지를 설명하시오.

4. 리벳 조인트(Riveted Joint) 효율 중 ① 강판효율, ② 리벳효율에 대하여 설명하시오.

5. 탄소강의 담금질 시 오스테나이트 조직에서 ① 수냉, ② 유냉, ③ 공랭, ④ 노냉을 통해 얻어지는 조직을 설명하시오.

6. 재료를 물리적, 화학적, 기계적 가공의 성질에 대하여 설명하고, 재료 선택 시 고려사항을 설명하시오.

7. 폭발용접(Explosion Welding)의 방법을 설명하고, 특징 3가지를 설명하시오.

8. 절대압력, 게이지압력, 진공압력에 대하여 설명하시오.

9. 진공펌프를 압축기와 비교했을 때 차이점 5가지를 설명하시오.

10. 내연기관 연소실 내의 유체운동 5가지에 대하여 설명하시오.

11. 열역학 제2법칙과 관련된 Clausius와 Kelvin-Plank의 표현에 대하여 설명하시오.

12. 무한궤도식 기중기 및 타이어식 기중기의 전도지선에 대하여 설명하시오.

13. 수소연료전지 지게차 구동축전지의 BMS(Battery Management System) 장치를 설명하고, 시험항목 4가지를 쓰시오.

제2교시 / 시험시간: 100분

※ 다음 6문제 중 4문제를 선택하여 설명하십시오. (각 25점)

1. 뉴턴(Newton)의 점성법칙과 점성계수를 설명하시오.

2. 유압유 성능에 영향을 주는 기체발생 형태 3가지를 쓰고, 기체발생 감소대책에 대하여 설명하시오.

3. 펌프 사용 시 고려하는 유효흡입수두에 대하여 설명하고, 유효흡입수두에 영향을 주는 요소에 대하여 설명하시오.

4. 보일러의 부식 손상을 방지하기 위하여 다음의 각 단계별 대책에 대하여 설명하시오.
    ① 설계 및 제작 단계
    ② 가동 중 단계
    ③ 가동 후 단계

5. 그림과 같은 중실축의 양 끝단에 축하중(P), 비틀림 모멘트(T)가 각각 작용하여 길이
    는 만큼 증가, 비틀림각은 만큼 발생하였을 때 다음을 구하시오. (단, 축 재료의 종
    탄성계수 E, 전단탄성계수 G이다.)

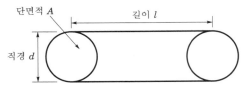

    ① 축 방향 응력과 변형률
    ② 축 강성도(또는 스프링 상수)
    ③ 축 유연도(또는 컴플라이언스)
    ④ 비틀림 응력과 비틀림 변형률
    ⑤ 비틀림축 강성도와 비틀림축 유연도

6. 엔진에 사용되는 윤활유의 첨가제 종류 및 구비조건에 대하여 설명하시오.

제3교시 / 시험시간: 100분

※ 다음 6문제 중 4문제를 선택하여 설명하십시오. (각 25점)

1. 유체가 관내를 흐를 때 발생하는 직관부와 곡관부의 마찰손실수두를 설명하고, 무디
    선도에 대하여 설명하시오.

2. 송풍기 운전 시 발생하는 서징(Surging) 현상에 대하여 설명하시오.

3. 유압 액추에이터의 속도 제어방식 3가지를 설명하시오.

4. 항온열처리 종류 5가지를 쓰고, 각각의 특성에 대하여 설명하시오.

5. 건설기계관리법 시행령에 따른 건설기계의 범위에 대하여 설명하시오. (단, 불도저
    및 특수건설기계 제외한다.)

6. 타이어식 건설장비의 앞바퀴 정렬(Front wheel alignment) 종류 4가지를 쓰고, 각각의
    설치 이유를 2가지씩 설명하시오. (단, 셋백(Set back) 및 스러스트 앵글(Thrust angle)은
    제외한다.)

제4교시 / 시험시간: 100분

※ 다음 6문제 중 4문제를 선택하여 설명하십시오. (각 25점)

1. 고소작업대를 무게중심 및 주행장치에 따라 분류하고, 차량탑재형 고소작업대 안전장치에 대하여 설명하시오.

2. 송풍기의 풍량 제어방법에 대하여 설명하시오.

3. 펌프 운전 시 2대 이상의 펌프를 직렬과 병렬로 연결할 경우 다음의 내용에 대하여 설명하시오.
   ① 연결방법
   ② 운전특성

4. 건설기계 주요 부품에 3차원 응력이 작용하는 경우, 취성재료와 연성재료에 적용되는 4개의 항복조건설을 설명하시오.

5. 베어링 설계 시 고려해야 할 사항에 대하여 설명하시오.

6. 건설기계용 유압 천공기의 위험요소와 일반 안전 요구사항에 대하여 설명하시오.

| 2021년 | **건설기계기술사 제123회**

제1교시 / 시험시간: 100분

※ 다음 13문제 중 10문제를 선택하여 설명하십시오. (각 10점)

1. 공기 압축기(Air Compressor)의 종류에 대하여 원리와 특성을 설명하시오.
2. 압축 공기의 제습장치에 대하여 설명하시오.
3. 펌프의 유효흡입수두(NPSH)에 대하여 설명하시오.
4. 유체역학의 무차원수 5가지를 열거하고 설명하시오.
5. 배관 내부의 수격 방지 대책을 설명하시오.
6. 와이어로프(Wire Rope)의 마모원인 및 취급 시 주의사항에 대하여 설명하시오.
7. 건설기계 타이어 트레드(Tread) 형태별 특성을 설명하시오.
8. 내연기관 과급장치의 효과에 대하여 설명하시오.
9. 연료소비율(Specific Fuel Consumption)을 구하는 식을 쓰고 설명하시오.
10. 신·재생에너지에 대하여 설명하시오.
11. 용접 후 잔류응력의 발생원인 및 방지대책을 설명하시오.
12. 플랜트(Plant) 설비 설치 후 시행하는 세정(Cleaning)에 대하여 설명하시오.
13. 탄소강의 조직과 특성을 설명하시오.

제2교시 / 시험시간: 100분

※ 다음 6문제 중 4문제를 선택하여 설명하시오. (각 25점)

1. 수소연료전지(Hydrogen Fuel Cell)의 발전 원리에 대하여 설명하시오.
2. 반도체, LCD, OLED 공장에 설치되는 클린룸(Clean Room)에 대하여 설명하시오.
3. 이상적인 증기 사이클(Rankine Cycle)의 기본적 요소와 T-S(온도-엔트로피)선도를 작성하고 각 과정에 대하여 설명하시오.
4. 내연기관 효율에 관련된 다음 용어에 대하여 식을 쓰고 설명하시오.
   (1) 이론 열효율(Theoretical Thermal Efficiency)
   (2) 도시 열효율(Indicated Thermal Efficiency)
   (3) 제동 열효율(Brake Thermal Efficiency)
   (4) 기계 효율(Mechanical Efficiency)
5. 환경오염 측정장치 중에서 굴뚝 원격측정장치(TMS, Tele-monitoring System)에 대하여 설명하시오.
6. 보일러 드럼(Drum)의 구조, 기능 및 주요 설비의 역할에 대하여 설명하시오.

제3교시 / 시험시간: 100분

※ 다음 6문제 중 4문제를 선택하여 설명하십시오. (각 25점)

1. 원심력집진기(Cyclone)의 집진 원리와 장단점을 설명하시오.
2. 원심펌프의 설치 방법과 절차에 대하여 설명하시오.
3. 쇄석기(Crusher)의 종류를 열거하고 특징을 설명하시오.
4. 항타 작업에 사용되는 항타기(Pile Driver)의 종류에 대한 특징을 설명하시오.
5. 로더(Loader) 부수작업장치(Attachment)의 종류를 나열하고 특징을 설명하시오.
6. 게이트밸브의 용도 및 구성요소에 대하여 설명하시오.

제4교시 / 시험시간: 100분

※ 다음 6문제 중 4문제를 선택하여 설명하십시오. (각 25점)

1. 타워크레인 설치 순서와 선택 시 유의할 점에 대하여 설명하시오.
2. 베어링의 접촉상태, 하중 방향에 따라 분류하고 베어링의 표시방법에 대하여 설명하시오.
3. 디젤기관의 대표적인 배출가스인 NO_x와 PM(Particulate Matter)의 생성원인을 설명하시오.
4. 건설사업관리(CM, Construction Management)에 대하여 설명하시오.
5. 증기(Steam) 배관에 설치하는 증기트랩(Steam Trap)에 대하여 설명하시오.
6. 원심펌프의 진동 원인과 대책에 대하여 설명하시오.

| 2021년 | **건설기계기술사 제125회**

제1교시 / 시험시간: 100분

※ 다음 13문제 중 10문제를 선택하여 설명하십시오. (각 10점)

1. 펌프구동 시 서징(Surging) 발생원인을 설명하고, 방지방법 3가지를 설명하시오.
2. 펌프에서 유량에 관한 상사법칙(Law of Similarity)에 대하여 설명하시오.
3. 건설기계 재료의 강도(Strength)와 강성(Stiffness)에 대하여 설명하시오.
4. 유압유의 점도지수(Viscosity Index)에 대하여 설명하시오.
5. 건설기계 제작 시 용접부에 질소가 미치는 영향을 설명하시오.
6. 유압유 첨가제의 종류 5가지에 대하여 설명하시오.
7. 금속재료의 성질 중 인성(Toughness)의 정의와 시험방법에 대하여 설명하시오.
8. 동력인출장치(PTO, Power Take-Off)의 정의와 용도에 대하여 설명하시오.
9. Loader의 정의 및 작업부수장치에 대하여 설명하시오.
10. 엔진의 배기량 및 압축비에 대하여 설명하시오.
11. 도심지공사에 적합한 타워크레인 선정 및 그 이유와 건설용 타워크레인의 종류 3가지를 설명하시오.
12. 열역학 제0법칙, 제1법칙, 제2법칙에 대하여 설명하시오.
13. 점성계수(Coefficient of Viscosity)와 동점성계수(Kinematic Viscosity)의 차이점과 국제단위계에 의한 단위를 설명하시오.

제2교시 / 시험시간: 100분

※ 다음 6문제 중 4문제를 선택하여 설명하십시오. (각 25점)

1. 펌프형식 결정기준이 되는 비속도(Specific Speed)의 공식을 유도하고 설명하시오.
2. 유압설비에서 압력제어회로에 대하여 설명하시오.
3. 기계굴착 현장타설 말뚝공법에 사용하는 기초공사용 장비(Foundation earth drilling equipment)의 종류 및 공법에 대하여 설명하시오.
4. 쇄석기(Rock crusher)의 종류 및 특성을 설명하고, 순환골재 생산업체에서 주로 사용되는 쇄석기에 대하여 설명하시오.
5. 동력전달을 위한 전동축의 종류와 축지름 결정방법에 대하여 설명하시오.
6. 건설기계 허용응력과 사용응력의 정의 및 허용응력의 결정에 고려되는 사항에 대하여 설명하시오.

제3교시 / 시험시간: 100분

※ 다음 6문제 중 4문제를 선택하여 설명하십시오. (각 25점)

1. 터보기계의 회전차(Impeller)에 적용되는 오일러 방정식(Euler's Equation)을 유도하시오.

2. 유압장치에서 대형실린더와 소형실린더가 직렬로 연결되어 있을 때, 클램프로 목적물을 강하게 밀어낼 수 있는 증압회로도를 아래 그림을 이용하여 그리고 설명하시오. (단, 솔레노이드 조작 4포트 3위치 변환밸브, 릴리프밸브, 시퀀스밸브, 체크밸브, 서지탱크, 유압펌프, 유압모터 등의 유압기호를 이용할 것)

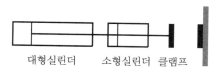
대형실린더   소형실린더 클램프

3. 신설도로 개설공사 시 사용되는 아스팔트 포장용 기계의 종류 및 포설방법에 대하여 설명하시오.

4. 건설기계 타이어의 단면형상(Tread 등) 구성요소 및 타이어 TKPH(Ton−Km−Per Hour) 값을 이용한 타이어 선정방법을 설명하시오.

5. 체적변형률과 길이변형률의 관계를 설명하시오.

6. 건설기계 로프 구동의 장단점 및 설계상 유의점에 대하여 설명하시오.

제4교시 / 시험시간: 100분

※ 다음 6문제 중 4문제를 선택하여 설명하십시오. (각 25점)

1. 펌프의 설계 순서 및 각 단계별 검토사항에 대하여 설명하시오.

2. 유체가 원형관 내를 유동할 때 일어나는 아래 손실에 관하여 관계식을 이용하여 설명하시오.
   (1) 직관 내 유동
   (2) 곡관 내 유동
   (3) 급축소관 유동
   (4) 급확대관 유동
   (5) 부차적 손실

3. 준설에 필요한 작업선과 부속선의 종류를 쓰고, 그래브 준설선과 버킷 준설선에 대하여 설명하시오.

4. 디젤기관의 성능곡선을 그리고 출력(마력), 토크, 연료소비율, 엔진의 성능평가 방법에 대하여 설명하시오.

5. 도심지 재건축현장의 콘크리트 구조물 해체공법 종류와 기계조합을 설명하시오.

6. 건설현장에서 건설기계 사용에 따른 안전사고 원인 및 방지대책에 대하여 설명하시오.

| 2022년 |　　　**건설기계기술사 제126회**

제1교시 / 시험시간: 100분

※ 다음 13문제 중 10문제를 선택하여 설명하십시오. (각 10점)

1. 관속의 유체흐름에서 층류와 난류에 대해 설명하시오.
2. 건설기계안전기준 시행세칙에서 낙하물 보호가드(FOG), 전방가드, 변형한계체적(DLV), 시편의 정의를 각각 설명하시오.
3. 기계가공에서 기하공차의 사용목적을 설명하시오.
4. 펌프의 수격현상(Water hammer)을 감소시킬 수 있는 대책을 설명하시오.
5. 건설용 리프트의 주요구조, 안전장치 및 비상정지 장치의 종류에 대해 설명하시오.
6. 건설기계 제원으로 활용되는 마력의 종류 4가지를 각각 설명하시오.
7. 크리프(creep) 현상에 대해 설명하시오.
8. 단면계수, 회전반경과 극단면계수에 대해 설명하시오.
9. 축이음 중 플렉시블 커플링(Flexible Coupling)의 특징과 용도에 대해 설명하시오.
10. 커플링(Coupling)과 클러치(Clutch)에 대해 설명하시오.
11. 유체펌프 중 재생펌프와 분사펌프에 대해 설명하시오.
12. 단동형 실린더와 복동형 실린더의 용도와 특징에 대해 설명하시오.
13. 공기압축기에서 발생하는 선회실속(rotating stall) 현상에 대해 설명하시오.

제2교시 / 시험시간: 100분

※ 다음 6문제 중 4문제를 선택하여 설명하십시오. (각 25점)

1. 준설작업과 관련하여 준설선 선정 시 고려사항과 펌프 준설선의 기능, 구조 및 장단점에 대해 설명하시오.
2. 디젤기관(압축착화기관)의 연소과정을 단계별로 설명하시오.
3. 용접 시 발생하는 용접부의 결함 중 용접열영향부(HAZ)에 대해 설명하시오.
4. 타워크레인의 텔레스코핑의 주요작업과 중대재해예방 대책에 대해 설명하시오.
5. 건설기계별 용접부 결함 및 부식에 대한 비파괴검사 방법에 대해 설명하시오.
6. 열역학 제0, 1, 2, 3법칙에 대해 각각 설명하시오.

제3교시 시험시간: 100분

※ 다음 6문제 중 4문제를 선택하여 설명하십시오. (각 25점)

1. 내연기관을 분류하고 내연기관의 연소과정에서 과열 및 과냉 시 발생되는 문제점에 대해 설명하시오.
2. 지게차 운영 시 위험성과 그 원인을 열거하고 재해 방지대책을 설명하시오.
3. 마찰용접법(Friction welding)에 대해 설명하고 장점 5가지를 설명하시오.
4. 기계설비의 제작공정의 공장검수 중 펌프의 시험항목과 검사기준에 대해 설명하시오.
5. 용접 시 용접결함의 종류와 방지책에 대해 설명하시오.
6. 축 설계에 있어서 고려되는 사항에 대해 설명하시오.

제4교시 시험시간: 100분

※ 다음 6문제 중 4문제를 선택하여 설명하십시오. (각 25점)

1. 가변 속 펌프시스템의 구동장치인 인버터의 종류, 구성, 장점과 적용법, 제동에 대해 설명하시오.
2. 유압 기기의 속도제어 회로 중 미터-인 회로와 미터-아웃 회로를 그리고 특징을 설명하시오.
3. 발전플랜트 중 열병합 발전에 대해 설명하시오.
4. 펌프에서 발생하는 이상 현상(공동현상, 서징)의 발생 원인과 방지책에 대해 설명하시오.
5. 건설기계 재료의 항복강도(Yield strength)와 인장강도(Tensile strength)에 대해 설명하시오.
6. 유압장치의 작동유 선정 시 고려해야 할 점과 첨가제에 대해 설명하시오.

| 2022년 | **건설기계기술사 제128회**

제1교시 / 시험시간: 100분

※ 다음 13문제 중 10문제를 선택하여 설명하십시오. (각 10점)

1. 기중기와 타워크레인에서 사용되는 와이어로프의 종류별 안전율에 대하여 설명하시오.
2. 엔진(기관)의 기계적 마찰에 영향을 주는 인자에 대하여 설명하시오.
3. 건설폐기물을 파쇄 선별하여 순환골재를 생산하는 리싸이클링 플랜트의 폐목재 선별 방법을 설명하시오.
4. 열역학의 비가역과정에 대한 개념과 실제로 일어나는 비가역성 과정을 설명하시오.
5. 내연기관의 과급기에 대하여 설명하시오.
6. 동력 전달용 축이음 종류 및 설계 시 고려사항을 설명하시오.
7. 내압을 받는 강관의 원주방향과 축방향의 응력 값에 대하여 산출하는 공식을 설명하시오. (단, 강관의 외경 D, 두께 t, 강관의 내압 P, 외경을 두께로 나눈 값 $D/t = 30$ 이다.)
8. 강구조 건축물 용접이음 형태별 초음파탐상검사법에 대하여 설명하시오.
9. 폐기물 소각기술의 장점과 단점에 대하여 설명하시오.
10. 사이클로이드 치형곡선의 특성에 대하여 설명하시오.
11. 펌프의 특성을 비교하기 위한 척도로서 비속도에 대하여 설명하시오.
12. 다음 유압기호의 용어 및 작동에 대하여 설명하시오.

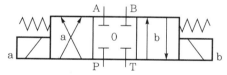

13. 유압 펌프의 소음 발생 원인에 대하여 설명하시오.

제2교시 / 시험시간: 100분

※ 다음 6문제 중 4문제를 선택하여 설명하십시오. (각 25점)

1. 고정형 타워크레인 지지 및 고정 시 사전에 확인하여 안전성을 확보해야 할 사항에 대하여 설명하시오.
2. 카르노 사이클(Carnot Cycle)의 4가지 과정을 설명하고, 기관이 흡수한 열량과 방출한 열량에 대하여 설명하시오.

3. 건설기계와 구조물에서 나타난 변동하중이나 반복하중으로 인해 발생되는 피로파괴 현상과 피로강도 상승 대책을 설명하시오.

4. 송풍기의 종류와 각각의 특징을 설명하시오.

5. 콘크리트 플랜트와 콘크리트 믹서에 대하여 설명하고 두 장치에 대한 특성과 작업량 산정에 대하여 설명하시오.

6. 플랜트 현장 내 공기 단축을 위한 Module화 공법의 장단점을 설명하시오.

제3교시 / 시험시간: 100분

※ 다음 6문제 중 4문제를 선택하여 설명하십시오. (각 25점)

1. 다짐기계인 롤러의 종류를 열거하고 각각의 특징을 설명하시오.

2. 디젤기관의 대표적인 배출가스인 NO_x와 PM(Particulate Matter)의 생성원인과 이 2가지 물질에 대한 상관관계(trade-off)를 설명하시오.

3. 기계나 구조물의 허용응력을 결정하기 위해서는 기준강도 이외에 기계부재에 영향을 주는 여러 인자(계수)를 고려해야 한다. 이러한 인자(계수)들을 적용한 안전율과 적용하지 않는 경험적 인자(계수)에 대하여 설명하시오.

4. 공기압축기의 정의, 종류 및 특징에 대하여 간단히 설명하고, [산업안전보건기준에 관한 규칙(안전보건규칙)]에서 규정하는 아래 사항에 대하여 설명하시오.
   (1) 공기압축기 작업시작 전 점검사항
   (2) 안전밸브 등(안전밸브 또는 파열판)의 설치 대상
   (3) 파열판을 설치해야 하는 경우
   (4) 파열판 및 안전밸브를 직렬설치해야 하는 경우

5. 수소연료전지(Hydrogen Fuel Cell)의 발전원리와 구조에 대하여 설명하시오.

6. 공기수송장치(Pneumatic Conveyor)의 흐름도(Flow Diagram)를 그리고 원리, 용도, 구성품에 대하여 설명하시오.

제4교시 / 시험시간: 100분

※ 다음 6문제 중 4문제를 선택하여 설명하십시오. (각 25점)

1. 강의 열처리방법 중 불림(Normalizing)과 풀림(Annealing)에 대하여 설명하시오.

2. 스테인리스강(stainless steel) 중 오스테나이트계 스테인리스강은 자성을 띠지 않는다. 그러나 현장에서는 자성을 갖게 되는 경우가 발생하는데 그 이유를 설명하시오.

3. 풍력 발전의 원리와 구조 및 구성품의 역할에 대하여 설명하시오.

4. 유압관로 내 난류유동에 의한 마찰손실에 영향을 미치는 인자들을 설명하고 무디선도와 연관 지어 설명하시오.

5. 선회실속(Rotating stall) 현상 및 방지책에 대하여 설명하시오.

6. 레이놀즈수를 계산하는 식을 적고, 사용되는 변수와 물리적인 의미를 설명하시오.

| 2023년 | 건설기계기술사 제129회

제1교시 / 시험시간: 100분

※ 다음 13문제 중 10문제를 선택하여 설명하십시오. (각 10점)

1. 공압시스템의 장·단점을 유압시스템과 비교하여 설명하시오.

2. 원심펌프에서의 비속도(specific speed) 공식을 유량 및 양정에 관한 상사법칙으로부터 유도하시오.

3. 송풍기에서 발생하는 기계적 소음과 난류성 소음의 원인 및 대책 방안에 대하여 설명하시오.

4. 지름 d인 중실축을 바깥지름 d, 안지름 $\frac{1}{2}d$인 중공축으로 변경하려고 한다. 이 경우 축에서 받을 수 있는 비틀림 모멘트는 몇 % 감소하는지 설명하시오.

5. 발전플랜트에 사용되는 가스터빈(Gas Turbine)과 증기터빈(Steam Turbine)에 대한 원리와 열역학적 사이클에 대하여 설명하시오.

6. 플랜트배관 지지방법의 고려사항과 구속(Restraint) 종류에 대하여 설명하시오.

7. 보일러 마력에 대하여 설명하시오.

8. 금속 용접 시 발생하는 균열의 종류에 대하여 설명하시오.

9. 대형 건설기계의 운반 시 고려할 사항에 대하여 설명하시오.

10. 동점성계수(Kinematic Viscosity Coefficient)에 대하여 정의하고 단위를 쓰시오.

11. 체인전동의 장단점에 대하여 설명하시오.

12. 베어링 설계 시 고려할 주요 특성에 대하여 설명하시오.

13. 콘크리트 진동기의 용도와 종류에 대하여 설명하시오.

제2교시 / 시험시간: 100분

※ 다음 6문제 중 4문제를 선택하여 설명하십시오. (각 25점)

1. 표면경화 열처리에 대한 아래 내용을 설명하시오.
   (1) 질화법과 침탄법에 대한 비교
   (2) 질화법 시에 미치는 합금원소의 영향

2. 액화천연가스 저장탱크와 가스홀더에 대하여 설명하시오.

3. 이동식크레인 및 고정식크레인에 대한 종류 및 특성을 설명하시오.

4. 철강 재료의 연성파괴와 취성파괴에 대하여 설명하시오.

5. 탄소강 용접 시 용접부의 수소취화에 대하여 설명하시오.

6. 유압작동유에 대한 아래 내용을 설명하시오.

    (1) 물리화학적 성질

    (2) 분류

    (3) 관리

제3교시 시험시간: 100분

※ 다음 6문제 중 4문제를 선택하여 설명하십시오. (각 25점)

1. 열역학 제1법칙에 대한 아래 내용을 설명하시오.

    (1) 열과 일의 관계

    (2) 단열과정, 등적과정, 등온과정

2. 아래 그림과 같은 단순보에 집중하중, 분포하중 및 모멘트가 작용하고 있는 경우에 대한 전단력 및 모멘트 선도를 그리시오.

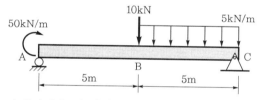

3. 디젤기관용 수냉식 냉각시스템의 구성요소에 대하여 설명하시오.

4. 건설기계의 견인력과 주행저항에 대하여 설명하시오.

5. 펌프에서 발생하는 제반손실의 종류에 대하여 설명하시오.

6. 유체역학의 주요 무차원수(5가지)에 대하여 물리적 의미와 함께 설명하시오.

제4교시 시험시간: 100분

※ 다음 6문제 중 4문제를 선택하여 설명하십시오. (각 25점)

1. 구름베어링에 대한 아래 내용을 설명하시오.

    (1) 장·단점

    (2) 수명계산식

2. 대용량과 소용량 두 개의 펌프를 병렬과 직렬로 연결하여 운전시 관로 저항 크기에 따라 발생할 수 있는 문제점에 대하여 펌프의 성능곡선에 저항곡선을 그려서 각각 설명하시오.

3. 복합화력발전의 장점에 대하여 설명하시오.

4. 기중기에 대한 아래 내용을 설명하시오.
    (1) 작업반경
    (2) 후방안정도
    (3) 안전장치

5. 내연기관 엔진의 동력(출력)에 대한 아래 내용을 설명하시오.
    (1) 압축비
    (2) 지시마력
    (3) 분당회전수
    (4) 엔진성능시험조건
    (5) 토크와 토크상승

6. 냉동식 및 흡착식 에어드라이어의 제습방식과 장단점에 대하여 설명하시오.

| 2023년 | **건설기계기술사 제131회**

제1교시 / 시험시간: 100분

※ 다음 13문제 중 10문제를 선택하여 설명하십시오. (각 10점)

1. 산업안전보건법에 의한 굴착기 선정 시 고려사항, 안전장치 종류, 인양작업 전 확인 사항, 작업 시 안전준수 사항에 대하여 설명하시오.
2. 스마트건설기계의 개발동향과 디지털기술 접목 발전단계에 대하여 설명하시오.
3. 베어링 오일 휩(Oil Whip)의 발생원인과 특징, 방지대책에 대하여 설명하시오.
4. 재생펌프의 작동원리와 특징, 주요 구성요소에 대하여 설명하시오.
5. 송풍기의 소음원인에 대해 설명하고 소음 감소대책에 대하여 설명하시오.
6. 탄소강의 응력변형률선도(Stress-Strain Diagram)에 대하여 설명하시오.
7. 건설기계용 윤활유의 기능 및 구비조건에 대하여 설명하시오.
8. 플랜트현장에서 많이 사용되는 연료 중에서 석탄, 석유, 천연가스 등을 인공적으로 합성시켜 얻어진 고분자 물질인 합성수지의 종류, 특성 및 주요 성질에 대하여 설명 하시오.
9. 펌프의 모터 인버터 제어(Inverter Control)의 원리와 장점을 설명하시오.
10. 크레인에 매단 강구(steel ball)를 사용한 파괴공법의 원리와 장·단점에 대하여 설명 하시오.
11. 플랜트 기계설비에서 나타나는 맥동현상을 설명하시오.
12. 기계요소 동력전달장치 중 평행축기어, 교차축기어, 엇갈림축기어의 종류 및 특징에 대하여 설명하시오.
13. 기계설계 시 재료의 안전율에 대하여 설명하시오.

제2교시 / 시험시간: 100분

※ 다음 6문제 중 4문제를 선택하여 설명하십시오. (각 25점)

1. 플랜트 현장 건설공사에 사용되는 크레인의 종류별 특징을 설명하고, 크레인 작업 시 안전작업 절차에 대하여 설명하시오.
2. 하수처리장에 방류수를 이용한 소수력 발전설비 설치 시 검토 및 고려해야 할 사항 에 대하여 설명하시오.
3. 신재생에너지 중 수소에 대한 저장탱크의 개요 및 종류별 저장기술에 대하여 설명하시오.

4. 내연기관의 과급기 원리 및 방식에 대하여 설명하시오.

5. 동일 성능의 펌프를 직렬, 병렬 운전하는 경우의 토출압력 및 유량에 대하여 Q-H선도를 이용하여 설명하시오.

6. 도장 공사를 위한 강재의 표면처리에 대하여 설명하시오.

제3교시 / 시험시간: 100분

※ 다음 6문제 중 4문제를 선택하여 설명하십시오. (각 25점)

1. 대기오염을 방지하기 위한 집진장치 종류 및 특성에 대하여 설명하시오.

2. 유체의 누설 또는 외부로부터의 이물질 침입을 방지하기 위해 사용하는 씰(Seal)의 구비조건 및 종류에 대하여 설명하시오.

3. 자주식 기중기의 후방안정도에 대하여 무한궤도식과 타이어식으로 구분하여 설명하시오.

4. 풍력발전기의 구조 및 특징에 대하여 설명하시오.

5. 산업설비에 사용되는 공기수송장치(Pneumatic Conveyor)의 흐름도(Flow Diagram) 및 특징에 대하여 설명하시오.

6. 내연기관의 기본사이클인 오토(Otto), 디젤(Diesel), 사바테(Sabathe) 사이클에 대하여 설명하시오.

제4교시 / 시험시간: 100분

※ 다음 6문제 중 4문제를 선택하여 설명하십시오. (각 25점)

1. 타워크레인 설치·해체 작업 시 위험요인을 기술하고, 작업절차서 작성 시 유의사항에 대하여 설명하시오.

2. 순환골재 쇄석기(Crusher)의 종류 및 특성에 대하여 설명하시오.

3. 유체운동방정식 중에서 연속방정식(Continuity Equation)과 베르누이방정식(Bernoulli's Equation)의 수식을 쓰고 설명하시오.

4. 용접결함의 원인 및 대책에 대하여 설명하시오.

5. 강의 표면경화법 중 물리적 방법인 화염경화법과 고주파경화법에 대하여 각각 설명하시오.

6. 나사산의 단면모양에 따라 나사를 분류하고 설명하시오.

| 2024년 | **건설기계기술사 제132회**

 제1교시 / 시험시간: 100분

※ 다음 13문제 중 10문제를 선택하여 설명하십시오. (각 10점)

1. 건설기계의 타이어 부하율에 대하여 설명하시오.

2. 크레인 등에 사용되는 와이어로프의 취급 및 보관 요령에 대하여 설명하시오.

3. 철강재료의 안전율과 허용응력에 대하여 설명하시오.

4. 열처리 종류 중 풀림, 불림, 담금질에 대하여 설명하시오.

5. 용접결함 중 언더컷(Undercut)과 오버랩(Overlap)의 발생원인과 방지대책에 대하여 설명하시오.

6. 재료의 기계적 성질에 대한 다음 용어를 설명하시오.
   (1) 경도
   (2) 취성
   (3) 피로한도
   (4) 크리프(Creep)
   (5) 응력(Stress)

7. 공기의 압력 에너지를 기계적 에너지로 변환하는 액츄에이터의 종류와 특징을 설명하시오.

8. 유체(수력)컨베이어의 장점과 단점에 대하여 설명하시오.

9. 원심펌프의 축방향 추력에 대한 방지대책을 설명하시오.

10. 펌프의 효율을 수력학적 방법과 열역학적 방법으로 설명하시오.

11. 타워크레인에 대한 아래 사항에 대하여 설명하시오.
    (1) 안전장치 종류
    (2) 설치 순서
    (3) 설치 작업 시 주의사항

12. 열역학 2법칙에 대하여 설명하고, 카르노 사이클(Carnot Cycle)과 관련한 아래 사항에 대하여 설명하시오.
    (1) 카르노 정리
    (2) 카르노 사이클의 P-V 선도

13. 완전가스의 정적변화, 정압변화 및 등온변화에서의 아래 내용에 대하여 설명하시오.
    (단, 온도 T, 압력 P, 비체적 v, 정적계수 C_v, 정압계수 C_p, 비열비 k, 기체상수 R의 기호를 이용할 것)
    (1) 절대일
    (2) 공업일
    (3) 계에 출입하는 열량
    (4) 내부에너지 변화량
    (5) 엔탈피 변화량

제2교시 / 시험시간: 100분

※ 다음 6문제 중 4문제를 선택하여 설명하십시오. (각 25점)

1. 건설공사 시 발생되는 환경오염의 원인 및 대책을 설명하시오.
2. 건설기계 선정방법 및 선정 시 고려해야 할 사항에 대하여 설명하시오.
3. 유체기계에서 발생하는 캐비테이션(Cavitation, 공동현상)의 방지 대책을 공동현상계수(Cavitation Factor)를 기준으로 설명하시오.
4. 그림과 같은 4각 나사의 자립조건과 자립 상태를 유지하는 나사의 효율을 설명하시오.

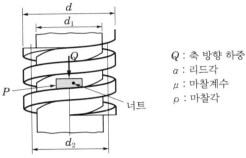

Q : 축 방향 하중
α : 리드각
μ : 마찰계수
ρ : 마찰각

5. 배관 내부에서 발생하는 유체의 압력손실에 대하여 설명하시오.
6. 회전축 설계 시 고려되는 사항에 대하여 설명하시오.

제3교시 / 시험시간: 100분

※ 다음 6문제 중 4문제를 선택하여 설명하십시오. (각 25점)

1. 건설기계의 구성품(부품) 파손분석에서 원인해석을 위한 일반적인 파손분석 순서에 대하여 설명하시오.
2. 펌프관로계에서 발생하는 수격현상의 발생요인과 수격현상 방지 대책을 설명하시오.
3. 용접 시 발생하는 잔류응력(Residual Stress)에 대하여 기술하고, 이의 완화 및 방지책에 대하여 설명하시오.
4. 건설기계 재료 중 엔지니어링 세라믹스(Engineering Ceramics)에 대하여 설명하시오.
5. 용접절차시방서(WPS, Welding Procedure Specification)에 대하여 설명하시오.
6. 유체 점성계수에 대하여 설명하고, 점성계수를 뉴턴유체와 비뉴턴유체로 구분하여 특성을 설명하시오.

제4교시 / 시험시간: 100분

※ 다음 6문제 중 4문제를 선택하여 설명하십시오. (각 25점)

1. 대기환경오염 물질인 질소산화물(NOx)을 발생원에 따라 분류하고 질소산화물 제거기술인 선택적 촉매 환원(SCR, Selective Catalytic Reduction)과 선택적 비촉매 환원(SNCR, Selective Non-Catalytic Reduction)에 대하여 설명하시오.

2. 연강의 응력-변형률 선도를 그리고 설명하시오.

3. 베어링의 과열(소손) 원인과 대책에 대하여 설명하시오.

4. 복합 정하중이 작용하는 건설기계의 축을 설계하기 위한 계산식을 설명하시오.

5. 냉동기 압축기의 역할을 설명하고, 압축기의 구조와 압축방식에 따라 분류한 후 각각에 대하여 설명하시오.

6. 디젤엔진 연소실의 종류를 나열하고 각각의 특징, 장점 및 단점에 대하여 설명하시오.

[저자 약력]

김순채(공학박사 · 기술사)

- 2002년 공학박사
- 47회, 48회 기술사 합격
- 현) 엔지니어데이터넷(www.engineerdata.net) 대표
  엔지니어데이터넷기술사연구소 교수

〈저서〉

- 《공조냉동기계기능사 [필기]》
- 《공조냉동기계기능사 기출문제집》
- 《공유압기능사 [필기]》
- 《공유압기능사 기출문제집》
- 《현장 실무자를 위한 유공압공학 기초》
- 《현장 실무자를 위한 공조냉동공학 기초》
- 《기계안전기술사》
- 《용접기술사》
- 《산업기계설비기술사》
- 《화공안전기술사》
- 《기계기술사》
- 《스마트 금속재료기술사》
- 《완전정복 금형기술사 기출문제풀이》
- 《KS 규격에 따른 기계제도 및 설계》

〈동영상 강의〉

기계기술사, 금속가공기술사 기출문제풀이/특론, 완전정복 금형기술사 기출문제풀이, 스마트 금속재료기술사, 건설기계기술사, 산업기계설비기술사, 기계안전기술사, 용접기술사, 공조냉동기계기사, 공조냉동기계산업기사, 공조냉동기계기능사, 공조냉동기계기능사 기출문제집, 공유압기능사, 공유압기능사 기출문제집, KS 규격에 따른 기계제도 및 설계, 알기 쉽게 풀이한 도면 그리는 법 · 보는 법, 일반기계기사, 현장실무자를 위한 유공압공학 기초, 현장실무자를 위한 공조냉동공학 기초

Hi-Pass 건설기계기술사 하

2006. 5. 22. 초 판 1쇄 발행
2024. 6. 19. 개정증보 9판 1쇄 발행

지은이 | 김순채
펴낸이 | 이종춘
펴낸곳 | **BM** (주)도서출판 **성안당**

주소 | 04032 서울시 마포구 양화로 127 첨단빌딩 3층(출판기획 R&D 센터)
10881 경기도 파주시 문발로 112 파주 출판 문화도시(제작 및 물류)

전화 | 02) 3142-0036
031) 950-6300

팩스 | 031) 955-0510

등록 | 1973. 2. 1. 제406-2005-000046호

출판사 홈페이지 | www.cyber.co.kr

ISBN | 978-89-315-1147-5 (13550)
978-89-315-1148-2 (전2권)

정가 | **63,000원**

이 책을 만든 사람들

기획 | 최옥현
진행 | 이희영
교정 · 교열 | 류지은
전산편집 | 전채영
표지 디자인 | 박현정
홍보 | 김계향, 임진성, 김주승
국제부 | 이선민, 조혜란
마케팅 | 구본철, 차정욱, 오영일, 나진호, 강호묵
마케팅 지원 | 장상범
제작 | 김유석

www.cyber.co.kr
성안당 Web 사이트